自动化设备和机器人的轨迹规划

Trajectory Planning for Automatic Machines and Robots

[意] Luigi Biagiotti　[意] Claudio Melchiorri　编著

段晋军　梁兆东　赵　鑫　杨晓文　袁明星　译

電子工業出版社

Publishing House of Electronics Industry

北京·BEIJING

内 容 简 介

本书是自动化设备特别是电气驱动设备与机器人领域运动规划和轨迹规划的经典著作。本书从轨迹规划的数学推导到时域和频域进行了详细分析并比较相关轨迹规划的主要特性，并阐述轨迹在实际使用中应该考虑的一般因素；轨迹规划部分从关节空间（电气执行机构的轨迹）和操作空间（三维空间的运动规划的插补和拟合）分别进行了描述。全书分为9章及相关附录，包括基本运动曲线（简单轨迹、复杂轨迹、过点拟合轨迹）、轨迹的详述和分析（轨迹的运动学和动力学缩放、轨迹和执行机构的关系、轨迹的频域特性分析）以及操作空间的轨迹（操作空间的轨迹规划、运动学约束的几何路径规划问题）。

本书可作为机器人工程、机械电子工程、电气工程、电子工程、自动控制等专业的高年级本科生、硕士生，以及理工科大学教师的教学参考书，也可供从事机器人和自动化设备或生产线等应用开发工作的研发人员或相关工程技术人员学习和参考。

图书在版编目（CIP）数据

自动化设备和机器人的轨迹规划 /（意）路易吉·比亚吉奥蒂，（意）克劳迪奥·梅尔基奥里编著；段晋军等译. —北京：电子工业出版社，2022.5
书名原文：Trajectory Planning for Automatic Machines and Robots
ISBN 978-7-121-43353-5

Ⅰ. ①自… Ⅱ. ①路… ②克… ③段… Ⅲ. ①自动化设备-运动控制②机器人-运动控制 Ⅳ. ①TP23 ②TP242

中国版本图书馆 CIP 数据核字（2022）第 071098 号

责任编辑：张　迪（zhangdi@phei.com.cn）
印　　刷：北京天宇星印刷厂
装　　订：北京天宇星印刷厂
出版发行：电子工业出版社
　　　　　北京市海淀区万寿路 173 信箱　邮编：100036
开　　本：787×1092　1/16　印张：23.5　字数：601.6 千字
版　　次：2022 年 5 月第 1 版
印　　次：2025 年 3 月第 7 次印刷
定　　价：128.00 元

凡所购买电子工业出版社图书有缺损问题，请向购买书店调换。若书店售缺，请与本社发行部联系，联系及邮购电话：（010）88254888，88258888。

质量投诉请发邮件至 zlts@phei.com.cn，盗版侵权举报请发邮件至 dbqq@phei.com.cn。

本书咨询联系方式：（010）88254469；zhangdi@phei.com.cn。

序　言

本书主要介绍了自动化设备和机器人系统中执行机构的运动规划规律与轨迹规划的相关问题。合理的轨迹规划可以有效地发挥机器的性能，避免诸如振动或甚至对机械结构产生破坏的不确定性影响，同时也对设备设计、执行器选型等提供有利依据。如今，在自动化设备中，传统的机械凸轮已被电子凸轮所取代。

轨迹的选择对自动化设备的设计与使用都会产生直接或间接的影响，如执行器和减速器的尺寸，对机器和负载上振动和作用力的影响，以及运动执行过程中的跟踪误差等。

基于上述原因，为了在不同场景下加深对轨迹规划特性的理解，本书不仅介绍了实现轨迹规划的数学表达式，而且还详细分析了轨迹规划的时域特性和频域特性，从不同视角对轨迹的主要特性进行了对比，同时也介绍了轨迹规划在实际使用中的注意事项。

我们期望本书的内容不仅会让学习电气工程和机械工程课程的学生感兴趣，也期望对参与自动化设备电气驱动设计及应用的工程师和技术人员有所帮助。

我们感谢所有为本书做出贡献的人员和同事。特别感谢克劳迪奥・博尼文托给予的建议和阿尔贝托・托尼利在电气驱动及其使用方面的讨论。感谢下列同事和朋友，即罗伯托・扎纳西、塞萨尔・范图齐和亚历山德罗・德卢卡，感谢他们建设性的评论和为本书开发的算法。

最后，非常感谢为本书进行软件开发和实验的同学们，感谢行业一线的技术人员和工程师在自动化设备设计、控制和轨迹规划相关问题的合作与讨论。

路易吉・比亚吉奥蒂

克劳迪奥・梅尔基奥里

博洛尼亚

2008 年 6 月

译 者 序

制造业是立国之本、强国之基。当前，全球制造业正面临智能化转型升级的挑战。对此，德国提出了“工业 4.0”、美国提出了“工业互联网”，我国也提出制造强国的发展战略，其核心方向都是面向新时代、面向未来和面向第四次工业革命的国家制造业升级战略。其中，高档数控机床和机器人是我国的重点领域。自动化设备、数控机床和机器人是自动化生产的典型机电设备，是智能化转型升级的载体。运动控制器是此类自动化设备的核心零部件，轨迹规划作为运动控制器的核心功能，其目的是规划机电设备中各驱动系统的运动，结合相关工艺要求在规定时间内实现期望的空间路径运动。

一般来说，轨迹规划是机器人学和数控原理相关著作中的章节之一，且大部分著作主要是轨迹规划方法的数学描述。然而，本书不仅从数学描述上介绍了多种不同的轨迹规划方法，而且还分析了这些方法的时域和频域特性，并从不同方面做了对比分析，最后还给出了这些方法在实际工程应用中需要注意的事项。本书内容丰富，是一本理论学习与实际指导相结合的优秀著作。

全书由段晋军、梁兆东、赵鑫、杨晓文、袁明星翻译。段晋军和梁兆东负责全文统稿、整理工作，赵鑫、杨晓文和袁明星负责全文的校对工作。具体分工如下：序言、第 1 章由梁兆东翻译，第 2 章和第 4 章由段晋军翻译，第 3 章由杨晓文翻译，第 5 章和第 7 章由袁明星、梁兆东和赵鑫翻译，第 6 章由杨晓文翻译，第 8~9 章由赵鑫翻译，附录由梁兆东翻译。同时，南京航空航天大学机电学院魏安民、邢羽航、宋益帆和崔坤坤也参与了部分章节的翻译和整理工作。本书中符号的正斜体沿用了英文版的写作风格。

在此期间，非常感谢电子工业出版社对本书的出版所做的一切工作和努力，最后要特别感谢南京航空航天大学机电学院、埃夫特智能装备股份公司、中国工程物理研究院计算机应用研究所、南京埃斯顿自动化股份有限公司和南开大学人工智能学院以及译者家人们对译者的支持和指导。

本书可作为机器人工程、机械电子工程、电气工程、电子工程、自动控制等专业的高年级本科生、硕士生或博士生，以及理工科大学教师的教学参考书，也可供从事机器人和自动化设备或生产线等应用开发工作的研发人员或相关工程技术人员学习和参考。

由于译者水平有限，加之时间仓促，书中难免有不妥之处、缺陷甚至错误，敬请广大读者、专家和学者批评指正，意见和建议反馈邮箱：duan_jinjun@ yeah. net。

译者
2022 年 4 月

目　　录

第三部分　操作空间的轨迹

第四部分　附　　录

第1章　轨迹规划

本书将讲述与轨迹规划相关的问题，包括自动化设备执行系统的期望轨迹计算等。由于轨迹规划算法的应用范围广，所以本书仅考虑电气驱动的执行系统，且其运动是在带有单个或多个执行器的自动化设备实时控制下进行定义的，如包装设备、机床刀具、装配设备和工业机器人等。一般来说，为了求解此类问题，也需要设备和其执行系统的特殊知识，如系统的运动学模型（正逆运动学，通常在操作空间指定所需运动，而运动是在执行器空间坐标中执行的，通常情况下这两个空间是不同的）和系统的动力学模型（为了规划适当的运动规律，动力学模型求解执行所需运动规律时需要在机械结构上施加的适当的载荷和作用力）。另外，对于实时的执行机构而言，有必要定义合适的位置/速度控制算法来保证系统性能或补偿运动误差，使其系统性能达到最优。有一些技术是可以用于规划期望的运动的，但前提是要掌握和理解这些技术的特性。基于上述所提的问题，本书将对最常用的轨迹规划技术进行解释说明和详细分析。

1.1　轨迹规划概述

轨迹规划问题讲述的是时间和空间之间的关系，因此轨迹通常可表示为时间的参数函数，其描述了每一时刻及其对应的期望位置。显然，在定义此函数后，还必须考虑它的实现方式，如时间离散化（自动化设备是由数字控制系统控制的）、执行系统的性能、负载导致的振动等。

如图1.1所示，轨迹分为一维和多维，前者是定义单自由度系统的位置，而后者考虑的是多维工作空间。从形式上看，这两类轨迹的区别在于它们是由标量函数[$q=q(t)$]定义还是由向量函数[$\boldsymbol{p}=\boldsymbol{p}(t)$]定义。两种情况下使用的计算方法和工具差异较大，在一维和多维轨迹之间，存在一类拥有中间特征的轨迹，即应用于多轴系统的单轴运动规律。此时独立的多轴系统由多个单独执行器组成，在这种情况下，单个执行器的运动虽然是一维的，但不能单独设计，必须与其他轴进行协调与同步。

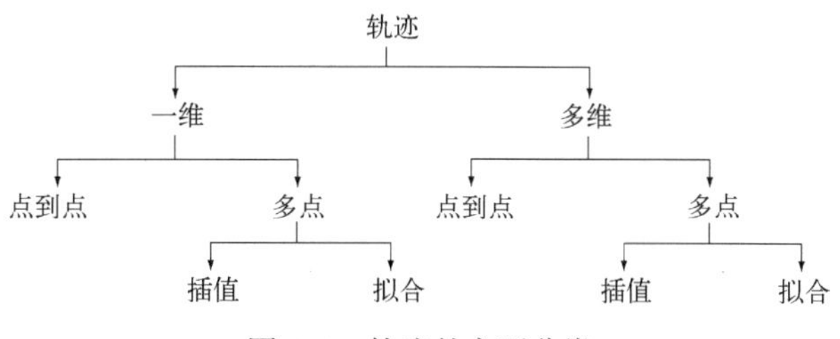

图1.1　轨迹的主要分类

本书首先讨论了一维轨迹的设计，然后介绍了它们之间的协调/同步问题，最后讲解了一些三维空间中的运动规划。

可根据以下情况对一维和多维轨迹进行分类：点到点的规划、对一系列点进行插值或逼近的多点规划。对于前者而言，一个复杂的运动可由多个点到点的运动组合而成，每个点到点的运动都包括了对速度和加速度的起始边界约束。对于后者而言，可通过指定中间点的方式定义任意复杂的运动，并且轨迹的全局最优解依赖于每个途经点的限制条件和全局曲线的限制条件。另外，可以基于给定的途经点采用不同的标准来定义运动曲线，途径点不一定需要轨迹通过。需要特别指出的是，两种拟合技术需要区分。

- 插值：曲线在某些时间点通过给定点，如图 1.2（a）所示。
- 逼近：曲线不需要精确通过给定点，但会设定容差范围，并在此范围内指定误差，如图 1.2（b）所示。

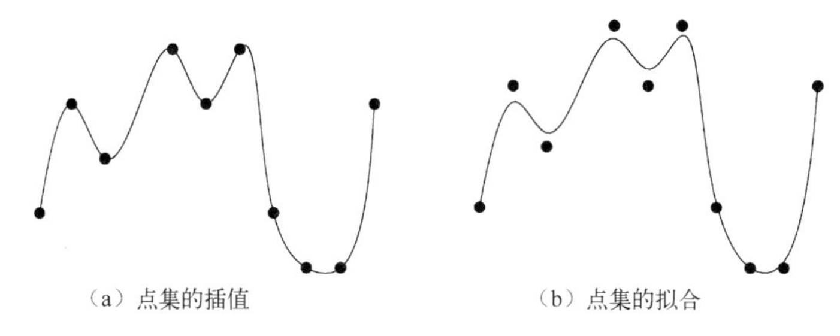

（a）点集的插值　　（b）点集的拟合

图 1.2　两种拟合技术

从图 1.2 种可以看出，逼近的方式可以有效地降低沿曲线的速度和加速度，但缺点是精度较低。

1.2　一维轨迹

现代高速自动化设备（其执行系统主要为电气驱动）的设计通常涉及设备中的多个执行器的使用和相对简单机构的使用，如图 1.3 所示为一包装设备的草图。

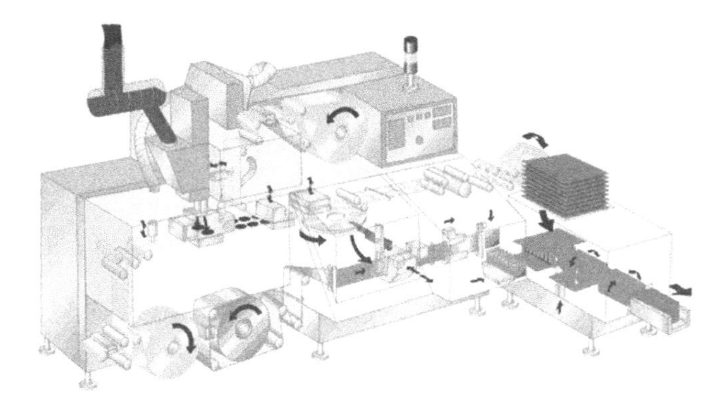

图 1.3　茶叶包装的自动化设备草图（图片由 IMA 友情提供）

此类设备约有 20 多个运动轴，采用电子凸轮/电子齿轮代替单个/多个执行器。通过这种方式，可以获得更灵活的运动性能，能够应对来自市场的不同生产需求[2]。在这种情况下，轨迹规划显得尤为重要[3]。因为一旦确定了运动路径和运动时间，其实对运动过程中所涉及的执行器的结构、作用力及跟踪能力都提出了要求。因此，有必要仔细研究可用于这些特定系统（执行机构和负载）中不同形式的点到点的轨迹规划算法。其实，对于给定的边界条件（起始点和最终点的位置、速度、加速度等）和运动时间，轨迹对中间点的速度与加速度的峰值和所得曲线的频率有很大的影响。因此，本书的第一部分将讲述工业生产作业中使用的最常用的轨迹类型，并介绍它们的分析表达式，然后在整机频率特性和性能实现等方面对不同的轨迹特性进行分析与对比。

1.3　机械凸轮和电子凸轮

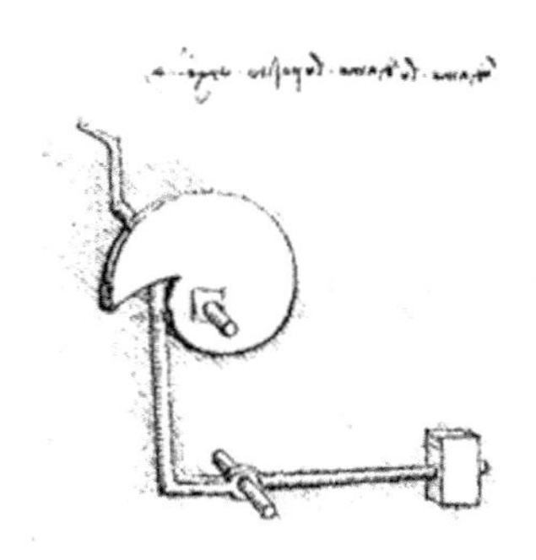

图 1.4　莱昂纳多·达·芬奇设计的机械凸轮

机械凸轮的历史非常悠久，有些学者认为甚至可以追溯到旧石器时代（如参考文献［4］中所述），莱昂纳多·达·芬奇被认为是“现代”凸轮机构设计的先驱之一，他设计的一些机器基于凸轮机理，如图 1.4 所示。

在过去的几十年中，机械凸轮已被广泛用于自动化设备中，用于从一个主设备到一个或多个从设备的运动传递、协调和改变，如图 1.5 所示。如图 1.6 所示，假定凸轮 C 以恒定的转速运动，则其角位置 θ 是时间的线性函数；从动体 F 具有由凸轮轮廓定义的传递运动 $q(\theta)$。机械凸轮的设计，尤其是用于平面机构的机械凸轮，已经得到了广泛的研究，关于此研究的文献较多，可参见参考文献［4］~［9］。

（a）

（b）

图 1.5　自动机械机械凸轮部分（图片由 IMA 友情提供）

如图 1.5 所示，如今机械凸轮越来越多地被电子凸轮所取代，其目的是为了获得性能更高、更易于二次编程、更低成本及更为柔性的性能。对于电子凸轮而言，运动 $q(t)$ 可通过电子执行器直接获得，经过适当的编程和控制可生成期望的运动曲线。因此，通过设计凸轮以获得期望运动的方案已经逐步被通过设计合理轨迹的方式所取代。

在基于机械凸轮的多轴系统中，不同运动轴间的同步可通过将从动轴连接到主动轴（其之间的协调是在机械层面实现的）来实现；而在使用电子凸轮时，需要考虑不同执行器运动轨迹的设计（其之间的同步是在软件层面实现的，如图 1.7 所示）。一种常见的解决方案是定义一个主轴来实现电机间的同步，主轴的运动既可以是虚拟的（由软件生成），也可以是真实的（机器的执行器位置），然后将主轴的位置作为其他轴的“时间”变量［如图 1.6（b）中的变量 $\theta(t)$］。

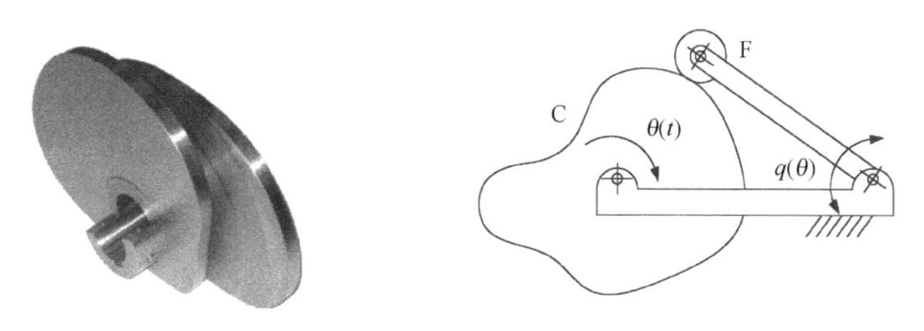

图 1.6　机械凸轮实体图与简单机械凸轮（C）和从动体（F）的工作原理

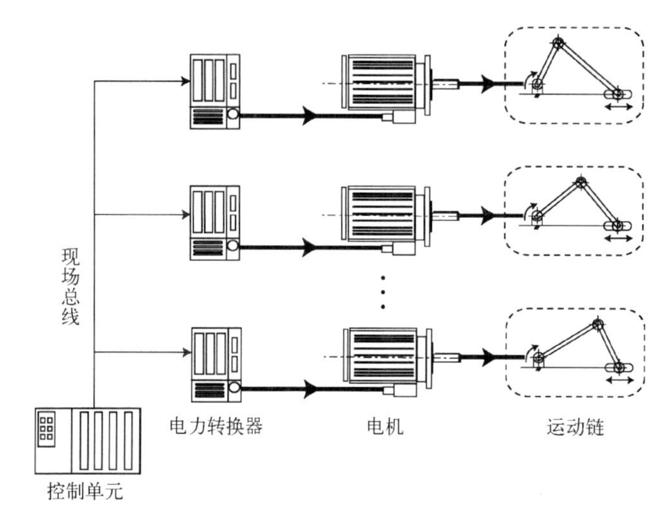

图 1.7　基于电子凸轮的多轴系统结构

1.4　多维轨迹

通常情况下，名词“轨迹”表示的是三维空间的路径。例如，韦氏字典中对轨迹的定义是：物体在空间中描述的曲线[10]。

在多个电机组成的系统中，每个电机都可以被独立编程和控制（在关节空间中控制），但许多应用仍需要多个单轴进行协调运动，从而实现在操作空间中的多维运动，如末端执行器用于切割、铣削、钻孔、研磨或抛光工件，或机器人在三维空间中执行诸如点焊、弧焊、搬运和涂胶等任务。

在上述应用中，有必要指定：

（1）要跟踪的几何路径 $\boldsymbol{p}=\boldsymbol{p}(u)$，包括沿几何曲线的姿态。

（2）要跟踪的几何路径形态，即运动规律 $u=u(t)$。

末端执行器的运动轨迹需要根据任务施加的约束条件（如给定路径点集合的插值）进行设计，而运动规律则取决于其他约束条件，如执行系统能够提供的最大速度、最大加速度和最大力矩。

如图 1.8 所示，由几何路径和运动规律组合可得到完整的轨迹方程是：

$$\tilde{\boldsymbol{p}}(t)=\boldsymbol{p}[u(t)]$$

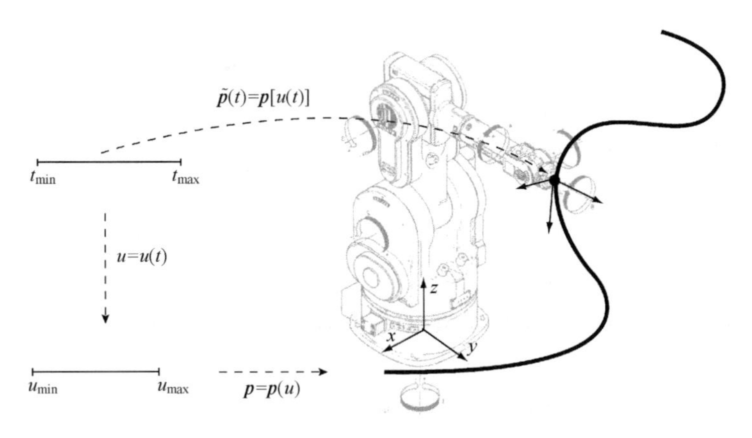

图 1.8　工业机器人在操作空间中定义的多维轨迹（图片由 COMAU 友情提供）

期望的运动轨迹一旦确定，就可调用逆运动学来获得关节空间中各轴的对应轨迹，进一步生成关节空间中的运动行为。

1.5　本书的内容和结构

有一些参考书目中也介绍了如何使用机械凸轮的方式来解决自动化设备中运动部件的联动问题，特别是当确定最佳凸轮轮廓后，如何在当前负载下获得期望运动。正如之前提到的，可参考参考文献［4］~［9］。另外，关于如何使用电气执行器解决上述问题的参考书目还没有。尽管这些问题同样出现在机器人学[11-13]中，但仅有一些简单的表达方式，如操作空间中简单的轨迹规划。

本书重点讨论了关节空间中轨迹规划所涉及的问题，这些方法特别适用于自动化设备。除此之外，还需要考虑在操作空间中的轨迹规划，进一步研究在三维空间中插值和拟合的规划技术。

本书将讨论以下几个主题。

第一部分：基本运动曲线

- 第 2 章：介绍简单轨迹的基本函数，即多项式、三角函数、指数函数和基于傅里叶级数展开式的函数，并介绍和讨论这些基本函数的主要特性。
- 第 3 章：介绍满足位置、速度、加速度等特定特征的复杂轨迹，如梯形和双 S 速度曲线。
- 第 4 章：讲述过路径点插值的轨迹。通过多项式函数、三次样条和 B 样条进行插值的轨迹，以及用于定义最优轨迹（即时间最短）的技术。

第二部分：轨迹的详述和分析

- 第 5 章：讨论轨迹的运动学和动力学缩放问题，并解释多轴的同步问题。
- 第 6 章：通过考虑对执行系统产生的影响来进行轨迹的分析和对比。为此可以对比不同运动曲线的速度和加速度的最大值与均方根值。
- 第 7 章：通过考虑轨迹的频率特性及其对机械系统中可能振动现象的影响，对轨迹进行分析。

第三部分：操作空间的轨迹

- 第 8 章：在操作空间中考虑自动化设备（特别是机械臂）的轨迹规划问题，通过举例说明解决此类问题的基本方法。
- 第 9 章：详细阐述了具有运动规律的几何路径的解析合成问题，其目的是定义时间的参数函数，以满足速度和加速度等的给定约束。

本书最后有 4 个附录，详细介绍了与一维轨迹计算的相关问题。

附录 A：一维轨迹计算问题，即多项式的有效求解、矩阵求逆等；

附录 B：B 样条、非均匀有理 B 样条和贝塞尔曲线的定义与性质；

附录 C：三维空间中定义姿态的不同工具；

附录 D：模拟信号和数字信号的频谱分析工具。

1.6 符号

本书中采用以下符号。

1. 一维轨迹

$q(t)$：位移曲线。

t：自变量，可以是时间（正如书中通常所假设的那样），也可以是基于电子凸轮的系统主轴的角位移 θ。

$q^{(1)}(t),\dot{q}(t)$：位移的时间导数（速度曲线）。

$q^{(2)}(t),\ddot{q}(t)$：速度的时间导数（加速度曲线）。

$q^{(3)}(t),\dddot{q}(t)$：加速度的时间导数（加加速度曲线）。

$q^{(4)}(t)$：加加速度的时间导数（加加加速度曲线）。

$s(t)$：样条曲线。

$q_k(t)$：多段轨迹中的第 k 个位移段($k=0,\cdots,n-1$)。

$\tilde{q}(t')$：$q(t)$的重新参数化（时间上的缩放），即$\tilde{q}(t')=q(t)$，其中 $t=\sigma(t')$。

t_0,t_1：点到点运动中的初始时刻和终止时刻。

T：点到点运动中的总持续时间($T=t_1-t_0$)。

q_0,q_1：点到点运动中的起点和终点。

h：点到点运动中的总位移($h=q_1-q_0$)。

q_k：多点轨迹中的第 k 个途经点($k=0,\cdots,n$)。

t_k：多点轨迹中的第 k 个时刻($k=0,\cdots,n$)。

T_k：多段轨迹中第 k 段的持续时间($T_k=t_{k+1}-t_k$)。

$\mathrm{v}_0,\mathrm{v}_1$：点到点运动中的初始速度和终止速度。

$\mathrm{a}_0,\mathrm{a}_1$：点到点运动中的初始加速度和终止加速度。

$\mathrm{j}_0,\mathrm{j}_1$：点到点运动中的初始加加速度和终止加加速度。

$\mathrm{v}_0,\mathrm{v}_n$：多点运动中的初始速度和终止速度。

$\mathrm{a}_0,\mathrm{a}_n$：多点运动中的初始加速度和终止加速度。

$\mathrm{j}_0,\mathrm{j}_n$：多点运动中的初始加加速度和终止加加速度。

v_{max}：最大速度。
a_{max}：最大加速度。
j_{max}：最大加加速度。

2. 多维轨迹

$\boldsymbol{p}(u)$：几何路径。
p_x, p_y, p_z：曲线 $\boldsymbol{p}$ 的 x、y、z 分量。
u：描述几何路径参数化函数的自变量。
$u(t)$：定义运动律的时间函数。
$\boldsymbol{p}^{(1)}(u)$：对 u 位移的导数（切向量）。
$\boldsymbol{p}^{(2)}(u)$：对 u 切向量的导数（曲率向量）。
$\boldsymbol{p}^{(i)}(u)$：几何路径 $\boldsymbol{p}(u)$ 的 i 阶时间导数。
$\boldsymbol{p}_k(u)$：多段轨迹的第 k 段曲线($k=0,\cdots,n-1$)。
$\boldsymbol{s}(u)$：B 样条函数。
$\boldsymbol{n}(u)$：非均匀有理 B 样条函数。
$\boldsymbol{b}(u)$：贝塞尔函数。
$\widetilde{\boldsymbol{p}}(t)$：几何路径与运动律结合获得的位移轨迹 $\widetilde{\boldsymbol{p}}(t)=\boldsymbol{p}(u)\circ u(t)$。
$\widetilde{p}_x, \widetilde{p}_y, \widetilde{p}_z$：时间函数轨迹 $\widetilde{\boldsymbol{p}}$ 的 x-、y-、z-分量。
$\widetilde{\boldsymbol{p}}^{(i)}(t)$：轨迹 $\widetilde{p}(t)$ 的第 i 阶导数（$i=1$，速度；$i=2$，加速度等）。
$\widetilde{p}_x^{(i)}, \widetilde{p}_y^{(i)}, \widetilde{p}_z^{(i)}$：$\widetilde{p}^{(i)}$ 的 x、y、z 分量。
$\hat{\boldsymbol{p}}(\hat{u})$：函数 $\boldsymbol{p}(u)$ 的参数化，$\hat{\boldsymbol{p}}(\hat{u})=\boldsymbol{p}(u)\circ u(\hat{u})$
$\boldsymbol{q}_k$：多点轨迹的第 k 个途经点($k=0,\cdots,n$)。
$\boldsymbol{R}_k$：第 k 个途经点姿态定义的旋转矩阵。
$\boldsymbol{t}_k$：几何路径的第 k 个途经点切向量。
$\bar{u}_k$：多点轨迹中的第 k 个时刻($k=0,\cdots,n$)。
$\boldsymbol{t}_0, \boldsymbol{t}_n$：多点运动中的初始切向量和终止切向量。
$\boldsymbol{n}_0, \boldsymbol{n}_n$：多点运动中的初始点和终止点的曲率向量。
G^h：高达 h 阶的几何连续函数类。
$\mathbb{N}$：自然数集。
$\mathbb{R}$：实数集。
$\mathbb{C}$：复数集。
m：标量。
$|m|$：绝对值。
$\boldsymbol{m}$：向量。
$|\boldsymbol{m}|$：向量的模。
$\boldsymbol{m}^{\mathrm{T}}$：向量的转置。
$\boldsymbol{M}$：矩阵。
$|\boldsymbol{M}|$：矩阵的模。
$|\boldsymbol{M}|_F$：矩阵的 F 范数。

$\mathrm{tr}(\boldsymbol{M})$：矩阵的迹。

$\mathrm{diag}(m_1,\cdots,m_{n-1})$：对角矩阵。

ω：角频率。

T_S：采样时间。

C^h：高达 h 阶连续的函数类。

floor(·)：整数部分函数。

sign(·)：符号函数。

sat(·)：饱和函数。

$m!$：阶乘运算符。

有时，这些符号具有不同的含义。如果没有特殊说明，则可通过上下文来理解其含义。

为简单起见，本书中使用的数值是无量纲的。通过这种方式，当有不同物理含义时，无须对其数学表达式进行更改。例如，位置的单位可以是米、度或弧度；速度的单位可以是米/秒、度/秒等。

最后，值得注意的是，一般情况下，一维轨迹的算法中假设 $q_1>q_0$，则期望位移 $h=q_1-q_0$ 总为正。如果不是这种情况，基本运动曲线是不变的，但基于基本轨迹组成的运动（如第 3 章所述），则需要采用 3.4.2 小节中介绍的方法。

第一部分　基本运动曲线

第 2 章　基元轨迹的解析表达式

本章将重点介绍基元轨迹，其可分为 3 个主要类别：多项式、三角函数和指数。另外，本章还将介绍基于傅里叶级数展开的轨迹表达式。通过对这些基元轨迹的适当组合，可以获得满足速度、加速度和加加速度约束更为复杂的轨迹。本章将以单执行器或单轴运动为例展开叙述，所讨论的内容具有普适性，因此这些规划方法既可应用于关节空间中的轨迹规划，也可作为操作空间中的运动律，具体内容可详见第 8 章和第 9 章。

2.1　多项式轨迹

一般情况下，通过指定初始时刻 t_0 和终点时刻 t_1 的位置，以及速度和加速度等条件来定义一段运动。从数学的角度而言，上面的表达可用一个函数来描述：

$$q = q(t), \qquad t \in [t_0,\ t_1]$$

此函数能够满足给定条件：

$$q(t) = a_0 + a_1 t + a_2 t^2 + \cdots + a_n t^n$$

其中，根据初始时刻和终点时刻的约束条件可确定 $n+1$ 个 a_i 的系数。多项式的次数 n 取决于需满足条件的数量和目标运动的期望“平滑度”。由于边界条件的数量通常是偶数，所以多项式函数的次数 n 是奇数，如 3、5、7 等。

通常情况下，除指定轨迹上的初始和终点时刻的约束条件外，还可以指定其在某个时刻 $t_j \in [t_0, t_1]$ 基于时间的导数（如速度、加速度、加加速度等）。换句话说，可以人为指定多项式函数 $q(t)$ 在某一个特定时刻 t_j 基于时间的导数值 $q^{(k)}(t_j)$。这些条件对应的数学表达式为

$$k!\ a_k + (k+1)!\ a_{k+1}\ t_j + \ldots + \frac{n!}{(n-k)!}\ a_n\ t_j^{n-k} = q^{(k)}(t_j)$$

或者表示为矩阵形式：

$$\boldsymbol{M}\ \boldsymbol{a} = \boldsymbol{b}$$

其中，$\boldsymbol{M}$ 是一个已知的 $(n+1)\times(n+1)$ 矩阵；$\boldsymbol{b}$ 是 $(n+1)$ 个需要满足的条件；$\boldsymbol{a}$ 是一个需要计算的未知向量，$\boldsymbol{a}=[a_0, a_1, \cdots, a_n]^T$。理论上，上述方程可通过如下的表达式进行求解：

$$\boldsymbol{a} = \boldsymbol{M}^{-1}\ \boldsymbol{b}$$

但是，当 n 很大时，求解过程会较为麻烦，这些情况将会在第 4 章中详细分析。

例 2.1　图 2.1 中多项式轨迹的位置、速度和加速度值设定如下：

$$q_0 = 10, \quad q_1 = 20, \quad t_0 = 0, \quad t_1 = 10,$$

$$\mathrm{v}_0 = 0, \quad \mathrm{v}_1 = 0, \quad \mathrm{v}(t=2) = 2, \quad \mathrm{a}(t=8) = 0.$$

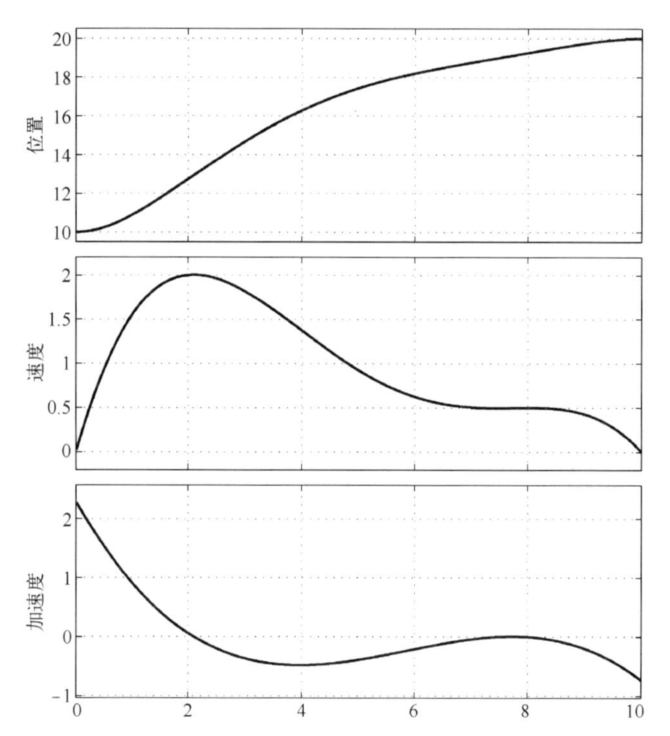

图 2.1　根据边界和中间条件而确定的含有位置、速度、加速度约束的多项式曲线

由以上可知，图 2.1 对应的曲线对应 4 个边界条件（t_0 和 t_1 时刻的位置和速度）和两个中间约束条件（$t=2$ 时刻的速度和 $t=8$ 时刻的加速度）。对于上述 6 个约束条件，至少需要 5 次多项式来拟合曲线，其对应的曲线系数如下：

$$a_0 = 10.0000, \quad a_1 = 0.0000, \quad a_2 = 1.1462,$$
$$a_3 = -0.2806, \quad a_4 = 0.0267, \quad a_5 = -0.0009$$

2.1.1　线性轨迹（速度恒定）

最简单的轨迹是已知起点位置(q_0)和终点位置(q_1)，其运动轨迹定义为

$$q(t) = a_0 + a_1(t - t_0)$$

一旦指定了初始时刻 t_0 和终点时刻 t_1 对应的位置 q_0 和 q_1，就可求解得到上述公式的系数 a_0 和 a_1。

$$\begin{cases} q(t_0) = q_0 = a_0 \\ q(t_1) = q_1 = a_0 + a_1(t_1 - t_0) \end{cases} \quad \Longrightarrow \quad \begin{bmatrix} 1 & 0 \\ 1 & T \end{bmatrix} \begin{bmatrix} a_0 \\ a_1 \end{bmatrix} = \begin{bmatrix} q_0 \\ q_1 \end{bmatrix}$$

其中，$T=t_1-t_0$，表示时间间隔。因此，可得：

$$\begin{cases} a_0 = q_0 \\ a_1 = \dfrac{q_1 - q_0}{t_1 - t_0} = \dfrac{h}{T} \end{cases}$$

其中，$h=q_1-q_0$，表示位移量。速度在时间区间$[t_0,t_1]$上是恒定的，其值为

$$\dot{q}(t) = \frac{h}{T} \qquad (= a_1)$$

显然，上述轨迹内部的加速度为零，但在起点和终点处会存在冲击。

例 2.2　图 2.2 为满足条件 $t_0=0$、$t_1=8$、$q_0=0$ 和 $q_1=10$ 的轨迹的位置、速度和加速度曲线。注意到在 $t=t_0$ 或 t_1 时刻时速度是不连续的，因此其对应的加速度也是无穷大的。基于上述原因，在工业实践中不会采用这类轨迹。

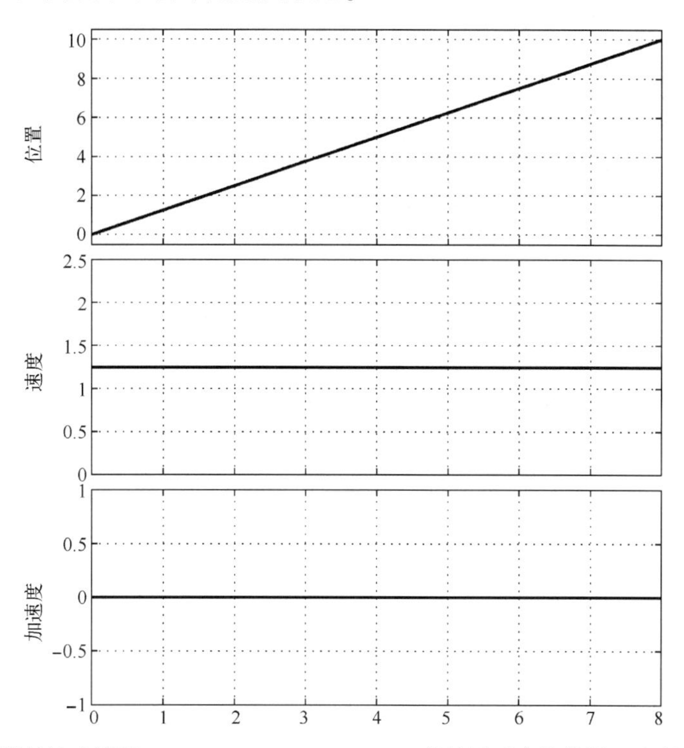

图 2.2　速度恒定轨迹在满足 $t_0=0$、$t_1=8$、$q_0=0$、$q_1=10$ 条件下对应的位置、速度和加速度曲线图

2.1.2　抛物线轨迹（加速度恒定）

抛物线轨迹也被称为重力轨迹或具有恒定加速度的轨迹，其特征在于在加速和减速阶段具有恒定的加速度值且符号相反。进一步分析可知，它由两个二次多项式组合而成，其中一段是从 t_0 到 t_f，另一段是 t_f 到 t_1，如图 2.3 所示。

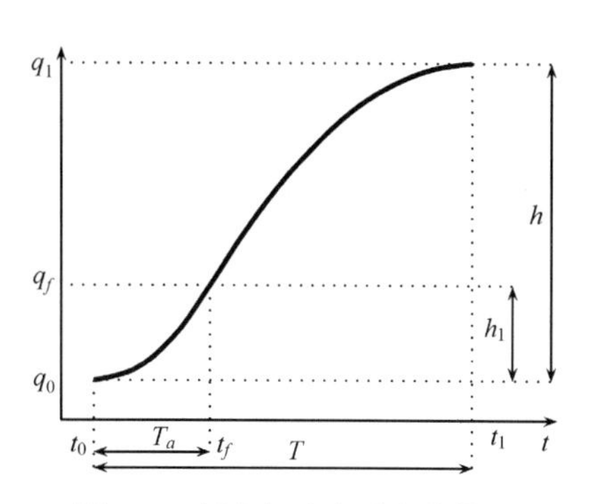

图 2.3　恒定加速度对应的轨迹

现在我们考虑轨迹相对于中间点对称的情况，定义 $t_f=\dfrac{t_0+t_1}{2}$ 和 $q_f(t_f)=q_f=\dfrac{q_0+q_1}{2}$，此时满足 $T_a=(t_f-t_0)=T/2$，$(q_f-q_0)=h/2$。

在第一阶段，即“加速”阶段，轨迹定义为

$$q_a(t)=a_0+a_1(t-t_0)+a_2(t-t_0)^2, \qquad t\in[t_0,\ t_f]$$

上式中的参数 a_0、a_1、a_2 可根据轨迹的约束条件（途经点 q_0、q_f 和初始速度 v_0）来确定。

$$\begin{cases} q_a(t_0)=q_0=a_0 \\ q_a(t_f)=q_f=a_0+a_1(t_f-t_0)+a_2(t_f-t_0)^2 \\ \dot{q}_a(t_0)=\mathrm{v}_0=a_1 \end{cases}$$

根据上式可求得：

$$a_0 = q_0 \qquad a_1 = \mathrm{v}_0 \qquad a_2 = \frac{2}{T^2}(h - \mathrm{v}_0 T)$$

因此，对于 $t \in [t_0, t_f]$ 的轨迹可定义为

$$\begin{cases} q_a(t) = q_0 + \mathrm{v}_0(t - t_0) + \dfrac{2}{T^2}(h - \mathrm{v}_0 T)(t - t_0)^2 \\ \dot{q}_a(t) = \mathrm{v}_0 + \dfrac{4}{T^2}(h - \mathrm{v}_0 T)(t - t_0) \\ \ddot{q}_a(t) = \dfrac{4}{T^2}(h - \mathrm{v}_0 T) \qquad \text{(常量)} \end{cases}$$

在拐点处的速度为

$$\mathrm{v}_{max} = \dot{q}_a(t_f) = 2\frac{h}{T} - \mathrm{v}_0$$

如果 $\mathrm{v}_0 = 0$，此时获得最大速度为速度恒定轨迹的速度的两倍。加加速度除了拐点处均为 0，加速度在拐点处改变符号并且其值为无穷大。

在第二阶段，即在拐点和终点之间，轨迹可定义为

$$q_b(t) = a_3 + a_4(t - t_f) + a_5(t - t_f)^2 \qquad t \in [t_f,\ t_1]$$

如果指定了速度 v_1，则在 $t = t_1$ 时，可通过下面的等式来计算得到参数 a_3、a_4、a_5：

$$\begin{cases} q_b(t_f) = q_f = a_3 \\ q_b(t_1) = q_1 = a_3 + a_4(t_1 - t_f) + a_5(t_1 - t_f)^2 \\ \dot{q}_b(t_1) = \mathrm{v}_1 = a_4 + 2a_5(t_1 - t_f) \end{cases}$$

由上式可得：

$$a_3 = q_f = \frac{q_0 + q_1}{2} \qquad a_4 = 2\frac{h}{T} - \mathrm{v}_1 \qquad a_5 = \frac{2}{T^2}(\mathrm{v}_1 T - h)$$

对应 $t \in [t_f, t_1]$ 的轨迹表达式为

$$\begin{cases} q_b(t) = q_f + (2\dfrac{h}{T} - \mathrm{v}_1)(t - t_f) + \dfrac{2}{T^2}(\mathrm{v}_1 T - h)(t - t_f)^2 \\ \dot{q}_b(t) = 2\dfrac{h}{T} - \mathrm{v}_1 + \dfrac{4}{T^2}(\mathrm{v}_1 T - h)(t - t_f) \\ \ddot{q}_b(t) = \dfrac{4}{T^2}(\mathrm{v}_1 T - h) \end{cases}$$

注意到，若 $\mathrm{v}_0 \neq \mathrm{v}_1$，则上述轨迹的速度在 $t = t_f$ 时刻是不连续的。

例 2.3 图 2.4 表示 $t_0 = 0$、$t_1 = 8$、$q_0 = 0$、$q_1 = 10$，$\mathrm{v}_0 = \mathrm{v}_1 = 0$ 条件下对应轨迹的位置、速度和加速度曲线。

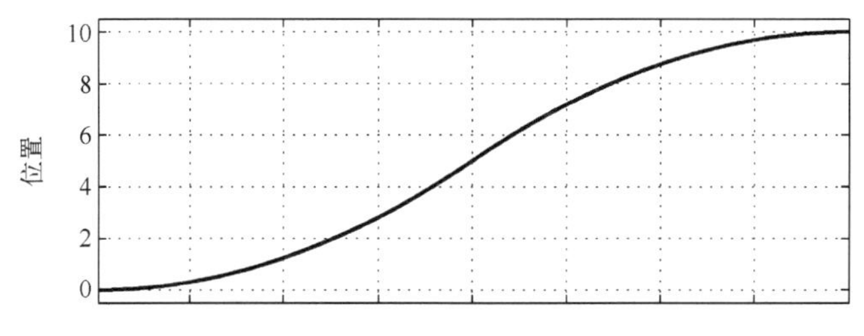

图 2.4 当 $t_0 = 0$、$t_1 = 8$、$q_0 = 0$、$q_1 = 10$ 时对应的位置、速度和加速度的恒定加速度轨迹曲线

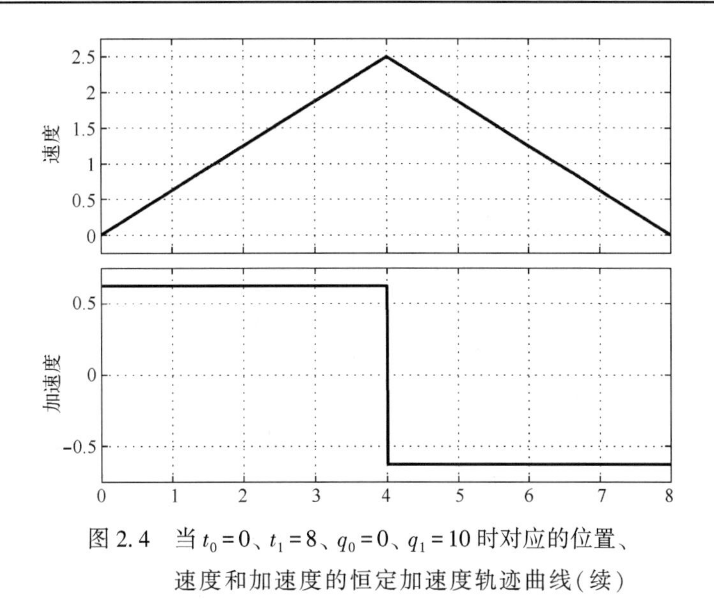

图 2.4　当 $t_0=0$、$t_1=8$、$q_0=0$、$q_1=10$ 时对应的位置、速度和加速度的恒定加速度轨迹曲线（续）

如果在 $t=t_f$ 处没有指定位置 $\left[\text{如}\ q(t_f)=q_f=\dfrac{q_0+q_1}{2}\right]$ 的约束，则可通过速度连续条件［如 $\dot{q}_a(t_f)=\dot{q}_b(t_f)$］求解得到 6 个参数 a_i：

$$\begin{cases} q_a(t_0) = a_0 & = q_0 \\ \dot{q}_a(t_0) = a_1 & = \mathrm{v}_0 \\ q_b(t_1) = a_3 + a_4\dfrac{T}{2} + a_5\left(\dfrac{T}{2}\right)^2 & = q_1 \\ \dot{q}_b(t_1) = a_4 + 2a_5\dfrac{T}{2} & = \mathrm{v}_1 \\ q_a(t_f) = a_0 + a_1\dfrac{T}{2} + a_2\left(\dfrac{T}{2}\right)^2 & = a_3 \ = q_b(t_f) \\ \dot{q}_a(t_f) = a_1 + 2a_2\dfrac{T}{2} & = a_4 \ = \dot{q}_b(t_f) \end{cases}$$

其中，$T/2=(t_f-t_0)=(t_1-t_f)$，进而可得到：

$$\begin{cases} a_0 = q_0 \\ a_1 = \mathrm{v}_0 \\ a_2 = \dfrac{4h - T(3\mathrm{v}_0 + \mathrm{v}_1)}{2T^2} \\ a_3 = \dfrac{4(q_0 + q_1) + T(\mathrm{v}_0 - \mathrm{v}_1)}{8} \\ a_4 = \dfrac{4h - T(\mathrm{v}_0 + \mathrm{v}_1)}{2T} \\ a_5 = \dfrac{-4h + T(\mathrm{v}_0 + 3\mathrm{v}_1)}{2T^2} \end{cases}$$

例 2.4　图 2.5 中表示 $t_0=0$、$t_1=8$、$q_0=0$、$q_1=10$、$\mathrm{v}_0=0.1$、$\mathrm{v}_1=-1$ 时对应的轨迹的位置、速度和加速度曲线。

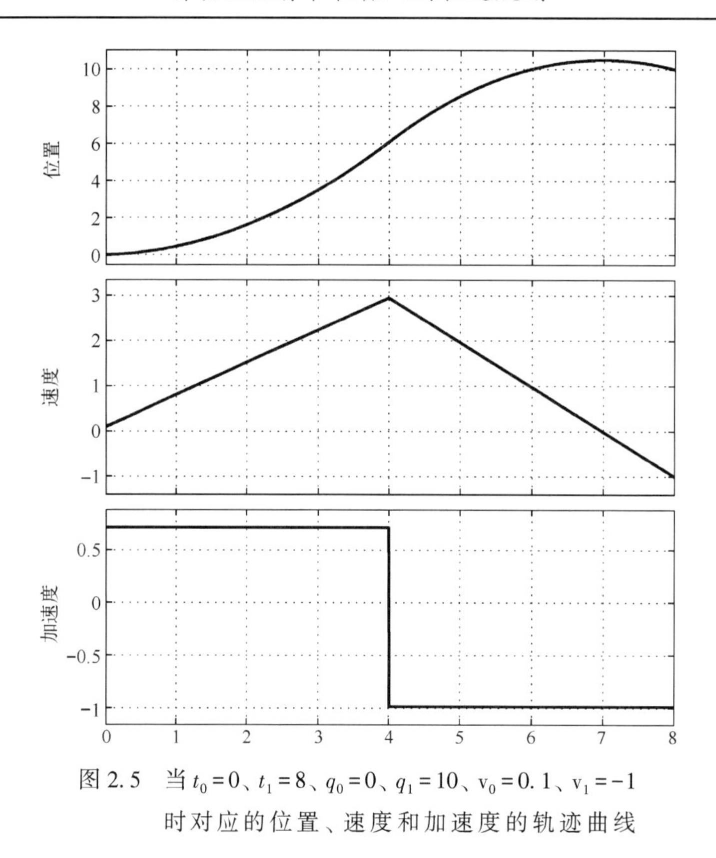

图 2.5 当 $t_0=0$、$t_1=8$、$q_0=0$、$q_1=10$、$\mathrm{v}_0=0.1$、$\mathrm{v}_1=-1$ 时对应的位置、速度和加速度的轨迹曲线

2.1.3 具有非对称恒定加速度的轨迹

如图 2.3 所示，考虑在某个时刻 $t_0<t_f<t_1$ 对应的某一点的轨迹信息，此时不一定满足 $t=(t_1+t_0)/2$，该轨迹可由两个多项式来描述：

$$q_a(t) = a_0 + a_1(t-t_0) + a_2(t-t_0)^2 \qquad t_0 \leqslant t < t_f$$
$$q_b(t) = a_3 + a_4(t-t_f) + a_5(t-t_f)^2 \qquad t_f \leqslant t < t_1$$

其中，通过指定 t_0、t_1 时刻对应的位置和速度及 t_f 时刻的两个连续性条件（位置和速度）可获得参数 a_0、a_1、a_2、a_3、a_4 和 a_5 的值：

$$\begin{cases} q_a(t_0) = a_0 & = q_0 \\ q_b(t_1) = a_3 + a_4(t_1-t_f) + a_5(t_1-t_f)^2 & = q_1 \\ \dot{q}_a(t_0) = a_1 & = \mathrm{v}_0 \\ \dot{q}_b(t_1) = a_4 + 2a_5(t_1-t_f) & = \mathrm{v}_1 \\ q_a(t_f) = a_0 + a_1(t_f-t_0) + a_2(t_f-t_0)^2 & = a_3 \ (= q_b(t_f)) \\ \dot{q}_a(t_f) = a_1 + 2a_2(t_f-t_0) & = a_4 \ (= \dot{q}_b(t_f)) \end{cases}$$

通过定义 $T_a=(t_f-t_0)$ 和 $T_d=(t_1-t_f)$，可获得如下的参数值：

$$
\begin{cases}
a_0 = q_0 \\
a_1 = \mathrm{v}_0 \\
a_2 = \dfrac{2h - \mathrm{v}_0(T + T_a) - \mathrm{v}_1 T_d}{2TT_a} \\
a_3 = \dfrac{2q_1 T_a + T_d(2q_0 + T_a(\mathrm{v}_0 - \mathrm{v}_1))}{2T} \\
a_4 = \dfrac{2h - \mathrm{v}_0 T_a - \mathrm{v}_1 T_d}{T} \\
a_5 = -\dfrac{2h - \mathrm{v}_0 T_a - \mathrm{v}_1(T + T_d)}{2TT_d}.
\end{cases}
$$

对于 $t_0 \leqslant t \leqslant t_f$，速度和加速度为

$$
\dot{q}_a(t) = a_1 + 2a_2(t - t_0) = \mathrm{v}_0 + \frac{2h - \mathrm{v}_0(T + T_a) - \mathrm{v}_1 T_d}{TT_a}(t - t_0)
$$

$$
\ddot{q}_a(t) = 2a_2 = \frac{2h - \mathrm{v}_0(T + T_a) - \mathrm{v}_1 T_d}{TT_a}
$$

对于 $t_f \leqslant t \leqslant t_1$，速度和加速度为

$$
\dot{q}_b(t) = a_4 + 2a_5(t - t_f) = \frac{2h - \mathrm{v}_0 T_a - \mathrm{v}_1 T_d}{T} - \frac{2h - \mathrm{v}_0 T_a - \mathrm{v}_1(T + T_d)}{TT_d}(t - t_f)
$$

$$
\ddot{q}_b(t) = 2a_5 = -\frac{2h - \mathrm{v}_0 T_a - \mathrm{v}_1(T + T_d)}{TT_d}
$$

注意到，当 $\mathrm{v}_0 = \mathrm{v}_1 = 0$ 时，最大速度值与 2.1.2 节中加速度对称情况的值是相同的：

$$
v_{max} = \dot{q}_a(t_f) = 2\frac{h}{T}
$$

显然，若 $t_f = \dfrac{t_0 + t_1}{2}$，可得到 2.1.2 节中的结论。

例 2.5　图 2.6 表示上述轨迹对应的位置、速度和加速度曲线，其条件与例 2.3 相同。

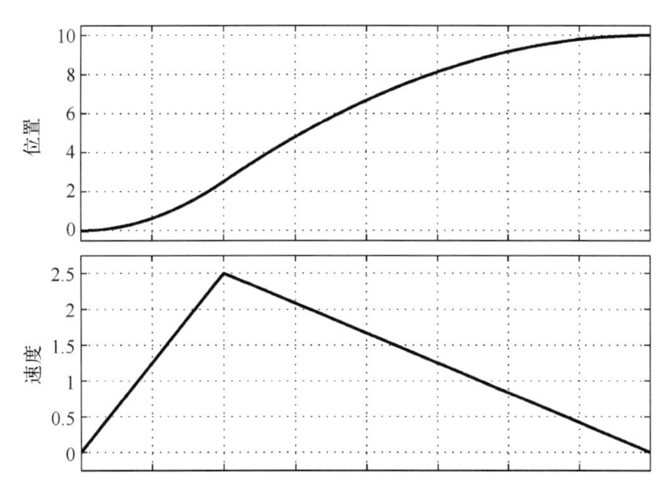

图 2.6　非对称恒定加速度（$t_0 = 0$、$t_1 = 8$、$t_f = 2$、$q_0 = 0$、$q_1 = 10$）对应的位置、速度和加速度轨迹曲线

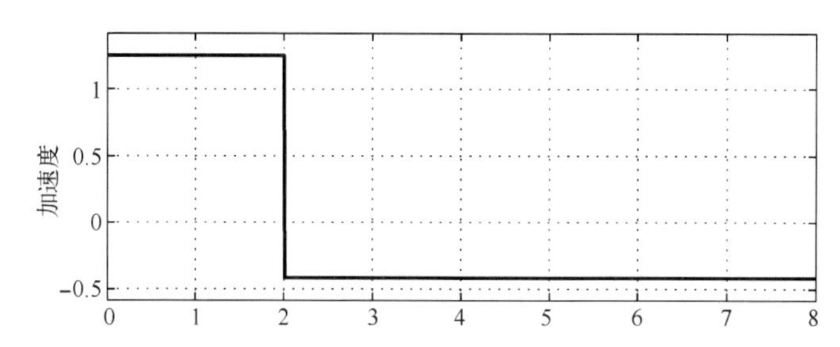

图 2.6 非对称恒定加速度($t_0=0$、$t_1=8$、$t_f=2$、$q_0=0$、$q_1=10$)对应的位置、速度和加速度轨迹曲线(续)

2.1.4 三次多项式轨迹

当同时指定 t_0 和 t_1 时刻的位置和速度时，即已知 q_0、q_1、v_0、v_1，轨迹需要满足 4 个约束条件，因此可以采用三次多项式来表示轨迹：

$$q(t)=a_0+a_1(t-t_0)+a_2(t-t_0)^2+a_3(t-t_0)^3 \qquad t_0\leqslant t\leqslant t_1 \tag{2.1}$$

根据上述的约束条件，可以得到参数 a_0、a_1、a_2、a_3 的值：

$$\begin{cases} a_0=q_0 \\ a_1=\mathrm{v}_0 \\ a_2=\dfrac{3h-(2\mathrm{v}_0+\mathrm{v}_1)T}{T^2} \\ a_3=\dfrac{-2h+(\mathrm{v}_0+\mathrm{v}_1)T}{T^3} \end{cases} \tag{2.2}$$

基于上述结论可获得通过 n 个点序列并具有连续速度的轨迹。整段轨迹可分为 $n-1$ 段，每一段在 t_k 和 t_{k+1}时刻通过位置点 q_k 和 q_{k+1}，并且速度分别为 v_k 和 v_{k+1}。式（2.2）用于定义每一段中 $4(n-1)$个参数 a_{0k}、a_{1k}、a_{2k}、a_{3k}。

例 2.6 图 2.7（a）表示 $q_0=0$、$q_1=10$、$t_0=0$、$t_1=8$ 对应的位置、速度和加速度曲线(其中初始速度和最终速度均为 0)，图 2.7（b）则指定了 $v_0=-5$、$v_1=-10$。

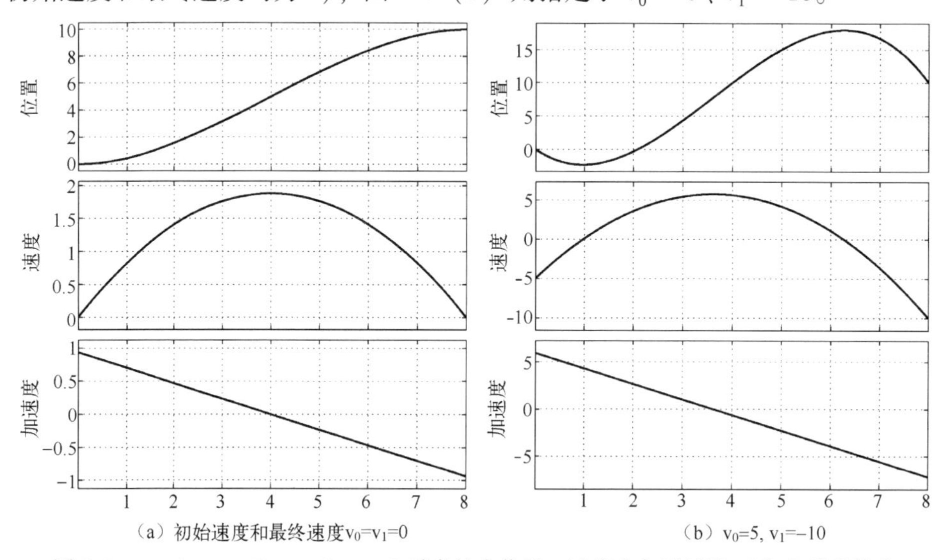

(a) 初始速度和最终速度$v_0=v_1=0$　　(b) $v_0=5$, $v_1=-10$

图 2.7 $q_0=0$、$q_1=10$、$t_0=0$、$t_1=8$ 对应的含位置、速度和加速度的三次多项式轨迹

例 2.7　图 2.8 表示多点轨迹对应的位置、速度和加速度曲线：

$$
\begin{array}{lllll}
t_0 = 0, & t_1 = 2, & t_2 = 4, & t_3 = 8, & t_4 = 10, \\
q_0 = 10, & q_1 = 20, & q_2 = 0, & q_3 = 30, & q_4 = 40, \\
\mathrm{v}_0 = 0, & \mathrm{v}_1 = -10, & \mathrm{v}_2 = 10, & \mathrm{v}_3 = 3, & \mathrm{v}_4 = 0
\end{array}
$$

在定义通过一系列途经点 $q_0,\cdots,q_n$ 的轨迹时，并不会指定所有中间点的速度。对于这种情况，中间点的速度值可采用启发式规则来确定，例如

$$
\begin{aligned}
&\mathrm{v}_0 \qquad (\text{给定的}) \\
&\mathrm{v}_k = \begin{cases} 0 & \operatorname{sign}(d_k) \neq \operatorname{sign}(d_{k+1}) \\ \frac{1}{2}(d_k + d_{k+1}) & \operatorname{sign}(d_k) = \operatorname{sign}(d_{k+1}) \end{cases} \\
&\mathrm{v}_n \qquad (\text{给定的})
\end{aligned}
\tag{2.3}
$$

其中，$d_k=(q_k-q_{k-1})/(t_k-t_{k-1})$，表示时刻 t_{k-1} 和 t_k 间的线段斜率；sign(·)表示符号函数。

例 2.8　例 2.7 中相同的点序列生成的轨迹信息如图 2.9 所示。这种情况下，其中间点的速度可通过式（2.3）获得。

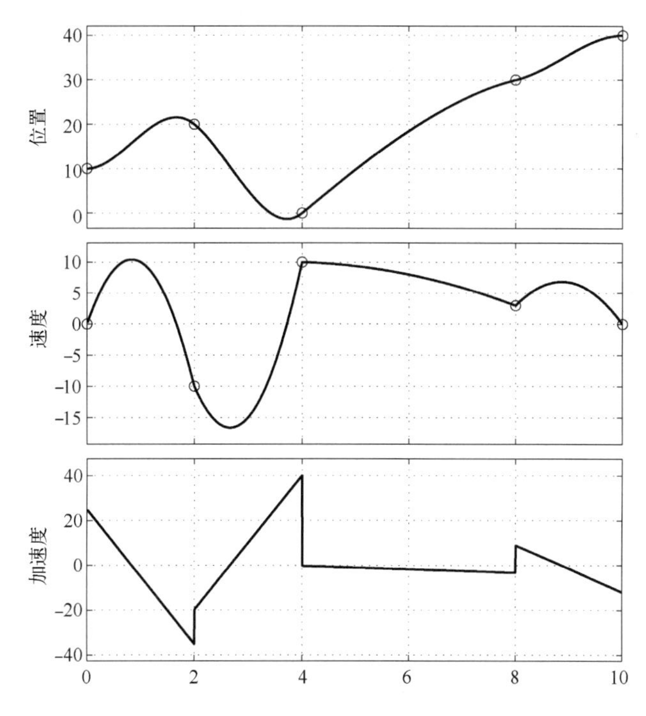

图 2.8　通过一系列途经点的三次多项式轨迹的位置、速度和加速度

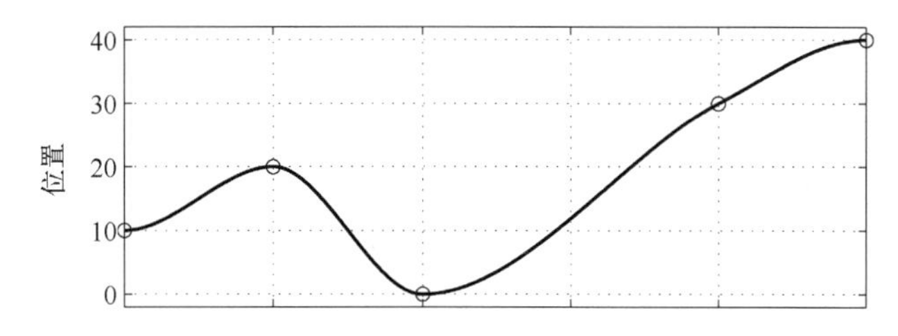

图 2.9　通过式（2.3）得到的一系列含中间点速度信息的三次多项式曲线（包括位置、速度和加速度约束条件）

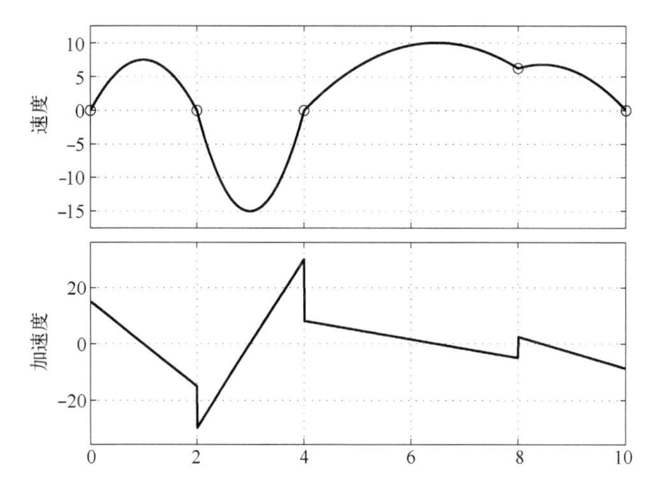

图 2.9　通过式（2.3）得到的一系列含中间点速度信息的三次多项式曲线(包括位置、速度和加速度约束条件)(续)

2.1.5　五次多项式曲线

由图 2.8 和图 2.9 可知，当将一系列途经点 $q_0,\cdots,q_n$ 拟合为三次多项式轨迹时，其对应的位置和速度是连续的，但是通常情况下加速度是不连续的。

尽管上述轨迹通常看上去足够“平滑”，但是加速度不连续会在某些应用中对运动链和惯性负载产生非期望的影响。尤其是在较小的时间内指定了高的加速度值（速度值）或者在执行系统中机械弹性较大。第 7 章将会详细探讨这些问题。

为了获得加速度连续的轨迹，除必须给定位置和速度的约束条件外，还必须指定加速度的初始值和最终值。因此，对应地存在六个边界约束条件（位置、速度和加速度），其对应的五次多项式如下所示：

$$q(t) = q_0 + a_1(t-t_0) + a_2(t-t_0)^2 + a_3(t-t_0)^3 + a_4(t-t_0)^4 + a_5(t-t_0)^5 \tag{2.4}$$

满足如下约束条件：

$$\begin{aligned} q(t_0) &= q_0, & q(t_1) &= q_1 \\ \dot{q}(t_0) &= \mathrm{v}_0, & \dot{q}(t_1) &= \mathrm{v}_1 \\ \ddot{q}(t_0) &= \mathrm{a}_0, & \ddot{q}(t_1) &= \mathrm{a}_1 \end{aligned}$$

因此，定义 $T=t_1-t_0$，其对应的多项式系数为

$$\begin{cases} a_0 = q_0 \\ a_1 = \mathrm{v}_0 \\ a_2 = \dfrac{1}{2}\mathrm{a}_0 \\ a_3 = \dfrac{1}{2T^3}[20h - (8\mathrm{v}_1 + 12\mathrm{v}_0)T - (3\mathrm{a}_0 - \mathrm{a}_1)T^2] \\ a_4 = \dfrac{1}{2T^4}[-30h + (14\mathrm{v}_1 + 16\mathrm{v}_0)T + (3\mathrm{a}_0 - 2\mathrm{a}_1)T^2] \\ a_5 = \dfrac{1}{2T^5}[12h - 6(\mathrm{v}_1 + \mathrm{v}_0)T + (\mathrm{a}_1 - \mathrm{a}_0)T^2] \end{cases} \tag{2.5}$$

例 2.9　在图 2.10 所示的五次多项式轨迹中，初始和终止条件为 $q_0=0$、$q_1=10$、$v_0=v_1=0$、$a_0=a_1=0$、$t_0=0$、$t_1=8$，对应的轨迹曲线如图 2.10（a）所示，$v_0=-5$、$v_1=-10$ 对应的轨迹曲线如图 2.10（b）所示。通过与图 2.7 对比可知，采用三次多项式曲线无法指定边界的加速度值。

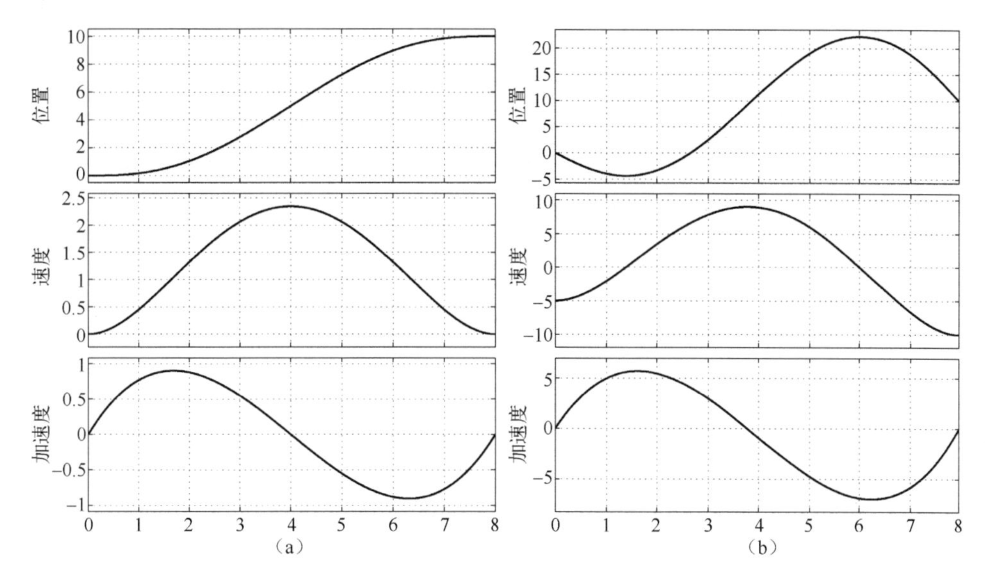

图 2.10　当 $q_0=0$、$q_1=10$、$v_0=v_1=0$、$a_0=a_1=0$、$t_0=0$、$t_1=8$、$v_0=-5$、$v_1=-10$时对应的位置、速度和加速度的五次多项式曲线

对于经过一系列点的运动而言，同样可以将式（2.3）的方式应用在三次多项式曲线中。

例 2.10　图 2.11 表示自动计算中间速度和并未指定中间加速度的五次多项式轨迹（对比图 2.9），注意到这种情况下提高了“平滑度”。

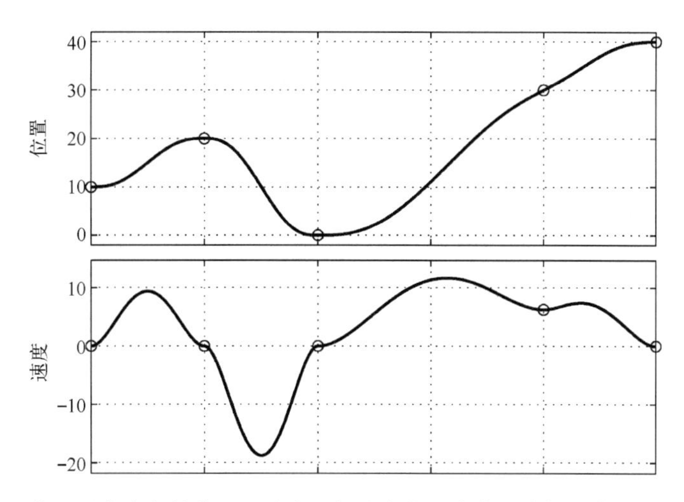

图 2.11　一个经过多个点的位置、速度和加速度的五次多项式轨迹曲线（对比图 2.9）

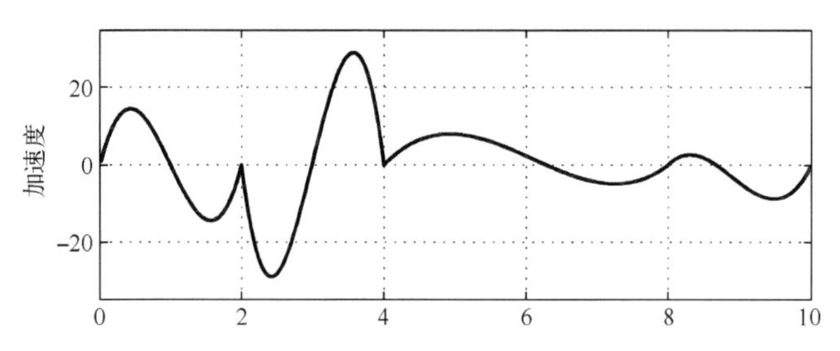

图 2.11　一个经过多个点的位置、速度和加速度的五次多项式轨迹曲线（对比图 2.9）（续）

2.1.6　七次多项式曲线

在某些特定情况下可能需要定义更高阶的多项式来获得更平滑的轨迹，如七次多项式：

$$q(t) = a_0 + a_1(t-t_0) + a_2(t-t_0)^2 + a_3(t-t_0)^3 + a_4(t-t_0)^4 + \\ + a_5(t-t_0)^5 + a_6(t-t_0)^6 + a_7(t-t_0)^7 \tag{2.6}$$

如上所示，这样的多项式可以指定 8 个边界约束条件：

$$\begin{array}{llll} q(t_0) = q_0, & \dot{q}(t_0) = \mathrm{v}_0, & \ddot{q}(t_0) = \mathrm{a}_0, & q^{(3)}(t_0) = \mathrm{j}_0, \\ q(t_1) = q_1, & \dot{q}(t_1) = \mathrm{v}_1, & \ddot{q}(t_1) = \mathrm{a}_1, & q^{(3)}(t_1) = \mathrm{j}_1 \end{array}$$

定义 $T=t_1-t_0$ 和 $h=q_1-q_0$，系数 a_i，$i=0,\cdots,7$ 如下所示：

$$\begin{cases} a_0 = q_0 \\ a_1 = \mathrm{v}_0 \\ a_2 = \dfrac{\mathrm{a}_0}{2} \\ a_3 = \dfrac{\mathrm{j}_0}{6} \\ a_4 = \dfrac{210h - T[(30\mathrm{a}_0 - 15\mathrm{a}_1)T + (4\mathrm{j}_0 + \mathrm{j}_1)T^2 + 120\mathrm{v}_0 + 90\mathrm{v}_1]}{6T^4} \\ a_5 = \dfrac{-168h + T[(20\mathrm{a}_0 - 14\mathrm{a}_1)T + (2\mathrm{j}_0 + \mathrm{j}_1)T^2 + 90\mathrm{v}_0 + 78\mathrm{v}_1]}{2T^5} \\ a_6 = \dfrac{420h - T[(45\mathrm{a}_0 - 39\mathrm{a}_1)T + (4\mathrm{j}_0 + 3\mathrm{j}_1)T^2 + 216\mathrm{v}_0 + 204\mathrm{v}_1]}{6T^6} \\ a_7 = \dfrac{-120h + T[(12\mathrm{a}_0 - 12\mathrm{a}_1)T + (\mathrm{j}_0 + \mathrm{j}_1)T^2 + 60\mathrm{v}_0 + 60\mathrm{v}_1]}{6T^7} \end{cases}$$

例 2.11　如图 2.12 所示的七次多项式，其边界约束条件为 $q_0=0$、$q_1=10$、$\mathrm{v}_0=\mathrm{v}_1=0$、$\mathrm{a}_0=\mathrm{a}_1=0$、$\mathrm{j}_0=0$、$\mathrm{j}_1=0$、$t_0=0$、$t_1=8$。

很显然，在通过一系列点的期望运动的情况下，可以考虑利用三次多项式或五次多项式来实现。

2.1.7　更高阶次的多项式

在某些特定的情况下，为满足更多的约束，如中间点处的速度、加速度、加加速度、加加加速度或更高导数阶约束，必须采用更高阶次的多项式曲线：

$$q_N(\tau) = a_0 + a_1\tau + a_2\tau^2 + a_3\tau^3 + \ldots + a_n\tau^n \tag{2.7}$$

假定单位位移 $h=q_1-q_0=1$ 和时间间隔 $T=\tau_1-\tau_0=1$（为简单起见，这里假设$\tau_0=0$）。

为了确定参数 a_i，可以定义如下的表达式：

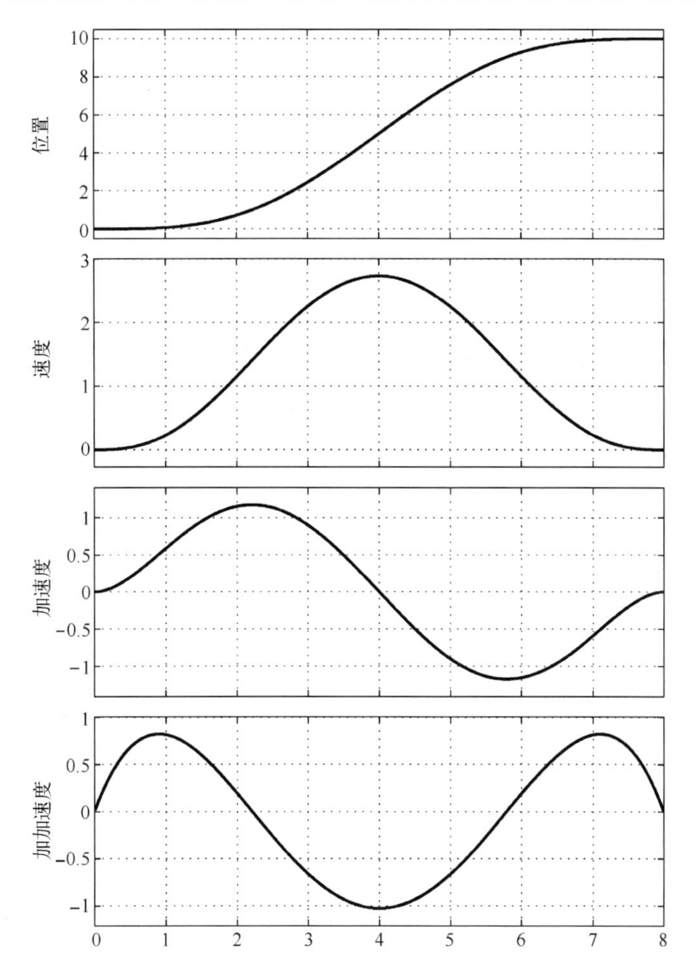

图 2.12　七次多项式轨迹的位置、速度、加速度和加加速度曲线（对比图 2.7 和图 2.10）

$$\boldsymbol{M}\,\boldsymbol{a}=\boldsymbol{b} \tag{2.8}$$

其中，$\boldsymbol{a}=[a_0,a_1,a_2,\cdots,a_n]^{\mathrm{T}}$；向量 $\boldsymbol{b}$ 包括了位置、速度和加速度等的边界条件，其形式如下所示[①]：

$$\boldsymbol{b}=[q_0,\mathrm{v}_0,\mathrm{a}_0,\mathrm{j}_0,\ldots,q_1,\mathrm{v}_1,\mathrm{a}_1,\mathrm{j}_1,\ldots]^T$$

最后，通过在式（2.7）中添加边界条件，结合式（2.8）可求解得到矩阵 $\boldsymbol{M}$。

（1）$a_0=0$：路经曲线的第一个点满足 $q_N(0)=0$。

（2）$a_1=\mathrm{v}_0,a_2=\mathrm{a}_0,a_3=\mathrm{j}_0,\cdots$：速度、加速度……等初始约束，通常对于 $q_N(\tau)$ 的导数有 n_{ci} 个初始约束。

（3）$\sum_{i=0}^{n}a_i=1$：多项式在最后一点满足 $q_N(1)=1$。

① 初始/最终速度、加速度…（$\mathrm{v}_{N_j},\mathrm{a}_{N_j},\cdots,j=1,0$）是根据“归一化”相应的边界条件 $\mathrm{v}_j,\mathrm{a}_j,\cdots$获得的，其满足 $q_{N_j}^{(k)}=\dfrac{q_j^{(k)}}{h/T^k}$，$q_j^{(k)}$ 表示从 q_0 到 $q_1(h=q_1-q_0)$ 在时间间隔 T 内对应期望轨迹 $q(t)$ 的 k 阶导数的给定约束。为简单起见，归一化的边界条件 $\mathrm{v}_{N_0},\mathrm{v}_{N_1}$ 在此表示为 $\mathrm{v}_0,\mathrm{v}_1,\mathrm{a}_0,\mathrm{a}_1,\cdots$。

（4）$\sum_{i=1}^{n} i a_i = \mathrm{v}_1$：速度的终止约束条件。

（5）$\sum_{i=2}^{n} i(i-1) a_i = \mathrm{a}_1$：加速度的终止约束条件。

（6）$\sum_{i=3}^{n} i(i-1)(i-2) a_i = \mathrm{j}_1$：加加速度的终止约束条件。

（7）$\sum_{i=d}^{n} \frac{i!}{(i-d)!} a_i = c_{d1}$：$q_N(\tau)$的第 d 阶导数的终止约束条件。

对于 n 次曲线 $q_N(\tau)$ 而言，其有 $n+1$ 个参数 a_i，因此 $\boldsymbol{M}$ 是$(n+1)\times(n+1)$矩阵，其中 $n+1=n_{ci}+n_{cf}+2$。参数 $\boldsymbol{a}$ 可通过公式 $\boldsymbol{a}=\boldsymbol{M}^{-1}\boldsymbol{b}$ 获得。对于某些 n 值（如 $n=18,19,\cdots$），在计算 $\boldsymbol{M}^{-1}$ 过程中会带来较大的数值问题。

基于上述原因，可以采用其他方法求解 a_i，从计算的角度而言其更加具有鲁棒性。事实上，可以尝试使用贝塞尔/伯恩斯坦形式来描述曲线，例如：

$$q_N(\tau) = \sum_{i=0}^{n} \binom{n}{i} \tau^i (1-\tau)^{n-i} p_i \qquad 0 \leqslant \tau \leqslant 1 \tag{2.9}$$

其中，$\binom{n}{i}$是二次项系数，被定义为

$$\binom{n}{i} = \frac{n!}{i!\,(n-i)!},$$

$\binom{n}{i}\tau^i(1-\tau)^{n-i}$是伯恩斯坦基多项式；$p_i$ 是控制点的标量系数，具体详见附录 B.3 节内容。很明显，式（2.7）和式（2.9）是等价的，并且两种形式可以表示同一曲线。因此，系数 a_i 和参数 p_i 之间的关系为

$$a_j = \frac{n!}{(n-j)!} \sum_{i=0}^{j} \frac{(-1)^{i+j}}{i!\,(j-i)!} p_i, \qquad j = 0,1,\ldots,n \tag{2.10}$$

以上介绍详见式（B.22）。式（2.9）中的参数 p_i 可通过在 $q_N(\tau)$ 上施加的边界条件计算得到：

$$\begin{array}{ll} q_N(0) = 0, & q_N(1) = 1 \\ \dot{q}_N(0) = \mathrm{v}_0, & \dot{q}_N(1) = \mathrm{v}_1 \\ \ddot{q}_N(0) = \mathrm{a}_0, & \ddot{q}_N(1) = \mathrm{a}_1 \\ \vdots & \vdots \end{array} \tag{2.11}$$

式（2.9）的一个有趣特性是：它允许独立解决在起点和终点处施加边界条件的两个问题［如果使用式（2.8），这些问题必须一起解决］。事实上，对于$\tau=0$ 和$\tau=1$，$q_N(\tau)$的导数为

$$\begin{cases} \dot{q}_N(0) &= n(-p_0+p_1) \\ \ddot{q}_N(0) &= n(n-1)(p_0-2p_1+p_2) \\ & \vdots \\ q_N^{(k)}(0) &= \frac{n!}{(n-k)!} \sum_{i=0}^{k} \binom{k}{i} (-1)^{k+i} p_i \end{cases} \tag{2.12}$$

$$\begin{cases} \dot{q}_N(1) &= n(p_n - p_{n-1}) \\ \ddot{q}_N(1) &= n(n-1)(p_n - 2p_{n-1} + p_{n-2}) \\ &\vdots \\ q_N^{(k)}(1) &= \dfrac{n!}{(n-k)!}\sum_{i=0}^{k}\dbinom{k}{i}(-1)^i p_{n-i} \end{cases} \tag{2.13}$$

如前所指，为满足所有约束条件，多项式的次数 n 必须至少等于 $n_{ci}+n_{cf}+1$。注意到式（2.12）的问题仅取决于前 $n_{ci}+1$ 个控制点 p_i 的值。同样地，式（2.13）的问题仅涉及最后 $n_{cf}+1$ 个控制点的值。

根据式（2.12）和显性约束条件 $q_N(0)=q_0$（此时 $q_0=0$），可以定义如下形式：

$$\boldsymbol{M}_0\boldsymbol{p}_0 = \boldsymbol{b}_0 \tag{2.14}$$

其中：

$$\boldsymbol{M}_0 = \begin{bmatrix} 1 & 0 & 0 & 0 & 0 & 0\ldots0 \\ -1 & 1 & 0 & 0 & 0 & 0\ldots0 \\ 1 & -2 & 1 & 0 & 0 & 0\ldots0 \\ -1 & 3 & -3 & 1 & 0 & 0\ldots0 \\ 1 & -4 & 6 & -4 & 1 & 0\ldots0 \\ & & \cdots & & & \end{bmatrix}, \quad \boldsymbol{b}_0 = \begin{bmatrix} 0 \\ \frac{\mathrm{v}_0}{n} \\ \frac{\mathrm{a}_0}{n(n-1)} \\ \frac{\mathrm{j}_0}{n(n-1)(n-2)} \\ \frac{\mathrm{s}_0}{n(n-1)(n-2)(n-3)} \\ \vdots \end{bmatrix}$$

和 $n_{ci}+1$ 个未知控制点构成的向量 $\boldsymbol{p}_0=[p_0,p_1,p_2,\cdots,p_{n_{ci}}]^T$，注意到矩阵 $\boldsymbol{M}_0$ 是一个三角矩阵，因此在求解 $\boldsymbol{p}_0$ 过程中所需的 $\boldsymbol{M}_0$ 求逆过程是数值鲁棒的。最后 $n_{cf}+1$ 个控制点 $\boldsymbol{p}_1=[p_n, p_{n-1},p_{n-2},\cdots,p_{n-n_{cf}}]^T$ 的解类似于式（2.14），此处第一个方程是 $q_N(1)=q_1=1$：

$$\boldsymbol{M}_1\boldsymbol{p}_1 = \boldsymbol{b}_1 \tag{2.15}$$

其中：

$$\boldsymbol{M}_1 = \begin{bmatrix} 1 & 0 & 0 & 0 & 0 & 0\ldots0 \\ 1 & -1 & 0 & 0 & 0 & 0\ldots0 \\ 1 & -2 & 1 & 0 & 0 & 0\ldots0 \\ 1 & -3 & 3 & -1 & 0 & 0\ldots0 \\ 1 & -4 & 6 & -4 & 1 & 0\ldots0 \\ & & \cdots & & & \end{bmatrix}, \quad \boldsymbol{b}_1 = \begin{bmatrix} 1 \\ \frac{\mathrm{v}_1}{n} \\ \frac{\mathrm{a}_1}{n(n-1)} \\ \frac{\mathrm{j}_1}{n(n-1)(n-2)} \\ \frac{\mathrm{s}_1}{n(n-1)(n-2)(n-3)} \\ \vdots \end{bmatrix}$$

一旦式（2.9）中所有的控制点（$\boldsymbol{p}=[p_0,p_1,\cdots,p_{n_{ci}},p_{n-n_{cf}},\cdots,p_{n-1},p_n]^T$）确定后，可根据式（2.10）得到式（2.7）的参数。

计算出上述参数后，可根据式（2.7）或式（2.9）得到归一化多项式 $q_N(\tau)$，它描述了两个一般点[(t_0,q_0)和(t_1,q_1)]间的运动：

$$q(t) = q_0 + q_N(\tau)\,h,\ \text{当}\ \tau = \frac{t-t_0}{T}\ \text{时} \tag{2.16}$$

其速度、加速度等为

$$\begin{cases} \dot{q}(t) &= \dot{q}_N(\tau)\dfrac{h}{T} \\ \ddot{q}(t) &= \ddot{q}_N(\tau)\dfrac{h}{T^2} \\ &\vdots \\ \dfrac{dq^d(t)}{dt^d} &= \dfrac{dq_N^d(\tau)}{d\tau^d}\dfrac{h}{T^d} \end{cases} \tag{2.17}$$

此部分也可参考5.2.1小节内容。

例2.12 假定多项式函数的系数定义如下：

$$q_0=10,\quad v_0=5,\quad a_0=0,\quad j_0=0,\quad s_0=0$$
$$q_1=30,\quad v_1=0,\quad a_1=10,\quad j_1=0,\quad s_1=0$$

其中，$t_0=1, t_1=5$。在上述例子中，多项式导数的边界条件为初始点为4、最终点也为4（$n_{ci}=n_{cf}=4$）。因此，多项式函数的次数n必须为9。为了确定Bézier / Bernstein多项式的系数p_i，有必要对约束进行归一化。当$h=q_1-q_0=20$和$T=t_1-t_0=4$时，根据归一化边界条件可得到：

$$q_0=0,\quad v_0=1,\quad a_0=0,\quad j_0=0,\quad s_0=0$$
$$q_1=1,\quad v_1=0,\quad a_1=8,\quad j_1=0,\quad s_1=0$$

因此，式（2.14）和式（2.15）中的矩阵$\boldsymbol{M}_j$和向量$\boldsymbol{b}_j$分别为

$$\boldsymbol{M}_0=\begin{bmatrix} 1 & 0 & 0 & 0 & 0 \\ -1 & 1 & 0 & 0 & 0 \\ 1 & -2 & 1 & 0 & 0 \\ -1 & 3 & -3 & 1 & 0 \\ 1 & -4 & 6 & -4 & 1 \end{bmatrix},\qquad \boldsymbol{b}_0=\begin{bmatrix} 0 \\ \frac{1}{9} \\ 0 \\ 0 \\ 0 \end{bmatrix}$$

$$\boldsymbol{M}_1=\begin{bmatrix} 1 & 0 & 0 & 0 & 0 \\ 1 & -1 & 0 & 0 & 0 \\ 1 & -2 & 1 & 0 & 0 \\ 1 & -3 & 3 & -1 & 0 \\ 1 & -4 & 6 & -4 & 1 \end{bmatrix},\qquad \boldsymbol{b}_1=\begin{bmatrix} 1 \\ 0 \\ \frac{1}{9} \\ 0 \\ 0 \end{bmatrix}$$

其控制点为

$$\boldsymbol{p}=\frac{1}{9}[0,\ 1,\ 2,\ 3,\ 4,\ 15,\ 12,\ 10,\ 9,\ 9]^T$$

相关归一化的轨迹为

$$q_N(\tau)=(1-\tau)^8\tau+8(1-\tau)^7\tau^2+28(1-\tau)^6\tau^3+56(1-\tau)^5\tau^4+ \\ 210(1-\tau)^4\tau^5+112(1-\tau)^3\tau^6+40(1-\tau)^2\tau^7+9(1-\tau)\tau^8+\tau^9$$

基于式（2.10），上述的轨迹的标准形式可重写为

$$q_N(\tau)=\tau+140\tau^5-504\tau^6+684\tau^7-415\tau^8+95\tau^9$$

$q_N(\tau)$的位置、速度和加速度如图2.13（a）所示。

最后，结合式（2.16）和（2.17）可得到期望轨迹（位移$h=20$、时间间隔$T=4$），其位置、速度和加速度曲线如图2.13（b）所示。

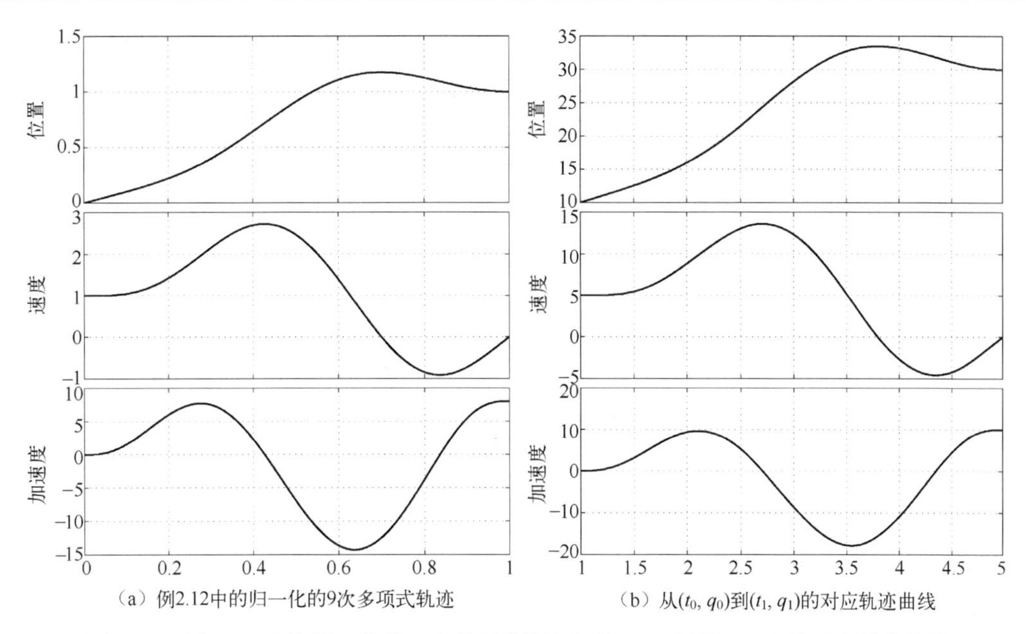

图 2.13　例 2.12 中的归一化的 9 次多项式轨迹与从(t_0,q_0)到(t_1,q_1)的对应轨迹曲线

若采用式（2.7）的标准形式，根据式（2.16）和式（2.17）可推导出多项式 $q(t)$ 及其导数的系数 a_i、T、h。实际上，我们也可以用 $b_{i,k}$来表示 $q^{(k)}(t)$系数，即

$$q^{(k)}(t)=\sum_{i=0}^{n-k} b_{i,k}\,(t-t_0)^i \tag{2.18}$$

则其位置、速度和加速度如下。

$$\begin{aligned}
&\text{位置：}\quad q(t)=\sum_{i=0}^{n} b_{i,0}(t-t_0)^i \quad\rightarrow\quad b_{i,0}=\begin{cases} q_0+h\,a_0, & i=0\\ \dfrac{h}{T^i}\,a_i, & i>0\end{cases}\\
&\text{速度：}\quad \dot{q}(t)=\sum_{i=0}^{n-1} b_{i,1}(t-t_0)^i \quad\rightarrow\quad b_{i,1}=(i+1)\,\frac{h}{T^{i+1}}\,a_{i+1}\\
&\text{加速度：}\quad \ddot{q}(t)=\sum_{i=0}^{n-2} b_{i,2}(t-t_0)^i \quad\rightarrow\quad b_{i,2}=(i+1)(i+2)\,\frac{h}{T^{i+2}}\,a_{i+2}\\
&\qquad\vdots\\
&\text{第}d\text{ 阶导数：}\quad q^{(d)}(t)=\sum_{i=0}^{n-d} b_{i,d}(t-t_0)^i \quad\rightarrow\quad b_{i,d}=\frac{(i+d)!}{i!}\,\frac{h}{T^{i+d}}\,a_{i+d}
\end{aligned} \tag{2.19}$$

需要特别注意的是边界条件为 0 的情况：

$$\begin{aligned}
\mathtt{v}_0&=0, & \mathtt{v}_1&=0\\
\mathtt{a}_0&=0, & \mathtt{a}_1&=0\\
\mathtt{j}_0&=0, & \mathtt{j}_1&=0\\
&\vdots & &\vdots
\end{aligned}$$

此时，定义式（2.9）的控制点［式（2.14）和式（2.15）的解］为

$$\boldsymbol{p}=[\underbrace{0,0,0,0,\ldots,0}_{n_{ci}+1},\underbrace{1,1,1,1,\ldots,1}_{n_{cf}+1}]^T$$

通过式（2.10）中的 p_i 可确定式（2.7）中的系数 a_i，而高达 21 次的多项式 $q_N(\tau)$ 系数如表 2.1 所示。

表 2.1　高达 21 次的多项式 q_N（τ）系数

	3	5	7	9	11	13	15	17	19	21
a_0	0	0	0	0	0	0	0	0	0	0
a_1	0	0	0	0	0	0	0	0	0	0
a_2	3	0	0	0	0	0	0	0	0	0
a_3	-2	10	0	0	0	0	0	0	0	0
a_4	—	-15	35	0	0	0	0	0	0	0
a_5	—	6	-84	126	0	0	0	0	0	0
a_6	—	—	70	-420	462	0	0	0	0	0
a_7	—	—	-20	540	-1980	1716	0	0	0	0
a_8	—	—	—	-315	3465	-9009	6435	0	0	0
a_9	—	—	—	70	-3080	20020	-40040	24310	0	0
a_{10}	—	—	—	—	1386	-24024	108108	-175032	92378	0
a_{11}	—	—	—	—	-252	16380	-163800	556920	-755820	352716
a_{12}	—	—	—	—	—	-6006	150150	-1021020	2771340	-3233230
a_{13}	—	—	—	—	—	924	-83160	1178100	-5969040	13430340
a_{14}	—	—	—	—	—	—	25740	-875160	8314020	-33256080
a_{15}	—	—	—	—	—	—	-3432	408408	-7759752	54318264
a_{16}	—	—	—	—	—	—	—	-109395	4849845	-61108047
a_{17}	—	—	—	—	—	—	—	12870	-1956240	47927880
a_{18}	—	—	—	—	—	—	—	—	461890	-25865840
a_{19}	—	—	—	—	—	—	—	—	-48620	9189180
a_{20}	—	—	—	—	—	—	—	—	—	-1939938
a_{21}	—	—	—	—	—	—	—	—	—	184756

表 2.1 中，每列为归一化多项式 $q_N(\tau)$ 的系数 $a_i(n=3,5,\cdots,21)$，其导数的零边界条件最高为 10 阶。多项式的次数 $n=2n_c+1$，即 n_c 为初始（或终止）条件的数量。

通过以上述方式得到的多项式函数（具有零边界条件且 $h=1,T=1$），具有如下的特性：

（1）$q_N(\tau)=1-q_N(1-\tau)$。

（2）$a_0=a_1=\cdots=a_{n_{ci}}=0$。

（3）$a_i\in\mathbb{N}$。

（4）$\operatorname{sign}(a_{n_{ci}+1})=1$，$\operatorname{sign}(a_{n_{ci}+2})=-1$，$\operatorname{sign}(a_{n_{ci}+3})=1$，$\cdots$。

（5）$\sum_{i=0}^{n}a_i=1$。

由表 2.1 中的系数可知，从式（2.19）可以很容易地计算出多项式中的归一化速度和加速度等参数$[\dot{q}_N(\tau),\ddot{q}_N(\tau),\cdots]$，或多项式$q(t),\dot{q}(t),\ddot{q}(t),\cdots,\dot{q}_N(\tau)$和$\ddot{q}_N(\tau)$的系数，如附录 A.1。

上述多项式的位置、速度、加速度和加加速度曲线如图 2.14 所示。注意到当曲线的平滑度增大时，对应的最大速度、加速度和加加速度也变大，如表 2.2 所示，其分别用 C_v、C_a 和 C_j 表示。

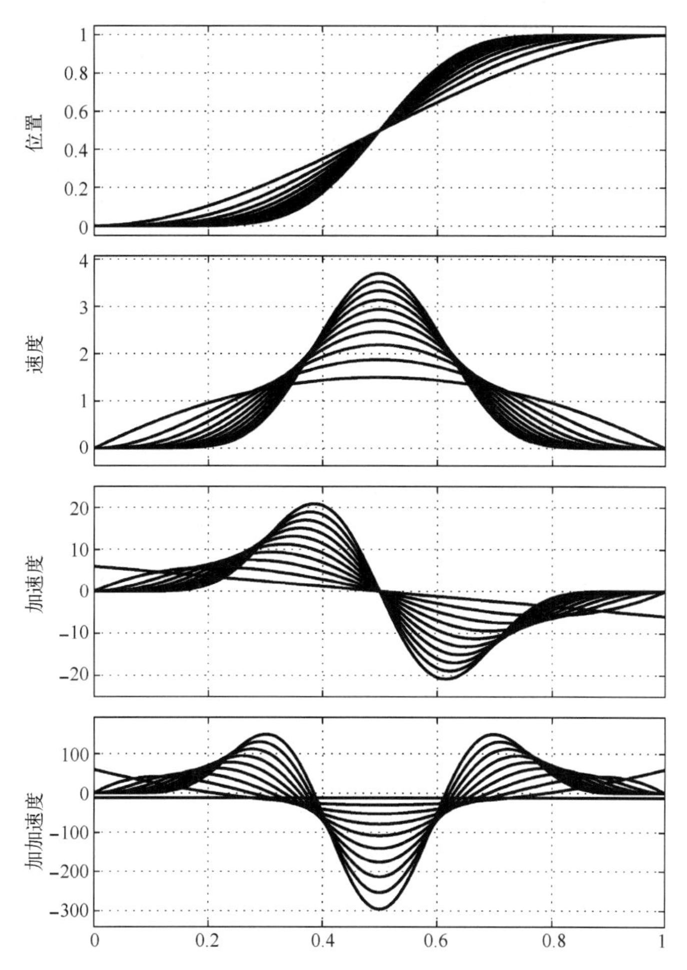

图 2.14　具有空边界条件的 3~21 次归一化多项式函数的位置、速度、加速度和加加速度曲线

表 2.2　3~21 次归一化多项式的速度(C_v)、加速度(C_a)和加加速度(C_j)：阶数越高的多项式，速度和加速度值越大

n	C_v	Δ%	C_a	Δ%	C_j	Δ%
3	1.5	0	6	0	12	0
5	1.875	25	5.7735	-3.78	60	400
7	2.1875	45.83	7.5132	25.22	52.5	337.5
9	2.4609	64.06	9.372	56.2	78.75	556.25

续表

n	C_v	Δ%	C_a	Δ%	C_j	Δ%
11	2.707	80.47	11.2666	87.78	108.2813	802.34
13	2.9326	95.51	13.1767	119.61	140.7656	1073.05
15	3.1421	109.47	15.0949	151.58	175.957	1366.31
17	3.3385	122.56	17.018	183.63	213.6621	1680.52
19	3.5239	134.93	18.9441	215.73	253.7238	2014.36
21	3.7001	146.68	20.8723	247.87	296.011	2366.76

例 2.13 定义一个多项式函数在 $t_0=1, t_1=5$ 时满足如下条件：

$$q_0 = 10,\quad v_0 = 0,\quad a_0 = 0,\quad j_0 = 0,\quad s_0 = 0$$
$$q_1 = 30,\quad v_1 = 0,\quad a_1 = 0,\quad j_1 = 0,\quad s_1 = 0$$

由于存在 10 个约束条件，因此多项式至少是 9 次。归一化后的多项式 $q_N(\tau)$ 对应的具有零边界条件的 Bezier/Bernstein 的表达式如下：

$$q_N(\tau) = 126(1-\tau)^4\tau^5 + 84(1-\tau)^3\tau^6 + 36(1-\tau)^2\tau^7 + 9(1-\tau)\tau^8 + \tau^9$$

由表 2.1 可知，标准多项式的系数 $\boldsymbol{a}=[a_0, a_1, \cdots, a_9]^T$ 为

$$\boldsymbol{a} = [0,\ 0,\ 0,\ 0,\ 0,\ 126,\ -420,\ 540,\ -315,\ 70]^T$$

根据式（2.16），位移 $h=20$ 和时间间隔 $T=4$ 对应的期望轨迹可表示为

$$q(t) = 10 + 20\left(126\tau^5 - 420\tau^6 + 540\tau^7 - 315\tau^8 + 70\tau^9\right),\quad 其中\ \tau = \left(\frac{t-1}{4}\right)$$

同理，由式（2.19）可知，$q(t)$ 及其导数可直接表示为

$$\begin{aligned}
q(t) &= 10 + 20\frac{126}{4^5}(t-1)^5 + 20\frac{-420}{4^6}(t-1)^6 + 20\frac{540}{4^7}(t-1)^7 + \\
&\quad +20\frac{-315}{4^8}(t-1)^8 + 20\frac{70}{4^9}(t-1)^9 \\
&= 10 + 2.4609(t-1)^5 - 2.0508(t-1)^6 + 0.6592(t-1)^7 + \\
&\quad -0.0961(t-1)^8 + 0.0053(t-1)^9 \\
\dot{q}(t) &= 5\cdot 20\frac{126}{4^5}(t-1)^4 + 6\cdot 20\frac{-420}{4^6}(t-1)^5 + 7\cdot 20\frac{540}{4^7}(t-1)^6 + \\
&\quad +8\cdot 20\frac{-315}{4^8}(t-1)^7 + 9\cdot 20\frac{70}{4^9}(t-1)^8 \\
&= 12.3047(t-1)^4 - 12.3047(t-1)^5 + 4.6143(t-1)^6 + \\
&\quad -0.7690(t-1)^7 + 0.0481(t-1)^8 \\
\ddot{q}(t) &= 5\cdot 4\cdot 20\frac{126}{4^5}(t-1)^3 + 6\cdot 5\cdot 20\frac{-420}{4^6}(t-1)^4 + 7\cdot 6\cdot 20\frac{540}{4^7}(t-1)^5 + \\
&\quad +8\cdot 7\cdot 20\frac{-315}{4^8}(t-1)^6 + 9\cdot 8\cdot 20\frac{70}{4^9}(t-1)^7 \\
&= 49.2188(t-1)^3 - 61.5234(t-1)^4 + 27.6855(t-1)^5 + \\
&\quad -5.3833(t-1)^6 + 0.3845(t-1)^7
\end{aligned}$$

上述函数对应图 2.15。

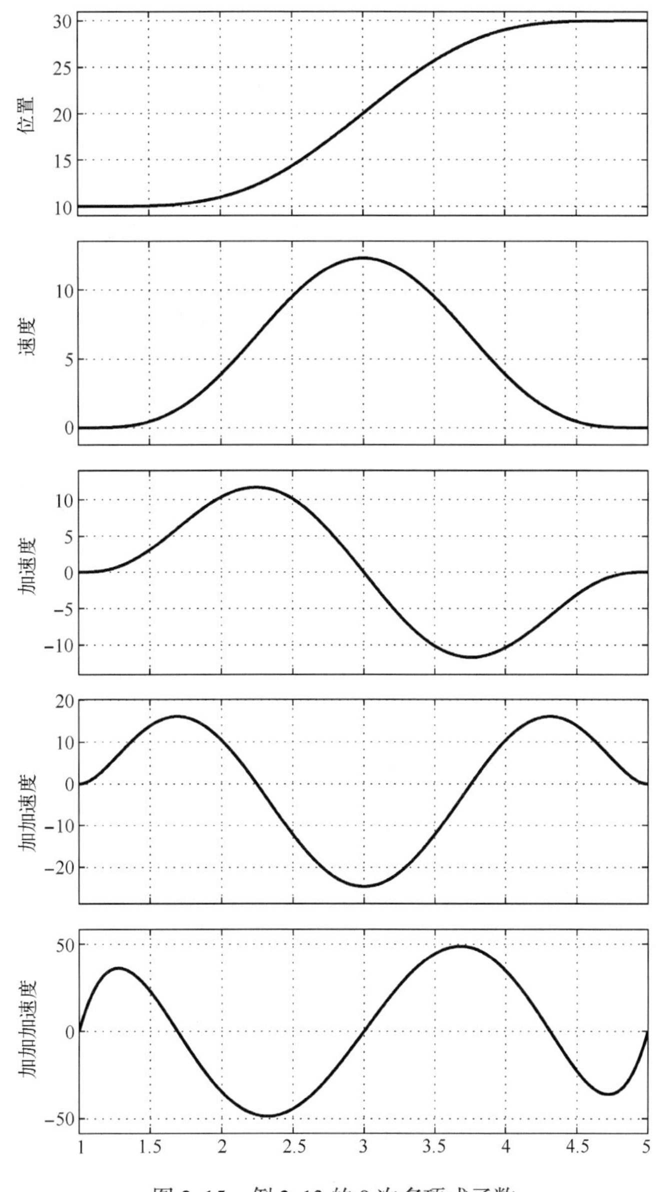

图 2.15　例 2.13 的 9 次多项式函数

如图 2.14 和表 2.2 所示，随着多项式 $q_N(\tau)$ 次数 n 的增大，其对应的速度、加速度和加加速度的最大值也在增大。如图 2.16 所示，C_v、C_a 和 C_j 的增长率分别与$\sqrt{n}$、n 和 n^2 成正比。

尽管从数值的角度来看，以 Bezier/Bernstein 形式定义的多项式的鲁棒性好，但是对于较大的 n 值（如 37、39……），多项式的计算结果会受到相关数值误差的影响，因此建议使用其他函数来定义平滑运动轮廓，如三角函数或指数函数。

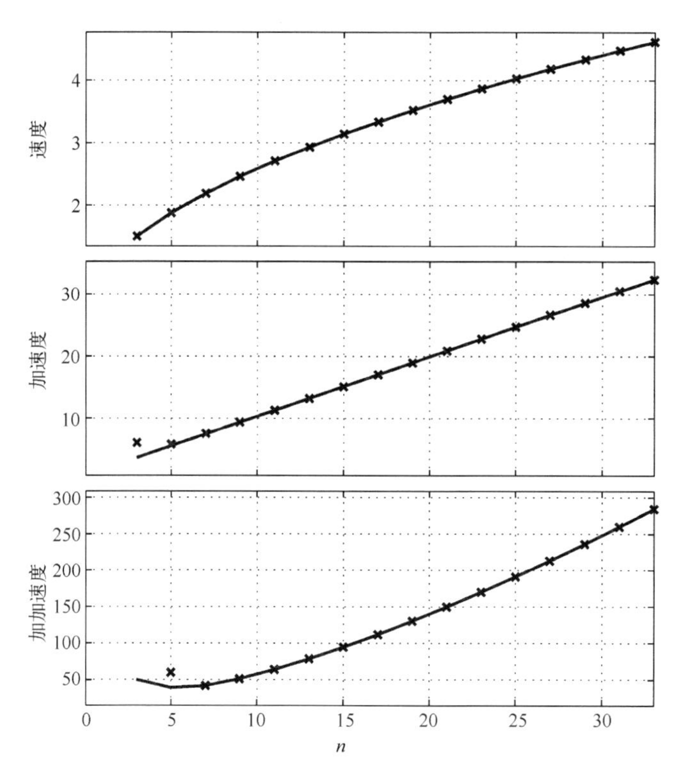

图 2.16 以 n 为函数（x 标记）绘制的无边界条件的 3~33 次对应的归一化多项式的速度、加速度和加加速度曲线的最大值[分别使用$\sqrt{n}$、n和n^2函数(实线)进行插值]

2.2 三角函数轨迹

本节将介绍基于三角函数的轨迹解析表达式，这些轨迹的任意阶导数在区间(t_0,t_1)上均是非零且连续的，但是这些函数在 t_0 和 t_1 处可能是不连续的。

2.2.1 谐波轨迹

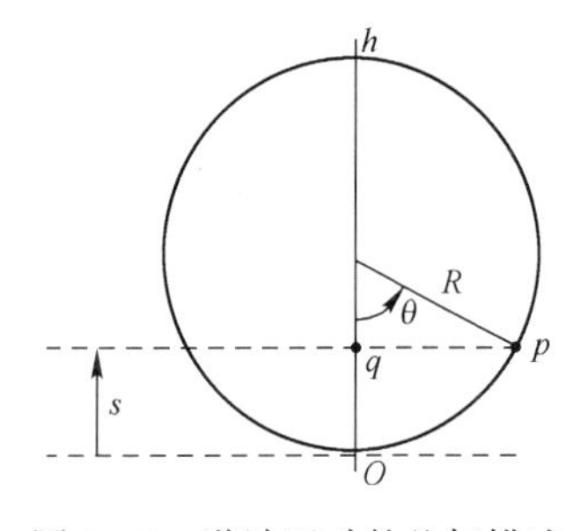

图 2.17 谐波运动的几何描述

谐波运动的特征是其加速度曲线和位置曲线成正比且符号相反，其数学公式也可通过图形推导得出，如图 2.17 所示。

设点 q 为点 p 在直径上的投影，如果点 p 以恒定的速度在圆上运动，则对应 q 的运动称为谐波运动，表示为

$$s(\theta) = R(1 - \cos\theta) \tag{2.20}$$

其中，R 为圆的半径。其实，谐波轨迹也可定义为以下形式：

$$q(t) = \frac{h}{2}\left(1 - \cos\frac{\pi(t - t_0)}{T}\right) + q_0 \tag{2.21}$$

其中，$h=q_1-q_0$ 和 $T=t_1-t_0$。因此由上式可得：

$$
\begin{cases}
\dot{q}(t) &= \dfrac{\pi h}{2T} \sin\left(\dfrac{\pi(t-t_0)}{T}\right) \\
\ddot{q}(t) &= \dfrac{\pi^2 h}{2T^2} \cos\left(\dfrac{\pi(t-t_0)}{T}\right) \\
q^{(3)}(t) &= -\dfrac{\pi^3 h}{2T^3} \sin\left(\dfrac{\pi(t-t_0)}{T}\right)
\end{cases}
$$

例 2.14　图 2.18 描述的是条件为 $t_0=0, t_1=8, q_0=0, q_1=10$ 时对应的谐波轨迹的位置、速度、加速度和加加速度。

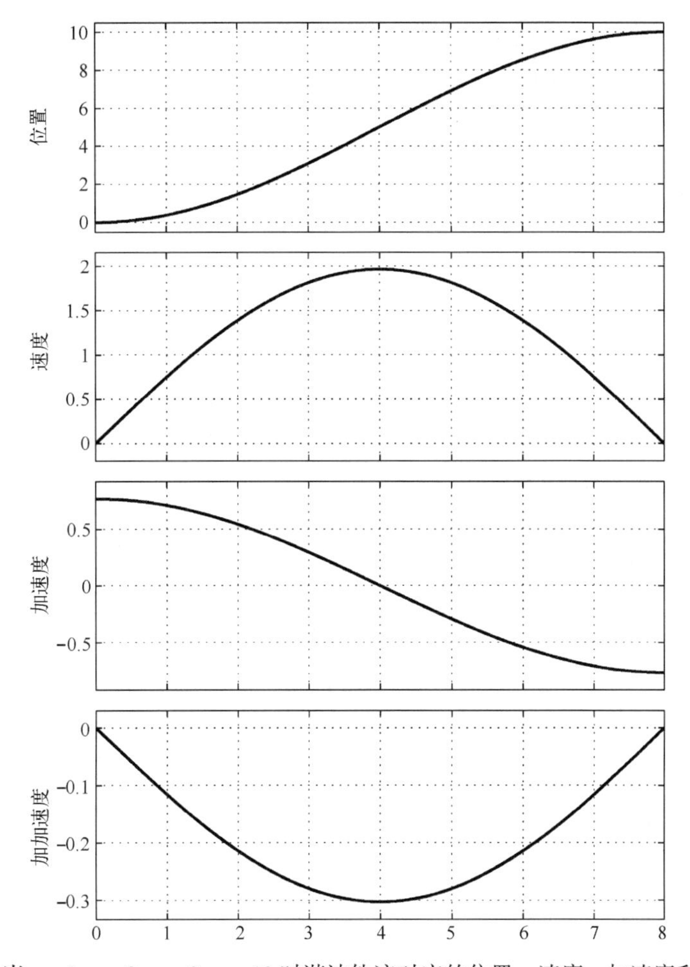

图 2.18　当 $t_0=0, t_1=8, q_0=0, q_1=10$ 时谐波轨迹对应的位置、速度、加速度和加加速度

2.2.2　摆线轨迹

如图 2.18 所示，由于谐波轨迹的加速度不连续，因此在 t_0 和 t_1 处会出现无限大的瞬间加加速度。如前所讨论，当在弹性机构中时，不连续的加速度可能会产生非期望的效果。如图 2.19 所示使用摆线轨迹可以获得连续的加速度曲线，其可以描述一个圆沿着圆周 h 滚动形成的直线。

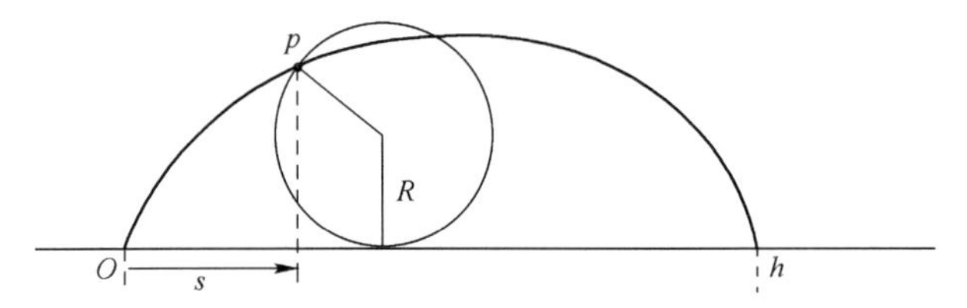

图 2.19 摆线运动的几何描述

$$\begin{aligned} q(t) &= (q_1 - q_0)\left(\frac{t-t_0}{t_1-t_0} - \frac{1}{2\pi}\ \sin\frac{2\pi(t-t_0)}{t_1-t_0}\right) + q_0 \\ &= h\left(\frac{t-t_0}{T} - \frac{1}{2\pi}\ \sin\frac{2\pi(t-t_0)}{T}\right) + q_0 \end{aligned} \tag{2.22}$$

进而可得：

$$\begin{aligned} \dot{q}(t) &= \frac{h}{T}\left(1 - \cos\frac{2\pi(t-t_0)}{T}\right) \\ \ddot{q}(t) &= \frac{2\pi h}{T^2}\ \sin\frac{2\pi(t-t_0)}{T} \\ q^{(3)}(t) &= \frac{4\pi^2 h}{T^3}\ \cos\frac{2\pi(t-t_0)}{T} \end{aligned}$$

在这种情况下，加速度在 $t=t_0, t_1$ 时为零，因此呈现出一条连续的曲线。

例 2.15 图 2.20 展示的是摆线轨迹的位置、速度、加速度和加加速度，其条件与前面的示例一致。

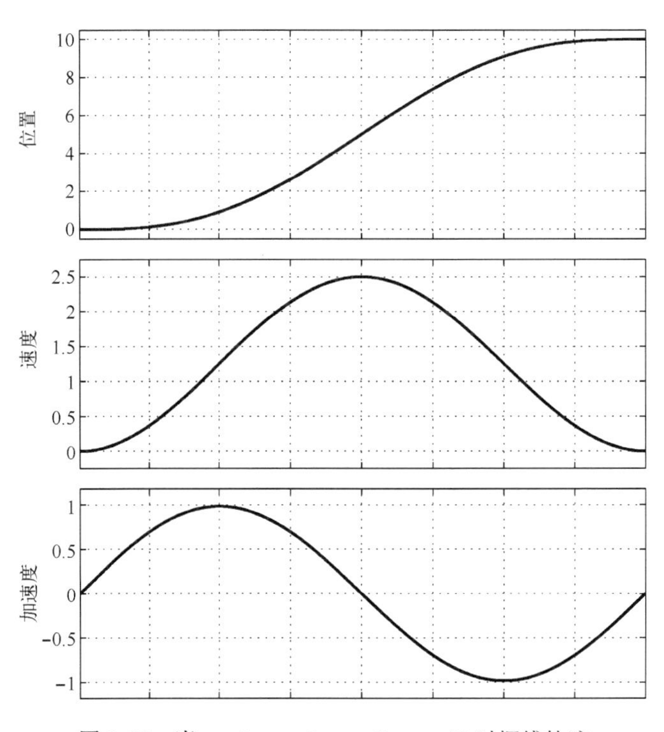

图 2.20 当 $t_0=0$、$t_1=8$、$q_0=0$、$q_1=10$ 时摆线轨迹对应的位置、速度、加速度和加加速度

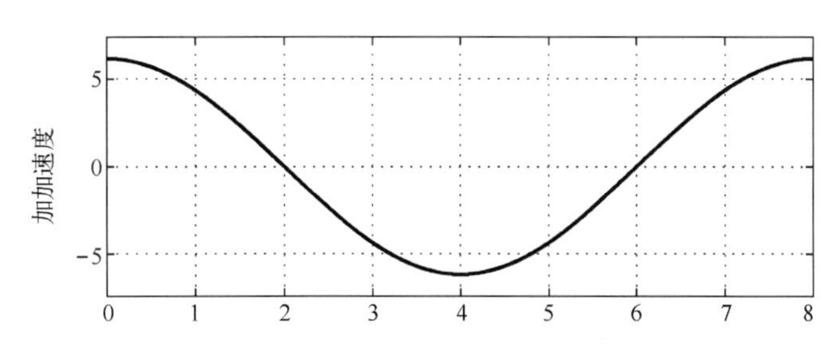

图 2.20　当 $t_0=0$、$t_1=8$、$q_0=0$、$q_1=10$ 时摆线轨迹对应的位置、速度、加速度和加加速度（续）

2.2.3　椭圆轨迹

如图 2.17 所示，可通过圆上移动的点在其直径上投影来描述谐波运动。椭圆运动是通过将在椭圆上移动的点投影在短轴上而获得的，其长度为 $h=q_1-q_0$，如图 2.21 所示。

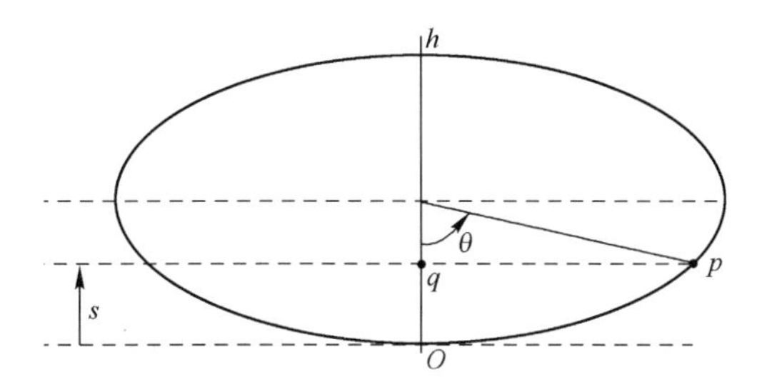

图 2.21　可通过圆上移动的点在其直径上投影描述谐波运动

其表达式为

$$q(t)=\frac{h}{2}\left(1-\frac{\cos\frac{\pi(t-t_0)}{T}}{\sqrt{1-\alpha\ \sin^2\frac{\pi(t-t_0)}{T}}}\right)+q_0 \tag{2.23}$$

其中，$a=\frac{n^2-1}{n^2}$，n 表示椭圆的长轴与短轴的比例，其速度和加速度为

$$\dot{q}(t)=\frac{\pi h}{2T}\ \frac{\sin\frac{\pi(t-t_0)}{T}}{n^2\ \sqrt{\left(1-\alpha\ \sin^2\frac{\pi(t-t_0)}{T}\right)^3}}$$

$$\ddot{q}(t)=\frac{\pi^2 h}{2T^2}\ \cos\left(\frac{\pi(t-t_0)}{T}\right)\ \frac{1+2\,\alpha\sin^2\frac{\pi(t-t_0)}{T}}{n^2\ \sqrt{\left(1-\alpha\ \sin^2\frac{\pi(t-t_0)}{T}\right)^5}}$$

显然，当 $n=1$ 时，椭圆轨迹退化为谐波轨迹。

例 2.16　图 2.22 展示了椭圆轨迹的位置、速度、加速度曲线。图 2.23 为不同 n 对应的轨迹的位置、速度和加速度曲线。注意到随着 n 的增大，速度和加速度的最大值也随之增大。

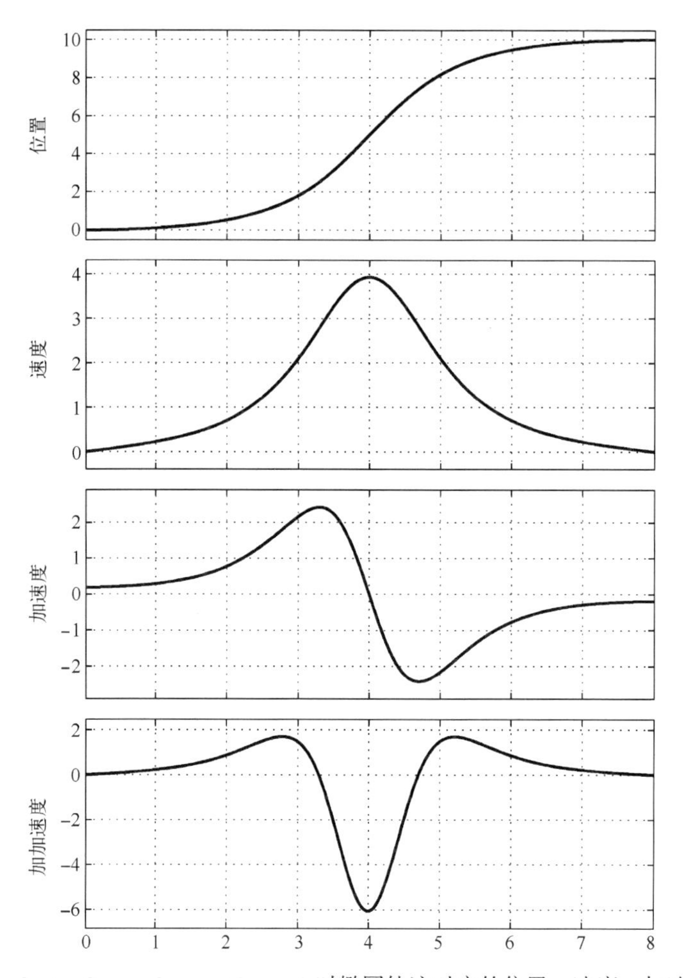

图 2.22 当 $t_0=0$、$t_1=8$、$q_0=0$、$q_1=10$、$n=2$ 时椭圆轨迹对应的位置、速度、加速度和加加速度

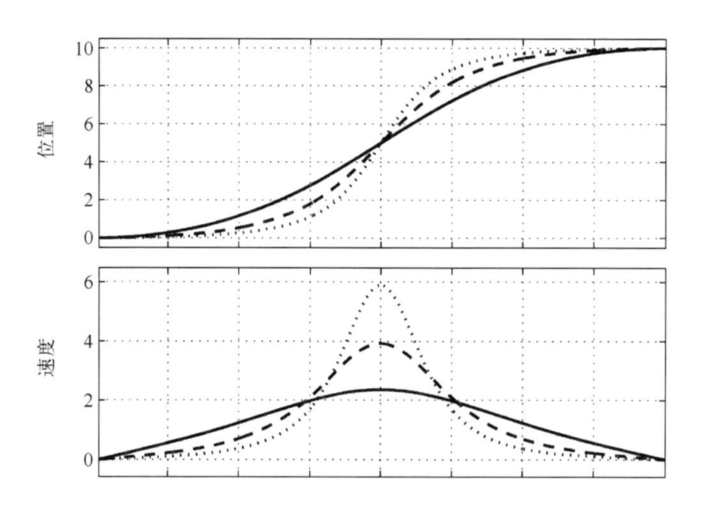

图 2.23 当 $n=1.2$（实线）、$n=2$（虚线）、$n=3$（点虚线）时对应的椭圆轨迹

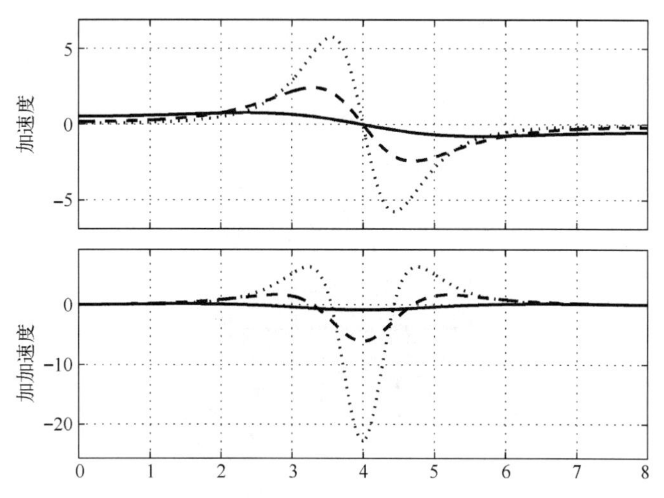

图 2.23　当 $n=1.2$（实线）、$n=2$（虚线）、$n=3$（点虚线）时对应的椭圆轨迹（续）

2.3　指数轨迹

正如第 7 章所述，应该将执行系统在设备上引起的固有振动降至最低。

这还涉及恰当运动曲线的选择，因为期望轨迹的不连续可能会导致施加力的不连续，甚至会由于机械系统本身的弹性效应而引起设备的振动。因此，引入平滑的轨迹可以解决上述要求[14]。

为了达到上述要求，可以考虑采用指数函数来表示轨迹的速度，即

$$\dot{q}(\tau) = \mathrm{v}_c\, e^{-\sigma\, f(\tau,\lambda)}$$

其中，σ 和 λ 为自由参数，$f(\tau,\lambda)$ 可选的函数为

$$f_a(\tau,\lambda) = \frac{(2\tau)^2}{|1-(2\tau)^2|^\lambda} \qquad \text{或} \qquad f_b(\tau,\lambda) = \frac{\sin^2 \pi\tau}{|\cos \pi\tau|^\lambda}$$

如果考虑归一化的运动曲线，即具有单位位移和时长，特别是在条件为 $q_0=-0.5$，$q_1=0.5$，$\tau_0=-0.5$，$\tau_1=0.5$ 的情况下，常数 v_c 可表达为

$$\mathrm{v}_c = \frac{1}{2\displaystyle\int_0^{\frac{1}{2}} -\sigma f(\tau,\lambda)d\tau}$$

此时，归一化运动 $q_N(\tau)$ 可以定义为

$$\begin{cases} q_N(\tau) = \mathrm{v}_c \displaystyle\int_0^\tau e^{-\sigma\, f(\tau,\lambda)}d\tau \\ \dot{q}_N(\tau) = \mathrm{v}_c\, e^{-\sigma\, f(\tau,\lambda)} \\ \ddot{q}_N(\tau) = -\mathrm{v}_c\, \sigma\, \dfrac{f(\tau,\lambda)}{d\tau} e^{-\sigma\, f(\tau,\lambda)} \end{cases} \tag{2.24}$$

函数 $f_a(\tau,\lambda)$ 或 $f_b(\tau,\lambda)$ 对实际运动轮廓的影响很小。因此，从计算的角度来看，$f_a(\tau,\lambda)$ 相对简单，所以在后续的讨论中选用 $f_a(\tau,\lambda)$ 来定义轨迹。更重要的是，可以通过设置 σ 和

λ的值来最大限度地减小加速度高频分量的最大振幅，从而减小设备产生的振动。对于不同的σ和λ，指数轨迹的最大值v_a如图 2.24 所示，其展示的是对于频率大于 5 Hz 对应的残余频谱$\ddot{q}_N$中v_a① 的最大值可以通过调节σ和λ获得。

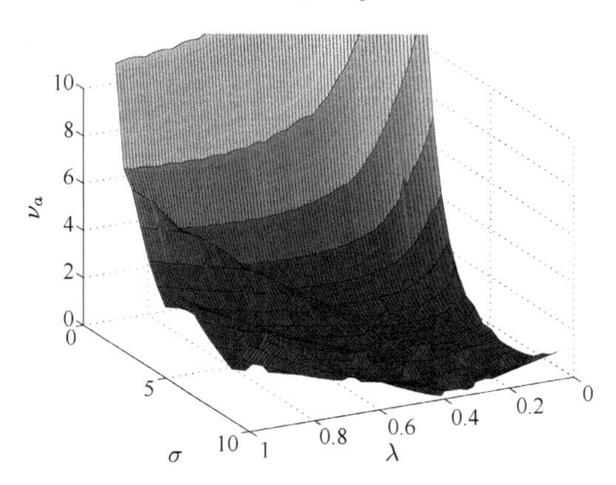

图 2.24　对于不同的σ和λ值，指数轨迹的最大值v_a

通过选取不同的σ和λ可获得相应的v_a，如表 2.3 所示，当$\lambda=0.19$和$\sigma=7.0$时，可以获得最小值$v_{a,min}=0.019$[14]。

表 2.3　通过选取不同的σ和λ可获得相应的v_a

σ	2.0	2.5	3.0	3.5	4.0	4.5	5.0	5.5	6.0	6.5	7.0	7.5
λ	0.61	0.49	0.41	0.34	0.29	0.25	0.22	0.19	0.18	0.18	0.19	0.28
v_a	4.364	2.736	1.697	1.034	0.625	0.370	0.217	0.125	0.071	0.039	0.019	0.043

假设一条轨迹的起点为q_0，终点为q_1，初始时刻为t_0，终点时刻为t_1，其中$h=q_1-q_0$，$T=t_1-t_0$，实际的位置$q(t)$、速度$\dot{q}(t)$和加速度$\ddot{q}(t)$可通过式（2.24）求得。
即

$$q(t)=q_0+h\left(\frac{1}{2}+q_N(\tau)\right),\qquad \dot{q}(t)=\frac{h}{T}\dot{q}_N(\tau),\qquad \ddot{q}(t)=\frac{h}{T^2}\ddot{q}_N(\tau)$$

其中，$\tau=\left(\frac{t-t_0}{T}-0.5\right)$（可见第 5 章内容）。

例 2.17　图 2.25 为满足如下条件的指数轨迹：

$$q_0=0,\quad q_1=10,\quad t_0=0,\quad t_1=8,\quad \lambda=0.20,\quad \sigma=7.1$$
$$q_0=0,\quad q_1=10,\quad t_0=0,\quad t_1=8$$

例 2.18　根据$q_0=0$、$q_1=10$、$t_0=0$、$t_1=8$和表 2.3 中所示的σ、λ值，可得到如图 2.26 所示的指数轨迹的位置、速度和加速度曲线。

① 残余频谱定义为高于给定阈值频率加速度频谱的最大振幅。

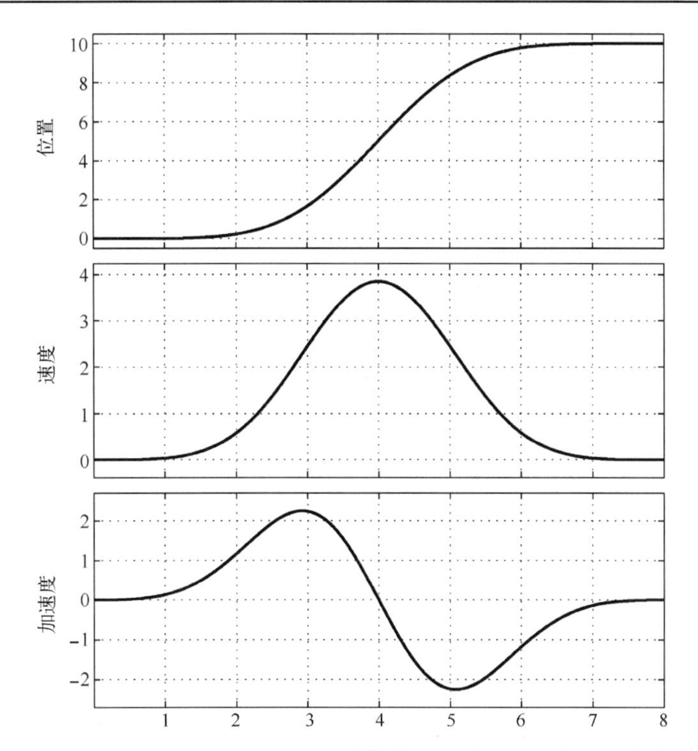

图 2.25　$\sigma=7.1$ 和 $\lambda=0.20$ 对应的指数轨迹的位置、速度和加速度曲线

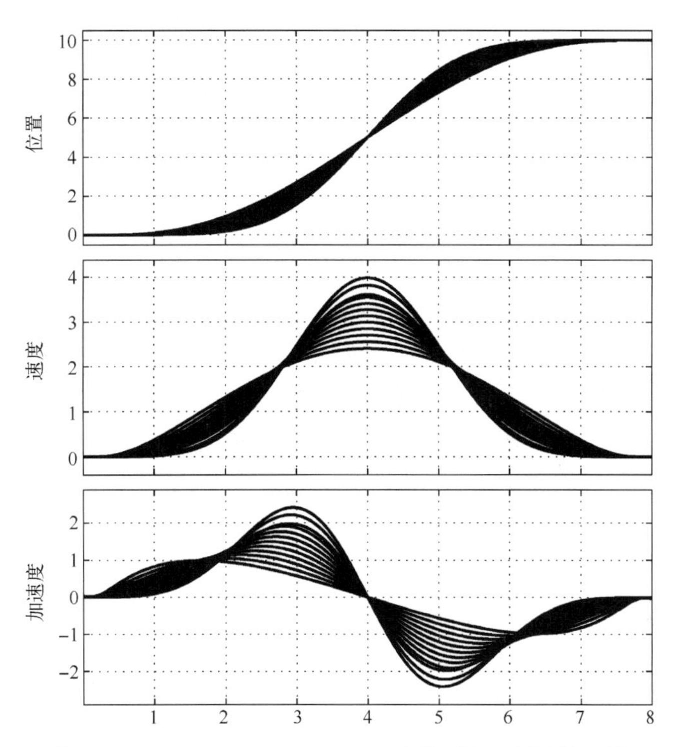

图 2.26　$q_0=0$、$q_1=10$、$t_0=0$、$t_1=8$ 及表 2.3 所示的 σ 和 λ 对应的指数轨迹的位置、速度和加速度曲线

如式（2.24）所示的计算公式，它包含了显式的积分函数。若 $q_N(\tau)$ 采用可变上限的积分进行计算，则它不适合在线生成运动曲线。它可以选择合适的次数 r 将函数 $q_N(\tau)$ 按级数进行展开：

$$\begin{cases} q_N(\tau) = a_0\ \tau + \sum_{k=1}^{r} a_{2k} \sin(2k\pi\tau) \\ \dot{q}_N(\tau) = a_0 + 2\pi \sum_{k=1}^{r} k a_{2k} \cos(2k\pi\tau) \\ \ddot{q}_N(\tau) = -4\pi^2 \sum_{k=1}^{r} k^2 a_{2k} \sin(2k\pi\tau) \end{cases}$$

其中，

$$a_0 = 1, \qquad a_{2k} = \frac{2}{\pi k} \int_0^{\frac{1}{2}} \dot{q}(\tau) \cos(2k\pi\tau)\ d\tau$$

2.4 基于傅里叶级数展开的轨迹

除了位置曲线及其给定阶数导数的连续性，以及其他的边界条件等显性条件，基于傅里叶级展开的轨迹还可以实现其他目标。其中，可以通过最小化加速度曲线的幅值，以避免由于机械结构的惯性力或振动效果二队负载产生作用。

通常，加速度的振幅最小化与曲线的连续性相反：不连续的加速度曲线将加速度的峰值最小化。但是另外一方面，由于相关惯性力的不连续，可能产生振荡或振动。例如，对于梯形速度轨迹（将在第 3 章介绍），在其他条件相同的情况下，加速度的值越小，谐波值越大，而这通常会增大机械结构的振动。相反，摆线轨迹的特征在于谐波值越低，加速度值越大。可以定义代表这两个特征的折中轨迹作为案例，考虑从前面各节中所示的运动曲线中根据傅里叶级数展开得到轨迹。

众所周知，在时域中定义的信号 $x(t)$ 在频域ω中可通过傅里叶变换 $X(\omega)=F\{x(t)\}$ 来描述，参见附录 D。另一方面，值得注意的是，高速自动化设备的轨迹通常是循环的基本运动，因此轨迹 $q(t)$ 可假设为周期性的。在此假设下，可以通过傅里叶级数展开来分析 $q(t)$。

傅里叶级数是一种用于分析周期函数的数学工具，该方法将其分解为正弦分量函数的加权总和，有时称为标准的傅里叶模式或简化的傅里叶模式。给定分段连续函数 $x(t)$，周期为 T，在区间$[-T/2,T/2]$上平方可积，即

$$\int_{-T/2}^{T/2} |x(t)|^2\, dt < +\infty$$

相关的傅里叶级数表达式为

$$x(t) = \frac{1}{2}a_0 + \sum_{k=1}^{\infty}[a_k \cos(k\omega_0 t) + b_k \sin(k\omega_0 t)]$$

其中，函数的基频$\omega_0=2\pi/T$（rad/s），适应任何非负整数 k。

$$a_k = \frac{2}{T}\int_{-T/2}^{T/2} x(t)\cos(k\omega_0 t)\, dt \quad x(t)\ \text{的偶数傅里叶系数}$$

$$b_k = \frac{2}{T}\int_{-T/2}^{T/2} x(t)\sin(k\omega_0 t)\,dt \quad x(t)\text{ 的奇数傅里叶系数}$$

傅里叶级数展开式的另一种表达形式为

$$x(t) = v_0 + \sum_{k=1}^{\infty} v_k \cos(k\omega_0 t - \varphi_k) \tag{2.25}$$

其中，

$$v_0 = \frac{a_0}{2}, \qquad v_k = \sqrt{a_k^2 + b_k^2}, \qquad \varphi_k = \arctan\left(\frac{b_k}{a_k}\right)$$

式（2.25）将信号定义为常数项（v_0）和无限多个在频率 kw_0处正弦函数（谐波函数的线性组合）；v_k 表示 $x(t)$上第 k 次谐波函数的权重，其相位为 φ_k。从实际角度来看，信号的最大频率对应于最大的 k，其中 $v_k \neq 0$。根据信号的傅里叶级数展开，可了解其在频域中的特性。

规划运动曲线的基本思路是：基于前面所述的方法对函数 $q(t)$进行傅里叶级数展开，然后根据前 N 项级数定义新的轨迹 $q(t)$。以这种方式可以在频域中获得呈现特定属性的函数，可参见 7.3 节内容。

2.4.1　Gutman 1-3

将 2.1.2 小节中的抛物线曲线进行傅里叶级数展开，且仅考虑前两个项，可获得以下轨迹[15]：

$$\begin{cases} q(t) &= q_0 + h\left(\dfrac{(t-t_0)}{T} - \dfrac{15}{32\pi}\sin\dfrac{2\pi(t-t_0)}{T} - \dfrac{1}{96\pi}\sin\dfrac{6\pi(t-t_0)}{T}\right) \\ \dot{q}(t) &= \dfrac{h}{T}\left(1 - \dfrac{15}{16}\cos\dfrac{2\pi(t-t_0)}{T} - \dfrac{1}{16}\cos\dfrac{6\pi(t-t_0)}{T}\right) \\ \ddot{q}(t) &= \dfrac{h\pi}{8T^2}\left(15\sin\dfrac{2\pi(t-t_0)}{T} + 3\sin\dfrac{6\pi(t-t_0)}{T}\right) \\ q^{(3)}(t) &= \dfrac{h\pi^2}{4T^3}\left(15\cos\dfrac{2\pi(t-t_0)}{T} + 9\cos\dfrac{6\pi(t-t_0)}{T}\right) \end{cases}$$

其中，h 表示位移；T 表示时间间隔。最大的加速度为 $5.15h/T^2$，比抛物线轨迹的最大加速度（$4h/T^2$）大 28.75%，比摆线轨迹的最大加速度（$2\pi h/T^2$）小 18.04%。另一方面，轨迹频率相比于抛物线曲线频率要低，而比摆线曲线要高。

例 2.19　图 2.27 展示的是满足条件 $h=20$、$T=10(q_0=0$、$t_0=0)$的 Gunman 1-3 轨迹的位置、速度、加速度和加加速度曲线。

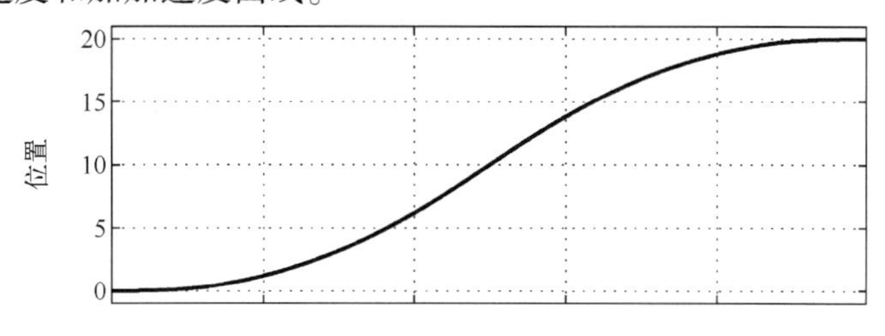

图 2.27　满足条件 $h=20$、$T=10(q_0=0$、$t_0=0)$的 Gunman 1-3轨迹的位置、速度、加速度和加加速度曲线

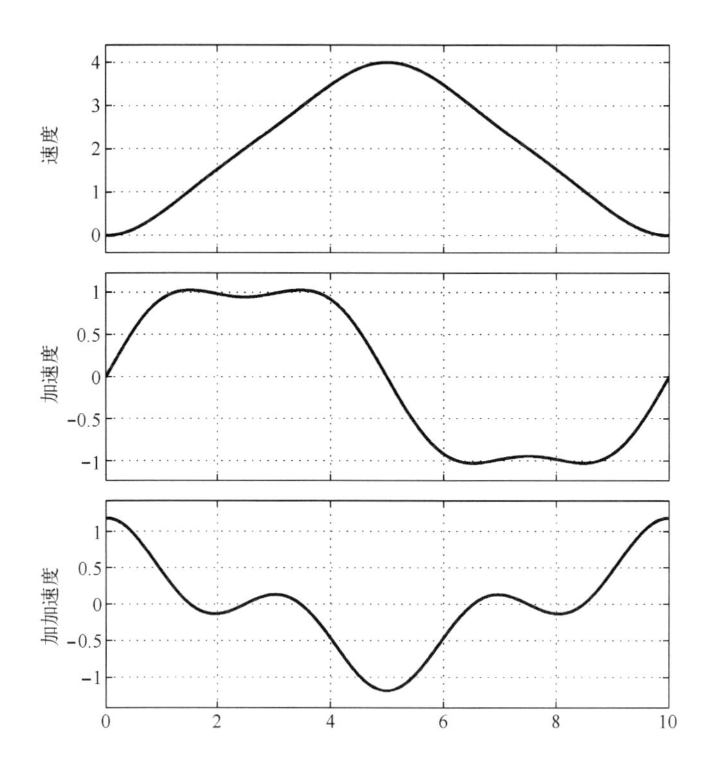

图 2.27 满足条件 $h=20$、$T=10(q_0=0$、$t_0=0)$ 的 Gunman 1-3 轨迹的位置、速度、加速度和加加速度曲线(续)

2.4.2 Freudenstein 1-3

与前面的情况一致，仅考虑抛物线轨迹对应傅里叶级数展开的第一项和第三项，但是轨迹定义为[16]：

$$
\begin{cases}
q(t) &= q_0+\dfrac{h(t-t_0)}{T}-\dfrac{h}{2\pi}\left(\dfrac{27}{28}\sin\dfrac{2\pi(t-t_0)}{T}+\dfrac{1}{84}\sin\dfrac{6\pi(t-t_0)}{T}\right)\\
\dot{q}(t) &= \dfrac{h}{T}\left(1-\dfrac{27}{28}\cos\dfrac{2\pi(t-t_0)}{T}-\dfrac{1}{28}\cos\dfrac{6\pi(t-t_0)}{T}\right)\\
\ddot{q}(t) &= \dfrac{2\pi h}{T^2}\left(\dfrac{27}{28}\sin\dfrac{2\pi(t-t_0)}{T}+\dfrac{3}{28}\sin\dfrac{6\pi(t-t_0)}{T}\right)\\
q^{(3)}(t) &= \dfrac{4\pi^2 h}{T^3}\left(\dfrac{27}{28}\cos\dfrac{2\pi(t-t_0)}{T}+\dfrac{9}{28}\cos\dfrac{6\pi(t-t_0)}{T}\right)
\end{cases}
$$

此轨迹的最大加速度为 $5.39h/T^2$，比抛物线轨迹大 34.75%，比摆线轨迹小 14.22%。

例 2.20 图 2.28 展示的是满足条件 $h=20$、$T=10(q_0=0$、$t_0=0)$ 的 Freudenstein 1-3 轨迹的位置、速度、加速度和加加速度曲线。

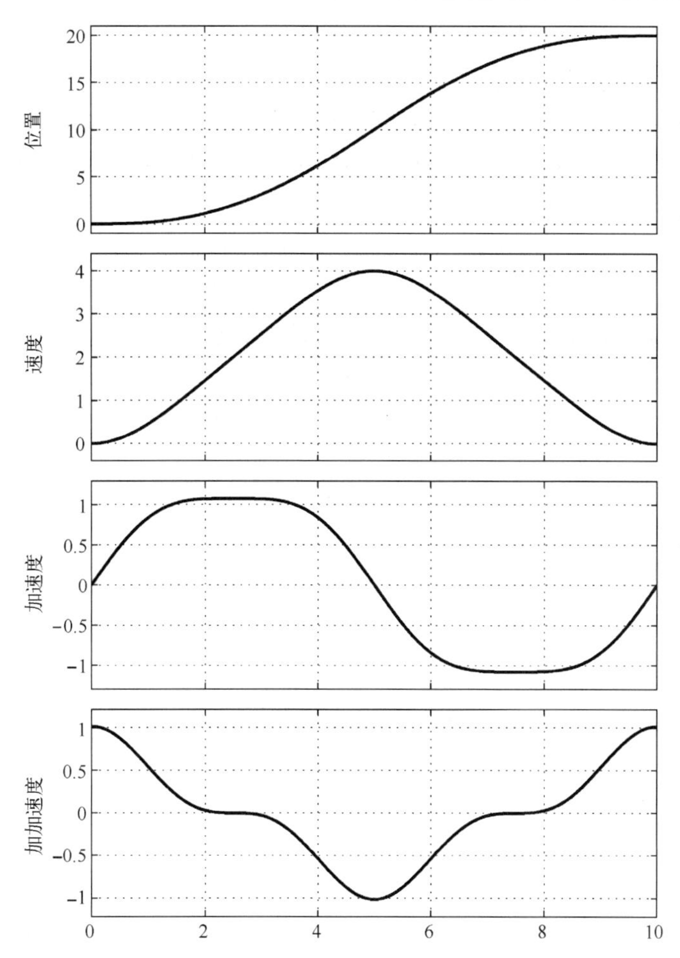

图 2.28 满足条件 $h=20$、$T=10(q_0=0$、$t_0=0)$ 的 Freudenstein 1-3轨迹的位置、速度、加速度和加加速度曲线

2.4.3 Freudenstein 1-3-5

轨迹被定义为

$$\begin{cases} q(t) = q_0 + \dfrac{h(t-t_0)}{T} - \dfrac{h}{2\pi}\alpha\left(\sin\dfrac{2\pi(t-t_0)}{T} + \dfrac{1}{54}\sin\dfrac{6\pi(t-t_0)}{T} + \dfrac{1}{1250}\sin\dfrac{10\pi(t-t_0)}{T}\right) \\ \dot{q}(t) = \dfrac{h}{T}\left[1-\alpha\left(\cos\dfrac{2\pi(t-t_0)}{T} + \dfrac{1}{18}\cos\dfrac{6\pi(t-t_0)}{T} + \dfrac{1}{250}\cos\dfrac{10\pi(t-t_0)}{T}\right)\right] \\ \ddot{q}(t) = \dfrac{2\pi h}{T^2}\alpha\left(\sin\dfrac{2\pi(t-t_0)}{T} + \dfrac{1}{6}\sin\dfrac{6\pi(t-t_0)}{T} + \dfrac{1}{50}\sin\dfrac{10\pi(t-t_0)}{T}\right) \\ q^{(3)}(t) = \dfrac{4\pi^2 h}{T^3}\alpha\left(\cos\dfrac{2\pi(t-t_0)}{T} + \dfrac{1}{2}\cos\dfrac{6\pi(t-t_0)}{T} + \dfrac{1}{10}\cos\dfrac{10\pi(t-t_0)}{T}\right) \end{cases}$$

其中，$a=\dfrac{1125}{1192}=0.9438$。此轨迹的最大加速度为 $5.06h/T^2$，比抛物线曲线大 26.5%，比摆线曲线小 19.47%。

例 2.21 图 2.29 展示的是满足条件 $h=20$、$T=10$($q_0=0$、$t_0=0$)的 Freudenstein 1-3-5 轨迹的位置、速度、加速度和加加速度曲线。

如果考虑傅里叶级数展开式图 2.29 中的更多项，则可以获得加速度值更低、频率更高的曲线。但如第 7 章所述，这可能会在机械结构中产生非期望的振动，因此必须在低加速度和相关频率带宽之间做折中。

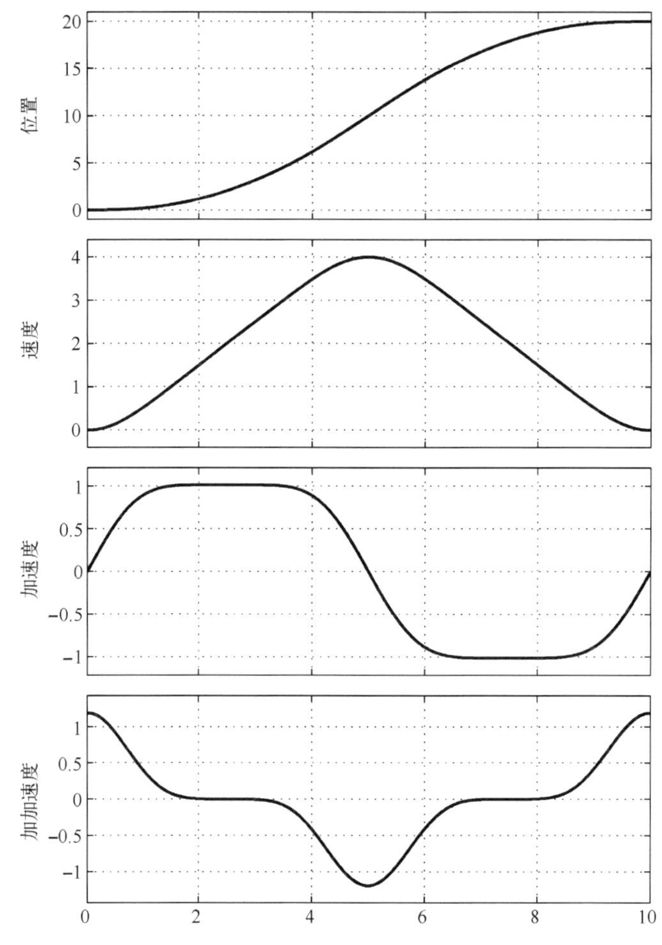

图 2.29 满足条件 $h=20$、$T=10(q_0=0, t_0=0)$ 的 Freudenstein 1-3-5轨迹的位置、速度、加速度和加加速度曲线

根据经验法则可将轨迹的最大频率限制为 $w_r/10$，即 w_r 是所考虑的机械结构的最低共振频率。例如，截取傅里叶级数展开式中的前 N 项，其中 $N=\text{floor}\left(\dfrac{w_r/10}{w_0}\right)$，$w_0=2\pi/T$，$T$ 为轨迹的周期，floor(x)是取值小于或等于 x 的最大整数。

第3章　基本轨迹的组合

通常，对表征基本轨迹的函数进行适当组合可获得实用的运动曲线。事实上，我们可能不仅要求所合成的连续函数同时具备连续的给定阶数的导数，而且还会关注诸如最大加速度或加加速度最小值在内的其他特征。本章将对第2章中所介绍的函数进行适当合成而获得一系列在工业实践中应用广泛的轨迹，如“梯形速度”轨迹或“双S”轨迹。

3.1　圆弧混成的线性轨迹

2.1.1小节所介绍的恒速轨迹因不能保证速度与加速度曲线的连续性（运动始末处具有无限幅值的冲击量）而无法用于实践。因此，为获得至少速度连续的曲线，可在轨迹的初始与终止处引入圆弧过渡来改进，如图3.1所示。此时，圆弧的半径等于位移$h=q_1-q_0$，圆心分别位为$(0,h)$和$(T,0)$。其中，$T=t_1-t_0$。

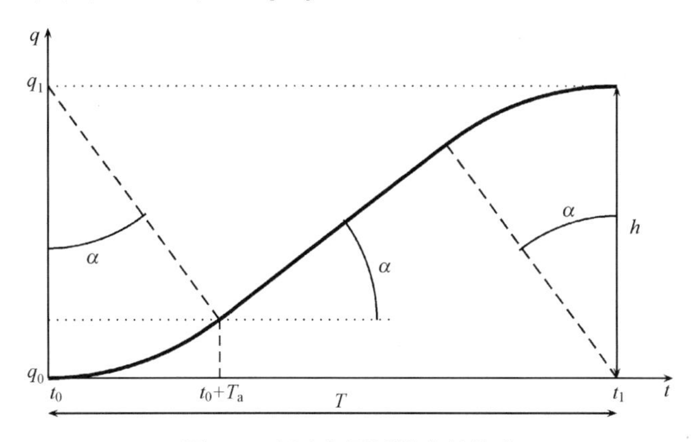

图3.1　恒速与圆弧混合的轨迹

如图3.1所示轨迹分成了3段：加速段、恒速段与减速段。加速段与减速段具有相同的时长$T_a=h\sin\alpha$（α的定义如下），因此圆弧段与线性部分相连（切线方向）。轨迹可由下列方程描述：

1）$t_0\leqslant t<t_0+T_a$

$$\begin{cases} q_a(t)=h\left(1-\sqrt{1-\dfrac{(t-t_0)^2}{h^2}}\right)+q_0 \\ \dot{q}_a(t)=\dfrac{t-t_0}{\sqrt{h^2-(t-t_0)^2}} \\ \ddot{q}_a(t)=\dfrac{h^2}{\sqrt{[h^2-(t-t_0)^2]^3}} \end{cases}$$

2）$t_0+T_a\leqslant t<t_1-T_a$

$$\begin{cases} q_b(t) = a_0 + a_1(t - t_0) \\ \dot{q}_b(t) = a_1 \\ \ddot{q}_b(t) = 0 \end{cases}$$

3） $t_1 - T_a \leqslant t < t_1$

$$\begin{cases} q_c(t) = q_0 + \sqrt{h^2 - (t_1 - t)^2} \\ \dot{q}_c(t) = \dfrac{t_1 - t}{\sqrt{h^2 - (t_1 - t)^2}} \\ \ddot{q}_c(t) = -\dfrac{h^2}{\sqrt{[h^2 - (t_1 - t)^2]^3}} \end{cases}$$

基于 $t = t_a = t_0 + T_a$ 时刻的位置与速度连续性条件可确定参数 a_0 与 a_1：

$$\begin{cases} q_a(t_a) = q_b(t_a) \\ \dot{q}_a(t_a) = \dot{q}_b(t_a) \end{cases} \qquad t_a = t_0 + T_a$$

由速度连续性，可导出：

$$a_1 = \frac{h\sin\alpha}{\sqrt{h^2 - h^2 \sin\alpha^2}} = \frac{h\sin\alpha}{h\cos\alpha} = \tan\alpha$$

而由位置连续性可得：

$$\left(1 - \sqrt{1 - \frac{h^2 \sin\alpha^2}{h^2}}\right) + q_0 = a_0 + h\tan\alpha\,\sin\alpha$$

进而：

$$a_0 = h\frac{\cos\alpha - 1}{\cos\alpha} + q_0$$

最后，参数 α 可由图 3.1 所示的简单几何关系计算得到：

$$\tan\alpha = \frac{h - 2h(1 - \cos\alpha)}{T - 2h\sin\alpha}$$

其中，仅考虑[0,π/2]范围内的解：

$$\alpha = \arccos\frac{2h^2 + T\sqrt{T^2 - 3h^2}}{h^2 + T^2}$$

注意，为满足圆弧半径等于 h 的假设，时长 T 应满足约束：

$$T \geqslant \sqrt{3}\,h = \sqrt{3}\,(q_1 - q_0)$$

例 3.1　图 3.2 所示为满足条件 $t_0 = 2$、$t_1 = 8$、$q_0 = 5$、$q_1 = 8$ 的由恒速与圆弧相连而成的轨迹的位置、速度和加速度曲线。

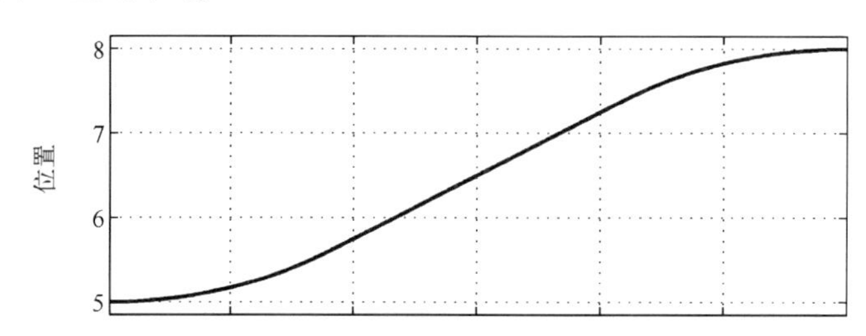

图 3.2　满足条件 $t_0 = 2$、$t_1 = 8$、$q_0 = 5$、$q_1 = 8$ 的由恒速与圆弧相连而成的轨迹的位置、速度和加速度曲线

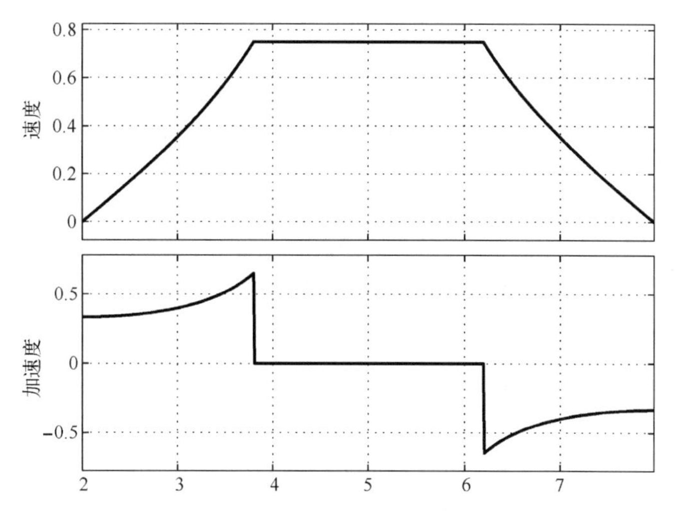

图 3.2　满足条件 $t_0=2$、$t_1=8$、$q_0=5$、$q_1=8$ 的由恒速与圆弧相连而成的轨迹的位置、速度和加速度曲线（续）

3.2　抛物线混成的线性轨迹（梯形）

使用带抛物线混成的线性运动是获取速度连续轨迹的常用方法，这类运动轨迹具有梯形速度曲线的典型特征。

该轨迹分成了 3 部分，假设位移方向为正，即 $q_1>q_0$[①]，第一部分，加速度为正且恒定，因此速度为时间的线性函数，位置为抛物线。第二部分，加速度等于零，速度恒定，位置为时间的线性函数。第三部分，加速度为负且恒定，速度线性递减，位置再次为二次多项式函数，如图 3.3 所示。对于此类轨迹，通常假设加速段时长 T_a 与减速段时长 T_d 相等。

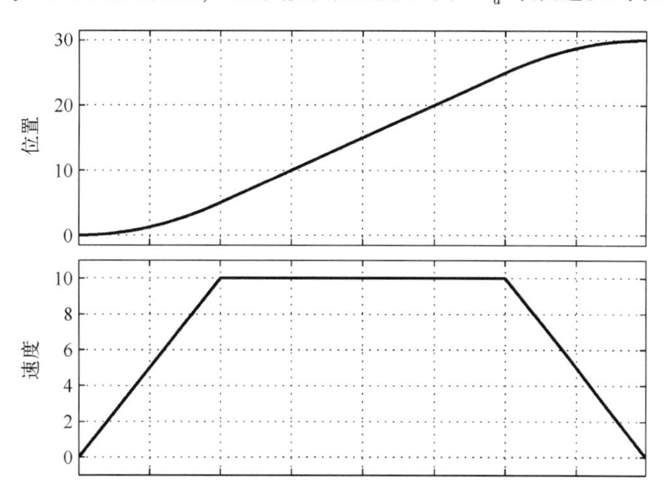

图 3.3　带抛物线混成的线性轨迹的位置、速度和加速度

① 若 $q_1<q_0$，本章节介绍的全部关系在经过对加速度符号与速度符号的适当改变后依旧成立，详情见 3.4.2 小节内容。

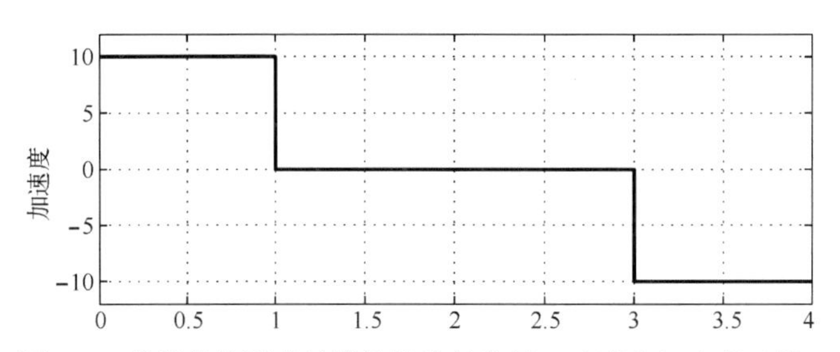

图 3.3 带抛物线混成的线性轨迹的位置、速度和加速度（续）

若 $t_0=0$，轨迹计算如下。

（1）加速段，$t\in[0,T_a]$。位置、速度和加速度可表示为

$$\begin{cases} q(t) = a_0 + a_1 t + a_2 t^2 \\ \dot{q}(t) = a_1 + 2a_2 t \\ \ddot{q}(t) = 2a_2 \end{cases} \tag{3.1}$$

参数 a_0、a_1、a_2 由初始位置 q_0 与速度 v_0 的约束，以及加速段结束时所期望的恒速 v_v 的约束而确定，若初始速度为零，则

$$\begin{cases} a_0 = q_0 \\ a_1 = 0 \\ a_2 = \dfrac{\mathrm{v}_v}{2T_a} \end{cases}$$

本段中，加速度恒定且其值为 v_v/T_a。

（2）恒速段，$t\in[T_a,t_1-T_a]$。此时，位置、速度和加速度定义为

$$\begin{cases} q(t) = b_0 + b_1 t \\ \dot{q}(t) = b_1 \\ \ddot{q}(t) = 0 \end{cases} \tag{3.2}$$

其中，由连续性因素：

$$b_1 = \mathrm{v}_v$$

且：

$$q(T_a) = q_0 + \frac{\mathrm{v}_v T_a}{2} = b_0 + \mathrm{v}_v T_a$$

从中：

$$b_0 = q_0 - \frac{\mathrm{v}_v T_a}{2}$$

（3）减速段，$t\in[t_1-T_a,t_1]$。位置、速度和加速度为

$$\begin{cases} q(t) = c_0 + c_1 t + c_2 t^2 \\ \dot{q}(t) = c_1 + 2c_2 t \\ \ddot{q}(t) = 2c_2 \end{cases} \tag{3.3}$$

此时，参数由终止位置 q_1 和终止速度 v_1，以及减速段起始速度 v_v 的条件而确定，当终止速度为零时，有：

$$\begin{cases} c_0 = q_1 - \dfrac{\mathrm{v}_v t_1^2}{2T_a} \\ c_1 = \dfrac{\mathrm{v}_v t_1}{T_a} \\ c_2 = -\dfrac{\mathrm{v}_v}{2T_a} \end{cases}$$

综上所述，考虑到一般情况 $t_0\neq 0$，轨迹（位置级）可定义为

$$q(t)=\begin{cases} q_0+\dfrac{\mathrm{v}_v}{2T_a}(t-t_0)^2, & t_0\leqslant t<t_0+T_a \\ q_0+\mathrm{v}_v\left(t-t_0-\dfrac{T_a}{2}\right), & t_0+T_a\leqslant t<t_1-T_a \\ q_1-\dfrac{\mathrm{v}_v}{2T_a}(t_1-t)^2, & t_1-T_a\leqslant t\leqslant t_1 \end{cases} \tag{3.4}$$

例 3.2　图 3.3 所示为典型的梯形速度轨迹在条件 $q_0=0$、$q_1=30$、$t_0=0$、$t_1=4$、$T_a=1$、$\mathrm{v}_v=10$ 下的位置、速度和加速度曲线。

注意，为确保梯形轨迹定义的合理性，还需要指定若干个附加条件。例如，加速和减速周期 T_a 应满足条件 $T_a\leqslant T/2=(t_1-t_0)/2$。此外，还有诸如驱动系统的最大速度与最大加速度条件等，显然，这些条件影响到了轨迹的可行性。

在任何情况下，给定的条件都应满足一定的几何约束。例如，在 $t=t_0+T_a$ 时刻的速度连续性条件有：

$$\mathrm{a}_aT_a=\frac{q_m-q_a}{T_m-T_a},\qquad \text{其中，}\quad \begin{cases} q_a=q(t_0+T_a) \\ q_m=(q_1+q_0)/2\quad (=q_0+h/2) \\ T_m=(t_1-t_0)/2\quad (=T/2) \end{cases}$$

其中，a_a 为第一阶段中的恒定加速度值，由式

$$q_a=q_0+\frac{1}{2}\mathrm{a}_aT_a^2$$

结合上述两式易得：

$$\mathrm{a}_aT_a^2-\mathrm{a}_a(t_1-t_0)T_a+(q_1-q_0)=0 \tag{3.5}$$

此外：

$$\mathrm{v}_v=\frac{q_1-q_0}{t_1-t_0-T_a}=\frac{h}{T-T_a}$$

满足式（3.5）的任意一对 (a_a,T_a) 都是可考虑的。例如，指定 T_a，则可相应地计算出加速度（与速度）。若选取 $T_a=(t_1-t_0)/3$，可得下值：

$$\mathrm{v}_v=\frac{3(q_1-q_0)}{2(t_1-t_0)}=\frac{3h}{2T},\qquad \mathrm{a}_a=\frac{9(q_1-q_0)}{2(t_1-t_0)^2}=\frac{9h}{2T^2}$$

若以该方式获取的速度相对于驱动系统过高，即 $\mathrm{v}_v>\mathrm{v}_{max}$，则需要减小 T_a [并根据式（3.5）调整 a_a]，或增大 T（轨迹的持续时间）。同样地，若加速度的值过大，即 $\mathrm{a}_a>\mathrm{a}_{max}$，则需要相应地增大 T_a。

3.2.1　预设加速度的轨迹

另一种定义预设加速度轨迹的方法是可以对期望加速度 a_a 的最大值赋值，进而再计算加速和减速周期 T_a。其实，由式（3.5）可知，若 a_a 已知，则加速周期为

$$T_a=\frac{\mathrm{a}_a(t_1-t_0)-\sqrt{\mathrm{a}_a^2(t_1-t_0)^2-4\mathrm{a}_a(q_1-q_0)}}{2\mathrm{a}_a} \tag{3.6}$$

由该方程同时可得加速度的最小值：

$$\mathrm{a}_a\geqslant\frac{4(q_1-q_0)}{(t_1-t_0)^2}=\frac{4h}{T^2} \tag{3.7}$$

若选取$a_a=4h/T^2$，则$T_a=\frac{1}{2}(t_1-t_0)$，且所得轨迹为2.1.2小节中介绍的抛物线轨迹。

3.2.2 预设加速度和速度的轨迹

通过如下设定，可得到满足预设加速度与速度期望值条件（$a_a=a_{max}$，$v_a=v_{max}$）的轨迹：

$$\begin{cases} T_a = \dfrac{v_{max}}{a_{max}} & \text{加速时间} \\ v_{max}(T-T_a) = q_1 - q_0 = h & \text{位移} \\ T = \dfrac{h a_{max} + v_{max}^2}{a_{max} v_{max}} & \text{总时长} \end{cases} \tag{3.8}$$

于是（令$t_1=t_0+T$）：

$$q(t)=\begin{cases} q_0+\dfrac{1}{2}a_{max}(t-t_0)^2 & t_0\leqslant t\leqslant t_0+T_a \\ q_0+a_{max}T_a\left(t-t_0-\dfrac{T_a}{2}\right) & t_0+T_a<t\leqslant t_1-T_a \\ q_1-\dfrac{1}{2}a_{max}(t_1-t)^2 & t_1-T_a<t\leqslant t_1 \end{cases} \tag{3.9}$$

此时，线性部分（恒速段）当且仅当：

$$h\geqslant \frac{v_{max}^2}{a_{max}}$$

时存在，若该条件不成立，则：

$$\begin{cases} T_a = \sqrt{\dfrac{h}{a_{max}}} & \text{加速时间} \\ T = 2T_a & \text{运行总时间} \\ v_{max} = a_{max}T_a = \sqrt{a_{max}h} = \dfrac{h}{T_a} & \text{最大速度} \end{cases}$$

那么（$t_1=t_0+T$）：

$$q(t)=\begin{cases} q_0+\dfrac{1}{2}a_{max}(t-t_0)^2 & t_0\leqslant t\leqslant t_0+T_a \\ q_1-\dfrac{1}{2}a_{max}(t_1-t)^2 & t_1-T_a<t\leqslant t_1 \end{cases} \tag{3.10}$$

该方式中，并未指定q_0至q_1的运行总时长T，而是根据加速度和速度的给定值计算所得。

3.2.3 多梯形轨迹的同步

协调多执行器时，所有运动应根据运行最慢的或具有最大位移量的那个来定义。例如，考虑多执行器的运动需满足同一最大加速度与最大速度约束的情况。此时，该最大加速度a_{max}会被限定为用于具有最大行程量的执行器，然后结合上节公式计算其加速周期T_a及总时长T。一旦上述值已知，剩余执行器的加速度与速度则可相对应地根据给定位移量h_i求出，见3.2.6小节内容：

$$a_i=\frac{h_i}{T_a(T-T_a)},\qquad v_i=\frac{h_i}{T-T_a}$$

进而，可根据式（3.4）计算出各轨迹。

例 3.3　考虑最大速度和最大加速度给定值为 $v_{max}=20$ 与 $a_{max}=20$ 的 3 个执行器。要求规划 3 个同步运动轨迹，以使这 3 个执行器的时长 T 最小，且加速和减速周期相同。位移定义为

$$
\begin{aligned}
&a) \quad q_{0,a}=0, \quad q_{1,a}=50\\
&b) \quad q_{0,b}=0, \quad q_{1,b}=-40\\
&c) \quad q_{0,c}=0, \quad q_{1,c}=20
\end{aligned}
$$

执行器 a 具有最大位移量($h_a=50$)，因此时长 T 及加减速时间间隔由该执行器决定。又由于满足条件 $h_a>v_{max}^2/a_{max}$，因此存在线性部分，根据式（3.8）并结合 v_{max}、a_{max}的值有：

$$T_a=1, \qquad T=3.5$$

进而，另外两执行器的最大、最小速度值和加速度值为

$$
\begin{aligned}
&b) \quad a_b=\frac{h_b}{T_a(T-T_a)}=-16, \qquad v_b=\frac{h_b}{T-T_a}=-16\\
&c) \quad a_c=\frac{h_c}{T_a(T-T_a)}=8, \qquad v_c=\frac{h_c}{T-T_a}=8
\end{aligned}
$$

注意，执行器 b 的位移方向为负($h_b<0$)，因此加速和减速的时间间隔互换。此外，由对称性，有$a_{min}=-a_{max}$和 $v_{min}=-v_{max}$。所得各执行器的时间间隔 T、T_a、最大加速度和速度值可用于各自的轨迹规划，结果如图 3.4 所示。

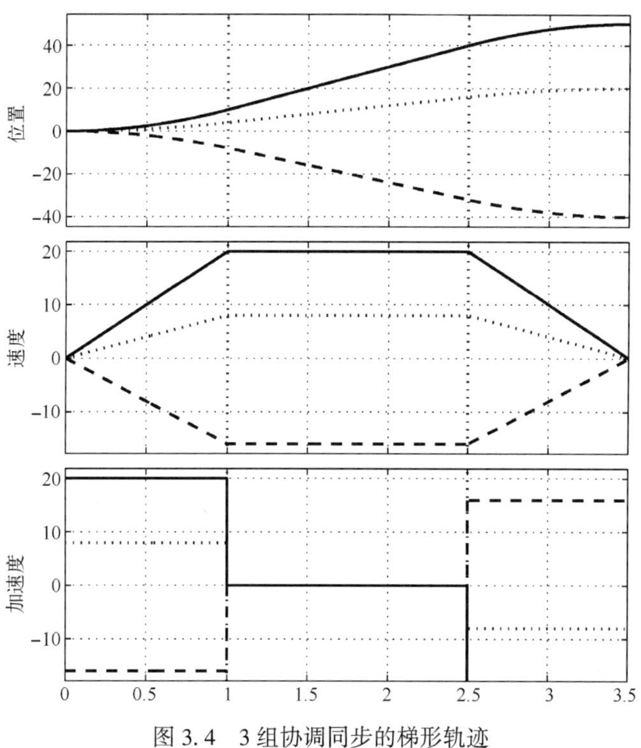

图 3.4　3 组协调同步的梯形轨迹

3.2.4　通过一系列点的轨迹

利用上述方法规划一条通过一系列点的轨迹时，所得运动在各中间点处的速度都将为零。然而我们可能更期望这样一种中间运动：点 q_k 至 q_{k+1} 间的运动可在点 q_{k-1} 至 q_k段的运动

尚未结束时启动。这可通过在 $t_k - T'_{ak}$ 时刻对 $q_{k-1} \div q_k$ 与 $q_k \div q_{k+1}$ 这两部分的速度与加速度曲线相叠加而实现。

例 3.4 图 3.5（a）所示为以零速通过一系列点的梯形轨迹的位置、速度及加速度曲线。图 3.5（b）所示为具有非零中间速度的同一运动。注意，后者的轨迹时长 T 更短。

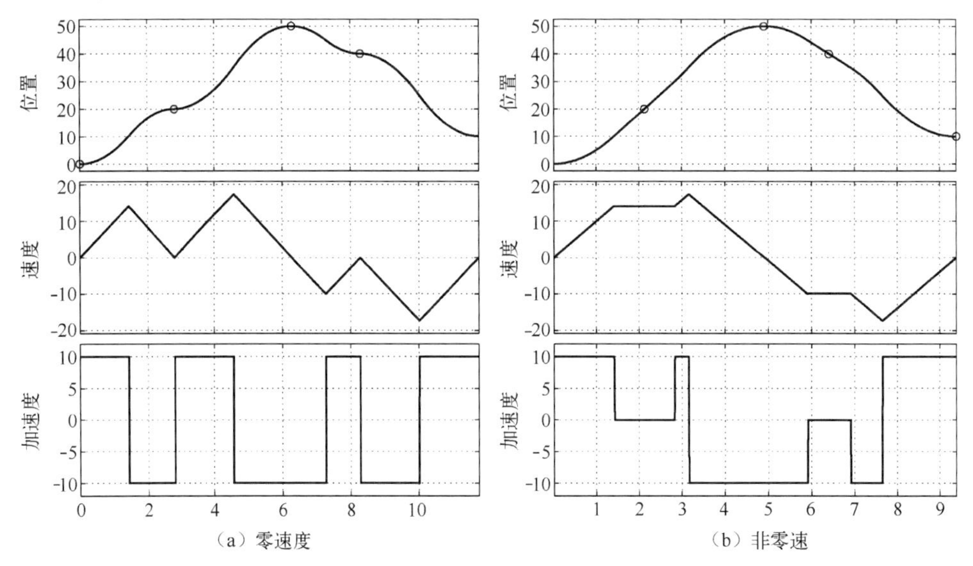

图 3.5　以零和非零中间速度通过一系列点的梯形轨迹的位置、速度和加速度曲线

3.2.5　梯形轨迹的位移时间

本小节将讨论始末速度为零时梯形轨迹的位移时间。

当最大速度不可达时，得到的是三角速度曲线，其时长为

$$T = 2T_a = 2\sqrt{\frac{h}{a_{max}}}$$

此时，速度的峰值为

$$v_{lim} = 2\frac{h}{T} = \frac{h}{T_a}$$

反之，若最大速度可达，则轨迹时长为

$$T = \frac{h\ a_{max} + v_{max}^2}{a_{max}\ v_{max}} = \frac{h}{v_{max}} + T_a \tag{3.11}$$

其中，T_a 为加速周期的时长：

$$T_a = \frac{v_{max}}{a_{max}} \tag{3.12}$$

3.2.6　指定时长 T 和 T_a 的轨迹

通过求解由式（3.11）与式（3.12）组成的关于 v_{max} 与 a_{max} 的方程组，有可能会得到满足给定的整个梯形轨迹总时长 T 与加速段时长 T_a 的解。具体地，得：

$$\begin{cases} v_{max} = \dfrac{h}{T - T_a} \\ a_{max} = \dfrac{h}{T_a(T - T_a)} \end{cases}$$

若假设加速周期为时长 T 的一部分：

$$T_a = \alpha T \qquad 0 < \alpha \leqslant 1/2$$

则最大速度与最大加速度表达式变为

$$\begin{cases} \mathrm{v}_{max} = \dfrac{h}{(1-\alpha)T} \\ \mathrm{a}_{max} = \dfrac{h}{\alpha(1-\alpha)T^2} \end{cases}$$

将该值代入式（3.9）可获得轨迹的完整描述。

例 3.5　为获取 $T=5$ 的总时长，需要计算满足如下边界条件的梯形轨迹：

$$q_0 = 0, \quad q_1 = 10, \quad \mathrm{v}_0 = 0, \quad \mathrm{v}_1 = 0$$

此外，令加速周期 $T_a = T/3$。因此，速度及加速度值为

$$\mathrm{v}_{max} = 3, \qquad \mathrm{a}_{max} = 1.8$$

所得轨迹如图 3.6 所示。

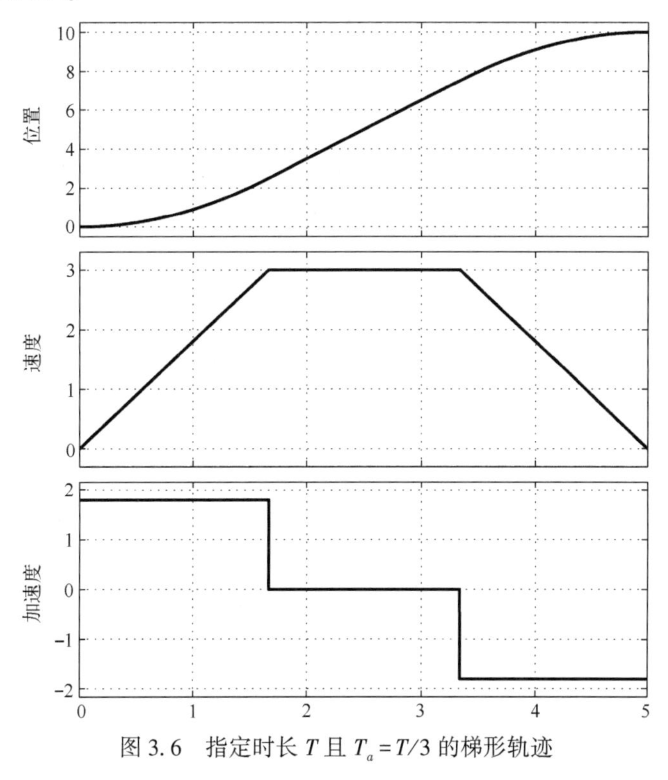

图 3.6　指定时长 T 且 $T_a = T/3$ 的梯形轨迹

3.2.7　初始与终止速度非零的轨迹

考虑当初始与终止速度（v_0与 v_1）非零时，梯形轨迹的一般表达式如下。

（1）加速段，$t \in [t_0, t_0+T_a]$。

$$\begin{cases} q(t) = q_0 + \mathrm{v}_0(t-t_0) + \dfrac{\mathrm{v}_v - \mathrm{v}_0}{2T_a}(t-t_0)^2 \\ \dot{q}(t) = \mathrm{v}_0 + \dfrac{\mathrm{v}_v - \mathrm{v}_0}{T_a}(t-t_0) \\ \ddot{q}(t) = \dfrac{\mathrm{v}_v - \mathrm{v}_0}{T_a} = \mathrm{a}_a \end{cases} \tag{3.13a}$$

（2）恒速段，$t \in [t_0+T_a, t_1-T_d]$。

$$\begin{cases} q(t) = q_0 + \mathrm{v}_0 \dfrac{T_a}{2} + \mathrm{v}_v \left(t - t_0 - \dfrac{T_a}{2}\right) \\ \dot{q}(t) = \mathrm{v}_v \\ \ddot{q}(t) = 0 \end{cases} \tag{3.13b}$$

（3）减速段，$t \in [t_1-T_d, t_1]$。

$$\begin{cases} q(t) = q_1 - \mathrm{v}_1(t_1 - t) - \dfrac{\mathrm{v}_v - \mathrm{v}_1}{2T_d}(t_1 - t)^2 \\ \dot{q}(t) = \mathrm{v}_1 + \dfrac{\mathrm{v}_v - \mathrm{v}_1}{T_d}(t_1 - t) \\ \ddot{q}(t) = -\dfrac{\mathrm{v}_v - \mathrm{v}_1}{T_d} = -\mathrm{a}_a \end{cases} \tag{3.13c}$$

上述方程为式（3.4）的推广。注意，通常加速段时长 T_a与减速段时长 T_d可能并不相同（考虑 $q_1>q_0$的情况）。

1. 预设时长及加速度的轨迹

对于始末速度为零的梯形轨迹，其可通过施加一定的附加条件来确定式（3.13a）~式（3.13c）中的参数，如指定期望加速度的最大值($\mathrm{a}_a=\mathrm{a}_{max}$)和期望的轨迹时长($T=t_1-t_0$)，进而确定加速周期 T_a 和减速周期 T_d。

首先有必要用假设条件$\ddot{q}(t) \leqslant \mathrm{a}_{max}$来考察轨迹的可行性，以防：

$$\mathrm{a}_{max} h < \frac{|\mathrm{v}_0^2 - \mathrm{v}_1^2|}{2} \tag{3.14}$$

此时，由于位移 h 相对 v_0或 v_1过小，因此无法规划出满足给定始末速度及最大加速度约束的梯形轨迹。对此，需增大加速度的最大值，或减小 v_0或 v_1。显然，若始末速度均为零，轨迹总是可行的。

若梯形轨迹存在，可计算出恒速：

$$\mathrm{v}_v = \frac{1}{2}\left(\mathrm{v}_0 + \mathrm{v}_1 + \mathrm{a}_{max}T - \sqrt{\mathrm{a}_{max}^2 T^2 - 4\mathrm{a}_{max}h + 2\mathrm{a}_{max}(\mathrm{v}_0 + \mathrm{v}_1)T - (\mathrm{v}_0 - \mathrm{v}_1)^2}\right)$$

从而，加速段和减速段时长为

$$T_a = \frac{\mathrm{v}_v - \mathrm{v}_0}{\mathrm{a}_{max}}, \qquad T_d = \frac{\mathrm{v}_v - \mathrm{v}_1}{\mathrm{a}_{max}}$$

显然，轨迹总时长应大于 T_a+T_d，这可由下式保证，令：

$$\mathrm{a}_{max}^2 T^2 - 4\mathrm{a}_{max}h + 2\mathrm{a}_{max}(\mathrm{v}_0 + \mathrm{v}_1)T - (\mathrm{v}_0 - \mathrm{v}_1)^2 > 0$$

因此，加速度应大于一个限定值：

$$\mathrm{a}_{max} \geqslant \mathrm{a}_{lim} = \frac{2h - T(\mathrm{v}_0 + \mathrm{v}_1) + \sqrt{4h^2 - 4h(\mathrm{v}_0 + \mathrm{v}_1)T + 2(\mathrm{v}_0^2 + \mathrm{v}_1^2)T^2}}{T^2} \tag{3.15}$$

当$\mathrm{a}_{max}=\mathrm{a}_{lim}$时，无恒速段，加速段结束后将直接进入减速段。

例 3.6 图 3.7 所示为两组始末速度非零的梯形轨迹的位置、速度和加速度曲线，分别在约束：

$$T = 5, \qquad \mathrm{a}_{max} = 10$$

与

$$T = 5, \qquad \mathrm{a}_{max} = 1$$

下计算得到。两种情况下，初始与终止条件为

$$q_0 = 0, \qquad q_1 = 30$$

与

$$\mathrm{v}_0 = 5, \qquad \mathrm{v}_1 = 2$$

然而，约束$\mathrm{a}_{max} = 1$ 无法满足式（3.15）。因此，第二组轨迹的加速度最大值已被设置为$\mathrm{a}_{lim} = 2.1662$，且不存在恒速段。

两种情况下，轨迹的执行时长分别为

$$T_a = 0.119, \qquad T_d = 0.419$$

与

$$T_a = 1.8075, \qquad T_d = 3.1925$$

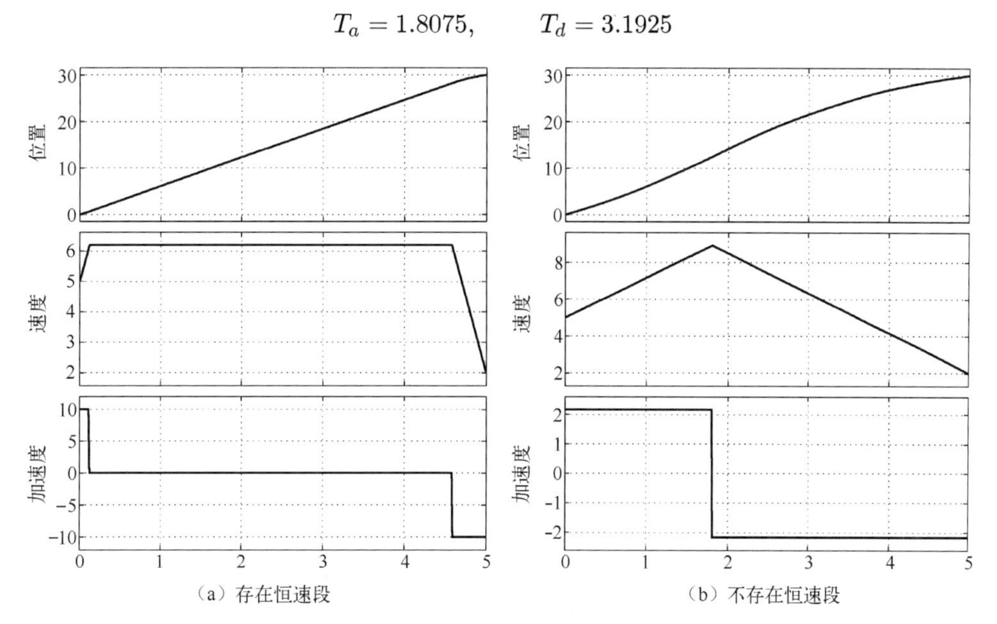

图 3.7　两组始末速度非零的梯形轨迹的位置、速度和加速度曲线（给定时长 T 和最大加速度a_{max}）

2. 预设加速度及速度的轨迹

在预设加速度和速度情况下，会指定加速度和速度的最大值，因此：

$$\mathrm{a}_a = \mathrm{a}_{max}, \qquad \mathrm{v}_v \leqslant \mathrm{v}_{max}$$

而轨迹的总时长 T 将作为梯形轨迹规划算法的一个输出而获得。首先，有必要以式（3.14）考察轨迹的可行性。若轨迹存在，根据最大速度 v_{max}是否达到可区分为两种情形。若满足条件：

$$h\mathrm{a}_{max} > \mathrm{v}_{max}^2 - \frac{\mathrm{v}_0^2 + \mathrm{v}_1^2}{2}$$

则 v_{max}实际可达且将在恒速段内保持（情形 1）。否则（情形 2），轨迹的最大速度为

$$\mathrm{v}_{lim} = \sqrt{h\mathrm{a}_{max} + \frac{\mathrm{v}_0^2 + \mathrm{v}_1^2}{2}} < \mathrm{v}_{max}$$

在两种情形下，定义轨迹的参数如下。

情形 1： $\mathrm{v}_v = \mathrm{v}_{max}$

$$T_a = \frac{\mathrm{v}_{max} - \mathrm{v}_0}{\mathrm{a}_{max}}, \qquad T_d = \frac{\mathrm{v}_{max} - \mathrm{v}_1}{\mathrm{a}_{max}}$$

$$T = \frac{h}{\mathrm{v}_{max}} + \frac{\mathrm{v}_{max}}{2\mathrm{a}_{max}}\left(1 - \frac{\mathrm{v}_0}{\mathrm{v}_{max}}\right)^2 + \frac{\mathrm{v}_{max}}{2\mathrm{a}_{max}}\left(1 - \frac{\mathrm{v}_1}{\mathrm{v}_{max}}\right)^2$$

情形 2：$\mathrm{v}_v = \mathrm{v}_{lim} = \sqrt{h\mathrm{a}_{max} + \frac{\mathrm{v}_0^2+\mathrm{v}_1^2}{2}} < \mathrm{v}_{max}$

$$T_a = \frac{\mathrm{v}_{lim} - \mathrm{v}_0}{\mathrm{a}_{max}}, \qquad T_d = \frac{\mathrm{v}_{lim} - \mathrm{v}_1}{\mathrm{a}_{max}}$$

$$T = T_a + T_d$$

当 $h<0$ 时，轨迹可参照类似于 3.4.2 小节介绍的双 S 轨迹中的方法进行计算。

例 3.7 图 3.8 所示为始末速度非零的梯形轨迹的位置、速度和加速度曲线。这里特别考虑了两种不同的情况。在这两种情况下，始末条件都为

$$q_0 = 0, \qquad q_1 = 30$$

与

$$\mathrm{v}_0 = 5, \qquad \mathrm{v}_1 = 2$$

同时，最大加速度为 $\mathrm{a}_{max} = 10$。不同的是轨迹间的最大速度。其中，图 3.8（a）中 $\mathrm{v}_{max} = 10$，而图 3.8（b）中 $\mathrm{v}_{max} = 20$。由该约束可知，前者的最大速度可达，且确定轨迹的时长参数为

$$T_a = 0.5, \qquad T_d = 0.8, \qquad T = 3.44$$

反之，后者 $\mathrm{v}_{lim} = 17.1 < \mathrm{v}_{max}$，即仅存加速段与减速段：

$$T_a = 1.27, \qquad T_d = 1.57, \qquad T = 2.84$$

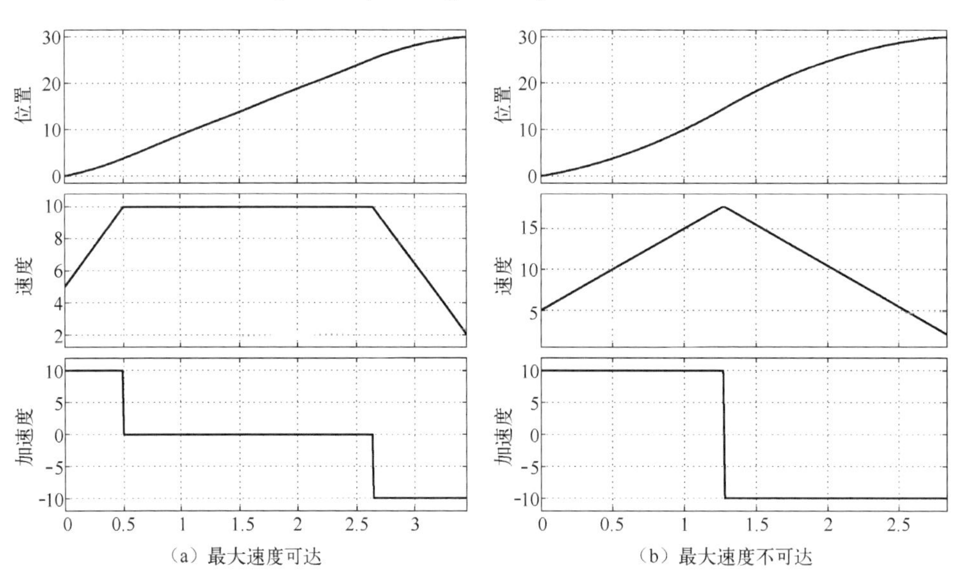

图 3.8 始末速度非零的梯形轨迹的位置、速度和加速度曲线

3. 通过一系列点的轨迹

3.2.4 小节中在考虑内部穿越点处速度为零的情况下，通过相邻梯形轨迹的叠加计算获取了通过点集 q_k 且具有梯形速度轮廓的轨迹。显然，还可以考虑各段始末速度不为零的轨迹。特别地，在各段速度 v_{max} 可达的假设下，内部点处的速度可计算为

$$
\begin{aligned}
&\mathrm{v}_0 && (\text{设定值}) \\
&\mathrm{v}_k = \begin{cases} 0 & \operatorname{sign}(h_k) \neq \operatorname{sign}(h_{k+1}) \\ \operatorname{sign}(h_k)\ \mathrm{v}_{max} & \operatorname{sign}(h_k) = \operatorname{sign}(h_{k+1}) \end{cases} \\
&\mathrm{v}_n && (\text{设定值})
\end{aligned}
\tag{3.16}
$$

其中，$h_k=q_k-q_{k-1}$。

例 3.8　图 3.9 所示为在约束：

$$\mathrm{v}_{max}=15, \qquad \mathrm{a}_{max}=20$$

下通过与例 3.4 相同点集并且中间速度为零和不为零的两条梯形轨迹的位置、速度和加速度曲线。注意，后者的轨迹时长 T 大大缩短，同时其速度与加速度的轮廓振荡更少。

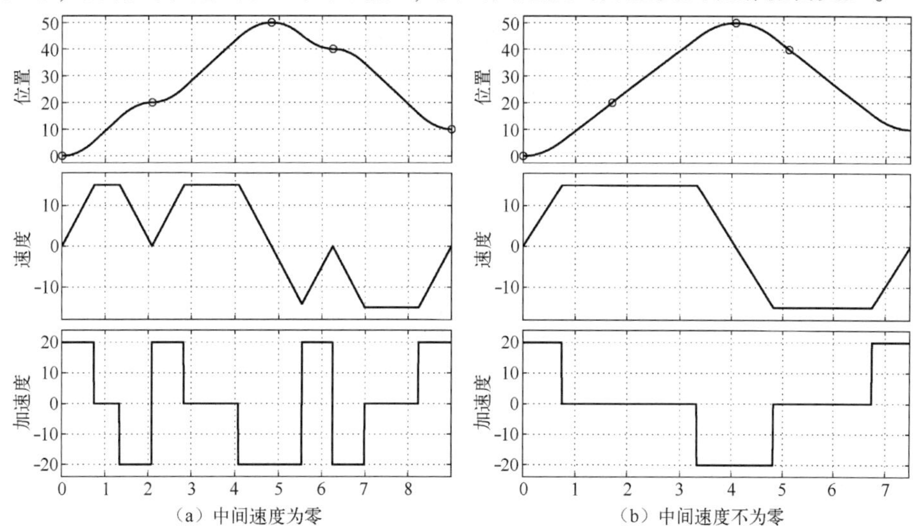

图 3.9　在约束 $\mathrm{v}_{max}=15$、$\mathrm{a}_{max}=20$ 下通过与例 3.4 相同点集并且中间速度为零和不为零的两条梯形轨迹的位置、速度和加速度曲线

3.3　多项式混成的线性轨迹

轮廓较梯形速度轨迹更为光滑的运动可由高阶(>2)多项式函数与线性部分混成的方式获得，或采用工业实践中常用的双 S 速度轮廓的轨迹，详情见 3.4 节内容。

为规划出混成 n 阶多项式的线性轨迹，可采用下述一般步骤。

定义点 q_0和 q_1，加速和减速周期($T_a=2T_s$)，以及总位移时间 $T=t_1-t_0$，参照图 3.10：

(1) 计算连接点(t_0+T_s,q_0)与点(t_1-T_s,q_1)的直线表达式 $q_r(t)$；

(2) 基于 $q_r(t)$，计算 $q_a=q_r(t_0+T_a)$与 $q_b=q_r(t_1-T_a)$；

(3) 令$\dot{q}(t_0)=\dot{q}(t_1)=0$、$\ddot{q}(t_0)=\ddot{q}(t_1)=0$，以及$\ddot{q}(t_0+T_a)=\ddot{q}(t_1-T_a)=0$；

(4) 计算$(t_0+T_a)\div(t_1-T_a)$部分的速度 $\mathrm{v}_c=(q_b-q_a)/(t_1-t_0-2T_a)$。

进而，轨迹的加速段和减速段可利用已知的 n 阶多项式表达［如若 $n=5$，则取式（2.4）和式（2.5）］，而在恒速段有：

$$
\begin{cases}
q(t) = \mathrm{v}_c t + q_a \\
\dot{q}(t) = \mathrm{v}_c \\
\ddot{q}(t) = 0
\end{cases}
$$

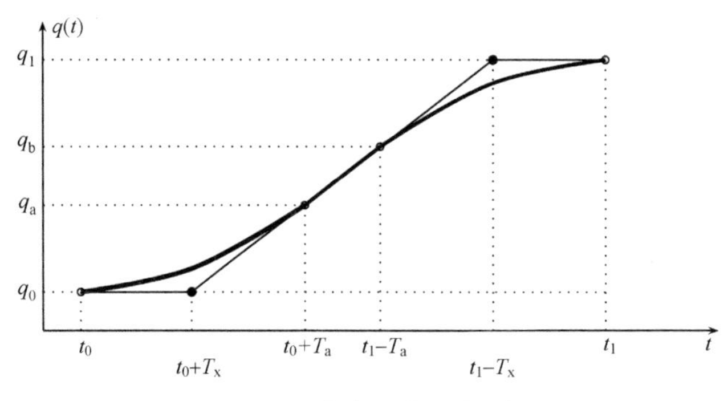

图 3.10　混有多项式的线性轨迹

混有 5 阶多项式的线性轨迹如图 3.11 所示。稍作修改，该方法同样可用于通过一系列点的轨迹，也适应于非严格通过穿越点的轨迹。此时，相对于一般点 q_k（除首末点外）处的混成部分，所计算的加速度与速度应使 T_a周期结束时刻的点$[t,q(t)]$位于连接(t_k,q_k)至(t_{k+1},q_{k+1})的线性部分。如图 3.12 所示，其中的轨迹并未穿过位于 $t=1$ 和 $t=2$ 处的穿越点。

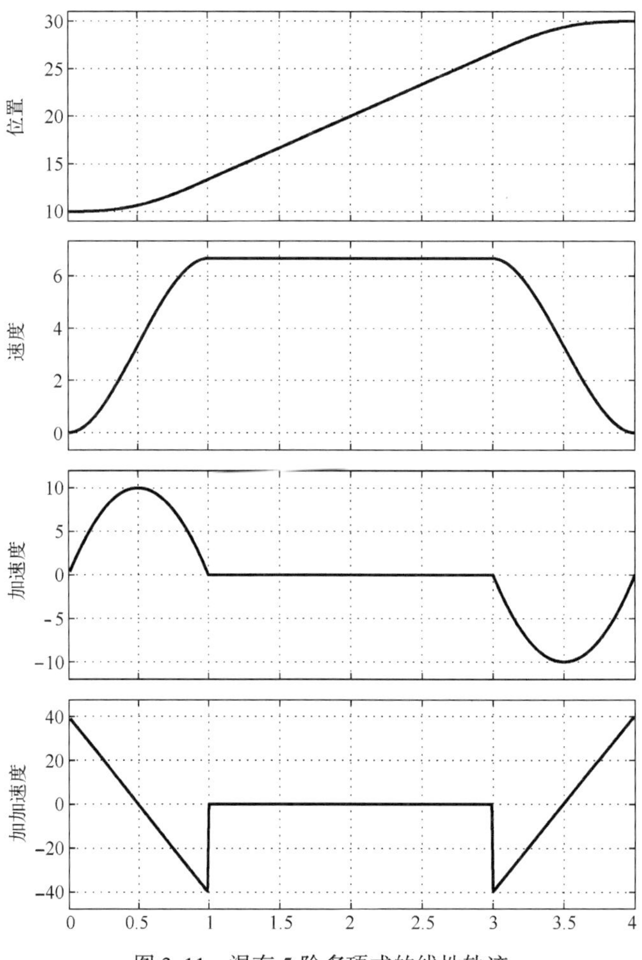

图 3.11　混有 5 阶多项式的线性轨迹

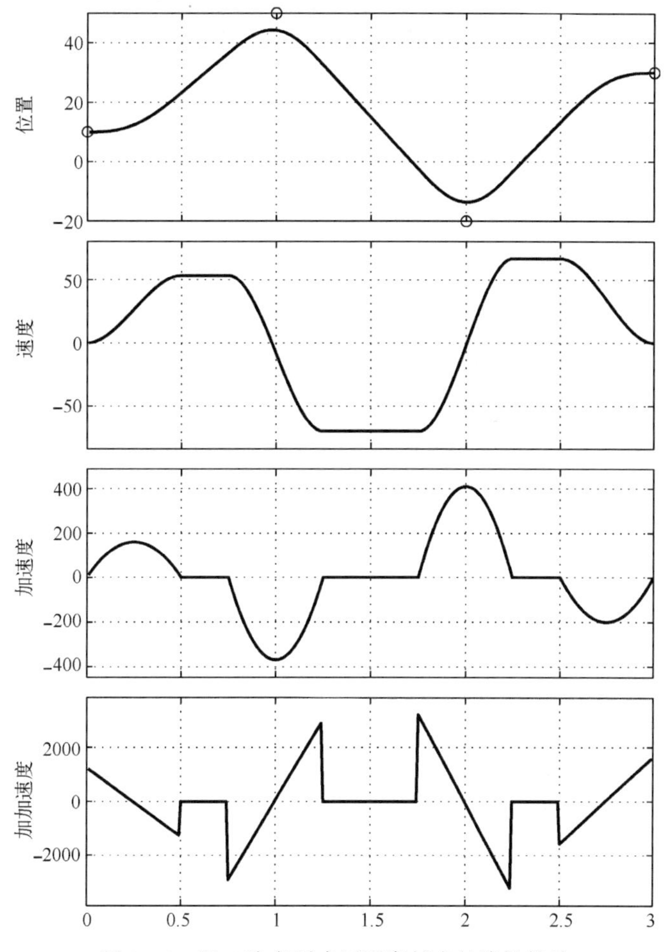

图 3.12　以 5 阶多项式逼近穿越点的线性轨迹

3.4　双 S 速度轮廓的轨迹

由于梯形（或三角）速度运动曲线会呈现出非连续的加速度，因此这类轨迹会在机械系统上产生一定的作用力与应力，从而导致不利的结果或非期望的振动效应（关于这方面的讨论详见第 7 章）。因此，需要寻找一种更为光滑的运动曲线。例如，图 3.13 中采用了一种连续的线性分段的加速度曲线，如此所得的速度由线性部分与抛物线部分混合连接而成。根据速度曲线的形状，该轨迹被命名为“双 S”轨迹，又称“钟状”轨迹或者“七段式”轨迹（因其由七段不同恒加加速度段组成）。较具有无限冲击加加速度曲线的梯形速度轨迹，这种以阶跃加加速度曲线为特征的运动轨迹可大大减轻其对传动链及负载的应力作用与振动效应。

假设：

$$\mathrm{j}_{min} = -\mathrm{j}_{max}, \qquad \mathrm{a}_{min} = -\mathrm{a}_{max}, \qquad \mathrm{v}_{min} = -\mathrm{v}_{max}$$

其中，j_{min}与 j_{max}为加加速度的最小值与最大值，其他以此类推。基于上述条件，为使所规划轨迹总时长 T 最小（最小时间轨迹），应尽可能使加加速度、加速度及速度的最大（最小）

值可达。这里仅考虑 $q_1>q_0$ 的情形，$q_1<q_0$ 时则在 3.4.2 小节中讨论。此外，为简化起见，令 $t_0=0$。边界条件为

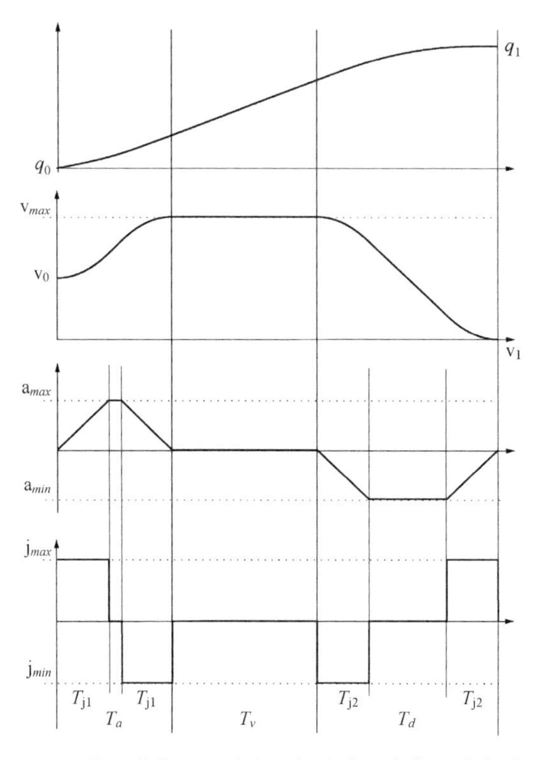

图 3.13　双 S 轨迹的位置、速度、加速度和加加速度的典型曲线

- 一般初始速度与终止速度为 v_0 和 v_1；
- 初始加速度与终止加速度 a_0 和 a_1 为零。

可区分为 3 段：

（1）加速段，$t\in[0,T_a]$，加速度为从初值（零）到最大值再返回至零的线性曲线；

（2）最大速度段，$t\in[T_a,T_a+T_v]$，具有恒定速度；

（3）减速段，$t\in[T_a+T_v,T]$，其中 $T=T_a+T_v+T_d$，其加速度曲线与加速段相反。

给定加加速度、加速度和速度的最大值约束，并给定期望位移 $h=q_1-q_0$，轨迹可由式（3.30a）~式（3.30g）计算得到。然而，事实上存在几种在约束条件下轨迹无法计算的情形。例如，若期望位移 h 相对于初始速度 v_0 与终止速度 v_1 间的差值过小，则可能无法在改变速度（在给定加加速度与加速度的限制下）的同时又完成位移 h。因此，首先有必要检测轨迹是否实际可执行。

极限情形下仅存单一加速段（$v_0<v_1$ 时）或减速段（$v_0>v_1$ 时）。因此，首先需要验证轨迹能否在一对加加速度脉冲（一正一负）下执行。为此，定义：

$$T_j^\star=\min\left\{\sqrt{\frac{|v_1-v_0|}{j_{max}}},\ \frac{a_{max}}{j_{max}}\right\}\tag{3.17}$$

若 $T_j^\star=a_{max}/j_{max}$，则加速度可达其最大值且存在零加加速度的部分。

从而，轨迹可行的判断条件为

$$q_1 - q_0 > \begin{cases} T_j^\star\,(\mathrm{v}_0 + \mathrm{v}_1), & \text{if} \quad T_j^\star < \dfrac{\mathrm{a}_{max}}{\mathrm{j}_{max}} \\ \dfrac{1}{2}\,(\mathrm{v}_0 + \mathrm{v}_1)\,\left[T_j^\star + \dfrac{|\mathrm{v}_1 - \mathrm{v}_0|}{\mathrm{a}_{max}}\right], & \text{if} \quad T_j^\star = \dfrac{\mathrm{a}_{max}}{\mathrm{j}_{max}} \end{cases} \tag{3.18}$$

若该不等式成立，则需要进一步计算轨迹的参数。此时，定义运动过程中速度的最大值为 $v_{lim} = max\,(\dot{q}(t))$，存在两种可能性：

（1）情形 1，$\mathrm{v}_{lim} = \mathrm{v}_{max}$；

（2）情形 2，$\mathrm{v}_{lim} < \mathrm{v}_{max}$。

后者在轨迹参数计算结束后方可验证，并且此时最大速度不可达，仅存在加速段与减速段（无恒速段）。

在以上两种情形下，均存在最大加速度不可达的可能。例如，当位移量很小，而允许的最大加速度a_{max}很大（“高动态”场合），或是初始（终止）速度与最大允许速度足够接近。这时，将不存在恒加速度段。尤其还应注意到，由于初始与终止速度 v_0 和 v_1 值的不同，加速（由 v_0 至 v_{lim}）与减速（由 v_{lim} 至 v_0）所需的时间一般也不同，因此也可能仅其中一段的最大加速度a_{max}可达，而另一段的最大加速度为$\mathrm{a}_{lim} < \mathrm{a}_{max}$。

我们可做如下定义。

（1）T_{j1}：加速段中加加速度（j_{max}或 j_{min}）恒定的时长。

（2）T_{j2}：减速段中加加速度（j_{max}或 j_{min}）恒定的时长。

（3）T_a：加速周期。

（4）T_v：恒速周期。

（5）T_d：减速周期。

（6）T：轨迹总时长（$T_a + T_v + T_d$）。

情形 1：$\mathrm{v}_{lim} = \mathrm{v}_{max}$

此时，可根据下列条件判断最大加速度（a_{max}或$\mathrm{a}_{min} = -\mathrm{a}_{max}$）是否可达：

$$\text{如果}\ (\mathrm{v}_{max} - \mathrm{v}_0)\mathrm{j}_{max} < \mathrm{a}_{max}^2 \quad \Longrightarrow \quad \mathrm{a}_{max} \quad \text{is not reached}; \tag{3.19}$$

$$\text{如果}\ (\mathrm{v}_{max} - \mathrm{v}_1)\mathrm{j}_{max} < \mathrm{a}_{max}^2 \quad \Longrightarrow \quad \mathrm{a}_{min} \quad \text{is not reached} \tag{3.20}$$

从而，若式（3. 19）成立，则加速段的时长为

$$T_{j1} = \sqrt{\frac{\mathrm{v}_{max} - \mathrm{v}_0}{\mathrm{j}_{max}}}, \qquad T_a = 2T_{j1} \tag{3.21}$$

否则：

$$T_{j1} = \frac{\mathrm{a}_{max}}{\mathrm{j}_{max}}, \qquad T_a = T_{j1} + \frac{\mathrm{v}_{max} - \mathrm{v}_0}{\mathrm{a}_{max}} \tag{3.22}$$

若式（3. 20）成立，减速段的时长为

$$T_{j2} = \sqrt{\frac{\mathrm{v}_{max} - \mathrm{v}_1}{\mathrm{j}_{max}}}, \qquad T_d = 2T_{j2} \tag{3.23}$$

否则：

$$T_{j2} = \frac{\mathrm{a}_{max}}{\mathrm{j}_{max}}, \qquad T_d = T_{j2} + \frac{\mathrm{v}_{max} - \mathrm{v}_1}{\mathrm{a}_{max}} \tag{3.24}$$

最后，恒速段的持续时长可确定为

$$T_v = \frac{q_1 - q_0}{\mathrm{v}_{max}} - \frac{T_a}{2}\left(1 + \frac{\mathrm{v}_0}{\mathrm{v}_{max}}\right) - \frac{T_d}{2}\left(1 + \frac{\mathrm{v}_1}{\mathrm{v}_{max}}\right) \tag{3.25}$$

若 $T_v>0$，则最大速度实际可达，且由式（3.21）~式（3.25）所得的数值可用于轨迹的计算。条件 $T_v<0$ 只是意味着最大速度 v_{lim}小于 v_{max}，此时需要考虑**情形 2**。

例 3.9 图 3.14 所示为存在恒速段的双 S 轨迹的位置、速度、加速度和加加速度曲线。边界条件为

$$q_0 = 0, \quad q_1 = 10, \quad \mathrm{v}_0 = 1, \quad \mathrm{v}_1 = 0$$

同时约束为

$$\mathrm{v}_{max} = 5, \quad \mathrm{a}_{max} = 10, \quad \mathrm{j}_{max} = 30$$

所得各段时长为

$$T_a = 0.7333, \quad T_v = 1.1433, \quad T_d = 0.8333, \quad T_{j1} = 0.3333, \quad T_{j2} = 0.3333.$$

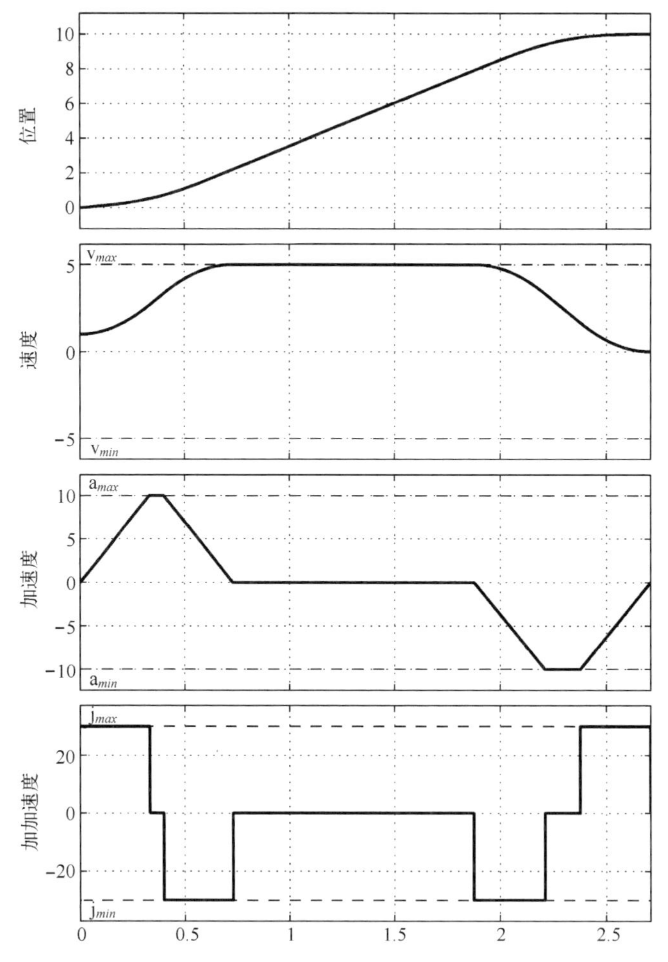

图 3.14 存在恒速段的双 S 轨迹的位置、速度、加速度和加加速度曲线

情形 2：$\mathrm{v}_{lim}<\mathrm{v}_{max}$

此时，不存在恒速段（$T_v=0$），且当加速与减速段的最大或最小加速度均可达时，可以很容易地计算出两段的时长。此时：

$$T_{j1} = T_{j2} = T_j = \frac{\mathrm{a}_{max}}{\mathrm{j}_{max}} \tag{3.26a}$$

与

$$T_a = \frac{\dfrac{\mathrm{a}_{max}^2}{\mathrm{j}_{max}} - 2\mathrm{v}_0 + \sqrt{\Delta}}{2\mathrm{a}_{max}} \tag{3.26b}$$

$$T_d = \frac{\dfrac{\mathrm{a}_{max}^2}{\mathrm{j}_{max}} - 2\mathrm{v}_1 + \sqrt{\Delta}}{2\mathrm{a}_{max}} \tag{3.26c}$$

其中，

$$\Delta = \frac{\mathrm{a}_{max}^4}{\mathrm{j}_{max}^2} + 2(\mathrm{v}_0^2 + \mathrm{v}_1^2) + \mathrm{a}_{max}\left(4(q_1 - q_0) - 2\frac{\mathrm{a}_{max}}{\mathrm{j}_{max}}(\mathrm{v}_0 + \mathrm{v}_1)\right) \tag{3.27}$$

例 3.10　图 3.15 所示为无恒速段的双 S 轨迹的位置、速度、加速度和加加速度曲线。其边界条件为

$$q_0 = 0, \quad q_1 = 10, \quad \mathrm{v}_0 = 1, \quad \mathrm{v}_1 = 0,$$

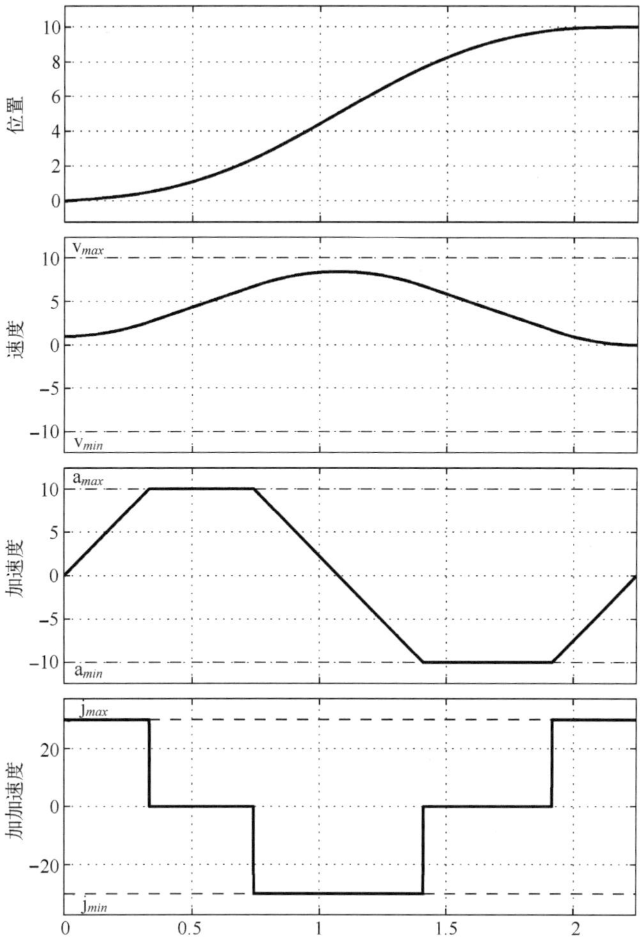

图 3.15　无恒速段的双 S 轨迹的位置、速度、加速度和加加速度曲线

约束为

$$v_{max}=10,\quad a_{max}=10,\quad j_{max}=30$$

所得各段时距为

$$T_a=1.0747,\quad T_v=0,\quad T_d=1.1747,\quad T_{j1}=0.3333,\quad T_{j2}=0.3333$$

且最大速度为

$$v_{lim}=8.4136$$

若 $T_a<2T_j$ 或 $T_d<2T_j$，则两段中至少存在一段的最大（最小）加速度不可达，因此式（3.26a）~式（3.26c）不可用。此时（的确很特殊），参数的确定异常复杂，为简便起见，可寻求其近似解，从计算的角度而言，这并非最优但结果是可接受的。一种可行的方法是渐进地减小 a_{max} 的值（如令 $a_{max}=\gamma a_{max}$，其中 $0<\gamma<1$）直至条件 $T_a>2T_j$ 与 $T_d>2T_j$ 均成立，然后再以式（3.26a）~式（3.26c）计算各段的时长。

例 3.11　图 3.16 所示为无恒速段且加速度低于最大值的双 S 轨迹的位置、速度、加速度和加加速度曲线。这里，同样的，最大加速度不可达，因此采用了上述递推算法。其边界条件为

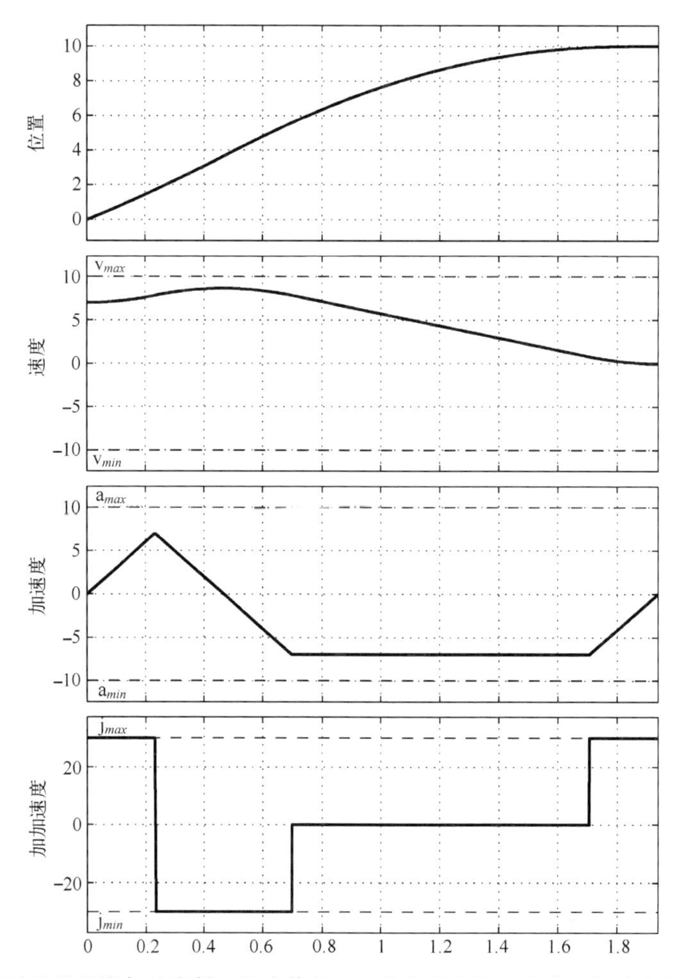

图 3.16　无恒速段且极限加速度低于最大值的双 S 轨迹的位置、速度、加速度和加加速度曲线

$$q_0 = 0, \quad q_1 = 10, \quad \mathrm{v}_0 = 7, \quad \mathrm{v}_1 = 0$$

同时约束为

$$\mathrm{v}_{max} = 10, \quad \mathrm{a}_{max} = 10, \quad \mathrm{j}_{max} = 30$$

定义双 S 轨迹的各段时长为

$$T_a = 0.4666, \quad T_v = 0, \quad T_d = 1.4718, \quad T_{j1} = 0.2321, \quad T_{j2} = 0.2321$$

最大速度为 v_{lim} = 8. 6329，且加速与减速周期内的加速度限定值分别为 a_{lima} = 6. 9641 与 a_{limd} = −6. 9641。

递推计算过程中，存在 T_a 或 T_d 为负的情况。此时，需要根据初始与终止速度，仅保留单一的加速段或减速段。若 $T_a<0$（注意此时应 $\mathrm{v}_0>\mathrm{v}_1$），则无加速段。进而，$T_a$ 设为零，减速段的时长由下式计算：

$$T_d = 2\frac{q_1 - q_0}{\mathrm{v}_1 + \mathrm{v}_0} \tag{3.28a}$$

$$T_{j2} = \frac{\mathrm{j}_{max}(q_1 - q_0) - \sqrt{\mathrm{j}_{max}(\mathrm{j}_{max}(q_1 - q_0)^2 + (\mathrm{v}_1 + \mathrm{v}_0)^2(\mathrm{v}_1 - \mathrm{v}_0))}}{\mathrm{j}_{max}(\mathrm{v}_1 + \mathrm{v}_0)} \tag{3.28b}$$

例 3. 12　图 3. 17 所示为仅由减速段组成的双 S 轨迹的位置、速度、加速度和加加速度曲线。边界条件为

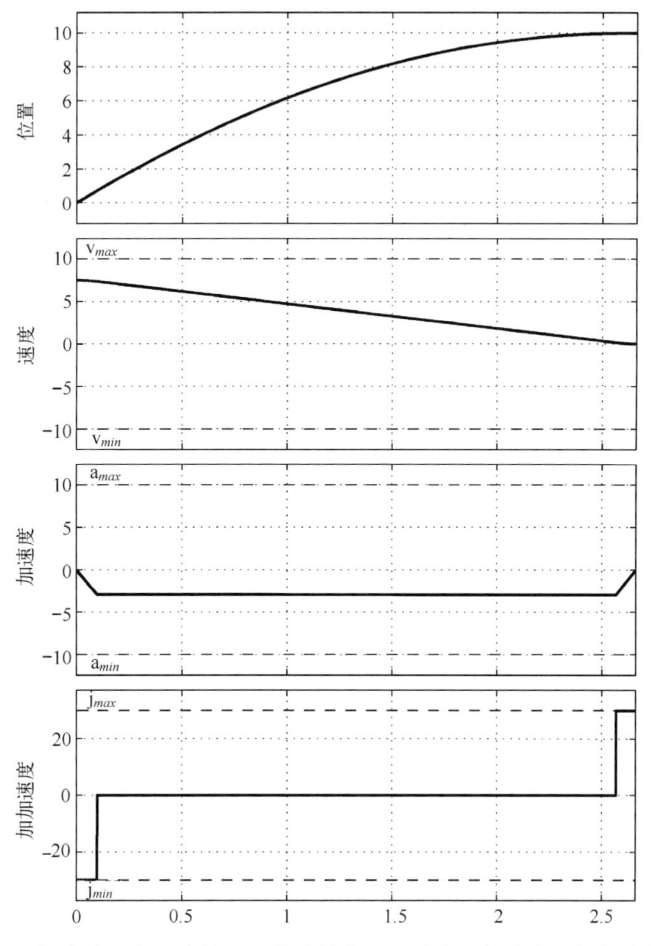

图 3. 17　仅由减速段组成的双 S 轨迹的位置、速度、加速度和加加速度曲线

$$q_0 = 0, \quad q_1 = 10, \quad v_0 = 7.5, \quad v_1 = 0$$

其约束为

$$v_{max} = 10, \quad a_{max} = 10, \quad j_{max} = 30$$

所得时长为

$$T_a = 0, \quad T_v = 0, \quad T_d = 2.6667, \quad T_{j1} = 0, \quad T_{j2} = 0.0973$$

最大速度为 $v_{lim}=7.5$，且加速与减速周期内的加速度限定值分别为$a_{lim_a}=0$ 与$a_{lim_d}=-2.9190$。

相应地，当 $T_d<0$ 时（此情形当 $v_1>v_0$时可能发生），则无减速段（$T_d=0$），且加速周期时长为

$$T_a = 2\frac{q_1 - q_0}{v_1 + v_0} \tag{3.29a}$$

$$T_{j1} = \frac{j_{max}(q_1 - q_0) - \sqrt{j_{max}(j_{max}(q_1 - q_0)^2 - (v_1 + v_0)^2(v_1 - v_0))}}{j_{max}(v_1 + v_0)} \tag{3.29b}$$

获得轨迹各段时长后，可计算轨迹的最大/最小加速度值（a_{lim_a}与a_{lim_d}）和最大速度值（v_{lim}）：

$$a_{lim_a} = j_{max}T_{j1}, \qquad a_{lim_d} = -j_{max}T_{j2}$$

$$v_{lim} = v_0 + (T_a - T_{j1}) \quad a_{lim_a} = v_1 - (T_d - T_{j2})a_{lim_d}$$

3.4.1 $q_1>q_0$时轨迹的计算

一旦时间长度及其余参数已知，双 S 轨迹可由以下方程计算（各段定义见图 3.13）。这里假设 $t_0=0$，否则需要做时间平移，见 5.1 节内容。

1. 加速段

a）$t \in [0, T_{j1}]$

$$\begin{cases} q(t) &= q_0 + v_0 t + j_{max}\dfrac{t^3}{6} \\ \dot{q}(t) &= v_0 + j_{max}\dfrac{t^2}{2} \\ \ddot{q}(t) &= j_{max}t \\ q^{(3)}(t) &= j_{max} \end{cases} \tag{3.30a}$$

b）$t \in [T_{j1}, T_a - T_{j1}]$

$$\begin{cases} q(t) &= q_0 + v_0 t + \dfrac{a_{lim_a}}{6}(3t^2 - 3T_{j1}t + T_{j1}^2) \\ \dot{q}(t) &= v_0 + a_{lim_a}\left(t - \dfrac{T_{j1}}{2}\right) \\ \ddot{q}(t) &= j_{max}T_{j1} = a_{lim_a} \\ q^{(3)}(t) &= 0 \end{cases} \tag{3.30b}$$

c）$t \in [T_a - T_{j1}, T_a]$

$$\begin{cases} q(t) &= q_0 + (v_{lim} + v_0)\dfrac{T_a}{2} - v_{lim}(T_a - t) - j_{min}\dfrac{(T_a - t)^3}{6} \\ \dot{q}(t) &= v_{lim} + j_{min}\dfrac{(T_a - t)^2}{2} \\ \ddot{q}(t) &= -j_{min}(T_a - t) \\ q^{(3)}(t) &= j_{min} = -j_{max} \end{cases} \tag{3.30c}$$

2. 恒速段

a) $t \in [T_a, T_a + T_v]$

$$\begin{cases} q(t) &= q_0 + (\mathrm{v}_{lim} + \mathrm{v}_0)\dfrac{T_a}{2} + \mathrm{v}_{lim}(t - T_a) \\ \dot{q}(t) &= \mathrm{v}_{lim} \\ \ddot{q}(t) &= 0 \\ q^{(3)}(t) &= 0 \end{cases} \tag{3.30d}$$

3. 减速段

a) $t \in [T - T_d, T - T_d + T_{j2}]$

$$\begin{cases} q(t) &= q_1 - (\mathrm{v}_{lim} + \mathrm{v}_1)\dfrac{T_d}{2} + \mathrm{v}_{lim}(t - T + T_d) - \mathrm{j}_{max}\dfrac{(t - T + T_d)^3}{6} \\ \dot{q}(t) &= \mathrm{v}_{lim} - \mathrm{j}_{max}\dfrac{(t - T + T_d)^2}{2} \\ \ddot{q}(t) &= -\mathrm{j}_{max}(t - T + T_d) \\ q^{(3)}(t) &= \mathrm{j}_{min} = -\mathrm{j}_{max} \end{cases} \tag{3.30e}$$

b) $t \in [T - T_d + T_{j2}, T - T_{j2}]$

$$\begin{cases} q(t) &= q_1 - (\mathrm{v}_{lim} + \mathrm{v}_1)\dfrac{T_d}{2} + \mathrm{v}_{lim}(t - T + T_d) + \\ & \quad + \dfrac{\mathrm{a}_{lim_d}}{6}\left(3(t - T + T_d)^2 - 3T_{j2}(t - T + T_d) + T_{j2}^2\right) \\ \dot{q}(t) &= \mathrm{v}_{lim} + \mathrm{a}_{lim_d}\left(t - T + T_d - \dfrac{T_{j2}}{2}\right) \\ \ddot{q}(t) &= -\mathrm{j}_{max}T_{j2} = \mathrm{a}_{lim_d} \\ q^{(3)}(t) &= 0 \end{cases} \tag{3.30f}$$

c) $t \in [T - T_{j2}, T]$

$$\begin{cases} q(t) &= q_1 - \mathrm{v}_1(T - t) - \mathrm{j}_{max}\dfrac{(T - t)^3}{6} \\ \dot{q}(t) &= \mathrm{v}_1 + \mathrm{j}_{max}\dfrac{(T - t)^2}{2} \\ \ddot{q}(t) &= -\mathrm{j}_{max}(T - t) \\ q^{(3)}(t) &= \mathrm{j}_{max} \end{cases} \tag{3.30g}$$

3.4.2　$q_1 < q_0$ 时轨迹的计算

在 $q_1 < q_0$ 的情形中，轨迹参数的计算与上述方法相似。考虑到具有相反符号的初始和终止位置、速度的情况，在计算结束后，还需要变换所得的位置、速度、加速度和加加速速。

更为一般地，对于给定的初始位置、终止位置和速度($\hat{q}_0, \hat{q}_1, \hat{\mathrm{v}}_0, \hat{\mathrm{v}}_1$)，为了计算轨迹，需要进行以下变换：

$$q_0 = \sigma\,\hat{q}_0, \quad q_1 = \sigma\,\hat{q}_1, \quad \mathrm{v}_0 = \sigma\,\hat{\mathrm{v}}_0, \quad \mathrm{v}_1 = \sigma\,\hat{\mathrm{v}}_1 \tag{3.31}$$

其中，$\sigma=\text{sign}(\hat{q}_0-\hat{q}_1)$。相似地，最大与最小速度、加速度及加加速度的约束（$\hat{\text{v}}_{max},\hat{\text{v}}_{min},\hat{\text{a}}_{max},\hat{\text{a}}_{min},\hat{\text{j}}_{max},\hat{\text{j}}_{min}$）也应做转换：

$$\begin{cases} \text{v}_{max}=\dfrac{(\sigma+1)}{2}\hat{\text{v}}_{max}+\dfrac{(\sigma-1)}{2}\hat{\text{v}}_{min} \\ \text{v}_{min}=\dfrac{(\sigma+1)}{2}\hat{\text{v}}_{min}+\dfrac{(\sigma-1)}{2}\hat{\text{v}}_{max} \\ \text{a}_{max}=\dfrac{(\sigma+1)}{2}\hat{\text{a}}_{max}+\dfrac{(\sigma-1)}{2}\hat{\text{a}}_{min} \\ \text{a}_{min}=\dfrac{(\sigma+1)}{2}\hat{\text{a}}_{min}+\dfrac{(\sigma-1)}{2}\hat{\text{a}}_{max} \\ \text{j}_{max}=\dfrac{(\sigma+1)}{2}\hat{\text{j}}_{max}+\dfrac{(\sigma-1)}{2}\hat{\text{j}}_{min} \\ \text{j}_{min}=\dfrac{(\sigma+1)}{2}\hat{\text{j}}_{min}+\dfrac{(\sigma-1)}{2}\hat{\text{j}}_{max} \end{cases} \tag{3.32}$$

最终，还应对计算所得的轮廓$[q(t),\dot{q}(t),\ddot{q}(t),q^{(3)}(t)]$再做一次转换：

$$\begin{cases} \hat{q}(t)=\sigma q(t) \\ \dot{\hat{q}}(t)=\sigma\dot{q}(t) \\ \ddot{\hat{q}}(t)=\sigma\ddot{q}(t) \\ \hat{q}^{(3)}(t)=\sigma q^{(3)}(t) \end{cases} \tag{3.33}$$

因双S轨迹的合成过程明确清晰，所以这里将所有可能条件下的轨迹算法实现方案总结如图3.18所示。

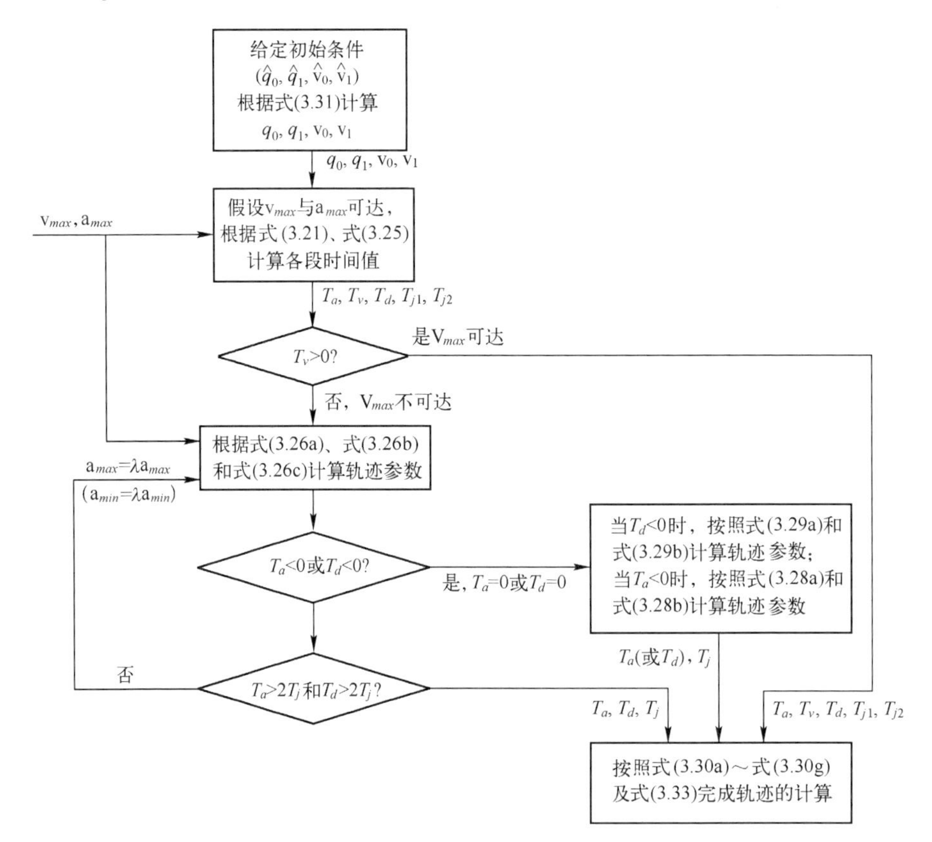

图3.18　双S轨迹的计算流程图

3.4.3　初始与终止速度为零的双 S 轨迹

当初始与终止速度 v_0 与 v_1 为零时，双 S 轨迹的计算要简单得多，尤其当约束对称时（$j_{min}=-j_{max}$，$a_{min}=-a_{max}$，$v_{min}=v_{max}$）。

事实上，此时的加速段与减速段是对称的，进而有 $T_a=T_d$ 且 $T_{j1}=T_{j2}=T_j$。此外，总是可以在符合速度、加速度及加加速度的约束下规划出连接初始位置与终止位置的轨迹。

假设 $q_1>q_0$（否则请参考 3.4.2 小节内容），存在以下 4 种可能的情形。

1. $v_{lim}=v_{max}$

a）$a_{lim}=a_{max}$

b）$a_{lim}<a_{max}$

2. $v_{lim}<v_{max}$

a）$a_{lim}=a_{max}$

b）$a_{lim}<a_{max}$

其中，v_{lim} 与 a_{lim} 为轨迹中实际可达的速度与加速度的最大值，即 $v_{lim}=\max_t(\dot{q}(t))$、$a_{lim}=\max_t(\ddot{q}(t))$。

情形 1：$v_{lim}=v_{max}$

此时，有必要去检验最大加速度 a_{max} 是否可达，于是计算 T_j 与 $T_a(=T_d)$：

a.
$$\text{若 } v_{max}j_{max}\geqslant a_{max}^2 \quad\Rightarrow\quad T_j=\frac{a_{max}}{j_{max}}$$
$$T_a=T_j+\frac{v_{max}}{a_{max}}$$

b.
$$\text{若 } v_{max}j_{max}<a_{max}^2 \quad\Rightarrow\quad T_j=\sqrt{\frac{v_{max}}{j_{max}}}$$
$$T_a=2T_j$$

进而，恒速段的时长为
$$T_v=\frac{q_1-q_0}{v_{max}}-T_a$$
若 T_v 为正，则最大速度可达，否则，应考虑**情形 2**（$T_v=0$）。

情形 2：$v_{lim}<v_{max}$

根据最大加速度 a_{max} 是否可达，同样存在两种子情形，而且此时也能得到其闭式解；为

a.
$$\text{当 }(q_1-q_0)\geqslant 2\frac{a_{max}^3}{j_{max}^2} \quad\Rightarrow\quad T_j=\frac{a_{max}}{j_{max}}$$
$$T_a=\frac{T_j}{2}+\sqrt{\left(\frac{T_j}{2}\right)^2+\frac{q_1-q_0}{a_{max}}}$$

b.
$$\text{当 }(q_1-q_0)<2\frac{a_{max}^3}{j_{max}^2} \quad\Rightarrow\quad T_j=\sqrt[3]{\frac{q_1-q_0}{2j_{max}}}$$
$$T_a=2T_j$$

一旦 T_j、$T_a(T_d)$、T_v 已知，有：
$$\begin{aligned} a_{lim} &= j_{max}T_j \qquad = a_{lim_a}=-a_{lim_d} \\ v_{lim} &= (T_a-T_j)a_{lim} \end{aligned}$$
根据式（3.30a）~式（3.30g），则轨迹可求。

例 3. 13 图 3. 19 所示为当不存在恒速段时初始与终止速度为零的双 S 轨迹的位置、速度、加速度及加加速度曲线。这里，最大加速度也不可达，但轨迹参数可以使用封闭形式求解。其边界条件为

$$q_0 = 0, \quad q_1 = 10, \quad v_0 = 0, \quad v_1 = 0$$

同时约束为

$$v_{max} = 10, \quad a_{max} = 20, \quad j_{max} = 30$$

所得的时长为

$$T_j = 0.5503, \quad T_a = 1.1006, \quad T_v = 0$$

最大速度为 $v_{lim} = 8.6329$，且加速与减速周期内的加速度限定值分别为 $a_{lim_a} = 6.9641$ 与 $a_{lim_d} = -6.9641$。

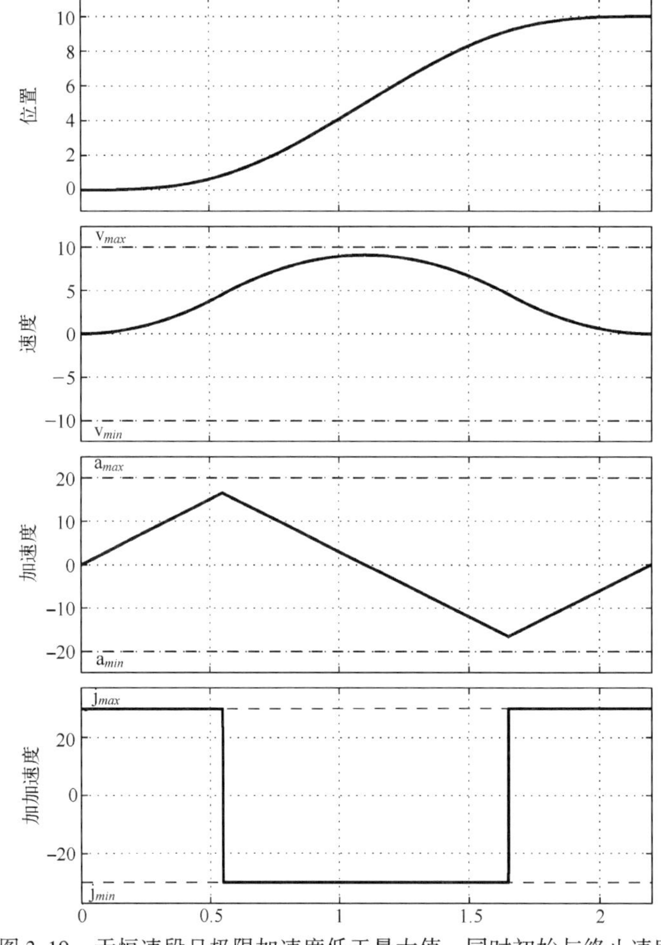

图 3. 19 无恒速段且极限加速度低于最大值，同时初始与终止速度为零的双S轨迹的位置、速度、加速度和加加速度曲线

3. 4. 4 双 S 轨迹的在线计算

双 S 型曲线的一种简单计算方式是基于轨迹的离散时间公式。该方法适用于当需要定义由多段双 S 曲线组成的复杂轨迹时，也适合轨迹轮廓在离散时间下计算的数控机床等。

定义第 k 时刻的位置、速度、加速度和加加速度：

$$\begin{cases} q(t=kT_s) &= q_k \\ \dot{q}(t=kT_s) &= \dot{q}_k \\ \ddot{q}(t=kT_s) &= \ddot{q}_k \\ q^{(3)}(t=kT_s) &= q_k^{(3)} \end{cases}$$

T_s为采样周期。双 S 轨迹在线计算的轨迹规划器的控制框图如图 3.20 所示。给定位置、速度和加速度的初始与终止值及其约束①($v_{max}, v_{min}, a_{max}, a_{min}, j_{max}, j_{min}$)，则加加速度可按下文进行计算，进而再对其逐次积分分别获得加速度、速度和位置。具体地，可采用梯形积分法②，那么相应的加加速度、加速度、速度和位置间的关系为

$$\begin{aligned} \ddot{q}_k &= \ddot{q}_{k-1} + \frac{T_s}{2}(q_{k-1}^{(3)} + q_k^{(3)}) \\ \dot{q}_k &= \dot{q}_{k-1} + \frac{T_s}{2}(\ddot{q}_{k-1} + \ddot{q}_k) \\ q_k &= q_{k-1} + \frac{T_s}{2}(\dot{q}_{k-1} + \dot{q}_k) \end{aligned} \tag{3.34}$$

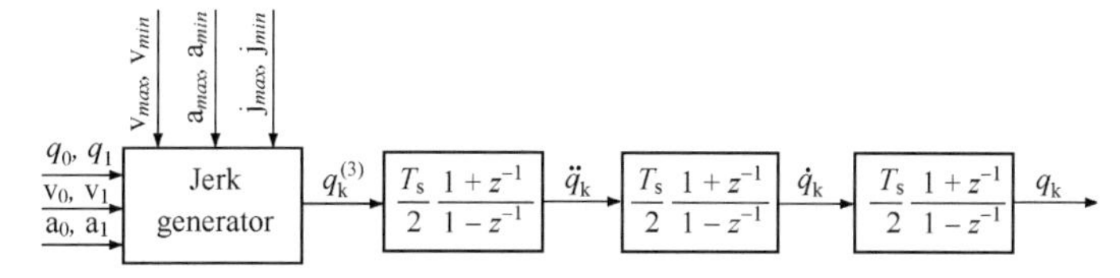

图 3.20　双 S 轨迹在线计算的轨迹规划器的控制框图

该轨迹规划器的基本思想是：在加速与加加速度的期望约束下，先执行加速段、然后执行恒速段，最后执行能够以期望速度 v_1 与加速度 a_1 到达最终位置 q_1 的减速段。因此，轨迹的计算包含两个步骤，如图 3.21 所示。

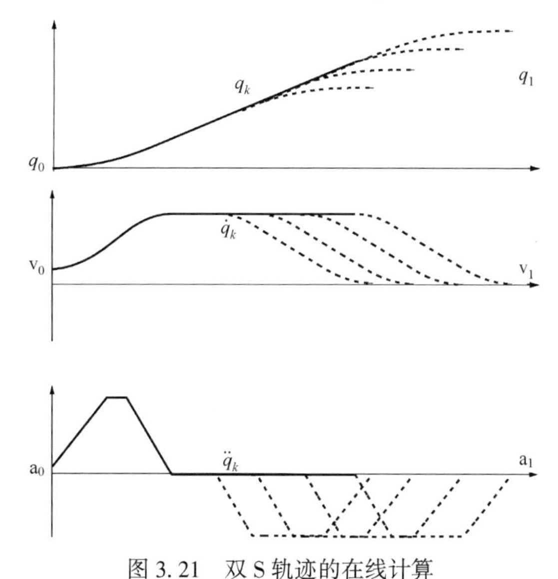

图 3.21　双 S 轨迹的在线计算

① 值得注意的是、此时约束可自由选择，无须考虑诸如 $j_{min}=j_{max}$ 等的对称条件。

② 积分器的离散传递函数为 $G_I(z^{-1}) = \frac{T_s}{2}\frac{1+z^{-1}}{1-z^{-1}}$。

（1）以经典梯形加速度计算加速度曲线，可能后接恒速段（$=v_{max}$）。

（2）运动过程中，在每一个瞬时时刻 kT_s，检测轨迹能否在 $\ddot{q}_k$ 与 $q_k^{(3)}$ 的约束下，由当前速度 $\dot{q}_k$ 减速至终止值 v_1 的同时准确到达目标位置 q_1。

阶段 1：加速段与恒速段

为执行由 q_0 至 q_1（$>q_0$）的双 S 轨迹，加加速度保持其最大值直至 $\ddot{q}_k<a_{max}$，而后加加速度降为零（$q_k^{(3)}=0$），从而加速度恒定（a_{max}）。最后，为使达到最大速度时的加速度为零，加加速度设置为其最小值（$q_k^{(3)}=j_{min}$）。此后，保持最大速度直至减速段开始。

该过程在数学上可描述为

$$q_k^{(3)}=\begin{cases} j_{max} & 当\ \dot{q}_k-\dfrac{\ddot{q}_k^2}{2j_{min}}<v_{max}\ 且\ \ddot{q}_k<a_{max} \\ 0 & 当\ \dot{q}_k-\dfrac{\ddot{q}_k^2}{2j_{min}}<v_{max}\ 且\ \ddot{q}_k\geqslant a_{max} \\ j_{min} & 当\ \dot{q}_k-\dfrac{\ddot{q}_k^2}{2j_{min}}\geqslant v_{max}\ 且\ \ddot{q}_k>0 \\ 0 & 当\ \dot{q}_k-\dfrac{\ddot{q}_k^2}{2j_{min}}\geqslant v_{max}\ 且\ \ddot{q}_k\leqslant 0 \end{cases} \tag{3.35}$$

由于通常很小的数值偏差就会影响到计算，因此这里考虑用 $\dot{q}_k-\dfrac{\ddot{q}_k^2}{2j_{min}}\geqslant v_{max}$、$\ddot{q}_k\geqslant a_{max}$ 及 $\ddot{q}_k\leqslant 0$ 替代 $\dot{q}_k-\dfrac{\ddot{q}_k^2}{2j_{min}}=v_{max}$、$\ddot{q}_k=a_{max}$ 及 $\ddot{q}_k=0$。

阶段 2：减速段

受制于最大、最小加速度与加加速度的约束，在每一次采样时刻[①]，都应根据梯形减速度曲线计算加速度与速度由当前值（$\dot{q}_k$ 与 $\ddot{q}_k$）变化至终止值（v_1 和 a_1）所必需的时长 T_d、T_{j2a} 与 T_{j2b}（参照图 3.22）。由速度与加速度变化表达式，当最小加速度 a_{min} 可达时（相应地，$T_d\geqslant T_{j2a}+T_{j2b}$），得：

$$\begin{cases} T_{j2a}=\dfrac{a_{min}-\ddot{q}_k}{j_{min}} \\ T_{j2b}=\dfrac{a_0-a_{min}}{j_{max}} \\ T_d=\dfrac{v_1-\dot{q}_k}{a_{min}}+T_{j2a}\dfrac{a_{min}-\ddot{q}_k}{2a_{min}}+T_{j2b}\dfrac{a_{min}-a_1}{2a_{min}} \end{cases} \tag{3.36}$$

否则：

$$\begin{cases} T_{j2a}=-\dfrac{\ddot{q}_k}{j_{min}}+\dfrac{\sqrt{(j_{max}-j_{min})(\ddot{q}_k^2j_{max}-j_{min}(a_1^2+2j_{max}(\dot{q}_k-v_1)))}}{j_{min}(j_{min}-j_{max})} \\ T_{j2b}=\dfrac{a_1}{j_{max}}+\dfrac{\sqrt{(j_{max}-j_{min})(\ddot{q}_k^2j_{max}-j_{min}(a_1^2+2j_{max}(\dot{q}_k-v_1)))}}{j_{max}(j_{max}-j_{min})} \\ T_d=T_{j2a}+T_{j2b} \end{cases} \tag{3.37}$$

① 对于减速段，我们期望的是 $\dot{q}_k\geqslant v_1$，否则，公式不成立。

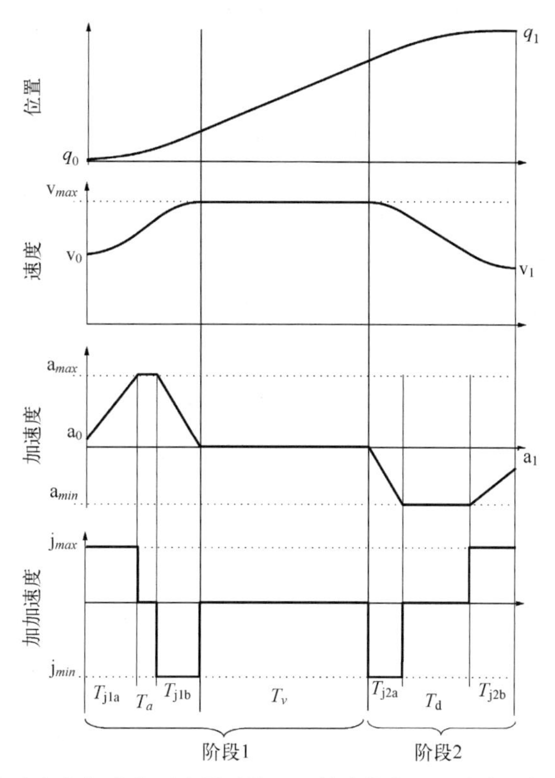

图 3.22　初始与终止速度和加速度不为零时的双 S 轨迹的位置、速度、加速度和加加速度曲线

注意，由于减速段的初始加速度$\ddot{q}_k$与终止加速度a_1一般并不相等（尤其非零时），因此导致最大和最小加加速度的周期（T_{j2b}与T_{j2a}）也会不同。

此时，有必要对由式（3.36）或式（3.37）所得的加速度和速度曲线计算其所产生的位移：

$$h_k=\frac{1}{2}\ddot{q}_kT_d^2+\frac{1}{6}(j_{min}T_{j2a}(3T_d^2-3T_dT_{j2a}+T_{j2a}^2)+j_{max}T_{j2b}^3)+T_d\dot{q}_k$$

并检验条件 $h_k<q_1-q_k$。若条件成立，则应继续根据**阶段 1**（根据 q_k、$\dot{q}_k$与$\ddot{q}_k$的更新值迭代计算减速参数）进行轨迹计算，否则需启动减速段，且加加速度为

$$q_k^{(3)}=\begin{cases}j_{min} & \text{当}\ (k-\bar{k})\in\left[0,\ \frac{T_{j2a}}{T_s}\right]\\ 0 & \text{当}\ (k-\bar{k})\in\left[\frac{T_{j2a}}{T_s},\ \frac{T_d-T_{j2b}}{T_s}\right]\\ j_{max} & \text{当}\ (k-\bar{k})\in\left[\frac{T_d-T_{j2b}}{T_s},\ \frac{T_d}{T_s}\right]\end{cases}\tag{3.38}$$

其中，$\bar{k}$为**阶段 2** 的启动时刻。

例 3.14　图 3.23 所示为在线计算的双 S 轨迹的位置、速度、加速度和加加速度曲线。这里，很容易考虑速度和加速度的非零初值与终值，以及速度、加速度和加加速度最大值的不对称约束。具体地，边界条件为

$$q_0=0,\quad q_1=10,\quad v_0=1,\quad v_1=0,\quad a_0=1,\quad a_1=0$$

同时约束为

$$\begin{aligned}v_{max}&=5,\quad a_{max}=10,\quad j_{max}=30\\ v_{min}&=-5,\quad a_{min}=-8,\quad j_{min}=-40\end{aligned}$$

采样周期为 $T_s=0.001$ s。

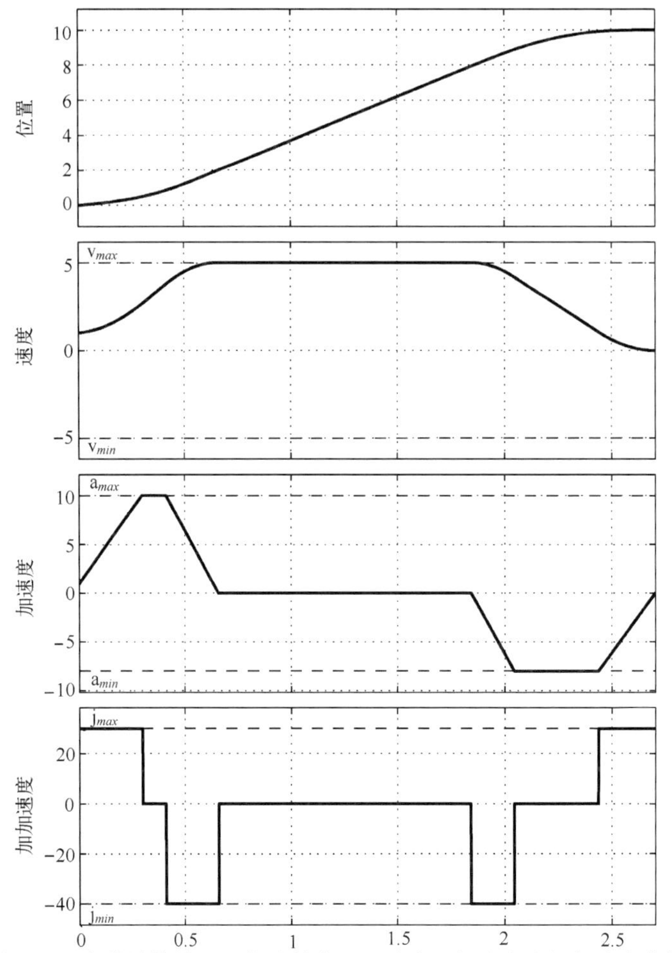

图 3.23　在线计算的双 S 轨迹的位置、速度、加速度和加加速度曲线

由上文已知，该算法会受到由采样周期导致的数值误差的影响：T_s越大，加速度、速度及位置上的误差就越大。然而，若因某些原因必须设定较大的 T_s值，可仅为轨迹计算的需要，假定一个较原来 N 倍小的采样周期，即 $T_s^* = \frac{T_s}{N}$，然后再对所得数据点进行欠采样。

例 3.15　图 3.24 所示为 $T_s = 0.02$ s 和 0.0001 s 时在线计算的双 S 轨迹的位置、速度、加速度和加加速度曲线。考虑同前例相同的边界和峰值条件，虚线是在 $T_s = 0.02$ s 下获得的，而实线则是先采用 $T_s^* = T_s/200 = 0.0001$ s 计算，然后再以每隔两百个样本采集一点的方式对轨迹欠采样。注意曲线间的偏差。

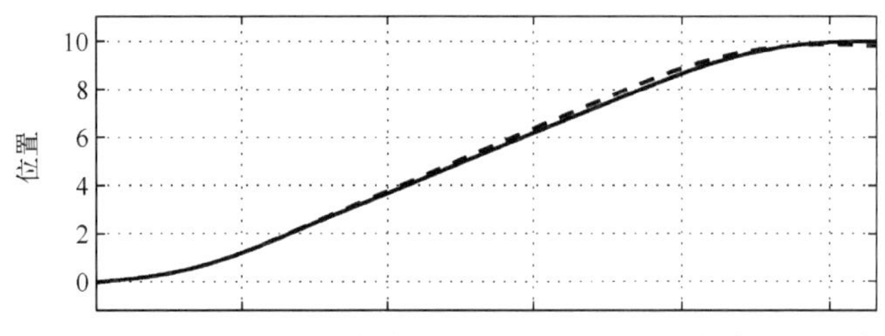

图 3.24　在 $T_s = 0.02$ s（实线）和 $T_s = 0.0001$ s（虚线）时在线计算的双S轨迹的位置、速度、加速度和加加速度曲线

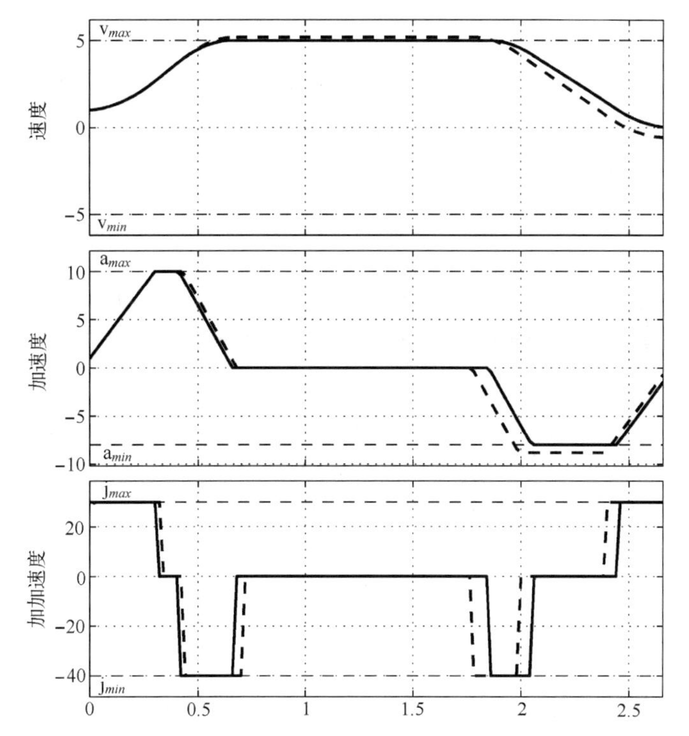

图 3.24　在 $T_s=0.02$ s（实线）和 $T_s=0.0001$ s（虚线）时在线计算的双S轨迹的位置、速度、加速度和加加速度曲线(续)

当 $q_1<q_0$时，可采用 3.4.2 小节所描述的方法。

例 3.16　图 3.25 所示为当 $q_1<q_0$时在线计算的双 S 轨迹的位置、速度、加速度和加加速度曲线。具体地，边界条件为

$$q_0=0,\quad q_1=-10,\quad v_0=1,\quad v_1=0,\quad a_0=1,\quad a_1=0$$

约束为

$$\begin{array}{lll} v_{max}=5, & a_{max}=10, & j_{max}=30 \\ v_{min}=-5, & a_{min}=-8, & j_{min}=-40 \end{array}$$

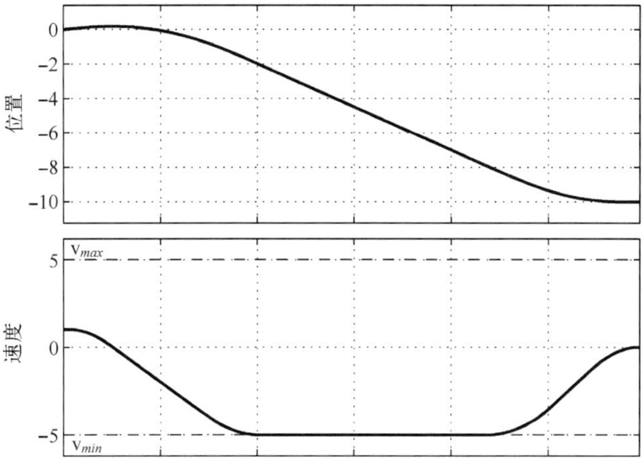

图 3.25　当 $q_1<q_0$时在线计算的双 S 轨迹的位置、速度、加速度和加加速度曲线

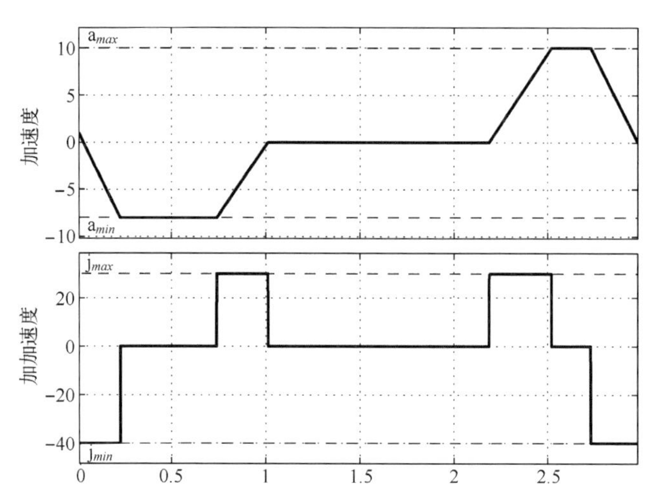

图 3.25　当 $q_1<q_0$时在线计算的双 S 轨迹的位置、速度、加速度和加加速度曲线（续）

采用周期为 $T_s=0.001$ s。

3.4.5　双 S 轨迹的位移时间

由于可能出现的情形较多，双 S 轨迹位移时间的计算异常复杂。因此，这里仅讨论几种特定但常用的情形。

具体地，假设 $h=q_1-q_0>0$，约束对称 $v_{min}=-v_{max}$、$a_{min}=-a_{max}$、$j_{min}=-j_{max}$，并且加速度与速度最大值（a_{max}与 v_{max}）均可达，则轨迹的总时长易得：

$$T=\frac{h}{v_{max}}+\frac{T_a}{2}\left(1-\frac{v_0}{v_{max}}\right)+\frac{T_d}{2}\left(1-\frac{v_1}{v_{max}}\right) \tag{3.39}$$

其中，

$$T_a=\frac{a_{max}}{j_{max}}+\frac{v_{max}-v_0}{a_{max}},\qquad T_d=\frac{a_{max}}{j_{max}}+\frac{v_{max}-v_1}{a_{max}}$$

若初始与终止速度都为零，式（3.39）变为

$$T=\frac{h}{v_{max}}+\frac{v_{max}}{a_{max}}+\frac{a_{max}}{j_{max}} \tag{3.40}$$

由式（3.40）可以直接证明，通过合理缩放 v_{max}、a_{max}、j_{max}的值可以很容易地修改轨迹的总时长。其实，若考虑新的约束：

$$v'_{max}=\lambda v_{max},\qquad a'_{max}=\lambda^2 a_{max},\qquad j'_{max}=\lambda^3 j_{max}$$

那么时长 T'变为

$$T'=\frac{T}{\lambda}$$

因此可以计算出使得期望时长为 $T'=T_D$的 λ：

$$\lambda=\frac{T}{T_D}$$

上述讨论在始末速度非零时同样有效，但此时还需要对 v_0与 v_1进行缩放［见式（3.39）］：

$$v'_0=\lambda v_0,\qquad v'_1=\lambda v_1$$

关于轨迹时间缩放的其他讨论，详见第 5 章。

例 3.17　图 3.26 所示为通过适当缩放以获得期望时长($T_D=5\,\text{s}$)的双 S 轨迹的位置、速度、加速度和加加速度曲线。边界条件及约束同例 3.9，轨迹的总时长为 $T=2.71\,\text{s}$。为修改轨迹时长以期获得期望值 T_D，可通过 $\lambda=0.542$ 对各约束及初始与终止速度进行缩放。

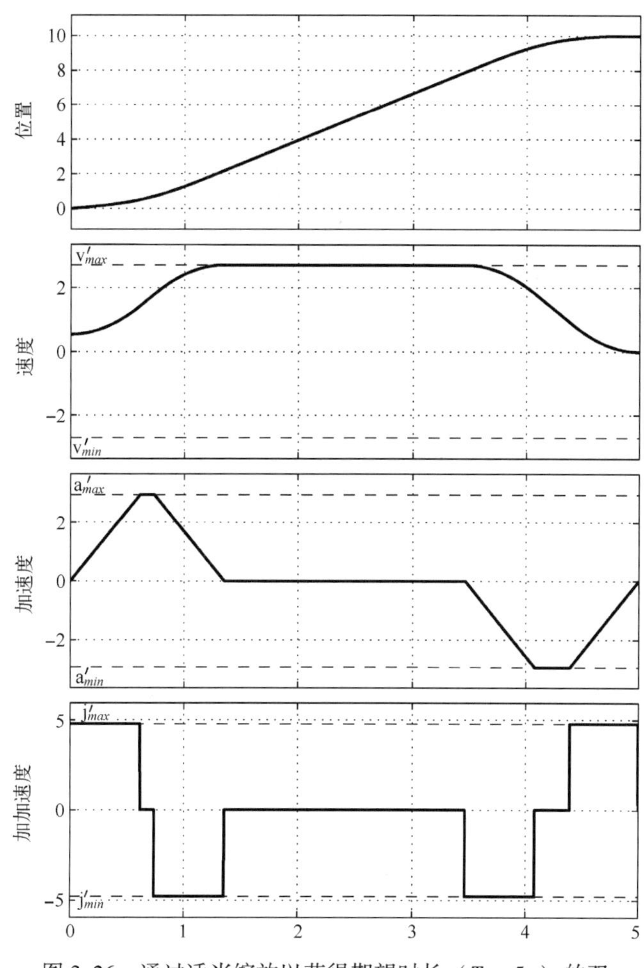

图 3.26　通过适当缩放以获得期望时长（$T_D=5\,\text{s}$）的双 S轨迹的位置、速度、加速度和加加速度曲线

3.4.6　指定各段时长的双 S 轨迹

在给定时长 T 并指定了加速段与恒加加速段时长的情况下，双 S 轨迹规划的一般方法是将 v_{max}、a_{max} 与 j_{max} 定义为所期望的 T、T_a、T_d、T_j 的函数。具体地，这里考虑对称情形 $v_{min}=-v_{max}$、$a_{min}=-a_{max}$、$j_{min}=-j_{max}$，并假设初始与终止速度 v_0、v_1 均为零（因此 $T_d=T_a$），此外，假定最大速度与最大加速度均可达。由此，参考定义轨迹轮廓的式（3.30a）~式（3.30g），可得：

$$v_{lim}=v_{max}, \qquad a_{lim_a}=a_{lim_d}=a_{max}$$

由总时长，以及加速段与恒加加速段时长的表达式，即

$$\begin{cases} T = \dfrac{h}{v_{max}} + T_a \\ T_a = \dfrac{v_{max}}{a_{max}} + T_j \\ T_j = \dfrac{a_{max}}{j_{max}} \end{cases} \tag{3.41}$$

可推导出 v_{max}、a_{max}及 j_{max}的相应值：

$$\begin{cases} v_{max} = \dfrac{h}{T - T_a} \\ a_{max} = \dfrac{h}{(T - T_a)(T_a - T_j)} \\ j_{max} = \dfrac{h}{(T - T_a)(T_a - T_j)T_j} \end{cases}$$

若假设加速周期为全轨迹时长的一部分：

$$T_a = \alpha T \qquad 0 < \alpha \leqslant 1/2$$

同理，恒加加速段的时长为加速周期的一部分：

$$T_j = \beta T_a \qquad 0 < \beta \leqslant 1/2$$

则双 S 轨迹 $q(t)$ 的最大速度、加速度和加加速度可由下式求得：

$$\begin{cases} v_{max} = \dfrac{h}{(1-\alpha)T} \\ a_{max} = \dfrac{h}{\alpha(1-\alpha)(1-\beta)T^2} \\ j_{max} = \dfrac{h}{\alpha^2\beta(1-\alpha)(1-\beta)T^3} \end{cases} \tag{3.42}$$

将上述值代入式（3.30a）~式（3.30g），则可定义给定时长的轨迹如图 3.27 所示为各区域期望时长下的初始与终止速度为零的双 S 轨迹的位置、速度、加速度和加加速度曲线。

例 3.18 为求得总时长 $T=5$，对具有边界条件：

$$q_0 = 0, \quad q_1 = 10, \quad v_0 = 0, \quad v_1 = 0$$

的双 S 轨迹进行计算，考虑：

$$\alpha = 1/3, \qquad \beta = 1/5$$

即等效地：

$$T_a = 1.6666, \qquad T_j = 0.3333$$

所求的速度、加速度和加加速度为

$$v_{max} = 3.14, \quad a_{max} = 2.25, \quad j_{max} = 6.75$$

所生成的轨迹如图 3.28 所示。

显然，关于双 S 轨迹各变量（v_{max}、a_{max}、j_{max}、h、T、T_a、T_j）的式（3.41）也可在其他项已知的前提下求出关于其他诸如（v_{max}、a_{max}、T_j）或（v_{max}、T_a、T_j）等变量的解。例如，若期望轨迹的总时长为 T 且同时具有给定的最大加速度及加加速度a_{max}和 j_{max}，则可得剩余系数为

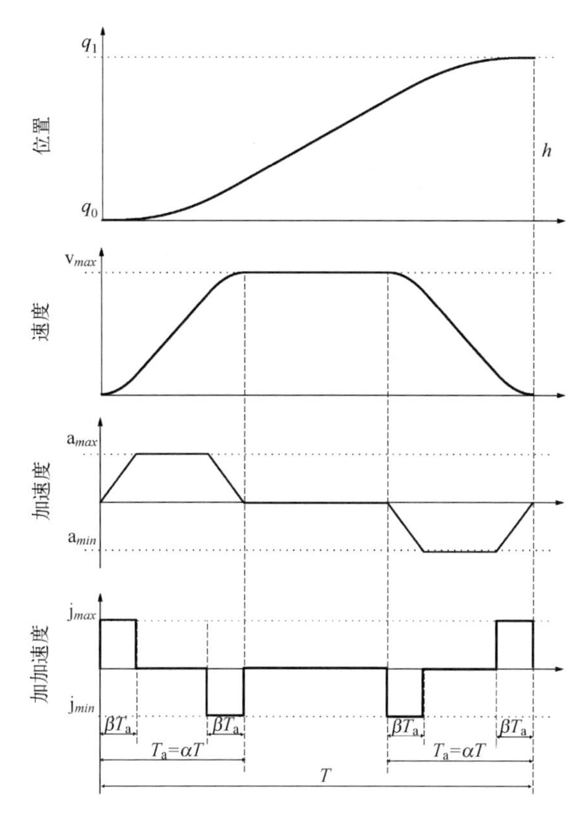

图 3.27　各区域期望时长下的初始与终止速度为零的双 S 轨迹的位置、速度、加速度和加加速度曲线

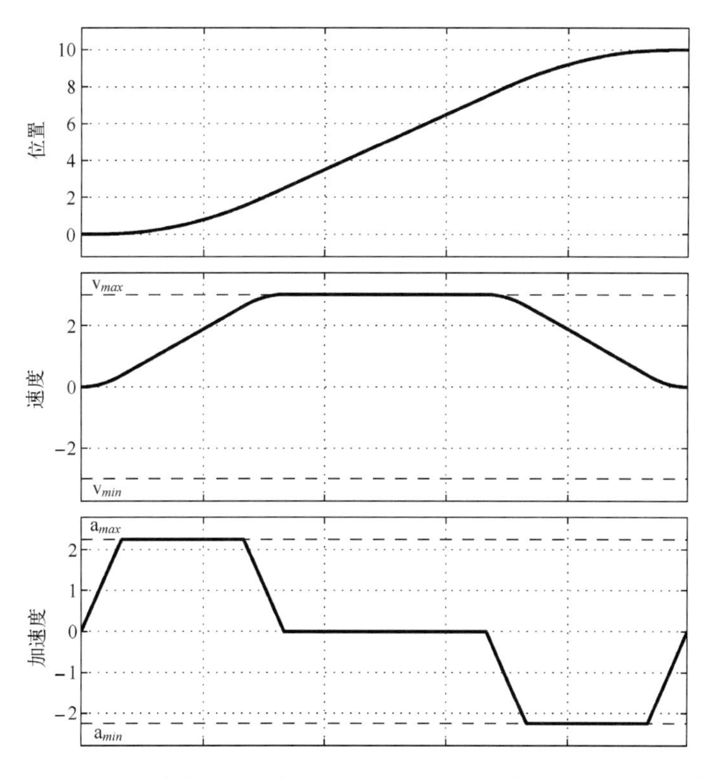

图 3.28　在 $T_a=T/3$、$T_j=T_a/5$ 条件下的给定时长 T 的双 S 轨迹的位置、速度、加速度和加加速度曲线

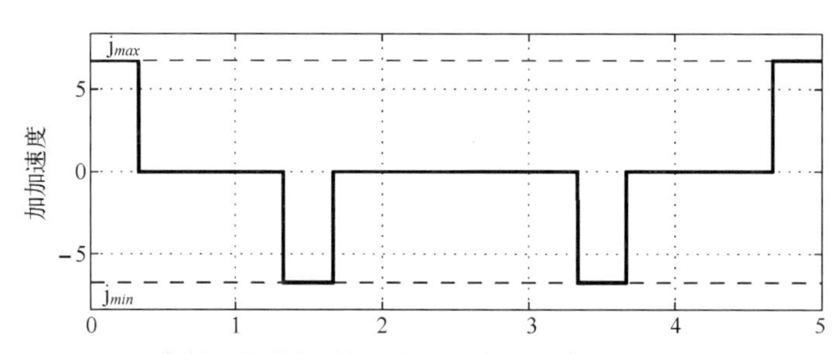

图 3.28 在 $T_a=T/3$、$T_j=T_a/5$ 条件下的给定时长 T 的双 S 轨迹的位置、速度、加速度和加加速度曲线（续）

$$\begin{cases} v_{max}= \dfrac{-a_{max}^2 + a_{max}j_{max}T - \sqrt{a_{max}(-4hj_{max}^2 + a_{max}(a_{max} - j_{max}T)^2)}}{2j_{max}} \\ T_a = \dfrac{a_{max}^2 + a_{max}j_{max}T - \sqrt{a_{max}(-4hj_{max}^2 + a_{max}(a_{max} - j_{max}T)^2)}}{2a_{max}j_{max}} \\ T_j = \dfrac{a_{max}}{j_{max}}. \end{cases}$$

例 3.19 为求得总时长 $T=5$，对具有边界条件：

$$q_0 = 0, \quad q_1 = 10, \quad v_0 = 0, \quad v_1 = 0$$

的双 S 轨迹进行计算。此外，考虑了约束：

$$a_{max} = 2, \qquad j_{max} = 8$$

所求得的速度与恒加速段及恒加加速段的时长分别为

$$v_{max} = 3, \quad T_a = 1.82, \quad T_j = 0.25$$

所定义的轨迹如图 3.29 所示。

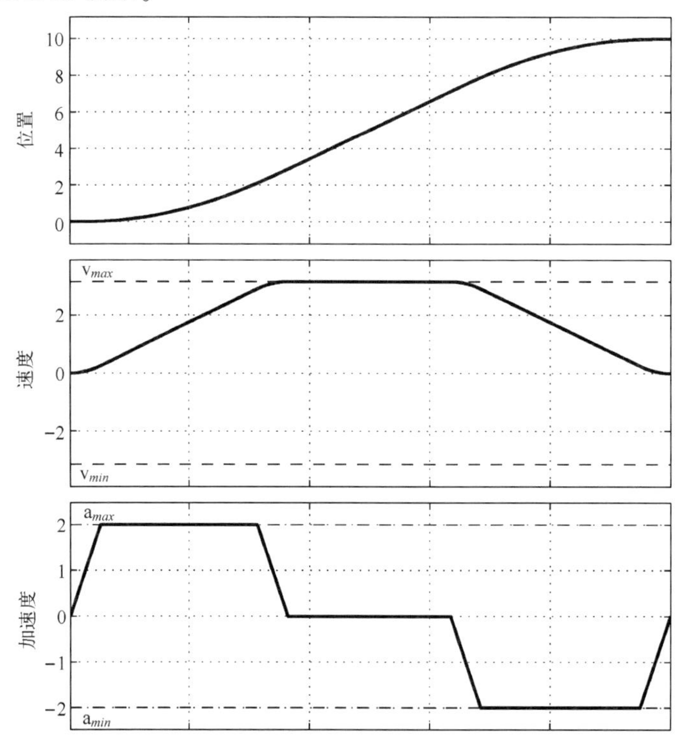

图 3.29 在a_{max}、j_{max}条件下的给定时长 T 的双 S 轨迹的位置、速度、加速度和加加速度曲线

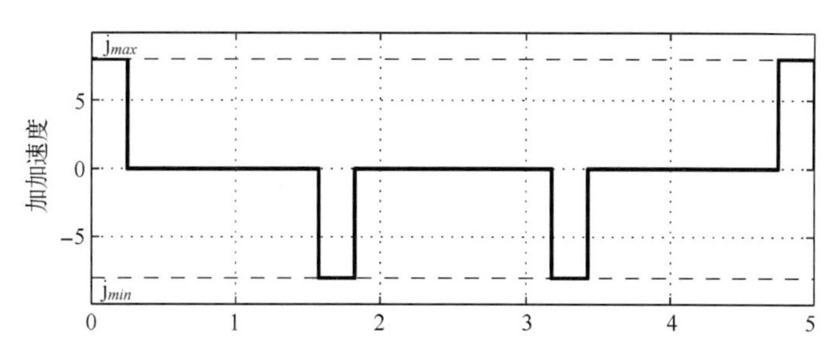

图 3.29　在a_{max}、j_{max}条件下的给定时长 T 的双 S 轨迹的位置、速度、加速度和加加速度曲线（续）

3.5　十五段式轨迹

在某些应用场合中，需要使用加加速度连续的轨迹。此时，可以使用双 S 轨迹的变种形式，这类轨迹的加加速度为梯形。整条轨迹由十五段组成（传统的双 S 型轨迹为七段），其中，加加速度呈线性递增或递减，或保持恒定。有必要设定加加速度一阶导的边界值来限定加加速度的最大变化率，该一阶导被称为跳度或呼度①，如图 3.30 所示。

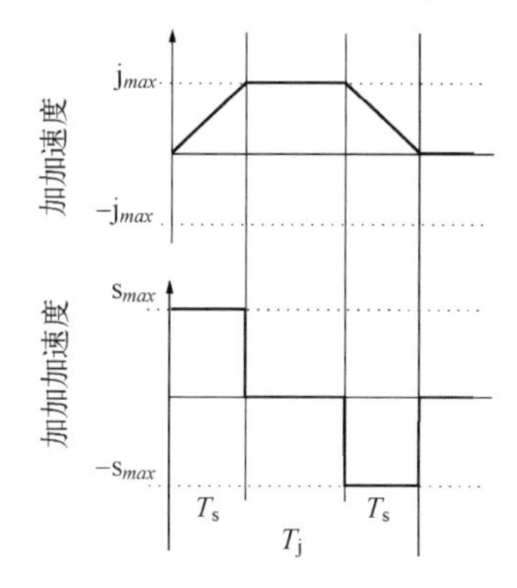

图 3.30　十五段式“双 S 轨迹”中的连续加加速度曲线

标准情况下（具有条件 $q_1>q_0$，且 $s_{min}=-s_{max}$、$j_{min}=-j_{max}$、$a_{min}=-a_{max}$、$v_{min}=-v_{max}$），当加加速度、加速度及速度的峰值可达时，可根据下式通过定义各段的时长来确定轨迹：

$$\begin{cases} T_s = \dfrac{j_{max}}{s_{max}} \\ T_j = \dfrac{a_{max}}{j_{max}} + T_s \\ T_a = T_j + \dfrac{v_{max} - v_1}{a_{max}} \\ T_d = T_j + \dfrac{v_{max} - v_0}{a_{max}} \\ T_v = \dfrac{q_1 - q_0}{v_{max}} - \dfrac{T_a}{2}\left(1 + \dfrac{v_0}{v_{max}}\right) - \dfrac{T_d}{2}\left(1 + \dfrac{v_1}{v_{max}}\right) \end{cases} \tag{3.43}$$

① 目前尚无官方术语，这里采用跳度。

其中，s_{max}、j_{max}、a_{max}、v_{max}为加加加速度、加加速度、加速度及速度的最大值；q_0、v_0与q_1、v_1为位置与速度的初始与终止值，同时，T_s、T_j、T_a，T_d、T_v的意义如图 3.30 与图 3.13 所示。式（3.43）的有效判定不等式

$$T_j \geqslant 2T_s \Leftrightarrow \quad a_{max} \geqslant \frac{j_{max}^2}{s_{max}} \tag{3.44}$$

$$T_a \geqslant 2T_j \Leftrightarrow (v_{max} - v_0) \geqslant \frac{a_{max}^2}{j_{max}} + \frac{a_{max} j_{max}}{s_{max}} \tag{3.45}$$

$$T_d \geqslant 2T_j \Leftrightarrow (v_{max} - v_1) \geqslant \frac{a_{max}^2}{j_{max}} + \frac{a_{max} j_{max}}{s_{max}} \tag{3.46}$$

$$T_v \geqslant 0 \Leftrightarrow \frac{q_1 - q_0}{v_{max}} - \frac{T_a}{2}\left(1 + \frac{v_0}{v_{max}}\right) - \frac{T_d}{2}\left(1 + \frac{v_1}{v_{max}}\right) \geqslant 0 \tag{3.47}$$

若不满足式（3.44），则最大加加速度不可达；当式（3.45）或式（3.46）不成立时，加速度（加速或减速阶段中）小于其最大允许值；最后，$T_v<0$ 则意味着最大速度v_{max}不可达。

若时长T_s、T_j、T_a、T_d、T_v符合式（3.44）~式（3.47）（这表明十五段式轨迹的各区都存在）且在假设$q_1>q_0$下（否则需使用 3.4.2 小节中的方法），则根据下列定义了各区相应位置、速度、加速度、加加速度及加加加速度等的方程组，轨迹可求。

1. 加速段

1）$t \in [0, T_s]$

$$\begin{cases} q^{(4)}(t) = s_{max} \\ q^{(3)}(t) = s_{max}\, t \\ \ddot{q}(t) \quad = \dfrac{s_{max}}{2}\, t^2 \\ \dot{q}(t) \quad = \dfrac{s_{max}}{6}\, t^3 + v_0 \\ q(t) \quad = \dfrac{s_{max}}{24}\, t^4 + v_0 t + q_0 \end{cases} \tag{3.48a}$$

2）$t \in [T_s, T_j - T_s]$

$$\begin{cases} q^{(4)}(t) = 0 \\ q^{(3)}(t) = j_{max} \\ \ddot{q}(t) \quad = j_{max}\, t - \dfrac{1}{2} j_{max}\, T_s \\ \dot{q}(t) \quad = \dfrac{j_{max}}{6}\, T_s^2 + \dfrac{1}{2} j_{max}\, t\,(t - T_s) + v_0 \\ q(t) \quad = \dfrac{j_{max}}{24}\,(2t - T_s)\left(2t\,(t - T_s) + T_s^2\right) + v_0 t + q_0 \end{cases} \tag{3.48b}$$

3) $t \in [T_j - T_s, T_j]$

$$\begin{cases} q^{(4)}(t) = -\mathrm{s}_{max} \\ q^{(3)}(t) = -\mathrm{s}_{max}(t - T_j) \\ \ddot{q}(t) = -\dfrac{\mathrm{s}_{max}}{2}(t - T_j)^2 + \mathrm{a}_{max} \\ \dot{q}(t) = \dfrac{\mathrm{s}_{max}}{6}\left(7T_s^3 - 9T_s^2(t + T_s) + 3T_s(t + T_s)^2 - (t - T_j + T_s)^3\right) + \mathrm{v}_0 \\ q(t) = \dfrac{\mathrm{s}_{max}}{24}\left(-15T_s^4 + 28T_s^3(t + T_s) - 18T_s^2(t + T_s)^2 + 4T_s(t + T_s)^3 - \right. \\ \quad \left.(t - T_j + T_s)^4\right) + \mathrm{v}_0 t + q_0 \end{cases} \tag{3.48c}$$

4) $t \in [T_j, T_a - T_j]$

$$\begin{cases} q^{(4)}(t) = 0 \\ q^{(3)}(t) = 0 \\ \ddot{q}(t) = \mathrm{a}_{max} \\ \dot{q}(t) = \dfrac{\mathrm{a}_{max}}{2}(2t - T_j) + \mathrm{v}_0 \\ q(t) = \dfrac{\mathrm{a}_{max}}{12}(6t^2 - 6tT_j + 2T_j^2 - T_jT_s + T_s^2) + \mathrm{v}_0 t + q_0 \end{cases} \tag{3.48d}$$

5) $t \in [T_a - T_j, T_a - T_j + T_s]$

$$\begin{cases} q^{(4)}(t) = -\mathrm{s}_{max} \\ q^{(3)}(t) = -\mathrm{s}_{max}(t - T_a + T_j) \\ \ddot{q}(t) = \mathrm{a}_{max} - \dfrac{\mathrm{s}_{max}}{2}(t - T_a + T_j)^2 \\ \dot{q}(t) = -\dfrac{\mathrm{s}_{max}}{6}(t - T_a + T_j)^3 + \dfrac{\mathrm{a}_{max}}{2}(2t - T_j) + \mathrm{v}_0 \\ q(t) = -\dfrac{\mathrm{s}_{max}}{24}(t - T_a + T_j)^4 + \dfrac{\mathrm{a}_{max}}{12}(6t^2 - 6tT_j + 2T_j^2 - T_jT_s + T_s^2) + \\ \quad \mathrm{v}_0 t + q_0 \end{cases} \tag{3.48e}$$

6) $t \in [T_a - T_j + T_s, T_a - T_s]$

$$\begin{cases} q^{(4)}(t) = 0 \\ q^{(3)}(t) = -\mathrm{j}_{max} \\ \ddot{q}(t) = -\dfrac{\mathrm{j}_{max}}{2}(2t - 2T_a + T_s) \\ \dot{q}(t) = -\dfrac{\mathrm{j}_{max}}{6}\left(3(t - T_a)^2 - 6T_aT_j + 6T_j^2 + 3(t + T_a - 2T_j)T_s + T_s^2\right) + \mathrm{v}_0 \\ q(t) = -\dfrac{\mathrm{j}_{max}}{24}\left(4(t - T_a)^3 - 12(2t - T_a)T_aT_j + 12(2t - T_a)T_j^2 + \right. \\ \quad \left. 6\left(t^2 + 2t(T_a - 2T_j) - T_a(T_a - 2T_j)\right)T_s + 4(t - T_a)T_s^2 + T_s^3\right) + \\ \quad \mathrm{v}_0 t + q_0 \end{cases} \tag{3.48f}$$

7) $t \in [T_a - T_s, T_a]$

$$\begin{cases} q^{(4)}(t) = \mathrm{s}_{max} \\ q^{(3)}(t) = \mathrm{s}_{max}(t - T_a) \\ \ddot{q}(t) = \dfrac{\mathrm{s}_{max}}{2}(t - T_a)^2 \\ \dot{q}(t) = \dfrac{\mathrm{s}_{max}}{6}(t - T_a)^3 + \mathrm{a}_{max}(T_a - T_j) + \mathrm{v}_0 \\ q(t) = \dfrac{\mathrm{s}_{max}}{24}(t - T_a)^4 + \dfrac{\mathrm{a}_{max}}{2}(2t - T_a)(T_a - T_j) + \mathrm{v}_0 t + q_0 \end{cases} \tag{3.48g}$$

2. 恒速段

$t \in [T_a, T_a + T_v]$

$$\begin{cases} q^{(4)}(t) = 0 \\ q^{(3)}(t) = 0 \\ \ddot{q}(t) = 0 \\ \dot{q}(t) = \mathrm{v}_{max} \\ q(t) = \dfrac{(\mathrm{v}_{max} - \mathrm{v}_0)}{2}(2t - T_a) + \mathrm{v}_0 t + q_0 \end{cases} \tag{3.48h}$$

3. 减速段

1) $t \in [T_a + T_v, T_a + T_v + T_s]$

$$\begin{cases} q^{(4)}(t) = -\mathrm{s}_{max} \\ q^{(3)}(t) = \mathrm{s}_{max}\left((T - t) - T_d\right) \\ \ddot{q}(t) = -\dfrac{\mathrm{s}_{max}}{2}\left((T - t) - T_d\right)^2 \\ \dot{q}(t) = \dfrac{\mathrm{s}_{max}}{6}\left((T - t) - T_d\right)^3 + \mathrm{a}_{max}(T_d - T_j) + \mathrm{v}_1 \\ q(t) = -\dfrac{\mathrm{s}_{max}}{24}\left((T - t) - T_d\right)^4 - \dfrac{\mathrm{a}_{max}}{2}\left(2(T - t) - T_d\right)(T_d - T_j) - \\ \qquad \mathrm{v}_1(T - t) + q_1 \end{cases} \tag{3.48i}$$

2) $t \in [T_a + T_v + T_s, T_a + T_v + T_j - T_s]$

$$\begin{cases} q^{(4)}(t) = 0 \\ q^{(3)}(t) = -\mathrm{j}_{max} \\ \ddot{q}(t) = \dfrac{\mathrm{j}_{max}}{2}\left(2(T - t) - 2T_d + T_s\right) \\ \dot{q}(t) = -\dfrac{\mathrm{j}_{max}}{6}\Big(3\left((T - t) - T_d\right)^2 - 6T_d T_j + 6T_j^2 + \\ \qquad 3\left((T - t) + T_d - 2T_j\right)T_s + T_s^2\Big) + \mathrm{v}_1 \\ q(t) = \dfrac{\mathrm{j}_{max}}{24}\Big(4\left((T - t) - T_d\right)^3 - 12\left(2(T - t) - T_d\right)T_d T_j + \\ \qquad +12\left(2(T - t) - T_d\right)T_j^2 + 6\left((T - t)^2 + 2(T - t)(T_d - 2T_j) - \right. \\ \qquad \left. T_d(T_d - 2T_j)\right)T_s + 4\left((T - t) - T_d\right)T_s^2 + T_s^3\Big) - \mathrm{v}_1(T - t) + q_1 \end{cases} \tag{3.48j}$$

3）$t \in [T_a + T_v + T_j - T_s,\ T_a + T_v + T_j]$

$$\begin{cases} q^{(4)}(t) = \mathrm{s}_{max} \\ q^{(3)}(t) = -\mathrm{s}_{max}\left((T-t) - T_d + T_j\right) \\ \ddot{q}(t) \quad = -\mathrm{a}_{max} + \dfrac{\mathrm{s}_{max}}{2}\left((T-t) - T_d + T_j\right)^2 \\ \dot{q}(t) \quad = -\dfrac{\mathrm{s}_{max}}{6}\left((T-t) - T_d + T_j\right)^3 + \dfrac{\mathrm{a}_{max}}{2}\left(2(T-t) - T_j\right) + \mathrm{v}_1 \\ q(t) \quad = \dfrac{\mathrm{s}_{max}}{24}\left((T-t) - T_d + T_j\right)^4 - \dfrac{\mathrm{a}_{max}}{12}\left(6(T-t)^2 - 6(T-t)T_j + \right. \\ \qquad \left. 2T_j^2 - T_jT_s + T_s^2\right) - \mathrm{v}_1(T-t) + q_1 \end{cases} \tag{3.48k}$$

4）$t \in [T_a + T_v + T_j,\ T - T_j]$

$$\begin{cases} q^{(4)}(t) = 0 \\ q^{(3)}(t) = 0 \\ \ddot{q}(t) \quad = -\mathrm{a}_{max} \\ \dot{q}(t) \quad = \dfrac{\mathrm{a}_{max}}{2}\left(2(T-t) - T_j\right) + \mathrm{v}_1 \\ q(t) \quad = -\dfrac{\mathrm{a}_{max}}{12}\left(6(T-t)^2 - 6(T-t)T_j + 2T_j^2 - T_jT_s + T_s^2\right) - \\ \qquad \mathrm{v}_1(T-t) + q_1 \end{cases} \tag{3.48l}$$

5）$t \in [T - T_j,\ T - T_j + T_s]$

$$\begin{cases} q^{(4)}(t) = \mathrm{s}_{max} \\ q^{(3)}(t) = -\mathrm{s}_{max}\left((T-t) - T_j\right) \\ \ddot{q}(t) \quad = \dfrac{\mathrm{s}_{max}}{2}\left((T-t) - T_j\right)^2 - \mathrm{a}_{max} \\ \dot{q}(t) \quad = \dfrac{\mathrm{s}_{max}}{6}\left(7T_s^3 - 9T_s^2\left((T-t) + T_s\right) + 3T_s\left((T-t) + T_s\right)^2 - \right. \\ \qquad \left. \left((T-t) - T_j + T_s\right)^3\right) + \mathrm{v}_1 \\ q(t) \quad = -\dfrac{\mathrm{s}_{max}}{24}\left(-15T_s^4 + 28T_s^3\left((T-t) + T_s\right) - 18T_s^2\left((T-t) + T_s\right)^2 + \right. \\ \qquad \left. 4T_s\left((T-t) + T_s\right)^3 - \left((T-t) - T_j + T_s\right)^4\right) - \mathrm{v}_1(T-t) + q_1 \end{cases} \tag{3.48m}$$

6）$t \in [T - T_j + T_s,\ T - T_s]$

$$\begin{cases} q^{(4)}(t) = 0 \\ q^{(3)}(t) = \mathrm{j}_{max} \\ \ddot{q}(t) \quad = -\mathrm{j}_{max}(T-t) + \dfrac{\mathrm{j}_{max}}{2}T_s \\ \dot{q}(t) \quad = \dfrac{\mathrm{j}_{max}}{6}T_s^2 + \dfrac{\mathrm{j}_{max}}{2}(T-t)\left((T-t) - T_s\right) + \mathrm{v}_1 \\ q(t) \quad = -\dfrac{\mathrm{j}_{max}}{24}\left(2(T-t) - T_s\right)\left(2(T-t)\left((T-t) - T_s\right) + T_s^2\right) - \\ \qquad \mathrm{v}_1(T-t) + q_1 \end{cases} \tag{3.48n}$$

7）$t \in [T-T_s, T]$

$$\begin{cases} q^{(4)}(t) = -\mathrm{s}_{max} \\ q^{(3)}(t) = \mathrm{s}_{max}(T-t) \\ \ddot{q}(t) \quad = -\dfrac{\mathrm{s}_{max}}{2}(T-t)^2 \\ \dot{q}(t) \quad = \dfrac{\mathrm{s}_{max}}{6}(T-t)^3 + \mathrm{v}_1 \\ q(t) \quad = -\dfrac{\mathrm{s}_{max}}{24}(T-t)^4 - \mathrm{v}_1(T-t) + q_1 \end{cases} \tag{3.48o}$$

另或为获取加加速度、加速度、速度及位置轮廓，也可以对加加加速度曲线进行数值积分，其表达式可简化为

$$q^{(4)}(t) = \begin{cases} +\mathrm{s}_{max} & t \in [0, T_s] \\ 0 & t \in [T_s, T_j - T_s] \\ -\mathrm{s}_{max} & t \in [T_j - T_s, T_j] \\ 0 & t \in [T_j, T_a - T_j] \\ -\mathrm{s}_{max} & t \in [T_a - T_j, T_a - T_j + T_s] \\ 0 & t \in [T_a - T_j + T_s, T_a - T_s] \\ +\mathrm{s}_{max} & t \in [T_a - T_s, T_a] \\ 0 & t \in [T_a, T_a + T_v] \\ -\mathrm{s}_{max} & t \in [T_a + T_v, T_a + T_v + T_s] \\ 0 & t \in [T_a + T_v + T_s, T_a + T_v + T_j - T_s] \\ +\mathrm{s}_{max} & t \in [T_a + T_v + T_j - T_s, T_a + T_v + T_j] \\ 0 & t \in [T_a + T_v + T_j, T - T_j] \\ +\mathrm{s}_{max} & t \in [T - T_j, T - T_j + T_s] \\ 0 & t \in [T - T_j + T_s, T - T_s] \\ -\mathrm{s}_{max} & t \in [T - T_s, T] \end{cases}$$

其中，T 为轨迹的总时长。遗憾的是，该方法虽然概念上异常简单（见图 3.31），但会产生数值问题及加速度、速度、位置的偏差。

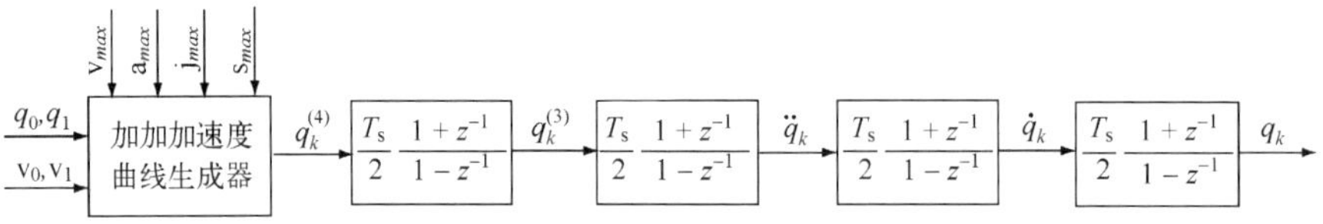

图 3.31　从加加速度曲线计算而得的十五段式轨迹的加加速度、加速度、速度及位置计算的概念架构

例 3.20　图 3.32 所示为具有与例 3.9 中双 S 轨迹相同的约束及边界条件（$\mathrm{v}_{max}=5$、$\mathrm{a}_{max}=10$、$\mathrm{j}_{max}=10$、$q_0=0$、$q_1=0$、$\mathrm{v}_0=1$、$\mathrm{v}_1=0$）的十五段式轨迹的位置、速度、加速度、加加速度和加加加速度曲线。

所得的时间间隔为

$$T_a = 0.7933, \quad T_v = 1.0773, \quad T_d = 0.8933, \quad T_j = 0.3933, \quad T_s = 0.0600$$

所得的总时长为 $T=2.7640$，较等价的双 S 轨迹时长多出了 2%。

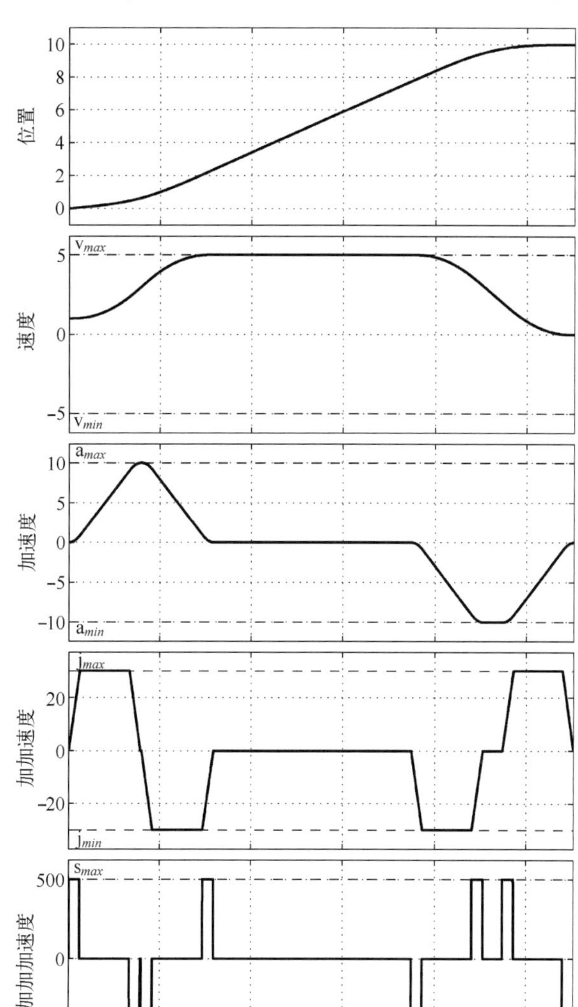

图 3.32　十五段式轨迹的位置、速度、加速度、加加速度和加加加速度曲线

3.6　分段多项式轨迹

在一些特定应用中，其将轨迹定义为多项式段的组合更为合适[17]。此时，为了轨迹的计算，还需要定义足够数量的条件（边界条件、穿越点、速度连续性、加速度连续性等）。其实，此类方法已经被用在了 3.2 节与 3.3 节中线性轨迹（一阶多项式）与二阶或高阶多项式混成，以及 3.4 节关于双 S 轨迹的计算中。

例如，工业机器人的拾取操作会期望一种初始与终止阶段非常平滑的运动，这种情况下，可以使用由下列三段多项式$q_l(t)$、$q_t(t)$、$q_s(t)$（拾取、搬运、放置）组成的曲线：

$$q_l(t) \implies 4\text{ 阶多项式}$$
$$q_t(t) \implies 3\text{ 阶多项式}$$
$$q_s(t) \implies 4\text{ 阶多项式}$$

这类被称为4-3-4轨迹的轨迹（见图3.33），通过给定5+4+5=14个参数计算得到，因此，必须定义14组条件。设t_0、t_1为初始与终止时刻，t_a、t_b为多项式各段间的“切换”时刻，且q_0、q_a、q_b、q_1为相对位置值，那么参数计算所必须的条件为

$$\left.\begin{array}{ll} q_l(t_0)=q_0, & q_l(t_a)=q_t(t_a)=q_a \\ q_t(t_b)=q_s(t_b)=q_b, & q_s(t_1)=q_1 \end{array}\right\}\ 6\text{ 个穿越条件}$$

$$\dot{q}_l(t_0)=\dot{q}_s(t_1)=0, \qquad \ddot{q}_l(t_0)=\ddot{q}_s(t_1)=0 \qquad 4\text{ 个初始与终止条件}$$

$$\left.\begin{array}{ll} \dot{q}_l(t_a)=\dot{q}_t(t_a), & \ddot{q}_l(t_a)=\ddot{q}_t(t_a) \\ \dot{q}_t(t_b)=\dot{q}_s(t_b), & \ddot{q}_t(t_b)=\ddot{q}_s(t_b) \end{array}\right\}\ 4\text{ 个速度与加速度连续性条件}$$

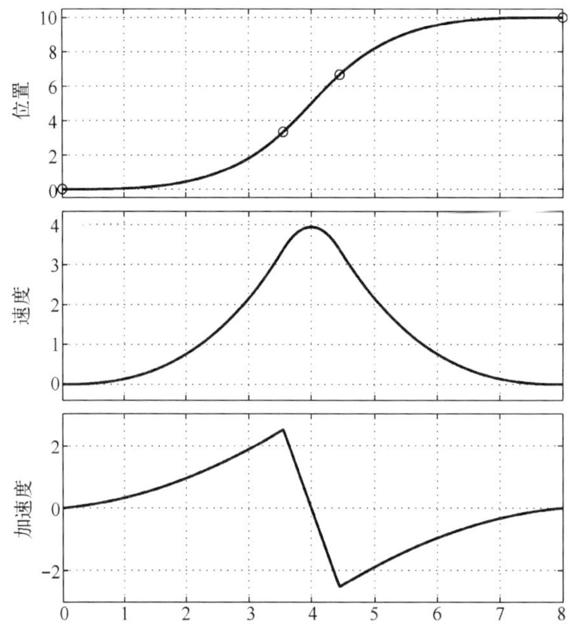

图3.33　4-3-4轨迹的位置、速度和加速度曲线（圆点代表内点（t_a,q_a）和（t_b,q_b））

为简化起见，将轨迹的各段以参数化的形式表示为归一化变量τ的函数：

$$q_l(t)=\tilde{q}_l(\tau)\Big|_{\tau=\frac{t-t_0}{T_l}}, \qquad q_t(t)=\tilde{q}_t(\tau)\Big|_{\tau=\frac{t-t_a}{T_t}}, \qquad q_s(t)=\tilde{q}_s(\tau)\Big|_{\tau=\frac{t-t_b}{T_s}}$$

其中：

$$T_l=t_a-t_0, \qquad T_t=t_b-t_a, \qquad T_s=t_1-t_b$$

因此，轨迹定义为

$$\begin{cases} \tilde{q}_l(\tau)\ =a_{4l}\tau^4+a_{3l}\tau^3+a_{2l}\tau^2+a_{1l}\tau+a_{0l} & \tau=\dfrac{t-t_0}{T_l} \\ \tilde{q}_t(\tau)\ =a_{3t}\tau^3+a_{2t}\tau^2+a_{1t}\tau+a_{0t} & \tau=\dfrac{t-t_a}{T_t} \\ \tilde{q}_s(\tau)=a_{4s}(\tau-1)^4+a_{3s}(\tau-1)^3+a_{2s}(\tau-1)^2+a_{1s}(\tau-1)+a_{0s} & \tau=\dfrac{t-t_b}{T_s} \end{cases}$$

由位置、速度及加速度的初始与终止条件，可得 7 个参数：

$$a_{0l} = q_0, \qquad a_{1l} = 0, \qquad a_{2l} = 0$$
$$a_{0t} = q_a$$
$$a_{0s} = q_1, \qquad a_{1s} = 0, \qquad a_{2s} = 0$$

由位置、速度及加速度的连续性条件得：

$$a_{4l} + a_{3l} = (q_a - q_0)$$
$$a_{3t} + a_{2t} + a_{1t} = (q_b - q_a)$$
$$-a_{4s} + a_{3s} = (q_1 - q_b)$$
$$(4a_{4l} + 3a_{3l})/T_l = a_{1t}/T_t$$
$$(12a_{4l} + 6a_{3l})/T_l^2 = 2a_{2t}/T_t^2$$
$$(3a_{3t} + 2a_{2t} + a_{1t})/T_t = (-4a_{4s} + 3a_{3s})/T_s$$
$$(6a_{3t} + 2a_{2t})/T_t^2 = (12a_{4s} - 6a_{3s})/T_s^2$$

剩余参数可由上述 7 个方程求得。对应的解析表达式见附录 A。

注意，除初始与终止点外，还需要指定中间点（及相应时刻）。显然，该技术同样适应于初始与终止速度及加速度非零的情形。

该方法可作为分段多项式轨迹计算的示例。若运动具有 m 段，且各段定义为$p_k(k=1,\cdots,m)$阶多项式函数，那么为了计算未知参数a_{jk}，共需指定 $m+\sum_{k=1}^{m} p_k$ 组条件。关于轨迹组合的进一步讨论，将在 5.1 节中介绍，其描述了在一些简单情形下轨迹可用基于初等函数与基础的几何运算来定义。

3.7　改进型梯形轨迹

因加速度曲线的连续性，基于摆线轨迹（2.2.2 小节）所生成的近似于双 S（3.4 节）曲线的轨迹可视为梯形轨迹（3.2 节）的一种改进。此时，如图 3.34（a）所示，轨迹细分成了六个部分：第二及第五段由二阶多项式定义，其余段则由摆线函数表示。

在下列各段中，点 $A=(t_a,q_a)$ 与点 $B=(t_b,q_b)$ 间的加速度为正弦式曲线，点 B 与点 $C=(t_c,q_c)$ 间的加速度恒定，而点 C 与点 $D=(t_d,q_d)$ 间的加速度正弦地递减至零。点 D 以后，减速段同加速段类似，取其镜像曲线。

令 $T=t_1-t_0$、$h=q_1-q_0$，为简化起见，取$t_0=0$、$q_0=0$ 且各段的时间长度如图 3.34（b）所示。点 A 与点 B 间的轨迹采用摆线函数表示，见式（2.22）：

$$\begin{cases} q(t) = h'\left(\dfrac{2t}{T} - \dfrac{1}{2\pi}\sin\dfrac{4\pi t}{T}\right) \\ \dot{q}(t) = \dfrac{h'}{T}\left(2 - 2\cos\dfrac{4\pi t}{T}\right) \\ \ddot{q}(t) = \dfrac{8\pi h'}{T^2}\sin\dfrac{4\pi t}{T} \end{cases} \tag{3.49}$$

其中，位移 h'的定义见下文；轨迹时长为 $T/2$，如图 3.34（a）所示。位置q_b的到达时刻为

$t_b=\frac{T}{8}$，将该值代入式（3.49），则 B 处的位置、速度及加速度为

$$\begin{cases} q_b = h'\left(\frac{1}{4}-\frac{1}{2\pi}\right) \\ \dot{q}_b = \frac{2h'}{T} \\ \ddot{q}_b = \frac{8\pi h'}{T^2} \end{cases}$$

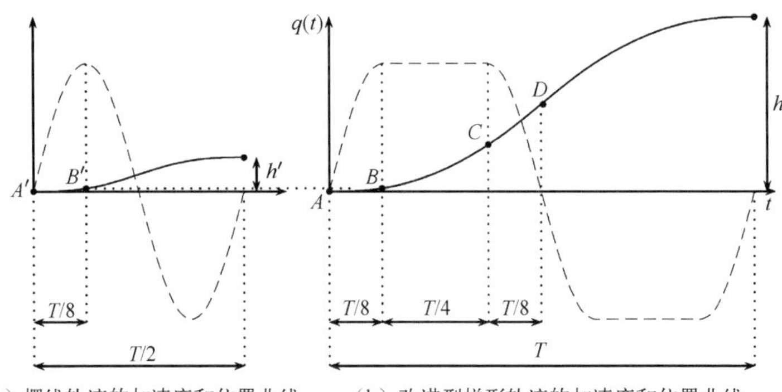

（a）摆线轨迹的加速度和位置曲线　（b）改进型梯形轨迹的加速度和位置曲线

图 3.34　摆线轨迹的加速度和位置曲线以及改进型梯形轨迹的加速度和位置曲线

B 与 C 间的轨迹表示为

$$\begin{cases} q(t) = q_b + \mathtt{v}_c\left(t-\frac{T}{8}\right)+\frac{1}{2}\mathtt{a}_c\left(t-\frac{T}{8}\right)^2 \\ \dot{q}(t) = \mathtt{v}_c + \mathtt{a}_c\left(t-\frac{T}{8}\right) \\ \ddot{q}(t) = \mathtt{a}_c \end{cases}$$

由点 B 处的连续性条件，有：

$$\mathtt{v}_c = \frac{2h'}{T}, \qquad \mathtt{a}_c = \frac{8\pi h'}{T^2}$$

因此，点 B 与点 C 间的轨迹为

$$\begin{cases} q(t) = h'\left(\frac{1}{4}-\frac{1}{2\pi}\right)+\frac{2h'}{T}\left(t-\frac{T}{8}\right)+\frac{4\pi h'}{T^2}\left(t-\frac{T}{8}\right)^2 \\ \dot{q}(t) = \frac{2h'}{T}+\frac{8\pi h'}{T^2}\left(t-\frac{T}{8}\right) \\ \ddot{q}(t) = \frac{8\pi h'}{T^2} \end{cases} \tag{3.50}$$

位置 q_c 的到达时刻为 $t_c=\frac{3}{8}T$，将该值代入式（3.50）得：

$$q_c = h'\left(\frac{3}{4}+\frac{\pi}{4}-\frac{1}{2\pi}\right)$$

C 与 D 间的轨迹由下式给出：

$$
\begin{cases}
q(t) = q_c + c_1 + c_2 \dfrac{t - \frac{3}{8}T}{T} + c_3 \sin\left(4\pi \dfrac{t - \frac{T}{4}}{T}\right) \\
\dot{q}(t) = \dfrac{c_2}{T} + c_3 \dfrac{4\pi}{T} \cos\left(4\pi \dfrac{t - \frac{T}{4}}{T}\right) \\
\ddot{q}(t) = -c_3 \dfrac{16\pi^2}{T^2} \sin\left(4\pi \dfrac{t - \frac{T}{4}}{T}\right)
\end{cases}
\tag{3.51}
$$

参数c_1、c_2与c_3可利用点 C 处（$t=\frac{3}{8}T$ 时刻）的位置、速度和加速度连续性条件求出。由加速度的连续性条件，得：

$$
\frac{8\pi h'}{T^2} = \left[-c_3 \frac{16\pi^2}{T^2} \sin\left(4\pi \frac{t - \frac{T}{4}}{T}\right)\right]_{t=\frac{3}{8}T}
$$

进而：

$$
c_3 = -\frac{h'}{2\pi}
$$

由速度连续性条件：

$$
\left[\frac{2h'}{T} + \frac{8\pi h'}{T^2}\left(t - \frac{T}{8}\right)\right]_{t=\frac{3}{8}T} = \left[\frac{c_2}{T} - \frac{h'}{2\pi} \quad \frac{4\pi}{T} \cos\left(4\pi \frac{t - \frac{T}{4}}{T}\right)\right]_{t=\frac{3}{8}T}
$$

从中：

$$
c_2 = 2h'(1 + \pi)
$$

最后，通过给定点 C 处的位置值，即 $q\left(\frac{3}{8}T\right)=q_c$，有：

$$
\left[c_1 + 2h'(1 + \pi)\frac{t - \frac{3}{8}T}{T} - \frac{h'}{2\pi} \sin\left(4\pi \frac{t - \frac{T}{4}}{T}\right)\right]_{t=\frac{3}{8}T} = 0
$$

得：

$$
c_1 = \frac{h'}{2\pi}
$$

在式（3.51）中利用所得的c_1、c_2、c_3，有：

$$
q(t) = h'\left[-\frac{\pi}{2} + 2(1 + \pi)\frac{t}{T} - \frac{1}{2\pi} \sin\left(4\pi \frac{t - \frac{T}{4}}{T}\right)\right]
$$

点 D 处$\left(t=\frac{T}{2}\right)$的位置为

$$
q_d = h'\left(1 + \frac{\pi}{2}\right)
$$

最终，由条件$q_d=\frac{h}{2}$可确定 h 与 h'之间的关系：

$$
h' = \frac{h}{2 + \pi}
$$

综上所述，轨迹可定义为

$$q(t)=\begin{cases}\dfrac{h}{2+\pi}\left[\dfrac{2t}{T}-\dfrac{1}{2\pi}\sin\left(\dfrac{4\pi t}{T}\right)\right] & 0\leqslant t<\frac{T}{8}\\ \dfrac{h}{2+\pi}\left[\dfrac{1}{4}-\dfrac{1}{2\pi}+\dfrac{2}{T}\left(t-\dfrac{T}{8}\right)+\dfrac{4\pi}{T^2}\left(t-\dfrac{T}{8}\right)^2\right] & \frac{T}{8}\leqslant t<\frac{3}{8}T\\ \dfrac{h}{2+\pi}\left[-\dfrac{\pi}{2}+2(1+\pi)\dfrac{t}{T}-\dfrac{1}{2\pi}\sin\left(\dfrac{4\pi}{T}\left(t-\dfrac{T}{4}\right)\right)\right] & \frac{3}{8}T\leqslant t\leqslant\frac{T}{2}\end{cases}$$

利用其对称性，以及5.1节中关于平移与反转操作的规则，易推导出轨迹的第二部分（由 $T/2$ 至 T）。计算过程详见例5.1，可得下述表达式：

$$q(t)=\begin{cases}h+\dfrac{h}{2+\pi}\left[\dfrac{\pi}{2}+2(1+\pi)\dfrac{t-T}{T}-\dfrac{1}{2\pi}\sin\left(\dfrac{4\pi}{T}\left(t-\dfrac{3T}{4}\right)\right)\right] & \frac{1}{2}T\leqslant t<\frac{5}{8}T\\ h+\dfrac{h}{2+\pi}\left[-\dfrac{1}{4}+\dfrac{1}{2\pi}+\dfrac{2}{T}\left(t-\dfrac{7T}{8}\right)-\dfrac{4\pi}{T^2}\left(t-\dfrac{7T}{8}\right)^2\right] & \frac{5}{8}T\leqslant t<\frac{7}{8}T\\ h+\dfrac{h}{2+\pi}\left[\dfrac{2(t-T)}{T}-\dfrac{1}{2\pi}\sin\left(\dfrac{4\pi}{T}(t-T)\right)\right] & \frac{7}{8}T\leqslant t\leqslant T\end{cases}$$

若$q_0\neq0$、$t_0\neq0$，上述方程还需加上q_0的值，同时需用$(t-t_0)$替换 t。

该改进型梯形轨迹的速度、加速度和加加速度的最大值为

$$\dot{q}_{max}=2\frac{h}{T},\qquad \ddot{q}_{max}=4.888\frac{h}{T^2},\qquad q_{max}^{(3)}=61.43\frac{h}{T^3}$$

例 3.21 图3.35所示为当 $h=20$、$T=20$ 时上述改进型梯形轨迹的位置、速度、加速度及加加速度曲线。

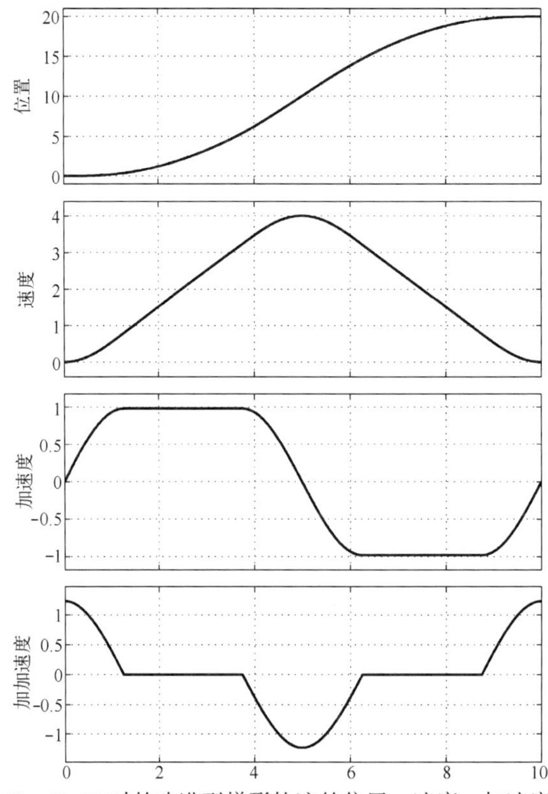

图3.35 当 $h=20$、$T=10$ 时的改进型梯形轨迹的位置、速度、加速度和加加速度曲线

在适当的边界条件下，利用上述方法还可以得到具有不同加速和减速周期的改进型梯形轨迹，如图 3.36 所示。这类轨迹非常适用于当需要指定运动中特定点处的速度值与加速度值的场合。

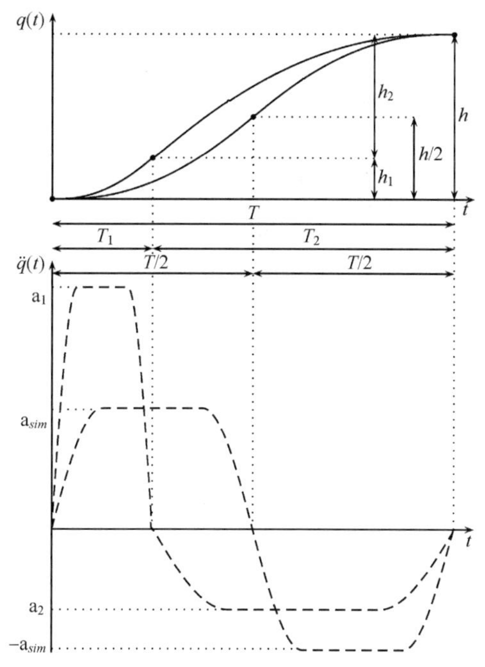

图 3.36　具有不同加速和减速周期的改进型梯形轨迹

3.8　改进型正弦轨迹

由摆线轮廓所得的改进型正弦轨迹如图 3.37 所示，该轨迹由摆线与谐波轨迹组合而成。

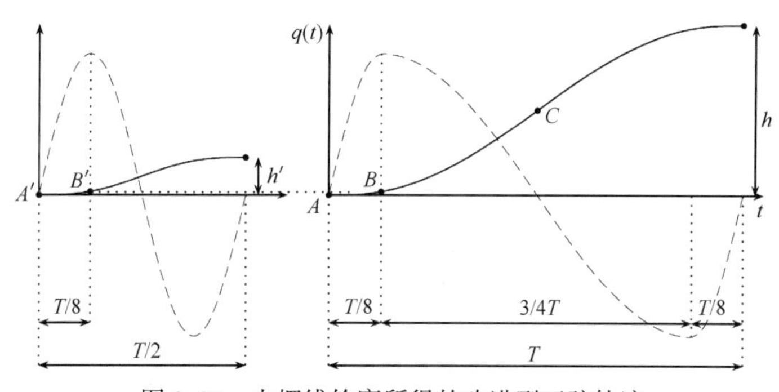

图 3.37　由摆线轮廓所得的改进型正弦轨迹

轨迹的前半段可分为两部分：A 与 B 间（由 $t_0=t_a=0$ 至 $t_b=\frac{T}{8}$）的加速度为正弦曲线（具有四分之一个周期的时长）；接着，B 与 C 间（由 $t_b=\frac{T}{8}$ 至 $t_c=\frac{T}{2}$）的加速度以正弦曲线的镜像递减至零。

A 与 B 间的摆线轨迹表示为

$$\begin{cases} q(t) = h'\left(\dfrac{2t}{T} - \dfrac{1}{2\pi}\sin\dfrac{4\pi t}{T}\right) \\ \dot{q}(t) = \dfrac{h'}{T}\left(2 - 2\cos\dfrac{4\pi t}{T}\right) \\ \ddot{q}(t) = \dfrac{8\pi h'}{T^2}\sin\dfrac{4\pi t}{T} \end{cases}$$

在$t_b = \dfrac{T}{8}$时刻可得：

$$\begin{cases} q(t_b) = h'\left(\dfrac{1}{4} - \dfrac{1}{2\pi}\right) = q_b \\ \dot{q}(t_b) = \dfrac{2h'}{T} \\ \ddot{q}(t_b) = \dfrac{8\pi h'}{T^2} \end{cases}$$

B 与 C 间的正弦轨迹，其一般表达式为

$$\begin{cases} q(t) = q_b + c_1 + c_2\dfrac{t - \frac{T}{8}}{T} + c_3\sin\left(\dfrac{4\pi t}{3T} + \dfrac{\pi}{3}\right) \\ \dot{q}(t) = \dfrac{c_2}{T} + c_3\dfrac{4\pi}{3T}\cos\left(\dfrac{4\pi t}{3T} + \dfrac{\pi}{3}\right) \\ \ddot{q}(t) = -c_3\dfrac{16\pi^2}{9T^2}\sin\left(\dfrac{4\pi t}{3T} + \dfrac{\pi}{3}\right) \end{cases}$$

其中，系数c_1、c_2与c_3可由点 B 处的连续性条件而确定。具体地，由 B 点处的加速度：

$$\frac{8\pi h'}{T^2} = \left[-c_3\frac{16\pi^2}{9T^2}\sin\left(\frac{4\pi t}{3T} + \frac{\pi}{3}\right)\right]_{t=\frac{T}{8}}$$

可得：

$$c_3 = -\frac{9h'}{2\pi}$$

由速度：

$$\frac{2h'}{T} = \left[\frac{c_2}{T} - \frac{9h'}{2\pi}\cos\left(\frac{4\pi t}{3T} + \frac{\pi}{3}\right)\right]_{t=\frac{T}{8}}$$

可得：

$$c_2 = 2h'$$

最后，在 $t = \dfrac{T}{8}$时刻，位置 $q(t) = q_b$，因此：

$$\left[c_1 + 2h'\frac{t - \frac{T}{8}}{T} - \frac{9h'}{2\pi}\sin\left(\frac{4\pi t}{3T} + \frac{\pi}{3}\right)\right]_{t=\frac{T}{8}} = 0$$

从而：

$$c_1 = \frac{9h'}{2\pi}$$

那么，B 与 C 间的轨迹为

$$\begin{aligned} q(t) &= \left(\frac{h'}{4} - \frac{h'}{2\pi}\right) + \frac{9h'}{2\pi} + 2h'\frac{t - \frac{T}{8}}{T} - \frac{9h'}{2\pi}\sin\left(\frac{4\pi t}{3T} + \frac{\pi}{3}\right) \\ &= h'\left[\frac{4}{\pi} + 2\frac{t}{T} - \frac{9}{2\pi}\sin\left(\frac{4\pi t}{3T} + \frac{\pi}{3}\right)\right] \end{aligned}$$

$t=\frac{T}{2}$时刻的位置为

$$q_c = h'\left(1+\frac{4}{\pi}\right)$$

由条件$q_c=h/2$ 可得：

$$h' = \frac{\pi}{2(\pi+4)}h$$

综上所述，定义改进型正弦轨迹的方程为

$$q(t)=\begin{cases} h\left[\dfrac{\pi t}{T(4+\pi)}-\dfrac{1}{4(4+\pi)}\sin\dfrac{4\pi t}{T}\right] & 0\leqslant t<\frac{T}{8} \\ h\left[\dfrac{2}{4+\pi}+\dfrac{\pi t}{T(4+\pi)}-\dfrac{9}{4(4+\pi)}\sin\left(\dfrac{4\pi t}{3T}+\dfrac{\pi}{3}\right)\right] & \frac{T}{8}\leqslant t<\frac{7}{8}T \\ h\left[\dfrac{4}{4+\pi}+\dfrac{\pi t}{T(4+\pi)}-\dfrac{1}{4(4+\pi)}\sin\dfrac{4\pi t}{T}\right] & \frac{7}{8}T\leqslant t\leqslant T \end{cases}$$

其速度、加速度及加加速度的最大值为

$$\dot{q}_{max}=1.76\frac{h}{T},\quad \ddot{q}_{max}=5.528\frac{h}{T^2},\quad q^{(3)}_{max}=69.47\frac{h}{T^3}$$

例 3.22　图 3.38 所示为当 $h=20$、$T=10$ 时的上述改进型正弦轨迹的位置、速度、加速度和加加速度曲线。

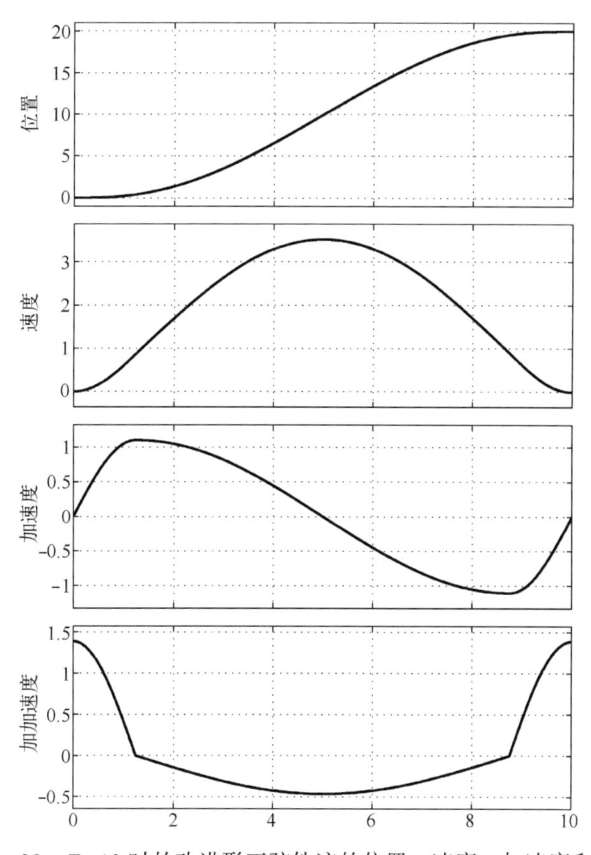

图 3.38　当 $h=20$、$T=10$ 时的改进形正弦轨迹的位置、速度、加速度和加加速度曲线

3.9 改进型摆线轨迹

由式（2.22）定义的摆线轨迹可视为正弦轨迹与斜率同该正弦轨迹终点斜率相反（幅值相等）的恒速轨迹之和，如图3.39（a）所示。图中，A 与 B 是初始与终止点，P 为中间转换点，APB 为恒速运动的直线，M 即 A 与 P 间的中点。在摆线运动中，正弦轨迹的幅值必须以轴 t 垂线方向与恒速轨迹相加。

摆线轨迹的一种改进是将正弦轨迹按恒速轨迹的垂线方向与之相加，如图3.39（b）所示，即所谓的“阿尔特改进”，由德国运动学家赫曼·阿尔特首次提出[7]。这种改进可以获得更为平滑的曲线，但也意味着更高的最大加速度值。

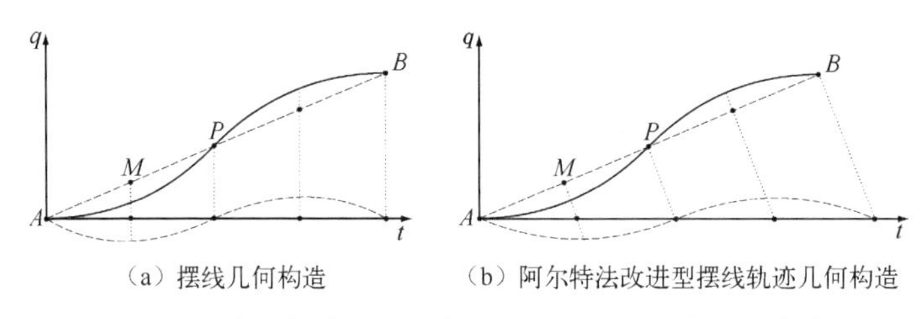

（a）摆线几何构造　　（b）阿尔特法改进型摆线轨迹几何构造

图3.39　摆线几何构造和阿尔特法改进型摆线轨迹几何构造

另一种改进则致力于减小最大加速度值，如图3.40（a）所示，即“威尔特改进”（由保罗·威尔特提出[7]）。点 D 所处的时刻与 $\frac{T}{2}$ 相距 $0.57\,\frac{T}{2}$，连接 D 与 M，DM 段即规定了正弦轨迹与恒速轨迹相加所沿的方向。该方式下的最大加速度为 $5.88\,\frac{h}{T^2}$，这接近于改进型梯形轨迹，然而标准的摆线轨迹的最大加速度为 $6.28\,\frac{h}{T^2}$。因此，最大加速度值减小了6.8%。图3.41所示为摆线轨迹及其两种改进型轨迹的位置、速度和加速度曲线。进一步的讨论可参考文献［6］和［7］。

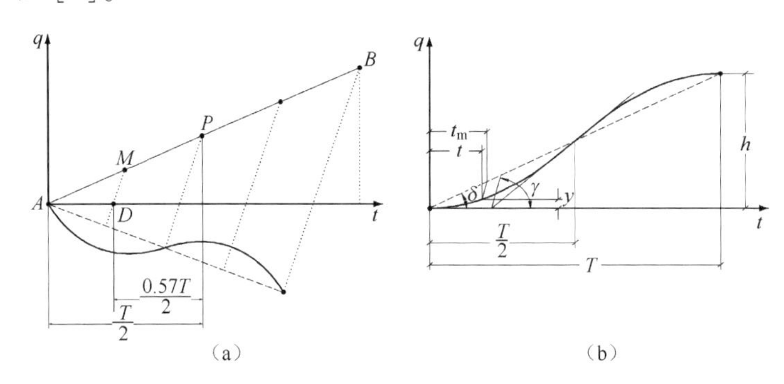

（a）　　（b）

图3.40　威尔特法改进型摆线轨迹的几何构造

若基础正弦运动映射方向采用一般角 γ 表示，则改进的摆线轨迹的一般表达式为

$$q(t_m) = h\left[\frac{t_m}{T} - \frac{1}{2\pi}\sin\frac{2\pi t_m}{T}\right] \tag{3.52}$$

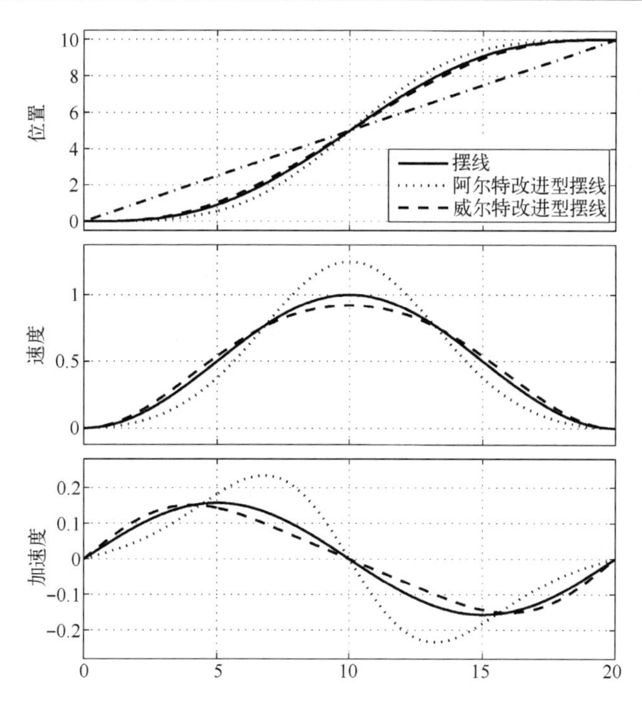

图 3.41　摆线轨迹及其两种改进型摆线轨迹的位置、速度和加速度曲线

其中，t_m定义为

$$t = t_m - \kappa \frac{T}{2\pi} \sin \frac{2\pi t_m}{T} \tag{3.53}$$

这里：

$$\kappa = \frac{\tan \delta}{\tan \gamma} \qquad 且 \qquad \tan \delta = \frac{h}{T}$$

角度γ决定了正弦轨迹的基础方向（γ有时也被称为“畸变”角）。例如，对于纯摆线轨迹$\gamma = \pi/2$［见图 3.39（a）］。轨迹的速度与加速度可通过 $q(t)$关于时间① t 的微分求出：

$$\dot{q}(t) = \frac{h}{T} \; \frac{1 - \cos \frac{2\pi t}{T}}{1 - \kappa \cos \frac{2\pi t}{T}}$$

$$\ddot{q}(t) = \frac{h}{T^2} \; \frac{2\pi(1 - \kappa) \sin \frac{2\pi t}{T}}{\left[1 - \kappa \cos \frac{2\pi t}{T}\right]^3}$$

当$\kappa = 1 - \frac{\sqrt{3}}{2} = 0.134$ 时，可得最大加速度的最小值，此时的加速度为$\ddot{q}_{max} = 5.88 \frac{h}{T^2}$。

当 $\gamma = \pi/2 + \tan(h/T)$时，即阿尔特改进。

在 $t = T/2$ 时刻（注意，此时，$t_m = T/2$）易求出速度值为

$$\dot{q}\left(\frac{T}{2}\right) = \frac{2h}{T}(1 - \kappa) \tag{3.54}$$

① 速度与加速度可得：

$$\dot{q} = \frac{dq}{dt_m} / \frac{dt}{dt_m}, \qquad \ddot{q} = \frac{d\dot{q}}{dt_m} / \frac{dt}{dt_m}$$

当 $k=0$（$\gamma=\pi/2$）时，可得标准的摆线运动，其 $\dot{q}(T/2)=2h/T$。而当 $k=1$ 时，速度在 $t=T/2$ 时刻处为零。注意式（3.54）也可用于 k 值进而畸变角 γ 的计算，但此时在 $t=T/2$ 时刻的给定速度值必须已知。

例 3.23　图 3.42 所示为当 $h=20$、$T=10$、$k=0.134$ 时的改进型摆线轨迹（威尔特法）的位置、速度与加速度曲线。图 3.43 则记录了时间 t 与 t_m 间的关系。

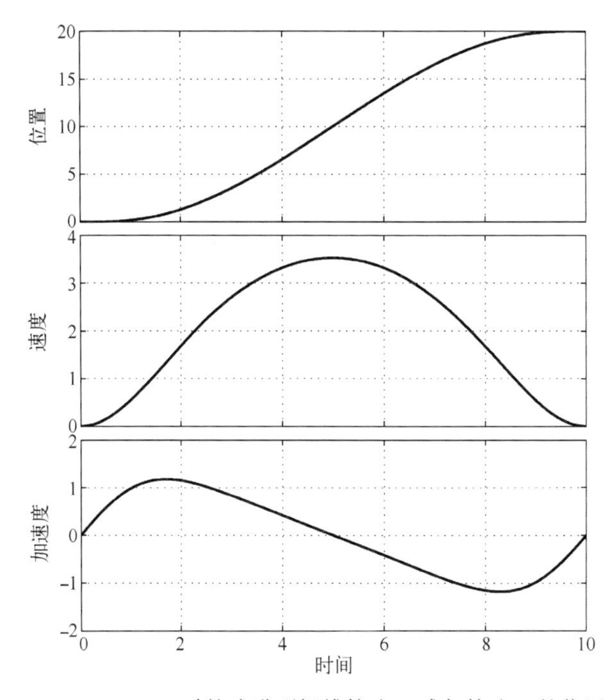

图 3.42　当 $h=20$、$T=10$、$k=0.134$ 时的改进型摆线轨迹（威尔特法）的位置、速度与加速度曲线

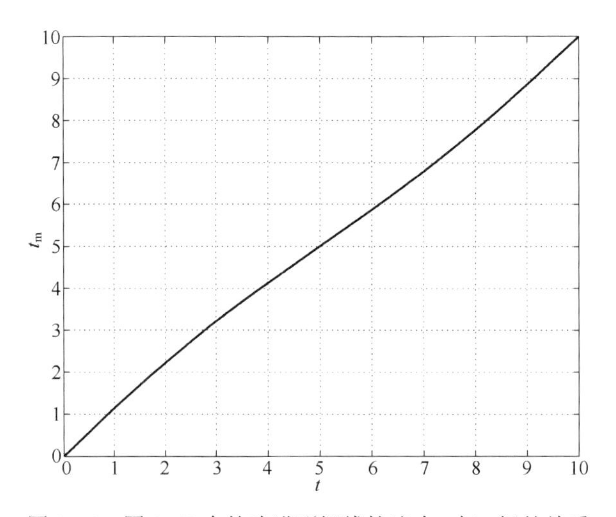

图 3.43　图 3.42 中的改进型摆线轨迹中 t 与 t_m 间的关系

由式（3.52）所表示的改进型摆线轨迹的实际应用需要对式（3.53）求逆，以求获得函数 $t_m(t)$。这可以通过对式（3.53）进行数值求解或者以函数逼近的方式实现。例如，根据以下边界条件得到的 5 阶多项式可作为 $t_m(t)$ 良好的近似，从图 3.44 中可以看到，所得

轨迹与理想轨迹基本重合［图 3.44 为以多项式逼近函数$t_m(t)$计算出的轨迹同理论轨迹的对比］：

$$\sigma_0 = 0, \qquad \sigma_1 = T$$
$$\mathtt{v}_0 = \frac{1}{1-\kappa}, \qquad \mathtt{v}_1 = \frac{1}{1-\kappa}$$
$$\mathtt{a}_0 = 0, \qquad \mathtt{a}_1 = 0$$

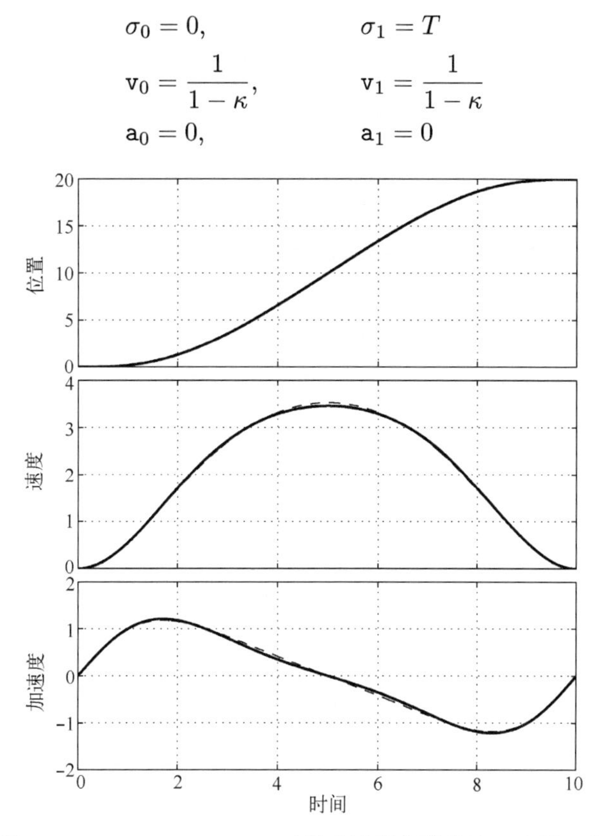

图 3.44　当 $h=20$、$T=10$、$k=0.134$ 时的改进型摆线轨迹（实线）和以 5 阶多项式逼近$t_m(t)$所计算的同一轨迹（虚线）的位置、速度和加速度曲线

3.10　具有摆线或谐波混成的恒速、恒加速度的轨迹

在一些应用中，可能会要求采用恒速段与正弦速度段规划轨迹的速度曲线（或加速度曲线），进而，再通过积分或微分操作获得其位置、加加速度等以完成轨迹规划。

本节接下来将介绍几种以此方式规划轨迹的方法。尤其讨论了在速度或加速度约束下的时间最优轨迹规划问题。

3.10.1　速度曲线的约束

此时，通过指定恒速段的速度值、恒速段与正弦函数混成段的时长，可以直接得到速度曲线。若这些参数已知，那么计算出速度，进而积分求得位置，微分求得加速度、加加速度即可完全确定出轨迹。

注意，轨迹可细分为 n 段，或正弦速度轮廓（奇数段时）或恒速（偶数段时），如图 3.45 所示。各段的速度以函数表示为

$$\dot{q}_k(t) = V_k \sin(\omega_k(t - t_{k-1}) + \phi_k) + K_k \qquad k = 1,\cdots,n \tag{3.55}$$

其中，V_k、ω_k、φ_k与K_k是为了满足给定约束所定义的参数；t_k为相邻两段的切换时刻。在恒速段中，仅需定义参数K_k。速度曲线一旦求出，位置可由其积分获得，即

$$q(t) = q_0 + \int_{t_0}^{t} \dot{q}(\tau) d\tau$$

同时，加速度及加加速度由其微分获得：

$$\begin{cases} \ddot{q}_k(t) = V_k\, \omega_k\, \cos\left(\omega_k(t - t_{k-1}) + \phi_k\right) \\ q_k^{(3)}(t) = -V_k\, \omega_k^2\, \sin\left(\omega_k(t - t_{k-1}) + \phi_k\right) \end{cases} \qquad k = 1, \cdots, n$$

注意，对于该轨迹，其加速度轮廓是连续的，由正弦段或零加速度段组成，但加加速度曲线并不连续。

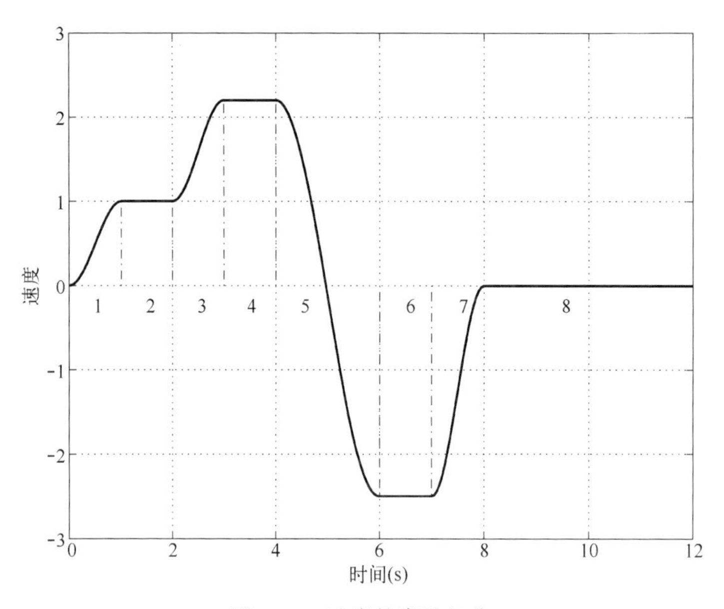

图 3.45　速度轮廓的细分

式（3.55）中的参数定义如下，参照图 3.45，令t_0、t_1、t_2、…、t_n为相邻段之间的切换时刻，v_0、v_n分别为初始与终止速度，而v_2、v_4、v_6、…为各中间段的恒定速度值。参数V_k、K_k、ω_k、ϕ_k为

$$\begin{cases} V_k &= \dfrac{\mathrm{v}_{k+1} - \mathrm{v}_{k-1}}{2} \\ K_k &= \dfrac{\mathrm{v}_{k+1} + \mathrm{v}_{k-1}}{2} \\ \omega_k &= \dfrac{\pi}{t_k - t_{k-1}} \\ \phi_k &= \dfrac{3\pi}{2} \end{cases} \qquad k = 1,\, 3,\, 5,\, \cdots \quad \text{（奇段）}$$

$$\begin{cases} V_k &= 0 \\ K_k &= \mathrm{v}_k \\ \omega_k &= 0 \\ \phi_k &= 0 \end{cases} \qquad k = 2,\, 4,\, 6,\, \cdots \quad \text{（偶段）}$$

注意，通过选取上述参数，尤其是相位ϕ_k，轨迹各段的表达式为

$$
\begin{cases}
q_k(t) = -\dfrac{V_k}{\omega_k}\sin\left(\omega_k(t-t_{k-1})\right) + K_k\,(t-t_{k-1}) + q_{k-1} \\
\dot{q}_k(t) = -V_k\cos\left(\omega_k(t-t_{k-1})\right) + K_k \\
\ddot{q}_k(t) = V_k\,\omega_k\sin\left(\omega_k(t-t_{k-1})\right) \\
q_k^{(3)}(t) = V_k\,\omega_k^2\cos\left(\omega_k(t-t_{k-1})\right)
\end{cases}
\qquad k=1,\cdots,n
$$

其中，q_{k-1}为t_{k-1}时刻的位置值。

例 3.24　图 3.46 与图 3.47 所示为在下述条件下所得的轨迹的位置、速度、加速度和加加速度曲线。

a)

$$[t_0,\ t_1,\ \cdots,\ t_8] = [0,\ 1,\ 2,\ 3,\ 4,\ 6,\ 7,\ 8,\ 12]$$
$$[\mathrm{v}_0,\ \mathrm{v}_2,\ \mathrm{v}_4,\ \mathrm{v}_6,\ \mathrm{v}_8] = [0,\ 1,\ 2,\ -3,\ 0]$$

b)

$$[t_0,t_1,t_2,t_3] = [0,1,2,3]$$
$$[\mathrm{v}_0,\ \mathrm{v}_2,\ \mathrm{v}_4] = [0,\ 1,\ 0]$$

c)

$$[t_0,\ t_1,\ \cdots,\ t_7] = [0,\ 1,\ 2,\ 3,\ 4,\ 5,\ 6,\ 7]$$
$$[\mathrm{v}_0,\ \mathrm{v}_2,\ \mathrm{v}_4,\ \mathrm{v}_6,\ \mathrm{v}_8] = [0,\ 1,\ 0,\ -1,\ 0]$$

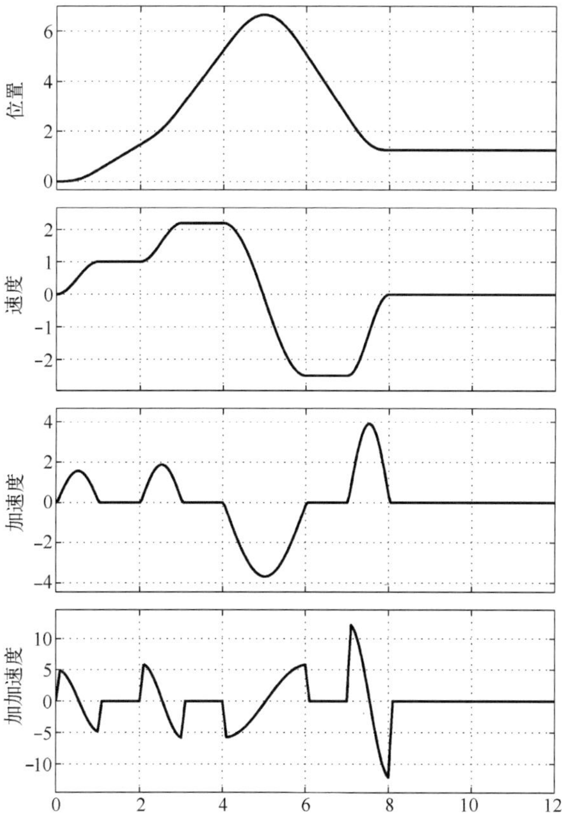

图 3.46　例 3.24a）条件下所得轨迹的位置、速度、加速度和加加速度曲线

由上述示例可以看出，这些函数的灵活性，尤其最后示例中所描述的轨迹可视为一种具有连续加速度轮廓的改进型梯形速度轨迹。最后，还应注意到各段轮廓的计算是相互独立的，正因如此，其中某些段，尤其是恒速部分可能不存在。

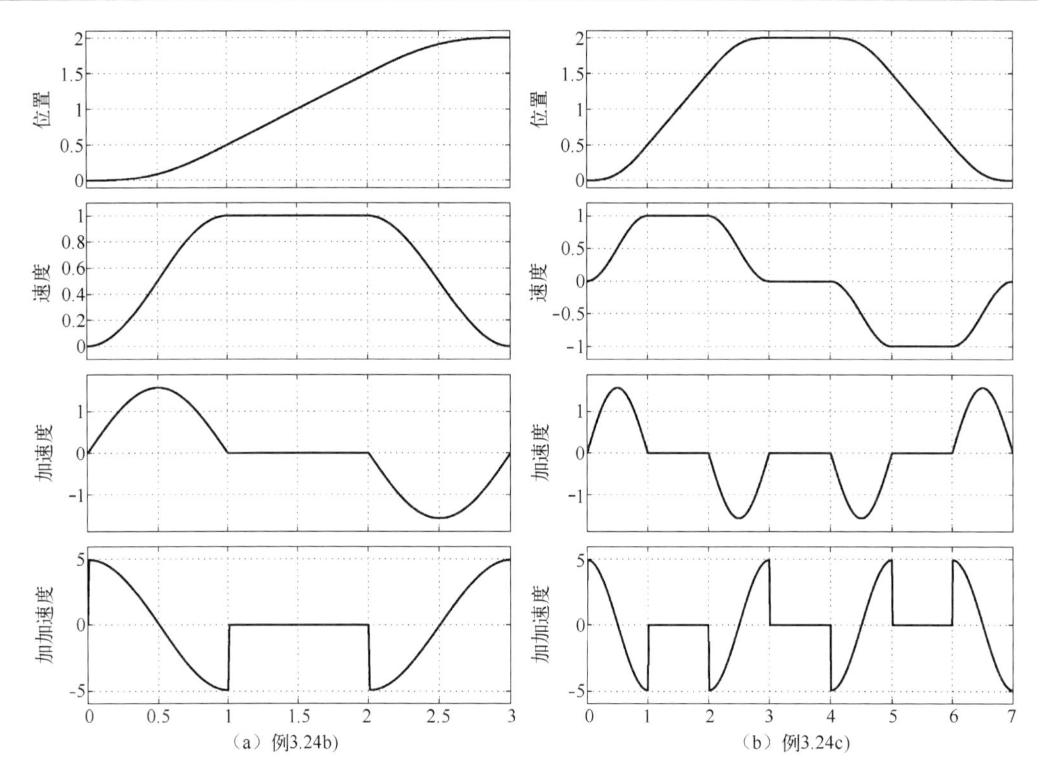

图 3.47 例 3.24.b）与例 3.24.c）条件下所得轨迹的位置、速度、加速度和加加速度曲线

3.10.2 加速度曲线的约束

另一种规划此类轨迹的方法是给出加速度曲线上的约束而非速度曲线上的。同前述，该方法同样可以获得高灵活度的函数。所得轨迹可视为 3.7 节中所介绍的改进型梯形函数的一种推广。

图 3.48 所示为 7 段具有正弦混成的加速度曲线，其中奇数段（$k=1,3,5,7$）采用正弦曲线定义，而偶数段（$k=2,4,6$）则分别为恒定值a_2、$a_4(=0)$和a_6。$T_1,T_2,\cdots,T_7$为各段时间长度，$t_1,t_2,\cdots,t_7=t_f$为相邻段间的切换时刻，$v_0=\dot{q}(t_0),\cdots,v_7=\dot{q}(t_7),a_0=\ddot{q}(t_0)$，…为相应的速度与加速度。

考虑下列在 $t=t_0$与 $t=t_7$时刻的边界条件：

$$q(t_0)=q_0=0, \qquad \dot{q}(t_0)=\mathrm{v}_0=0, \qquad \ddot{q}(t_0)=\mathrm{a}_0=0$$

$$q(t_7)=q_7=q_f, \qquad \dot{q}(t_7)=\mathrm{v}_7=0, \qquad \ddot{q}(t_7)=\mathrm{a}_7=0$$

此外，为简化起见，这里考虑轨迹归一化的表示方式，即$t_0=0$、$t_f=1(T=1)$、$q_0=0$ 和$q_f=1(h=1)$。为此，若要推广到一般运动，可利用第 5 章中所述的思想。

首先根据条件$q_7=1$、$v_7=0$ 计算出加速度a_2与a_6的值，有：

$$\begin{cases} \mathrm{a}_2=\dfrac{-c_2}{c_1c_4-c_2c_3} \\ \mathrm{a}_6=\dfrac{c_1}{c_1c_4-c_2c_3} \end{cases}$$

其中，常数c_k为

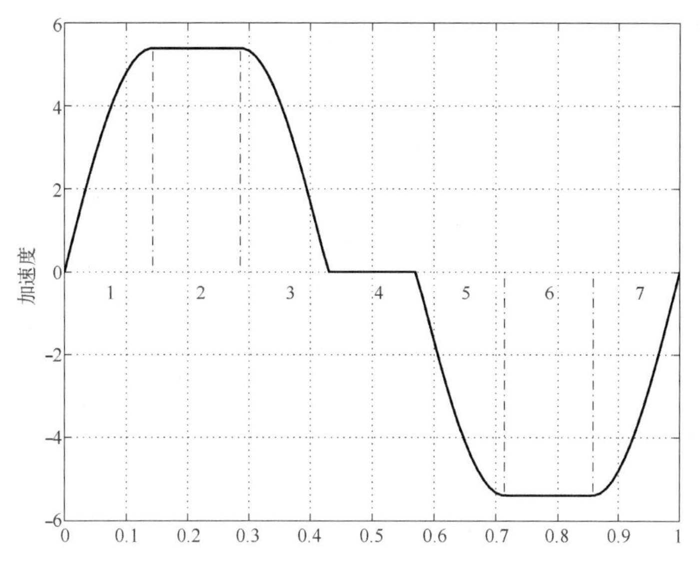

图 3.48　具有正弦混成的加速度曲线

$$c_1 = \frac{2T_1}{\pi} + T_2 + \frac{2T_3}{\pi}$$

$$c_2 = -\frac{2T_5}{\pi} - T_6 - \frac{2T_7}{\pi}$$

$$c_3 = \frac{2T_1}{\pi}\left(\frac{\pi-2}{\pi}T_1 + \frac{T_2}{2}\right) + \left(\frac{2T_1}{\pi} + T_2\right)\left(\frac{T_2}{2} + \frac{\pi-2}{\pi}T_3\right) + \left(\frac{2T_1}{\pi} + T_2 + \frac{2T_3}{\pi}\right)\left(\frac{2T_3}{\pi} + T_4 + \frac{2T_5}{\pi}\right)$$

$$c_4 = \left(\frac{2T_7}{\pi} + T_6\right)\left(\frac{\pi-2}{\pi}T_5 + \frac{T_6}{2}\right) + \frac{2T_7}{\pi}\left(\frac{T_6}{2} + \frac{\pi-2}{\pi}T_7\right)$$

一旦$\mathtt{a}_2$与$\mathtt{a}_6$已知，轨迹可根据下述方案计算。

第一段：$t_0 \leqslant t \leqslant t_1$

$$\begin{cases} \ddot{q}(t) = \mathtt{a}_2 \sin\dfrac{(t-t_0)\pi}{2T_1} \\ \dot{q}(t) = \mathtt{a}_2 \dfrac{2T_1}{\pi}\left(1 - \cos\dfrac{(t-t_0)\pi}{2T_1}\right) \\ q(t) = \mathtt{a}_2 \dfrac{2T_1}{\pi}\left(t - \dfrac{2T_1}{\pi}\sin\dfrac{(t-t_0)\pi}{2T_1}\right) \end{cases}$$

其中，

$$q_0 = 0, \qquad \mathtt{v}_0 = 0$$

第二段：$t_1 \leqslant t \leqslant t_2$

$$\begin{cases} \ddot{q}(t) = \mathtt{a}_2 \\ \dot{q}(t) = \mathtt{v}_1 + \mathtt{a}_2(t-t_1) \\ q(t) = q_1 + \mathtt{v}_1(t-t_1) + \mathtt{a}_2\dfrac{(t-t_1)^2}{2} \end{cases}$$

其中，

$$q_1 = \mathrm{a}_2 \frac{2T_1^2}{\pi}\left(1 - \frac{2}{\pi}\right), \quad \mathrm{v}_1 = \mathrm{a}_2 \frac{2T_1}{\pi}$$

第三段：$t_2 \leqslant t \leqslant t_3$

$$\begin{cases} \ddot{q}(t) = \mathrm{a}_2 \cos \dfrac{(t-t_2)\pi}{2T_3} \\ \dot{q}(t) = \mathrm{v}_2 + \mathrm{a}_2 \dfrac{2T_3}{\pi} \sin \dfrac{(t-t_2)\pi}{2T_3} \\ q(t) = q_2 + \mathrm{v}_2(t-t_2) + \mathrm{a}_2 \left(\dfrac{2T_3}{\pi}\right)^2 \left(1 - \cos \dfrac{(t-t_2)\pi}{2T_3}\right) \end{cases}$$

其中，

$$q_2 = q_1 + \mathrm{a}_2 T_2 \left(\frac{2T_1}{\pi} + \frac{T_2}{2}\right), \quad \mathrm{v}_2 = \mathrm{v}_1 + \mathrm{a}_2 T_2$$

第四段：$t_3 \leqslant t \leqslant t_4$

$$\begin{cases} \ddot{q}(t) = 0 \\ \dot{q}(t) = \mathrm{v}_3 \\ q(t) = q_3 + \mathrm{v}_3(t-t_3) \end{cases}$$

其中，

$$q_3 = q_2 + \mathrm{a}_2 T_3 \left(\frac{2T_1}{\pi} + T_2 + \frac{4T_3}{\pi^2}\right), \quad \mathrm{v}_3 = \mathrm{v}_2 + \mathrm{a}_2 \frac{2T_3}{\pi}$$

第五段：$t_4 \leqslant t \leqslant t_5$

$$\begin{cases} \ddot{q}(t) = -\mathrm{a}_6 \sin \dfrac{(t-t_4)\pi}{2T_5} \\ \dot{q}(t) = \mathrm{v}_4 - \mathrm{a}_6 \dfrac{2T_5}{\pi} \left(1 - \cos \dfrac{(t-t_4)\pi}{2T_5}\right) \\ q(t) = q_4 + \mathrm{v}_4(t-t_4) - \mathrm{a}_6 \dfrac{2T_5}{\pi} \left(t - t_4 - \dfrac{2T_5}{\pi} \sin \dfrac{(t-t_4)\pi}{2T_5}\right) \end{cases}$$

其中，

$$q_4 = q_3 + \mathrm{a}_2 T_4 \left(\frac{2T_1}{\pi} + T_2 + \frac{2T_3}{\pi}\right), \quad \mathrm{v}_4 = \mathrm{v}_3$$

第六段：$t_5 \leqslant t \leqslant t_6$

$$\begin{cases} \ddot{q}(t) = -\mathrm{a}_6 \\ \dot{q}(t) = \mathrm{v}_5 - \mathrm{a}_6(t-t_5) \\ q(t) = q_5 + \mathrm{v}_5(t-t_5) - \mathrm{a}_6 \dfrac{(t-t_5)^2}{2} \end{cases}$$

其中，

$$q_5 = q_4 + \mathrm{a}_2 T_5 \left(\frac{2T_1}{\pi} + T_2 + \frac{2T_3}{\pi}\right) - \mathrm{a}_6 \frac{2T_5^2}{\pi}\left(1 - \frac{2}{\pi}\right), \quad \mathrm{v}_5 = \mathrm{v}_4 - \mathrm{a}_6 \frac{2T_5}{\pi}$$

第七段：$t_6 \leqslant t \leqslant t_7$

$$\begin{cases} \ddot{q}(t) = -\mathrm{a}_6 \cos \dfrac{(t-t_6)\pi}{2T_7} \\ \dot{q}(t) = \mathrm{v}_6 - \mathrm{a}_6 \dfrac{2T_7}{\pi} \sin \dfrac{(t-t_6)\pi}{2T_7} \\ q(t) = q_6 + \mathrm{v}_6(t-t_6) - \mathrm{a}_6 \left(\dfrac{2T_7}{\pi}\right)^2 \left(1 - \cos \dfrac{(t-t_6)\pi}{2T_7}\right) \end{cases}$$

其中,

$$q_6 = q_5 + \mathrm{v}_5 T_6 - \mathrm{a}_6 \frac{T_6^2}{2}, \quad \mathrm{v}_6 = \mathrm{v}_5 - \mathrm{a}_6 T_6$$

一旦给出$t_1, t_2, \cdots, t_7$的值，可随即确定出加速度曲线。事实上，参数$a_2, a_6, v_1, \cdots, v_6, q_1, \cdots, q_6$仅与时刻值$t_k$相关，可提前求得。注意，某些时刻$t_k$可能相同，因此其对应周期$T_k$为零，即相关段不存在。

通过合理给定$t_1, t_2, \cdots, t_7 \in [0,1]$的值，可以得到一系列丰富的轨迹，并且其可以满足运动律上的诸多要求。

例 3.25　图 3.49 所示分别为在两组周期T_k集合[0.125,0.25,0.125,0,0.125,0.25,0.125]与[0.125,0.25,0.25,0,0.125,0.25,0]下所得的轨迹。

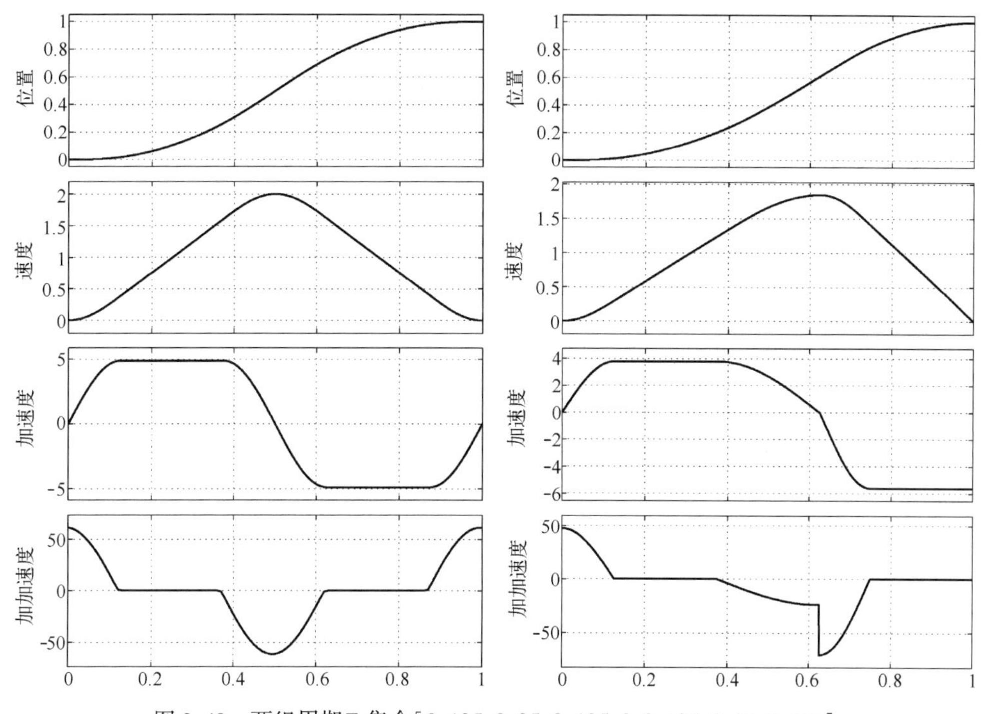

图 3.49　两组周期T_k集合[0.125,0.25,0.125,0,0.125,0.25,0.125]与[0.125,0.25,0.25,0,0.125,0.25,0]下所得的轨迹

3.10.3　最小时间轨迹

第三种计算此类轨迹的方法是指定初始与终止位置q_0与q_1，然后计算轨迹以使其时长最小。这等价于轨迹各段的速度或加速度均达到最大允许值，这与 3.2 节中所介绍的梯形速度轨迹相类似。为此，我们参考式（3.55）所述表达式，即

$$\dot{q}_k(t) = V_k \sin(\omega_k(t - t_{k-1}) + \phi_k) + K_k \qquad k = 1, \cdots, n$$

以及图 3.50 所示的曲线，其由加速段（时长为T_1）、恒速段（T_2）和减速段（因对称性，$T_3 = T_1$）组成。

为简化起见，现仅考虑$q_1 > q_0$的情形，其中$q_0 = 0$，并且$\mathrm{v}_{min} = -\mathrm{v}_{max}$，$\mathrm{a}_{min} = -\mathrm{a}_{max}$，这里$\mathrm{v}_{max}$、$\mathrm{a}_{max}$为速度与加速度的极限。

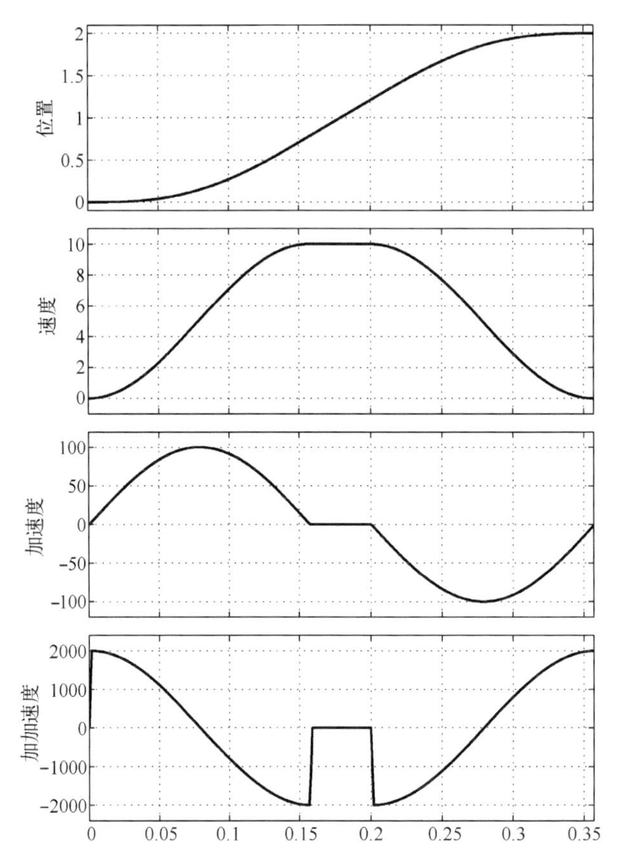

图 3.50 由三角函数段与多项式段组合而成的最小时间轨迹

可得：

$$
\begin{cases}
T_1 = \dfrac{\pi}{2}\dfrac{\mathtt{v}_{max}}{\mathtt{a}_{max}} & \text{加速时间} \\
T_2 = \dfrac{h}{\mathtt{v}_{max}} - T_1 & \text{恒速段时长} \\
T_3 = T_1 & \text{减速时间} \\
T = 2T_1 + T_2 = \dfrac{2h\mathtt{a}_{max} + \pi\mathtt{v}_{max}^2}{2\mathtt{a}_{max}\mathtt{v}_{max}} & \text{总时长}
\end{cases}
$$

式（3.55）中的 4 个参数V_k、ω_k、ϕ_k、K_k如下。

第一段：$t \in [0, T_1]$

$$V_1 = \frac{\mathtt{v}_{max}}{2}, \quad K_1 = \frac{\mathtt{v}_{max}}{2}, \quad \omega_1 = \frac{\pi}{T_1}, \quad \phi_1 = \frac{3\pi}{2}$$

第二段：$t \in [0, T_2]$

$$V_2 = 0, \quad K_2 = \mathtt{v}_{max}, \quad \omega_2 = 0, \quad \phi_2 = 0$$

第三段：$t \in [0, T_3]$

$$V_3 = \frac{\mathtt{v}_{max}}{2}, \quad K_3 = \frac{\mathtt{v}_{max}}{2}, \quad \omega_3 = \frac{\pi}{T_3}, \quad \phi_3 = \frac{\pi}{2}$$

一旦上述参数已知，则加加速度、加速度、速度及位置曲线可计算为

$$\begin{cases} q_k^{(3)}(t) = -V_k\omega_k^2 \sin\left(\omega_k(t-t_{k-1})+\phi_k\right) \\ \ddot{q}_k(t) = V_k\omega_k \cos\left(\omega_k(t-t_{k-1})+\phi_k\right) \\ \dot{q}_k(t) = V_k \sin\left(\omega_k(t-t_{k-1})+\phi_k\right) + K_k \\ q_k(t) = q_{k-1} - \dfrac{A_k}{\omega_k}\cos\left(\omega_k(t-t_{k-1})+\phi_k\right) + K_k\ (t-t_{k-1}) \end{cases} \qquad k=1,2,3$$

注意，恒速段当且仅当满足下列条件时存在：

$$h \geqslant \frac{\pi}{4}\frac{\mathrm{v}_{max}^2}{\mathrm{a}_{max}}$$

否则，

$$\begin{cases} T_1 = \sqrt{\dfrac{h\ \pi}{2\,\mathrm{a}_{max}}} & \text{加速时间} \\ T\ = 2\,T_1 & \text{总时间} \end{cases}$$

且轨迹实际可达的最大速度v_{lim}为

$$\mathrm{v}_{lim} = \sqrt{\frac{2\ h\ \mathrm{a}_{max}}{\pi}}$$

求得T_1和v_{lim}这两个新参数后，上述公式可用于轨迹的计算。图 3.51 给出了该轨迹的一个示例。

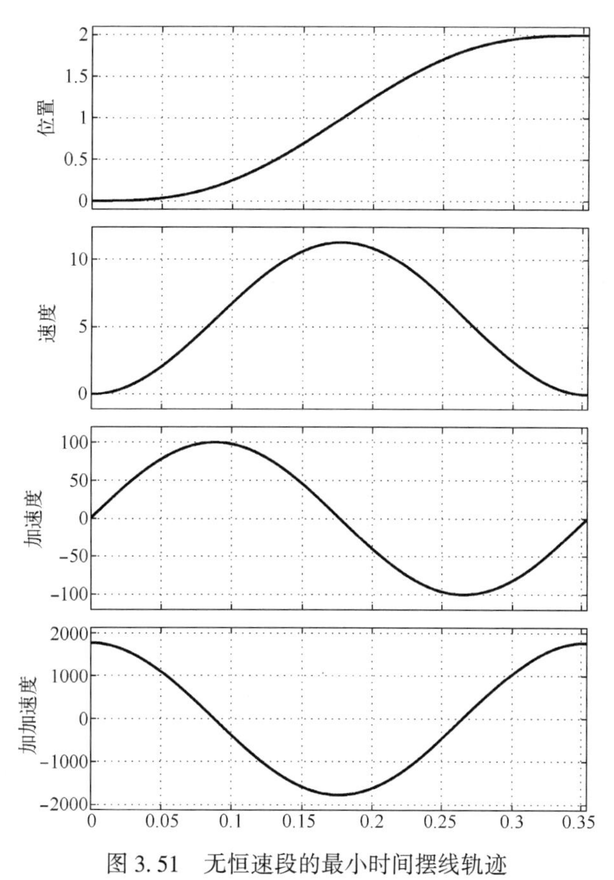

图 3.51　无恒速段的最小时间摆线轨迹

3.11 恒加速与摆线、三次多项式的混成轨迹

上述流程允许定义由恒速段、恒加速段与三角函数混成相连所组成的轨迹，而更为通用的方法则允许定义由恒加速段与或三角函数或多项式函数相连而成的轨迹。此时，总位移细分成了7段，如图3.52所示，其中t_0，t_1，t_2，…，$t_7=t_f$为相邻两段的切换时刻。各区域具有不同的运动律特征，其中偶数段（2,4,6）具有恒定的加速度，因而位置曲线为抛物线，而在奇数段（1,3,5,7）则可定义或三角函数或线性的加速度曲线。

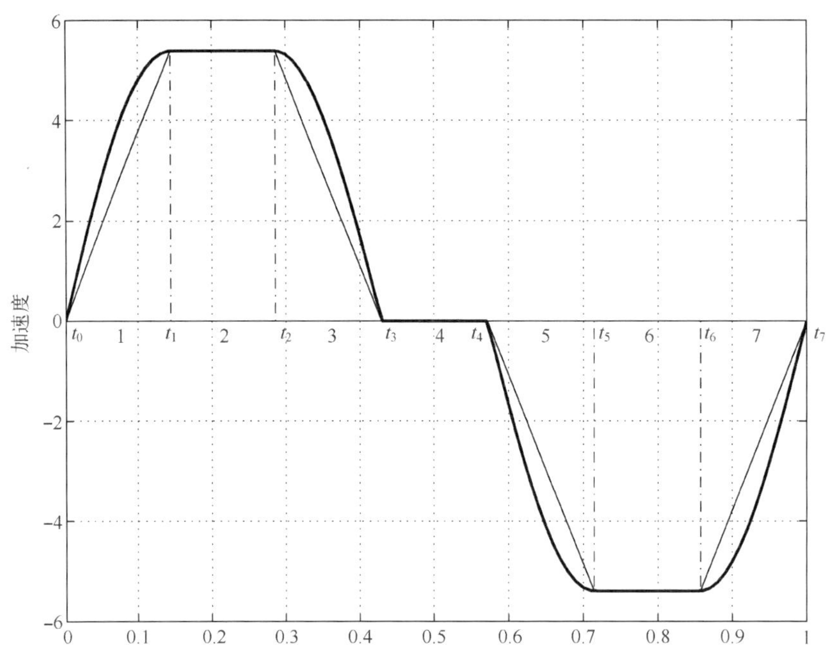

图3.52　通用轨迹的加速度：奇数段曲线由线性或三角函数所定义

令$T_k=t_k-t_{k-1}$，轨迹定义如下。

第一段（摆线或三次）：$t_0 \leqslant t \leqslant t_1$

摆线：
$$\begin{cases} \ddot{q}_1(t) = \mathsf{a}_1 \sin\left(\dfrac{\pi(t-t_0)}{2T_1}\right) \\ \dot{q}_1(t) = -\mathsf{a}_1 T_1 \dfrac{2}{\pi} \cos\left(\dfrac{\pi(t-t_0)}{2T_1}\right) + k_{11} \\ q_1(t) = -\mathsf{a}_1 \left(T_1 \dfrac{2}{\pi}\right)^2 \sin\left(\dfrac{\pi(t-t_0)}{2T_1}\right) + k_{11}(t-t_0) + k_{12} \end{cases}$$

三次：
$$\begin{cases} \ddot{q}_1(t) = \mathsf{a}_1 \left(\dfrac{t-t_0}{T_1}\right) \\ \dot{q}_1(t) = \dfrac{\mathsf{a}_1}{2T_1}(t-t_0)^2 + k_{11} \\ q_1(t) = \dfrac{\mathsf{a}_1}{6T_1}(t-t_0)^3 + k_{11}(t-t_0) + k_{12} \end{cases}$$

第二段（抛物线）：$t_1 \leqslant t \leqslant t_2$

抛物线：
$$\begin{cases} \ddot{q}_2(t) = \mathsf{a}_1 \\ \dot{q}_2(t) = \mathsf{a}_1(t - t_1) + k_{21} \\ q_2(t) = \dfrac{\mathsf{a}_1}{2}(t - t_1)^2 + k_{21}(t - t_1) + k_{22} \end{cases}$$

第三段（摆线或三次）：$t_2 \leqslant t \leqslant t_3$

摆线：
$$\begin{cases} \ddot{q}_3(t) = \mathsf{a}_1 \cos\left(\dfrac{\pi(t - t_2)}{2T_3}\right) \\ \dot{q}_3(t) = \mathsf{a}_1 T_3 \dfrac{2}{\pi} \sin\left(\dfrac{\pi(t - t_2)}{2T_3}\right) + k_{31} \\ q_3(t) = -\mathsf{a}_1 \left(T_3 \dfrac{2}{\pi}\right)^2 \cos\left(\dfrac{\pi(t - t_2)}{2T_3}\right) + k_{31}(t - t_2) + k_{32} \end{cases}$$

三次：
$$\begin{cases} \ddot{q}_3(t) = \mathsf{a}_1 \left(1 - \dfrac{t - t_2}{T_3}\right) \\ \dot{q}_3(t) = -\dfrac{\mathsf{a}_1}{2T_3}(t - t_2)^2 + \mathsf{a}_1(t - t_2) + k_{31} \\ q_3(t) = -\dfrac{\mathsf{a}_1}{6T_3}(t - t_2)^3 + \dfrac{\mathsf{a}_1}{2}(t - t_2)^2 + k_{31}(t - t_2) + k_{32} \end{cases}$$

第四段（恒速）：$t_3 \leqslant t \leqslant t_4$

恒速：
$$\begin{cases} \ddot{q}_4(t) = 0 \\ \dot{q}_4(t) = k_{41} \\ q_4(t) = k_{41}(t - t_3) + k_{42} \end{cases}$$

第五段（摆线或三次）：$t_4 \leqslant t \leqslant t_5$

摆线：
$$\begin{cases} \ddot{q}_5(t) = \mathsf{a}_2 \sin\left(\dfrac{\pi(t - t_4)}{2T_5}\right) \\ \dot{q}_5(t) = -\mathsf{a}_2 T_5 \dfrac{2}{\pi} \cos\left(\dfrac{\pi(t - t_4)}{2T_5}\right) + k_{51} \\ q_5(t) = -\mathsf{a}_2 \left(T_5 \dfrac{2}{\pi}\right)^2 \sin\left(\dfrac{\pi(t - t_4)}{2T_5}\right) + k_{51}(t - t_4) + k_{52} \end{cases}$$

三次：
$$\begin{cases} \ddot{q}_5(t) = \mathsf{a}_2 \left(\dfrac{t - t_4}{T_5}\right) \\ \dot{q}_5(t) = \dfrac{\mathsf{a}_2}{2T_5}(t - t_4)^2 + k_{51} \\ q_5(t) = \dfrac{\mathsf{a}_2}{6T_5}(t - t_4)^3 + k_{51}(t - t_4) + k_{52} \end{cases}$$

第六段（抛物线）：$t_5 \leqslant t \leqslant t_6$

抛物线：
$$\begin{cases} \ddot{q}_6(t) = \mathsf{a}_2 \\ \dot{q}_6(t) = \mathsf{a}_2(t - t_5) + k_{61} \\ q_6(t) = \dfrac{\mathsf{a}_2}{2}(t - t_5)^2 + k_{61}(t - t_5) + k_{62} \end{cases}$$

第七段（摆线或三次）：$t_6 \leqslant t \leqslant t_7$

摆线：
$$\begin{cases} \ddot{q}_7(t) = \mathsf{a}_2 \cos\left(\dfrac{\pi(t - t_6)}{2T_7}\right) \\ \dot{q}_7(t) = \mathsf{a}_2 T_7 \dfrac{2}{\pi} \sin\left(\dfrac{\pi(t - t_6)}{2T_7}\right) + k_{71} \\ q_7(t) = -\mathsf{a}_2 \left(T_7 \dfrac{2}{\pi}\right)^2 \cos\left(\dfrac{\pi(t - t_6)}{2T_7}\right) + k_{71}(t - t_6) + k_{72} \end{cases}$$

$$
\text{三次：}\quad \begin{cases} \ddot{q}_7(t) = \mathtt{a}_2\left(1 - \dfrac{t - t_6}{T_7}\right) \\ \dot{q}_7(t) = -\dfrac{\mathtt{a}_2}{2T_7}(t - t_6)^2 + \mathtt{a}_2(t - t_6) + k_{71} \\ q_7(t) = -\dfrac{\mathtt{a}_2}{6T_7}(t - t_6)^3 + \dfrac{\mathtt{a}_2}{2}(t - t_6)^2 + k_{71}(t - t_6) + k_{72} \end{cases}
$$

参数$\mathtt{a}_1$和$\mathtt{a}_2$分别代表具有正负号的最大与最小加速度，如图 3.52 所示。而参数k_{ij}则由施加的边界条件和中间点处位置及速度的连续性约束所定义。我们可以建立一个关于十六个未知参数$\mathtt{a}_1$、$\mathtt{a}_2$、k_{ij}的 16 个方程所组成的线性方程组：

$$
\begin{array}{ll}
\dot{q}_1(t_0) = \mathtt{v}_0, & q_1(t_0) = q_0 \\
\dot{q}_1(t_1) = \dot{q}_2(t_1), & q_1(t_1) = q_2(t_1) \\
\dot{q}_2(t_2) = \dot{q}_3(t_2), & q_2(t_2) = q_3(t_2) \\
\cdots & \cdots \\
\dot{q}_7(t_7) = \mathtt{v}_7, & q_7(t_7) = q_7
\end{array}
$$

其中，q_0、q_7与$\mathtt{v}_0$、$\mathtt{v}_7$分别为初始与终止的位置与速度；其矩阵形式为

$$
\begin{bmatrix}
m_{1,1} & 0 & 1 & 0 & 0 & 0 & 0 & 0 & 0 & 0 & 0 & 0 & 0 & 0 & 0 & 0 \\
m_{2,1} & 0 & 1 & -1 & 0 & 0 & 0 & 0 & 0 & 0 & 0 & 0 & 0 & 0 & 0 & 0 \\
m_{3,1} & 0 & 0 & 1 & -1 & 0 & 0 & 0 & 0 & 0 & 0 & 0 & 0 & 0 & 0 & 0 \\
m_{4,1} & 0 & 0 & 0 & 1 & -1 & 0 & 0 & 0 & 0 & 0 & 0 & 0 & 0 & 0 & 0 \\
0 & m_{5,2} & 0 & 0 & 0 & 1 & -1 & 0 & 0 & 0 & 0 & 0 & 0 & 0 & 0 & 0 \\
0 & m_{6,2} & 0 & 0 & 0 & 0 & 1 & -1 & 0 & 0 & 0 & 0 & 0 & 0 & 0 & 0 \\
0 & m_{7,2} & 0 & 0 & 0 & 0 & 0 & 1 & -1 & 0 & 0 & 0 & 0 & 0 & 0 & 0 \\
0 & m_{8,2} & 0 & 0 & 0 & 0 & 0 & 0 & 1 & 0 & 0 & 0 & 0 & 0 & 0 & 0 \\
m_{9,1} & 0 & 0 & 0 & 0 & 0 & 0 & 0 & 0 & 1 & 0 & 0 & 0 & 0 & 0 & 0 \\
m_{10,1} & 0 & T_1 & 0 & 0 & 0 & 0 & 0 & 0 & 1 & -1 & 0 & 0 & 0 & 0 & 0 \\
m_{11,1} & 0 & 0 & T_2 & 0 & 0 & 0 & 0 & 0 & 0 & 1 & -1 & 0 & 0 & 0 & 0 \\
m_{12,1} & 0 & 0 & 0 & T_3 & 0 & 0 & 0 & 0 & 0 & 0 & 1 & -1 & 0 & 0 & 0 \\
0 & m_{13,2} & 0 & 0 & 0 & T_4 & 0 & 0 & 0 & 0 & 0 & 0 & 1 & -1 & 0 & 0 \\
0 & m_{14,2} & 0 & 0 & 0 & 0 & T_5 & 0 & 0 & 0 & 0 & 0 & 0 & 1 & -1 & 0 \\
0 & m_{15,2} & 0 & 0 & 0 & 0 & 0 & T_6 & 0 & 0 & 0 & 0 & 0 & 0 & 1 & -1 \\
0 & m_{16,2} & 0 & 0 & 0 & 0 & 0 & 0 & T_7 & 0 & 0 & 0 & 0 & 0 & 0 & 1
\end{bmatrix}
\begin{bmatrix} \mathtt{a}_1 \\ \mathtt{a}_2 \\ k_{11} \\ k_{21} \\ k_{31} \\ k_{41} \\ k_{51} \\ k_{61} \\ k_{71} \\ k_{12} \\ k_{22} \\ k_{32} \\ k_{42} \\ k_{52} \\ k_{62} \\ k_{72} \end{bmatrix}
=
\begin{bmatrix} \mathtt{v}_0 \\ 0 \\ 0 \\ 0 \\ 0 \\ 0 \\ 0 \\ \mathtt{v}_7 \\ q_0 \\ 0 \\ 0 \\ 0 \\ 0 \\ 0 \\ 0 \\ q_7 \end{bmatrix}
$$

或：

$$
\boldsymbol{M}\ \boldsymbol{k} = \boldsymbol{q} \tag{3.56}
$$

通过上述方程组可求解出定义轨迹的未知参数$\mathtt{a}_1$、$\mathtt{a}_2$、k_{ij}。注意，一方面，向量 $\boldsymbol{q}$ 与矩阵 $\boldsymbol{M}$ 的结构是固定的，不随各段所采用函数的改变而改变。另一方面，$\boldsymbol{M}$ 的前两列系数$m_{i,j}$则取决于奇数段函数的选择。

事实上，可得：

第一段

$$
\text{摆线：}\quad m_{1,1} = -\frac{2T_1}{\pi},\quad m_{2,1} = 0,\quad m_{9,1} = 0,\quad m_{10,1} = -\left(\frac{2T_1}{\pi}\right)^2
$$

$$
\text{三次：}\quad m_{1,1} = 0,\quad m_{2,1} = \frac{T_1}{2},\quad m_{9,1} = 0,\quad m_{10,1} = \frac{T_1^2}{6}
$$

第三段

$$
\text{摆线：}\quad m_{3,1} = T_2,\quad m_{4,1} = \frac{2T_3}{\pi},\quad m_{11,1} = \frac{T_2^2}{2} + \left(\frac{2T_3}{\pi}\right)^2,\quad m_{12,1} = 0
$$

$$\text{三次:}\quad m_{3,1}=T_2,\quad m_{4,1}=\frac{T_3}{2},\quad m_{11,1}=\frac{T_2^2}{2},\quad m_{12,1}=\frac{T_3^2}{3}$$

第五段

$$\text{摆线:}\quad m_{5,2}=\frac{2T_5}{\pi},\quad m_{6,2}=0,\quad m_{13,2}=0,\quad m_{14,2}=-\left(\frac{2T_5}{\pi}\right)^2$$

$$\text{三次:}\quad m_{5,2}=0,\quad m_{6,2}=\frac{T_5}{2},\quad m_{13,2}=0,\quad m_{14,2}=\frac{T_5^2}{6}$$

第七段

$$\text{摆线:}\quad m_{7,2}=T_6,\ m_{8,2}=\frac{2T_7}{\pi},\ m_{15,2}=\frac{T_6^2}{2}+\left(\frac{2T_7}{\pi}\right)^2,\ m_{16,2}=0$$

$$\text{三次:}\quad m_{7,2}=T_6,\quad m_{8,2}=\frac{T_7}{2},\quad m_{15,2}=\frac{T_6^2}{2},\quad m_{16,2}=\frac{T_7^2}{3}$$

将这些表达式代入上述方程组，即可求出参数a_1、a_2与k_{ij}，进而获得轨迹$q(t)$的完整定义。作为变量$m_{i,j}$、q_0、q_1函数的参数a_1、a_2与k_{ij}的一般表达式见附录A。

注意，前述章节中所介绍的一些基本轨迹与改进型轨迹也可由上述方程获得。为构造更多的轨迹，除要设定初始与终止的时刻值外，还应有初始与终止的位置值，以及各中间段的时间长度，并有可能其中的一些会被设置为零。

例3.26　参照图3.52，将1、3、4、5、7段时长设置为零，即令$t_1=t_0$、$t_5=t_4=t_3=t_2$、$t_7=t_6$可得抛物线轨迹；若2、4与6段时长为零，则可获得摆线轨迹（见图3.53），而当忽略第4段时又可得到具有（改进型）梯形加速度轨迹，如图3.54所示。显然，剩余的各段仍应定义其所适合的运动律（摆线或三次）。

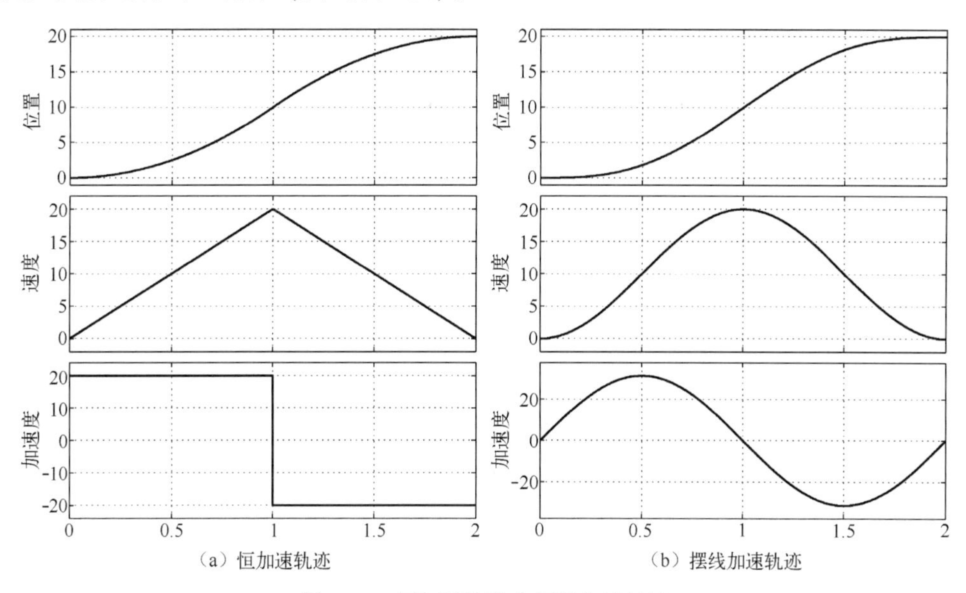

图3.53　恒加速轨迹和摆线加速轨迹

例3.27　进一步举例说明，如图3.55所示为两组由一些已提及的轮廓所组成的轨迹。图3.55（a）中的轨迹由抛物线-三次-恒定-摆线轨迹组成，其中$T_2=0.5$、$T_3=1.5$、$T_4=1$、$T_6=2$、$T_7=1$且$v_0=v_7=0$，同时第一段第五段不存在（$T_1=T_5=0$）。图3.55（b）中的轨迹为摆线-三次-摆线与抛物线的组合，其中$T_2 = T_4 = T_7 = 0$。

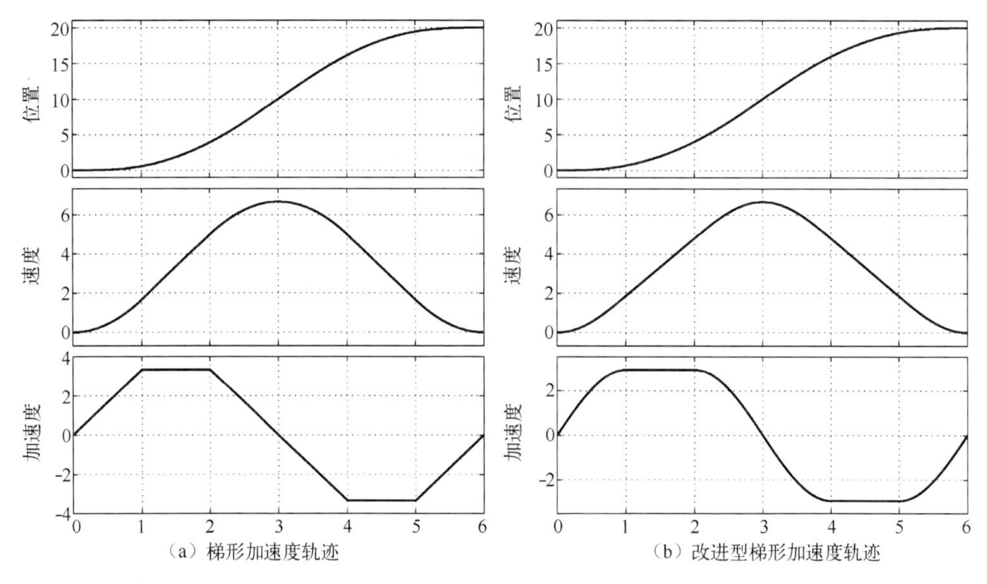

（a）梯形加速度轨迹　（b）改进型梯形加速度轨迹

图 3.54　梯形加速度轨迹和改进型梯形加速度轨迹

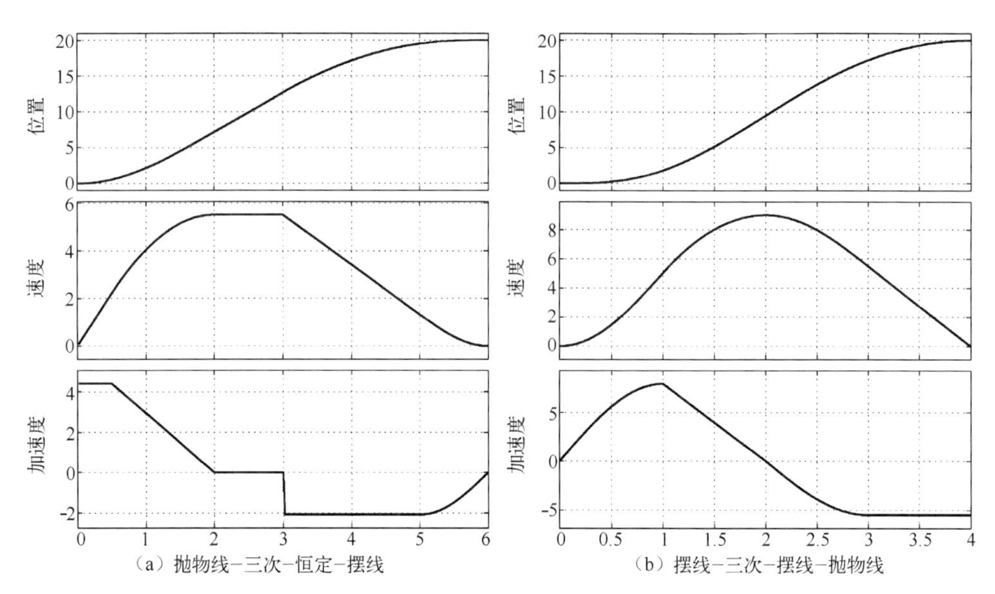

（a）抛物线-三次-恒定-摆线　（b）摆线-三次-摆线-抛物线

图 3.55　基本轨迹的组合

第4章　多点轨迹

本章主要阐述了多点轨迹的定义问题，即适用于一组给定点(t_k,q_k)，$k=0,\cdots,n$的插值或逼近的函数。特别是在单轴运动的情况下讨论了该问题；在第8章中讨论了与3D空间有关的一般问题。本章还介绍了几种不同的方法：多项式函数、正交三角多项式、样条函数和非线性滤波器，这些方法可以实时生成满足最大速度、加速度和加加速度约束的最优轨迹。

4.1　多项式函数插值

过$n+1$个点的轨迹规划问题可以采用阶数为n的多项式函数解决：

$$q(t)=a_0+a_1t+\cdots+a_nt^n \tag{4.1}$$

事实上，给定两个途经点，可以很容易确定连接它们的唯一直线。类似地，可以通过3个点定义唯一的二阶函数。更普遍地，给定点集(t_k,q_k)，$k=0,\cdots,n$，则存在唯一的n阶插值多项式$q(t)$。

从数学的角度而言，可以通过求解包含$n+1$个未知数［插值多项式的系数a_k见式（4.1）］的$n+1$阶线性方程组来解决经过$n+1$个点的插值问题。这种方法主要基于以下算法：在给定点集(t_k,q_k)，$k=0,\cdots,n$的情况下就可以建立向量$\boldsymbol{q}$、$\boldsymbol{a}$和如下式所表示的范德蒙矩阵$\boldsymbol{T}$。

$$\boldsymbol{q}=\begin{bmatrix} q_0 \\ q_1 \\ \vdots \\ q_{n-1} \\ q_n \end{bmatrix}=\begin{bmatrix} 1 & t_0 & \cdots & t_0^n \\ 1 & t_1 & \cdots & t_1^n \\ & & \vdots & \\ 1 & t_{n-1} & \cdots & t_{n-1}^n \\ 1 & t_n & \cdots & t_n^n \end{bmatrix}\begin{bmatrix} a_0 \\ a_1 \\ \vdots \\ a_{n-1} \\ a_n \end{bmatrix}=\boldsymbol{Ta} \tag{4.2}$$

如果$t_{k+1}>t_k$，$k=0,\cdots,n-1$，则矩阵$\boldsymbol{T}$总是可逆的，因此系数a_k可以由下式计算：

$$\boldsymbol{a}=\boldsymbol{T}^{-1}\boldsymbol{q}$$

使用式（4.1）所示的多项式函数插值$n+1$个途经点的优势是：

（1）以这种方式定义的轨迹可以穿过所有给定点。

（2）由于仅需要$n+1$个系数，因此插值函数表达式简单。

（3）以这种方式定义的函数$q(t)$的导数（任意阶数）在$[t_0,t_n]$范围内是连续的，特别地，n阶导数为常数，因此所有高阶导数均为零。

（4）插值轨迹$q(t)$是唯一的。

另一方面，从计算的角度看，此方法尽管在概念上较简单，但计算效率低，且可能会在n比较大时产生数值误差。事实上，式（4.2）的数值解存在一个误差，该误差近似等于影响数据表示的误差（截断误差，精度误差等）乘以方程中范德蒙德矩阵的条件数①κ。κ值与 n 成正比，因此对于相对数据量较大的点集，计算轨迹参数时产生的误差可能较大。

例 4.1 为了计算对点集(t_k, q_k)进行插值的 n 阶多项式的系数 a_k

$$t_k = \frac{k}{n} \qquad k = 0, \cdots, n$$

非常有必要定义矩阵 $\boldsymbol{T}$。当 $n=3$ 时，可得：

$$\boldsymbol{T} = \begin{bmatrix} 1 & 0 & 0 & 0 \\ 1 & \frac{1}{3} & \frac{1}{9} & \frac{1}{27} \\ 1 & \frac{2}{3} & \frac{4}{9} & \frac{8}{27} \\ 1 & 1 & 1 & 1 \end{bmatrix} \qquad \kappa = \frac{\sigma_{max}}{\sigma_{min}} = \frac{2.5957}{0.02625} \approx 99$$

当 $n=5$ 时，可得：

$$\boldsymbol{T} = \begin{bmatrix} 1 & 0 & 0 & 0 & 0 & 0 \\ 1 & \frac{1}{5} & \frac{1}{25} & \frac{1}{125} & \frac{1}{625} & \frac{1}{3125} \\ 1 & \frac{2}{5} & \frac{4}{25} & \frac{8}{125} & \frac{16}{625} & \frac{32}{3125} \\ 1 & \frac{3}{5} & \frac{9}{25} & \frac{27}{125} & \frac{81}{625} & \frac{243}{3125} \\ 1 & \frac{4}{5} & \frac{16}{25} & \frac{64}{125} & \frac{256}{625} & \frac{1024}{3125} \\ 1 & 1 & 1 & 1 & 1 & 1 \end{bmatrix} \qquad \kappa = \frac{\sigma_{max}}{\sigma_{min}} = \frac{3.339263}{0.0006781} \approx 4924$$

对于不同的 n，矩阵 $\boldsymbol{T}$ 的条件数见表 4-1。

表 4-1 矩阵 $\boldsymbol{T}$ 的条件数

n	2	3	4	5	10	15	20
κ	15.1	98.87	686.43	4924.37	1.156×10^{8}	3.122×10^{12}	9.082×10^{16}

如表 4-1 所示，条件数随着 n 的增加而增加，结果出现了与此技术有关的数值问题(解的不精确性)。例如，在 Matlab 环境中（采用数字的双精度表示），$n=10$ 时，通过下列点的向量：

$$\boldsymbol{q} = [1, 0.943, 1.394, 2.401, 4.052, 6.507, 10.074, 15.359, 23.594, 37.231, 61]^T$$

以下系数：

$$\boldsymbol{a} = [1,\ -3,\ 24,\ 3,\ 5,\ 6,\ 7,\ -3,\ 5,\ 12,\ 4]^T$$

的真实值和由 $\boldsymbol{T}$（$\boldsymbol{a}'=\boldsymbol{T}^{-1}\boldsymbol{q}$）转换得到的结果之间的最大差异是：

---

① 矩阵 $\boldsymbol{A}$ 的条件数定义为矩阵本身的最大与最小奇异值的比值[18]，即$\kappa=\frac{\sigma_{max}}{\sigma_{min}}$，它等价于值：

$$|\boldsymbol{A}|\,|\boldsymbol{A}^{-1}|$$

它提供了对矩阵求逆结果精度的估计。事实上，给定一个用矩阵表示的线性方程形式为

$$\boldsymbol{A}\boldsymbol{x} = \boldsymbol{c}$$

其中，$\boldsymbol{x}$ 是未知数的向量，可以证明扰动 $\Delta\boldsymbol{A}$ 产生误差 $\Delta\boldsymbol{x}$，这样：

$$\frac{\Delta\boldsymbol{x}}{\boldsymbol{x}+\Delta\boldsymbol{x}} \leqslant |\boldsymbol{A}|\,|\boldsymbol{A}^{-1}|\,\frac{\Delta\boldsymbol{A}}{\boldsymbol{A}} = \kappa\frac{\Delta\boldsymbol{A}}{\boldsymbol{A}}$$

也就是说解向量中的相对误差是由给定矩阵 $\boldsymbol{A}$ 的相对误差乘以条件数κ限定的。因此，在精度为 m 位小数的计算机中，值为

$$m - \log_{10}(\kappa)$$

表示由于矩阵求逆，在线性方程的结果中，我们可以期望正确的小数位数。例如，在 IEEE 标准的双精度表示法中，数字的精度约为 16 位小数（53bits 分数）。因此，如果矩阵的条件数为 1010，则结果中只有 6 位是正确的。

$$\Delta a_{max} = 2.887 \cdot 10^{-8} \quad (\approx \kappa \times 10^{-16})$$

10^{-16}是 Matlab 数字表示的精度。如果 $n=20$，并且向量 $\boldsymbol{q}$ 具有与先前元素相同数量级的元素，则最大误差为 $\Delta a_{max}=25$（注意，在这种情况下，$\kappa=9.082\times10^{16}$）。

计算插值多项式 $q(t)$ 系数的另一种方法是基于众所周知的拉格朗日方程：

$$q(t) = \frac{(t-t_1)(t-t_2)\cdots(t-t_n)}{(t_0-t_1)(t_0-t_2)\cdots(t_0-t_n)}q_0 + \frac{(t-t_0)(t-t_2)\cdots(t-t_n)}{(t_1-t_0)(t_1-t_2)\cdots(t_1-t_n)}q_1 + \cdots + \frac{(t-t_0)\cdots(t-t_{n-1})}{(t_n-t_0)(t_n-t_1)\cdots(t_n-t_{n-1})}q_n$$

此外，还可以定义递归公式，以更高效地计算多项式 $q(t)$，如纳威算法，见参考文献［19］或参考文献［20］。遗憾的是，这些方法虽然从计算的角度来看更有效，但在 n 较大时却会受到数值问题的影响。

除数值问题外，使用 n 阶多项式插值 $n+1$ 个点还有其他很多缺点，因为：

（1）多项式的阶数取决于点的数量，对于数值比较大的 n，计算量会很大。

（2）单个途经点(t_k,q_k)发生变化后需要重新计算多项式的所有系数。

（3）插入一个新的途经点(t_{n+1},q_{n+1})需要采用更高阶$(n+1)$的多项式，并重新计算所有系数。

（4）生成的轨迹通常表现出明显的“振荡”特征，这在自动化机械的运动曲线中是不可接受的。

此外，标准的多项式插值方法没有深入考虑初始、终止或中间速度和加速度条件。在这种情况下，有必要假设一个高阶多项式函数并考虑对多项式系数的附加约束。例如，为了在插值 $n+1$ 个给定点的轨迹上指定初始/终止速度和加速度（4 个附加约束），多项式必须是 $n+4$ 次，同时计算系数 a_k 的方程组变为

$$\boldsymbol{q} = \begin{bmatrix} q_0 \\ q_1 \\ \vdots \\ q_{n-1} \\ q_n \\ \mathrm{v}_0 \\ \mathrm{a}_0 \\ \mathrm{v}_n \\ \mathrm{a}_n \end{bmatrix} = \begin{bmatrix} 1 & t_0 & & & \cdots & t_0^{n+4} \\ 1 & t_1 & & & \cdots & t_1^{n+4} \\ & & & & \vdots & \\ 1 & t_{n-1} & & & \cdots & t_{n-1}^{n+4} \\ 1 & t_n & & & \cdots & t_n^{n+4} \\ 0 & 1 & 2t_0 & & \cdots & (n+4)t_0^{n+3} \\ 0 & 0 & 2 & 6t_0 & \cdots & (n+4)(n+3)t_0^{n+2} \\ 0 & 1 & 2t_n & & \cdots & (n+4)t_n^{n+3} \\ 0 & 0 & 2 & 6t_n & \cdots & (n+4)(n+3)t_n^{n+2} \end{bmatrix} \begin{bmatrix} a_0 \\ a_1 \\ \vdots \\ a_{n-1} \\ a_n \\ a_{n+1} \\ a_{n+2} \\ a_{n+3} \\ a_{n+4} \end{bmatrix} = \boldsymbol{T}\boldsymbol{a}$$

显然，此时的系数 a_k 为

$$\boldsymbol{a} = \boldsymbol{T}^{-1}\boldsymbol{q}$$

为了处理多项式插值中出现的问题（不理想的数值问题和振荡现象），可以采用其他方法。其中，特别有效的替代方法是正交多项式和样条函数，接下来将详细介绍这两种方法。

4.2　正交多项式

m 阶正交多项式可定义为

$$q(t) = a_0 p_0(t) + a_1 p_1(t) + \cdots + a_m p_m(t) \tag{4.3}$$

其中，$a_0, a_1, \cdots, a_m$ 是常数参数；$p_0(t), p_1(t), \cdots, p_m(t)$ 是适当阶数的多项式。多项式 $p_0(t), \cdots, p_m(t)$ 被称为互相正交，因为它们具有以下性质：

$$\begin{aligned}\gamma_{ji} &= \sum_{k=0}^{n} p_j(t_k) p_i(t_k) = 0 \qquad \forall j, i : j \neq i \\ \gamma_{ii} &= \sum_{k=0}^{n} [p_i(t_k)]^2 \neq 0\end{aligned} \tag{4.4}$$

其中，$t_0, t_1, \cdots, t_n$ 是多项式正交的时刻（满足这些条件）。例如，如果有 5 个点要用二阶正交多项式（$m=2$）进行插值，则可以得到：

$$\sum_{k=0}^{4} p_0(t_k) p_1(t_k) = \sum_{k=0}^{4} p_0(t_k) p_2(t_k) = \sum_{k=0}^{4} p_1(t_k) p_2(t_k) = 0$$

$$\sum_{k=0}^{4} [p_0(t_k)]^2 \neq 0 \qquad \sum_{k=0}^{4} [p_1(t_k)]^2 \neq 0 \qquad \sum_{k=0}^{4} [p_2(t_k)]^2 \neq 0$$

使用正交多项式有可能对 $n+1$ 个给定点进行插值或用规定的公差进行逼近。

对于近似多项式的计算，采用了“最小二乘法”。对于每个点 q_k，误差 ϵ_k 可定义为

$$\epsilon_k = \left(q_k - \sum_{j=0}^{m} a_j p_j(t_k) \right) \qquad k = 0, \cdots, n$$

则可得总平方误差为

$$\mathcal{E}^2 = \sum_{k=0}^{n} \epsilon_k^2$$

参数 a_j 是通过最小化 $\mathcal{E}^2$ 求得的。显然，如果 $\mathcal{E}^2=0$，正交多项式精确插值通过这些点。我们定义：

$$\delta_i = \sum_{k=0}^{n} q_k p_i(t_k) \qquad i \in [0, \cdots, m]$$

$$\gamma_{ji} = \sum_{k=0}^{n} p_j(t_k) p_i(t_k) \qquad j, i \in [0, \cdots, m]$$

从关于 $\mathcal{E}^2$ 的最小化条件可以得到：

$$\frac{\partial \mathcal{E}^2}{\partial a_i} = 0 \qquad i = 0, 1, \cdots, m$$

即

$$\begin{aligned}\frac{\partial}{\partial a_i} \left[\sum_{k=0}^{n} \left(q_k - \sum_{j=0}^{m} a_j p_j(t_k) \right)^2 \right] &= \frac{\partial}{\partial a_i} \sum_{k=0}^{n} \left(\sum_{j=0}^{m} a_j p_j(t_k) \right)^2 - \\ &\quad 2 \frac{\partial}{\partial a_i} \sum_{k=0}^{n} \left(q_k \sum_{j=0}^{m} a_j p_j(t_k) \right) \\ &= 2 \sum_{k=0}^{n} \sum_{j=0}^{m} a_j p_j(t_k) p_i(t_k) - 2 \sum_{k=0}^{n} q_k p_i(t_k) = 0\end{aligned}$$

其中，

$$\delta_i = \sum_{j=0}^{m} a_j \gamma_{ji} \qquad i = 0, 1, \cdots, m$$

且：

$$\begin{cases} \delta_0 = \gamma_{00}\, a_0 + \gamma_{01}\, a_1 + \cdots + \gamma_{0m}\, a_m \\ \delta_1 = \gamma_{10}\, a_0 + \gamma_{11}\, a_1 + \cdots + \gamma_{1m}\, a_m \\ \cdots \\ \delta_m = \gamma_{m0}\, a_0 + \gamma_{m1}\, a_1 + \cdots + \gamma_{mm}\, a_m \end{cases}$$

这是一个含有 $m+1$ 个未知数 $a_0, a_1, \cdots, a_m$ 的 $m+1$ 阶方程组。根据正交条件式（4.4）可以得到：

$$\begin{cases} \delta_0 = \gamma_{00}\, a_0 \\ \delta_1 = \gamma_{11}\, a_1 \\ \delta_2 = \gamma_{22}\, a_2 \\ \cdots \\ \delta_m = \gamma_{mm}\, a_m \end{cases}$$

其中，

$$a_j = \frac{\delta_j}{\gamma_{jj}}$$

下一个问题是定义正交多项式 $p_j(t)$，以便满足附加标准。为此提出几种方法，如福雪斯（G. E. Forsythe）[21]、柯蒂斯（C. W. Clenshaw）和海耶斯（J. G. Hayes）[22]提供的方法 .

利用第一种方法[21]，多项式 $p_0(t), \cdots, p_m(t)$ 通过以下递归方程计算：

$$p_j(t) = (t - \alpha_j) p_{j-1}(t) - \beta_{j-1} p_{j-2}(t) \qquad j = 1, \cdots, m$$

其中，α_j 和 β_{j-1} 是适当的常数，j 是多项式的阶数。令 $p_0(t) = 1$，得：

$$\begin{cases} p_0(t) = 1 \\ p_1(t) = t\, p_0(t) - \alpha_1 p_0(t) \\ p_2(t) = t\, p_1(t) - \alpha_2 p_1(t) - \beta_1 p_0(t) \\ \vdots \\ p_j(t) = t\, p_{j-1}(t) - \alpha_j p_{j-1}(t) - \beta_{j-1} p_{j-2}(t) \end{cases}$$

为了满足正交条件，必须选择 α_j 和 β_j 的值使其满足：

$$\sum_{k=0}^{n} p_j(t_k) p_i(t_k) = 0 \qquad j \neq i$$

具体来说，α_j 是通过将 p_j 和 p_{j-1} 的表达式相乘并对 $n+1$ 个点求和计算得到的：

$$\sum_{k=0}^{n} p_j(t_k) p_{j-1}(t_k) = \sum_{k=0}^{n} t_k [p_{j-1}(t_k)]^2 - \alpha_j \sum_{k=0}^{n} [p_{j-1}(t_k)]^2 - \beta_{j-1} \sum_{k=0}^{n} p_{j-1}(t_k) p_{j-2}(t_k)$$

由于向量组 (p_j, p_{j-1}) 和 (p_{j-1}, p_{j-2}) 必须相互正交，则下面的等式成立：

$$\alpha_j = \frac{\sum_{k=0}^{n} t_k [p_{j-1}(t_k)]^2}{\sum_{k=0}^{n} [p_{j-1}(t_k)]^2} \qquad \beta_j = \frac{\sum_{k=0}^{n} [p_j(t_k)]^2}{\sum_{k=0}^{n} [p_{j-1}(t_k)]^2}$$

最终，系数 $a_0,a_1,\cdots,a_m$ 为

$$a_j=\frac{\sum_{k=0}^{n}q_k p_j(t_k)}{\sum_{k=0}^{n}[p_j(t_k)]^2}$$

例 4.2 图 4.1 显示了在以下条件下，用 4 阶正交多项式（$m=4$）获得的轨迹：

$$\begin{matrix} t_0=0, & t_1=1, & t_2=3, & t_3=7, & t_4=8, & t_5=10 \\ q_0=2, & q_1=3, & q_2=5, & q_3=6, & q_4=8, & q_5=9 \end{matrix}$$

在这种条件下，得到的多项式为

$$\begin{cases} p_0(t)=1 \\ p_1(t)=-4.833+t \\ p_2(t)=9.8149-9.7203t+t^2 \\ p_3(t)=-28.5693+59.3370t-15.3917t^2+t^3 \\ p_4(t)=38.9880-212.9051t+121.8979t^2-20.0860t^3+t^4 \end{cases}$$

其系数为

$$a_0=5.5,\quad a_1=0.6579,\quad a_2=-0.049,\quad a_3=0.0112,\quad a_4=-0.0033$$

注意，在这种情况下，轨迹不会通过指定点。

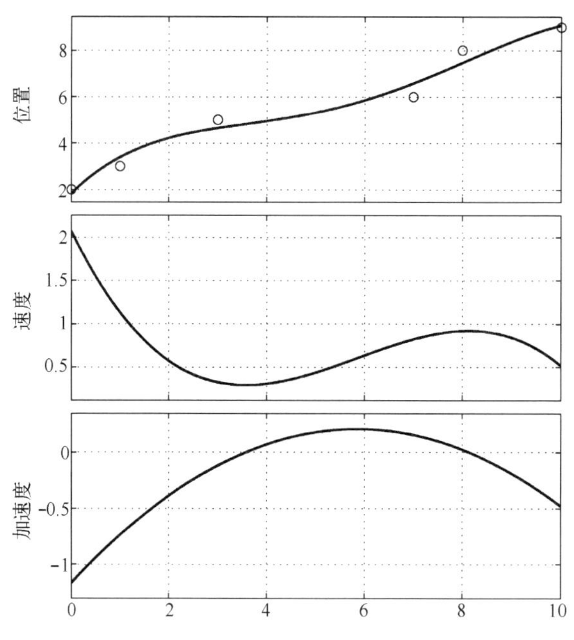

图 4.1 用 4 阶正交多项式拟合 6 个点的轨迹

通常，就位置、速度和加速度而言，实践中轨迹必须满足适当的边界条件。一般来说，使用前面计算多形式 $p_j(t)$ 的方法并不能满足这些边界条件，如图 4.1 所示，起点和终点处的速度和加速度可能会不连续。这是因为给定点是拟合的，并且没有指定速度和加速度。为了解决这一问题，可以采用不同的方法，如下面所阐述的基于初始多项式的不同选择[22]。为了用正交多项式对一组点进行插值，使所得轨迹与起点 $A=(t_a,q_a)$ 和终点

$B=(t_b,q_b)$相交，考虑使用归一化变量τ：

$$\tau=\frac{t-t_a}{t_b-t_a} \qquad \tau\in[0,1]$$

并且轨迹$q(t)$根据下式进行变换：

$$\tilde{q}(\tau)=q(t)-q_a(1-\tau)-q_b\tau$$

这样，得到在点A和点B处的条件：

$$\begin{aligned} t=t_a\ \ (\tau=0) \qquad & \tilde{q}(0)=q(t_a)-q_a, \ \rightarrow\ q(t_a)=q_a+\tilde{q}(0) \\ t=t_b\ \ (\tau=1) \qquad & \tilde{q}(1)=q(t_b)-q_b, \ \rightarrow\ q(t_b)=q_b+\tilde{q}(1) \end{aligned}$$

通过在$t=t_a$、$t_b(\tau=0,1)$处添加$\tilde{q}=0$来满足这些条件。为此，可以将$\tau(1-\tau)$项纳入函数$\tilde{q}(\tau)$中。

考虑使用正交多项式：

$$\tilde{q}(\tau)=a_0p_0(\tau)+a_1p_1(\tau)+\cdots+a_mp_m(\tau)$$

包含条件$\tau(1-\tau)$的最简单的方式是将$p_j(\tau)$计算为

$$\begin{cases} p_0(\tau) &= \tau\,(1-\tau) \\ p_1(\tau) &= \tau\,p_0(\tau)-\alpha_1p_0(\tau) \\ p_2(\tau) &= \tau\,p_1(\tau)-\alpha_2p_1(\tau)-\beta_1p_0(\tau) \\ \quad\cdots \\ p_m(\tau) &= \tau\,p_{m-1}(\tau)-\alpha_mp_{m-1}(\tau)-\beta_{m-1}p_{m-2}(\tau) \end{cases}$$

类似地，如果点A处需要零速度，则可以使用下列变换：

$$\tilde{q}(\tau)=q(t)-q_a(1-\tau^2)-q_b\tau^2$$

且选择初始多项式为$p_0(\tau)=\tau^2(1-\tau)$。如果点A处指定了零加速度，则可以定义

$$\tilde{q}(\tau)=q(t)-q_a(1-\tau^3)-q_b\tau^3$$

且第一个多项式为$p_0(\tau)=\tau^3(1-\tau)$。

例 4.3　图4.2展示了含有起点和终点的正交多项式轨迹的位置、速度和加速度。这些点与之前的例子相同。在这种情况下，得到的正交多项式为

$$\begin{cases} p_0(\tau)=\tau-\tau^2 \\ p_1(\tau)=-0.5364\tau+1.5364\tau^2-\tau^3 \\ p_2(\tau)=0.1848\tau-1.1724\tau^2+1.9875\tau^3-\tau^4 \\ p_3(\tau)=-0.0520\tau+0.5513\tau^2-1.8255\tau^3+2.3261\tau^4-\tau^5 \\ p_4(\tau)=0.0168\tau-0.2858\tau^2+1.4590\tau^3-3.0900\tau^4+2.9000\tau^5-\tau^6 \end{cases}$$

系数为

$$a_0=0.7465,\quad a_1=-10.1223,\quad a_2=28.1252,\quad a_3=317.4603,\quad a_4=0$$

例 4.4　图4.3展示了初始速度为零的正交多项式轨迹（$m=4$）的位置、速度和加速度曲线。这些点与前面的例子相同，但是这种情况下得到的正交多项式为

$$\begin{cases} p_0(\tau)=\tau^2-\tau^3 \\ p_1(\tau)=-0.7001\tau^2+1.7001\tau^3-\tau^4 \\ p_2(\tau)=0.2546\tau^2-1.3464\tau^3+2.0918\tau^4-\tau^5 \\ p_3(\tau)=-0.1501\tau^2+1.0937\tau^3-2.6874\tau^4+2.7438\tau^5-\tau^6 \\ p_4(\tau)=0.0168\tau^2-0.2858\tau^3+1.4590\tau^4-3.0900\tau^5+2.9000\tau^6-\tau^7 \end{cases}$$

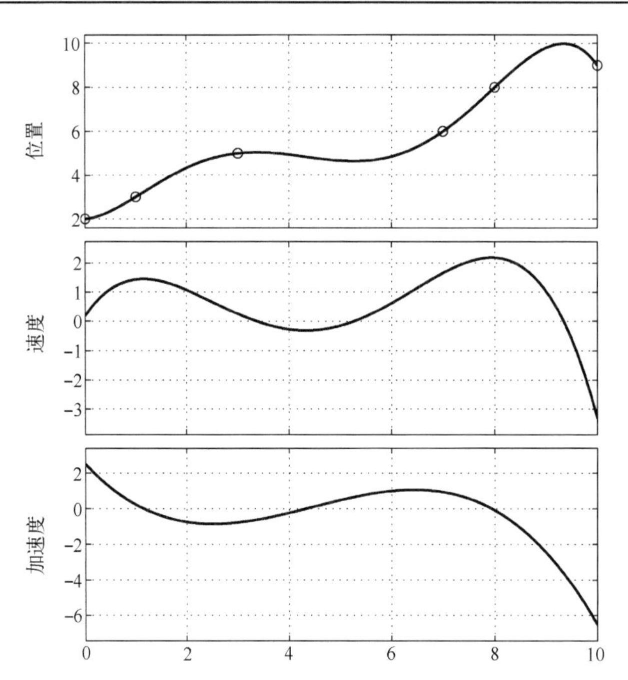

图 4.2 通过起点和终点边界条件的正交多项式轨迹（$m=4$）的位置、速度和加速度曲线

系数为

$$a_0 = 10.3710,\quad a_1 = -54.7230,\quad a_2 = 334.9531,\quad a_3 = -111.9615,\quad a_4 = 0$$

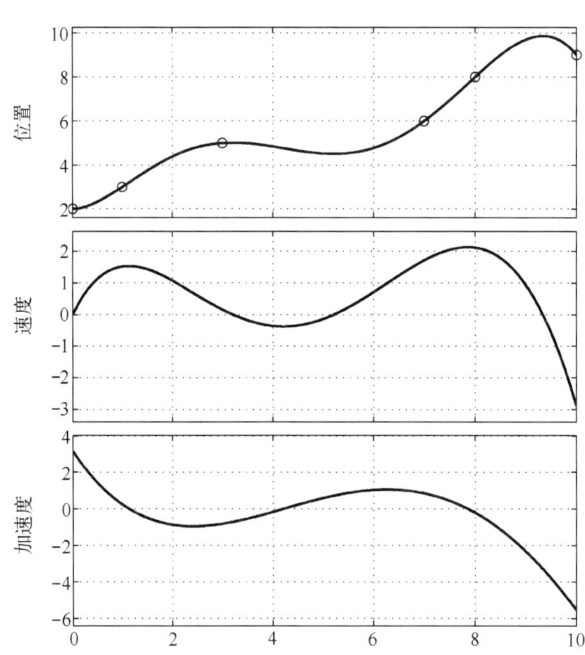

图 4.3 初始加速度为零的正交多项式轨迹（$m=4$）的位置、速度和加速度曲线

例 4.5 图 4.4 展示了初始加速度为零的正交多项式（$m=4$）轨迹的位置、速度和加速度曲线。这些点与前面的示例相同，其正交多项式为

$$\begin{cases} p_0(\tau) = \tau^3 - \tau^4 \\ p_1(\tau) = -0.7422\tau^3 + 1.7422\tau^4 - \tau^5 \\ p_2(\tau) = 0.3663\tau^3 - 1.6099\tau^4 + 2.2436\tau^5 - \tau^6 \\ p_3(\tau) = -0.1667\tau^3 + 1.1728\tau^4 - 2.8033\tau^5 + 2.7972\tau^6 - \tau^7 \\ p_4(\tau) = 0.0168\tau^3 - 0.2858\tau^4 + 1.4590\tau^5 - 3.0900\tau^6 + 2.9000\tau^7 - \tau^8 \end{cases}$$

系数为

$$a_0 = 21.7, \quad a_1 = -134.8, \quad a_2 = 853.7, \quad a_3 = -9390, \quad a_4 = 0$$

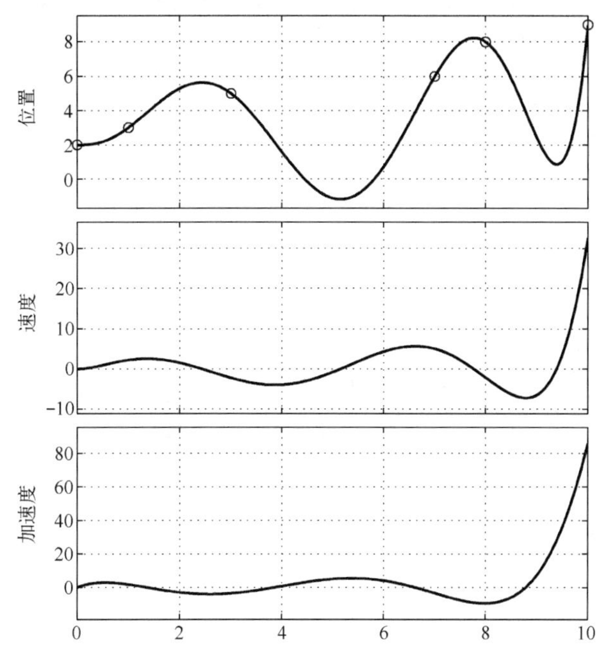

图 4.4　初始加速度为零的正交多项式轨迹（$m=4$）的位置、速度和加速度曲线

从上面的例子中，我们可以注意到系数 a_4 恒为 0。因此，在这些情况下，满足给定条件的多项式的最合适阶数是 3（$m=3$）。

另一类重要的正交多项式由切比雪夫多项式[23,24]定义如下：

$$r_j(t) = \cos(j\phi) \qquad \phi = \cos^{-1}(t) \qquad -1 \leqslant t \leqslant 1$$

其中，$j=0,1,2,\cdots,m$。

例如，如果 $m=4$，则得到：

$$\begin{cases} r_0(t) = 1 \\ r_1(t) = t \\ r_2(t) = 2t^2 - 1 \\ r_3(t) = 4t^3 - 3t \\ r_4(t) = 8t^4 - 8t^2 + 1 \end{cases}$$

这些多项式有以下重要性质。

（1）它们可以递归计算为

$$r_0(t) = 1 \qquad r_1(t) = t \qquad r_{j+1} = 2\,t\,r_j(t) - r_{j-1}(t) \qquad j \geqslant 1$$

（2）它们是对称的，即 $r_j(-t) = (-1)^j r_j(t)$。

（3）对于$j=0$，最高阶项的系数为零；对于$j\geqslant 1$，系数为2^{j-1}。

（4）由下式确定多项式$r_j(t)$在$[-1,1]$区间下有j个根：

$$t_k=\cos\left(\frac{\pi}{2}\frac{2k+1}{j}\right)\qquad k=0,1,2,\cdots,j-1$$

此外，$r_j(t)$有$j+1$个最大/最小点，由下式确定：

$$t_k^m=\cos\frac{k\pi}{j}\qquad r_j(t_k^m)=(-1)^k\qquad k=0,1,2,\cdots,j$$

（5）多项式是正交的，即给定f和g两个函数，并将其乘积定义为

$$(f,g)=\sum_{k=0}^{m}f(t_k)g(t_k)$$

式中，t_k是$r_{m+1}(t)$的根，则对于$0\leqslant i\leqslant m$，$0\leqslant l\leqslant m$，可以得到：

$$(r_i,r_j)=\begin{cases}0 & i\neq l\\(m+1)/2 & i=l\neq 0\\m+1 & i=l=0\end{cases}$$

（6）在所有的一元j阶多项式中，多项式$2^{1-j}r_j$在区间$[-1,1]$中有最小的最大范数由2^{1-j}给出（极小极大性质）。

总之，基于最小二乘法，正交多项式提供了一种非常灵活的工具用于定义插值一系列点的轨迹。另一方面，从计算的角度来看，用这种方式得到的多项式公式不是很高效。不过，一旦系数a_i和多项式$p_j(t)$已经确定，将式（4.3）转换为标准形式将变得非常简单：

$$q(t)=a_0+a_1t+a_2t^2+\cdots+a_mt^m$$

4.3 三角多项式

当轨迹表示周期运动时$[q(t+T)=q(t)]$，采用所谓的三角多项式[25,26]可能会更方便，即

$$q(t)=a_0+\sum_{k=1}^{m}a_k\cos\left(k\frac{2\pi t}{T}\right)+\sum_{k=1}^{m}b_k\sin\left(k\frac{2\pi t}{T}\right)$$

其系数通过对途经点施加插值条件来确定。因此，给定一组要在时刻t_k，$k=0,\cdots,n$（在不丢失普适性的前提下，假设$t_0=0$）插值的点集q_k，$k=0,\cdots,n$（$q_0=q_n$），三角多项式的m阶数选择为$2m+1=n$（因此需要偶数个点），并假设$T=t_n$。然后利用未知数a_k、b_k建立以下$2m+1$方程组：

$$\begin{bmatrix}q_0\\q_1\\\vdots\\q_{n-2}\\q_{n-1}\end{bmatrix}=\begin{bmatrix}1 & c_1(t_0) & s_1(t_0) & \cdots & c_m(t_0) & s_m(t_0)\\1 & c_1(t_1) & s_1(t_1) & \cdots & c_m(t_1) & s_m(t_1)\\\vdots & \vdots & \vdots & \vdots & \vdots & \vdots\\1 & c_1(t_{n-2}) & s_1(t_{n-2}) & \cdots & c_m(t_{n-2}) & s_m(t_{n-2})\\1 & c_1(t_{n-1}) & s_1(t_{n-1}) & \cdots & c_m(t_{n-1}) & s_m(t_{n-1})\end{bmatrix}\begin{bmatrix}a_0\\a_1\\b_1\\\vdots\\a_m\\b_m\end{bmatrix}\tag{4.5}$$

其中，

$$c_k(t)=\cos\left(k\frac{2\pi t}{T}\right)\qquad s_k(t)=\sin\left(k\frac{2\pi t}{T}\right)$$

多项式的系数通过求解式（4.5）来计算。值得注意的是，轨迹在构造上是周期性的，不需要在边界处（所谓的循环条件）施加轨迹导数（速度、加速度、加加速度等）的连续性条件。特别是轨迹是C^∞连续的，即对于任何阶导数都是连续的。

同样的轨迹可以写成类似于多项式插值的拉格朗日公式的形式，不需要对式（4.5）中的矩阵求逆：

$$q(t)=\sum_{k=0}^{n}\left(q_k\prod_{j=0,j\neq k}^{n}\frac{\sin(\frac{\pi}{T}(t-t_j))}{\sin(\frac{\pi}{T}(t_k-t_j))}\right) \tag{4.6}$$

例 4.6　通过以下途经点的三角多项式轨迹如图 4.5 所示：

$$t_0=0,\ t_1=4,\ t_2=6,\ t_3=8,\ t_4=9,\ t_5=11,\ t_6=15,\ t_7=17,\ t_8=19,\ t_9=20$$
$$q_0=2,\ q_1=3,\ q_2=3,\ q_3=2,\ q_4=2,\ q_5=2,\ \ q_6=3,\ \ t_7=4,\ \ t_8=5,\ \ t_9=2$$

其参数为

$$a_0=2.53,\quad a_1=-0.21,\quad a_2=-0.73,\quad a_3=0.30,\quad a_4=0.11$$
$$b_1=-1.08,\quad b_2=-1.03,\quad b_3=-1.47,\ b_4=-0.96$$

与代数样条轨迹（见下文 4.4 节内容）相比，三角多项式的振荡更明显，速度和加速度也更大。但另一方面，其所有导数在最后一个和第一个途经点之间也是连续的（周期性条件）。

与代数样条类似，可以定义三角样条，通过将 n 段适当阶数的三角多项式段连接起来，并通过保证它们的导数达到所需的阶数，与线段邻接的位置一致[27~29]。然而，实际应用表明，一般情况下，代数样条优于三角样条，因为其加速度和加加速度更小，如图 4.5 所示[30]。

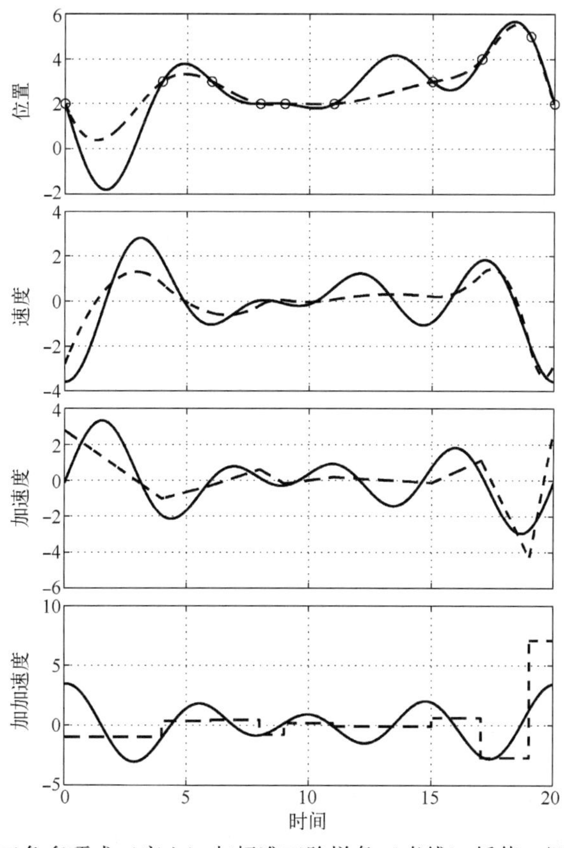

图 4.5　通过三角多项式（实心）与标准三阶样条（虚线）插值一组途经点的比较

4.4　三次样条曲线

当给定 n+1 个点时，可以使用 n 个 p 阶多项式（通常更低）代替单个 n 阶插值多项式，每个多项式定义一段轨迹。以这种方式定义的整体函数 $s(t)$ 称为 p 次样条①。p 的值是根据样条曲线所需的连续性来选择的。例如，为了获得速度和加速度在两段衔接时刻 t_k 处的连续性，可以采用三阶多项式（$p=3$）：

$$q(t) = a_0 + a_1 t + a_2 t^2 + a_3 t^3$$

样条函数由下式给出：

$$s(t) = \{q_k(t),\ t \in [t_k,\ t_{k+1}],\ k = 0, \cdots, n-1\}$$

$$q_k(t) = a_{k0} + a_{k1}(t - t_k) + a_{k2}(t - t_k)^2 + a_{k3}(t - t_k)^3$$

这样，每个多项式需要计算 4 个系数。由于定义通过 $n+1$ 个点的轨迹需要 n 个多项式，因此要确定的系数总数为 $4n$。为了解决此问题，必须考虑以下条件：

（1）给定点插值的 $2n$ 个条件，因为每个三阶函数必须通过其边界点。

（2）过渡点处速度连续性的 $n-1$ 个条件。

（3）过渡点处加速度连续性的 $n-1$ 个条件。

这样，共有 $2n+2(n-1)$ 个条件，剩余自由度为 $4n-2n-2(n-1)=2$。为了计算样条曲线，必须添加两个额外的约束。可以选择的约束方式有：

（1）初始和最终速度 $\dot{s}(t_0)=\mathrm{v}_0$，$\dot{s}(t_n)=\mathrm{v}_n$，见图 4.6。

（2）初始和最终加速度 $\ddot{s}(t_0)$、$\ddot{s}(t_n)$（这些条件通常称为自然边界条件）。

（3）条件 $\dot{s}(t_0)=\dot{s}(t_n)$、$\ddot{s}(t_0)=\ddot{s}(t_n)$，这些条件通常称为循环边界条件，当需要定义周期样条曲线时使用，周期 $T=t_n-t_0$。

（4）在时间点 t_1、t_{n-1} 时，加加速度的连续性为

$$\left.\frac{d^3 s(t)}{dt^3}\right|_{t=t_1^-} = \left.\frac{d^3 s(t)}{dt^3}\right|_{t=t_1^+} \qquad \left.\frac{d^3 s(t)}{dt^3}\right|_{t=t_{n-1}^-} = \left.\frac{d^3 s(t)}{dt^3}\right|_{t=t_{n-1}^+}$$

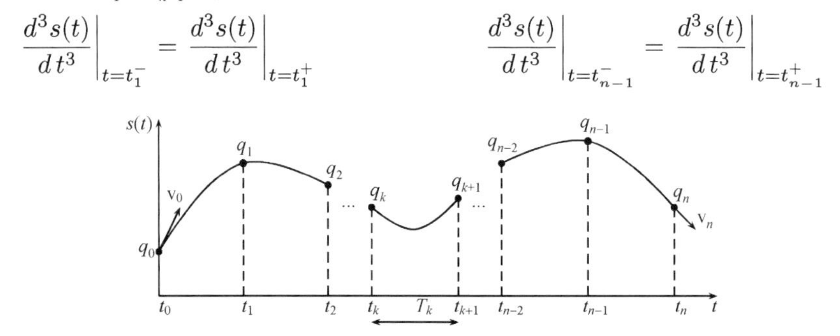

图 4.6　通过 $n+1$ 个点的样条曲线轨迹

通常，样条曲线具有以下特性。

（1）$n(p+1)$ 个参数足以定义 p 次的轨迹 $s(t)$，其插值给定点 (t_k, q_k)，$k=0,\cdots,n$。

（2）在给定 $n+1$ 个点和边界的条件下，可以唯一确定 p 次插值样条 $s(t)$。

（3）用于构造样条曲线的多项式的阶数 p 不依赖于数据点的数量。

（4）函数 $s(t)$ 具有高达 $(p-1)$ 阶的连续导数。

（5）在所有的插值给定点且一阶、二阶导数连续的函数 $f(t)$ 中，通过假设 $\ddot{s}(t_0)=\ddot{s}(t_n)=0$，则所得的三次样条曲线为最小化下的函数：

---

① 样条曲线：这个术语是由勋伯格（I. J. Schoenberg）引入的，他利用三次样条来拟合设计师用来追踪曲线的 French 曲线[31]。

$$J=\int_{t_0}^{t_n}\left(\frac{d^2 f(t)}{dt^2}\right)^2 dt$$

可以解释为一种变形能，与$f(t)$的曲率成正比。

实际上，设$s(t)$是三次样条函数，$f(t)\in C^2[t_0,t_n]$是一个泛型函数，在$[t_0,t_n]$上具有连续的一阶和二阶导数。方程：

$$E=\int_{t_0}^{t_n}\left(f^{(2)}(t)-s^{(2)}(t)\right)^2 dt$$

显然其总是为正或为零，即$E\geqslant 0$。那么：

$$\begin{aligned}E&=\int_{t_0}^{t_n}\left(f^{(2)}(t)-s^{(2)}(t)\right)^2 dt\\&=\int_{t_0}^{t_n}\left(f^{(2)}(t)\right)^2 dt-2\int_{t_0}^{t_n}f^{(2)}(t)\ s^{(2)}(t)dt+\int_{t_0}^{t_n}\left(s^{(2)}(t)\right)^2 dt\\&=\int_{t_0}^{t_n}\left(f^{(2)}(t)\right)^2 dt-\int_{t_0}^{t_n}\left(s^{(2)}(t)\right)^2 dt+2\int_{t_0}^{t_n}s^{(2)}(t)\left(s^{(2)}(t)-f^{(2)}(t)\right)dt\end{aligned}$$

通过令初始和终止加速度为零，即$s^{(2)}(t_0)=s^{(2)}(t_n)=0$，并考虑函数$s(t)$和$f(t)$必须插值给定点的条件，即$s(t_k)=f(t_k)$，$k=0,\cdots,n$，以及三次样条曲线的加加速度$s^{(3)}(t)$是分段常值的条件，我们得到：

$$\begin{aligned}E&=2\int_{t_0}^{t_n}s^{(2)}(t)\left(s^{(2)}(t)-f^{(2)}(t)\right)dt\\&=\left[s^{(2)}(t)\left(s^{(1)}(t)-f^{(1)}(t)\right)\right]_{t_0}^{t_n}-\int_{t_0}^{t_n}s^{(3)}(t)\left(s^{(1)}(t)-f^{(1)}(t)\right)dt\\&=-\sum_{k=0}^{n-1}s^{(3)}(t_k)\int_{t_k}^{t_{k+1}}\left(s^{(1)}(t)-f^{(1)}(t)\right)dt\\&=-\sum_{k=0}^{n-1}s^{(3)}(t_k)\left[s(t)-f(t)\right]_{t_k}^{t_{k+1}}\\&=0\end{aligned}$$

因此：

$$E=\int_{t_0}^{t_n}\left(f^{(2)}(t)\right)^2 dt-\int_{t_0}^{t_n}\left(s^{(2)}(t)\right)^2 dt\geqslant 0$$

继而：

$$\int_{t_0}^{t_n}\left(f^{(2)}(t)\right)^2 dt\geqslant\int_{t_0}^{t_n}\left(s^{(2)}(t)\right)^2 dt$$

因此，使函数J最小化的函数$f(t)$［其中$E=0$，即$f(t)=s(t)$］是初始加速度和终止加速度为零的三次样条曲线。在这些条件下，样条曲线称为自然样条曲线。

4.4.1 指定初始速度和最终速度的系数计算

在自动化设备的轨迹规划中，速度曲线连续性的条件至关重要。因此，计算样条曲线的典型选择是指定初始和终止速度v_0与v_n。因此，在给定点(t_k,q_k)，$k=0,\cdots,n$和速度v_0、v_n的边界条件下，目标是确定函数：

$$s(t)=\{q_k(t),\ t\in[t_k,\ t_{k+1}],\ k=0,\cdots,n-1\}$$
$$q_k(t)=a_{k0}+a_{k1}(t-t_k)+a_{k2}(t-t_k)^2+a_{k3}(t-t_k)^3$$

条件为

$$q_k(t_k)=q_k,\quad q_k(t_{k+1})=q_{k+1}\qquad k=0,\cdots,n-1$$
$$\dot{q}_k(t_{k+1})=\dot{q}_{k+1}(t_{k+1})=v_{k+1}\qquad k=0,\cdots,n-2$$
$$\ddot{q}_k(t_{k+1})=\ddot{q}_{k+1}(t_{k+1})\qquad k=0,\cdots,n-2$$
$$\dot{q}_0(t_0)=\mathrm{v}_0,\quad \dot{q}_{n-1}(t_n)=\mathrm{v}_n$$

系数 $a_{k,i}$ 可以用以下算法计算。

如果中间点的速度 v_k（$k=1,\cdots,n-1$）已知，当 $T_k=t_{k+1}-t_k$ 时，对于每个三阶多项式有：

$$\begin{cases} q_k(t_k)=a_{k0} & =q_k \\ \dot{q}_k(t_k)=a_{k1} & =v_k \\ q_k(t_{k+1})=a_{k0}+a_{k1}T_k+a_{k2}T_k^2+a_{k3}T_k^3 & =q_{k+1} \\ \dot{q}_k(t_{k+1})=a_{k1}+2a_{k2}T_k+3a_{k3}T_k^2 & =v_{k+1} \end{cases} \tag{4.7}$$

通过求解以上方程组，可以得到以下系数：

$$\begin{cases} a_{k,0}=q_k \\ a_{k,1}=v_k \\ a_{k,2}=\dfrac{1}{T_k}\left[\dfrac{3(q_{k+1}-q_k)}{T_k}-2v_k-v_{k+1}\right] \\ a_{k,3}=\dfrac{1}{T_k^2}\left[\dfrac{2(q_k-q_{k+1})}{T_k}+v_k+v_{k+1}\right] \end{cases} \tag{4.8}$$

另一方面，中间点的速度 $v_1,\cdots,v_{n-1}$ 未知，因此必须计算它们。为此，考虑了中间点加速度的连续性条件：

$$\ddot{q}_k(t_{k+1})=2a_{k,2}+6a_{k,3}T_k=2a_{k+1,2}=\ddot{q}_{k+1}(t_{k+1})\qquad k=0,\cdots,n-2$$

根据这些条件，通过考虑参数 $a_{k,2}$、$a_{k,3}$、$a_{k+1,2}$ 的表达式并乘以 $(T_kT_{k+1})/2$，在简单的运算之后可以得到：

$$T_{k+1}v_k+2(T_{k+1}+T_k)v_{k+1}+T_kv_{k+2}=\frac{3}{T_kT_{k+1}}\left[T_k^2(q_{k+2}-q_{k+1})+T_{k+1}^2(q_{k+1}-q_k)\right] \tag{4.9}$$

对于 $k=0,\cdots,n-2$，这些关系可以用矩阵形式重写为 $\boldsymbol{A}'\mathbf{v}'=\boldsymbol{c}'$：

$$\boldsymbol{A}'=\begin{bmatrix} T_1 & 2(T_0+T_1) & T_0 & 0 & \cdots & & & 0 \\ 0 & T_2 & 2(T_1+T_2) & T_1 & & & & \vdots \\ \vdots & & & & \ddots & & & \\ & & & & T_{n-2} & 2(T_{n-3}+T_{n-2}) & T_{n-3} & 0 \\ 0 & \cdots & & & 0 & T_{n-1} & 2(T_{n-2}+T_{n-1}) & T_{n-2} \end{bmatrix}$$

$$\mathbf{v}'=[\mathrm{v}_0,\ v_1,\ \cdots,\ v_{n-1},\ \mathrm{v}_n]^T\qquad \boldsymbol{c}'=[c_0,\ c_1,\ \cdots,\ c_{n-3},\ c_{n-2}]^T$$

其中，常数项 c_k 仅取决于已知的样条线段的中间位置和持续时间 T_k。由于速度 v_0 和 v_n 也是已知的，所以可以消除矩阵 $\boldsymbol{A}'$ 的相应列并得到：

$$\begin{bmatrix} 2(T_0+T_1) & T_0 & 0 & \cdots & & 0 \\ T_2 & 2(T_1+T_2) & T_1 & 0 & & \vdots \\ 0 & & \ddots & & & 0 \\ \vdots & & & T_{n-2} & 2(T_{n-3}+T_{n-2}) & T_{n-3} \\ 0 & \cdots & & 0 & T_{n-1} & 2(T_{n-2}+T_{n-1}) \end{bmatrix} \begin{bmatrix} v_1 \\ v_2 \\ \vdots \\ v_{n-2} \\ v_{n-1} \end{bmatrix} =$$

$$\begin{bmatrix} \frac{3}{T_0T_1}\left[T_0^2(q_2-q_1)+T_1^2(q_1-q_0)\right]-T_1\mathrm{v}_0 \\ \frac{3}{T_1T_2}\left[T_1^2(q_3-q_2)+T_2^2(q_2-q_1)\right] \\ \vdots \\ \frac{3}{T_{n-3}T_{n-2}}\left[T_{n-3}^2(q_{n-1}-q_{n-2})+T_{n-2}^2(q_{n-2}-q_{n-3})\right] \\ \frac{3}{T_{n-2}T_{n-1}}\left[T_{n-2}^2(q_n-q_{n-1})+T_{n-1}^2(q_{n-1}-q_{n-2})\right]-T_{n-2}\mathrm{v}_n \end{bmatrix} \tag{4.10}$$

即

$$\boldsymbol{A}(\boldsymbol{T})\ \mathbf{v}=\boldsymbol{c}(\boldsymbol{T},\mathbf{q},\mathrm{v}_0,\mathrm{v}_n) \tag{4.11}$$

式（4.11）中，$\boldsymbol{T}=[T_0,T_1,\cdots,T_{n-1}]^T$，$\mathbf{q}=[q_0,q_1,\cdots,q_n]^T$。

$\boldsymbol{A}$ 为$(n-1)\times(n-1)$阶矩阵，并具有对角占优结构。因此，如果 $T_k>0(||a_{kk}|>\sum_{j\neq k}|a_{kj}|)$，则该矩阵可逆。此外，由于 $\boldsymbol{A}$ 为三对角矩阵，求其逆矩阵可以采用一种高效的计算技巧，见附录A.5。一旦计算出 $\boldsymbol{A}$ 的逆，则速度 $v_1,\cdots,v_{n-1}$ 可以根据 $\mathbf{v}=\boldsymbol{A}^{-1}\boldsymbol{c}$ 计算出来，接着根据式（4.8）即可求得样条系数。

例 4.7　图4.7展示了根据上述算法计算的样条曲线轨迹，该轨迹由以下几点定义：

$$\begin{array}{lllllll} t_0=0, & t_1=5, & t_2=7, & t_3=8, & t_4=10, & t_5=15, & t_6=18 \\ q_0=3, & q_1=-2, & q_2=-5, & q_3=0, & q_4=6, & q_5=12, & q_6=8 \end{array}$$

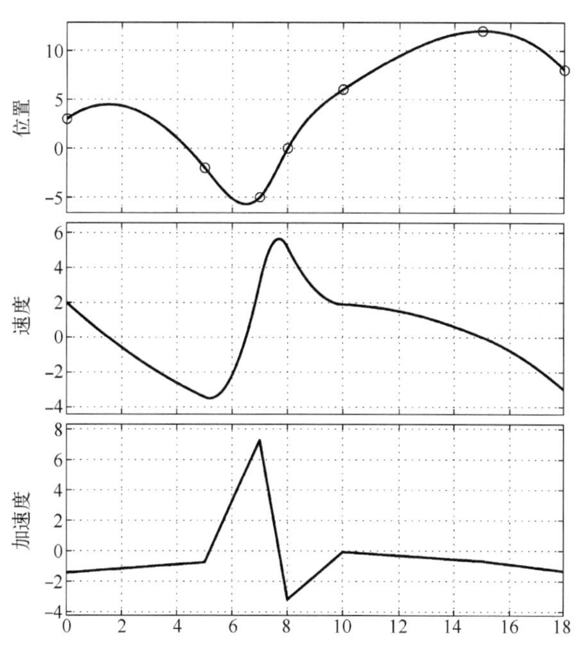

图4.7　具有初始和终止速度约束的样条曲线轨迹

初始速度 $v_0=2$，终止速度 $v_6=-3$。得到结果矩阵 $\boldsymbol{A}$ 和向量 $\boldsymbol{c}$ 为

$$\boldsymbol{A}=\begin{bmatrix}14 & 5 & 0 & 0 & 0\\ 1 & 6 & 2 & 0 & 0\\ 0 & 2 & 6 & 1 & 0\\ 0 & 0 & 5 & 14 & 2\\ 0 & 0 & 0 & 3 & 16\end{bmatrix}$$

$$\boldsymbol{c}=\begin{bmatrix}-32.5, & 25.5, & 39, & 52.2, & 5.8\end{bmatrix}^T$$

中间点的速度为

$$\mathbf{v}=\begin{bmatrix}-3.43, & 3.10, & 5.10, & 1.88, & 0.008\end{bmatrix}^T$$

因此，样条曲线的表达式为

$$s(t)=\begin{cases}3+2t-0.71t^2+0.02t^3 & 0\leqslant t<5\\ -2-3.4(t-5)-0.37(t-5)^2+0.66(t-5)^3 & 5\leqslant t<7\\ -5+3.1(t-7)+3.64(t-7)^2-1.74(t-7)^3 & 7\leqslant t<8\\ 5.15(t-8)-1.59(t-8)^2+0.25(t-8)^3 & 8\leqslant t<10\\ 6+1.88(t-10)-0.03(t-10)^2-0.02(t-10)^3 & 10\leqslant t<15\\ 12+0.008(t-15)-0.34(t-15)^2-0.03(t-15)^3 & 15\leqslant t<18\end{cases}$$

4.4.2 周期三次样条曲线

在许多应用中，要执行的运动是周期性的，即初始位置和终止位置是相同的。在这种情况下，通常以起点和终点处速度与加速度的连续性条件来计算最终的样条曲线轨迹。因此，计算系数的方法与之前的略有不同。事实上，与任意选择初始速度 v_0 和终止速度 v_n 不同，在这种情况下，必须考虑：

$$v_0=\dot{q}_0(t_0)=\dot{q}_{n-1}(t_n)=v_n$$

$$\ddot{q}_0(t_0)=\ddot{q}_{n-1}(t_n)$$

最后一个等式可以写为

$$\ddot{q}_0(t_0)=2a_{0,2}=2a_{n-1,2}+6a_{n-1,3}T_{n-1}=\ddot{q}_{n-1}(t_n) \tag{4.12}$$

代换系数表达式后，由式（4.8）得：

$$T_0v_{n-1}+2(T_{n-1}+T_0)v_0+T_{n-1}v_1=\frac{3}{T_{n-1}T_0}\left[T_{n-1}^2(q_1-q_0)+T_0^2(q_n-q_{n-1})\right] \tag{4.13}$$

通过将此方程添加到方程组（4.10）中，并考虑到在这种情况下，速度 v_n 等于 v_0 但未知［因此在式（4.10）中，$T_{n-2}v_n$ 和 T_1v_0 项必须移至左侧），计算速度的线性方程组变为

$$\begin{bmatrix}2(T_{n-1}+T_0) & T_{n-1} & 0 & \cdots & & 0 & T_0\\ T_1 & 2(T_0+T_1) & T_0 & & & & 0\\ 0 & & & \ddots & & & \vdots\\ \vdots & & & & & & 0\\ 0 & & & & T_{n-2} & 2(T_{n-3}+T_{n-2}) & T_{n-3}\\ T_{n-1} & 0 & \cdots & & 0 & T_{n-1} & 2(T_{n-2}+T_{n-1})\end{bmatrix}\begin{bmatrix}v_0\\ v_1\\ \vdots\\ v_{n-2}\\ v_{n-1}\end{bmatrix}=$$

$$\begin{bmatrix} \frac{3}{T_{n-1}T_0}\left[T_{n-1}^2(q_1-q_0)+T_0^2(q_0-q_n)\right] \\ \frac{3}{T_0T_1}\left[T_0^2(q_2-q_1)+T_1^2(q_1-q_0)\right] \\ \frac{3}{T_1T_2}\left[T_1^2(q_3-q_2)+T_2^2(q_2-q_1)\right] \\ \vdots \\ \frac{3}{T_{n-1}T_{n-2}}\left[T_{n-3}^2(q_{n-1}-q_{n-2})+T_{n-2}^2(q_{n-2}-q_{n-3})\right] \\ \frac{3}{T_{n-2}T_{n-1}}\left[T_{n-2}^2(q_n-q_{n-1})+T_{n-1}^2(q_{n-1}-q_{n-2})\right] \end{bmatrix}$$

此时，方程组的矩阵不再是三对角的。然而，在这种情况下（方程组被称为循环），依旧存在高效的求解方法，见附录 A.5。一旦获得速度 $v_0,\cdots,v_{n-1}$，可以通过式（4.8）计算样条曲线的系数。

例 4.8　图 4.8 所示为周期性运动的样条曲线轨迹，起点和终点处的速度与加速度连续，显然假设两者相等。轨迹由以下条件定义：

$$\begin{array}{lllllll} t_0=0, & t_1=5, & t_2=7, & t_3=8, & t_4=10, & t_5=15, & t_6=18 \\ q_0=3, & q_1=-2, & q_2=-5, & q_3=0, & q_4=6, & q_5=12, & q_6=3 \end{array}$$

得到的矩阵 $\boldsymbol{A}$ 为

$$\boldsymbol{A}=\begin{bmatrix} 16 & 3 & 0 & 0 & 0 & 5 \\ 2 & 14 & 5 & 0 & 0 & 0 \\ 0 & 1 & 6 & 2 & 0 & 0 \\ 0 & 0 & 2 & 6 & 1 & 0 \\ 0 & 0 & 0 & 5 & 14 & 2 \\ 3 & 0 & 0 & 0 & 3 & 16 \end{bmatrix}$$

并且：

$$\boldsymbol{c}=\left[-54,\ \ -28,\ \ 25.5,\ \ 39,\ \ 52.2,\ \ -34.2\right]^T$$

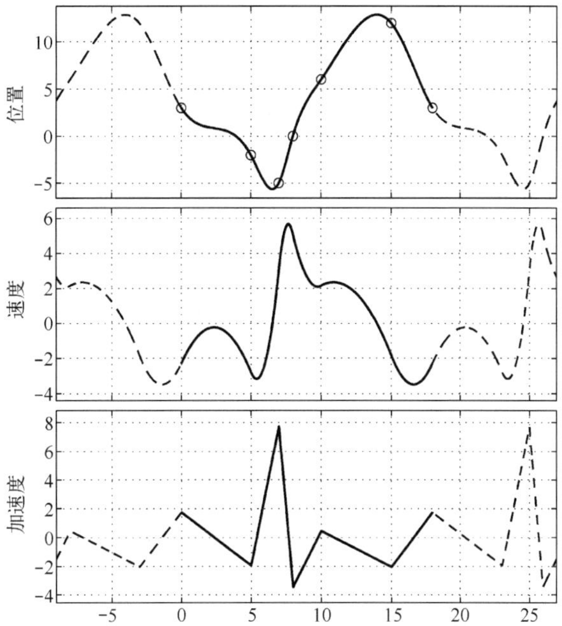

图 4.8　周期性运动的样条曲线轨迹

所得轨迹中间点的速度为（在本例中也是在第一个点①）：

$$\mathbf{v} = \left[-2.28,\ \ -2.78,\ \ 2.99,\ \ 5.14,\ \ 2.15,\ \ -1.8281\right]^T$$

样条曲线的表达式为

$$s(t) = \begin{cases} 3 - 2.28\,t + 0.86\,t^2 - 0.12\,t^3 & 0 \leqslant t < 5 \\ -2 - 2.78\,(t-5) - 0.96\,(t-5)^2 + 0.80\,(t-5)^3 & 5 \leqslant t < 7 \\ -5 + 2.99\,(t-7) + 3.85\,(t-7)^2 - 1.85\,(t-7)^3 & 7 \leqslant t < 8 \\ 5.14\,(t-8) - 1.71\,(t-8)^2 + 0.32\,(t-8)^3 & 8 \leqslant t < 10 \\ 6 + 2.15\,(t-10) + 0.22\,(t-10)^2 - 0.008\,(t-10)^3 & 10 \leqslant t < 15 \\ 12 + 1.82\,(t-15) - 1.02\,(t-15)^2 + 0.21\,(t-15)^3 & 15 \leqslant t < 18 \end{cases}$$

4.4.3 指定初始和最终速度的三次样条曲线：基于加速度的计算

定义样条曲线的另一种方法是基于这样一个事实：一般三阶多项式 $q_k(t)$ 可以表示为在其端点处计算的二阶导数的函数，即加速度 $\ddot{q}(t_k)=\omega_k$ 的函数，$k=0,\cdots,n$，而不是速度 v_k 的函数：

$$q_k(t) = \frac{(t_{k+1}-t)^3}{6T_k}\omega_k + \frac{(t-t_k)^3}{6T_k}\omega_{k+1} + \left(\frac{q_{k+1}}{T_k} - \frac{T_k\omega_{k+1}}{6}\right)(t-t_k) + \left(\frac{q_k}{T_k} - \frac{T_k\omega_k}{6}\right)(t_{k+1}-t) \qquad t \in [t_k,\ t_{k+1}] \tag{4.14}$$

速度和加速度的计算如下：

$$\dot{q}_k(t) = \frac{(t-t_k)^2}{2T_k}\omega_{k+1} + \frac{(t_{k+1}-t)^2}{2T_k}\omega_k + \frac{q_{k+1}-q_k}{T_k} - \frac{T_k(\omega_{k+1}-\omega_k)}{6} \tag{4.15}$$

$$\ddot{q}_k(t) = \frac{\omega_{k+1}(t-t_k) + \omega_k(t_{k+1}-t)}{T_k} \tag{4.16}$$

在这种情况下，有必要求加速度 ω_k，它是定义样条曲线的唯一条件。根据中间点速度和加速度的连续性，可以得到：

$$\dot{q}_{k-1}(t_k) = \dot{q}_k(t_k) \tag{4.17}$$

$$\ddot{q}_{k-1}(t_k) = \ddot{q}_k(t_k) = \omega_k \tag{4.18}$$

在式（4.17）中代入式（4.15），用式（4.18）得到：

$$\frac{T_{k-1}}{T_k}\omega_{k-1} + \frac{2(T_k+T_{k-1})}{T_k}\omega_k + \omega_{k+1} = \frac{6}{T_k}\left(\frac{q_{k+1}-q_k}{T_k} - \frac{q_k-q_{k-1}}{T_{k-1}}\right) \tag{4.19}$$

对于 $k=1,\cdots,n-1$。从初始速度和终止速度的条件：

$$\dot{s}(t_0) = \mathrm{v}_0 \qquad \dot{s}(t_n) = \mathrm{v}_n$$

由此可以推导出：

$$\frac{T_0^2}{3}\omega_0 + \frac{T_0^2}{6}\omega_1 = q_1 - q_0 - T_0\mathrm{v}_0 \tag{4.20}$$

$$\frac{T_{n-1}^2}{3}\omega_n + \frac{T_{n-1}^2}{6}\omega_{n-1} = q_{n-1} - q_n + T_{n-1}\mathrm{v}_n \tag{4.21}$$

通过联合式（4.19）~式（4.21），我们可得到线性方程组：

$$\boldsymbol{A\omega} = \boldsymbol{c} \tag{4.22}$$

---

① 注意，$\mathrm{v}_0=-2.2823$ 是初始速度（$\mathrm{v}_0=\mathrm{v}_6$），而在起点和终点处的加速度为 $\omega_0=\omega_6=2a_{02}=1.72$。

其中，$\boldsymbol{A}$ 为$(n+1)\times(n+1)$阶三对角对称矩阵：

$$\boldsymbol{A}=\begin{bmatrix} 2T_0 & T_0 & 0 & \cdots & & 0 \\ T_0 & 2(T_0+T_1) & T_1 & & & \vdots \\ 0 & & \ddots & & & 0 \\ \vdots & & & T_{n-2} & 2(T_{n-2}+T_{n-1}) & T_{n-1} \\ 0 & & \cdots & 0 & T_{n-1} & 2T_{n-1} \end{bmatrix} \tag{4.23}$$

以及已知变量的向量：

$$\boldsymbol{c}=\begin{bmatrix} 6\left(\dfrac{q_1-q_0}{T_0}-\mathrm{v}_0\right) \\ 6\left(\dfrac{q_2-q_1}{T_1}-\dfrac{q_1-q_0}{T_0}\right) \\ \vdots \\ 6\left(\dfrac{q_n-q_{n-1}}{T_{n-1}}-\dfrac{q_{n-1}-q_{n-2}}{T_{n-2}}\right) \\ 6\left(\mathrm{v}_n-\dfrac{q_n-q_{n-1}}{T_{n-1}}\right) \end{bmatrix} \tag{4.24}$$

这个方程组的求解很简单，通过应用上一节中的注释并利用附录 A. 5 中描述的算法，以及通过代入式（4. 14）中参数ω_k的值，即可得到最终的样条曲线。

显然，也可以根据初始定义来描述三次样条曲线，即

$$s(t)=\{q_k(t),\ t\in[t_k,\ t_{k+1}],\ k=0,\cdots,n-1\}$$

$$q_k(t)=a_{k0}+a_{k1}(t-t_k)+a_{k2}(t-t_k)^2+a_{k3}(t-t_k)^3$$

利用位置 q_k 和加速度 ω_k 求得多项式系数：

$$\begin{cases} a_{k0}=q_k \\ a_{k1}=\dfrac{q_{k+1}-q_k}{T_k}-\dfrac{T_k}{6}(\omega_{k+1}+2\omega_k) \\ a_{k2}=\dfrac{\omega_k}{2} \\ a_{k3}=\dfrac{\omega_{k+1}-\omega_k}{6T_k} \end{cases} \qquad k=0,\cdots,n-1 \tag{4.25}$$

4. 4. 4　指定初始、终止速度和加速度的三次样条曲线

样条曲线是一个连续到二阶导数的函数，但一般来说，其不可能同时指定初始速度、终止速度和加速度。因此，在其端点处，样条曲线的速度或加速度是不连续的。针对这些不连续问题，可以采用不同的方法来解决：

（1）在轨迹的第一段和最后一段中应用 5 阶多项式函数，其缺点是在这些段中有更大的超调量，并且会稍微增加计算负担。

（2）在第一段和最后一段中添加两个自由额外的点①，通过施加期望的速度和加速度的初始值和终止值来计算它们的值。

现在详细说明后一种方法。

让我们考虑要插值的 $n-1$ 个点的向量：

$$\boldsymbol{q}=[q_0,\ q_2,\ q_3,\ \cdots,\ q_{n-3},\ q_{n-2},\ q_n]^T$$

---

① 从某种意义上说，这些点不能被事先确定。

在时刻：

$$\boldsymbol{t}=[t_0,\ t_2,\ t_3,\ \cdots,\ t_{n-3},\ t_{n-2},\ t_n]^T$$

以及速度 v_0、v_n 和加速度 a_0、a_n 的边界条件。为了施加期望的加速度，增加了两个额外的点$\bar{q}_1$ 和$\bar{q}_{n-1}$。时刻$\bar{t}_1$ 和$\bar{t}_{n-1}$分别位于 t_0 和 t_2 之间与 t_{n-2}和 t_n 之间。接下来的问题是确定初始与终止速度分别为 v_0 与 v_n 并在时刻：

$$\bar{\boldsymbol{t}}=[t_0,\ \bar{t}_1,\ t_2,\ t_3,\ \cdots,\ t_{n-3},\ t_{n-2},\ \bar{t}_{n-1},\ t_n]^T$$

通过点：

$$\bar{\boldsymbol{q}}=[q_0,\ \bar{q}_1,\ q_2,\ q_3,\ \cdots,\ q_{n-3},\ q_{n-2},\ \bar{q}_{n-1},\ q_n]^T$$

的样条曲线。

这个问题可以通过式（4.22）来求解，但由于$\bar{q}_1$ 和$\bar{q}_{n-1}$未知，因此需要用已知变量来表示这些点，即初始/终止位置、速度、加速度(q_0/q_n, v_0/v_n, a_0/a_n)和这些点的加速度(ω_1, ω_{n-1})。这样，就可以考虑对初始加速度和最终加速度的约束。将

$$q_1=q_0+T_0 v_0+\frac{T_0^2}{3}a_0+\frac{T_0^2}{6}\omega_1 \tag{4.26}$$

$$q_{n-1}=q_n-T_{n-1}v_n+\frac{T_{n-1}^2}{3}a_n+\frac{T_{n-1}^2}{6}\omega_{n-1} \tag{4.27}$$

代入式（4.23）和式（4.24）中，通过重新排列 $n-1$ 方程，则可以得到一个新的线性方程组：

$$\boldsymbol{A}\,\boldsymbol{\omega}=\boldsymbol{c} \tag{4.28}$$

其中：

$$\boldsymbol{A}=\begin{bmatrix} 2T_1+T_0\left(3+\frac{T_0}{T_1}\right) & T_1 & 0 & \cdots & & 0 \\ T_1-\frac{T_0^2}{T_1} & 2(T_1+T_2) & T_2 & & & \vdots \\ 0 & T_2 & 2(T_2+T_3) & T_3 & & \\ \vdots & & & \vdots & & 0 \\ & & & T_{n-3} & 2(T_{n-3}+T_{n-2}) & T_{n-2}-\frac{T_{n-1}^2}{T_{n-2}} \\ 0 & \cdots & & 0 & T_{n-2} & 2T_{n-2}+T_{n-1}\left(3+\frac{T_{n-1}}{T_{n-2}}\right) \end{bmatrix}$$

$$\boldsymbol{c}=\begin{bmatrix} 6\left(\frac{q_2-q_0}{T_1}-v_0\left(1+\frac{T_0}{T_1}\right)-a_0\left(\frac{1}{2}+\frac{T_0}{3T_1}\right)T_0\right) \\ 6\left(\frac{q_3-q_2}{T_2}-\frac{q_2-q_0}{T_1}+v_0\frac{T_0}{T_1}+a_0\frac{T_0^2}{3T_1}\right) \\ 6\left(\frac{q_4-q_3}{T_3}-\frac{q_3-q_2}{T_2}\right) \\ \vdots \\ 6\left(\frac{q_{n-2}-q_{n-3}}{T_{n-3}}-\frac{q_{n-3}-q_{n-4}}{T_{n-4}}\right) \\ 6\left(\frac{q_n-q_{n-2}}{T_{n-2}}-\frac{q_{n-2}-q_{n-3}}{T_{n-3}}-v_n\frac{T_{n-1}}{T_{n-2}}+a_n\frac{T_{n-1}^2}{3T_{n-2}}\right) \\ 6\left(\frac{q_{n-2}-q_n}{T_{n-2}}+v_n\left(1+\frac{T_{n-1}}{T_{n-2}}\right)-a_n\left(\frac{1}{2}+\frac{T_{n-1}}{3T_{n-2}}\right)T_{n-1}\right) \end{bmatrix}$$

注意：T_0、T_1 和 T_{n-2}、T_{n-1} 分别是$\bar{t}_1$ 和$\bar{t}_{n-1}$的函数，并且$\bar{t}_1$ 与$\bar{t}_{n-1}$可以在区间(t_0, t_2)和(t_{n-2}, t_n)中任意选择。例如：

$\bar{t}_1=\dfrac{t_0+t_2}{2}$，以及$\bar{t}_{n-1}=\dfrac{t_{n-2}+t_n}{2}$ 。

通过求解式（4.28），可以确定中间点的加速度：

$$\boldsymbol{\omega}=[\omega_1,\ \omega_2,\ \omega_3,\ \ldots\ \omega_{n-2},\ \omega_{n-1}]^T$$

结合边界值 a_0 和 a_n，即可根据式（4.14）计算出整体样条曲线。

例 4.9　图 4.9 展示出了根据上述算法计算的样条曲线。特别地，该曲线的时刻-位置条件为

$$\begin{array}{lllllll} t_0=0, & t_2=5, & t_3=7, & t_4=8, & t_5=10, & t_6=15, & t_8=18 \\ q_0=3, & q_2=-2, & q_3=-5, & q_4=0, & q_5=6, & q_6=12, & q_8=8 \end{array}$$

初始与终止时刻的速度与加速度条件为 $v_0=2$、$v_8=-3$、$a_0=0$、$a_8=0$。为了添加加速度条件，在 $t_1=2.5$ 和 $t_7=16.5$ 处增加了两个额外的点（注意，这个选择是完全任意的）。因此，时间间隔长度的向量形式为

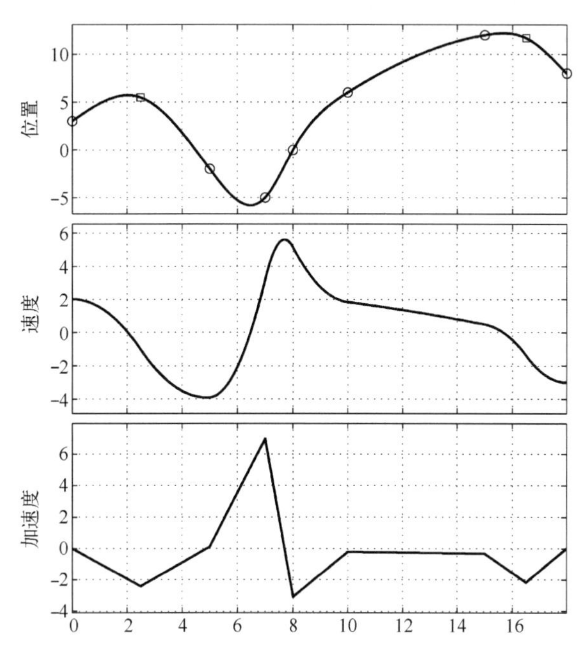

图 4.9　具有初始及终止速度和加速度约束的样条曲线

$$\boldsymbol{T}=\begin{bmatrix}2.5, & 2.5, & 2, & 1, & 2, & 5, & 1.5, & 1.5\end{bmatrix}^T$$

得到的矩阵 $\boldsymbol{A}$ 为

$$\boldsymbol{A}=\begin{bmatrix} 3 & 0.5 & 0 & 0 & 0 & 0 \\ 0 & 5 & 2 & 0 & 0 & 0 \\ 0 & 2 & 18 & 7 & 0 & 0 \\ 0 & 0 & 7 & 18 & 2 & 0 \\ 0 & 0 & 0 & 2 & 8 & 0 \\ 0 & 0 & 0 & 0 & 2 & 12 \end{bmatrix}$$

以及已知的变量

$$\boldsymbol{c}=\begin{bmatrix}-12, & 12, & -14.57, & 8.57, & 0, & -24\end{bmatrix}^T$$

根据式（4.28）的解可以得到中间点处的加速度为

$$\boldsymbol{\omega}=\begin{bmatrix}-4.50, & 3.03, & -1.58, & 1.12, & -0.28, & -1.95\end{bmatrix}^T$$

因此，用式（4.26）和式（4.27）计算的两个额外点为

$$q_1 = 5.48 \qquad q_7 = 11.68$$

样条曲线的最终表达式为

$$s(t) = \begin{cases} s_0(t) & 0 \leqslant t < 2.5 \\ s_1(t) & 2.5 \leqslant t < 5 \\ s_2(t) & 5 \leqslant t < 7 \\ s_3(t) & 7 \leqslant t < 8 \\ s_4(t) & 8 \leqslant t < 10 \\ s_5(t) & 10 \leqslant t < 15 \\ s_6(t) & 15 \leqslant t < 16.5 \\ s_7(t) & 16.5 \leqslant t < 18 \end{cases}$$

其中，

$$\begin{aligned}
s_0(t) &= -0.16\, t^3 + 3.2\, t + 1.2\, (2.5-t) \\
s_1(t) &= -0.16\, (5-t)^3 + 0.007\, (t-2.5)^3 - 0.84\, (t-2.5) + 3.2\, (5-t) \\
s_2(t) &= 0.009\, (7-t)^3 + 0.58\, (t-5)^3 - 4.82\, (t-5) - 1.03\, (7-t) \\
s_3(t) &= 1.16\, (8-t)^3 - 0.51\, (t-7)^3 + 0.51\, (t-7) - 6.16\, (8-t) \\
s_4(t) &= -0.25\, (10-t)^3 - 0.018\, (t-8)^3 + 3.07\, (t-8) + 1.03\, (10-t) \\
s_5(t) &= -0.007\, (15-t)^3 - 0.01\, (t-10)^3 + 2.66\, (t-10) + 1.38\, (15-t) \\
s_6(t) &= -0.03\, (16.5-t)^3 - 0.24\, (t-15)^3 + 8.33\, (t-15) + 8.07\, (16.5-t) \\
s_7(t) &= -0.24\, (18-t)^3 + 5.33\, (t-16.5) + 8.33\, (18-t)
\end{aligned}$$

4.4.5 平滑三次样条曲线

定义平滑三次样条函数是为了拟合而不是插值一组给定的数据点[32~36]。特别地，采用这种曲线是为了在两个合适的目标之间找到一个折中点：

- 拟合给定途经点。
- 曲线尽可能平滑，即曲率/加速度尽可能小。

给定点向量：

$$\boldsymbol{q} = [q_0,\ q_1,\ q_2,\ \cdots,\ q_{n-2},\ q_{n-1},\ q_n]^T$$

在时刻：

$$\boldsymbol{t} = [t_0,\ t_1,\ t_2,\ \cdots,\ t_{n-2},\ t_{n-1},\ t_n]^T$$

以最小化下列函数为目标，计算平滑三次样条函数 $s(t)$ 的系数：

$$L := \mu \sum_{k=0}^{n} w_k \big(s(t_k) - q_k\big)^2 + (1-\mu) \int_{t_0}^{t_n} \ddot{s}(t)^2 dt \tag{4.29}$$

其中，参数 $\mu \in [0,1]$ 反映了对两个相互冲突的目标的不同重要性，而 w_k 是可以任意选择的参数，以修改全局优化问题上第 k 个平方误差的权重。请注意，不同系数 w_k 的选择允许在样条曲线上局部运算，只在某些感兴趣的点上减少拟合误差。式（4.29）的第二项积分可以写成

$$\int_{t_0}^{t_n} \ddot{s}(t)^2 dt = \sum_{k=0}^{n-1} \int_{t_k}^{t_{k+1}} \ddot{q}_k(t)^2 dt \tag{4.30}$$

由于样条曲线由三段组成，因此每个区间 $[t_k, t_{k+1}]$ 的二阶导数是从初始加速度 w_k 到最终加速度 w_{k+1} 的线性函数。因此：

$$\begin{aligned}
\int_{t_k}^{t_{k+1}} \ddot{q}_k(t)^2 dt &= \int_{t_k}^{t_{k+1}} \left(\omega_k + \frac{(t-t_k)}{T_k}(\omega_{k+1} - \omega_k)\right)^2 dt \\
&= \int_0^{T_k} \left(\omega_k + \frac{\tau}{T_k}(\omega_{k+1} - \omega_k)\right)^2 d\tau = \frac{1}{3} T_k \big(\omega_k^2 + \omega_k \omega_{k+1} + \omega_{k+1}^2\big)
\end{aligned} \tag{4.31}$$

其中，假设$\tau=t-t_k$。

那么，式（4.29）可以写成：

$$L=\sum_{k=0}^{n} w_k\left(q_k-s(t_k)\right)^2+\lambda\sum_{k=0}^{n-1}2T_k\left(\omega_k^2+\omega_k\omega_{k+1}+\omega_{k+1}^2\right) \tag{4.32}$$

式中，$\lambda=\dfrac{1-\mu}{6\mu}$，其中$\mu\neq0$，或使用更简洁的表示法，如：

$$L=(\boldsymbol{q}-\boldsymbol{s})^T\boldsymbol{W}(\boldsymbol{q}-\boldsymbol{s})+\lambda\boldsymbol{\omega}^T\boldsymbol{A}\boldsymbol{\omega} \tag{4.33}$$

其中，$\boldsymbol{s}$是拟合值的向量$[s(t_k)]$；$\boldsymbol{\omega}=[\omega_0,\cdots,\omega_n]^T$是加速度向量；$\boldsymbol{W}=\mathrm{diag}\{\omega_0,\cdots,\omega_n\}$；$\boldsymbol{A}$是式（4.23）中定义的常数矩阵。

式（4.22）提供了中间点$q(t_k)$的位置与加速度ω_k之间的关系。当采用平滑样条曲线时，中间点不是给定的途经点（仅用于拟合），而是样条曲线本身在时刻t_k处的值，即$s(t_k)$。对于固定边界样条，即初始和终止速度为零($v_0=v_n=0$)，则式（4.22）可以重写为

$$\boldsymbol{A}\ \boldsymbol{\omega}=\boldsymbol{C}\ \boldsymbol{s} \tag{4.34}$$

其中，

$$\boldsymbol{C}=\begin{bmatrix} -\frac{6}{T_0} & \frac{6}{T_0} & 0 & \cdots & & & 0 \\ \frac{6}{T_0} & -(\frac{6}{T_0}+\frac{6}{T_1}) & \frac{6}{T_1} & & & & \vdots \\ 0 & \frac{6}{T_1} & -(\frac{6}{T_1}+\frac{6}{T_2}) & \frac{6}{T_2} & & & \\ \vdots & & & \ddots & & & 0 \\ & & & & \frac{6}{T_{n-2}} & -(\frac{6}{T_{n-2}}+\frac{6}{T_{n-1}}) & \frac{6}{T_{n-1}} \\ 0 & \cdots & & & 0 & \frac{6}{T_{n-1}} & -\frac{6}{T_{n-1}} \end{bmatrix}$$

将式（4.34）代入式（4.33）中，就可以得到仅取决于$\boldsymbol{s}$的$\boldsymbol{L}$表达式：

$$L(\boldsymbol{s})=(\boldsymbol{q}-\boldsymbol{s})^T\boldsymbol{W}(\boldsymbol{q}-\boldsymbol{s})+\lambda\boldsymbol{s}^T\boldsymbol{C}^T\boldsymbol{A}^{-1}\boldsymbol{C}\boldsymbol{s}$$

最佳逼近值$\boldsymbol{s}$使函数$L(\boldsymbol{s})$最小化。因此，通过求$L(\boldsymbol{s})$相对于$\boldsymbol{s}$的微分并将结果设置为零，可以得到：

$$-(\boldsymbol{q}-\boldsymbol{s})^T\boldsymbol{W}+\lambda\boldsymbol{s}^T\boldsymbol{C}^T\boldsymbol{A}^{-1}\boldsymbol{C}=0$$

即

$$\boldsymbol{s}=(\boldsymbol{W}+\lambda\boldsymbol{C}^T\boldsymbol{A}^{-1}\boldsymbol{C})^{-1}\boldsymbol{W}\boldsymbol{q}$$

利用矩阵的逆，这种关系可以改写为

$$\boldsymbol{s}=\boldsymbol{q}-\lambda\boldsymbol{W}^{-1}\boldsymbol{C}^T(\boldsymbol{A}+\lambda\boldsymbol{C}\boldsymbol{W}^{-1}\boldsymbol{C}^T)^{-1}\boldsymbol{C}\boldsymbol{q}$$

这样，当$\boldsymbol{W}$对角时，求解此问题时只需要一次矩阵求逆计算。特别是，有必要求解以下线性方程组：

$$(\boldsymbol{A}+\lambda\boldsymbol{C}\boldsymbol{W}^{-1}\boldsymbol{C}^T)\boldsymbol{\omega}=\boldsymbol{C}\boldsymbol{q} \tag{4.35}$$

得到参数①$\boldsymbol{\omega}$。接着，就可以计算出：

$$\boldsymbol{s}=\boldsymbol{q}-\lambda\boldsymbol{W}^{-1}\boldsymbol{C}^T\boldsymbol{\omega} \tag{4.36}$$

式（4.35）中的矩阵$(\boldsymbol{A}+\lambda\boldsymbol{C}\boldsymbol{W}^{-1}\boldsymbol{C}^T)$具有5个对角且对称，因此可以采用高效的计算程序

① 可以很容易地看出，这些参数是中间点的加速度，它们出现在式（4.31）~式（4.34）中。

求解该方程组。此外，在式（4.35）和式（4.36）中，可以直接指定 $\boldsymbol{W}^{-1}=\mathrm{diag}\left\{\frac{1}{\omega_0},\cdots,\frac{1}{\omega_{n-1}}\right\}$（不计算 $\boldsymbol{W}$ 的逆），特别是当希望第 k 个位置的误差 $q_k-s(t_k)$ 为零时。在这种情况下，与该点对应的 $\boldsymbol{W}^{-1}$ 元素为空就足够了。

一旦计算出［从式（4.35）中获得］中间点的加速度，就可以从式（4.14）中定义样条曲线轨迹。

例 4.10　图 4.10 显示了 μ 为不同值时的平滑样条曲线（尤其是实线的 $\mu=1$，点画线的 $\mu=0.6$，虚线的 $\mu=0.6$）。拟合下列点的曲线：

$$
\begin{aligned}
&t_0=0, \quad t_1=5, \quad t_2=7, \quad t_3=8, \quad t_4=10, \quad t_5=15, \quad t_6=18 \\
&q_0=3, \quad q_1=-2, \quad q_2=-5, \quad q_3=0, \quad q_4=6, \quad q_5=12, \quad q_6=8
\end{aligned}
$$

其权重为

$$
\boldsymbol{W}^{-1}=\mathrm{diag}\{0,\ 1,\ 1,\ 1,\ 1,\ 1,\ 0\}
$$

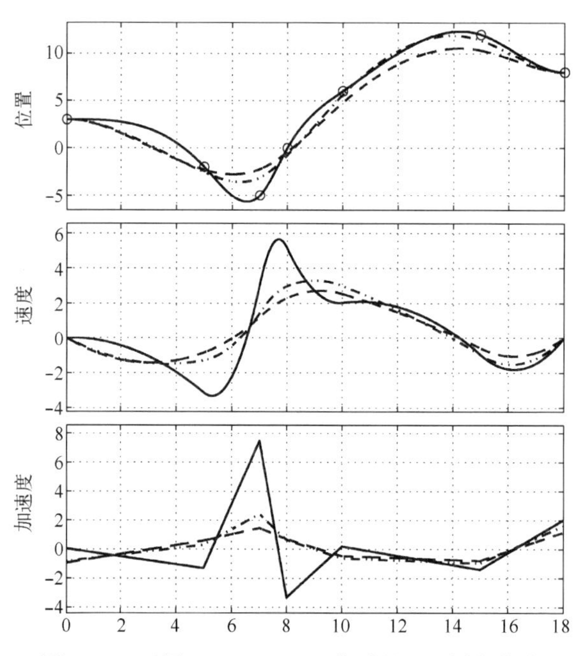

图 4.10　不同 $\mu(0.6, 0.3, 1)$ 值时的平滑样条曲线

因此，第一点和最后一点为精确插值，而中间点的拟合值取决于 μ：

- 对于 $\mu=0.3$，$\boldsymbol{s}=[3,-2.29,-2.22,-0.41,4.79,10.33,8]^T$。
- 对于 $\mu=0.6$，$\boldsymbol{s}=[3,-2.55,-3.11,-0.76,5.62,11.38,8]^T$。
- 对于 $\mu=1$，所有数据点均精确插值（$\boldsymbol{s}=\boldsymbol{q}$），但另一方面，加速度具有最大值。

从图 4.10 可以看出，对于加速度（/曲率）较高的点，其（$\mu\neq1$）拟合误差更大。因此，可以通过改变 $\boldsymbol{W}$ 中的权重来选择性地减小这些误差：

$$
\boldsymbol{W}^{-1}=\mathrm{diag}\{0,\ 1,\ 0.1,\ 1,\ 1,\ 1,\ 0\}
$$

当 $\mu=0.6$ 时，近似点为

$$
\boldsymbol{s}=[3,\ -3.14,\ -4.66,\ -1.73,\ 5.60,\ 11.42,\ 8]^T
$$

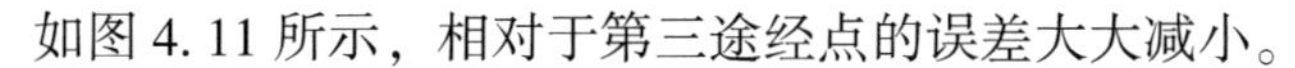
如图 4.11 所示，相对于第三途经点的误差大大减小。

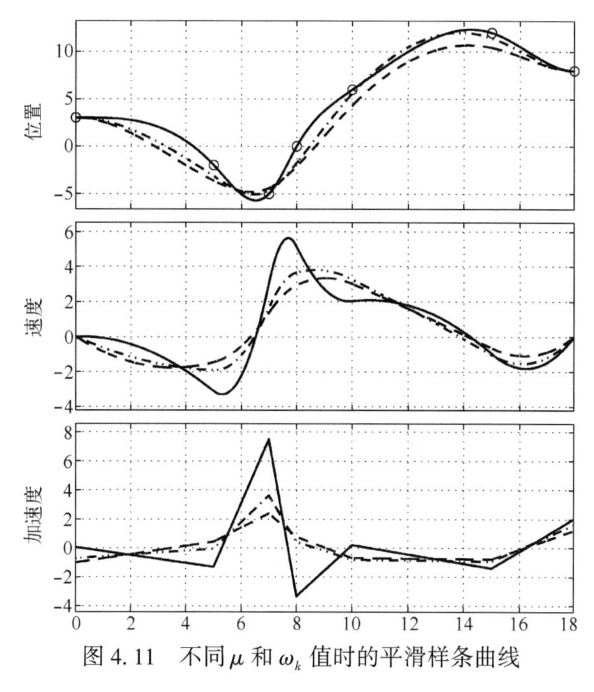

图 4.11　不同 μ 和 ω_k 值时的平滑样条曲线

值得注意的是，$\boldsymbol{s}$ 的元素是（平滑）样条在时间 t_k 时的位置，即 $s_k=s(t_k)$。因此，可以将它们视为新点，必须用上述方法之一进行精确插值。这样，以样条相对于初始速度和终止速度为零的光滑样条的小变形为代价，可以考虑速度和加速度的边界条件。

例 4.11　图 4.12 显示了根据 $\mu=0.9$ 计算得到的平滑样条曲线，其初始和终止速度为 $v_0=2$、$v_n=-3$，而初始和终止加速度已设置为零($a_0=0, a_n=0$)。曲线必须拟合于这些点：

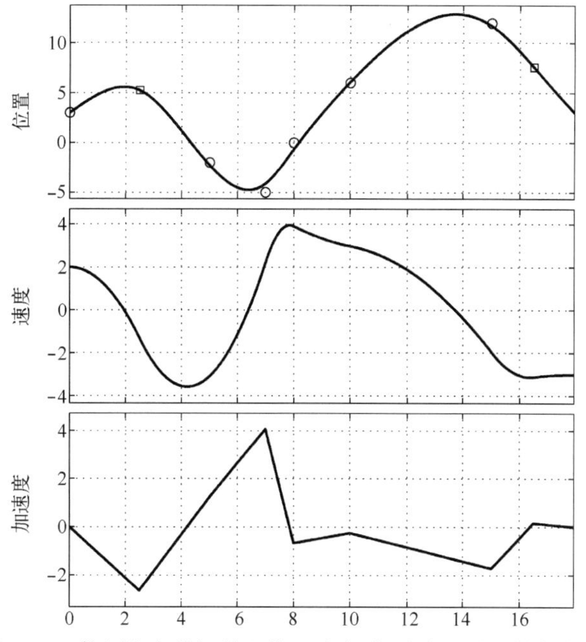

图 4.12　使用指定的初始和终止速度/加速度的平滑样条曲线

$$\begin{array}{lllllll} t_0=0, & t_1=5, & t_2=7, & t_3=8, & t_4=10, & t_5=15, & t_6=18 \\ q_0=3, & q_1=-2, & q_2=-5, & q_3=0, & q_4=6, & q_5=12, & q_6=3 \end{array}$$

权重为

$$\boldsymbol{W}^{-1}=\operatorname{diag}\{0,\ 1,\ 1,\ 1,\ 1,\ 1,\ 0\}$$

拟合点为

$$\boldsymbol{s}=[3,\ -2.28,\ -4.10,\ -0.65,\ 6.09,\ 11.71,\ 3]^T$$

根据以上条件采用4.4.4节中的算法可以计算出最终的曲线，其在中间点处的加速度为

$$\boldsymbol{\omega}=[0,\ -2.65,\ 1.23,\ 4.06,\ -0.66,\ -0.25,\ -1.71,\ 0.16,\ 0]^T$$

两个额外的点是 $q_1=5.23$（$t_1=2.5$）和 $q_{n-1}=7.56$（$t_{n-1}=16.5$）。

例 4.12 考虑采用与上一个例子相同的点 q_k 和权重 ω_k，寻找周期性约束（$v_0=v_n$、$a_0=a_n$）下的平滑样条曲线。在本例中，拟合点 s_k 是相同的，采用4.4.2节介绍的算法可以得到如图4.13所示的曲线。在这种情况下，构成样条曲线的 $n-1$ 个3次多项式的系数 $a_{ki}(k=0,\cdots,n,\ i=0,\cdots,3)$ 为

k	a_{k0}	a_{k1}	a_{k2}	a_{k3}
0	3	−2.39	0.67	−0.08
1	−2.28	−1.78	−0.55	0.49
2	−4.10	1.96	2.43	−0.94
3	−0.65	3.99	−0.40	0.04
4	6.09	2.94	−0.12	−0.04
5	11.71	−1.89	−0.84	0.16

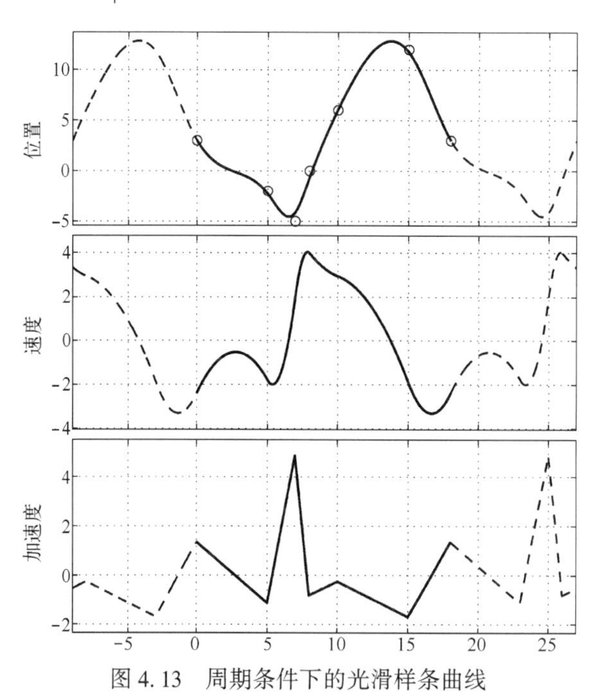

图4.13 周期条件下的光滑样条曲线

给定误差的平滑样条曲线的介绍如下。

通过递归地应用平滑样条的计算方法可以找到保证最大近似误差（$\epsilon_{max}=\max_k\{q(t_k)-q_k\}$）小于给定阈值（$\delta$）的系数 μ。特别地，在 $\mu\in[0,1]$ 上进行二分查找，可以减少迭代

次数。该算法需迭代直至$\epsilon_{max}<\delta$或达到最大迭代次数，其一次迭代可以分为 3 个步骤。

（1）假设$\mu(i)=\dfrac{L(i)+R(i)}{2}$，其中，$L(i)$和$R(i)$是两个辅助变量（其初始值分别为 0 和 1）。

（2）根据式（4.35）和式（4.36）计算$s_k(i)$和最大值$\epsilon_{max}(i)$。

（3）根据$\epsilon_{max}(i)$的值更新L和R：

$$\begin{aligned}&\text{if}\quad (\epsilon_{max}(i)>\delta)\\&\qquad L(i+1)=\mu\\&\qquad R(i+1)=R(i)\\&\text{else}\\&\qquad R(i+1)=\mu\\&\qquad L(i+1)=L(i)\\&\text{end}\end{aligned}$$

例 4.13

图 4.14 所示为最大拟合误差为 0.1（实线）和 1（虚线）的拟合下述途径点而得的两条平滑样条曲线：

$$\begin{array}{lllllll} t_0=0, & t_1=5, & t_2=7, & t_3=8, & t_4=10, & t_5=15, & t_6=18 \\ q_0=3, & q_1=-2, & q_2=-5, & q_3=0, & q_4=6, & q_5=12, & q_6=3 \end{array}$$

其所得系数μ分别为 0.9931 和 0.8792。在这种情况下，最大迭代次数被设置为 20，权重矩阵为

$$\boldsymbol{W}^{-1}=\text{diag}\left\{0,\ 1,\ 1,\ 1,\ 1,\ 1,\ 0\right\}$$

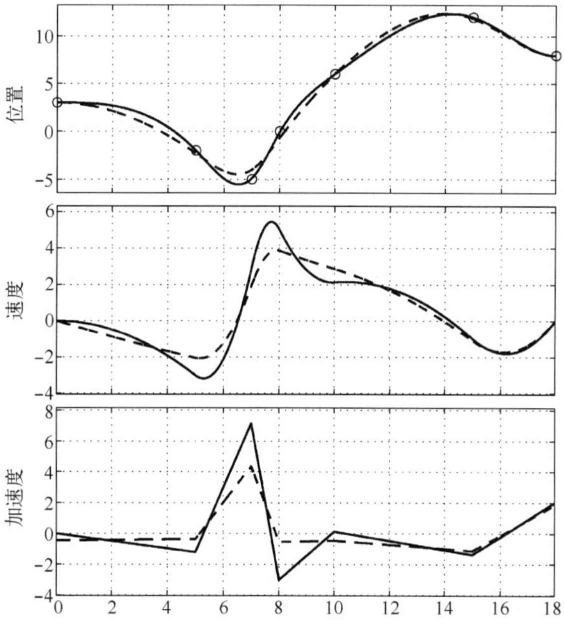

图 4.14　最大拟合误差为 0.1（实线）和 1（虚线）的拟合例 4.13 中所述的途径点而得的两条平滑样条曲线

本节中描述的过程仅对μ进行运算，而在前面的示例中已经强调了权重ω_k对拟合误差也起着重要作用。因此，需要强调的是，正确选择这些系数对于轨迹的计算至关重要，见参考文献［37］。另一方面，由于当待拟合的数据点数量特别多时，结算量极大，因此迭代求解所有权重ω_k以获得给定的最大拟合误差的算法是不切实际的。

4.4.6 时刻的选择和三次样条的优化

如果没有特定的应用，可以采用多种方式选择位置点 $q_k(k=0,\cdots,n)$ 对应的时刻 t_k，但若选择的方式不同，则得到的结果也将不同。特别地，可以根据参考文献［38］介绍的最常用技术，并参考归一化的区间：

$$t_0=0,\qquad t_n=1$$

中间时刻点可以定义为

$$t_k=t_{k-1}+\frac{d_k}{d}\quad 且\quad d=\sum_{k=0}^{n-1}d_k \tag{4.37}$$

其中，d_k 可计算为

（1）$d_k=\dfrac{1}{n-1}$，即一个常数值，所生成的时刻点均匀分布。

（2）$d_k=|q_{k+1}-q_k|$，所生产的时刻点线长分布。

（3）$d_k=|q_{k+1}-q_k|^\mu$，通常假设 $\mu=\dfrac{1}{2}$，所生成的时刻点按照所谓的向心分布。

采用第一种方法所得到的轨迹速度最高，而最后一种方法在需要减小加速度时特别有用。

例 4.14 插值下列点：

$$\begin{array}{lllll} q_0=0, & q_1=2, & q_2=12, & q_3=5, & q_4=12\\ q_5=-10, & q_6=-11, & q_7=-4, & q_8=6, & q_9=9, \end{array}$$

且初始和终止速度与加速度为零的样条曲线如图 4.15 所示。图中分别采用上述 3 种方法选择中间时刻点，从图中可以看到均匀分布方法获得的轨迹速度最高，而采用线长分布则可以获得较高的加速度。因此，如果为了满足给定的速度和加速度约束（特别是假设 $\mathrm{v}_{max}=3$，$\mathrm{a}_{max}=2$），使用线长分布计算 t_k 的样条曲线会受最大加速度的限制，而其他两条曲线会达到最大速度，如图 4.16 所示。

插值点(t_k,q_k)，$k=0,\cdots,n$ 的样条曲线 $s(t)$的总持续时间为

$$T=\sum_{k=0}^{n-1}T_k=t_n-t_0$$

其中，$T_k=t_{k+1}-t_k$。因此，当存在速度、加速度等约束时，可以建立最小化总时间 T 的最优化问题[39~41]。从形式上看，此问题可以描述为

$$\begin{cases} \min\ \ T=\displaystyle\sum_{k=0}^{n-1}T_k \\ 例如\qquad \begin{array}{ll} |\dot{s}(t,T_k)|<\mathrm{v}_{max}, & t\in[0,\ T]\\ |\ddot{s}(t,T_k)|<\mathrm{a}_{max}, & t\in[0,\ T] \end{array} \end{cases} \tag{4.38}$$

这是一个具有线性目标函数的非线性优化问题，可以用经典运筹学方法求解。由于决定样条曲线的系数（以及由此产生的沿轨迹的速度和加速度的值）是作为间隔 T_k 的函数来计算的，因此可以通过迭代缩放样条段时间的方式来求解优化问题[34,42,43]。事实上，如果用 $T_k'=\lambda T_k$ 代替时间间隔 T_k，则速度、加速度和加加速度分别按 $1/\lambda$、$1/\lambda^2$、$1/\lambda^3$ 缩放。因此，通过选择：

$$\lambda=\max\{\lambda_{\mathrm{v}},\ \lambda_{\mathrm{a}},\ \lambda_{\mathrm{j}}\}$$

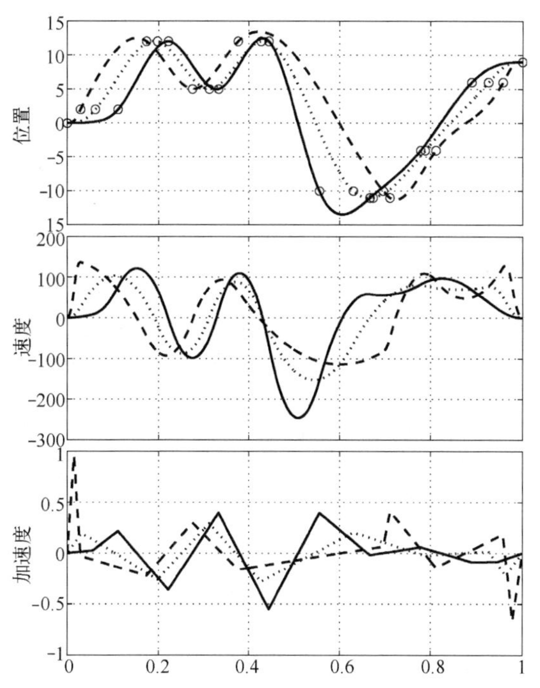

图 4.15　样条曲线插值一组数据点，具有不同的时刻分布：等距（实线）、线长（虚线）、向心（点线）

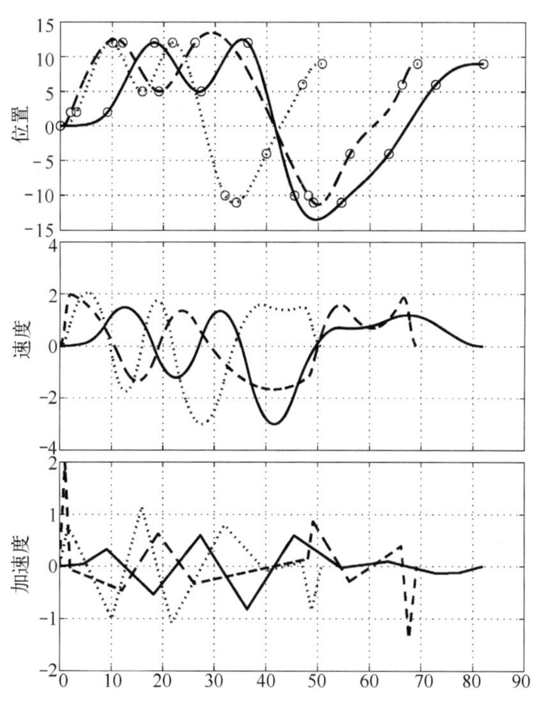

图 4.16　样条曲线插值一组数据点，具有不同的时刻分布，并适当缩放以符合速度和加速度的约束：等距（实线）、线长（虚线）、向心（虚线）

其中，

$$\lambda_{\mathrm{v}} = \max_k \{\lambda_{\mathrm{v},k}\}, \qquad \lambda_{\mathrm{v},k} = \max_{t\in[t_k,t_{k+1})} \left\{ \frac{|\dot{q}_k(t)|}{\mathrm{v}_{max}} \right\}$$

$$\lambda_{\mathtt{a}} = \max_k \{\lambda_{\mathtt{a},k}\}, \qquad \lambda_{\mathtt{a},k} = \max_{t\in[t_k,t_{k+1})}\left\{\sqrt{\frac{|\ddot{q}_k(t)|}{\mathtt{a}_{max}}}\right\}$$

$$\lambda_{\mathtt{j}} = \max_k \{\lambda_{\mathtt{j},k}\}, \qquad \lambda_{\mathtt{j},k} = \max_{t\in[t_k,t_{k+1})}\left\{\sqrt[3]{\frac{|q_k^{(3)}(t)|}{\mathtt{j}_{max}}}\right\}$$

可以对样条曲线进行优化，即样条曲线将至少在间隔$[t_0,t_n]$的一个点达到最大速度或最大加速度，或（如果给定）最大加加速度（见示例 4.14）。为了得到一个在最短的时间内执行由单独优化的分段组成的样条曲线，需要根据下式来调整每个间隔的时间：

$$T_k' = \lambda_k T_k \tag{4.39}$$

其中：

$$\lambda_k = \max\{\lambda_{\mathtt{v},k},\ \lambda_{\mathtt{a},k},\ \lambda_{\mathtt{j},k}\}$$

通过这种方式，各段样条曲线都可以达到最大速度、最大加速度或最大加加速度；然而，另一方面，由于此方法独立地缩放各样条曲线段，最终的速度、加速度和加加速度在两相邻段的衔接处是不连续的，因此有必要用新的 T_k'值重新计算样条曲线系数。这种方法可以迭代进行，直到 T_k 和 T_k'之间的差值足够小。因此，优化过程由两个迭代步骤组成：

- 给定样条曲线，用式（4.39）计算时间间隔 T_k'。
- 根据本节所述方法之一，使用新 T_k'重新计算样条曲线系数。

由于极限轨迹是通过局部修正获得的，因此我们并不期望它是式（4.38）所示问题的全局最优解。但是，通常情况下即使仅经过几次迭代，也能得到令人满意的解[42]。

此外，参考文献［17］中介绍了另一种基于启发式的获得时间最优样条曲线的方法。

例 4.15 本例的目标是在插值以下点并满足约束条件 $\mathtt{v}_{max}=3$、$\mathtt{a}_{max}=2$，且初始和最终速度为零的时间最优样条曲线：

$$q_0=0,\ q_1=2,\ q_2=12,\ q_3=5$$

本节所提出的方法需要求解非线性最优化问题：

$$\min\ \{T = T_0 + T_1 + T_2\}$$

约束为

$$\begin{cases}
a_{01} & \leqslant \mathtt{v}_{max}\ (\text{第1段的起始速度} \leqslant \mathtt{v}_{max}) \\
a_{11} & \leqslant \mathtt{v}_{max}\ (\text{第2段的起始速度} \leqslant \mathtt{v}_{max}) \\
a_{21} & \leqslant \mathtt{v}_{max}\ (\text{第3段的起始速度} \leqslant \mathtt{v}_{max}) \\
a_{01} + 2a_{02}T_1 + 3a_{03}T_1^2 & \leqslant \mathtt{v}_{max}\ (\text{第1段的终止速度} \leqslant \mathtt{v}_{max}) \\
a_{11} + 2a_{12}T_2 + 3a_{13}T_2^2 & \leqslant \mathtt{v}_{max}\ (\text{第2段的终止速度} \leqslant \mathtt{v}_{max}) \\
a_{21} + 2a_{22}T_3 + 3a_{23}T_3^2 & \leqslant \mathtt{v}_{max}\ (\text{第3段的终止速度} \leqslant \mathtt{v}_{max}) \\
a_{01} + 2a_{02}\left(-\dfrac{a_{02}}{3a_{03}}\right) + 3a_{03}\left(-\dfrac{a_{02}}{3a_{03}}\right)^2 & \leqslant \mathtt{v}_{max}\ (\text{第1段的速度} \leqslant \mathtt{v}_{max}) \\
a_{11} + 2a_{12}\left(-\dfrac{a_{12}}{3a_{13}}\right) + 3a_{13}\left(-\dfrac{a_{12}}{3a_{13}}\right)^2 & \leqslant \mathtt{v}_{max}\ (\text{第2段的速度} \leqslant \mathtt{v}_{max}) \\
a_{21} + 2a_{22}\left(-\dfrac{a_{22}}{3a_{23}}\right) + 3a_{23}\left(-\dfrac{a_{22}}{3a_{23}}\right)^2 & \leqslant \mathtt{v}_{max}\ (\text{第3段的速度} \leqslant \mathtt{v}_{max}) \\
2a_{02} & \leqslant \mathtt{a}_{max}\ (\text{第1段的起始加速度} \leqslant \mathtt{a}_{max}) \\
2a_{12} & \leqslant \mathtt{a}_{max}\ (\text{第2段的起始加速度} \leqslant \mathtt{a}_{max}) \\
2a_{22} & \leqslant \mathtt{a}_{max}\ (\text{第3段的起始加速度} \leqslant \mathtt{a}_{max}) \\
2a_{02} + 6a_{03}T_1 & \leqslant \mathtt{a}_{max}\ (\text{第1段的终止加速度} \leqslant \mathtt{a}_{max}) \\
2a_{12} + 6a_{13}T_2 & \leqslant \mathtt{a}_{max}\ (\text{第2段的终止加速度} \leqslant \mathtt{a}_{max}) \\
2a_{22} + 6a_{23}T_3 & \leqslant \mathtt{a}_{max}\ (\text{第3段的终止加速度} \leqslant \mathtt{a}_{max})
\end{cases}$$

注意，由于所有的系数 $a_{k,i}$ 都是关于时间间隔 T_k 的函数，因此所有的约束都依赖于 T_k。接着采用迭代的方式来求解这个优化问题①，经过 10 次迭代，可以得到：

$$T_0 = 1.5576, \qquad T_1 = 4.4874, \qquad T_2 = 4.5537 \qquad \Rightarrow \qquad T = 10.5987$$

100 次迭代后为

$$T_0 = 1.5551, \qquad T_1 = 4.4500, \qquad T_2 = 4.5767 \qquad \Rightarrow \qquad T = 10.5818$$

1000 次迭代后为

$$T_0 = 1.5551, \qquad T_1 = 4.4500, \qquad T_2 = 4.5767 \qquad \Rightarrow \qquad T = 10.5818$$

图 4. 17（a）展示了迭代过程中获得的样条曲线。注意，从图 4. 17（b）中可以看到，所得到的轨迹向“最优”轨迹的收敛速度非常快。

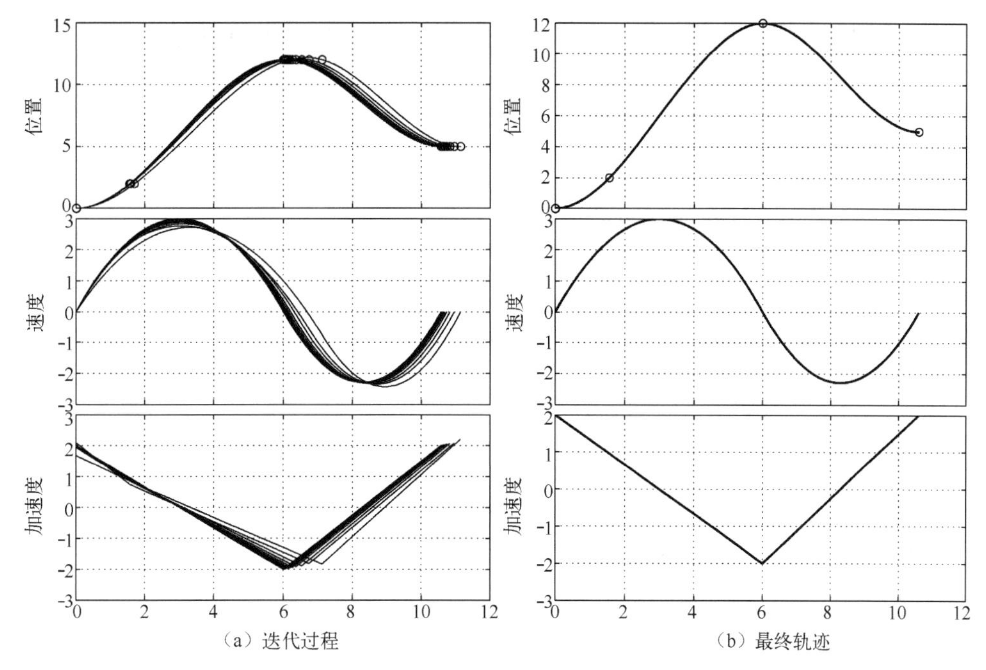

图 4. 17　通过点集的最优样条曲线

4. 5　高阶连续轨迹的 B 样条函数

在某些应用中，需要规划具有给定阶 $d>2$ 连续导数的轨迹（例如，具有连续加加速度、加加加速度，甚至更高阶导数）[44]。为此，我们不采用前几节中采用的标准分段多项式形式：

$$s(t) = \{q_k(t),\ t \in [t_k,\, t_{k+1}],\ k = 0, \cdots, n-1\}$$

$$q_k(t) = a_{k0} + a_{k1}(t - t_k) + \cdots + a_{ki}(t - t_k)^i + \cdots + a_{kp}(t - t_k)^p$$

而是采用以 B 形式（或 B 样条）表示的样条函数，即

① 样条的第一次计算是使用时刻 t_k 的线长分布进行的。

$$\boldsymbol{s}(u)=\sum_{j=0}^{m}\boldsymbol{p}_j B_j^p(u),\qquad u_{min}\leqslant u\leqslant u_{max} \tag{4.40}$$

其中，$\boldsymbol{p}_j$ 为控制点，而 $B_j^p(u)$ 是在节点向量 $\boldsymbol{u}=[u_0,\cdots,u_{n_{knot}}]$ 上定义的 p 次基函数。

由于B样条（详见附录B）的几何意义明确，所以它在多维参数曲线定义中应用广泛。因此在第8章介绍的三维空间路径规划问题中采用了这类曲线。另外，根据定义，B样条的一个重要特性是，它在重复度为 k 的节点处是 $p-k$ 次连续可微的，详见B.1节内容。因此，如果所有的内部节点都是不同的（$k=1$），为获得速度和加速度连续的轨迹只需要3次（$p=3$）B样条即可。如果需要加加速度连续，则必须 $p=4$ 次样条，而条件 $p=5$ 则可以保证加加加速度连续。因此，由于曲线中相邻线段之间的连续性是隐式保证的，因此B样条也同样适用于一维问题。在这种情况下，令自变量 $u=t$，式（4.40）又可以写为

$$s(t)=\sum_{j=0}^{m}p_j B_j^p(t),\qquad t_{min}\leqslant t\leqslant t_{max} \tag{4.41}$$

其中，p_j 是标量参数。

给定次数 p（根据B样条曲线期望的连续性选择），以及在时刻 t_k 处插值的点 $q_k(k=0,\cdots,n)$，轨迹规划问题的关键在于找到未知参数 $p_j(j=0,\cdots,m)$，以保证：

$$s(t_k)=q_k,\qquad k=0,\cdots,n$$

首先，有必要定义节点向量 $\boldsymbol{u}$。一种常用的选择为

$$\boldsymbol{u}=[\underbrace{t_0,\cdots,t_0}_{p+1},t_1,\cdots,t_{n-1},\underbrace{t_n,\cdots,t_n}_{p+1}] \tag{4.42}$$

所以节点总数为 $n_{knot}+1=n+2p+1$。因此，根据B样条函数与 n_{knot}、m，以及 p 之间的关系（$n_{knot}-p-1=m$）可知，未知控制点 p_j 的数量为 $m+1=(n+1)+p-1$。另一种节点向量的选择为

$$\boldsymbol{u}=[\underbrace{t_0,\cdots,t_0}_{p+1},(t_0+t_1)/2,\cdots,(t_{k-1}+t_k)/2,\cdots,(t_{n-1}+t_n)/2,\underbrace{t_n,\cdots,t_n}_{p+1}] \tag{4.43}$$

在这种情况下，节点总数为 $n_{knot}+1=n+2p+2$。因此，需要确定的控制点数量为 $m+1=(n+1)+p$。此时，与前一种情况相同，点 q_k 的插值时刻为 t_k。不同之处在于：组成B样条轨迹的线段在时间上相对于 t_k 发生位移，即 $t=(t_{k-1}+t_k)/2$。而选择式（4.42）或式（4.43）和样条曲线的次数密切相关。特别是，如示例4.16和4.17所强调的，次数 p 的奇偶性这一因素强烈地影响了采用B样条获得的轨迹轮廓。如果 p 是奇数，选择式（4.42）更好；如果 p 是偶数，用式（4.43）表示的节点向量更好[45]。

为了确定未知系数 $p_j(j=0,\cdots,m)$，可以利用在 t_k 时刻插值通过点 q_k 的条件得到 $n+1$ 个方程，从而建立一个线性方程组：

$$q_k=\left[B_0^p(t_k),\ B_1^p(t_k),\ \cdots,B_{m-1}^p(t_k),\ B_m^p(t_k)\right]\begin{bmatrix}p_0\\p_1\\\vdots\\p_{m-1}\\p_m\end{bmatrix}\qquad k=0,\cdots,n$$

这样就得到了 $m+1$ 个未知控制点 p_j 的 $n+1$ 个方程。然而，为了获得一组唯一解，必须施加更多的约束。具体地说，要得到一个有 $m+1$ 个方程和 $m+1$ 个未知变量的方形方程组，需要添加 $p-1$ 或 p 个额外的方程，这取决于 $\boldsymbol{u}$ 的选择。除途经点插值外，典型的条件还涉及

起点与终止点处的速度与加速度（以及曲线的高阶时间导数）：

$$\begin{aligned} s^{(1)}(t_0) &= \mathrm{v}_0, & s^{(1)}(t_n) &= \mathrm{v}_n \\ s^{(2)}(t_0) &= \mathrm{a}_0, & s^{(2)}(t_n) &= \mathrm{a}_n \\ &\vdots & &\vdots \end{aligned}$$

这些约束可以写成：

$$\mathrm{v}_k = \left[B_0^{p\,(1)}(t_k),\, B_1^{p\,(1)}(t_k), \cdots,\, B_{m-1}^{p\ \ (1)}(t_k),\, B_m^{p\ (1)}(t_k)\right]\begin{bmatrix} p_0 \\ p_1 \\ \vdots \\ p_{m-1} \\ p_m \end{bmatrix} \quad k = 0, n$$

$$\mathrm{a}_k = \left[B_0^{p\,(2)}(t_k),\, B_1^{p\,(2)}(t_k), \cdots,\, B_{m-1}^{p\ \ (2)}(t_k),\, B_m^{p\ (1)}(t_k)\right]\begin{bmatrix} p_0 \\ p_1 \\ \vdots \\ p_{m-1} \\ p_m \end{bmatrix} \quad k = 0, n$$

其中，$B_j^{p(i)}(t_k)$是在 t_k 时刻计算的基函数 $B_j^p(t)$的第 i 阶导数。$B_j^{p(i)}(t_k)$的计算见 B.1 节。

注意通用方程：

$$s^{(i)}(t_k) = \left[B_0^{p\,(i)}(t_k),\, B_1^{p\,(i)}(t_k), \cdots,\, B_{m-1}^{p\ \ (i)}(t_k),\, B_m^{p\ (i)}(t_k)\right]\begin{bmatrix} p_0 \\ p_1 \\ \vdots \\ p_{m-1} \\ p_m \end{bmatrix} \tag{4.44}$$

相当于：

$$s^{(i)}(t_k) = \sum_{j=0}^{m} p_j B_j^{p\,(i)}(t_k)$$

另一种方法是不对速度和加速度分配边界条件，而是在起点和终点处的曲线位置及其导数的连续性条件（所谓的周期或循环条件），即

$$s^{(i)}(t_0) = s^{(i)}(t_n)$$

或者表示为矩阵形式：

$$\left[B_0^{p(i)}(t_0) - B_0^{p(i)}(t_n),\ B_1^{p(i)}(t_0) - B_1^{p(i)}(t_n), \cdots,\ B_m^{p\ (i)}(t_0) - B_m^{p\ (i)}(t_n)\right]\begin{bmatrix} p_0 \\ p_1 \\ \vdots \\ p_{m-1} \\ p_m \end{bmatrix} = 0 \tag{4.45}$$

此外，还可以混合式（4.44）或式（4.45）中的条件以获得期望的轨迹。

通过设置$p=3$，可以得到标准三次样条，并根据所选择的两个附加条件，可以很容易地推导出前述章节中例子对应的轨迹。

如果$p=4$，加加速度曲线也是连续的。当根据式（4.43）设置节点向量时，有 4 个自由参数要确定，此时可以指定初始速度、终止速度和加速度的值。由此可以得到有$(n+1)+4$个方程，以及$(n+1)+4$个未知数（在$m=n+4$的情况下）的线性方程组：

$$\boldsymbol{A}\boldsymbol{p} = \boldsymbol{c} \tag{4.46}$$

其中，

$$\boldsymbol{p}=[p_0, p_1, \cdots, p_{m-1}, p_m]^T$$

以及（当 $p=4$ 时）

$$\boldsymbol{A}=\begin{bmatrix} B_0^p(t_0) & B_1^p(t_0) & \cdots & B_m^p(t_0) \\ B_0^{p(1)}(t_0) & B_1^{p(1)}(t_0) & \cdots & B_m^{p\,(1)}(t_0) \\ B_0^{p(2)}(t_0) & B_1^{p(2)}(t_0) & \cdots & B_m^{p\,(2)}(t_0) \\ B_0^p(t_1) & B_1^p(t_1) & \cdots & B_m^p(t_1) \\ \vdots & \vdots & & \vdots \\ B_0^p(t_{n-1}) & B_1^p(t_{n-1}) & \cdots & B_m^p(t_{n-1}) \\ B_0^{p(2)}(t_n) & B_1^{p(2)}(t_n) & \cdots & B_m^{p\,(2)}(t_n) \\ B_0^{p(1)}(t_n) & B_1^{p(1)}(t_n) & \cdots & B_m^{p\,(1)}(t_n) \\ B_0^p(t_n) & B_1^p(t_n) & \cdots & B_m^p(t_n) \end{bmatrix}, \qquad \boldsymbol{c}=\begin{bmatrix} q_0 \\ \mathrm{v}_0 \\ \mathrm{a}_0 \\ q_1 \\ \vdots \\ q_{n-1} \\ \mathrm{a}_n \\ \mathrm{v}_n \\ q_n \end{bmatrix} \tag{4.47}$$

在根据式（4.46）求得控制点 $p_j(j=0,\cdots,m)$ 后，即可根据附录 B 中报告的算法求得 B 样条在任意时刻 $t\in[t_0,t_n]$ 处的值。

例 4.16 图 4.18 展示了根据上述公式计算的 B 样条轨迹（$p=4$）。此轨迹插值通过以下点：

$$\begin{array}{lllllll} t_0=0, & t_1=5, & t_2=7, & t_3=8, & t_4=10, & t_5=15, & t_6=18 \\ q_0=3, & q_1=-2, & q_2=-5, & q_3=0, & q_4=6, & q_5=12, & q_6=8 \end{array}$$

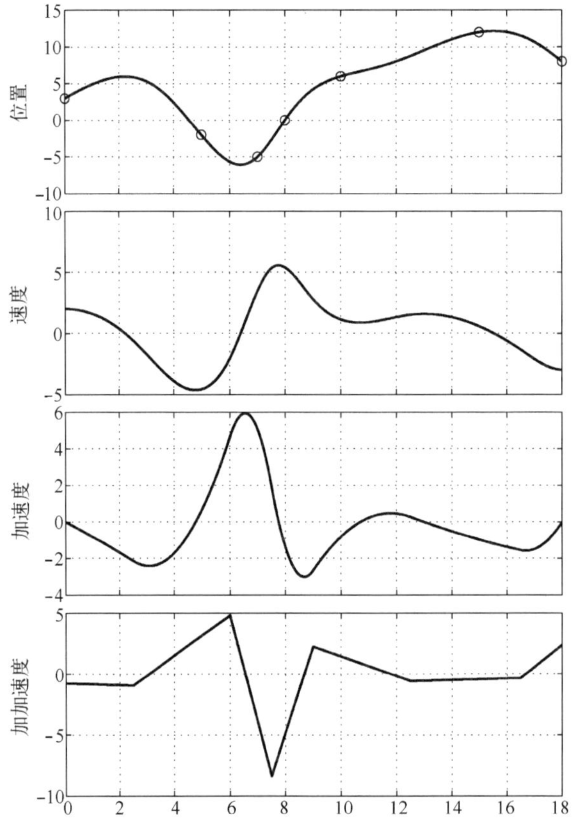

图 4.18 通过计算如式（4.43）中所述的节点向量得到的具有加加速度连续（$p=4$）的B样条轨迹及其导数的曲线

且边界条件为

$$\mathrm{v}_0 = 2, \qquad \mathrm{v}_6 = -3, \qquad \mathrm{a}_0 = 0, \qquad \mathrm{a}_6 = 0$$

其节点向量为

$$\boldsymbol{u} = \begin{bmatrix} 0, & 0, & 0, & 0, & 0, & 2.5, & 6, & 7.5, & 9, & 12.5, & 16.5, & 18, & 18, & 18, & 18, & 18 \end{bmatrix}$$

所得矩阵 $\boldsymbol{A}$ 为

$$\boldsymbol{A} = \begin{bmatrix} 1.00 & 0 & 0 & 0 & 0 & 0 & 0 & 0 & 0 & 0 & 0 \\ -1.60 & 1.60 & 0 & 0 & 0 & 0 & 0 & 0 & 0 & 0 & 0 \\ 1.92 & -2.72 & 0.80 & 0 & 0 & 0 & 0 & 0 & 0 & 0 & 0 \\ 0 & 0.00 & 0.08 & 0.43 & 0.44 & 0.03 & 0 & 0 & 0 & 0 & 0 \\ 0 & 0 & 0.00 & 0.05 & 0.58 & 0.34 & 0.00 & 0 & 0 & 0 & 0 \\ 0 & 0 & 0 & 0.00 & 0.34 & 0.59 & 0.05 & 0.00 & 0 & 0 & 0 \\ 0 & 0 & 0 & 0 & 0.03 & 0.50 & 0.40 & 0.05 & 0.00 & 0 & 0 \\ 0 & 0 & 0 & 0 & 0 & 0.00 & 0.08 & 0.39 & 0.45 & 0.05 & 0 \\ 0 & 0 & 0 & 0 & 0 & 0 & 0 & 0 & 1.45 & -6.78 & 5.33 \\ 0 & 0 & 0 & 0 & 0 & 0 & 0 & 0 & 0 & -2.66 & 2.66 \\ 0 & 0 & 0 & 0 & 0 & 0 & 0 & 0 & 0 & 0 & 1.00 \end{bmatrix}$$

已知的变量为

$$\boldsymbol{c} = \begin{bmatrix} 3, & 2, & 0, & -2, & -5, & 0, & 6, & 12, & 0, & -3, & 8 \end{bmatrix}^T$$

根据式（4.46）求得的轨迹控制点如图 4.18 所示，为

$$\boldsymbol{p} = \begin{bmatrix} 3, & 4.25, & 7.25, & 7.39, & -13.66, & 7.44, & 4.98, & 12.59, & 13.25, & 9.12, & 8 \end{bmatrix}$$

根据式（4.42）计算节点向量，并通过插值点 q_k 获得的轨迹如图 4.19 所示，它虽然总体上是令人满意的，但相比于上一示例振荡更明显，并且速度和加速度的峰值更大。注意，根据式（4.42）得到的节点向量为

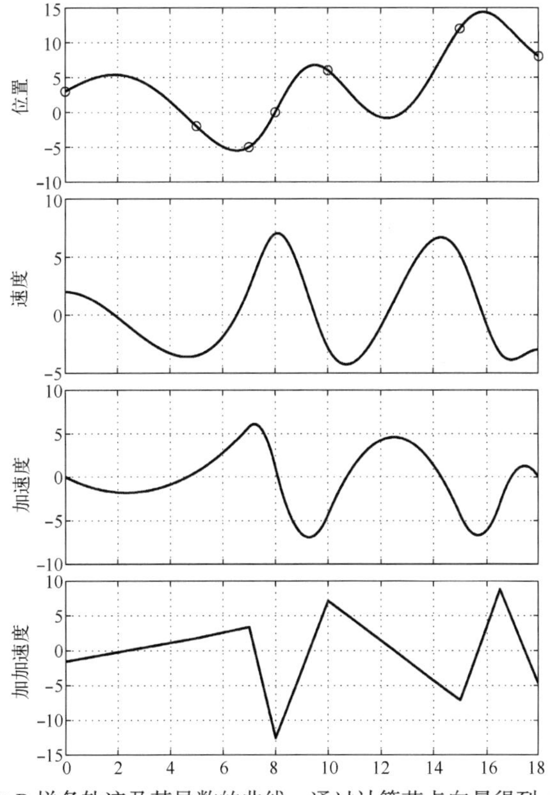

图 4.19　4 次 B 样条轨迹及其导数的曲线，通过计算节点向量得到［式（4.42）］

$$\boldsymbol{u}=\left[0,\ 0,\ 0,\ 0,\ 0,\ 5,\ 7,\ 8,\ 10,\ 15,\ 16.5,\ 18,\ 18,\ 18,\ 18,\ 18\right] \tag{4.48}$$

为了添加4个额外的约束，在标准节点向量中插入了16.5处的额外节点。事实上，选择式（4.42）计算节点向量会导致$p-1$个（在这种情况下为3个）自由参数必须通过施加边界条件来确定。在此示例中，由于自由参数的数量小于理想条件的数量，此时必须增加未知控制点p_j的数量，这可以通过增加节点数量来获得。例如，节点向量［式（4.48）］可通过假设：

$$\boldsymbol{u}=[\underbrace{t_0,\cdots,t_0}_{5},t_1,\cdots,t_{n-1},(t_n+t_{n-1})/2,\underbrace{t_n,\cdots,\ t_n}_{5}]$$

获得。但是，值得注意的是，在$\boldsymbol{u}$的任何位置都可以增加额外的节点，且唯一的限制是避免节点重合，因为这会降低轨迹的连续性。如图4.20所示的轨迹是由在15处的双重节点计算而得的，注意在$t=15$时的加加速度的非连续性。

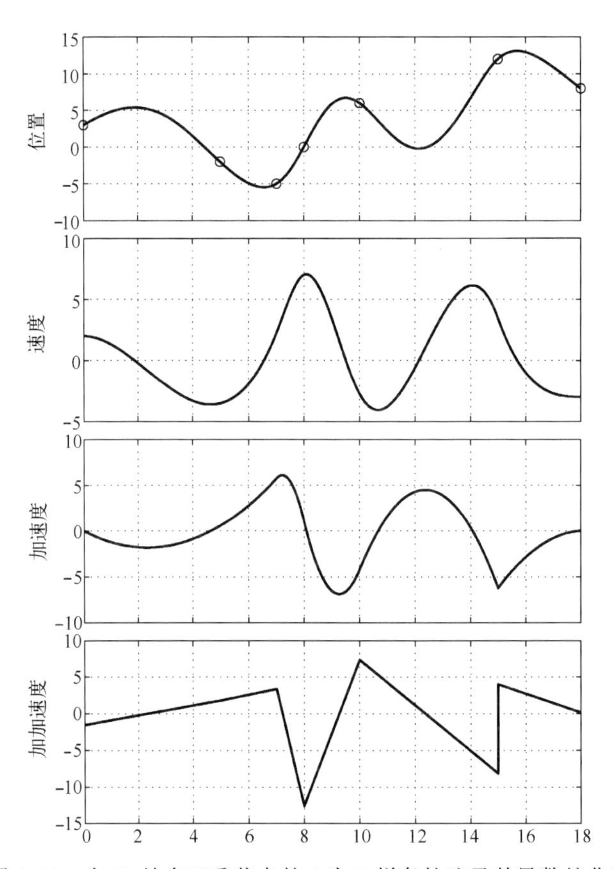

图4.20　在15处有双重节点的4次B样条轨迹及其导数的曲线

对于$p=4$，由于根据式（4.43）设置节点向量需要4个额外的约束条件，因此可以采用速度、加速度、加加速度的假设循环条件，也可以采用加加加速度假设循环条件（在轨迹内部将是不连续的）。此外，除前3个导数的周期条件外，也可以添加速度或加速度的边界条件。此时，式（4.46）为

$$
\boldsymbol{A}=\begin{bmatrix}
B_0^p(t_0) & B_1^p(t_0) & \cdots & B_m^p(t_0)\\
B_0^p(t_1) & B_1^p(t_1) & \cdots & B_m^p(t_1)\\
\vdots & \vdots & & \vdots\\
B_0^p(t_{n-1}) & B_1^p(t_{n-1}) & \cdots & B_m^p(t_{n-1})\\
B_0^p(t_n) & B_1^p(t_n) & \cdots & B_m^p(t_n)\\
B_0^{p(1)}(t_n)-B_0^{p(1)}(t_0) & B_1^{p(1)}(t_n)-B_1^{p(1)}(t_0) & \cdots & B_m^{p\,(1)}(t_n)-B_m^{p\,(1)}(t_0)\\
B_0^{p(2)}(t_n)-B_0^{p(2)}(t_0) & B_1^{p(2)}(t_n)-B_1^{p(2)}(t_0) & \cdots & B_m^{p\,(2)}(t_n)-B_m^{p\,(2)}(t_0)\\
B_0^{p(3)}(t_n)-B_0^{p(3)}(t_0) & B_1^{p(3)}(t_n)-B_1^{p(3)}(t_0) & \cdots & B_m^{p\,(3)}(t_n)-B_m^{p\,(3)}(t_0)\\
B_0^{p(4)}(t_n)-B_0^{p(3)}(t_0) & B_1^{p(4)}(t_n)-B_1^{p(3)}(t_0) & \cdots & B_m^{p\,(4)}(t_n)-B_m^{p\,(4)}(t_0)
\end{bmatrix}
$$

$$
\boldsymbol{c}=[q_0,\ q_1,\ \cdots,\ q_{n-1},\ q_n,\ 0,\ 0,\ 0,\ 0]^T
$$

例 4.17　插值下述点的 4 次 B 样条轨迹：

$$
\begin{array}{lllllll}
t_0=0, & t_1=5, & t_2=7, & t_3=8, & t_4=10, & t_5=15, & t_6=18\\
q_0=3, & q_1=-2, & q_2=-5, & q_3=0, & q_4=6, & q_5=12, & q_6=3
\end{array}
$$

其是通过添加如下周期条件来定义的：

$$
\begin{aligned}
s^{(1)}(t_0)&=s^{(1)}(t_6)\\
s^{(2)}(t_0)&=s^{(2)}(t_6)\\
s^{(3)}(t_0)&=s^{(3)}(t_6)\\
s^{(4)}(t_0)&=s^{(4)}(t_6)
\end{aligned}
$$

其节点向量为

$$
\boldsymbol{u}=[0,\ 0,\ 0,\ 0,\ 0,\ 2.5,\ 6,\ 7.5,\ 9,\ 12.5,\ 16.5,\ 18,\ 18,\ 18,\ 18,\ 18]
$$

得到的矩阵 $\boldsymbol{A}$ 和向量 $\boldsymbol{c}$ 为

$$
\boldsymbol{A}=\begin{bmatrix}
1 & 0 & 0 & 0 & 0 & 0 & 0 & 0 & 0 & 0 & 0\\
0 & 0.00 & 0.08 & 0.43 & 0.44 & 0.03 & 0 & 0 & 0 & 0 & 0\\
0 & 0 & 0.00 & 0.05 & 0.58 & 0.34 & 0.00 & 0 & 0 & 0 & 0\\
0 & 0 & 0 & 0.00 & 0.34 & 0.59 & 0.05 & 0.00 & 0 & 0 & 0\\
0 & 0 & 0 & 0 & 0.03 & 0.50 & 0.40 & 0.05 & 0.00 & 0 & 0\\
0 & 0 & 0 & 0 & 0 & 0.00 & 0.08 & 0.39 & 0.45 & 0.05 & 0\\
0 & 0 & 0 & 0 & 0 & 0 & 0 & 0 & 0 & 0 & 1\\
-1.60 & 1.60 & 0 & 0 & 0 & 0 & 0 & 0 & 0 & 2.66 & -2.66\\
1.92 & -2.72 & 0.80 & 0 & 0 & 0 & 0 & 0 & -1.45 & 6.78 & -5.33\\
-1.53 & 2.44 & -1.12 & 0.21 & 0 & 0 & 0 & 0.32 & -2.79 & 9.57 & -7.11\\
0.61 & -1.02 & 0.55 & -0.17 & 0.02 & 0 & -0.03 & 0.34 & -2.05 & 6.48 & -4.74
\end{bmatrix}
$$

$$
\boldsymbol{c}=[3,\ 2,\ -2,\ -5,\ 0,\ 6,\ 12,\ 3,\ 0,\ 0,\ 0,\ 0]^T
$$

用这些值获得的控制点是：

$$
\boldsymbol{p}=[3,\ 1.82,\ 1.30,\ 8.88,\ -13.96,\ 7.73,\ 3.66,\ 20.41,\ 7.53,\ 3.70,\ 3]^T
$$

B 样条轨迹及其导数的曲线如图 4.21 所示。

考虑与上例相同的途经点，采用式（4.42）计算节点向量，并添加速度、加速度和加速度周期条件，得到矩阵：

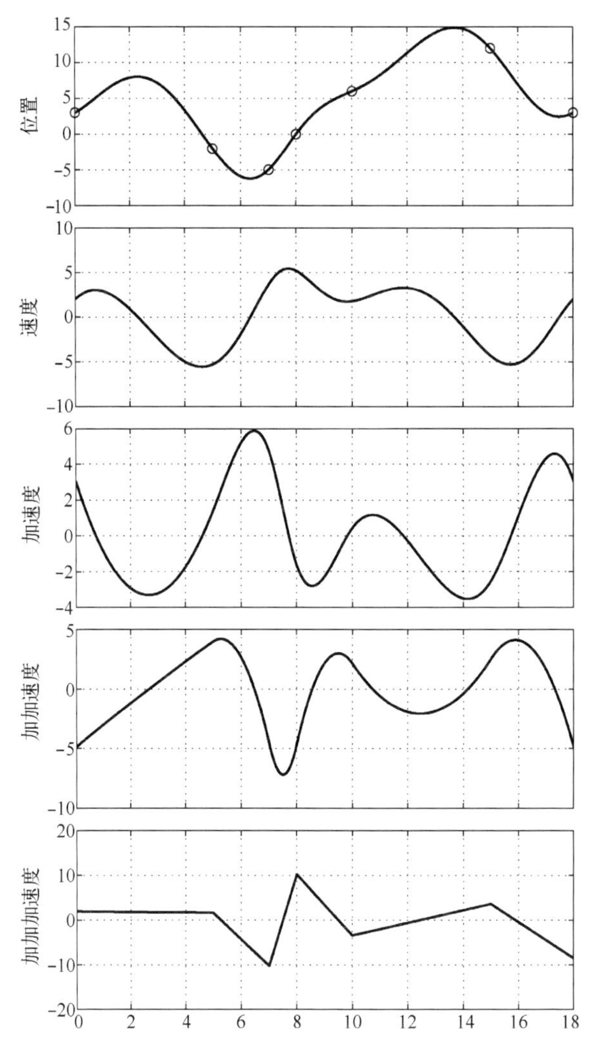

图 4.21 具有循环条件的 4 次 B 样条轨迹及其导数的曲线

$$
\boldsymbol{A}=\begin{bmatrix}
1 & 0 & 0 & 0 & 0 & 0 & 0 & 0 & 0 & 0\\
0 & 0.02 & 0.23 & 0.51 & 0.22 & 0 & 0 & 0 & 0 & 0\\
0 & 0 & 0.00 & 0.24 & 0.69 & 0.05 & 0 & 0 & 0 & 0\\
0 & 0 & 0 & 0.05 & 0.69 & 0.24 & 0.00 & 0 & 0 & 0\\
0 & 0 & 0 & 0 & 0.22 & 0.58 & 0.18 & 0.01 & 0 & 0\\
0 & 0 & 0 & 0 & 0 & 0.03 & 0.23 & 0.49 & 0.24 & 0\\
0 & 0 & 0 & 0 & 0 & 0 & 0 & 0 & 0 & 1\\
-0.80 & 0.80 & 0 & 0 & 0 & 0 & 0 & 0 & 1.33 & -1.33\\
0.48 & -0.82 & 0.34 & 0 & 0 & 0 & 0 & -0.50 & 1.83 & -1.33\\
-0.19 & 0.42 & -0.32 & 0.08 & 0 & 0 & 0.10 & -0.55 & 1.34 & -0.88
\end{bmatrix}
$$

从上式可以看出 $\boldsymbol{A}$ 是病态的。这导致通过此方式求得的轨迹在实践中无法使用，参见图 4.22，其速度、加速度和加加速度值的范围为$\pm 10^{17}$。

当 $p=5$ 时，节点应该根据式（4.42）选择，即

$$
\boldsymbol{u}=[\underbrace{t_0,\cdots,t_0}_{6},t_1,\cdots,t_{n-1},\underbrace{t_n,\cdots,t_n}_{6}]
$$

此时，可以设置起点和终点处的速度/加速度值（4 个条件）。而且，p 的值保证了轨迹 4

阶导数（加加加速度）的连续性。使用式（4.47）所示的 $\boldsymbol{A}$ 和 $\boldsymbol{c}$ 表达式描述的线性方程组［式（4.46）］保持不变。

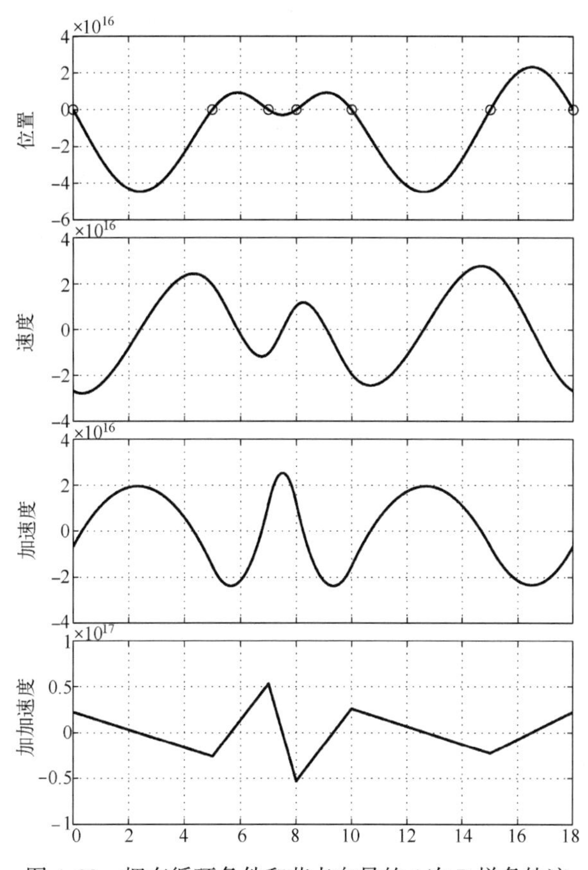

图 4.22　拥有循环条件和节点向量的 4 次 B 样条轨迹

例 4.18　使用例 4.16 中的数据（途经点和约束）构建 5 次 B 样条轨迹，其中节点向量根据式（4.42）得到。通过求解式（4.46），有：

$$\boldsymbol{A}=\begin{bmatrix}1 & 0 & 0 & 0 & 0 & 0 & 0 & 0 & 0 & 0 & 0\\ 0.8 & -1.37 & 0.57 & 0 & 0 & 0 & 0 & 0 & 0 & 0 & 0\\ 0 & 0.01 & 0.10 & 0.40 & 0.40 & 0.07 & 0 & 0 & 0 & 0 & 0\\ 0 & 0 & 0.00 & 0.07 & 0.54 & 0.37 & 0.00 & 0 & 0 & 0 & 0\\ 0 & 0 & 0 & 0.01 & 0.36 & 0.56 & 0.06 & 0.00 & 0 & 0 & 0\\ 0 & 0 & 0 & 0 & 0.07 & 0.50 & 0.35 & 0.05 & 0.00 & 0 & 0\\ 0 & 0 & 0 & 0 & 0 & 0 & 0.08 & 0.31 & 0.43 & 0.15 & 0\\ 0 & 0 & 0 & 0 & 0 & 0 & 0 & 0 & 0.83 & -3.05 & 2.22\\ 0 & 0 & 0 & 0 & 0 & 0 & 0 & 0 & 0 & -1.66 & 1.66\\ 0 & 0 & 0 & 0 & 0 & 0 & 0 & 0 & 0 & 0 & 1\end{bmatrix}$$

$$\boldsymbol{c}=\begin{bmatrix}3, & 2, & 0, & -2, & -5, & 0, & 6, & 12, & 0, & -3, & 8\end{bmatrix}^T$$

从而可以得到控制点：

$$\boldsymbol{p}=\begin{bmatrix}35, & 7.80, & 9.69, & -18.83, & 12.01, & 1.5137, & 12.33, & 14.60, & 9.80, & 8\end{bmatrix}^T$$

图 4.23 展示了 B 样条轨迹及其导数的曲线，作为对比，同时也给出了示例 4.16 中的 4

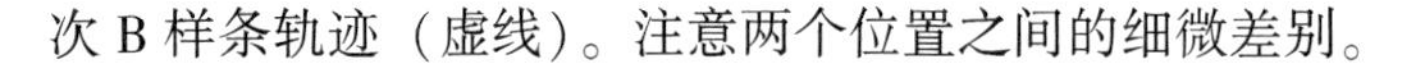
次 B 样条轨迹（虚线）。注意两个位置之间的细微差别。

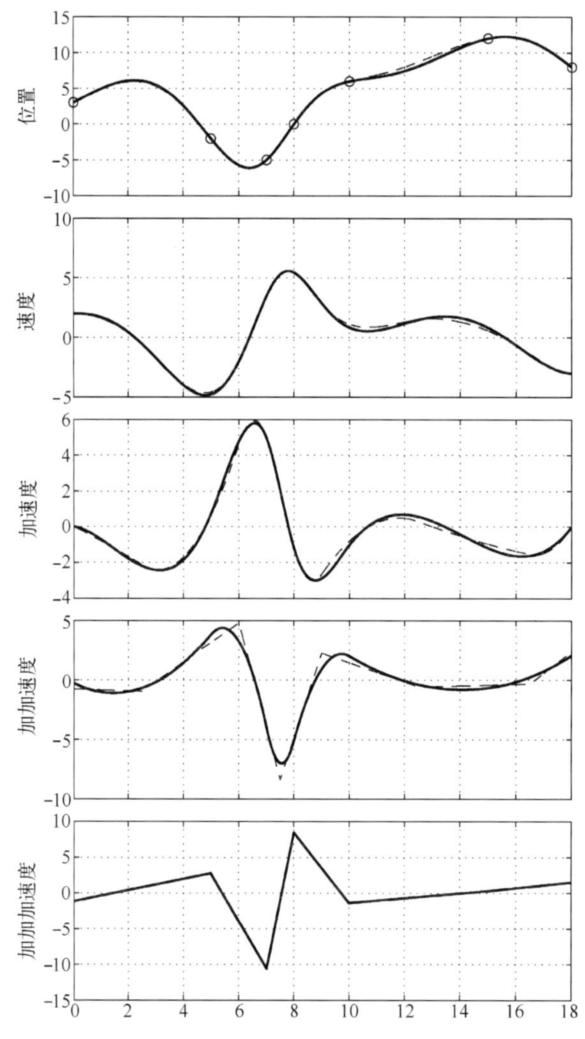

图 4.23　具有连续的加加加速度（$p=5$）的 B 样条轨迹及其导数的曲线

如果 $p=5$，还可以通过混合边界条件来确定 4 个附加约束，即为速度的边界条件和加速度与加加速度的周期性条件。这样，矩阵 $\boldsymbol{A}$ 和式（4.46）中的向量 $\boldsymbol{c}$ 变为

$$\boldsymbol{A}=\begin{bmatrix}
B_0^p(t_0) & B_1^p(t_0) & \cdots & B_m^p(t_0)\\
B_0^{p(1)}(t_0) & B_1^{p(1)}(t_0) & \cdots & B_m^{p\,(1)}(t_0)\\
B_0^p(t_1) & B_1^p(t_1) & \cdots & B_m^p(t_1)\\
\vdots & \vdots & & \vdots\\
B_0^p(t_{n-1}) & B_1^p(t_{n-1}) & \cdots & B_m^p(t_{n-1})\\
B_0^{p(1)}(t_n) & B_1^{p(1)}(t_n) & \cdots & B_m^{p\,(1)}(t_n)\\
B_0^p(t_n) & B_1^p(t_n) & \cdots & B_m^p(t_n)\\
B_0^{p(2)}(t_n)-B_0^{p(2)}(t_0) & B_1^{p(2)}(t_n)-B_1^{p(2)}(t_0) & \cdots & B_m^{p\,(2)}(t_n)-B_m^{p\,(2)}(t_0)\\
B_0^{p(3)}(t_n)-B_0^{p(3)}(t_0) & B_1^{p(3)}(t_n)-B_1^{p(3)}(t_0) & \cdots & B_m^{p\,(3)}(t_n)-B_m^{p\,(3)}(t_0)
\end{bmatrix}$$

$$\boldsymbol{c}=[q_0,\ \mathrm{v}_0,\ q_1,\ \cdots,\ q_{n-1},\ \mathrm{v}_n,\ q_n,\ 0,\ 0]^T$$

例 4.19 通过插值途经点：

$$\begin{array}{lllllll} t_0=0, & t_1=5, & t_2=7, & t_3=8, & t_4=10, & t_5=15, & t_6=18 \\ q_0=3, & q_1=-2, & q_2=-5, & q_3=0, & q_4=6, & q_5=12, & q_6=3 \end{array}$$

并添加条件：

$$s^{(1)}(t_0)=2, \qquad s^{(1)}(t_6)=2$$

与

$$s^{(2)}(t_0)=s^{(2)}(t_6)$$
$$s^{(3)}(t_0)=s^{(3)}(t_6)$$

得到 5 次 B 样条轨迹。得到的矩阵 $\boldsymbol{A}$ 和向量 $\boldsymbol{c}$ 为

$$\boldsymbol{A}=\begin{bmatrix} 1 & 0 & 0 & 0 & 0 & 0 & 0 & 0 & 0 & 0 & 0 \\ -1 & 1 & 0 & 0 & 0 & 0 & 0 & 0 & 0 & 0 & 0 \\ 0 & 0.01 & 0.10 & 0.40 & 0.40 & 0.07 & 0 & 0 & 0 & 0 & 0 \\ 0 & 0 & 0.00 & 0.07 & 0.54 & 0.37 & 0.01 & 0 & 0 & 0 & 0 \\ 0 & 0 & 0 & 0.01 & 0.36 & 0.56 & 0.06 & 0.00 & 0 & 0 & 0 \\ 0 & 0 & 0 & 0 & 0.07 & 0.50 & 0.35 & 0.05 & 0.00 & 0 & 0 \\ 0 & 0 & 0 & 0 & 0 & 0.01 & 0.08 & 0.31 & 0.43 & 0.15 & 0 \\ 0 & 0 & 0 & 0 & 0 & 0 & 0 & 0 & 0 & -1.66 & 1.66 \\ 0 & 0 & 0 & 0 & 0 & 0 & 0 & 0 & 0 & 0 & 1 \\ 0.80 & -1.37 & 0.57 & 0 & 0 & 0 & 0 & 0 & -0.83 & 3.05 & -2.22 \\ -0.48 & 1.06 & -0.80 & 0.21 & 0 & 0 & 0 & 0.25 & -1.39 & 3.36 & -2.22 \end{bmatrix}$$

$$\boldsymbol{c}=\left[3,\ 2,\ -2,\ -5,\ 0,\ 6,\ 12,\ 2,\ 3,\ 0,\ 0,\ 0\right]^T$$

由这些值得到的控制点为

$$\boldsymbol{p}=\left[3,\ 5.00,\ 13.13,\ 8.34,\ -18.96,\ 12.57,\ -2.81,\ 34.44,\ 2.26,\ 1.80,\ 3\right]^T$$

B 样条轨迹及其导数的曲线如图 4.24 所示。

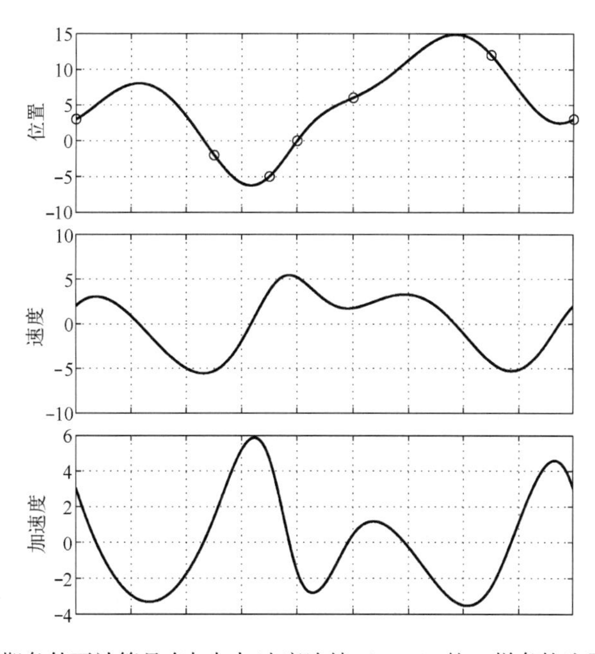

图 4.24 在周期条件下计算具有加加加速度连续（$p=5$）的 B 样条轨迹及其导数的曲线

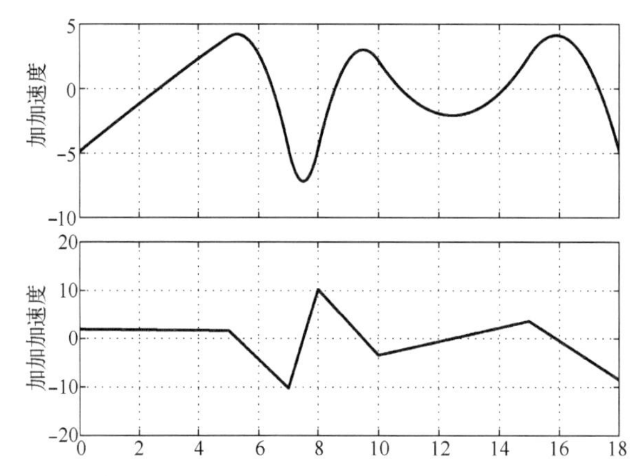

图 4.24　在周期条件下计算具有加加加速度连续（$p=5$）的 B 样条轨迹及其导数的曲线（续）

一般来说，要建立插值 $n+1$ 个点的 r 次可微轨迹，采用 $p=n+1$ 次的 B 样条即可。若 p 为奇数，则可以采用式（4.42）计算节点分布；而若 p 为偶数，则采用式（4.43）计算节点向量可以获得更好的结果。在前一种情况中，必须附加 $p-1$ 个额外的条件才能获得唯一解（在本例中，未知的控制点是 $m+1=n+p$），而后者则需要 p 个附加条件（在本例中，未知的控制点是 $m+1=n+p+1$）。通过增加更多的节点（相应地增加控制点 p_j 的数量），也可以添加额外的约束。

4.6　最优轨迹规划的非线性滤波器

在多轴自动化设备控制中，具有速度、加速度和加加速度约束的轨迹计算是一个特别有趣的问题。一般来说，这个问题是通过定义一个满足插值点处的条件，以及速度、加速度和加加速度的最大值来约束的函数解决的。通常，如果这些条件发生变化，整条轨迹必须重新计算。

而本节所介绍的方法在概念上与上述方法不同：将动态非线性滤波器级联到轨迹生成器上，其中轨迹生成器只提供基本的运动曲线，如阶跃曲线或斜坡曲线，这类运动轨迹虽然非常简单，但通常不能直接应用于工业任务。而该滤波器在线处理这些基本运动轨迹，并输出满足给定约束条件的可行轨迹。如图 4.25 所示，非线性滤波器基于反馈方案，可以保证输出信号 $q(t)$ 满足其导数最大值的约束，并尽可能跟随外部参考信号 $r(t)$。

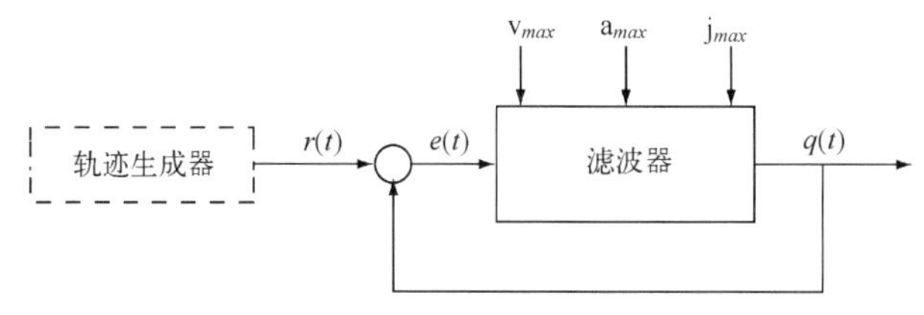

图 4.25　在线最优轨迹生成的非线性滤波器概念图

例如，可以在约束条件下以最短时间跟踪一个阶跃参考曲线，从而产生连续的运动曲线，所生成的运动曲线可以是速度和加速度连续、加加速度分段恒定的（在这种情况下，轨迹生成器被称为“三阶滤波器”），也可以是速度连续、加速度分段恒定的（“二阶滤波器”）。滤波器的设计是基于众所周知的非线性变结构控制理论的[46,47]。接下来为了表述的简洁，仅介绍算法结果，尽量简化其理论表述。

4.6.1 具有速度、加速度和加加速度约束的在线轨迹规划

具有速度、加速度和加加速度约束的轨迹生成器能够实时地将接收到的任何标准参考 $r(t)$ 转换为满足以下约束条件的平滑信号 $q(t)$：

$$\begin{aligned} \mathtt{v}_{min} \leqslant &\ \dot{q}(t) \ \leqslant \mathtt{v}_{max} \\ \mathtt{a}_{min} \leqslant &\ \ddot{q}(t) \ \leqslant \mathtt{a}_{max} \\ -U = \mathtt{j}_{min} \leqslant &\ q^{(3)}(t) \leqslant \mathtt{j}_{max} = U \end{aligned}$$

输入信号 $r(t)$ 可以由一个简单的轨迹生成器生成，它只提供简单的运动轨迹，如阶跃或斜坡轨迹。请注意，也可以使用这个轨迹生成器来实时滤波由另一个设备产生的信号，如在跟踪操作中，或直接由操作员通过示教器输入的操作信号。

由于该轨迹生成器是在数字控制器上实现的，因此它的定义可以直接采用离散时间公式。将参考文献［48］中介绍的连续时间轨迹生成器离散化，实现了轨迹生成器的数字化。轨迹生成器方案如图 4.26 所示。在每一瞬间时刻 $t_k = kT_s (k=1,2,\cdots)$，变量结构控制器 C_3 接收参考信号 r_k（及其导数 $\dot{r}_k$ 和 $\ddot{s}_k$），以及当前位置、速度、加速度值（q_k，$\dot{q}_k$，$\ddot{q}_k$），计算控制动作 u_k 的值。该控制变量对应于期望的加加速度，对其进行三次积分即可得到位置曲线。对加速度采用矩形拟合进行积分，即

$$\ddot{q}_k = \ddot{q}_{k-1} + T_s u_{k-1}$$

而速度和位置采用梯形拟合：

$$\dot{q}_k = \ddot{q}_{k-1} + \frac{T_s}{2}(\ddot{q}_k + \ddot{q}_{k-1})$$

$$q_k = q_{k-1} + \frac{T_s}{2}(\dot{q}_k + \ddot{q}_{k-1})$$

变量结构控制器 C_3 是基于参考信号 r_k 与输出位置 q_k 之间的跟踪误差的。

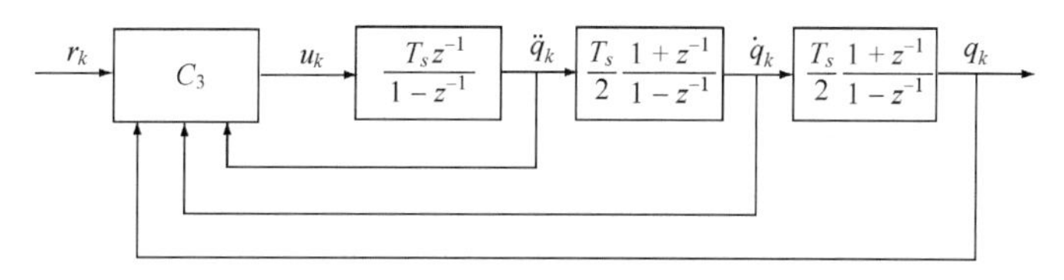

图 4.26　轨迹生成器方案（用于在线最优轨迹生成的三阶滤波器）

让我们定义归一化的误差变量：

$$e_k = \frac{q_k - r_k}{U}, \qquad \dot{e}_k = \frac{\dot{q}_k - \dot{r}_k}{U}, \qquad \ddot{e}_k = \frac{\ddot{q}_k - \ddot{r}_k}{U}$$

其中，U 为控制动作 u_k 的最大值。将对最大/最小速度和加速度的约束转化为对 $\dot{e}_k$ 和 $\ddot{e}_k$ 的约束：

$$\dot{e}_{min} = \frac{\mathtt{v}_{min} - \dot{r}_k}{U}, \qquad \dot{e}_{max} = \frac{\mathtt{v}_{max} - \dot{r}_k}{U}$$

$$\ddot{e}_{min} = \frac{\mathtt{a}_{min} - \ddot{r}_k}{U}, \qquad \ddot{e}_{max} = \frac{\mathtt{a}_{max} - \ddot{r}_k}{U}$$

值得注意的是，这些约束不是恒定的，而是依赖于 $\dot{r}_k$ 和 $\ddot{r}_k$，因此它们必须在每次采样时

重新计算。另一方面，这意味着可以在线改变速度和加速度的限制 v_{min}、v_{max}、a_{min}、a_{max}：控制器将改变当前的速度或加速度，以匹配新的约束。

图 4.26 中的变量结构控制器 C_3 定义为

$$
C_3:\begin{cases}
\delta = \dot{e}_k + \dfrac{\ddot{e}_k\,|\ddot{e}_k|}{2} \\[2ex]
\sigma = e_k + \dot{e}_k\,\ddot{e}_k\,s_\delta - \dfrac{\ddot{e}_k^3}{6}(1-3|s_\delta|) + \dfrac{s_\delta}{4}\sqrt{2[\ddot{e}_k^2 + 2\,\dot{e}_k\,s_\delta]^3} \\[2ex]
\nu^+ = e_k - \dfrac{\ddot{e}_{max}(\ddot{e}_k^2 - 2\dot{e}_k)}{4} - \dfrac{(\ddot{e}_k^2 - 2\dot{e}_k)^2}{8\ddot{e}_{max}} - \dfrac{\ddot{e}_k(3\dot{e}_k - \ddot{e}_k^2)}{3} \\[2ex]
\nu^- = e_k - \dfrac{\ddot{e}_{min}(\ddot{e}_k^2 + 2\dot{e}_k)}{4} - \dfrac{(\ddot{e}_k^2 + 2\dot{e}_k)^2}{8\ddot{e}_{min}} + \dfrac{\ddot{e}_k(3\dot{e}_k + \ddot{e}_k^2)}{3} \\[2ex]
\Sigma = \begin{cases}
\nu^+ & \ddot{e}_k \leqslant \ddot{e}_{max} \text{ 且 } \dot{e}_k \leqslant \dfrac{\ddot{e}_k^2}{2} - \ddot{e}_{max}^2 \\[2ex]
\nu^- & \ddot{e}_k \geqslant \ddot{e}_{min} \text{ 且 } \dot{e}_k \geqslant \ddot{e}_{min}^2 - \dfrac{\ddot{e}_k^2}{2} \\[2ex]
\sigma & \text{其他}
\end{cases} \\[2ex]
u_c = -U\ \mathrm{sign}\big(\Sigma \ + \ (1 - |\mathrm{sign}(\Sigma)|)\ [\delta + (1-|s_\delta|)\ddot{e}_k]\big) \\
u_k = \max\big\{u_v(\dot{e}_{min}), \min\{u_c, u_v(\dot{e}_{max})\}\big\}
\end{cases}
\tag{4.49}
$$

其中，$s_\delta=\mathrm{sign}(\delta)$，$\mathrm{sign}(\cdot)$是符号函数：

$$
\mathrm{sign}(x) = \begin{cases} +1, & x>0 \\ 0, & x=0 \\ -1, & x<0 \end{cases}
$$

当将函数 $u_v(\cdot)$用作控制动作 $u_k=u_v(v)$时，它将强制速度$\dot{e}_k$ 在最短时间内达到$\dot{e}_k=v$。它被定义为

$$
C_v:\begin{cases}
u_v(v) = \max\big\{u_a(\ddot{e}_{min}), \min\{u_{cv}(v), u_a(\ddot{e}_{max})\}\big\} \\
u_{cv}(v) = -U\ \mathrm{sign}\big(\delta_v(v) \ + \ (1-|\mathrm{sign}(\delta_v(v))|)\ddot{e}_k\ \big) \\
\delta_v(v) = \ddot{e}_k|\ddot{e}_k| + 2(\dot{e}_k - v) \\
u_a(a) = -U\ \mathrm{sign}(\ddot{e}_k - a)
\end{cases}
\tag{4.50}
$$

通过这种方式得到的轨迹由双 S 段组成，它们将以最优的方式跟踪参考信号 r_k，如图 4.27 所示。

遗憾的是，离散化过程存在一些缺点。具体地说，输出位置 q_k 具有相对于所需位置曲线存在小的过冲问题。此外，当加加速度为零时，变量结构控制器 C_3 受控制变量 u_k 的颤振影响。在通常情况下，其影响可以忽略，这是因为其采用了 3 个积分器对信号 u_k 进行滤波，因此在任何情况下都会产生平滑曲线。

例 4.20 图 4.27 显示了用三阶非线性滤波器计算得到的轨迹的位置、速度、加速度和加加速度曲线。参考信号 r_k 由 3 个阶跃函数组成：第一个阶跃函数应用于 $t=1$ 时幅值为 4，第二个应用于 $t=7$ 时幅值为 6，最后一个应用于 $t=13$ 时幅值为−12。约束为

$$
\begin{aligned}
\mathrm{v}_{min} &= -3, \qquad & \mathrm{v}_{max} &= 2 \\
\mathrm{a}_{min} &= -2, \qquad & \mathrm{a}_{max} &= 2
\end{aligned}
$$

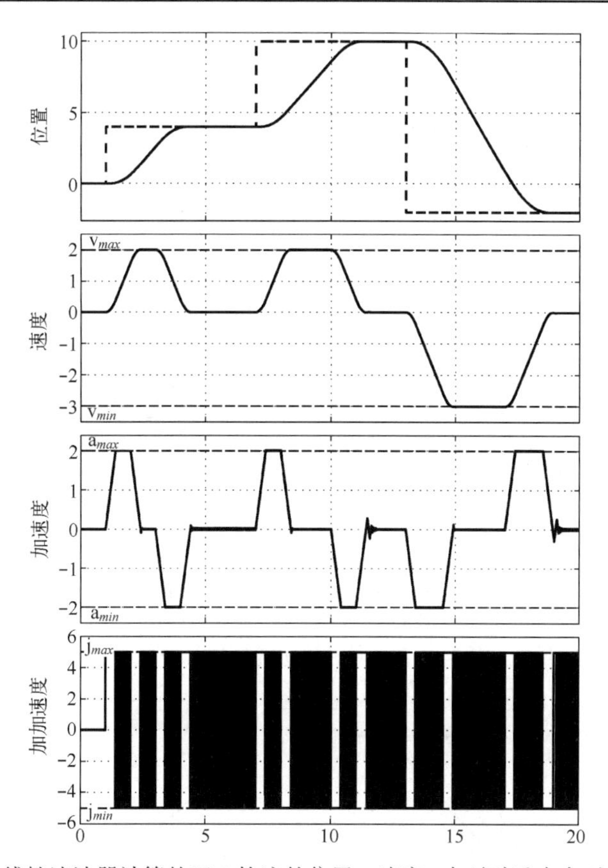

图 4.27 利用三阶非线性滤波器计算的双 S 轨迹的位置、速度、加速度和加加速度曲线（T_s=0.001s）

而 $U=\mathrm{j}_{max}=5$。注意，此例中速度和加速度的最小值与最大值是不对称的，采样时间为 $T_s=0.001$s。

从上例轨迹的加速度曲线中可以看到，轨迹（或者更精确地说，轨迹的每一段）不是理想的双 S，而是出现了小的超调。如图 4.28 所示，该误差的幅度严格依赖于采样时间，图 4.28 表明了在边界条件相同但采样周期为 $T_s=0.0001$s 时计算的轨迹。

正如之前提到的，与其他技术相比，这种轨迹生成方法可以实时地改变运动规划的约束，如 3.2 节和 3.4 节所介绍的那样。

例 4.21 图 4.29 展示了参考信号 r_k 为分段常数信号且轨迹计算过程中约束条件发生变化时，利用三阶非线性滤波器计算出的轨迹的位置、速度、加速度和加加速度曲线，其约束值为

$$\mathrm{v}_{min} = -3 \xrightarrow{t=12} -1.5, \qquad \mathrm{v}_{max} = 2$$
$$\mathrm{a}_{min} = -2, \qquad \mathrm{a}_{max} = 2 \xrightarrow{t=16} 1.5$$

以及 $U=\mathrm{j}_{max}=5$。值得注意的是，当修改极限速度（v_{min}）时，滤波器会尽可能快地降低输出速度，以满足新的约束条件。

该方法在轨迹规划中的一个有趣应用是跟踪未知参考信号。一个典型的例子是处理传送带上随机摆放的零件的自动化设备，在这种情况下，工具必须与皮带上的物体保持同步（其速度恒定且已知）。该工具必须等待并“捕捉”零件，因此必须在线计划运动任务。针对此任务，使用离线算法技术则相当复杂，但是使用非线性滤波器却可以轻松解决。

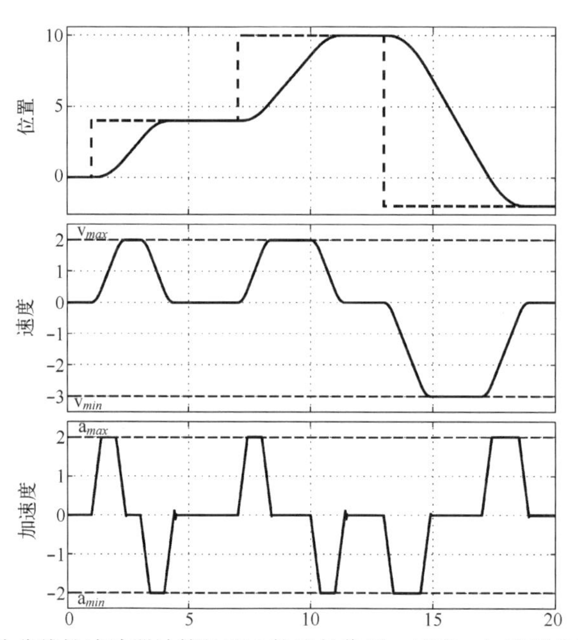

图 4.28　利用三阶非线性滤波器计算的双 S 轨迹的位置、速度、加速度曲线（$T_s = 0.0001\text{s}$）

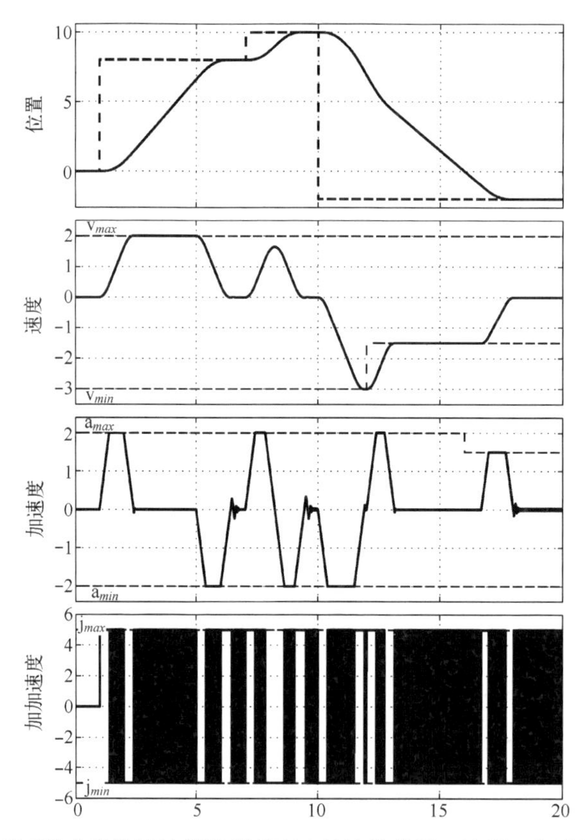

图 4.29　用变约束三阶非线性滤波器计算的双 S 轨迹的位置、速度、加速度和加加速度曲线

例 4.22　图 4.30 展示了当参考信号 r_k 为锯齿形时，由三阶非线性滤波器计算出的轨迹的位置、速度、加速度和加加速度曲线。请注意，在这种情况下，控制器试图尽可能快地减

少位置误差，然后跟踪输入信号，直到出现新的变化。为了尽可能跟踪期望的运动轨迹，为 r_k 和 $\dot{r}_k$ 设计滤波器就显得极为重要（在前面的例子中，已经考虑了 $\dot{r}_k=0$ 和 $\ddot{s}_k=0$）。

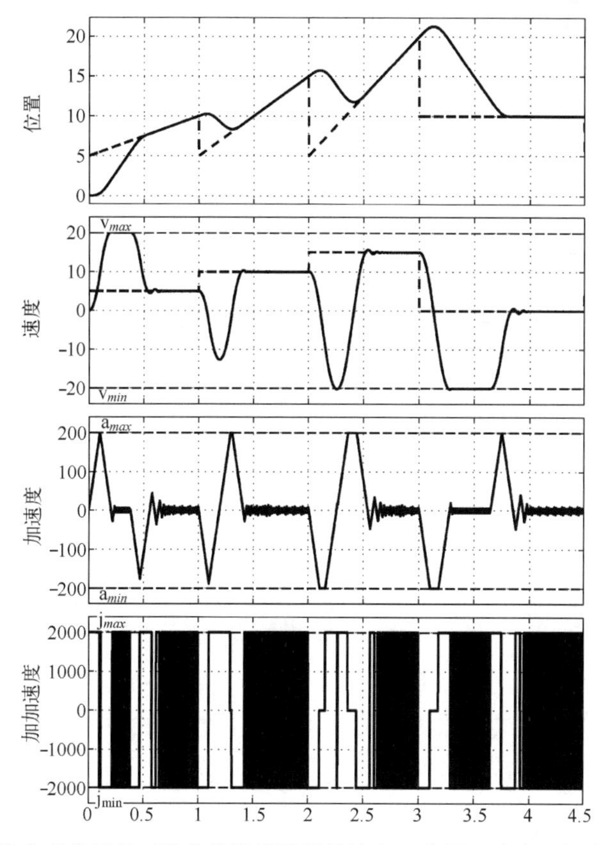

图 4.30　带锯齿参考信号的三阶非线性滤波器的输出（位置、速度、加速度和加加速度）

4.6.2　具有速度和加速度约束的在线轨迹规划

如果不要求加加速度有限，但希望降低计算复杂度，采用所谓的二阶滤波器可能更好，它可以在满足约束的同时尽可能快地减少位置误差 q_k-r_k：

$$|\dot{q}_k| \leqslant \mathrm{v}_{max}$$

$$|u_k| = |\ddot{q}_k| \leqslant \mathrm{a}_{max} = U$$

其中，$\dot{q}_k$ 和 $\ddot{q}_k$ 分别为 kT_s 时刻的轨迹速度和加速度（采样时间为 T_s）。

图 4.31 展示了轨迹生成器的结构框图，它的结构类似于三阶滤波器。在这种情况下，变量结构控制器是针对离散时间设计的[49,50]，它不受三阶滤波器实现的不理想性的影响，即针对期望位置的过冲和抖振。

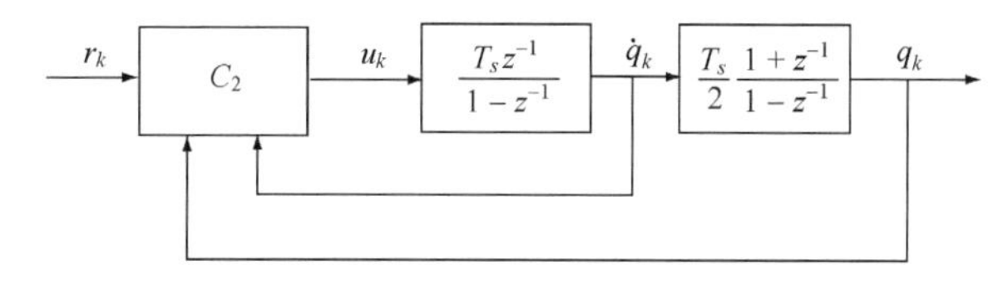

图 4.31　轨迹生成器的结构框图（在线最优轨迹生成的二阶滤波器）

因此，当参考信号 r_k 为阶跃位移时，输出运动完全等效于 3.2 节的梯形轨迹（见图 4.32）。此外，在线规划还具有以下优势：

- 可以随时更改参考信号 r_k；
- 可以过滤时变参考信号；
- 可以实时更改约束。

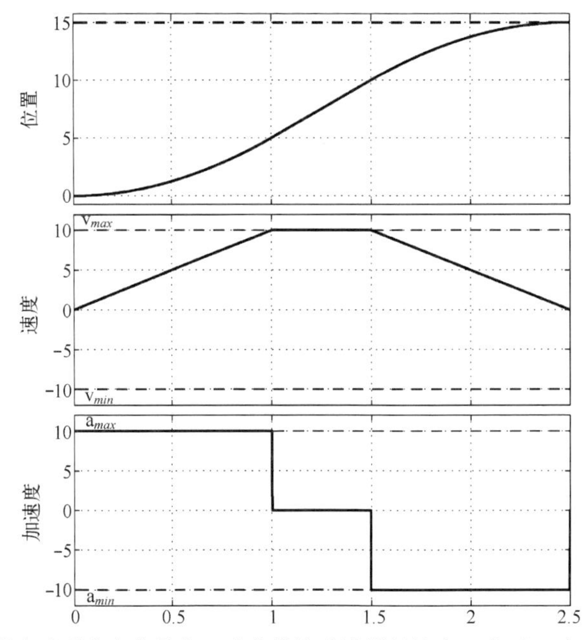

图 4.32　带有阶跃参考信号的二阶非线性滤波器的输出（位置、速度和加速度）

一旦定义了位置和速度的（归一化）跟踪误差：

$$e_k = \frac{q_k - r_k}{U}, \qquad \dot{e}_k = \frac{\dot{q}_k - \dot{r}_k}{U}$$

控制信号 $u_k = \ddot{q}_k$ 在每一时刻计算瞬时 $t_k = kT_s$ 为

$$C_2: \quad \begin{cases} z_k = \dfrac{1}{T_s}\left(\dfrac{e_k}{T_s} + \dfrac{\dot{e}_k}{2}\right), & \dot{z}_k = \dfrac{\dot{e}_k}{T_s} \\ m = \text{floor}\left(\dfrac{1+\sqrt{1+8|z_k|}}{2}\right) \\ \sigma_k = \dot{z}_k + \dfrac{z_k}{m} + \dfrac{m-1}{2}\text{sign}(z_k) \\ u_k = -U\,\text{sat}(\sigma_k)\,\dfrac{1+\text{sign}(\dot{q}_k\,\text{sign}(\sigma_k) + \text{v}_{max} - T_s U)}{2} \end{cases}$$

其中，floor(·)是取整函数；sign(·)是符号函数；sat(·)为饱和函数，定义为

$$\text{sat}(x) = \begin{cases} -1, & x < -1 \\ x, & -1 \leqslant x \leqslant 1 \\ +1, & x > 1 \end{cases}$$

计算出变量 u_k（期望加速度）后，速度和位置为

$$\begin{cases} \dot{q}_k = \dot{q}_{k-1} + T_s\,u_{k-1} \\ q_k = q_{k-1} + \dfrac{T_s}{2}(\dot{q}_k + \dot{q}_{k-1}) \end{cases}$$

例 4.23　图 4.32 展示了当参考信号 r_k 为从 $q_0=0$ 到 $q_1=15$ 的阶跃曲线，并且约束条件为 $a_{max}=v_{max}=10$ 时，通过二阶非线性滤波器计算出的轨迹的位置、速度和加速度曲线。注意，轨迹的曲线速度为标准的梯形曲线。

与三阶生成器的情况一样，该轨迹生成器允许跟踪时改变参考输入，如图 4.33 所示，此外，也能实时改变速度和加速度的限值，如图 4.34 所示。

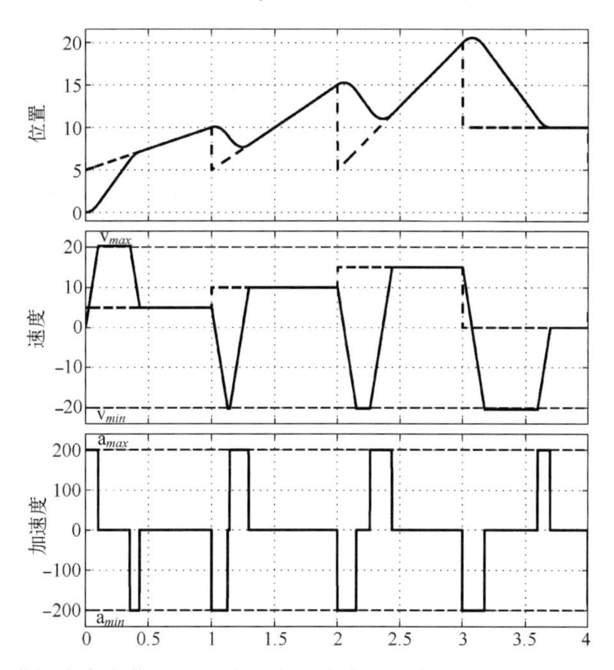

图 4.33　带锯齿参考信号的二阶非线性滤波器的输出（位置、速度和加速度）

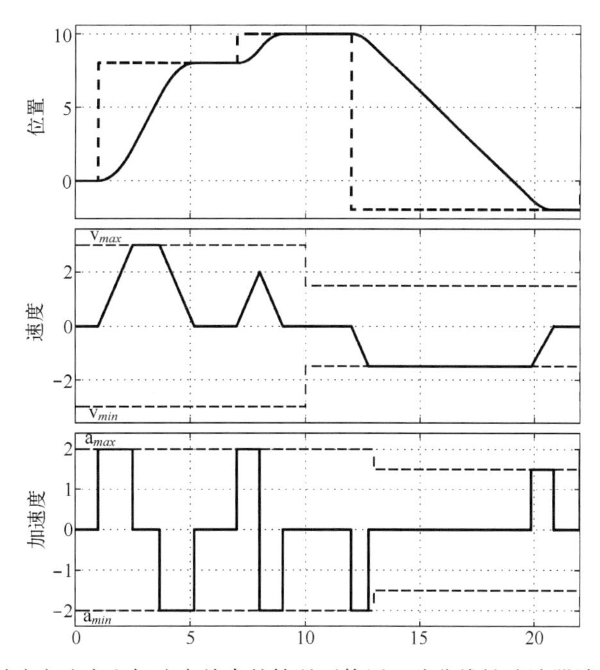

图 4.34　实时改变速度和加速度约束的情况下使用二阶非线性滤波器计算所得的轨迹

第二部分　轨迹的详述和分析

第5章　轨迹的操作

为了获得满足给定约束（例如，驱动系统的饱和限制）的运动轨迹，需要对轨迹的轮廓进行修改。例如，修改轨迹的方法包括几何缩放、时间轴或者位置的平移，以及映射。由于驱动系统的饱和约束，有必要给运动轨迹施加适当的约束。为此，另一种尤其有用的轨迹操作方法是对轨迹的时间进行缩放。一般地，饱和约束主要有两种：运动学饱和约束与动力学饱和约束。首先，在运动学约束的情形下，为了执行给定的轨迹，有必要确定速度及加速度可被驱动系统实现的期望轨迹。在动力学约束的情形下，考虑典型的多轴机器，如机械臂，由于其动力学的耦合及时变特性，机械臂不一定能够提供足够的力矩来执行给定的运动轨迹。

另一种轨迹操作方法是通过解析复合函数的方式来定义轨迹，此方式尤其适用于多轴运动轨迹同步。在电子凸轮系统中，从动轴（通常不止一个）的轨迹不是一个关于时间的显式函数，而是由主动轴的位置轨迹确定的。因此，各从动轴的最终运动轨迹由定义主-从之间的关系，以及主动轴运动轨迹的复合函数确定。其中，典型的主端轨迹包括“锯齿”运动轮廓。

5.1　轨迹的几何修改

应用一些简单的“几何”规则，可以用来满足一些在定义轨迹阶段并未考虑的约束。这些规则基于关于时间 t 或者位置变量 q 的平移、关于坐标轴的映射或者缩放操作。

图 5.1 展示了一条从（t_0,q_0）到（t_1,q_1）的轨迹 $q(t)$，该轨迹（图中的实线）是采用前述章节中介绍的其中一种方法获得的。为简便起见，假设 $t_0=0$、$q_0=0$。图 5.1 中的其他轨迹通过如下规则确定：

（1）$q_a(t) = q(-t)$　　　$t \in [-t_1, 0]$

（2）$q_b(t) = -q(-t)$　　　$t \in [-t_1, 0]$

（3）$q_c(t) = -q(t)$　　　$t \in [0, t_1]$

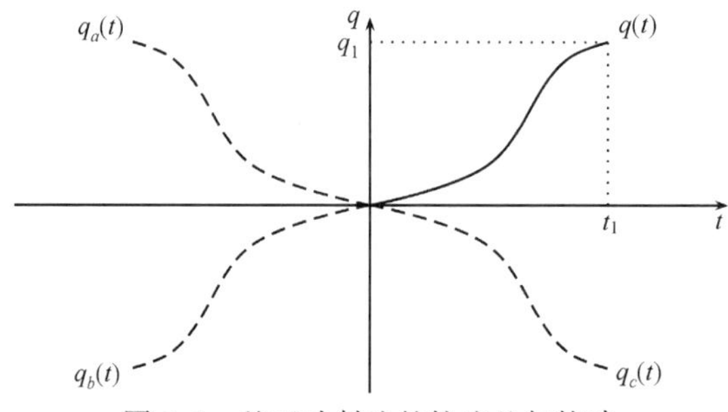

图 5.1　基于映射法的轨迹几何构建

另一方面，如图 5.2 所示，图中虚线表示的两个轨迹通过如下方式对轨迹 $q(t)$ 平移得到：

（1）$q_d(t) = q(t) + q_0 \qquad t \in [0, t_1]$

（2）$q_e(t) = q(t - t_0) \qquad t \in [t_0, t_0 + t_1]$

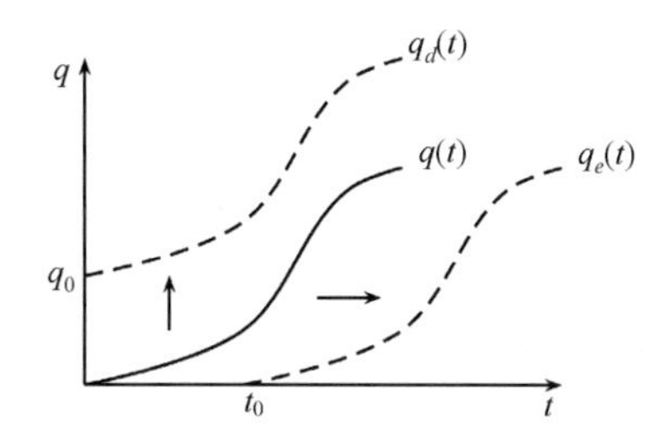

图 5.2　基于平移法的轨迹几何构建

上述操作方法可以用来修改轨迹的初始时间或者初始位置。例如，当已经用 $t=0$ 和 $q_0=0$ 来计算确定轨迹的表达式而又有必要考虑在 t_0 或者 q_0 处的一般条件时，考虑用 $t-t_0$ 代替 t 并增加初始位置 q_0 即可。

例 5.1　修改 3.7 节描述的轨迹后，其定义在区间 $t \in [0, T/2]$ 的解析表达式为

$$q(t) = \begin{cases} \dfrac{h}{2+\pi}\left[\dfrac{2t}{T} - \dfrac{1}{2\pi}\sin\left(\dfrac{4\pi t}{T}\right)\right] & 0 \leqslant t < \frac{T}{8} \\ \dfrac{h}{2+\pi}\left[\dfrac{1}{4} - \dfrac{1}{2\pi} + \dfrac{2}{T}\left(t - \dfrac{T}{8}\right) + \dfrac{4\pi}{T^2}\left(t - \dfrac{T}{8}\right)^2\right] & \frac{T}{8} \leqslant t < \frac{3}{8}T \\ \dfrac{h}{2+\pi}\left[-\dfrac{\pi}{2} + 2(1+\pi)\dfrac{t}{T} - \dfrac{1}{2\pi}\sin\left(\dfrac{4\pi}{T}\left(t - \dfrac{T}{4}\right)\right)\right] & \frac{3}{8}T \leqslant t \leqslant \frac{T}{2} \end{cases}$$

其中，T 表示轨迹的时间长度；h 表示轨迹的期望位移。

该轨迹的第二部分可以通过其对称性和上述规则获得。特别地，由于该轨迹关于点$(T/2, h/2)$对称，容易通过将 $q(t)$ 平移，使得平移后整个轨迹的中心点位于（0，0）（相应地，$t \in [-T/2, T/2]$，$q(t) \in [-h/2, h/2]$）。通过平移得到的新的轨迹为

$$q'(t) = q\big(t - (-T/2)\big) - h/2 \tag{5.1}$$

新的轨迹如图 5.3 所示。

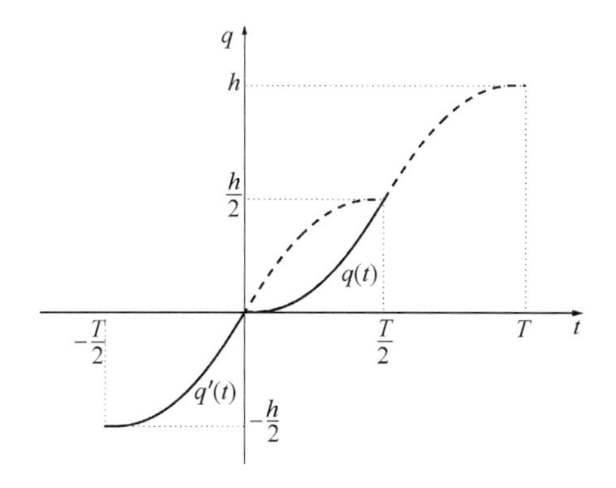

图 5.3　梯形轨迹的平移操作

此时，轨迹的第二部分通过原点映射 $q'(t)$（分别关于 t 轴和 q 轴进行映射操作）简单求得：

$$q''(t) = -q'(-t)$$

$q''(t)$如图5.4所示。进一步地，需要再一次平移$q''(t)$，通过对式（5.1）的双重操作得到：

$$q'''(t)=q''\big(t-(T/2)\big)+h/2$$

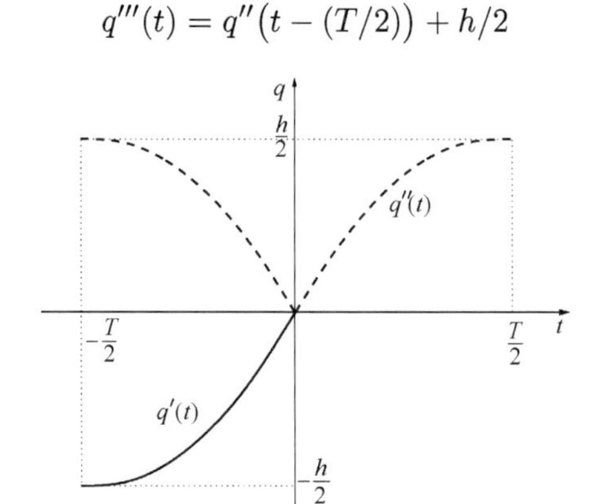

图5.4 一段梯形轨迹的映射操作

按照这个步骤，在区间$t\in[T/2,T]$中，修改后的梯形轨迹的表达式如下所示：

$$q(t)=\begin{cases}h+\dfrac{h}{2+\pi}\left[\dfrac{\pi}{2}+2(1+\pi)\dfrac{t-T}{T}-\dfrac{1}{2\pi}\sin\left(\dfrac{4\pi}{T}\left(t-\dfrac{3T}{4}\right)\right)\right] & \frac{1}{2}T\leqslant t<\frac{5}{8}T\\ h+\dfrac{h}{2+\pi}\left[-\dfrac{1}{4}+\dfrac{1}{2\pi}+\dfrac{2}{T}\left(t-\dfrac{7T}{8}\right)-\dfrac{4\pi}{T^2}\left(t-\dfrac{7T}{8}\right)^2\right] & \frac{5}{8}T\leqslant t<\frac{7}{8}T\\ h+\dfrac{h}{2+\pi}\left[\dfrac{2(t-T)}{T}-\dfrac{1}{2\pi}\sin\left(\dfrac{4\pi}{T}(t-T)\right)\right] & \frac{7}{8}T\leqslant t\leqslant T\end{cases}$$

最后，借助几何缩放操作，我们可以改变位移h，或者通过如下介绍的技巧，同样可以缩放轨迹的时间，即改变轨迹的时间长度T。如图5.5所示，以轨迹$q(t)$为基础，通过增加位移得到$q_f(t)$，而增加轨迹时间长度可以获得$q_g(t)$，而同时增加T和h可以得到轨迹$q_h(t)$。

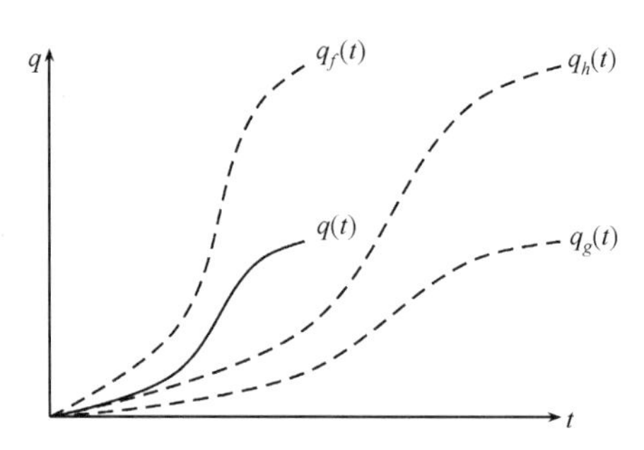

图5.5 基于缩放操作的轨迹几何修改

例如，考虑归一化的轨迹：$q(t)\in[0,1]$，$t\in[0,1]$，上述其他轨迹可表示为

（1）$q_f(t)=h\,q(t)$。

（2）$q_g(t)=q(t/T)$。

（3）$q_h(t)=h\,q(t/T)$。

例5.2 在一些应用中，通过将一个或多个基本函数（如三阶多项式函数）合成来规划轨迹可能计算效率更高。例如，考虑三阶多项式轨迹，要求在 $t_0=0$、$t_1=5$、$t_2=7$、$t_3=10$ 时分别插值通过位置点 $q_0=0$、$q_1=10$、$q_2=5$、$q_3=20$。为此，将三阶多项式轨迹表示为一种归一化的形式［参考式（5.5）和 5.2.1 节内容］。单位时间下的单位位移表示为

$$q_N(\tau) = 3\tau^2 - 2\tau^3, \qquad \tau \in [0,1]$$

通过合成 3 段关于 $q_N(\tau)$ 的轨迹，可以获得如下的整体轨迹：

$$q_a(t) = q_0 + h_1\tilde{q}_N(t), \qquad \tilde{q}_N(t) = q_N\left(\frac{t-t_0}{T_0}\right)$$

$$q_b(t) = q_1 + h_2\tilde{q}_N(t), \qquad \tilde{q}_N(t) = q_N\left(\frac{t-t_1}{T_1}\right)$$

$$q_c(t) = q_2 + h_3\tilde{q}_N(t), \qquad \tilde{q}_N(t) = q_N\left(\frac{t-t_2}{T_2}\right)$$

其中，

$$h_i = q_{i+1} - q_i,\ T_i = t_{i+1} - t_i,\ i = 0,1,2$$

$q_N(\tau)$ 和整体轨迹 $q(t)$ 如图 5.6 所示。

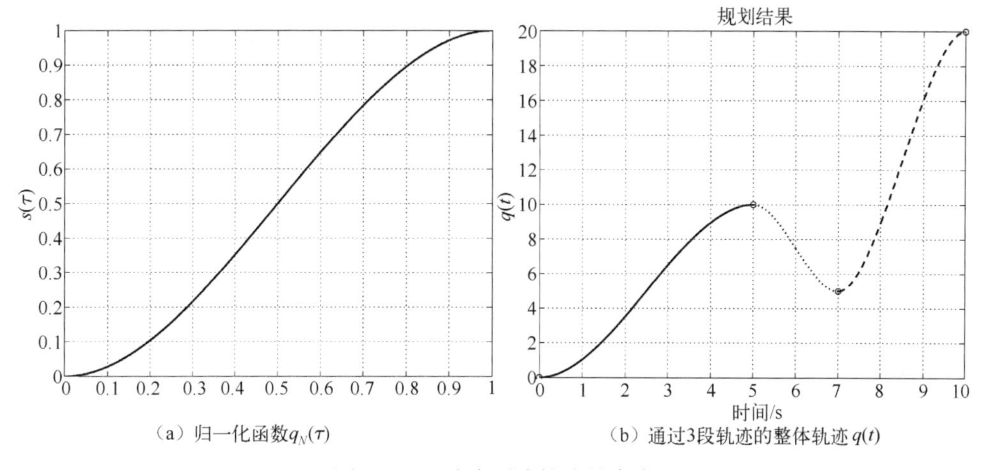

（a）归一化函数 $q_N(\tau)$　（b）通过3段轨迹的整体轨迹 $q(t)$

图 5.6　三阶多项式轨迹的合成

5.2　时间缩放

在一些应用场景中需要考虑驱动系统的饱和限制约束，为了保证规划的期望轨迹不违反此类饱和限制约束，必须对原始的轨迹进行修改。由于那些运动速度、加速度和力矩超过允许范围的运动轨迹在实际中无法执行，因此此类运动轨迹在实际工程中应予以避免。

实际中，可以将饱和区分为如下两种类型。

（1）运动学饱和：规划后轨迹的速度或加速度超过驱动系统所能实现的临界速度或临界加速度。

（2）动力学饱和：此类饱和可能发生于驱动系统所需的驱动力矩不可行（超过驱动系统自身所能提供的临界力矩）的情形。特别地，由于多轴机械系统动力学的非线性耦合特性，动力学饱和现象往往出现于此类多轴机械系统（如工业机器人）中。

如果在轨迹规划阶段并未提前考虑上述运动学饱和及动力学饱和限制，那么有必要在系统跟踪运动轨迹之前验证运动轨迹的可行性，并采取必要的措施（如增加轨迹的时间长度）

来防止违反上述饱和约束限制。

首先，给定一条轨迹：

$$q = q(t)$$

接下来，引入一个新的与时间 t 有关的时间变量 t' 可使得上述轨迹变慢或者变快，或者更一般地，可以修改轨迹的速度和加速度等。其中，t' 和 t 之间具有如下严格的函数关系：

$$t = \sigma(t')$$

因此：

$$\tilde{q}(t') = (q \circ \sigma)(t') = q(\sigma(t'))$$

其速度和加速度可以表示为

$$\dot{\tilde{q}}(t') = \frac{dq(\sigma)}{d\sigma} \frac{d\sigma(t')}{dt'} \tag{5.2a}$$

$$\ddot{\tilde{q}}(t') = \frac{dq(\sigma)}{d\sigma} \frac{d^2\sigma(t')}{dt'^2} + \frac{d^2q(\sigma)}{d\sigma^2} \left(\frac{d\sigma(t')}{dt'}\right)^2 \tag{5.2b}$$

$$\vdots$$

因此，通过合理地定义函数σ，我们可以根据需要改变 $\tilde{q}(t')$ 关于时间的导数。

其中一个例子是 3.9 节中通过组合一个标准的摆线轨迹得到修改后的摆线轨迹：

$$q(t) = h\left[\frac{t}{T} - \frac{1}{2\pi}\sin\left(\frac{2\pi t}{T}\right)\right]$$

其中，为了减小最大加速度，函数σ由如下公式被隐式地定义（下面的方程实际上是σ^{-1}）：

$$t' = t - k\,\frac{T}{2\pi}\sin\left(\frac{2\pi t}{T}\right)$$

本质上，轨迹 q 与函数σ具有无穷多种的组合形式。特别地，如下的线性形式是σ的一种常用特例：

$$t = \sigma(t') = \lambda t' \qquad \Longrightarrow \qquad t' = \frac{t}{\lambda}$$

为此，可以得到如下关系式：

$$\begin{aligned}
\dot{\tilde{q}}(t') &= \frac{dq(\sigma)}{d\sigma}\,\lambda \\
\ddot{\tilde{q}}(t') &= \frac{d^2q(\sigma)}{d\sigma^2}\,\lambda^2 \\
\tilde{q}^{(3)}(t') &= \frac{d^3q(\sigma)}{d\sigma^3}\,\lambda^3 \\
&\vdots \\
\tilde{q}^{(n)}(t') &= \frac{d^nq(\sigma)}{d\sigma^n}\,\lambda^n
\end{aligned} \tag{5.3}$$

为了简便起见，我们可以将上述关系式重新写成如下形式：

$$\begin{aligned}
\dot{\tilde{q}}(t') &= \lambda\,\dot{q}(t) \\
\ddot{\tilde{q}}(t') &= \lambda^2\,\ddot{q}(t) \\
\tilde{q}^{(3)}(t') &= \lambda^3\,q^{(3)}(t) \\
&\vdots \\
\tilde{q}^{(n)}(t') &= \lambda^n\,q^{(n)}(t)
\end{aligned} \tag{5.4}$$

因此，通过对时间变量 t 以常数 $1/\lambda$ 进行缩放得到新的时间变量 t'，进而重新参数化轨迹的各阶导数以 λ 各次幂为系数进行缩放。通过合理选择参数 λ，我们可以减小或者增大轨迹的速度、加速度和加加速度等，进而可以使得调整后的轨迹满足给定的各类约束。例如，当 λ 按如下关系式选取时，可以保证速度、加速度和加加速度不超过其各自给定的最大值：

$$\lambda = \min\left\{ \frac{\mathrm{v}_{max}}{|\dot{q}(t)|_{max}},\ \sqrt{\frac{\mathrm{a}_{max}}{|\ddot{q}(t)|_{max}}},\ \sqrt[3]{\frac{\mathrm{j}_{max}}{|q^{(3)}(t)|_{max}}} \right\}$$

5.2.1　运动学缩放

为了使得所定义的轨迹满足给定的最大速度和最大加速度约束，一种比较简便的方式是将轨迹表示成归一化形式，然后对其进行几何或者时间缩放操作。通过定义一个位移量 $h=q_1-q_0$、时间长度量 $T=t_1-t_0$，任一轨迹 $q(t)$ 都可以重新写成如下归一化的形式：

$$0 \leqslant q_N(\tau) \leqslant 1, \qquad 0 \leqslant \tau \leqslant 1$$

实际上，我们进一步可以得出如下关系式：

$$q(t) = q_0 + (q_1 - q_0)\,\tilde{q}_N(t) = q_0 + h\,\tilde{q}_N(t) \tag{5.5}$$

其中：

$$\tilde{q}_N(t) = q_N(\tau), \qquad \tau = \frac{t-t_0}{t_1-t_0} = \frac{t-t_0}{T}$$

注意到上述情形中，τ 用于缩放时间变量 t，其中缩放系数 $\lambda=T$，同时沿着时间轴平移 t_0。由式（5.5）可知：

$$\begin{aligned} q^{(1)}(t) &= \frac{h}{T}\,q_N^{(1)}(\tau) \\ q^{(2)}(t) &= \frac{h}{T^2}\,q_N^{(2)}(\tau) \\ q^{(3)}(t) &= \frac{h}{T^3}\,q_N^{(3)}(\tau) \\ &\ \vdots \\ q^{(n)}(t) &= \frac{h}{T^n}\,q_N^{(n)}(\tau) \end{aligned} \tag{5.6}$$

其中，

$$q_N^{(1)}(\tau) = \frac{d\,q_N(\tau)}{d\tau}, \qquad q_N^{(2)}(\tau) = \frac{d^2\,q_N(\tau)}{d\tau^2}, \qquad \cdots$$

容易验证，速度、加速度、加加速度等的最大值相应地通过 $q_N^{(1)}$ 和 $q_N^{(2)}$ 等获得。然后根据给定的参数化轨迹 $q_N(\tau)$ 可以很容易地计算出上述变量和 τ。

另一方面值得注意的是，由式（5.6）可知，通过合理地改变轨迹的时间长度 T，我们容易保证调整后轨迹的最大速度和最大加速度等于其各自饱和约束的边界值。因此，按此种方式获得的轨迹是时间最优轨迹，而且时间缩放还可用于多轴运动轨迹之间的同步。

在之前的章节中已经讨论过上述方法在轨迹规划中的应用，现在我们详细介绍其实现方法。

1. 三阶、五阶和七阶多项式轨迹

将式（2.1）中的三阶多项式参数化成如下归一化的形式：

$$q_N(\tau) = a_0 + a_1\tau + a_2\tau^2 + a_3\tau^3$$

考虑边界条件 $q_{N_0}^{(1)}=0$ 和 $q_{N_1}^{(1)}=0$，同时注意到 $q_N(0)=0$ 和 $q_N(1)=0$，求得上式中的各个系数为

$$a_0 = 0, \qquad a_1 = 0, \qquad a_2 = 3, \qquad a_3 = -2$$

因此：

$$\begin{aligned} q_N(\tau) &= 3\tau^2 - 2\tau^3 \\ q_N^{(1)}(\tau) &= 6\tau - 6\tau^2 \\ q_N^{(2)}(\tau) &= 6 - 12\tau \\ q_N^{(3)}(\tau) &= -12 \end{aligned} \tag{5.7}$$

速度和加速度的最大值为

$$\begin{aligned} q_{N\,max}^{(1)} &= q_N^{(1)}(0.5) = \frac{3}{2} &\implies \quad \dot{q}_{max} = \frac{3h}{2T} \\ q_{N\,max}^{(2)} &= q_N^{(2)}(0) = 6 &\implies \quad \ddot{q}_{max} = \frac{6h}{T^2} \end{aligned} \tag{5.8}$$

对于五阶多项式函数，其归一化形式是：

$$q_N(\tau) = a_0 + a_1\tau + a_2\tau^2 + a_3\tau^3 + a_4\tau^4 + a_5\tau^5$$

同样地，考虑边界条件 $q_{N_0}^{(1)}=0$、$q_{N_1}^{(1)}=0$、$q_{N_0}^{(2)}=0$、$q_{N_1}^{(2)}=0$，可以得到上式中的各系数如下：

$$a_0 = 0, \quad a_1 = 0, \quad a_2 = 0, \quad a_3 = 10, \quad a_4 = -15, \quad a_5 = 6$$

因此：

$$\begin{aligned} q_N(\tau) &= 10\tau^3 - 15\tau^4 + 6\tau^5 \\ q_N^{(1)}(\tau) &= 30\tau^2 - 60\tau^3 + 30\tau^4 \\ q_N^{(2)}(\tau) &= 60\tau - 180\tau^2 + 120\tau^3 \\ q_N^{(3)}(\tau) &= 60 - 360\tau + 360\tau^2 \end{aligned} \tag{5.9}$$

$$\begin{aligned} q_{N\,max}^{(1)} &= q_N^{(1)}(0.5) = \frac{15}{8} &\implies \quad \dot{q}_{max} = \frac{15h}{8T} \\ q_{N\,max}^{(2)} &= q_N^{(2)}(0.2123) = \frac{10\sqrt{3}}{3} &\implies \quad \ddot{q}_{max} = \frac{10\sqrt{3}h}{3T^2} \\ q_{N\,max}^{(3)} &= q_N^{(3)}(0) = 60 &\implies \quad q_{max}^{(3)} = 60\frac{h}{T^3} \end{aligned} \tag{5.10}$$

进一步地，七阶多项式的归一化形式可以写为

$$q_N(\tau) = a_0 + a_1\tau + a_2\tau^2 + a_3\tau^3 + a_4\tau^4 + a_5\tau^5 + a_6\tau^6 + a_7\tau^7$$

考虑边界条件 $q_{N_0}^{(1)}=0$、$q_{N_1}^{(1)}=0$、$q_{N_0}^{(2)}=0$、$q_{N_1}^{(2)}=0$、$q_{N_0}^{(3)}=0$、$q_{N_1}^{(3)}=0$，我们可以得到上式中的各系数为

$$a_0 = 0, \quad a_1 = 0, \quad a_2 = 0, \quad a_3 = 0, \quad a_4 = 35, \quad a_5 = -84, \quad a_6 = 70, \quad a_7 = -20$$

然后，我们进一步得到：

$$\begin{aligned} q_N(\tau) &= 35\tau^4 - 84\tau^5 + 70\tau^6 - 20\tau^7 \\ q_N^{(1)}(\tau) &= 140\tau^3 - 420\tau^4 + 420\tau^5 - 140\tau^6 \\ q_N^{(2)}(\tau) &= 420\tau^2 - 1680\tau^3 + 2100\tau^4 - 840\tau^5 \\ q_N^{(3)}(\tau) &= 840\tau - 5040\tau^2 + 8400\tau^3 - 4200\tau^4 \end{aligned} \tag{5.11}$$

$$
\begin{aligned}
q_{N\,max}^{(1)} &= q_N^{(1)}(0.5) = \frac{35}{16} &&\Longrightarrow && \dot{q}_{max} = \frac{35h}{16T}\\
q_{N\,max}^{(2)} &= q_N^{(2)}(0.2764) = 7.5132 &&\Longrightarrow && \ddot{q}_{max} = 7.5132\frac{h}{T^2}\\
|q_N^{(3)}|_{max} &= |q_N^{(3)}(0.5)| = 52.5 &&\Longrightarrow && |q^{(3)}|_{max} = 52.5\frac{h}{T^3}
\end{aligned}
\tag{5.12}
$$

注意到，在此种情形中，加加速度的最大幅值是负值，即-52.5。

例 5.3　用一个三阶多项式来表示从 $q_0=10$ 到 $q_1=50(h=40)$ 的最短时间轨迹。其中，驱动系统的最大速度 $\dot{q}_{max}=30$，最大加速度 $\ddot{q}_{max}=80$。由式（5.7）和式（5.8）可知：

$$\dot{q}_{max} = \frac{3h}{2T} = 30 \quad \Rightarrow \quad T = \frac{3h}{2\ 30} = 2$$

$$\ddot{q}_{max} = \frac{6h}{T^2} = 80 \quad \Rightarrow \quad T = \sqrt{\frac{6h}{80}} = 1.732$$

为了满足驱动系统的约束，同时考虑到关于速度的约束相对于加速度的约束更严格，因此将 T 设置为 $T=2$。该例子中的运动轨迹如图 5.7 所示。注意到，在 $t=1$ 时速度最大。如果采用五阶多项式轨迹，驱动系统的约束为 $\dot{q}_{max}=37.5$ 和 $\ddot{q}_{max}=60$，由式（5.9）和式（5.10）可知：

$$\dot{q}_{max} = \frac{15h}{8T} = 37.5 \quad \Rightarrow \quad T = \frac{15\ 40}{8\ \ 37.5} = 2$$

$$\ddot{q}_{max} = \frac{10\sqrt{3}h}{3T^2} = 60 \quad \Rightarrow \quad T = \sqrt{\frac{10\sqrt{3}\ 40}{3\ \ 60}} = 1.962$$

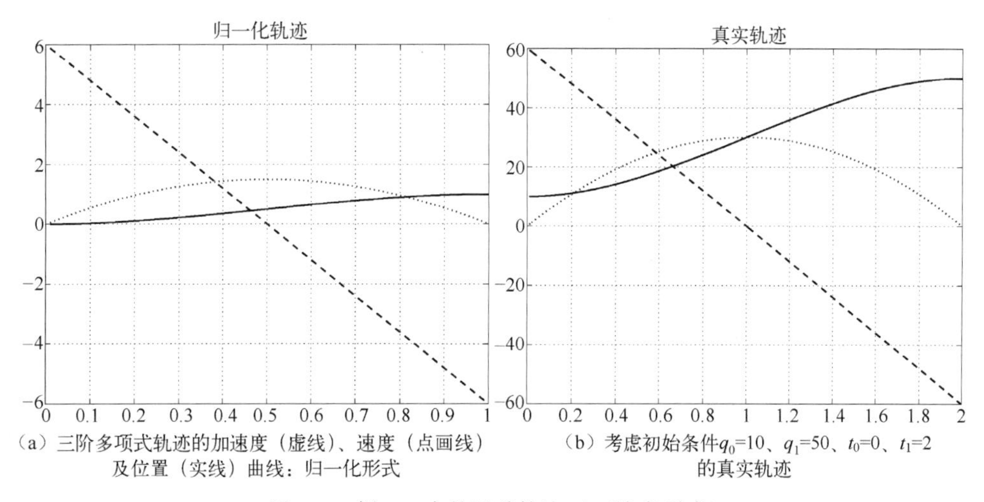

（a）三阶多项式轨迹的加速度（虚线）、速度（点画线）及位置（实线）曲线：归一化形式

（b）考虑初始条件 $q_0=10$、$q_1=50$、$t_0=0$、$t_1=2$ 的真实轨迹

图 5.7　例 5.3 中的运动轨迹（三阶多项式）

与三阶多项式类似，T 同样设置为 $T=2$，相应的运动曲线如图 5.8 所示。

最后，考虑七阶多项式轨迹，约束为 $\dot{q}_{max}=45$ 和 $\ddot{q}_{max}=50$，由式（5.11）和式（5.12）可知：

$$\dot{q}_{max} = \frac{35h}{16T} = 45 \quad \Rightarrow \quad T = \frac{35\ 40}{16\ \ 45} = 1.944$$

$$\ddot{q}_{max} = 7.5132\frac{h}{T^2} = 50 \quad \Rightarrow \quad T = \sqrt{\frac{7.5132\,40}{50}} = 2.4516$$

在此情形中，基于同样的考虑，为了满足驱动系统的约束，需要将 T 设置为 $T=2.4516$，相应的轨迹如图 5.9 所示。

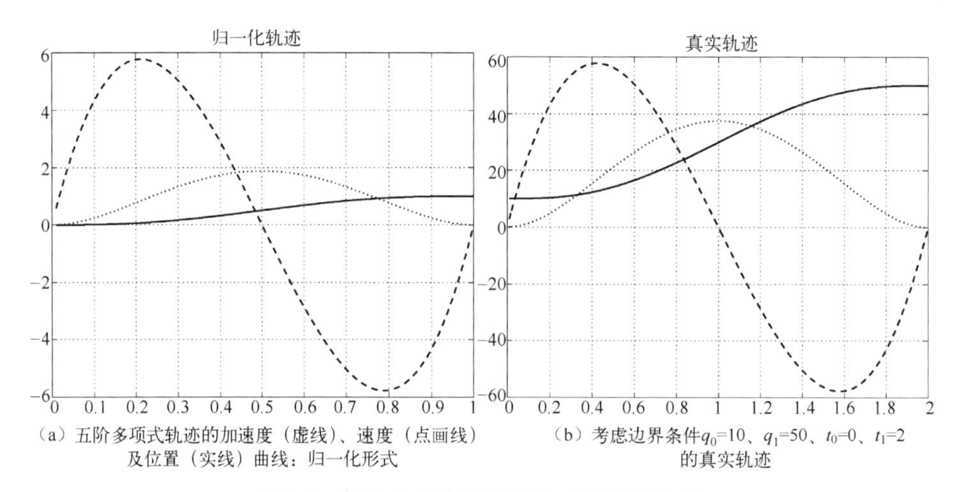

（a）五阶多项式轨迹的加速度（虚线）、速度（点画线）及位置（实线）曲线：归一化形式

（b）考虑边界条件q_0=10、q_1=50、t_0=0、t_1=2 的真实轨迹

图 5.8 例 5.3 中的运动轨迹（五阶多项式）

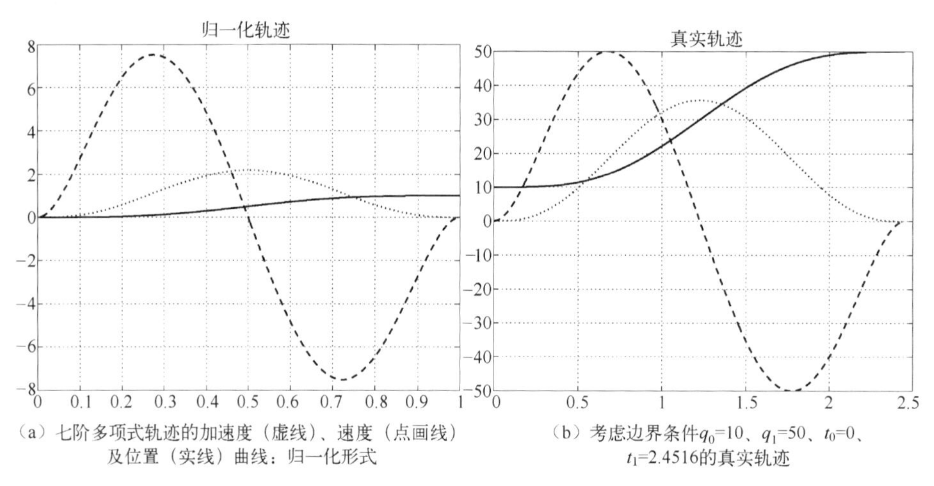

（a）七阶多项式轨迹的加速度（虚线）、速度（点画线）及位置（实线）曲线：归一化形式

（b）考虑边界条件q_0=10、q_1=50、t_0=0、t_1=2.4516的真实轨迹

图 5.9 例 5.3 中的运动轨迹（七阶多项式）

注意到，表 5.1 列出了关于三阶、五阶及七阶多项式轨迹应用于同一个驱动系统（$\dot{q}_{max}=30$，$\ddot{q}_{max}=80$）时的时间长度。由表 5.1 可知，在任何情形下，速度约束均更严格；同时，随着轨迹阶次的增加，轨迹的时间长度 T 也增加（速度的最大值固定）。由此可以得出一个更一般的结论：给定速度（或者加速度）的最大值，运动轨迹越平滑，其相应的轨迹时间长度就越长。

表 5.1 $\dot{q}_{max}=45$、$\ddot{q}_{max}=50$ 时三阶、五阶及七阶多项式轨迹的最短时间

	T_{vel}	T_{acc}
三阶	2.0000	1.7321
五阶	2.5000	1.6990
七阶	2.9167	1.9382

2. 摆线运动

摆线轨迹（图 2.22）的参数归一化形式为

$$q_N(\tau)=\tau-\frac{1}{2\pi}\sin 2\pi\tau$$

由此可知：

$$q_N^{(1)}(\tau) = 1 - \cos 2\pi\tau$$

$$q_N^{(2)}(\tau) = 2\pi \sin 2\pi\tau$$

$$q_N^{(3)}(\tau) = 4\pi^2 \cos 2\pi\tau$$

以及

$$q_{N\,max}^{(1)} = q_N^{(1)}(0.5) = 2 \quad \Longrightarrow \quad \dot{q}_{max} = 2\frac{h}{T}$$

$$q_{N\,max}^{(2)} = q_N^{(2)}(0.25) = 2\pi \quad \Longrightarrow \quad \ddot{q}_{max} = 2\pi\frac{h}{T^2}$$

$$q_{N\,max}^{(3)} = q_N^{(3)}(0) = 4\pi^2 \quad \Longrightarrow \quad q_{max}^{(3)} = 4\pi^2\frac{h}{T^3}$$

3. 谐波运动

谐波轨迹（见图 2.20）的参数归一化形式为

$$q_N(\tau) = \frac{1}{2}(1 - \cos \pi\tau)$$

由此可知：

$$q_N^{(1)}(\tau) = \frac{\pi}{2} \sin \pi\tau$$

$$q_N^{(2)}(\tau) = \frac{\pi^2}{2} \cos \pi\tau$$

$$q_N^{(3)}(\tau) = -\frac{\pi^3}{2} \sin \pi\tau$$

$$q_{N\,max}^{(1)} = q_N^{(1)}(0.5) = \frac{\pi}{2} \quad \Longrightarrow \quad \dot{q}_{max} = \frac{\pi h}{2T}$$

$$q_{N\,max}^{(2)} = q_N^{(2)}(0) = \frac{\pi^2}{2} \quad \Longrightarrow \quad \ddot{q}_{max} = \frac{\pi^2 h}{2T^2}$$

$$|q_N^{(3)}|_{max} = |q_N^{(3)}(0.5)| = \frac{\pi^3}{2} \quad \Longrightarrow \quad |q_{max}^{(3)}| = \frac{\pi^3 h}{2T^3}$$

例 5.4　图 5.10 和图 5.11 展示了摆线轨迹和谐波轨迹，边界条件为 $q_0 = 10$、$q_1 = 50$、$t_0 = 0$、$t_1 = 2$。

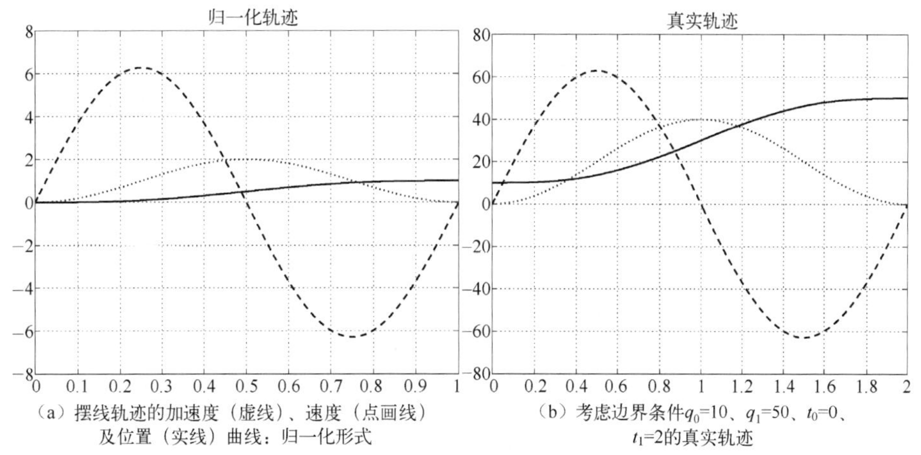

（a）摆线轨迹的加速度（虚线）、速度（点画线）及位置（实线）曲线：归一化形式

（b）考虑边界条件 q_0=10、q_1=50、t_0=0、t_1=2的真实轨迹

图 5.10　摆线轨迹

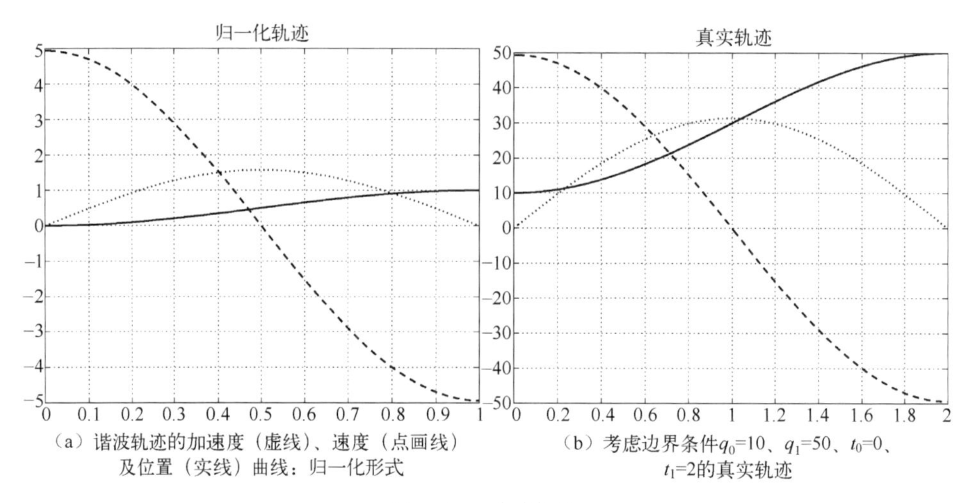

（a）谐波轨迹的加速度（虚线）、速度（点画线）及位置（实线）曲线：归一化形式

（b）考虑边界条件q_0=10、q_1=50、t_0=0、t_1=2的真实轨迹

图 5.11　谐波轨迹

5.2.2　动力学缩放

当自动化设备中存在动力学耦合或非线性效应时，执行系统执行轨迹所需的转矩可能会超过其物理极限。特别地，当电机惯量不是常量而是负载位置的非线性函数时，就会发生上述情况。为了避免这些问题，一旦定义了轨迹，应当应用适当的缩放程序以求获得运行转矩在执行系统给定的范围内[51]。此缩放程序并不意味整个轨迹的重新计算。

具有非线性动力学和耦合效应的机械系统的重要示例是机械臂。具有 n 个自由度（执行关节）的工业机器人，其各个关节的位置、速度和加速度分别用向量 $\boldsymbol{q}(t)$、$\dot{\boldsymbol{q}}(t)$ 和 $\ddot{\boldsymbol{q}}(t)$ 表示，其动力学模型为

$$\boldsymbol{M}(\boldsymbol{q})\ddot{\boldsymbol{q}}+\boldsymbol{C}(\boldsymbol{q},\dot{\boldsymbol{q}})\dot{\boldsymbol{q}}+\boldsymbol{g}(\boldsymbol{q})=\boldsymbol{\tau} \tag{5.13}$$

其中，$\boldsymbol{M}(\boldsymbol{q})$是机器人的 $n\times n$ 惯量矩阵（对称且正定）；$\boldsymbol{C}(\boldsymbol{q},\dot{\boldsymbol{q}})$是描述科氏力和离心力效应的 $n\times n$ 矩阵；$\boldsymbol{g}(\boldsymbol{q})$为作用在系统上的 $n\times 1$ 重力向量；τ是执行系统施加的 $n\times 1$ 关节转矩向量。有关机械臂及其动力学模型更详细的讨论请参见参考文献［12］、［52］、［53］。

让我们考虑式（5.13）的第 i 行。对于每个关节的执行器，以下等式成立：

$$\boldsymbol{m}_i^T(\boldsymbol{q}(t))\ddot{\boldsymbol{q}}(t)+\frac{1}{2}\dot{\boldsymbol{q}}^T(t)\boldsymbol{L}_i(\boldsymbol{q}(t))\dot{\boldsymbol{q}}(t)+g_i(\boldsymbol{q}(t))=\tau_i(t),\qquad i=1,\cdots,n \tag{5.14}$$

其中，$\boldsymbol{m}_i(\boldsymbol{q})$是矩阵$\boldsymbol{M}(\boldsymbol{q})$的第 i 列；$1/2\dot{\boldsymbol{q}}^T(t)\boldsymbol{L}_i(\boldsymbol{q}(t))\dot{\boldsymbol{q}}(t)$为$\boldsymbol{C}(\boldsymbol{q},\dot{\boldsymbol{q}})\dot{\boldsymbol{q}}$的适当变形；$g_i(\boldsymbol{q}(t))$为重力项；$\tau_i(t)$为第 i 关节所需的转矩。若关节轨迹定义为 $\boldsymbol{q}(t)$ 且 $t\in[0,T]$，则由式（5.14）可计算出相应的转矩$\tau_i(t)$，其可被重写为

$$\tau_i(t)=\tau_{s,i}(t)+\tau_{p,i}(t) \tag{5.15}$$

其中，

$$\begin{aligned}\tau_{s,i}(t)&=\boldsymbol{m}_i^T(\boldsymbol{q}(t))\ddot{\boldsymbol{q}}(t)+\frac{1}{2}\dot{\boldsymbol{q}}^T(t)\boldsymbol{L}_i(\boldsymbol{q}(t))\dot{\boldsymbol{q}}(t)\\ \tau_{p,i}(t)&=g_i(\boldsymbol{q}(t))\end{aligned} \tag{5.16}$$

注意，$\tau_{s,i}(t)$取决于位置、速度和加速度，而$\tau_{p,i}(t)$仅取决于位置。

让我们考虑一个新的轨迹$\widetilde{\boldsymbol{q}}(t')$且 $t'\in[0,T']$，其由 $\boldsymbol{q}(t)$ 应用严格递增标量函数 $t=$

$\sigma(t')$ 重新参数化得到，并且满足 $0=\sigma(0)$ 和 $T=\sigma(T')$。执行此新轨迹的所需转矩为

$$\tilde{\tau}_i(t') = \boldsymbol{m}_i^T(\tilde{\boldsymbol{q}}(t'))\ddot{\tilde{\boldsymbol{q}}}(t') + \frac{1}{2}\dot{\tilde{\boldsymbol{q}}}^T(t')\boldsymbol{L}_i(\tilde{\boldsymbol{q}}(t'))\dot{\tilde{\boldsymbol{q}}}(t') + g_i(\tilde{\boldsymbol{q}}(t')) \tag{5.17}$$

由于：

$$\tilde{\boldsymbol{q}}(t') = (\boldsymbol{q} \circ \sigma)(t')$$

则 $\boldsymbol{q}(t)$ 和 $\tilde{\boldsymbol{q}}(t')$ 的时间导数（相对于新的时间变量 t'）之间的关系为

$$\dot{\tilde{\boldsymbol{q}}}(t') = \dot{\boldsymbol{q}}(t)\dot{\sigma}$$
$$\ddot{\tilde{\boldsymbol{q}}}(t') = \ddot{\boldsymbol{q}}(t)\dot{\sigma}^2 + \dot{\boldsymbol{q}}(t)\ddot{\sigma}$$

其中，$\dot{\sigma}=d\sigma/dt'$ 且 $\ddot{\sigma}=d^2\sigma/dt'^2$。

如果将上述等式替换等式（5.17）的对应变量，则可得到：

$$\tilde{\tau}_i(t') = \left[\boldsymbol{m}_i^T(\boldsymbol{q}(t))\dot{\boldsymbol{q}}(t)\right]\ddot{\sigma} + \left[\boldsymbol{m}_i^T(\boldsymbol{q}(t))\ddot{\boldsymbol{q}}(t) + \frac{1}{2}\dot{\boldsymbol{q}}^T(t)\boldsymbol{L}_i(\boldsymbol{q}(t))\dot{\boldsymbol{q}}(t)\right]\dot{\sigma}^2 + g_i(\boldsymbol{q}(t))$$

其中，$t=\sigma(t')$。注意，$g_i(\tilde{\boldsymbol{q}}(t'))$ 项仅依赖于关节位置，因此不受时间缩放的影响。因此，为了计算方便，仅考虑：

$$\tilde{\tau}_{s,i}(t') = \left[\boldsymbol{m}_i^T(\boldsymbol{q}(t))\dot{\boldsymbol{q}}(t)\right]\ddot{\sigma} + \left[\boldsymbol{m}_i^T(\boldsymbol{q}(t))\ddot{\boldsymbol{q}}(t) + \frac{1}{2}\dot{\boldsymbol{q}}^T(t)\boldsymbol{L}_i(\boldsymbol{q}(t))\dot{\boldsymbol{q}}(t)\right]\dot{\sigma}^2$$

可以改写为

$$\tilde{\tau}_{s,i}(t') = \left[\boldsymbol{m}_i^T(\boldsymbol{q}(t))\dot{\boldsymbol{q}}(t)\right]\ddot{\sigma} + \tau_{s,i}(t)\dot{\sigma}^2 \tag{5.18}$$

为了理解时间缩放对 $\tau_{s,i}$ 的作用，有必要指定缩放函数 σ。最简单的选择即线性函数：

$$t = \sigma(t') = \lambda t' \tag{5.19}$$

即有

$$\dot{\sigma}(t') = \lambda, \qquad \ddot{\sigma}(t') = 0$$

通过将这些值代入式（5.18），可得：

$$\tilde{\tau}_{s,i}(t') = \lambda^2\tau_{s,i}(t), \qquad i = 1,\cdots,n \tag{5.20}$$

或者回顾 $\tau_{s,i}$ 定义，则有：

$$\tilde{\tau}_i(t') - g_i(\tilde{\boldsymbol{q}}(t')) = \lambda^2[\tau_i(t) - g_i(\boldsymbol{q}(t))], \qquad i = 1,\cdots,n$$

因此，按照常数 $1/\lambda$ 进行线性时间缩放［将式（5.19）求倒数，则新时间为 $t'=t/\lambda$］时，对应的转矩幅值缩放系数（取决于速度/加速度）为 λ^2。如果 $\lambda<1$，则新轨迹 $\tilde{\boldsymbol{q}}(t')$ 持续时间 $T'(T/\lambda)$ 大于 $\boldsymbol{q}(t)$ 执行时间。相应地，执行运动所需转矩 $\tilde{\tau}_{s,i}(t')$ ［$\lambda^2\tau_{s,i}(t)$］小于执行原始轨迹所需转矩。

例 5.5　让我们考虑一个两自由度的平面机械臂。关节转矩的极限值分别为 $\bar{\tau}_1=1000$、$\bar{\tau}_2=200$。若为两个关节指定图 5.12（a）所示的梯形轨迹，持续时间 $T=2$，则关节转矩如图 5.12（b）中的虚线所示。

执行该运动所需的最大转矩值分别为 $\tau_{1,max}=1805.9$ 和 $|\tau_2|_{max}=639.8$。为了获得物理上可执行的轨迹，需要进行动力学缩放。采用系数：

$$\lambda^2 = \min\left\{\frac{\bar{\tau}_1}{\tau_{1,max}}, \frac{\bar{\tau}_2}{\tau_{2,max}}\right\} = \min\left\{\frac{1000}{1805.9}, \frac{200}{639.8}\right\} = 0.3126$$

缩放时间：

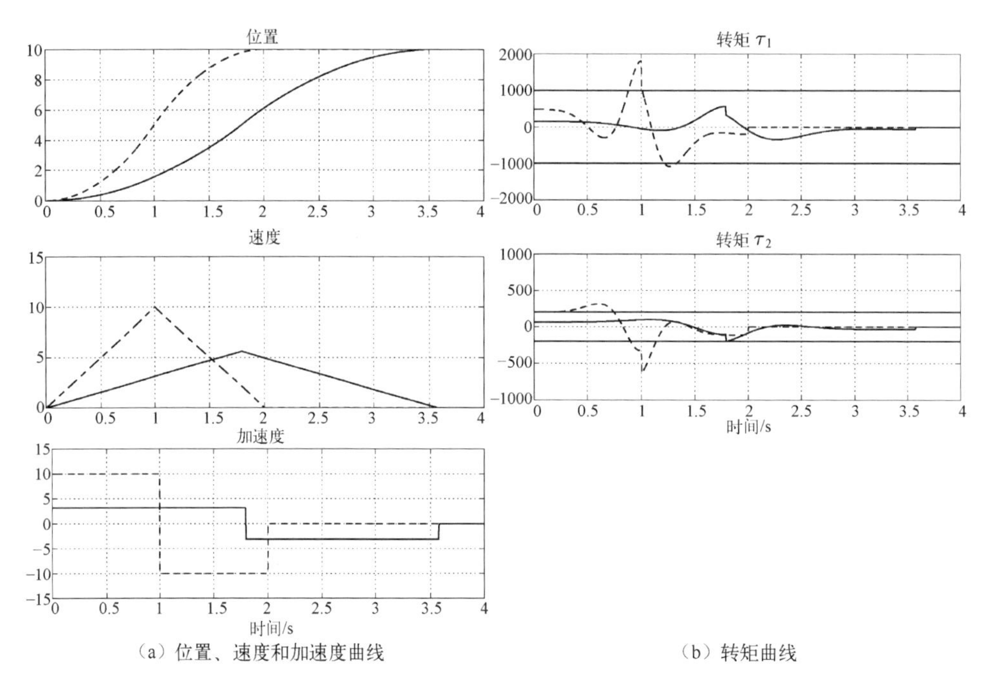

（a）位置、速度和加速度曲线　（b）转矩曲线

图 5.12　例 5.5 动态缩放前（实心）和动态缩放后（虚线）的位置、速度、加速度和转矩曲线

$$t' = \frac{t}{\lambda} = \frac{t}{0.5591} \quad \longrightarrow \quad T' = \frac{T}{\lambda} = \frac{2}{0.5591} = 3.5771$$

则新转矩值 $[\tau(t') = \lambda^2 \tau(t)]$ 都是可行的，且τ_2 在 $t' = 1.7885$ 时达到极限值。

例 5.6　让我们继续考虑上例的平面机械臂，假设其转矩极限为$\bar{\tau}_1 = 2500$、$\bar{\tau}_2 = 1000$。上例中得到的轨迹所需的转矩最大值为$\tau_{1,max} = 1805.9$ 和$\tau_{2,max} = 639.8$，此时均低于允许的限制值。在这种情况下，可以通过使用动力学缩放增加执行转矩而获得最优（最小持续时间）轨迹。事实上，可得到：

$$\lambda^2 = \min\left\{\frac{\bar{\tau}_1}{\tau_{1,max}}, \frac{\bar{\tau}_2}{\tau_{2,max}}\right\} = \min\left\{\frac{2500}{1805.9}, \frac{1000}{639.8}\right\} = 1.3844$$

然后

$$t' = \frac{t}{\lambda} = \frac{t}{1.1766} \quad \longrightarrow \quad T' = \frac{T}{1.1766} = \frac{2}{1.1766} = 1.6999$$

在这种情况下，可得到较短执行时间的轨迹（$T'<T$）。在此情况下，该运动下第一关节的转矩在一点处达到饱和。运动曲线如图 5.13（a）所示，相应的转矩如图 5.13（b）所示。

如果为了避免在单点上超过限制值而缩放整个轨迹，则会导致不必要的减慢运动。因此，可以仅在转矩超过给定极限值的运动段中应用动态缩放。

最后要考虑的是，动力学缩放有可能表明，沿着给定路径的时间最优运动会在每个运动段中的至少一个点使一个执行器的转矩、加速度或速度达到饱和。

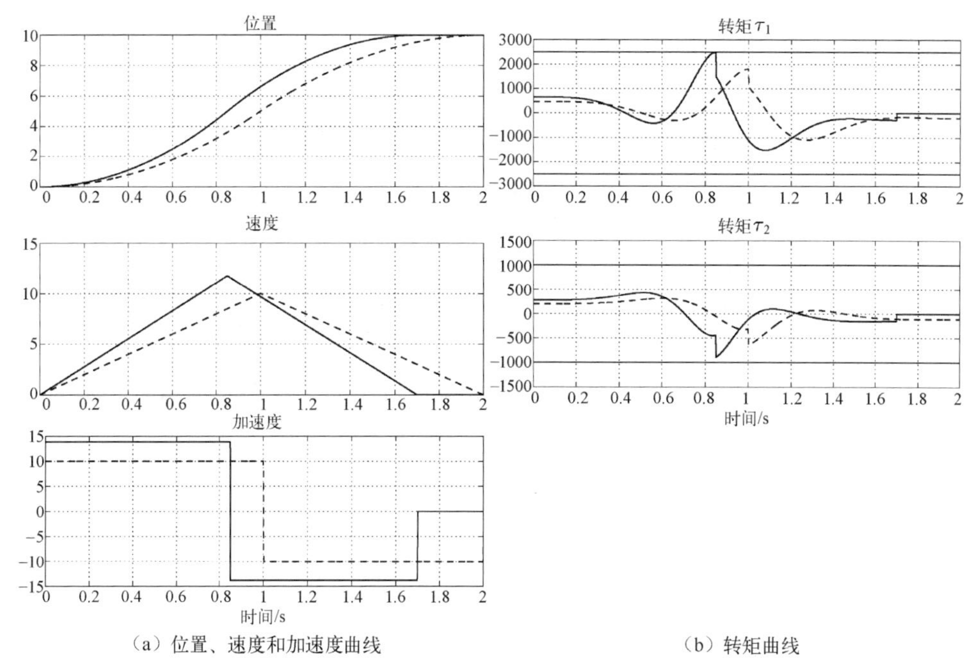

图 5.13　例 5.6 动态缩放前（实心）和动态缩放后（虚线）的位置、速度、加速度和转矩曲线

5.3　轨迹同步

函数组合不仅可用于轨迹的时间缩放，而且也可以用来同步轨迹。事实上，可以将执行器的位置曲线定义为关于一般变量 θ 而不是时间 t 的函数。例如，在主-从应用中，从动轴的运动曲线是根据主轴的运动定义的，它可以是真实的，即机器运动轴，也可以是虚拟的，即控制器的一个简单信号，实现所谓的电子凸轮。

这一思想源于自动机械中的机械凸轮，目的是将运动类型从主设备转移、协调和改变到一个或多个从系统，如图 5.14 所示。凸轮假设以恒定角速度转动，即角度位置 θ 是时间的线性函数，而从动件 F 的运动 $q(\theta)$ 由凸轮的轮廓定义①。类似地，通过设计描述从动轴相对于 θ 的位置函数 $q(\theta)$ 可以定义电子凸轮。轴运动的轨迹可以描述为 $\tilde{q}(t)=(q\circ\theta)(t)$，速度和加速度为

$$\dot{\tilde{q}}(t) = \frac{dq}{d\theta}\,\dot{\theta}(t)$$

$$\ddot{\tilde{q}}(t) = \frac{d^2q}{d\theta^2}\,\dot{\theta}^2(t) + \frac{dq}{d\theta}\,\ddot{\theta}(t)$$

其中，$\dot{\theta}(t)$ 和 $\ddot{\theta}(t)$ 分别为主动轴的速度和加速度。因此，通过设计主动轴的运动［其运动律通常是匀速运动，即定义在 $\theta_0=0°$ 和 $\theta_1=360°$ 上的 $\theta(t)=\mathrm{v}_c t$］可以改变连接到主动轴的从动轴的速度和加速度。特别地，当存在多个从动轴时，如图 5.15 所示，其中 $q_k(\theta)$ 表示主

① 机械凸轮的设计已经被广泛而仔细地研究过，关于这个论点，在机械领域有广泛的参考文献，如参考文献［4］~参考文献［9］。

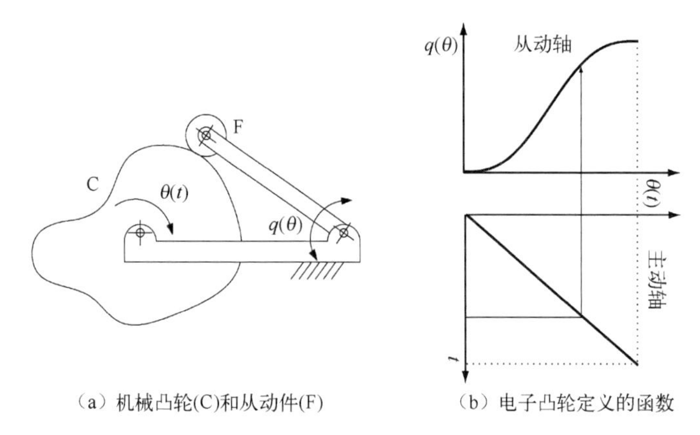

（a）机械凸轮(C)和从动件(F)　　（b）电子凸轮定义的函数

图 5.14　机械凸轮（C）和从动件（F），以及电子凸轮定义的函数

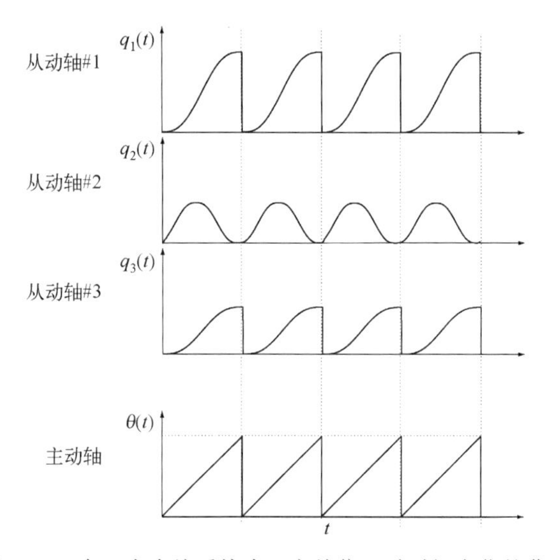

图 5.15　在一个多从系统中，主从位置随时间变化的曲线

动轴和第 k 个从动轴($k=1,\cdots,n$)之间的关系，选择主动轴的恒定速度 v_c 时要使得所有轨迹 $\tilde{q}_k(t)$ 的速度、加速度和跃度满足约束（各个轴的约束可能不一样）。为此，可以假设：

$$\mathrm{v}_c=\min\left\{\frac{\mathrm{v}_{max\,1}}{|\dot{q}_1(\theta)|_{max}},\ldots,\frac{\mathrm{v}_{max\,n}}{|\dot{q}_n(\theta)|_{max}},\sqrt{\frac{\mathrm{a}_{max\,1}}{|\ddot{q}_1(\theta)|_{max}}},\ldots,\sqrt{\frac{\mathrm{a}_{max\,n}}{|\ddot{q}_n(\theta)|_{max}}},\right.$$
$$\left.\sqrt[3]{\frac{\mathrm{j}_{max\,1}}{|q_1^{(3)}(\theta)|_{max}}},\ldots,\sqrt[3]{\frac{\mathrm{j}_{max\,n}}{|q_n^{(3)}(\theta)|_{max}}}\right\}$$

$q_k(\theta)$ 导数与 $\tilde{q}_k(t)$ 导数之间的关系：

$$\dot{\tilde{q}}(t)=\mathrm{v}_c\,\frac{dq(\theta)}{d\theta}$$
$$\ddot{\tilde{q}}(t)=\mathrm{v}_c^2\,\frac{d^2q(\theta)}{d\theta^2}$$
$$\tilde{q}^{(3)}(t)=\mathrm{v}_c^3\,\frac{d^3q(\theta)}{d\theta^3}$$
$$\vdots$$

$$\tilde{q}^{(n)}(t)=\mathrm{v}_c^n\ \frac{d^n q(\theta)}{d\theta^n}$$

例 5.7　图 5.16 给出了一个主动轴和两个从动轴运动同步的例子。角位置 $\theta\in[0,360°]$ 是时间的线性函数，而从动轴的轨迹分别为

- 从 $q_{c0}(\theta=0°)=0°$到 $q_{c1}(\theta=360°)=360°$的摆线轨迹；
- 插值途经点 $q_{p0}(\theta=0°)=0°$、$q_{p1}(\theta=180°)=180°$、$q_{p2}(\theta=360°)=0°$的五阶多项式轨迹。

在前两个周期中运动较慢（$\mathrm{v}_c=360°\ \mathrm{s}^{-1}$），然而后两个周期通过增加主动轴的速度（$\mathrm{v}_c=720°\ \mathrm{s}^{-1}$）加快运动。因此，在这些周期中，两个从动轴速度都加倍，而加速度则是前两个周期的 4 倍。

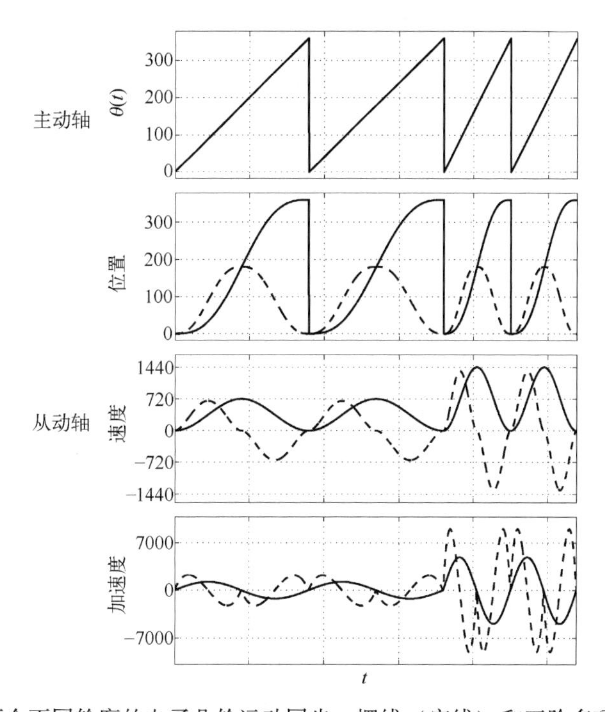

图 5.16　两个不同轮廓的电子凸轮运动同步：摆线（实线）和五阶多项式（虚线）

第6章　轨迹与执行器

本章将介绍工业应用中最常用轨迹的几种主要特性，尤其将着重讨论轨迹的选择与驱动系统间的关联及意义。事实上，针对任意给定的驱动系统，其物理学上的限制自然会对其运动律的选取产生一定影响。反之，电机的选型也需要考虑所执行的期望轨迹。

6.1　轨迹与电动机

具备不同轮廓与不同速度、加速度及加加速度最大值的各轨迹会对执行器、运动传动系统，以及机械负载产生不同的影响。此外，不同的运动轨迹还会对跟踪误差产生相关影响。因此，在选择轨迹时还应考虑控制方面的因素。

基于此，考虑执行器的可执行性是期望轨迹选取的基础。反之，同样也可基于所期望的运动轨迹来选择执行器。作为自动化设备中执行器的重要类别，下面将针对电机展开讨论。

众所周知，电机可由其机械特性综合描述，通常是将力矩描述为速度的函数。如图6.1所示，该速度-转矩曲线显示了电机的多种重要特性。

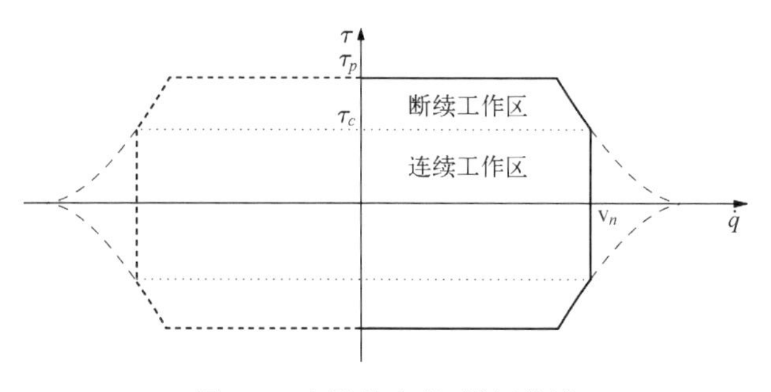

图6.1　电机的速度-转矩曲线

从图6.1中可以看到，全速域内的电机输出转矩一般并不恒定，可将其分为两部分：

① 连续工作区，电机可无限期运行；

② 断续工作区，因温升原因，电机仅可工作有限段的时间。

若电机工作于后一区域，可能会产生多余热量且无法及时散去，为避免损坏，电机最终将因热保护而停止。因此，规划轨迹时应充分考虑电机在该区域执行任务的时长。显然，针对工作驻点，即长时间保持恒定速度与转矩，应使其工作于连续工作区。针对这些运动，电机尺寸的选型应满足其热约束，反之亦然，若涉及“快速”和循环运动，同样也可利用电机断续工作区来设计合理的运动轮廓。

下列电机参数（记录于参数表中）同速度-转矩曲线相关，为驱动系统的选型提供了重要信息[54,55]。

① 连续转矩（τ_c）（或额定转矩）：电机可持续输出且不超其热限制的转矩。

② 峰值转矩（τ_p）：电机短期内可产生的最大转矩。

③ 额度速度（v_n）：额定转矩（与额定电压）下的最大速度。

④ 最大功率：电机产生的最大输出功率。

将上述特征同所期望运动轨迹的特性进行联合分析，其在驱动系统的设计中有时会非常有用。基于此，我们将讨论一种电机选型的可能机制，这里并没有考虑其他重要的设计方面，如逆变器的选型，或传动系统的大小（包括减速比）等，因这些因素与所要讨论的目的关联甚少。

轨迹与执行器的选择如下所示。

针对给定任务，合理地选择驱动系统时应考虑到两个主要方面：完成任务所需运动律 $q(t)$ 的运动学特征（最大速度和加速度等）和负载及电机的动力学特性[56]。尤其除显然应考虑的最大允许速度外：

$$\dot{q}_{max} \leqslant v_n$$

还应检验电机实际可达转矩是否满足执行任务所需转矩$\tau(t)$，即

$$\max_t\{\tau(t)\} = \tau_{max} \leqslant \tau_p$$

在自动化设备中，一般执行器的转矩可认为由两个主要部分构成：

$$\tau(t) = \tau_i(t) + \tau_{rl}(t)$$

即驱动负载加减速的惯性转矩τ_i与包括诸如摩擦、重力及施加力等所有外部力的施加转矩τ_{rl}。接下来的讨论中，隐式地考虑了电机端与机械负载端的减速比。因此，所有需关注的变量，如加速度、速度、位置、惯量与摩擦，其都在电机端计算。

若仅考虑惯性与摩擦力，转矩可表示为

$$\tau(t) = J_t\ddot{q}(t) + B_t\dot{q}(t) \tag{6.1}$$

其中，$J_t = J_m + J_l/k_r^2$ 为总转动惯量，由电机J_m与电机端（因此除以减速比 k_r 的平方）负载 J_l 组成，而 B_t 为整个系统的阻尼项，其表达式为 $B_t = B_m + B_l/k_r^2$。

针对给定电机的机械任务，若该任务以$[\dot{q}(t), \tau(t)]$且 $t \in [0, T]$所描述的曲线完全包含在电机自身速度-转矩特性所定义的区域内，那么其上运动律是实际可执行的。反之亦然，一旦机械任务已知，可通过选择执行器使其速度-转矩特性包含上述曲线，以合理利用电机的断续工作区域。

当负载主要为惯性且摩擦项可被忽略时，即$\tau(k) \approx J_t\ddot{q}(t)$，那么加速度曲线可以很好地估计对执行预定应用所需的转矩。

例 6.1　图 6.2（a）与图 6.2（b）所指电机的特征参数为

$$v_n = 10 \qquad \tau_p = 20 \qquad \tau_c = 8$$

被驱动系统的惯量与阻尼系数为

$$J_t = 1 \qquad B_t = 0.3$$

考虑两种不同运动律，图 6.2（a）为 $h = 15$、$T = 3$ 的摆线轨迹，图 6.2（b）为附加条件 $a_{max} = 15$ 的梯形速度轨迹。通过考察转矩与速度的最大值，结果表明，相关示图均位于电机速度-转矩曲线所包围的区域内，因此两个任务均可实现。

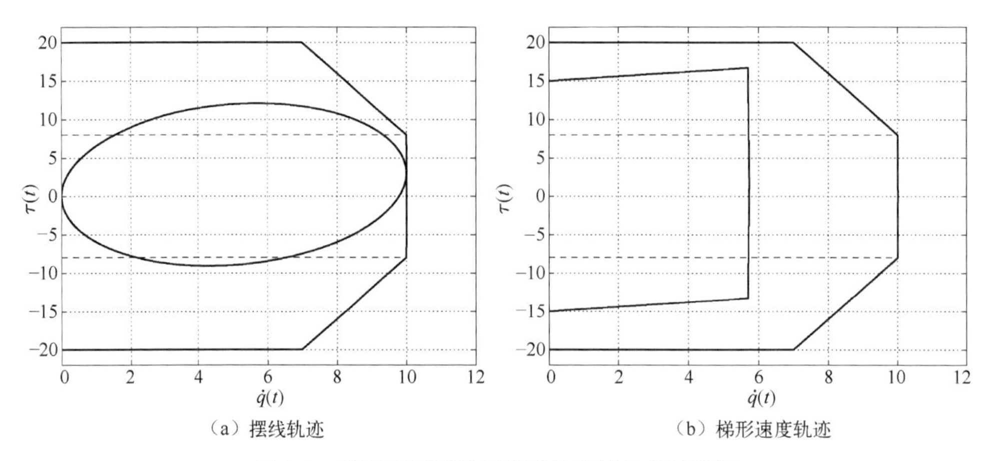

（a）摆线轨迹　　（b）梯形速度轨迹

图 6.2　两种不同运动律得到的机械任务示意图

当针对循环①轨迹时，还应考虑其温升问题。如上所述，电机的速度-转矩图中有两个主要工作区：连续与断续工作区。因发热原因，处于断续工作区内一段时间后需提供另一段时间以消散过高热量。因此，为使冷却系统足以消散剩余热能，应对轨迹所施加的循环周期进行设计。

对于给定的电机，检验其周期性运动律是否可行的一个简单判断条件涉及任务所需转矩值$\tau(t)$的均方根（RMS），可计算为

$$\tau_{rms} = \sqrt{\frac{1}{T}\int_0^T \tau^2(t)\ dt}$$

对所得转矩与电机持续转矩τ_c进行比较，仅有当：

$$\tau_{rms} \leqslant \tau_c$$

时，该任务方可与电机热特性兼容。

对于可用式（6.1）表述的一般系统，其均方根转矩为

$$\begin{aligned}
\tau_{rms}^2 &= \frac{1}{T}\int_0^T \tau^2(t)\ dt \\
&= \frac{J_t^2}{T}\int_0^T \ddot{q}^2(t)\ dt + \frac{B_t^2}{T}\int_0^T \dot{q}^2(t)\ dt + 2\frac{J_t B_t}{T}\int_0^T \dot{q}(t)\,\ddot{q}(t)\,dt \\
&= J_t^2 \ddot{q}_{rms}^2 + B_t^2 \dot{q}_{rms}^2
\end{aligned}$$

其中，

$$\ddot{q}_{rms} = \sqrt{\frac{1}{T}\int_0^T \ddot{q}^2(t)\ dt} \qquad \dot{q}_{rms} = \sqrt{\frac{1}{T}\int_0^T \dot{q}^2(t)\ dt}$$

其分别为加速度与速度的均方根值，若考虑重复性运动②［$\dot{q}(0)=\dot{q}(\tau)$］，则 $2\dfrac{J_t B_t}{T}\int_0^T \dot{q}(t)$

① 本节中，“循环”指轨迹的周期被认为是小于电机的热时间常数的，即电机到达其额定温度的 63.2%时所需的时间。

② 注意：$2\int_0^T \dot{q}(t)\,\ddot{q}(t)dt = [\dot{q}(t)^2]_{t=0}^{t=T} = 0$。

$\ddot{q}(t)dt$ 项等于 0。

当 $B_t \approx 0$ 时，均方根转矩的表达式可进一步简化为

$$\tau_{rms} = J_t \ddot{q}_{rms}$$

因此，加速度轮廓的均方根值（乘以总转动惯量）是均方根转矩的一个优估计。

例 6.2　同例 6.1 的系统（电机与负载）与运动律，则其均方根转矩分别为

$$\tau_{rms}^{(a)} = 7.6293, \qquad \tau_{rms}^{(b)} = 7.7104$$

因 $\tau_c = 8$，则两种轨迹均具可行性。注意，在这两种情况下，点（$\dot{q}_{max}, \tau_{rms}$）[①] 落在了速度-转矩曲线中的连续工作区域内，如图 6.3 所示。

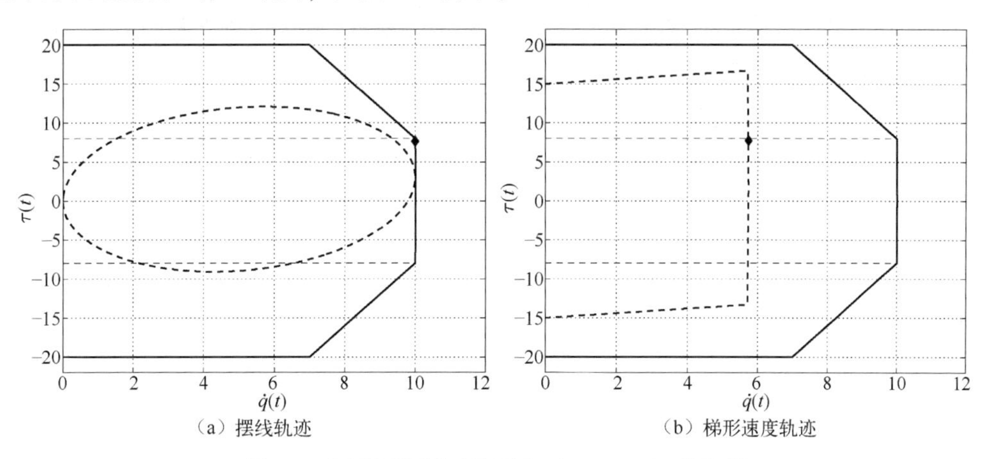

（a）摆线轨迹　　（b）梯形速度轨迹

图 6.3　两种不同运动律下点（$\dot{q}_{max}, \tau_{rms}$）的位置

6.2　运动曲线的特征

我们无法预先定义出适应任何应用的“最优轨迹”，其选取与诸多因素有关，如负载类型、边界条件（位移长度、运行时长等）、运动曲线、可用的驱动系统，以及多种其他一般意义上的约束。总之，在运动律选取过程中获取关于某一特定轨迹或一系列可能轨迹的速度与加速度曲线中的一些信息是有意义的，尤其如上节所述的对驱动系统选型极其重要的峰值和均方根值，反之亦然，也可针对给定的电机来选取合适的运动律。为此，我们可以定义一些无量纲系数，它们不依赖于运动律的位移 h 或时长 T，而仅与轨迹的“形状”有关。这些系数允许对速度与加速度如何超出理想均值进行量化。若 $\dot{q}_{max} = \max_t\{|\dot{q}(t)|\}$，$\ddot{q}_{max} = \max_t\{|\ddot{q}(t)|\}$，可定义速度系数：

$$C_v = \frac{\dot{q}_{max}}{h/T} \quad \Rightarrow \quad \dot{q}_{max} = C_v \frac{h}{T}$$

加速度系数：

$$C_a = \frac{\ddot{q}_{max}}{h/T^2} \quad \Rightarrow \quad \ddot{q}_{max} = C_a \frac{h}{T^2}$$

由于最大速度不会小于平均速度 h/T，因此 C_v 大于 1，同样也可证明 C_a 不会小于 4。

① 最大速度分别为 $\dot{q}_{max}^{(a)} = 10$ 与 $\dot{q}_{max}^{(b)} = 5.7295$。

我们还可以用同样的方法定义一个加加速度峰值系数（虽然该变量在后续进一步讨论中并未使用），其表达式为 $C_j=\dfrac{q_{max}^{(3)}}{h/T^3}$，其中 $q_{max}^{(3)}$ 为加加速度的最大值。显然，因其定义，系数 C_v、C_a、C_j 分别是归一化轨迹 $q_N(\tau)$ 速度、加速度及加加速度的最大值。

考虑速度与加速度的均方根值 $\dot{q}_{rms}$ 与 $\ddot{q}_{rms}$，相关系数可定义为

$$C_{v,rms}=\frac{\dot{q}_{rms}}{h/T} \qquad C_{a,rms}=\frac{\ddot{q}_{rms}}{h/T^2}$$

图 6.4～图 6.6 中 3 个表格的每一列分别给出了前述章节中所介绍的几种主要轨迹的速度、加速度和加加速度曲线，该曲线均在条件 $t_0=0$、$t_1=0$、$q_0=0$、$q_1=1$（因此，$h=1$，$T=1$）下计算所得，这也意味着 $C_v=\dot{q}_{max}$，$C_a=\ddot{q}_{max}$。

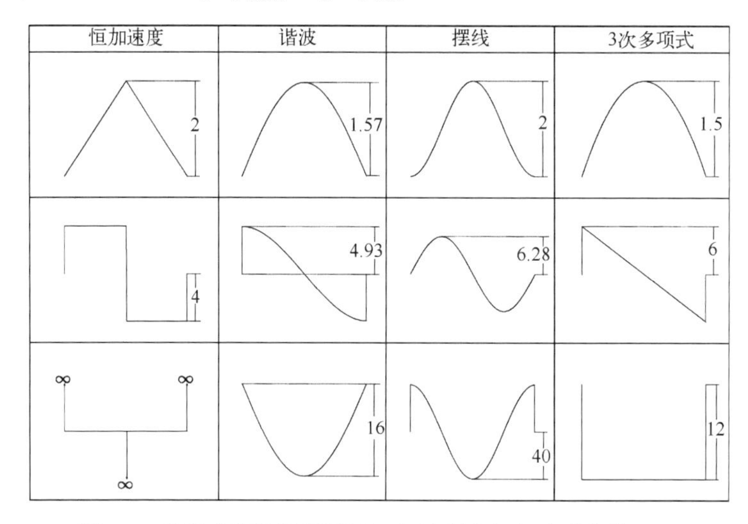

图 6.4 几种主要轨迹的速度、加速度和加加速度曲线（1）

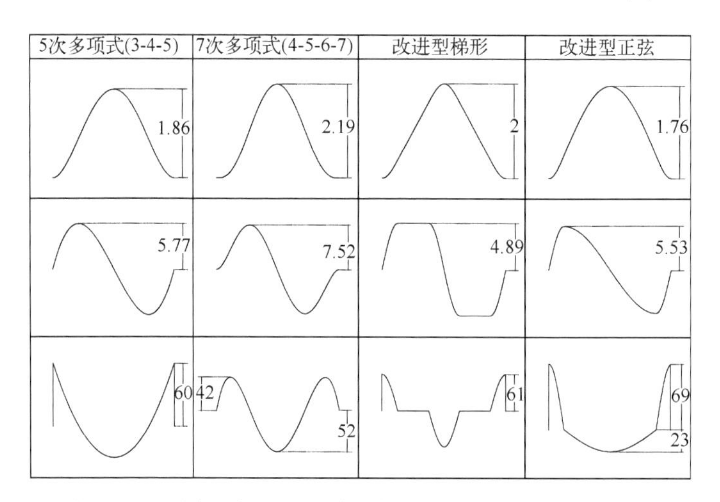

图 6.5 几种主要轨迹的速度、加速度和加加速度曲线（2）

表 6.1 整理了所要考察的所有轨迹的 C_v 和 C_a 系数值，以及其与对应最小理论值 1 和 4 的百分比值。阶数大于 7 的轨迹的多项式的相关系数见表 2.2。

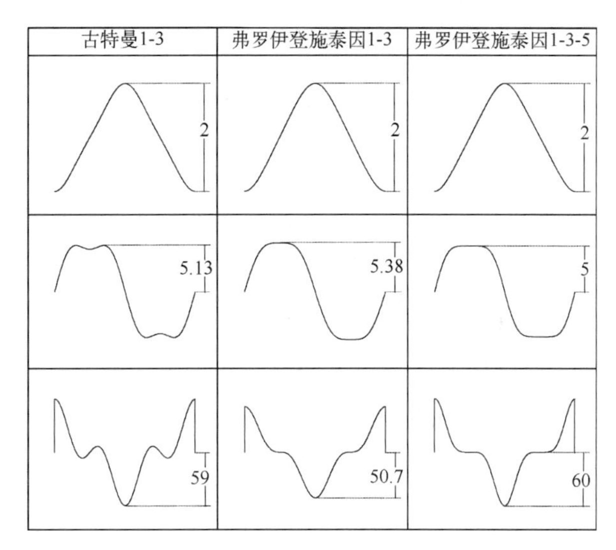

图 6.6　几种主要轨迹的速度、加速度和加加速度曲线（3）

表 6.1　前述章节中部分轨迹的速度及加速度的最大值系数，以及其相对于最小理论值变化的百分比

轨　迹	C_v	$\Delta C_v\%$	C_a	$\Delta C_a\%$
恒定加速度	2	100.00	4	0.00
谐波	1.5708	57.08	4.9348	23.37
摆线	2	100.00	6.2832	57.08
多项式：3 阶	1.5	50.00	6	50.00
多项式：3-4-5	1.875	87.5	5.7733	44.33
多项式：4-5-6-7	2.1875	118.75	7.5107	87.77
改进型梯形	2	100.00	4.8881	22.20
改进型正弦	1.7593	75.93	5.5279	38.20
Gutman 1-3	2	100.00	5.1296	28.24
Freudenstein 1-3	2	100.00	5.3856	34.64
Freudenstein 1-3-5	2	100.00	5.0603	26.51

上述表格可明确表明，曲线越平滑的轨迹具有更高的速度峰值与加速度峰值。由于电机施加于机械装置上的动态力同其加速度成正比，因此这些值是有意义的，见式（6.1）。通常，我们期望这些力可以保持尽可能的低值，因此可以适当选取具有低加速度且曲线连续的函数。此外，由于动能与速度成正比，因此使用同样具有低速度值的轨迹可能会更有益。

在所有以惯量负载为主导的那些应用中，电机所需的均方根转矩同加速度的均方根值成正比。因此，针对不同轨迹对比各自的 $C_{a,rms}$ 系数是有意义的。表 6.2 归纳了已在表 6.1 中考虑到的各运动律的峰值系数与均方根系数。

表 6.2　前述章节中介绍的部分轨迹的速度及加速度的最大值与均方根值的系数

轨　迹	C_v	C_a	$C_{v,rms}$	$C_{a,rms}$
恒定加速度	2	4	1.1547	4
谐波	1.5708	4.9348	1.1107	3.4544
摆线	2	6.2832	1.2247	4.4428
多项式：3 阶	1.5	6	1.0954	3.4131
多项式：3-4-5	1.875	5.7733	1.1952	4.1402
多项式：4-5-6-7	2.1875	7.5107	1.2774	5.0452
改进型梯形	2	4.8881	1.2245	4.3163
改进型正弦	1.7593	5.5279	1.1689	3.9667
Gutman 1-3	2	5.1296	1.2006	4.2475
Freudenstein 1-3	2	5.3856	1.2106	4.3104
Freudenstein 1-3-5	2	5.0603	1.2028	4.2516

为避免执行器过载，以及施加于机械部件上的应力过大，有必要使上述系数最小。但通常，最小化了速度或加速度中的某一项系数，另一项就会增大，因此需要权衡考虑。

以均方根值衡量时，最“优”轨迹为 $C_{a,rms}=3.4131$ 的三次多项式，而七次多项式因 $C_{a,rms}=5.0452$ 则为最差。

另一角度，考察最大加速度（转矩）值，系数 C_a 最小的轨迹为 $C_a=4$ 的恒加速度轨迹（三角，为梯形轨迹的特例），而 7 次多项式为最大，$C_a=7.5107$（相对于最小的可能值 +87.77%）。$C_a=6$ 的三次多项式轨迹也具有很高的加速度，其较恒加速轨迹超出 50%。

此外，虽然恒加速（三角）轨迹与改进型梯形轨迹（带摆线混成）具有同样的速度系数 C_v（相应的最大速度也相同），但改进型梯形轨迹的加速度峰值与均方根值均更大。该性质同样适应于仅加速度轮廓混成方式不同的双 S 型轨迹。

除了作为轨迹对比的一种有效工具，速度与加速度系数也是驱动系统选型的良好开端，反之亦然，尤其是在高性能要求下，可为给定的任务选取最适合的轨迹。若负载可由惯量建模，则根据加速度与转矩间的线性关系可以很容易将转矩约束转化为加速度约束，反之，乘以转动惯量 J_t 即可。因此，若要求为已有电机选取最合适的轨迹，我们可以将电机上的最大额定值（峰值转矩 τ_p 与连续转矩 τ_c）转换为运动律上的约束（最大加速度 a_{max} 与均方根加速度的最大值 a_{max}^{rms}）：

$$\mathrm{a}_{max}=\frac{\tau_p}{J_t} \qquad \mathrm{a}_{max}^{rms}=\frac{\tau_c}{J_t}$$

此外，自然还应包括速度条件 $\mathrm{v}_{max}=\mathrm{v}_n$。

反之，若任务定义明确，且要求预设具有给定位移 h 与时长 T 的轨迹（系数 C_v、C_a、$C_{v,rms}$ 及 $C_{a,rms}$ 已知），那么通过均方根加速度及最大加速度即可轻松获得电机完成任务所必须提供的峰值转矩与持续转矩值。

更广泛地，由电机机械特性（惯性负载情况下），可推导出轨迹所需的速度-加速度曲线，反之亦然（见图 6.7）。

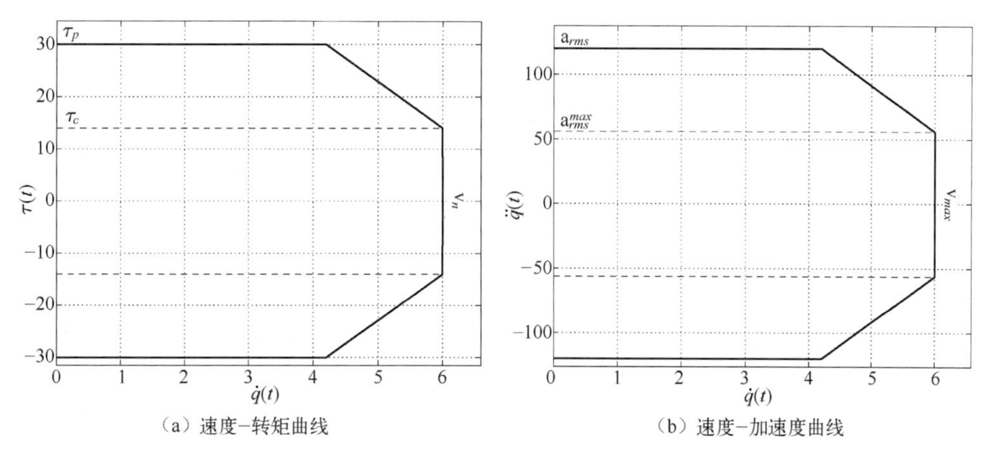

（a）速度-转矩曲线　　（b）速度-加速度曲线

图 6.7　给定机械系统或驱动系统的速度-转矩与速度-加速度曲线

例 6.3　给定某机械系统，其总惯量$J_t=0.25$，阻尼系数可忽略，即 $B_t\approx 0$，用于驱动的执行器其速度-转矩曲线如图 6.7（a）所示，求从 $q_0=0$ 至 $q_1=0.6$（$h=0.6$）最快的谐波轨迹。由图 6.3 中易推导出电机的最大额定值：

$$\tau_p = 30 \qquad \tau_c = 14 \qquad \mathrm{v}_n = 6$$

而图 6.7（b）可由下列轨迹上的相关约束获得：

$$\mathrm{a}_{max} = 120 \qquad \mathrm{a}_{max}^{rms} = 56 \qquad \mathrm{v}_{max} = 6$$

由谐波轨迹中 C_v、C_a 与 $C_{a,rms}$系数的值，以及最大速度、加速度与均方根加速度的约束可以求出 T。其实，通过速度与加速度系数的定义，可以得到：

$$\begin{aligned}
\dot{q}_{max} &= C_v\frac{h}{T} &&\Rightarrow\quad T \geqslant C_v\frac{h}{\mathrm{v}_{max}} = T_{min,1}\\
\ddot{q}_{max} &= C_a\frac{h}{T^2} &&\Rightarrow\quad T \geqslant \sqrt{C_a\frac{h}{\mathrm{a}_{max}}} = T_{min,2}\\
\ddot{q}_{a,max} &= C_{a,rms}\frac{h}{T^2} &&\Rightarrow\quad T \geqslant \sqrt{C_{a,rms}\frac{h}{\mathrm{a}_{max}^{rms}}} = T_{min,3}
\end{aligned} \tag{6.2}$$

根据本例所赋数值，有：

$$T_{min,1} = 0.1571 \qquad T_{min,2} = 0.1571 \qquad T_{min,3} = 0.1924$$

关于均方根加速度约束的限定最为严格，也意味着轨迹持续时间最长。因此，运动的时间长度为

$$T_{min} = \max\{T_{min,1},\ T_{min,2},\ T_{min,3}\} = 0.1924$$

图 6.8 给出了该任务的速度-加速度曲线，并显性地标出了点（$\dot{q}_{max}$，$\ddot{q}_{rms}$）。若 $\mathrm{v}_{max}=4$，由式（6.2）可得时长：

$$T_{min,1} = 0.2356 \qquad T_{min,2} = 0.1571 \qquad T_{min,3} = 0.1924$$

那么轨迹的最小时长由最大速度所限制，如图 6.9 所示。

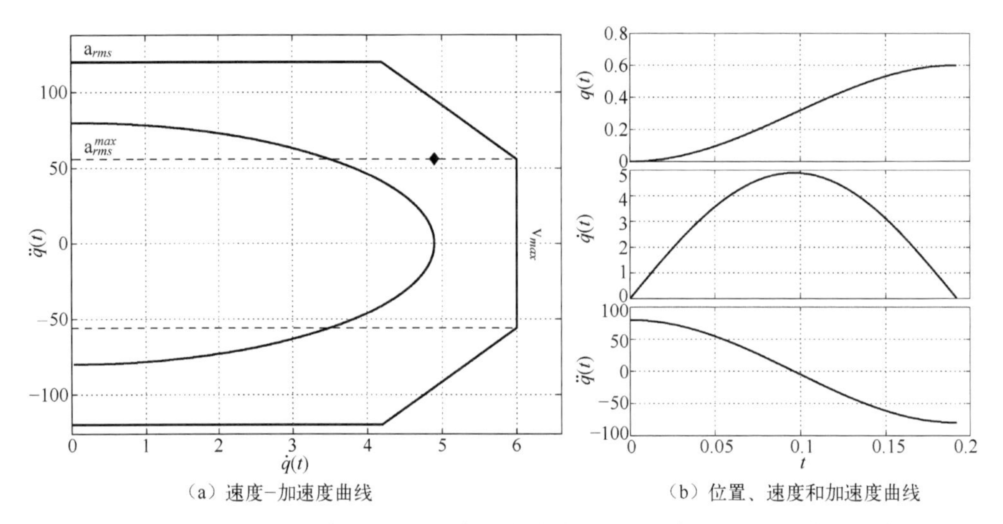

图 6.8　由摆线轨迹所得任务的速度-加速度曲线，以及其位置、速度和加速度曲线

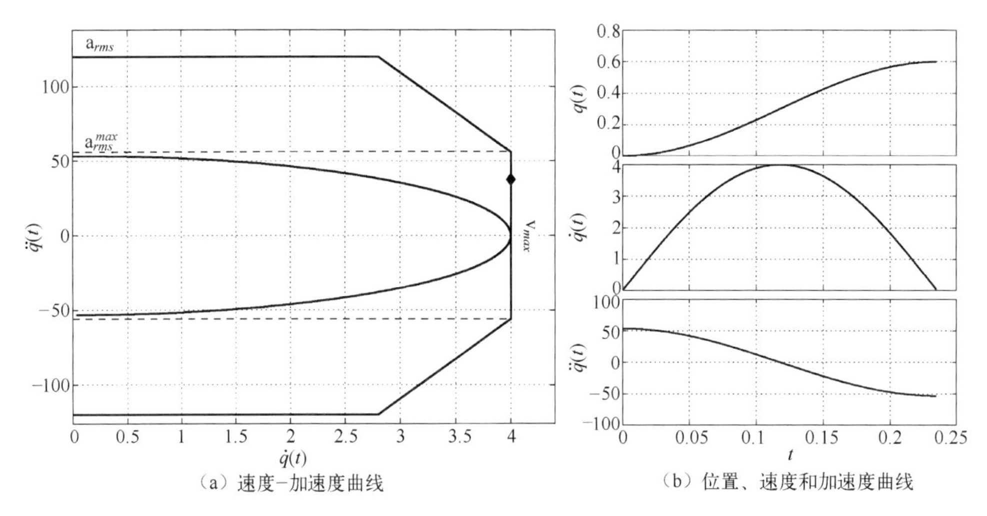

图 6.9　由摆线轨迹所得任务的速度-加速度曲线，以及其位置、速度和加速度曲线

梯形轨迹与双 S 型轨迹的对比如下所示。

由于 3.2 节所介绍的梯形轨迹与 3.4 节中的双 S 型轨迹在工业实践中应用广泛，因此有必要对比一下它们的性能。为定义它们，除需提供总位移 $h=q_1-q_0$ 与总时长 $T=t_1-t_0$ 的条件外（假设初始速度和加速度为零），对于梯形运动律，还需再提供一个约束（如最大加速度 a_{max} 或加速和减速阶段时长 T_a，这里假设两个阶段的时长相同），而对于双 S 型轨迹，则还需要两个额外约束。例如，针对梯形运动律，定义加速段与减速段时长（假设相同）为

$$T_a = \alpha T \qquad\qquad \alpha \leqslant 1/2$$

将该值代入下式：

$$\begin{cases} T = \dfrac{h}{\dot{q}_{max}} + T_a \\ T_a = \dfrac{\dot{q}_{max}}{\ddot{q}_{max}} \end{cases}$$

可得速度与加速度的最大值，以及作为自由参数 α 的函数的相关系数如下：

$$\begin{cases} \dot{q}_{max} = \dfrac{h}{(1-\alpha)T} & \Rightarrow \quad C_v^{tr} = \dfrac{1}{(1-\alpha)} \\ \ddot{q}_{max} = \dfrac{h}{\alpha(1-\alpha)T^2} & \Rightarrow \quad C_a^{tr} = \dfrac{1}{\alpha(1-\alpha)} \end{cases}$$

进而，将 T_a 与 $\ddot{q}_{max}$ 表达式代入定义①中，可得均方根加速度系数如下：

$$\begin{aligned} \ddot{q}_{rms} &= \sqrt{\frac{1}{T}\int_0^T \ddot{q}(t)^2 dt} \\ &= \sqrt{\frac{1}{T}\left(2T_a\ddot{q}_{max}^2\right)} \\ &= \sqrt{2\alpha}\frac{h}{\alpha(1-\alpha)T^2} \quad \Rightarrow \quad C_{a,rms}^{tr} = \sqrt{2\alpha}\frac{1}{\alpha(1-\alpha)} \end{aligned}$$

图 6.10 中以变量 $\alpha \in [0,1/2]$ 的函数形式绘制了梯形轨迹的 C_v、C_a 与 $C_{a,rms}$ 系数。注意，若 α 增加，C_v（因此最大速度）同样递增，但 C_a 递减。与之不同的是，$C_{a,rms}$ 不再是 α 的单调函数，但其在 $\alpha=1/3$ 时取值最小，见表 6.3。基于此，同时考虑到当 $\alpha=1/3$ 时，C_v 与 C_a 系数也足够小，因此工业实践中常采用这种 3 段等长的梯形轨迹。

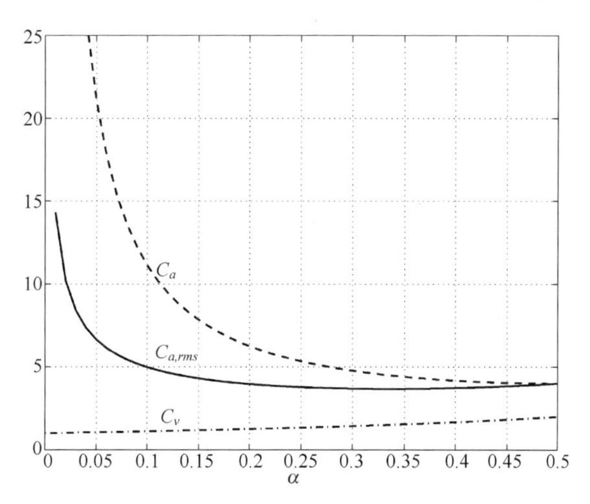

图 6.10　以变量 $\alpha \in [0,1/2]$ 的函数形式绘制的梯形轨迹的 C_v、C_a 与 $C_{a,rms}$ 系数

表 6.3　由不同 α 值所得梯形轨迹的速度与加速度的最大与均方根值系数

α	C_v	C_a	$C_{v,rms}$	$C_{a,rms}$
1/2	2	4	1.15	4
1/3	1.5	4.5	1.12	3.67
1/4	1.33	5.33	1.09	3.77
1/5	1.25	6.25	1.07	3.95

① 针对以恒加速部分为特征的梯形轨迹，其加速度的均方根值可由下式计算：

$$\ddot{q}_{rms}^{tr} = \sqrt{\frac{\sum_i T_i \mathbf{a}_i^2}{T}}$$

其中，T_i 为恒定加速度 $\mathbf{a}_i$ 下的第 i 段时长。

例 6.4 图 6.11 为在 $h=1$、$T=1$ 的条件下由不同 α 值求得的梯形轨迹所执行的任务。尤其考虑了 $\alpha=1/2$（实线）与 $\alpha=1/3$（虚线）的情况。为简化起见，假设$J_t=1$，此时，若忽略摩擦，转矩则等同于加速度。图 6.11（a）为电机经典的速度-转矩特性曲线（此处等同于速度-加速度曲线），从中可以看出，三角轨迹（由 $\alpha=1/2$ 获取）由于其不仅最大速度 $\dot{q}_{max}$等于 $v_{max}=2$，而且均方根加速度$\ddot{q}_{rms}$也等于其极限值（$a_{rms}^{max}=\tau_c/J_t=4$），因此该轨迹是可行轨迹中的一种极限情况。与之相反，当 $\alpha=1/3$ 时，轨迹的速度与加速度均小于相应的约束值，此时允许减小轨迹的时长 T，使其可在电机所施加的约束下依旧可行。最严格的限定因素显然是加速度的均方根值［注意图 6.11（a）中所示的（$\dot{q}_{max}$，$\ddot{q}_{rms}$）点］，因此最小轨迹时长可根据下式求得：

$$T_{min}=\sqrt{C_{a,rms}\frac{h}{a_{max}^{rms}}}$$

利用本例中的数值，可得 $T_{min}=0.9582$。图 6.12 所示为 $T=1$（虚线）与 $T=0.9582$（实线）时所得的轨迹。

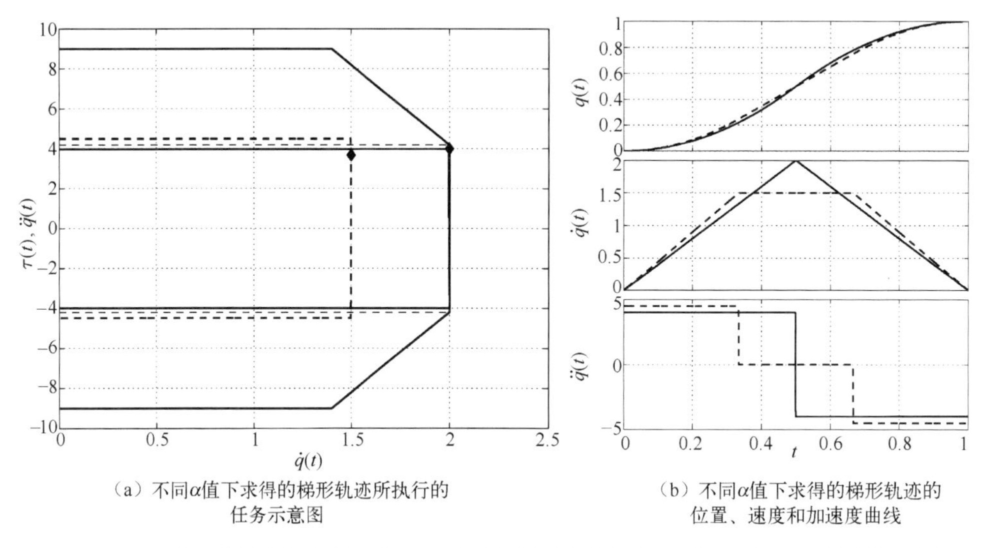

（a）不同α值下求得的梯形轨迹所执行的任务示意图

（b）不同α值下求得的梯形轨迹的位置、速度和加速度曲线

图 6.11 不同 α 值下求得的梯形轨迹所执行的任务示意图及其位置、速度和加速度曲线

针对双 S 轨迹，这里我们考虑的两个附加约束是加速段的时长，假设其为整个周期的一部分，即

$$T_a=\alpha T,\qquad \alpha\leqslant 1/2$$

以及恒加加速段的时间长度为

$$T_j=\beta T_a,\qquad \beta\leqslant 1/2$$

其也被认为是加速周期中的一部分。此时，总时长、加速段与恒加加速段的时间长度为

$$\begin{cases}T=\dfrac{h}{\dot{q}_{max}}+T_a\\ T_a=\dfrac{\dot{q}_{max}}{\ddot{q}_{max}}+T_j\\ T_j=\dfrac{\ddot{q}_{max}}{q_{max}^{(3)}}\end{cases}$$

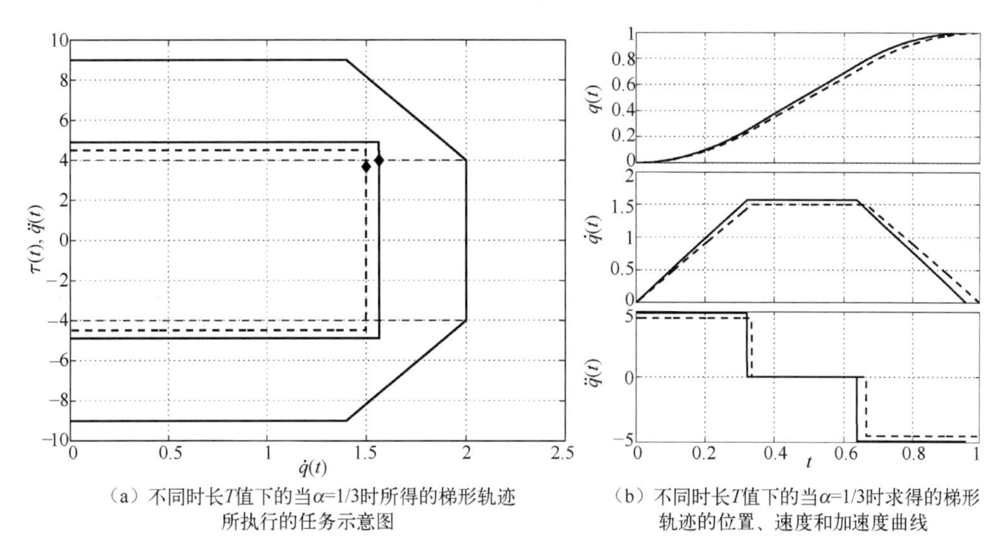

（a）不同时长T值下的当α=1/3时所得的梯形轨迹所执行的任务示意图

（b）不同时长T值下的当α=1/3时求得的梯形轨迹的位置、速度和加速度曲线

图 6.12　不同时长 T 值下的当 $\alpha=1/3$ 时所得的梯形轨迹所执行的任务示意图及其位置、速度和加速度曲线

并得到双 S 轨迹以 T、h、α、β 的函数形式表示的最大速度、加速度及加加速度：

$$\begin{cases} \dot{q}_{max} = \dfrac{h}{(1-\alpha)T} & \Rightarrow \quad C_v^{ss} = \dfrac{1}{(1-\alpha)} \\ \ddot{q}_{max} = \dfrac{h}{\alpha(1-\alpha)(1-\beta)T^2} & \Rightarrow \quad C_a^{ss} = \dfrac{1}{\alpha(1-\alpha)(1-\beta)} \\ q_{max}^{(3)} = \dfrac{h}{\alpha^2\beta(1-\alpha)(1-\beta)T^3} & \Rightarrow \quad C_j^{ss} = \dfrac{1}{\alpha^2\beta(1-\alpha)(1-\beta)} \end{cases}$$

此外，将 T_a、T_j 和$\ddot{q}_{max}$的表达式代入双 S 轨迹加速度均方根的定义中，可计算出其作为 h、T、α、β 的函数的值如下：

$$\begin{aligned} \ddot{q}_{rms} &= \sqrt{\frac{1}{T}\int_0^T \ddot{q}(t)^2 dt} \\ &= \sqrt{\frac{1}{T}\left(2(T_a - 2T_j)\ddot{q}_{max}^2 + \frac{4}{3}T_j\ddot{q}_{max}^2\right)} \\ &= \frac{1}{(1-\alpha)(1-\beta)}\sqrt{\frac{6-8\beta}{3\alpha}}\frac{h}{T^2} \quad \Rightarrow \quad C_{a,rms}^{ss} = \frac{1}{(1-\alpha)(1-\beta)}\sqrt{\frac{6-8\beta}{3\alpha}} \end{aligned}$$

表 6.4~表 6.7 记录了 α 与 β 等于 1/2、1/3、1/4、1/5 时 C_v、C_a、$C_{v,rms}$、$C_{a,rms}$系数的数值。

表 6.4　α 与 β 值下双 S 轨迹的系数 C_v

α \ β	1/2	1/3	1/4	1/5
1/2	2.0000	2.0000	2.0000	2.0000
1/3	1.5000	1.5000	1.5000	1.5000
1/4	1.3333	1.3333	1.3333	1.3333
1/5	1.2500	1.2500	1.2500	1.2500

表 6.5 α 与 β 值下双 S 轨迹的系数 C_a

α \ β	1/2	1/3	1/4	1/5
1/2	8.0000	6.0000	5.3333	5.0000
1/3	8.9820	6.7500	6.0000	5.6250
1/4	10.6667	8.0000	7.1111	6.6667
1/5	12.5000	9.3750	8.3333	7.8125

表 6.6 α 与 β 值下双 S 轨迹的系数 $C_{v,rms}$

α \ β	1/2	1/3	1/4	1/5
1/2	1.2383	1.2270	1.2141	1.2045
1/3	1.1511	1.1466	1.1414	1.1376
1/4	1.1089	1.1061	1.1029	1.1006
1/5	1.0849	1.0829	1.0807	1.0790

表 6.7 α 与 β 值下双 S 轨迹的系数 $C_{a,rms}$

α \ β	1/2	1/3	1/4	1/5
1/2	4.6188	4.4721	4.3547	4.2818
1/3	4.2426	4.1079	4.0000	3.9330
1/4	4.3547	4.2163	4.1056	4.0369
1/5	4.5645	4.4194	4.3034	4.2314

例 6.5 同例 6.4 中的系统（电机与负载），但此时改由双 S 轨迹执行任务。尤其考虑了两组由 $\alpha=1/2$、$\beta=1/4$（虚线）与 $\alpha=1/3$、$\beta=1/4$（实线）所得的不同的运动律，如图 6.13 所示。

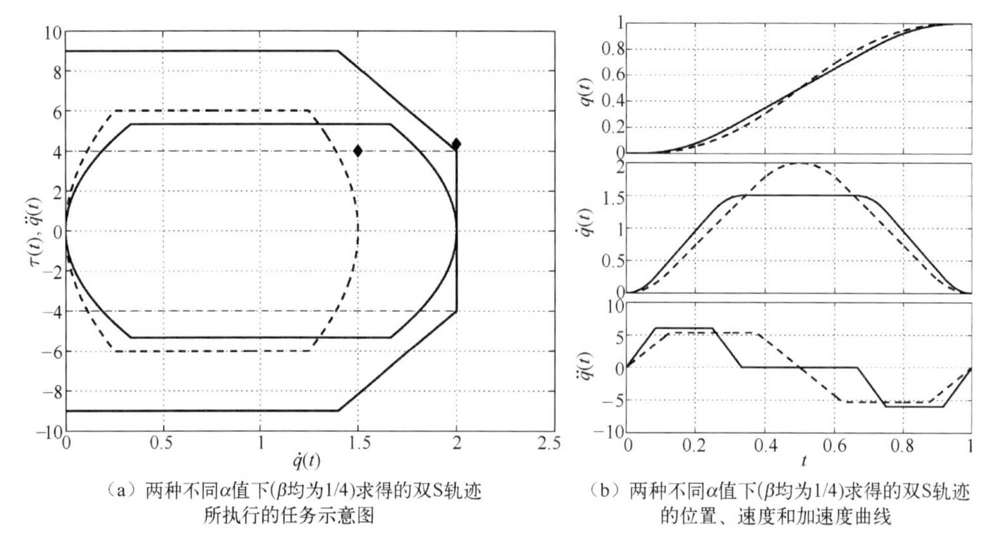

（a）两种不同α值下(β均为1/4)求得的双S轨迹所执行的任务示意图

（b）两种不同α值下(β均为1/4)求得的双S轨迹的位置、速度和加速度曲线

图 6.13 两种不同 α 值下（β 均为 1/4）求得的双 S 轨迹所执行的任务示意图及其位置、速度和加速度曲线

虽然两组轨迹均满足最大速度与最大加速度的约束，但当 $\alpha=1/2$ 时，轨迹的均方根加速度超出了其最大允许值。事实上，由表 6.7 易推导出当 $h=1$ 及 $T=1$ 时，轨迹的均方根加速度在 $\alpha=1/2$ 时 $\ddot{q}_{rms}=4.3547$，在 $\alpha=1/3$ 时 $\ddot{q}_{rms}=4$。因此，若要采用无恒速段（$\alpha=1/2$）的轨迹，则需要增大其时长，对于单位位移，其最小值为 $T=1.0434$。此时，相对于梯形轨迹（当 $T=1$ 时，$\ddot{q}_{rms}=4$），性能减小约 4%。

当 $\alpha=1/3$ 时，可通过适当减小 β 值以减小 $C_{a,rms}$ 和相应的加速度 $\ddot{q}_{rms}$。

当 $\alpha=T/T_a$ 时，T_a 的含义对于梯形轨迹与双 S 轨迹是相同的，因此对比两种轨迹下的速度系数及加速度系数是有意义的。特别明显的有①：

$$C_v^{ss}=C_v^{tr}$$

而两个轨迹之间 C_a 系数及 $C_{a,rms}$ 系数的关系要复杂得多，且双 S 轨迹与 β 相关。由经验易观察出：

$$C_a^{ss}=f_a(\beta)\,C_a^{tr}$$

其中，

$$f_a(\beta)=\frac{1}{1-\beta}$$

且：

$$C_{a,rms}^{ss}=f_{a,rms}(\beta)\,C_{a,rms}^{tr}$$

其中，

$$f_{a,rms}(\beta)=\frac{1}{1-\beta}\sqrt{\frac{3-4\beta}{3}}$$

图 6.14 所示为 $f_a(\beta)$ 与 $f_{a,rms}(\beta)$ 函数。随着 β 由 1 变化至 1/2，函数 $f_a(\beta)$ 翻倍，$f_{a,rms}(\beta)$ 则由 1 增加至 1.1547。因此，同一 α 下求得的双 S 轨迹的加速度均方根值与梯形运动律的 $\ddot{q}_{rms}$ 并不相同，最大相差 15.47%。当 $\beta=0$（$T_j=0$）时，函数 $f_a(\beta)$ 与 $f_{a,rms}(\beta)$ 均等于 1，这是因为此时双 S 已退化为梯形轨迹（加加速为具有无限幅值的冲击量）。

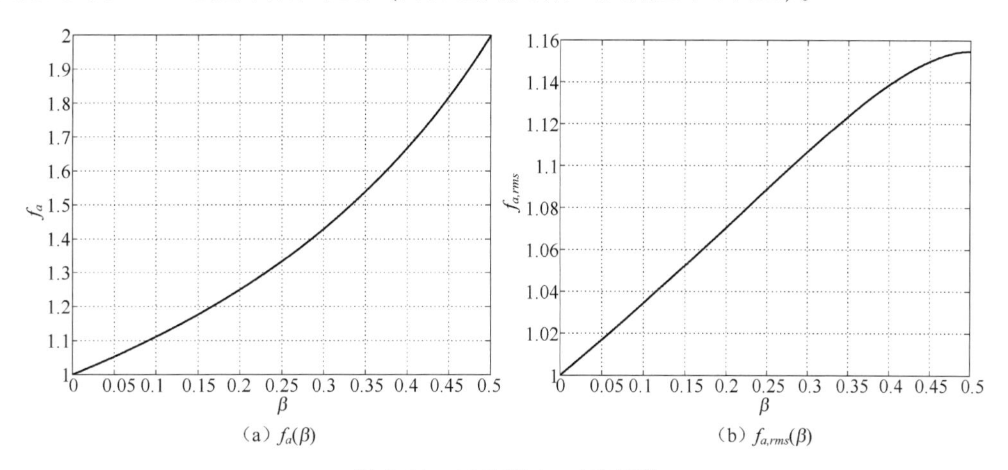

（a）$f_a(\beta)$　　（b）$f_{a,rms}(\beta)$

图 6.14　$f_a(\beta)$ 和 $f_{a,rms}(\beta)$ 函数

① 上标 *ss* 代表双 S 轨迹，*tr* 代表梯形轨迹。

例 6.6 图 6.15 所示为例 6.4 中所讨论的梯形轨迹与例 6.5 中的双 S 轨迹（$\alpha=1/3$）。双 S 轨迹具有更为光滑的轮廓，具有显著的谐波分量方面的优势（见第 7 章）。另一方面，即便梯形轨迹展示出了更低的加速度最大值（峰值及均方根），但双 S 轨迹也完全满足所给定约束。此外，它还可以更好地利用电机的断续工作区。

对于这两种轨迹，性能限制最大的因素是$\ddot{q}_{rms}$。在归一化下，对于双 S 轨迹，该值为 4，而对于梯形轨迹，其为 3.67。在本例所考虑的约束下，两种轨迹在最小时长方面相差小于 5%，其中梯形轨迹下 $T_{min}=0.9582$，而双 S 轨迹下的最小值为 $T=1$。

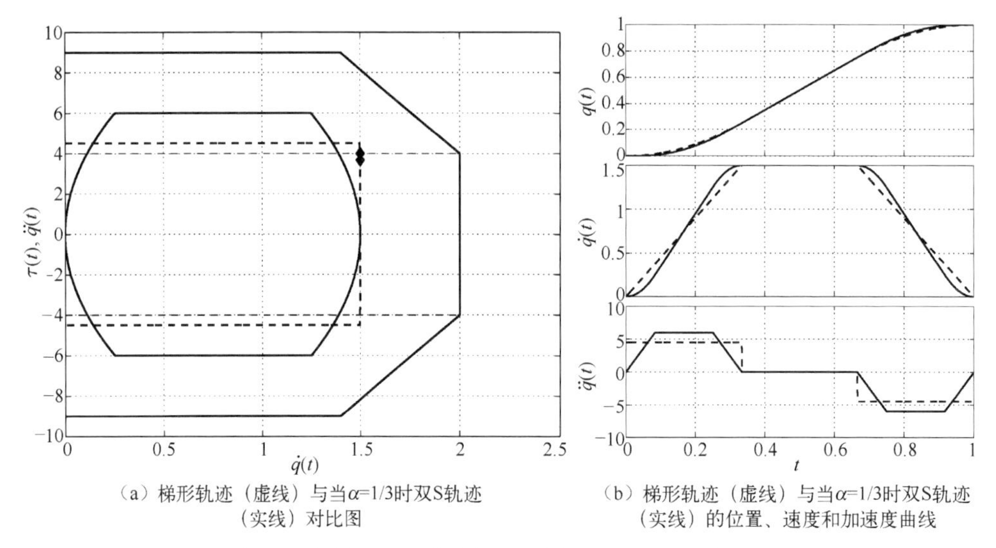

（a）梯形轨迹（虚线）与当α=1/3时双S轨迹（实线）对比图

（b）梯形轨迹（虚线）与当α=1/3时双S轨迹（实线）的位置、速度和加速度曲线

图 6.15 例 6.4 中所讨论的梯形轨迹与例 6.5 中的双 S 轨迹（$\alpha=1/3$）

第 7 章　轨迹的动态分析

振动是自动化机械中常见的不良现象，它们基本上是由机械系统中存在的结构弹性导致的，并且可能由于几种原因在机器的正常工作周期中产生。特别地，在其他原因中，如果系统执行的轨迹加速度不连续，则可能产生振动。事实上，加速度曲线的不连续性意味着施加到机械结构上惯性力的快速变化（不连续性）。当应用于弹性系统时，这些力的相关不连续性会使系统产生振动。由于每种机构都有一定程度的弹性，因此在设计轨迹时必须始终考虑这种现象，轨迹应该具有平滑的加速度曲线，或者更一般地说，具有有限的带宽。

7.1　振动分析模型

为了分析振动现象，建模时有必要考虑自动化设备的弹性、惯性和耗散特性。模型的复杂程度通常是在期望的精度和计算量之间进行折中选择的。在实践中经常采用的简单标准是将本质上参数分布系统的机械装置描述为参数集总系统，即纯刚性质量（无弹性）和纯弹性元件（无质量）。此外，为了考虑运动部件之间的摩擦现象，引入了能量耗散元件。描述惯性、弹性和耗散效应等因素的数值必须通过能量考虑来确定，即试图保持模型的动能和弹性势能与所研究机构相应部分的能量相等。这些现象的描述要么是线性的，要么是非线性的。

现在描述一些分析自动化设备振动效应的模型，将其作为研究此类问题应采用的数学工具的示例。示例按照从简单到复杂的模型顺序，这样能够更好地描述真实机械系统的动力学特性，模型复杂的缺点是增加了计算复杂性。为了便于说明，所有模型都是在考虑线性运动和力的情况下进行描述的。显然，在旋转运动和扭矩的情况下，该讨论同样适用。

7.1.1　单自由度线性模型

我们首先考虑由质量为 m 的物件、弹性系数为 k 的弹簧和耗散能量的摩擦力阻尼器 d 组成的单自由度线性模型，如图 7.1 所示。设 x 为质量为 m 的构件的位置，y 为输入位置，即驱动系统的位置。系统的动力学特性可以描述为以下微分方程：

$$m\ddot{x} + d\dot{x} + kx = d\dot{y} + ky \tag{7.1}$$

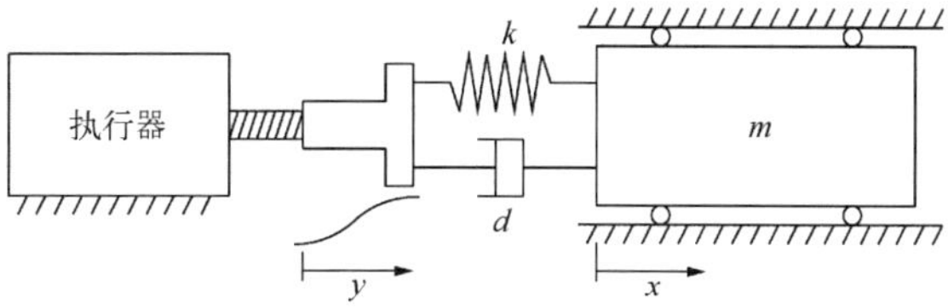

图 7.1　单自由度线性模型

如果考虑弹性元件引起的差值 $z=x-y$，可以得到：

$$m\ddot{z}+d\dot{z}+kz=-m\ddot{y}$$

或者：

$$\ddot{z}+2\delta\omega_n\dot{z}+\omega_n^2 z=-\ddot{y} \tag{7.2}$$

其中，

$$\omega_n=\sqrt{\frac{k}{m}} \qquad \delta=\frac{d}{2m\omega_n}$$

其分别是所考虑动态模型的固有频率和阻尼系数。二阶微分方程式（7.2），其在适当的初始条件 $z(0)=z_0$、$\dot{z}(0)=\dot{z}_0$ 下，表示所研究机构的一个自由度模型。在状态空间中，利用 $x_1=z$ 和 $x_2=\dot{z}$，相应的模型表示为

$$\begin{cases}\dot{x}_1=x_2\\ \dot{x}_2=-\omega_n^2x_1-2\delta\omega_nx_2-\ddot{y}\end{cases}$$

模型的矩阵形式为

$$\dot{\boldsymbol{x}}=\boldsymbol{A}\boldsymbol{x}+\boldsymbol{B}u$$

其中，

$$\boldsymbol{x}=\begin{bmatrix}x_1\\x_2\end{bmatrix} \qquad \boldsymbol{A}=\begin{bmatrix}0 & 1\\ -\omega_n^2 & -2\delta\omega_n\end{bmatrix} \qquad \boldsymbol{B}=\begin{bmatrix}0\\-1\end{bmatrix} \qquad u=\ddot{y}$$

并且初始条件为 $x_1(0)=x_{10}=z(0)$ 和 $x_2(0)=x_{20}=\dot{z}(0)$。

7.1.2 *n* 自由度线性模型

一个考虑了 n 个集总参数的模型如图 7.2 所示，其更复杂且更接近于分布参数模型，并且能够更详细地描述机械系统的物理行为。

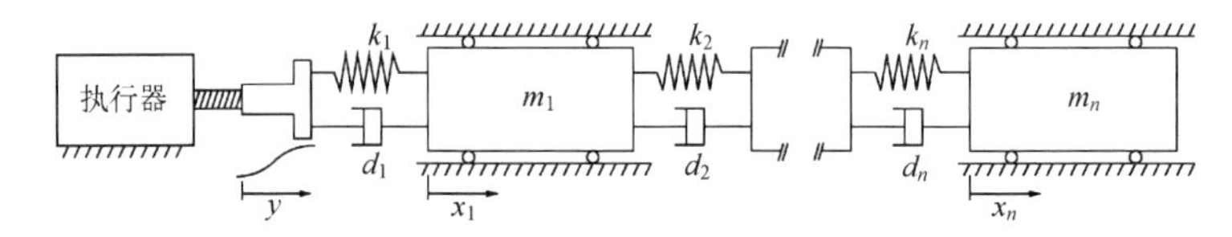

图 7.2 一个考虑了 n 个集总参数的模型（n 自由度线性模型）

设 $x_1,x_2,\cdots,x_n$ 是质量为 $m_1,m_2,\cdots,m_n$ 物体的位置，并且 y 是输入位置，则系统的动力学特性采用微分方程表示为

$$\begin{cases}m_1\ddot{x}_1+d_1(\dot{x}_1-\dot{y})+k_1(x_1-y)-d_2(\dot{x}_2-\dot{x}_1)-k_2(x_2-x_1)=0\\ m_2\ddot{x}_2+d_2(\dot{x}_2-\dot{x}_1)+k_2(x_2-x_1)-d_3(\dot{x}_3-\dot{x}_2)-k_3(x_3-x_2)=0\\ \vdots\\ m_i\ddot{x}_i+d_i(\dot{x}_i-\dot{x}_{i-1})+k_i(x_i-x_{i-1})-d_{i+1}(\dot{x}_{i+1}-\dot{x}_i)-k_{i+1}(x_{i+1}-x_i)=0\\ \vdots\\ m_n\ddot{x}_n+d_n(\dot{x}_n-\dot{x}_{n-1})+k_n(x_n-x_{n-1})=0\end{cases}$$

通过考虑：

$$\begin{cases} z_1 = & x_1 - y \\ z_2 = & x_2 - x_1 \\ & \vdots \\ z_n = x_n - x_{n-1} \end{cases}$$

或者一种更紧凑的形式：

$$x_i = \sum_{j=1}^{i} z_j + y, \qquad i = 1, \cdots, n$$

该系统的方程可以写成：

$$\begin{cases} m_1\ddot{z}_1 + d_1\dot{z}_1 + k_1 z_1 - d_2\dot{z}_2 - k_2 z_2 & = -m_1\ddot{y} \\ m_2(\ddot{z}_1 + \ddot{z}_2) + d_2\dot{z}_2 + k_2 z_2 - d_3\dot{z}_3 - k_3 z_3 & = -m_2\ddot{y} \\ \vdots & \\ m_{n-1}\sum_{j=1}^{n-1}\ddot{z}_j + d_{n-1}\dot{z}_{n-1} + k_{n-1}z_{n-1} - d_n\dot{z}_n - k_n z_n & = -m_{n-1}\ddot{y} \\ m_n\sum_{j=1}^{n}\ddot{z}_j + d_n\dot{z}_n + k_n z_n & = -m_n\ddot{y} \end{cases}$$

或者描述为矩阵形式：

$$\boldsymbol{M}\ddot{\boldsymbol{z}} + \boldsymbol{D}\dot{\boldsymbol{z}} + \boldsymbol{K}\boldsymbol{z} = -\boldsymbol{m}\,\ddot{y} \tag{7.3}$$

其中，

$$\boldsymbol{M} = \begin{bmatrix} m_1 & 0 & 0 & \cdots & 0 & 0 \\ m_2 & m_2 & 0 & \cdots & 0 & 0 \\ \vdots & \vdots & \vdots & \vdots & \vdots & \vdots \\ m_{n-1} & m_{n-1} & m_{n-1} & \cdots & m_{n-1} & 0 \\ m_n & m_n & m_n & \cdots & m_n & m_n \end{bmatrix}$$

$$\boldsymbol{D} = \begin{bmatrix} d_1 & -d_2 & 0 & 0 & \cdots & 0 & 0 \\ 0 & d_2 & -d_3 & 0 & \cdots & 0 & 0 \\ 0 & 0 & d_3 & -d_4 & \cdots & 0 & 0 \\ \vdots & \vdots & \vdots & \vdots & \vdots & \vdots & \vdots \\ 0 & 0 & 0 & 0 & \cdots & d_{n-1} & d_n \\ 0 & 0 & 0 & 0 & \cdots & 0 & d_n \end{bmatrix}$$

$$\boldsymbol{K} = \begin{bmatrix} k_1 & -k_2 & 0 & 0 & \cdots & 0 & 0 \\ 0 & k_2 & -k_3 & 0 & \cdots & 0 & 0 \\ 0 & 0 & k_3 & -k_4 & \cdots & 0 & 0 \\ \vdots & \vdots & \vdots & \vdots & \vdots & \vdots & \vdots \\ 0 & 0 & 0 & 0 & \cdots & k_{n-1} & k_n \\ 0 & 0 & 0 & 0 & \cdots & 0 & k_n \end{bmatrix}$$

$$\boldsymbol{m} = [m_1, m_2, m_3, m_4, \cdots, m_{n-1}, m_n]^T$$

因为矩阵 $\boldsymbol{M}$ 是可逆的（它的特征值 $m_1, m_2, \cdots, m_n > 0$），从式（7.3）可以得到：

$$\ddot{\boldsymbol{z}} = -\boldsymbol{M}^{-1}\boldsymbol{D}\dot{\boldsymbol{z}} - \boldsymbol{M}^{-1}\boldsymbol{K}\boldsymbol{z} - \boldsymbol{M}^{-1}\boldsymbol{m}\,\ddot{y}$$

通过将状态向量定义为

$$\boldsymbol{x} = [z_1, z_2, \cdots, z_n, \dot{z}_1, \dot{z}_2, \cdots, \dot{z}_n]^T$$

最终得到状态空间中的模型为

$$\dot{\boldsymbol{x}} = \boldsymbol{A}\boldsymbol{x} + \boldsymbol{B}u \tag{7.4}$$

其中，

$$\boldsymbol{A} = \begin{bmatrix} \boldsymbol{0} & \boldsymbol{I} \\ -\boldsymbol{M}^{-1}\boldsymbol{K} & -\boldsymbol{M}^{-1}\boldsymbol{D} \end{bmatrix} \qquad \boldsymbol{B} = \begin{bmatrix} \boldsymbol{0} \\ -\boldsymbol{M}^{-1}\boldsymbol{m} \end{bmatrix} \qquad u = \ddot{y}$$

7.1.3 单自由度非线性模型

通常，机械系统的特点是其具有非线性效应，可以通过适当定义模型的“被动”参数来考虑。可以考虑的几个非线性效应如库仑或粘性摩擦、非线性阻尼（如与 x_2 成比例）、回差等。我们考虑如图 7.3 所示的系统，其中，阻尼元件考虑了不同的摩擦现象。假设参数 d、α 和 β 分别代表粘性阻尼、二次阻尼和库仑阻尼，则系统的动力学方程表示为

$$m\ddot{z} + d\dot{z} + kz = -m\ddot{y} - \alpha|\dot{z}|\dot{z} - \beta\frac{\dot{z}}{|\dot{z}|}$$

其中，$z=x-y$。该方程也可写为

$$\ddot{z} + 2\delta\omega_n\dot{z} + \omega_n^2 z = -\omega_n^2\zeta$$

其中，

$$\zeta = \frac{\ddot{y}}{\omega_n^2} + \frac{\alpha}{m\omega_n^2}|\dot{z}|\dot{z} + \frac{\beta}{m\omega_n^2}\frac{\dot{z}}{|\dot{z}|}$$

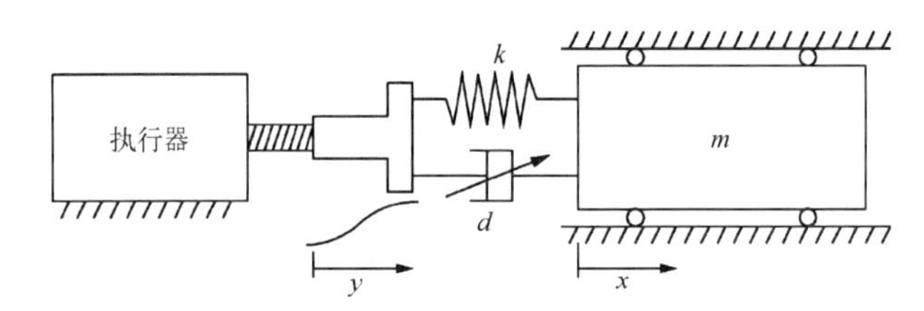

图 7.3 带非线性被动参数的单自由度模型

如果必须考虑回差效应，则有必要定义一个附加的非线性项，如图 7.4 所示。在这种情况下，通过正确选择参考系的原点，同时只有 $y-x>x_0$ 时，电机和负载才会发生“接触”。描述动力学的方程式为

$$\begin{cases} m\ddot{x} + kx = 0 & y - x < x_0 \\ m\ddot{x} + d\dot{x} + kx = ky + d\dot{y} & y - x > x_0 \end{cases}$$

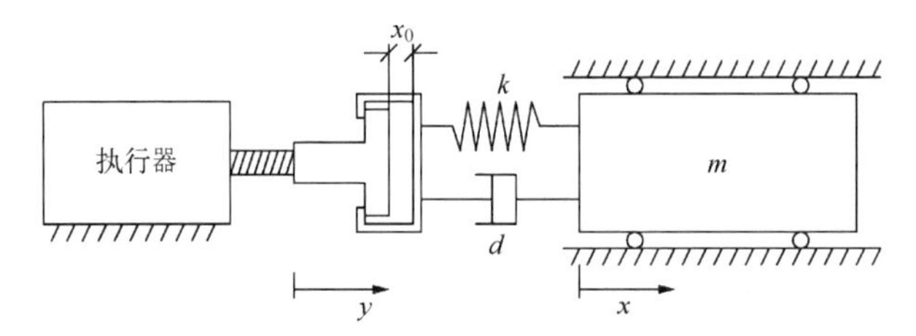

图 7.4 带回差的单自由度模型

7.1.4　n 自由度非线性模型

带有非线性被动参数的 n 自由度模型如图 7.5 所示。设 $x_1,x_2,\cdots,x_n$ 是质量为 $m_1,m_2,\cdots,m_n$ 物体的位置，y 是输入的运动。

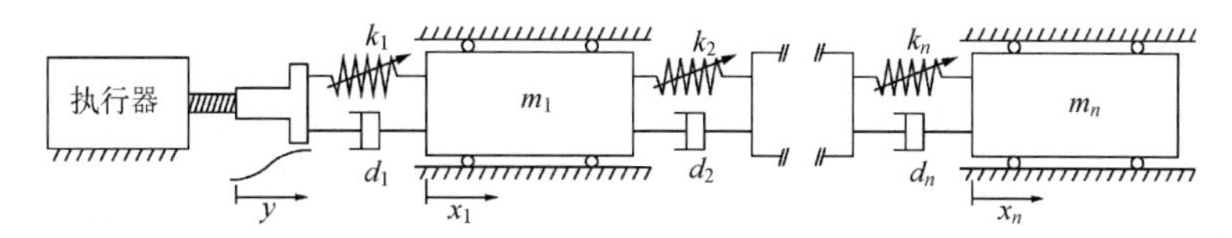

图 7.5　带有非线性被动参数的 n 自由度模型

通过使用状态变量 $z_1=x_1-y$，$z_2=x_2-x_1,\cdots,z_n=x_n-x_{n-1}$，系统的方程变为

$$m_i\ddot{z}_i+\gamma_i(\dot{z}_1,\dot{z}_2,\cdots,\dot{z}_n)+\eta_i(z_1,z_2,\cdots,z_n)=f_i(t)\qquad i=1,\cdots,n$$

$$f_i(t)=\begin{cases}-m_1\ddot{y}(t)+\varphi_1(t) & i=1\\ \varphi_i(t) & i\neq 1\end{cases}$$

其中，φ_i 是作用在第 i 个质量为 m_i（如果有）的物体上的外力；函数 $\gamma_i(\dot{z}_1,\dot{z}_2,\cdots,\dot{z}_n)$ 和 $\eta_i(z_1,z_2,\cdots,z_n)$ 分别代表第 i 个非线性阻尼力和第 i 个非线性弹性力。显然，$\gamma_i(\cdot)$ 和 $\eta_i(\cdot)$ 可以有任意的表达式。因此，系统的动力学方程可以为

$$\ddot{z}+2\delta_i\omega_{n_i}\dot{z}_i+\omega_{n_i}^2 z=-\omega_{n_i}^2\zeta_i\qquad i=1,\cdots,n$$

其中，

$$\zeta_i=\frac{1}{\omega_{n_i}^2}\left(\frac{\gamma_i+\eta_i-f_i}{m_i}-2\delta_i\omega_{n_i}\dot{z}_i-\omega_{n_i}^2 z_i\right)$$

$$\omega_{n_i}=\sqrt{k_i/m_i}$$

$$\delta_i=d_i/(2m_i\omega_{n_i})$$

且 k_i 和 d_i 是与 η_i 和 γ_i 相关的线性刚度与阻尼系数。

7.2　时域轨迹分析

为了说明不同的运动轮廓在具有弹性元件的机械系统中可以产生哪些不同的行为和响应，以及同一系统的不同模型会导致哪些不同的结果，现将描述并讨论用两个不同模型描述的机械装置的仿真研究。其中，其所采用的两个质量/弹簧/阻尼模型分别具有 1 个和 5 个自由度。

在下面的讨论中，我们隐式地考虑了理想的驱动和控制系统。因此，轨迹应该是两个模型的输入信号，即

$$y(t)=q(t)$$

而质量为 m（或 m_5）的物体的位置 k（或 k_5）是输出。为了对结果进行直接比较，在所有仿真中，期望轨迹和运动持续时间的值都相同。特别地，根据下列条件规划参考轨迹：

$$q_0=0,\qquad q_1=15,\qquad t_0=0,\qquad t_1=30$$

机械系统的参数假定如下。

（1）单自由度系统：

$$m=1,\ \ d=2,\ \ k=100 \quad \Longrightarrow \quad \omega_n=10,\ \ \delta=0.1$$

（2）5 自由度系统：

$$m_1=m_2=m_3=m_4=m_5=0.2$$
$$d_1=d_2=d_3=d_4=d_5=10$$
$$k_1=k_2=k_3=k_4=k_5=500$$

需要注意的是，使用这些条件时，具有 5 个自由度的系统的总质量与具有一个自由度情况下的总质量相同 $\left(m=\sum_{i=1}^{5} m_i\right)$。同样，两个系统的总刚度和耗散系数是相同的。

对于每个考虑的轨迹，单自由度系统的质量为 m 的物体和 5 自由度系统的质量为 m_5 的物体的位置、速度、加速度和误差曲线如图 7.6~图 7.17 所示。表 7.1 概述了介绍顺序。

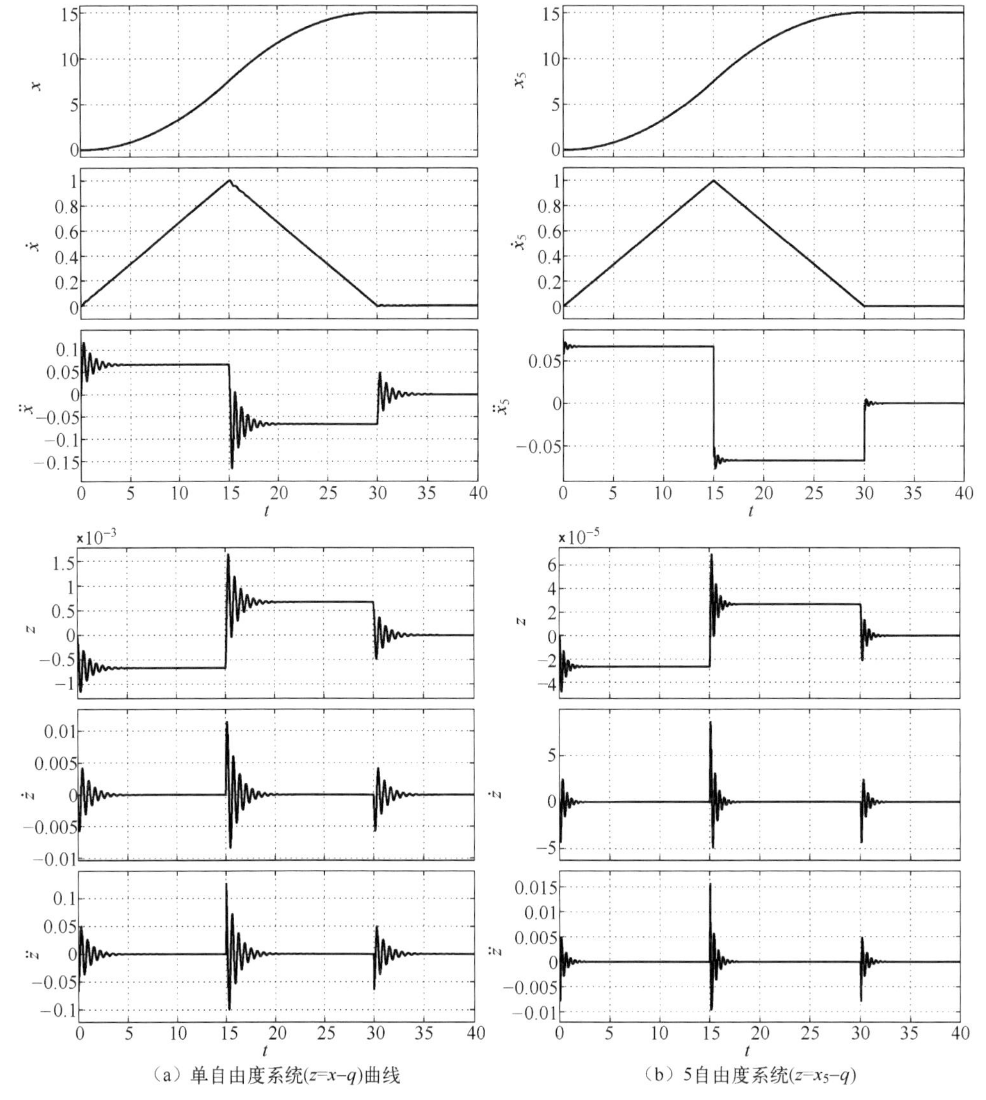

（a）单自由度系统($z=x-q$)曲线　　（b）5自由度系统($z=x_5-q$)

图 7.6　单自由度系统的质量为 m 的物体和 5 自由度系统的质量为 m_5 的物体的位置、速度、加速度和误差曲线［输入 $q(t)$ 是一个恒定加速度轨迹］

表7.1 弹性系统的模拟

图 号	轨 迹	图 号	轨 迹
7.6	恒定加速度轨迹	7.12	圆形混合的线性轨迹
7.7	谐波轨迹	7.13	梯形速度轨迹
7.8	摆线轨迹	7.14	修正的梯形速度轨迹
7.9	椭圆轨迹（$n=2$）	7.15	Gutman 1-3
7.10	3次多项式轨迹	7.16	Freudenstein 1-3轨迹
7.11	5次多项式轨迹	7.17	Freudenstein 1-3-5轨迹

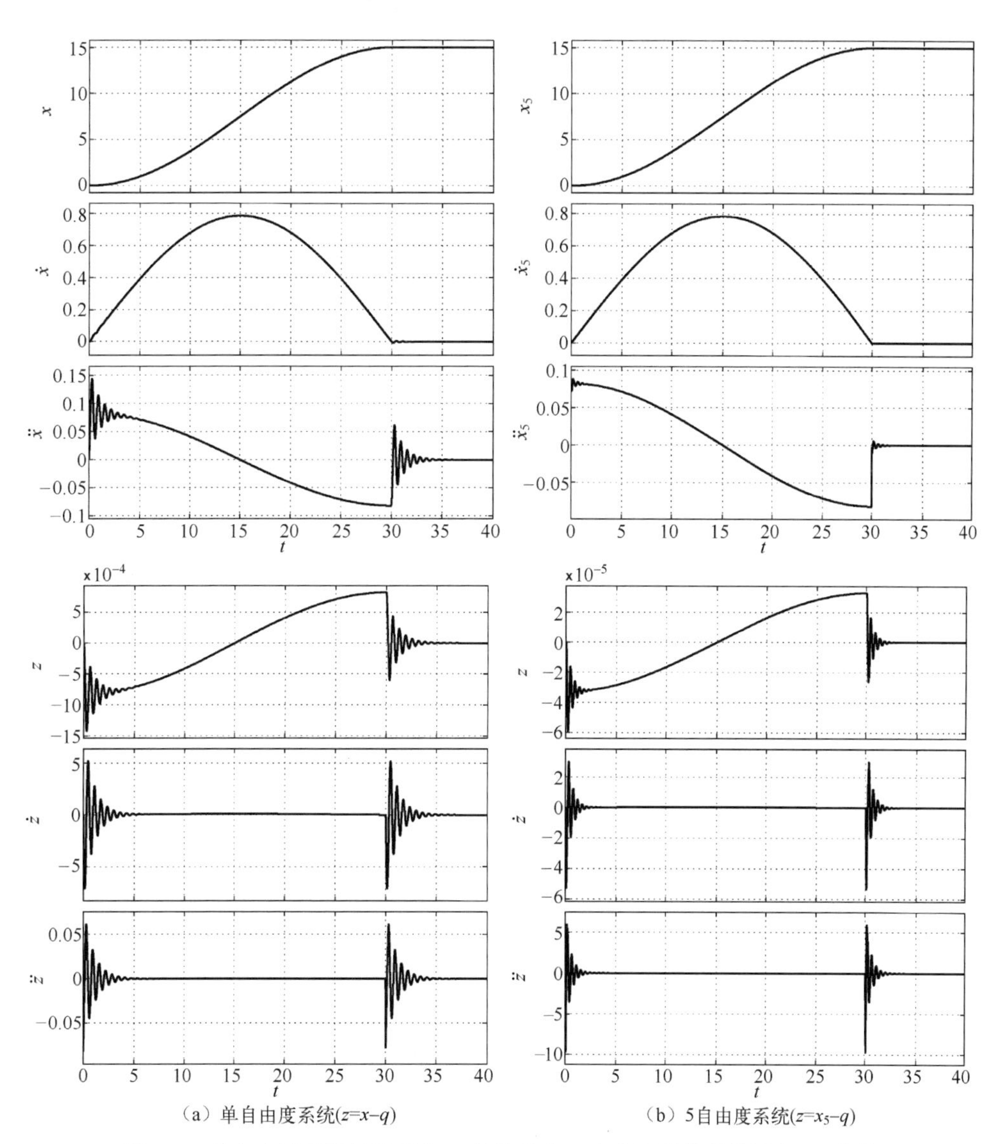

图7.7 单自由度系统的质量为m的物体和5自由度系统的质量为m_5的物体的位置、速度、加速度和误差曲线［输入$q(t)$是一个谐波轨迹］

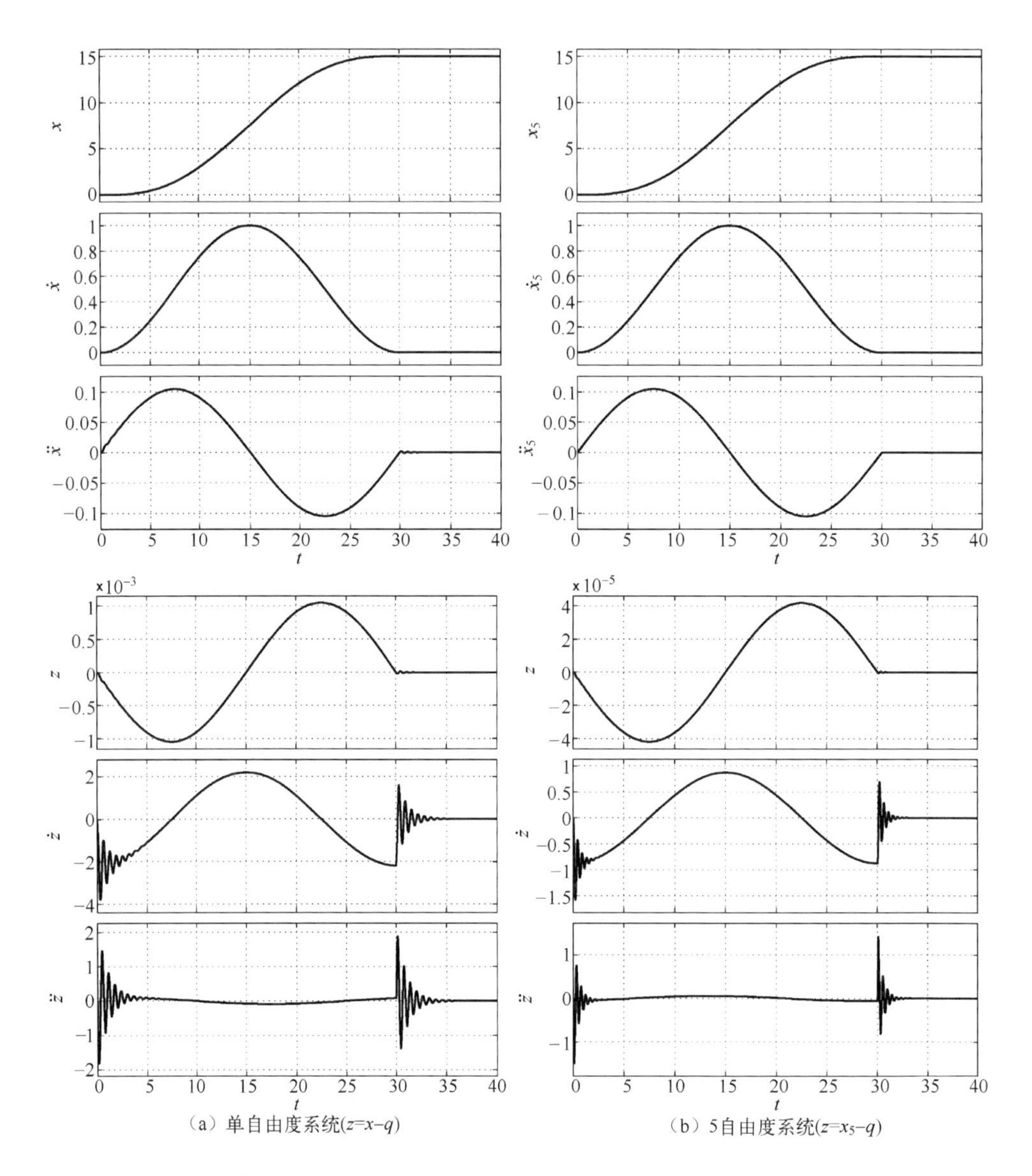

图 7.8　单自由度系统的质量为 m 的物体和 5 自由度系统的质量为 m_5 的物体的位置、速度、加速度和误差曲线［输入 $q(t)$ 是一个摆线轨迹］

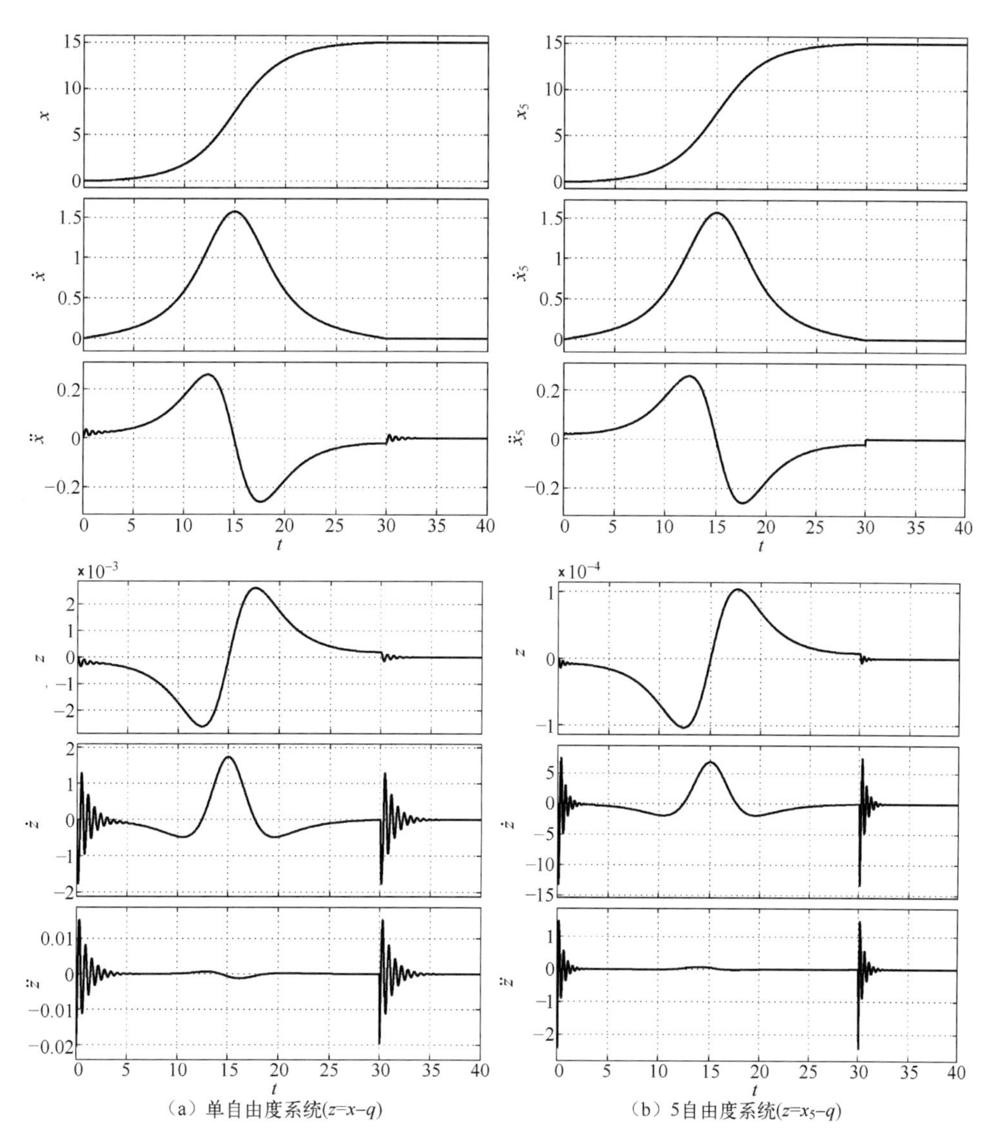

（a）单自由度系统($z=x-q$)　　（b）5自由度系统($z=x_5-q$)

图 7.9　单自由度系统的质量为 m 的物体和 5 自由度系统的质量为 m_5 的物体的位置、速度、加速度和误差曲线［输入 $q(t)$是一个椭圆轨迹（$n=2$）］

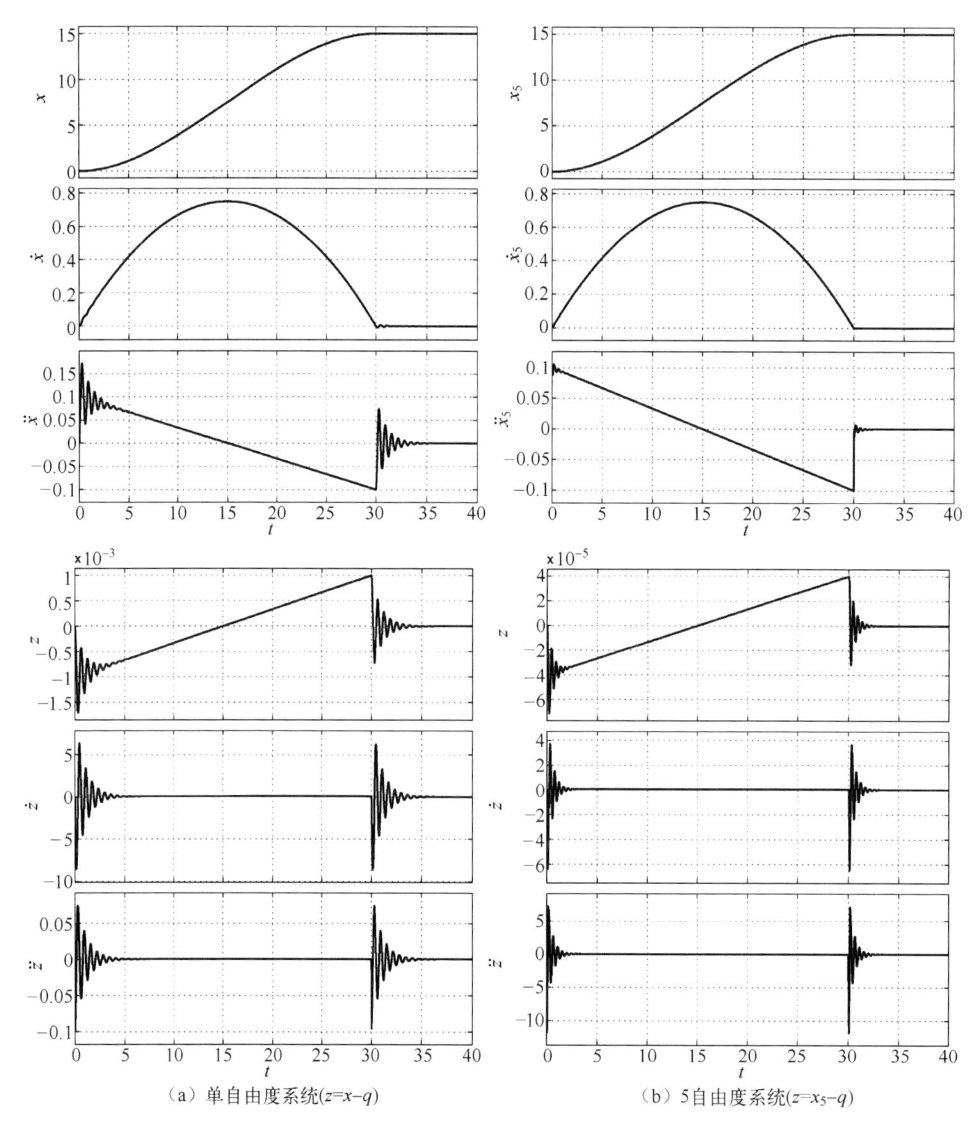

（a）单自由度系统($z=x-q$)　（b）5自由度系统($z=x_5-q$)

图 7.10　单自由度系统的质量为 m 的物体和 5 自由度系统的质量为 m_5 的物体的位置、速度、加速度和误差曲线［输入 $q(t)$是一个三次多项式轨迹］

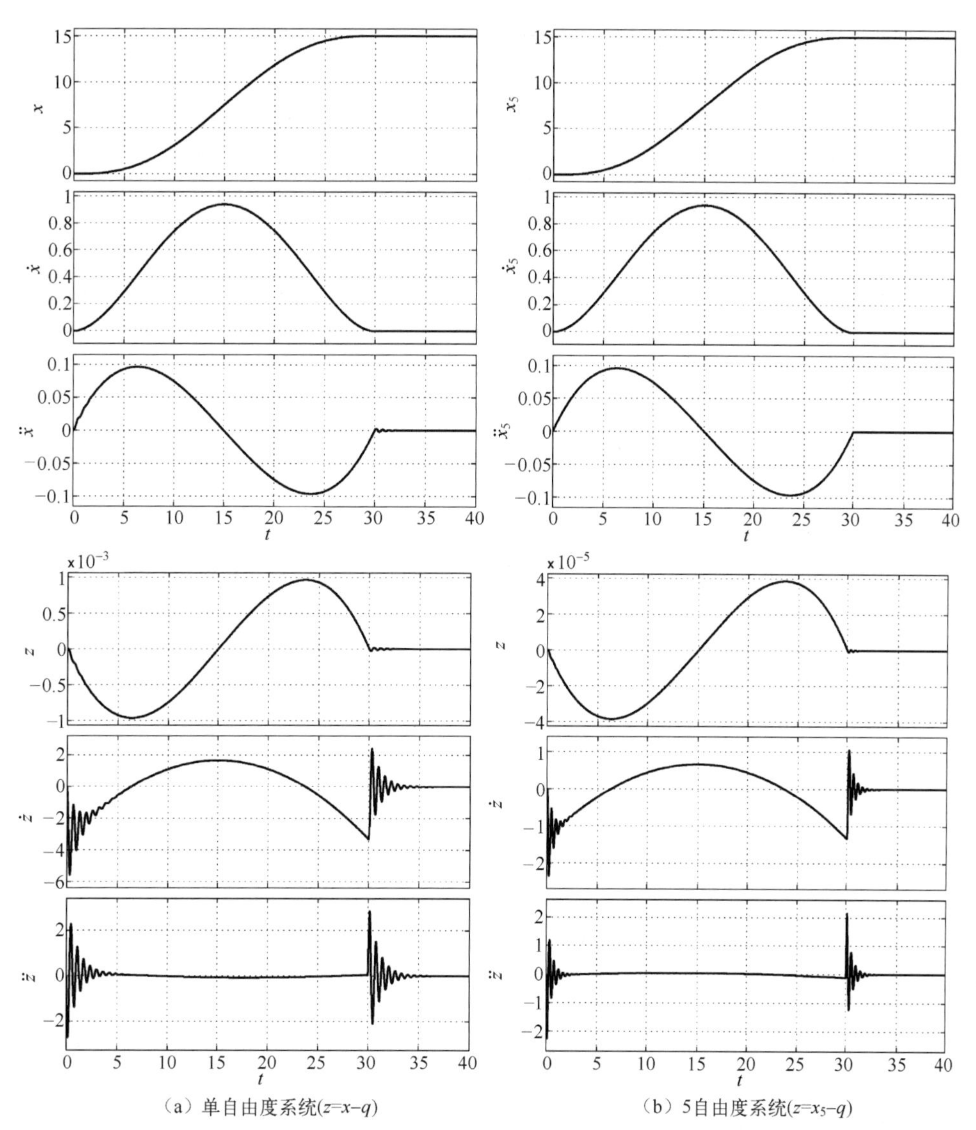

（a）单自由度系统($z=x-q$)　　（b）5自由度系统($z=x_5-q$)

图 7.11　单自由度系统的质量为 m 的物体和 5 自由度系统的质量为 m_5 的物体的位置、速度、加速度和误差曲线［输入 $q(t)$ 是一个 5 次多项式轨迹］

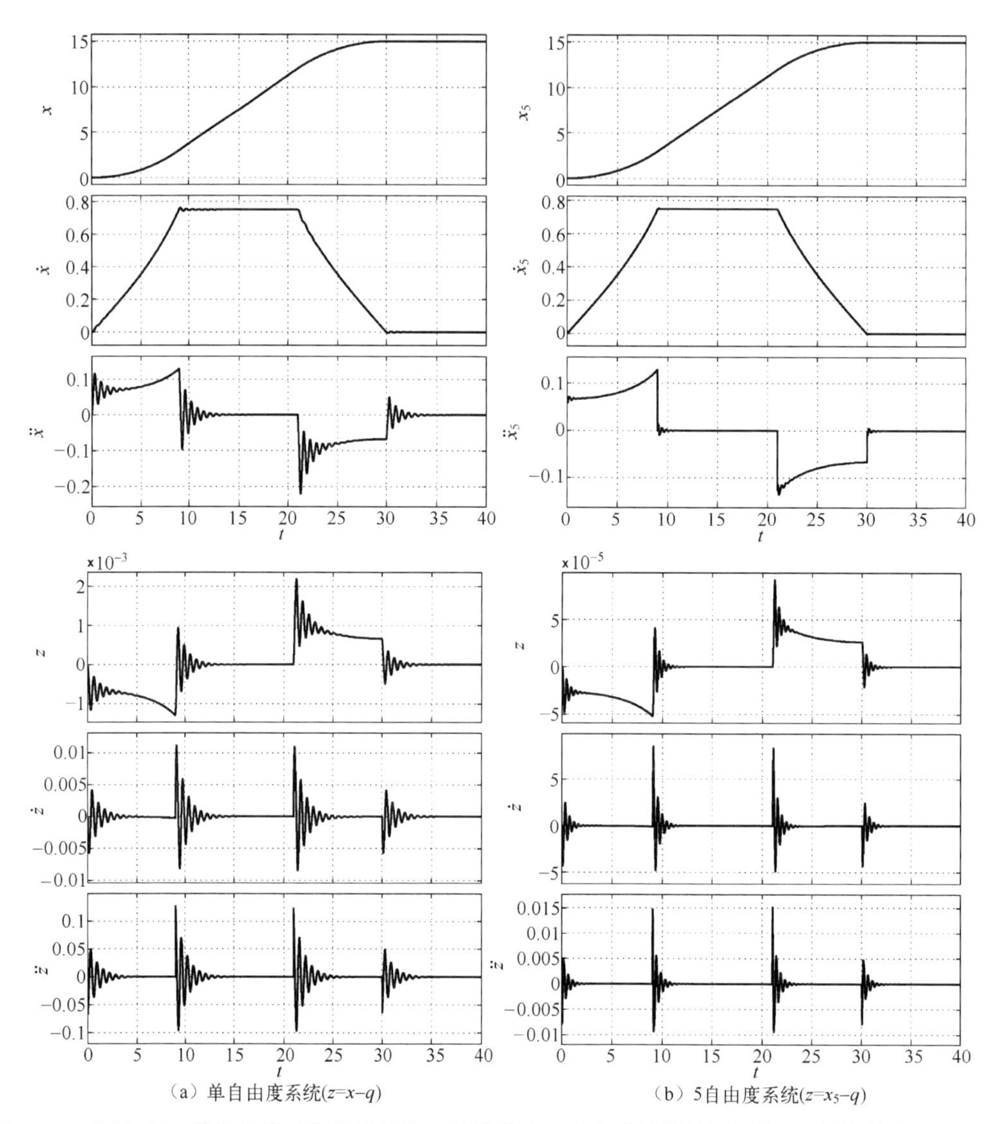

（a）单自由度系统($z=x-q$)　　（b）5自由度系统($z=x_5-q$)

图 7.12　单自由度系统的质量为 m 的物体和 5 自由度系统的质量为 m_5 的物体的位置、速度、加速度和误差曲线［输入 $q(t)$ 是一个圆形混合的线性轨迹］

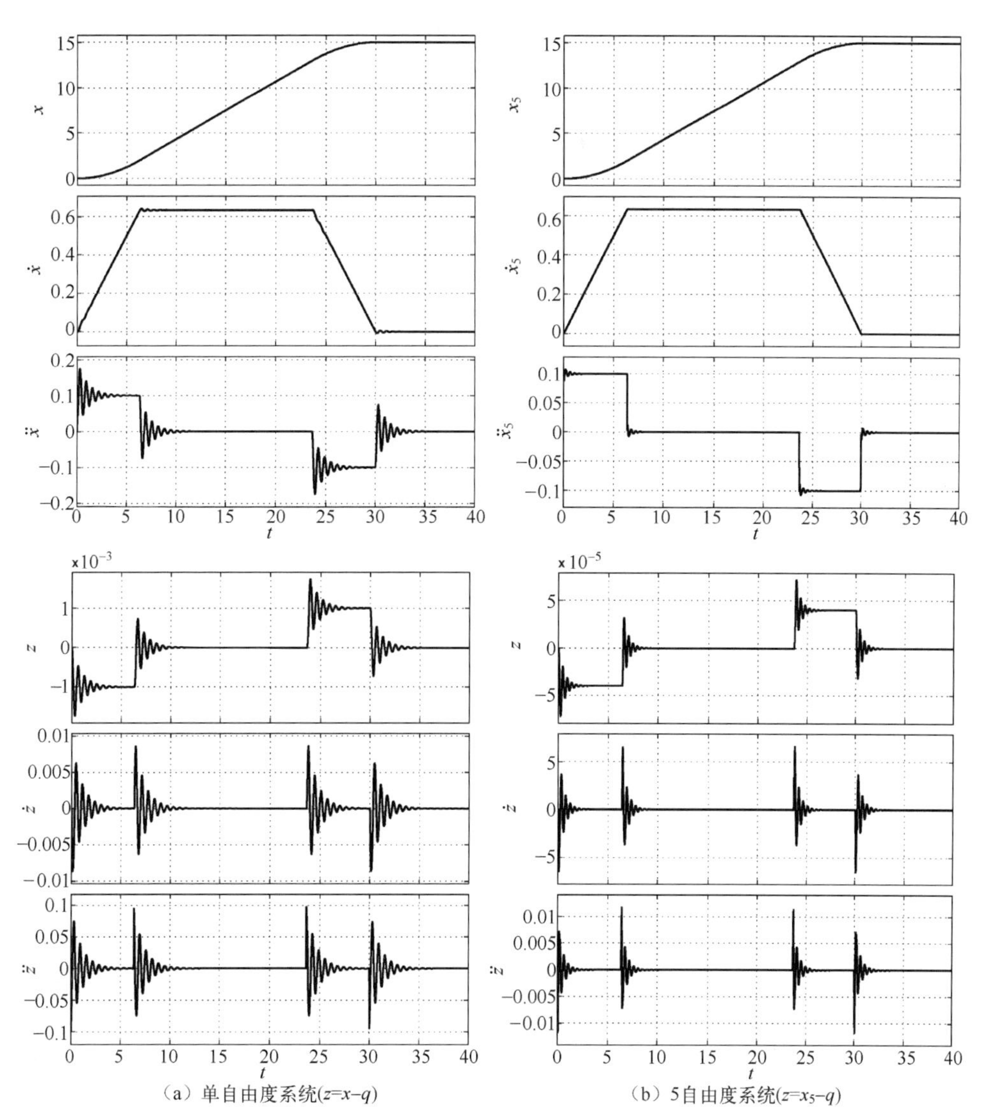

图 7.13　单自由度系统的质量为 m 的物体和 5 自由度系统的质量为 m_5 的物体的位置、速度、加速度和误差曲线［输入 $q(t)$ 是一个梯形速度轨迹］

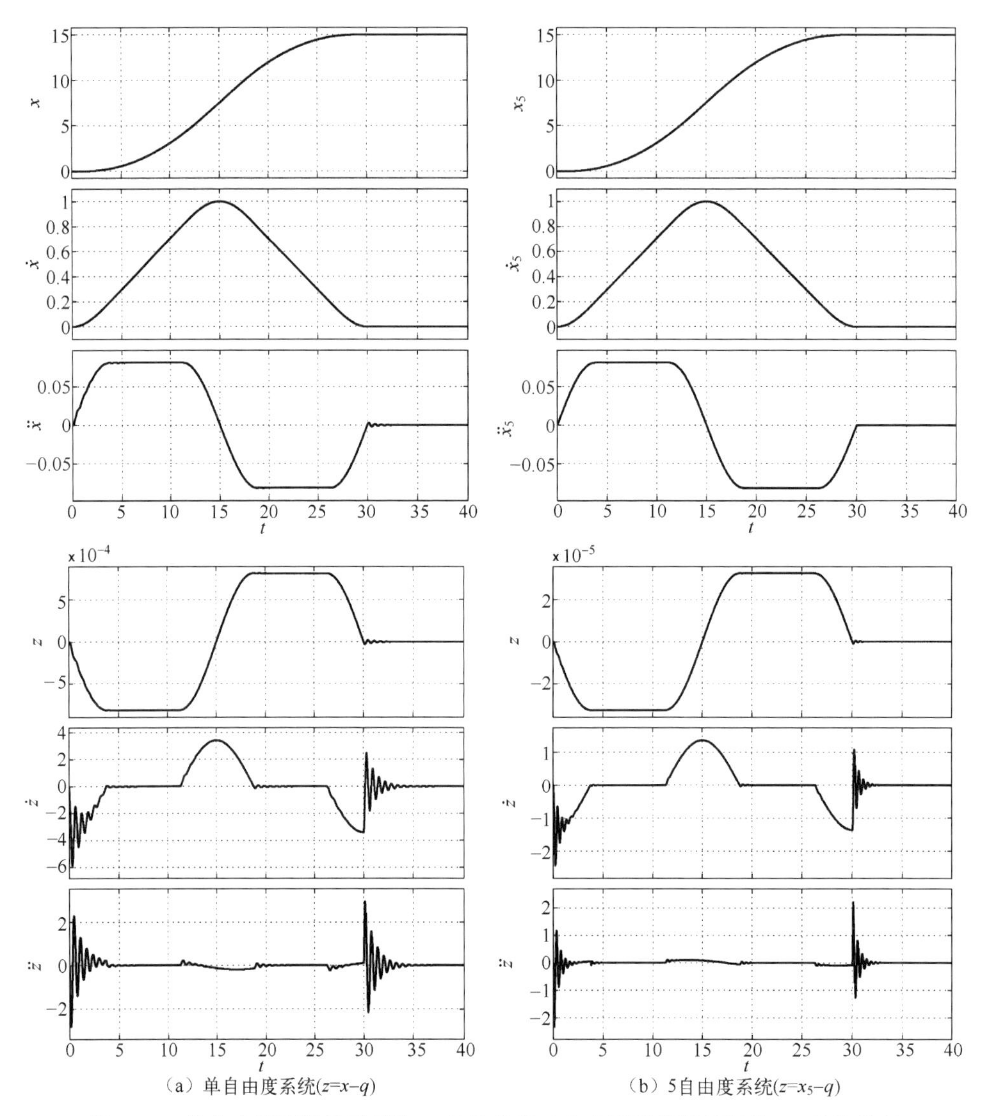

（a）单自由度系统($z=x-q$)　　（b）5自由度系统($z=x_5-q$)

图 7.14　单自由度系统的质量为 m 的物体和 5 自由度系统的质量为 m_5 的物体的位置、速度、加速度和误差曲线［输入 $q(t)$是一个修正的梯形速度轨迹］

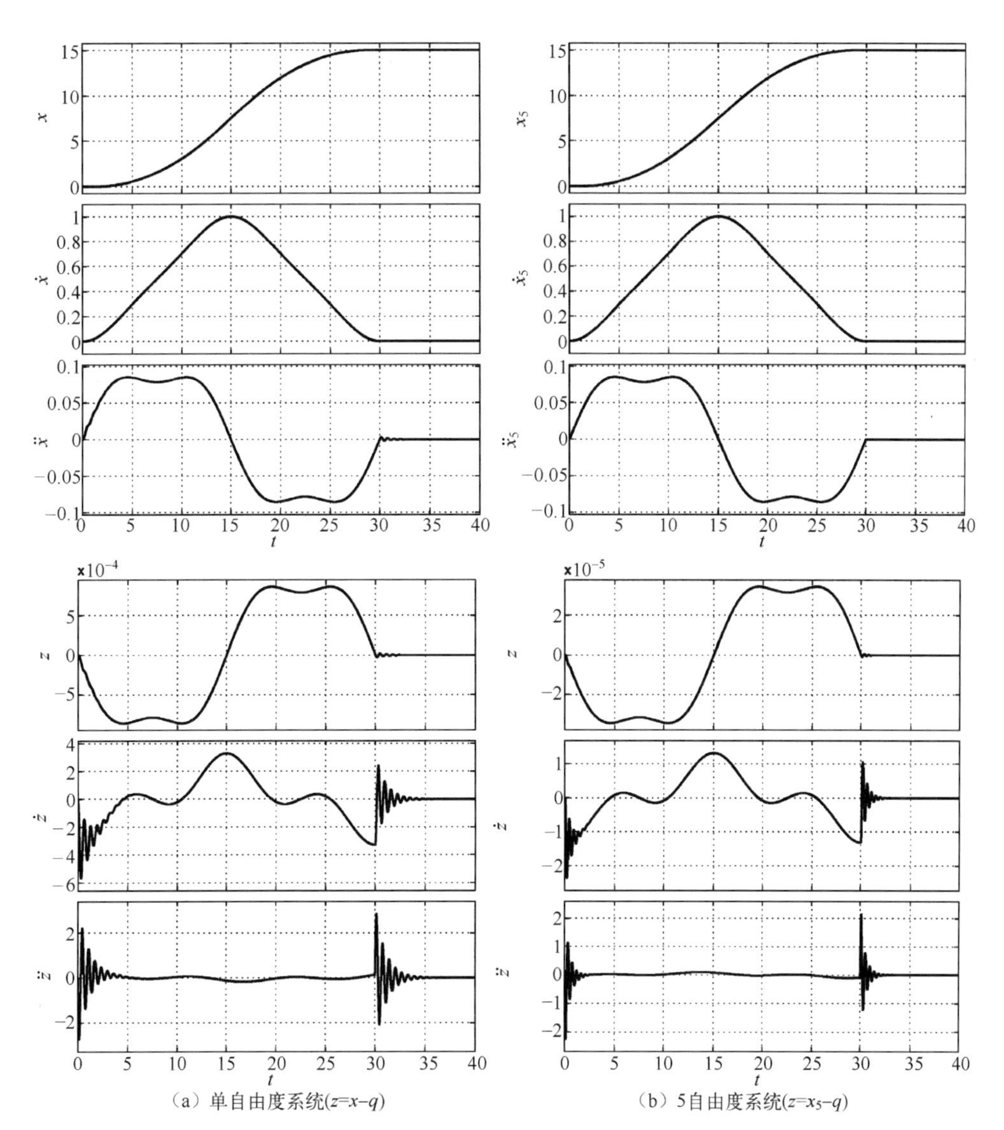

（a）单自由度系统($z=x-q$)　（b）5自由度系统($z=x_5-q$)

图 7.15　单自由度系统的质量为 m 的物体和 5 自由度系统的质量为 m_5 的物体的位置、速度、加速度和误差曲线［输入 $q(t)$ 是一个 Gutman 1-3 轨迹］

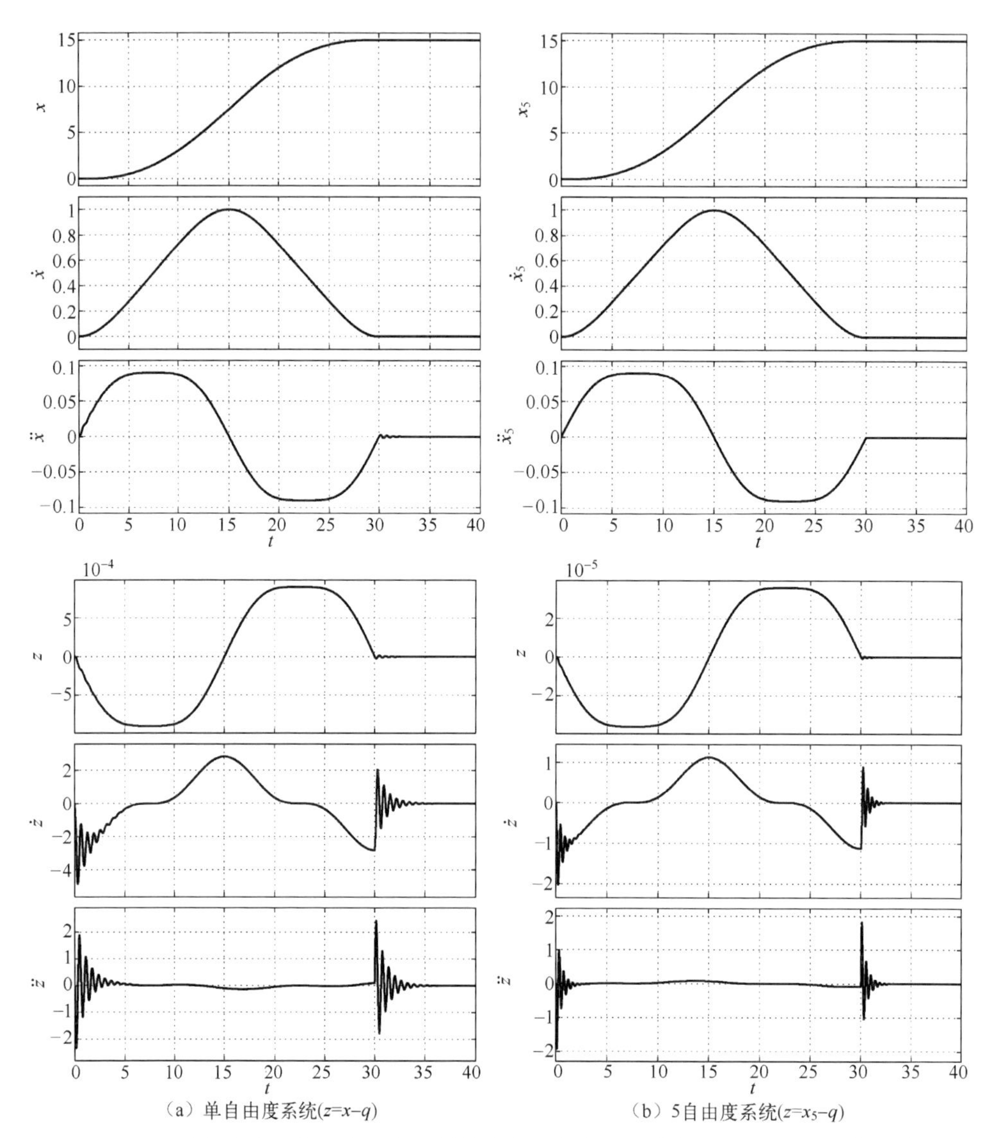

（a）单自由度系统($z=x-q$)　　（b）5自由度系统($z=x_5-q$)

图 7.16　单自由度系统的质量为 m 的物体和 5 自由度系统的质量为 m_5 的物体的位置、速度、加速度和误差曲线［输入 $q(t)$是一个 Freudenstein 1-3 轨迹］

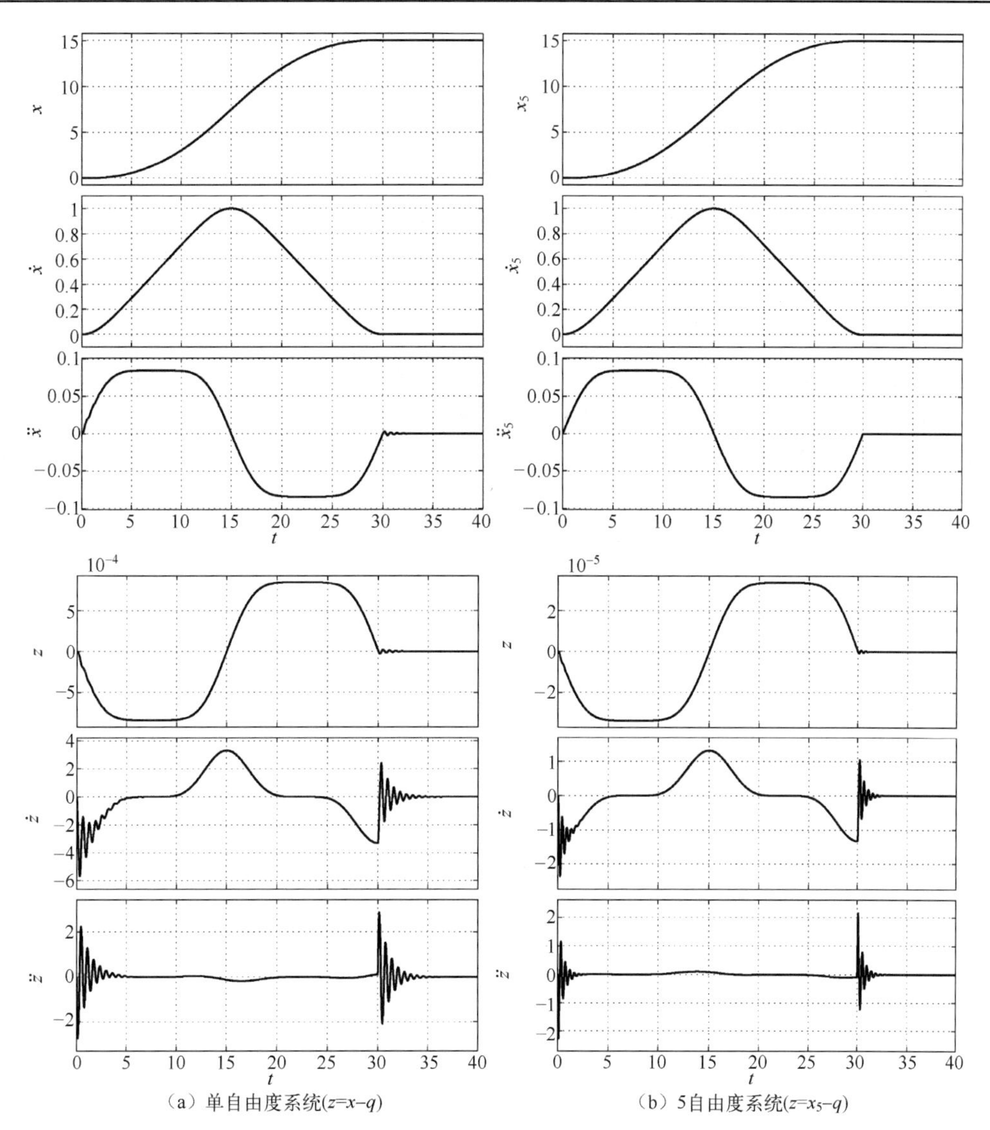

图 7.17　单自由度系统的质量为 m 的物体和 5 自由度系统的质量为 m_5 的物体的位置、速度、加速度和误差曲线［输入 $q(t)$ 是一个 Freudenstein 1-3-5 轨迹］

从前面的图中可以看出，对于所有的轨迹，加速度曲线的振荡比速度和位置曲线上的振荡更明显。这是因为速度和位置分别是通过积分加速度和速度信号得到的。由于在频域中，积分器可被视为低通滤波器，因此消除了高频振荡。

在所有的仿真中可以注意到的另一个结果是，在 5 自由度系统的情况下振荡衰减更快，并且频率更高。

此外，仿真结果显示了另一个已经提到的事实，我们将在下一节中进行更详细的讨论：加速度不连续的轨迹（恒定加速度、谐波、椭圆、3 次多项式、线性与圆形混合、线性与抛物线弯曲）相比于加速度连续的轨迹（摆线、3 次多项式、修正梯形、修正摆线、Gutman 1-3、Freudenstein 1-3、Freudenstein 1-3-5）振荡更明显，且振荡的振幅与加速度不连续性成正比。

7.3 轨迹频域分析

另外一种从动态角度研究轨迹的方法是采用傅里叶变换分析其频率特性。

泛型实函数 $x(t)$ 可以表示为无数个正弦项的"总和"，每项的频率为ω、振幅为 $V(\omega)$、相位为 $\varphi(\omega)$（更多信息请参见附录 D）：

$$x(t)=\int_{0}^{+\infty} V(\omega)\cos[\omega t+\varphi(\omega)]d\omega$$

通过对轨迹加速度曲线的频率分析，可以评估在理想情况下运动过程中由驱动系统施加到机械结构上的应力。从此角度看，将加速度曲线中高频的谐波部分［函数 $V(\omega)$］保持较小是很方便的。实际上，当高频谐波含量可忽略不计时，则意味着时域下的运动曲线更平滑。若当加速度曲线中出现"快速"变化或极限情况下的不连续，则函数 $V(\omega)$ 会在高频下显示相关项。在此种情况下，则会激励机械结构的共振频率，进而产生振动。实际上，机械系统的作用就像一个滤波器，会根据其频率响应的值放大或减小不同谐波的幅度。图 7.18 为由式（7.2）表示的单自由度线性系统的 Bode 曲线（幅值），其参数见 7.2 节内容（$m=1$、$d=2$、$k=100$）①。在此简单情况下，为了避免振动（"误差" z 有较高值），所采用轨迹的最大频率必须小于共振频率$\omega_r\approx 10$（在该频率处，频率响应的幅度最大）。

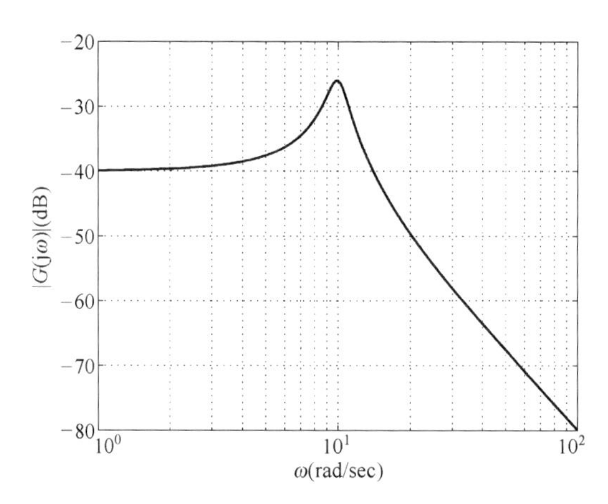

图 7.18 由式（7.2）表示的单自由度线性系统的 Bode 曲线

我们对前几章中介绍的主要轨迹进行了分析，并就其谐波含量进行了比较（特别是考虑了加速度曲线）。对于其中的一些，傅里叶变换以封闭形式表示，而对于另外一些，频谱通过数值计算（借助离散傅里叶变换）。无论如何，本节图中所示的所有频谱都是在单位位移（$h=q_1-q_0=1$）和单位持续时间（$T=t_1-t_0=1$）的条件下获得的。

---

① 系统（7.2 节中）的传递函数表达了加速度 $\ddot{y}(t)$ 和误差 $z(t)=x(t)-y(t)$之间的动态关系，即

$$G(s)=\frac{Z(s)}{A(s)}=\frac{-1}{s^2+d/m\,s+k/m}$$

其中，$A(s)$为加速的拉普拉斯变换，$Z(s)$为 $z(t)$的拉普拉斯变换。

7.3.1　部分基本轨迹的频谱

1. 恒速轨迹

恒速轨迹的加速度曲线是由起点和终点两个脉冲 $\delta(t)$ 表示的，即速度曲线不连续（$\dot{q}(t)=h/T$，$t\in[0,T]$）：

$$\ddot{q}(t)=\frac{h}{T}\delta(t+T/2)-\frac{h}{T}\delta(t-T/2)$$

通过将 $\ddot{q}(t)$ 的每一项进行变换（注意，脉冲 $\delta(t)$ 的变换是单位常量），则可以容易地得到其傅里叶变换：

$$\begin{aligned}A(\omega)&=\frac{h}{T}\mathrm{e}^{\mathrm{j}\omega T/2}-\frac{h}{T}\mathrm{e}^{-\mathrm{j}\omega T/2}\\&=2\mathrm{j}\frac{h}{T}\sin\left(\omega\frac{T}{2}\right)\end{aligned}$$

因此，恒速轨迹的振幅 $V(\omega)=|A(\omega)|/\pi$ 为

$$V(\omega)=\frac{2h}{\pi T}\left|\sin\left(\omega\frac{T}{2}\right)\right|$$

为了对比具有相同 T 和 h 值的不同类型轨迹，为了方便，将 V 表示为一个无量纲变量 Ω 的函数，Ω 的定义为

$$\Omega=\frac{\omega}{\omega_0}\qquad\qquad \omega_0=\frac{2\pi}{T}\tag{7.5}$$

因此，描述给定轨迹加速度曲线谐波含量的函数为

$$V'(\Omega)=V(\omega)\big|_{\omega=\omega_0\Omega}\tag{7.6}$$

对于恒速轨迹，$V'(\Omega)$ 假定为

$$V'(\Omega)=\frac{h}{T}\frac{2}{\pi}|\sin(\pi\Omega)|$$

则其频谱 $V'(\Omega)$ 如图 7.19 所示。注意，随着频率 Ω 的增加，组成频谱波瓣的最大幅值保持相等。

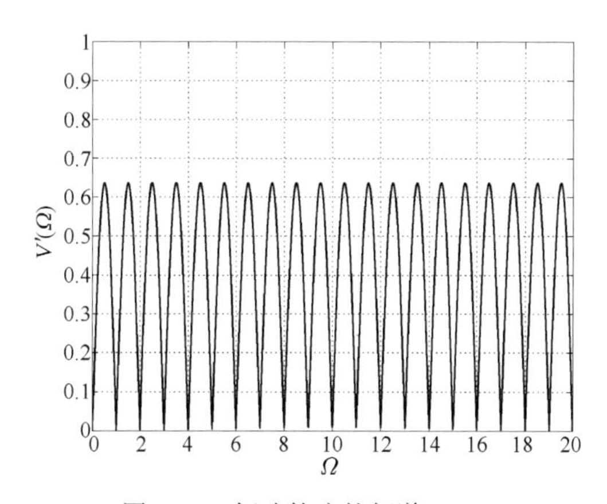

图 7.19　恒速轨迹的频谱 $V'(\Omega)$

2. 梯形轨迹

同6.2.1节中介绍的那样，梯形轨迹是通过假设加速时长占总时长的比例为α来定义的，即$T_a=\alpha T$。因此，最大（常量）加速度为$\ddot{q}_{max}=\dfrac{h}{\alpha(1-\alpha)T^2}$。在此情况下，加速度可表示为一系列幅度为$\ddot{q}_{max}$的阶跃函数（见图7.20）：

$$\ddot{q}(t)=\ddot{q}_{max}\Big(h(t+T/2)-h(t+T/2-\alpha T)-h(t-T/2+\alpha T)+h(t-T/2)\Big)$$

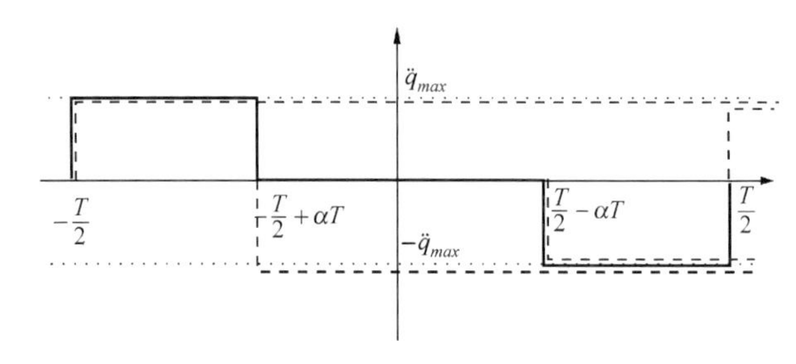

图7.20 将梯形轨迹的加速度曲线分解成基本函数（阶跃函数）

其中，$h(t)$为赫维赛德阶跃函数。对$\ddot{q}(t)$的每一项进行变换，并利用傅里叶变换的线性性质进行一系列代数运算，可获得：

$$A(\omega)=4\mathrm{j}\frac{h}{(1-\alpha)\alpha T^2\omega}\sin\left((1-\alpha)\omega\frac{T}{2}\right)\sin\left(\alpha\omega\frac{T}{2}\right)$$

因此幅值谱为

$$V'(\varOmega)=\frac{h}{T}\frac{2}{(1-\alpha)\alpha\pi^2\varOmega}\left|\sin\Big((1-\alpha)\pi\varOmega\Big)\sin\Big(\alpha\pi\varOmega\Big)\right|$$

其中，$\varOmega$的定义见式（7.5）。

图7.21中报告了由不同的α值获得的一些梯形轨迹的频谱。从图中可以看到，若α值减小，则对应的最大加速度值增大，且振幅谱$V'(\varOmega)$的带宽变宽。极限情况是当$\alpha\to 0$时，其将是恒速轨迹①的频谱（加速度为脉冲函数）。

3. 双S型轨迹

双S型轨迹的加速度曲线可用参数α和β表示，其定义了轨迹的总持续时间T，加速时间T_a和恒定加加速度段时间T_j之间的比率为

$$\alpha=\frac{T_a}{T}\qquad\qquad\beta=\frac{T_j}{T_a}$$

由此可得：

---

① 可以很容易地看出，随着α趋近于零，梯形轨迹的加速度谱收敛为恒速轨迹的加速度谱：

$$\lim_{\alpha\to 0}V'_{tr}(\varOmega,\alpha)=\lim_{\alpha\to 0}\left\{\frac{h}{T}\frac{2}{(1-\alpha)\pi}\left|\sin\Big((1-\alpha)\pi\varOmega\Big)\frac{\sin\big(\alpha\pi\varOmega\big)}{\alpha\pi\varOmega}\right|\right\}=$$

$$=\frac{h}{T}\frac{2}{\pi}\left|\sin\Big(\pi\varOmega\Big)\right|=V'_{cv}(\varOmega)$$

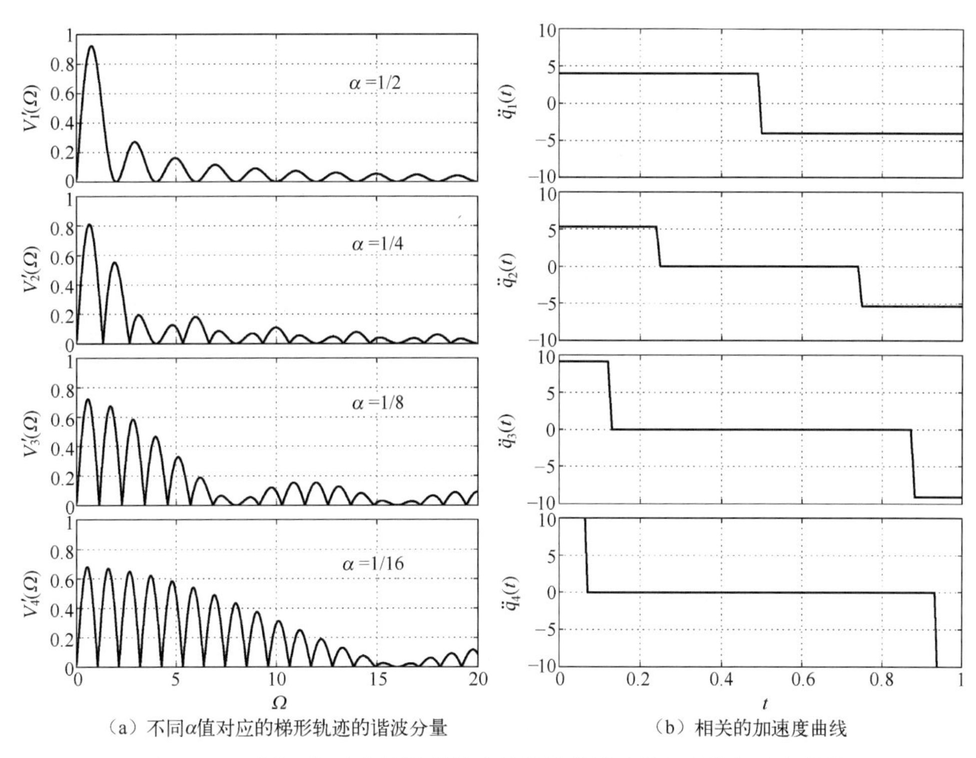

（a）不同α值对应的梯形轨迹的谐波分量　（b）相关的加速度曲线

图 7.21　不同 α 值对应的梯形轨迹的谐波分量及其相关的加速度曲线

$$
\begin{aligned}
\ddot{q}(t) = q^{(3)}_{max}\Big(& r(t+T/2) - r(t+T/2-\alpha\beta T) - r(t+T/2-\alpha T+\alpha\beta T) + \\
& r(t+T/2-\alpha T) - r(t-T/2+\alpha T) + r(t-T/2+\alpha T-\alpha\beta T) + \\
& r(t-T/2+\alpha\beta T) - r(t-T/2)\Big)
\end{aligned}
$$

其中，$r(t)$是由 $r(t)=th(t)$定义的斜坡函数（见图 7.22），而 $q^{(3)}_{max}$是在式（3.42）中定义的加加速度的峰值。通过对$\ddot{q}(t)$的每一项进行傅里叶变换，经过一些代数运算，得到：

$$
A(\omega) = 8\mathrm{j}\frac{h}{\alpha^2\beta(1-\alpha)(1-\beta)T^3\omega^2}\sin\left((1-\alpha)\omega\frac{T}{2}\right)\sin\left(\alpha(1-\beta)\omega\frac{T}{2}\right)\sin\left(\alpha\beta\omega\frac{T}{2}\right)
$$

因此，其幅度谱为

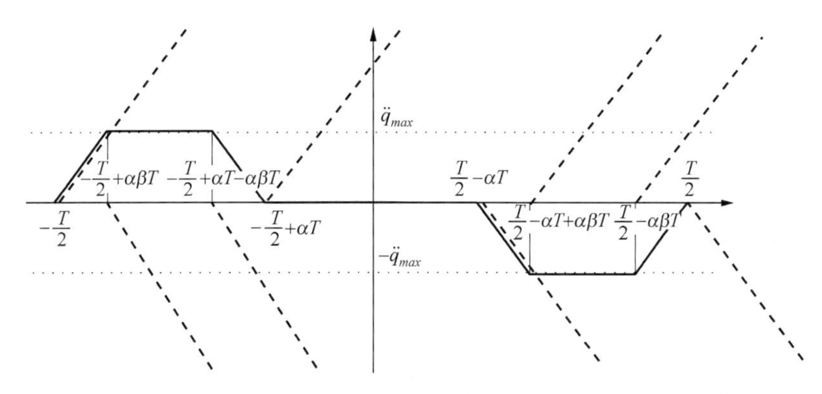

图 7.22　将双 S 型轨迹的加速度曲线分解成基本函数（斜坡函数）

$$V'(\Omega)=\frac{h}{T}\frac{2}{\alpha^2\beta(1-\alpha)(1-\beta)\pi^3\Omega^2}\left|\sin\Big((1-\alpha)\pi\Omega\Big)\sin\Big(\alpha(1-\beta)\pi\Omega\Big)\sin\Big(\alpha\beta\pi\Omega\Big)\right|$$

与梯形轨迹类似，$V'(\Omega)$的形状依赖于α的值（对于较小的α值，高频谐波分量的幅度较大），但是在这种情况下，也可通过β的作用适当地重塑幅度谱。

如图7.23所示，通过将β增大到最大值（1/2），可以减少高频谐波分量。相反，当$\beta\approx 0$时，双S型轨迹的频谱与梯形轨迹相同①。

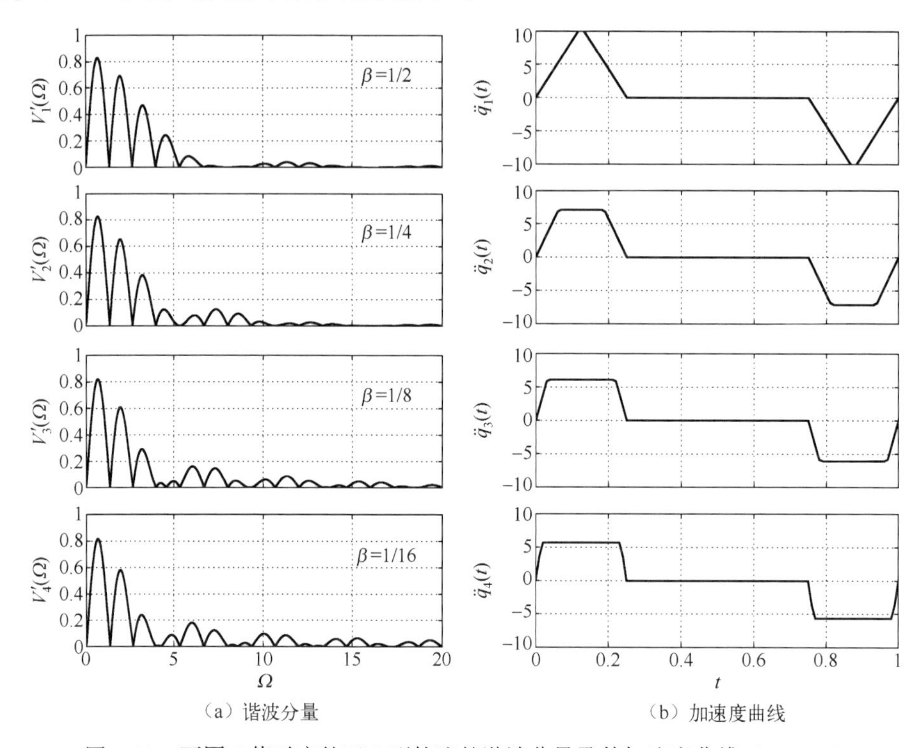

图7.23 不同β值对应的双S型轨迹的谐波分量及其加速度曲线（$\alpha=1/4$）

对于许多轨迹，计算加速度曲线傅里叶变换的最简单方法是直接利用定义式（D.1）。特别地，采用轨迹$q_N(\tau)$的归一化形式很方便，其二阶导数（$\ddot{q}_N(\tau)$，$\tau\in[0,1]$）与相应轨迹$q(t)$的加速度（其中$t\in[-\frac{T}{2},\frac{T}{2}]$）和位移$h$相关，可通过：

$$\ddot{q}(t)=\frac{h}{T^2}\,\ddot{q}_N\left(\frac{t}{T}-\frac{1}{2}\right)\qquad\qquad t\in\left[-\frac{T}{2},\ \frac{T}{2}\right]$$

因此，$\ddot{q}(t)$的傅里叶变换$A(\omega)$可以通过以下方法从$\ddot{q}_N(\tau)$的变换$A_N(\omega)$获得：

$$A(\omega)=\frac{h}{T}A_N(\omega T)\mathrm{e}^{\mathrm{j}\frac{\omega}{2}}$$

特别地，可以将$\ddot{q}(t)$的幅值谱与$\ddot{q}_N(\tau)$的幅值谱联系起来：

① 更为正式地：

$$\lim_{\beta\to 0}V'_{ss}(\Omega,\alpha,\beta)=\frac{h}{T}\frac{2}{\alpha(1-\alpha)(1-\beta)\pi^2\Omega}\left|\sin\Big((1-\alpha)\pi\Omega\Big)\sin\Big(\alpha(1-\beta)\pi\Omega\Big)\frac{\sin\Big(\alpha\beta\pi\Omega\Big)}{\alpha\beta\pi\Omega}\right|$$
$$=\frac{h}{T}\frac{2}{(1-\alpha)\alpha\pi^2\Omega}\left|\sin\Big((1-\alpha)\pi\Omega\Big)\sin\Big(\alpha\pi\Omega\Big)\right|=V'_{tr}(\Omega,\alpha)$$

$$V'(\Omega) = \frac{h}{T} V'_N(\Omega), \qquad \Omega = \frac{\omega}{2\pi/T} \tag{7.7}$$

其中，归一化轨迹的频谱为

$$V'_N(\Omega) = \frac{|A_N(\omega)|}{\pi}\Big|_{\omega = 2\pi\Omega} \tag{7.8}$$

4. 多项式轨迹

3 次多项式轨迹的加速度曲线有归一化表达式：

$$\ddot{q}_N(\tau) = 6 - 12\tau$$

其傅里叶变换为

$$A_N(\omega) = \frac{12\mathrm{j}}{\omega^2} \mathrm{e}^{-\mathrm{j}\frac{\omega}{2}} (2 - \mathrm{j}\omega) \sin\left(\omega \frac{T}{2}\right)$$

其幅度谱为

$$V'(\Omega) = \frac{h}{T} V'_N(\Omega) = \frac{h}{T} \frac{6}{\pi^3 \Omega^2} \sqrt{1 + \pi^2 \Omega^2}\, |\sin(\pi\Omega)|$$

在 5 次多项式轨迹的情况下，加速度具有归一化形式：

$$\ddot{q}_N(\tau) = 60\tau - 180\tau^2 + 120\tau^3$$

其傅里叶变换为

$$A_N(\omega) = \frac{120\mathrm{j}}{\omega^4} \mathrm{e}^{-\mathrm{j}\frac{\omega}{2}} (12 - \omega^2 + \mathrm{j}6\omega) \sin\left(\omega \frac{T}{2}\right)$$

其幅度谱为

$$V'(\Omega) = \frac{h}{T} V'_N(\Omega) = \frac{h}{T} \frac{30}{\pi^5 \Omega^4} \sqrt{9 + 4\pi^2 \Omega^2 + \pi^4 \Omega^4}\, |\sin(\pi\Omega)|$$

图 7.24 为 3 次和 5 次多项式轨迹的谐波分量。注意，尽管 5 次多项式相比 3 次多项式主瓣的峰值更大，但是其旁瓣幅值相当小。因此，当高频禁止被激励时，具有连续加速度的 5 次多项式更可取。

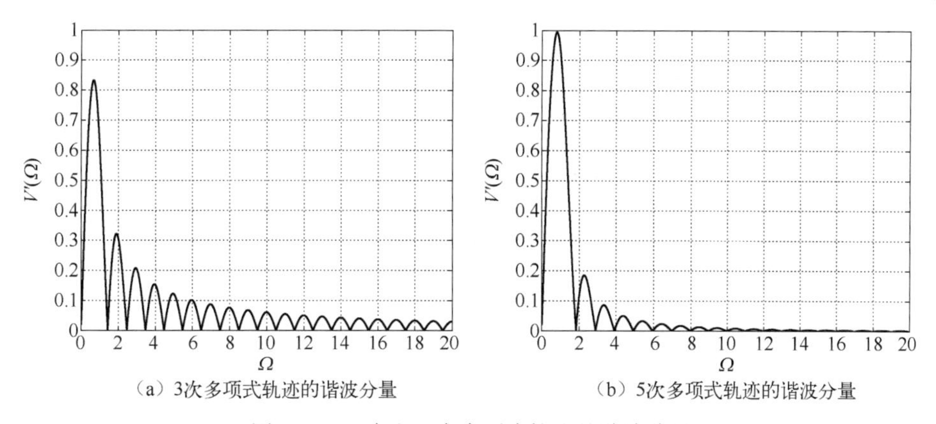

（a）3次多项式轨迹的谐波分量　　（b）5次多项式轨迹的谐波分量

图 7.24　3 次和 5 次多项式轨迹的谐波分量

5. 谐波轨迹

谐波轨迹加速度曲线归一化的表达式为

$$\ddot{q}_N(\tau) = \frac{\pi^2}{2}\cos\pi\tau$$

其傅里叶变换为

$$A_N(\omega) = \frac{\mathrm{j}\pi^2\omega}{\pi^2-\omega^2}\mathrm{e}^{-\mathrm{j}\frac{\omega}{2}}\cos\left(\frac{\omega}{2}\right)$$

因此，其幅度谱为

$$V'(\Omega) = \frac{h}{T}V'_N(\Omega) = \frac{h}{T}\frac{2\Omega}{1-4\Omega^2}\left|\cos(\pi\Omega)\right|$$

谐波轨迹的谐波分量如图 7.25（a）所示。

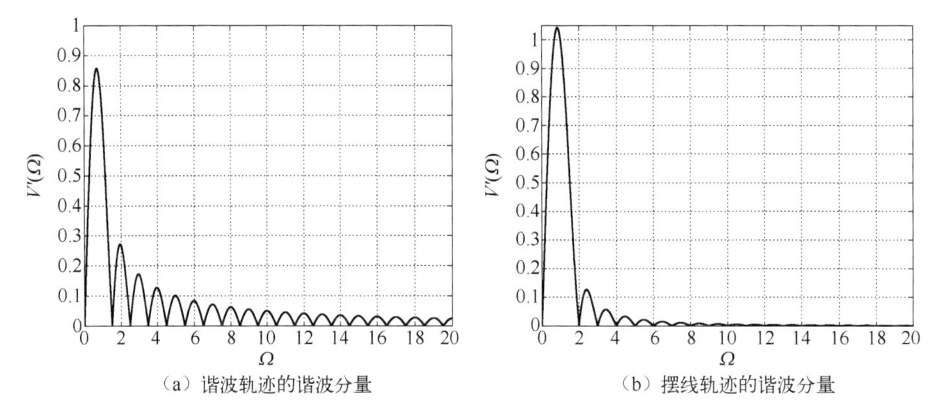

（a）谐波轨迹的谐波分量 （b）摆线轨迹的谐波分量

图 7.25 谐波轨迹的谐波分量和摆线轨迹的谐波分量

6. 摆线轨迹

摆线轨迹加速度曲线归一化的表达式为

$$\ddot{q}_N(\tau) = 2\pi\sin 2\pi\tau$$

其傅里叶变换为

$$A_N(\omega) = \frac{8\mathrm{j}\pi^2}{(4\pi^2-\omega^2)}\mathrm{e}^{-\mathrm{j}\frac{\omega}{2}}\sin\left(\frac{\omega}{2}\right)$$

对应的幅度谱为

$$V'(\Omega) = \frac{h}{T}V'_N(\Omega) = \frac{h}{T}\frac{2}{\pi(1-\Omega^2)}\left|\sin(\pi\Omega)\right|$$

在图 7.25 中，其比较了摆线和谐波轨迹的谐波分量。注意，尽管这两个运动曲线的表达方式相似（均基于三角函数），但幅度谱却存在很大差异。尤其是，摆线轨迹更适合那些不允许使用高频谐波分量的加速度的应用。

7.3.2 通用轨迹频谱的数值计算

在许多情况下，由于计算复杂性的原因，给定运动曲线的傅里叶变换并不能获得封闭形式（例如，当考虑多段轨迹时）。在这些情况下，数值方法可以帮助分析轨迹的谐波分量。实际上，一般函数 $x(t)$ 在离散频率 $k\Delta\omega$ 值处$\left(\text{其中 } \Delta\omega=\frac{2\pi}{T}\text{，其中 } T \text{ 为持续时间}\right)$的傅里叶变换与通过对 $x(t)$ 以周期 T_s 采样获得的序列的离散傅里叶变换 X_k 相关：

$$X(k\Delta\omega) = T_s X_k \tag{7.9}$$

有关更多详细信息，请参见附录 D.4 节内容。由于频率 $\Delta\omega$ 与 T 成反比，因此可以通过修改 T 来更改频率。特别地，可通过向序列 $x_n = x(nT_s)$ 添加任意数量的零来增加轨迹的持续时间（此技术被称为零填充）。因此，可以针对任意 $\Delta\omega$（实际上并不取决于轨迹的持续时间）来计算 DFT，然后可获得幅度谱：

$$V(k\Delta\omega) = \frac{|X(k\Delta\omega)|}{\pi} = \frac{|T_s X_k|}{\pi}$$

对于连续变换，可方便地将 V 表示为无量纲变量的函数：

$$\Omega_k = k\Delta\Omega = k\frac{\Delta\omega}{\omega_0}$$

此外，由于式（7.7）和式（7.8）仍然有效①，在单位时间内考虑单位位移很方便。这样就可以很容易地比较不同种类的轨迹。对于那些需要多个途经点（正交多项式，样条曲线）的运动曲线，则假定以下数据：

$$\begin{aligned} &t_0 = 0, \quad && t_1 = 0.3, \quad && t_2 = 0.6, \quad && t_3 = 1 \\ &q_0 = 0, \quad && q_1 = 0.2, \quad && q_2 = 0.7, \quad && q_3 = 1 \end{aligned}$$

图 7.26~图 7.28 显示了前几章中介绍的许多轨迹的加速度曲线的频谱。

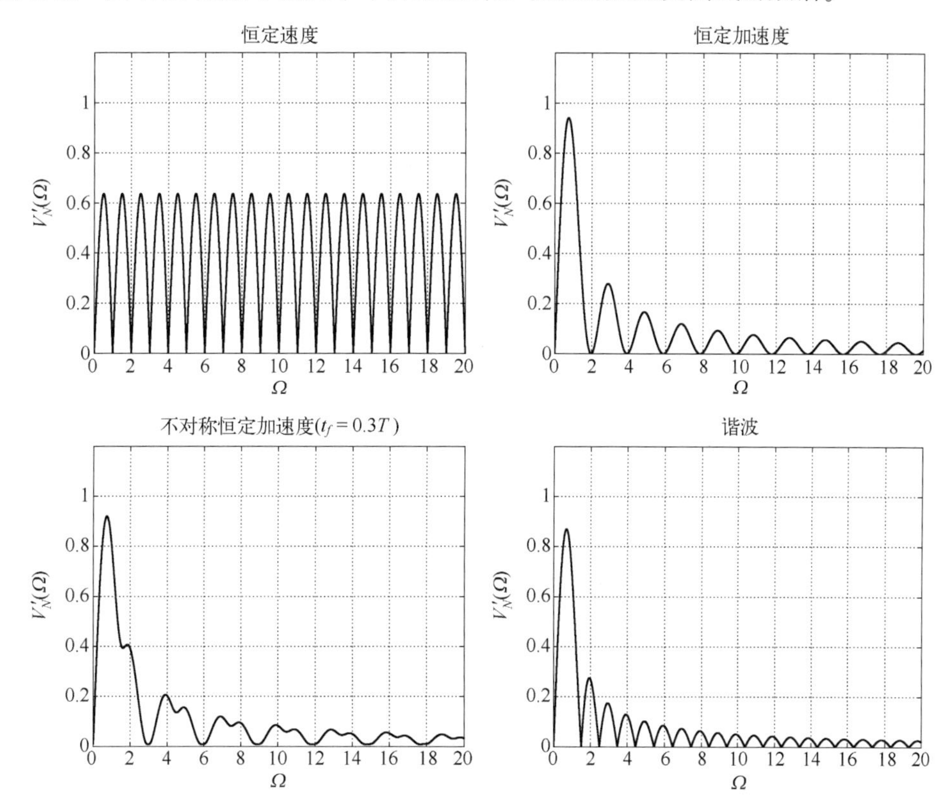

图 7.26　轨迹加速度曲线的频率分析（1）

① 在这种情况下，在 nT_s 时刻进行采样，给定轨迹 $\ddot{q}(t)$ 加速度的幅度谱与相应归一化轨迹的加速度幅度谱相关，即

$$V'(k\Delta\Omega) = \frac{h}{T}V'_N(k\Delta\Omega) = \frac{h}{T}\frac{|A_N(k\Delta\omega)|}{\pi}\bigg|_{\Delta\omega = 2\pi\Delta\Omega} = \frac{h}{T}\frac{|T_s A_{N_k}|}{\pi}$$

此处，A_{N_k} 是序列 $\ddot{q}_{N_n} = \ddot{q}_N(nT_s)$ 的 DFT。

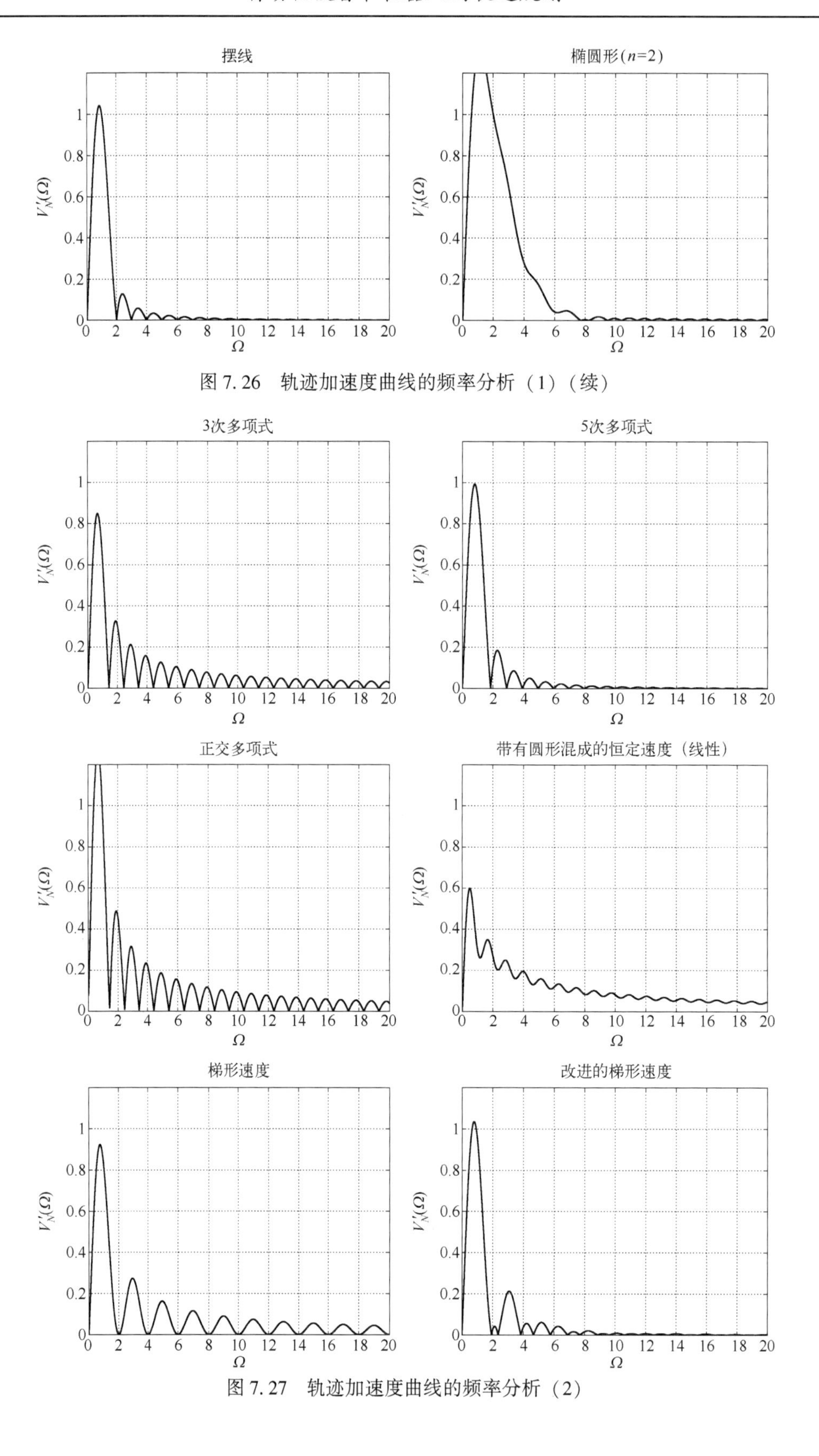

图 7.26 轨迹加速度曲线的频率分析（1）（续）

图 7.27 轨迹加速度曲线的频率分析（2）

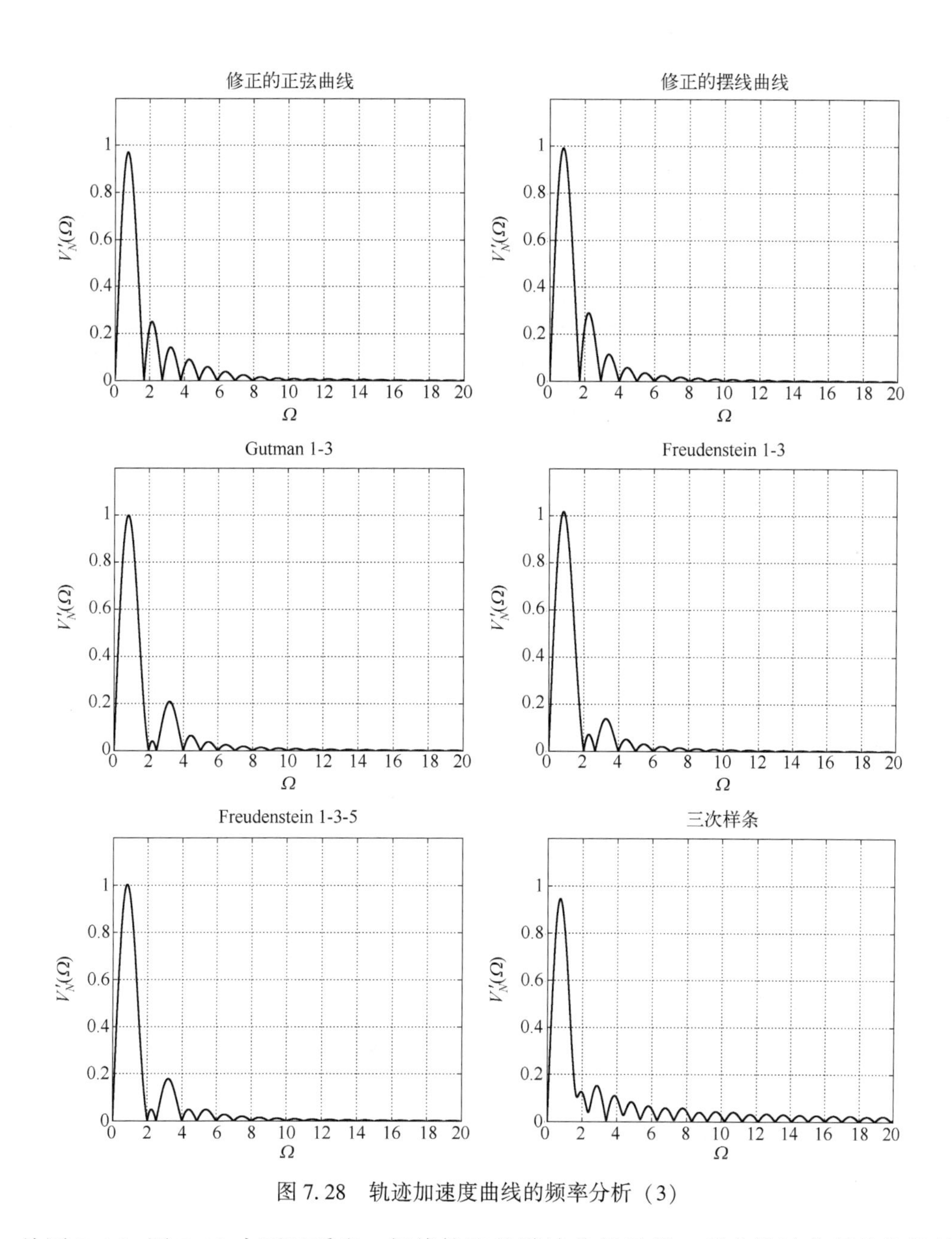

图 7.28　轨迹加速度曲线的频率分析（3）

从图 7.26~图 7.28 中可以看出，摆线轨迹的谐波分量最低。低次谐波分量的特性轨迹还有 5 次多项式（见图 7.27）、改进的摆线，以及 Gutman 1−3、Freudenstein 1−3 和 Freudenstein 1−3−5 轨迹（见图 7.28）。上述分析考虑的这些函数中，除恒速轨迹（从未在实际应用中使用过）外，最差的轨迹是基于正交多项式的轨迹。其余轨迹具有中间特性。注意，在低频下，所有轨迹都呈现一个峰，这些峰中的最大值是在椭圆形轨迹中获得的。

7.3.3　周期性轨迹的谐波分量

在典型的工业应用中，要求执行器连续重复相同的轨迹。因此，运动曲线（以及相关的加速度）由持续时间为 T 的基本函数（参考加速度曲线）周期重复构成：

$$\tilde{\ddot{q}}(t) = \sum_{k=-\infty}^{\infty} \ddot{q}(t-kT)$$

由于 $\tilde{\ddot{q}}(t)$ 是周期性函数，因此可以通过傅里叶级数展开式分析其谐波分量，该傅里叶级数展开式可以将 $\tilde{\ddot{q}}(t)$ 分解出无数个频率为 $\omega_0=2\pi/T$、振幅为 v_k、相位为 φ_k 的谐波函数：

$$\tilde{\ddot{q}}(t) = v_0 + \sum_{k=1}^{\infty} v_k \cos(k\omega_0 t + \varphi_k) \qquad \omega_0 = \frac{2\pi}{T}$$

有关更多详细信息，请参见附录 D. 2 节内容。由于 v_k 与 $\ddot{q}(t)$ 的傅里叶变换之间的关系（请参见附录 D. 2 节内容），可以从相应的非周期性运动曲线的振幅谱 $V(\omega)$ 获得周期函数的振幅谱：

$$v_k = \frac{2\pi}{T} V(k\omega_0) \qquad \omega_0 = \frac{2\pi}{T}, \quad k=1,2,\cdots$$

此外，通过考虑无量纲变量 $\Omega_k=\omega/\omega_0$，可以写为［见式（7.6）］

$$v_k = \frac{2\pi}{T} V'(k) \qquad k=1,2,\cdots$$

且通过考虑归一化轨迹［系数为 v_{N_k}，对应的幅度谱为 $V_N'(\Omega)$］：

$$v_k = \frac{h}{T} v_{N_k} \qquad v_{N_k} = \frac{2\pi}{T} V_N'(k)$$

从前面内容中报告的幅度谱中可以立即获得傅里叶级数展开式的相应系数。上一节中考虑的轨迹的系数如图 7. 29～图 7. 31 所示。

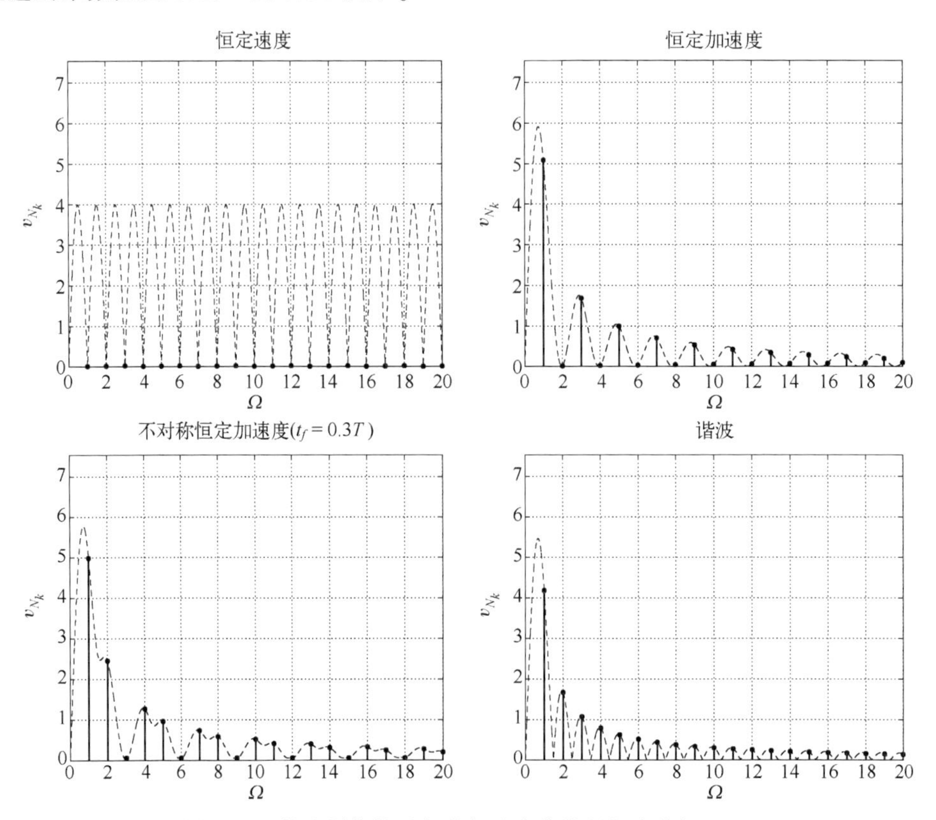

图 7. 29　轨迹周期性重复的加速度曲线的频率分析（1）

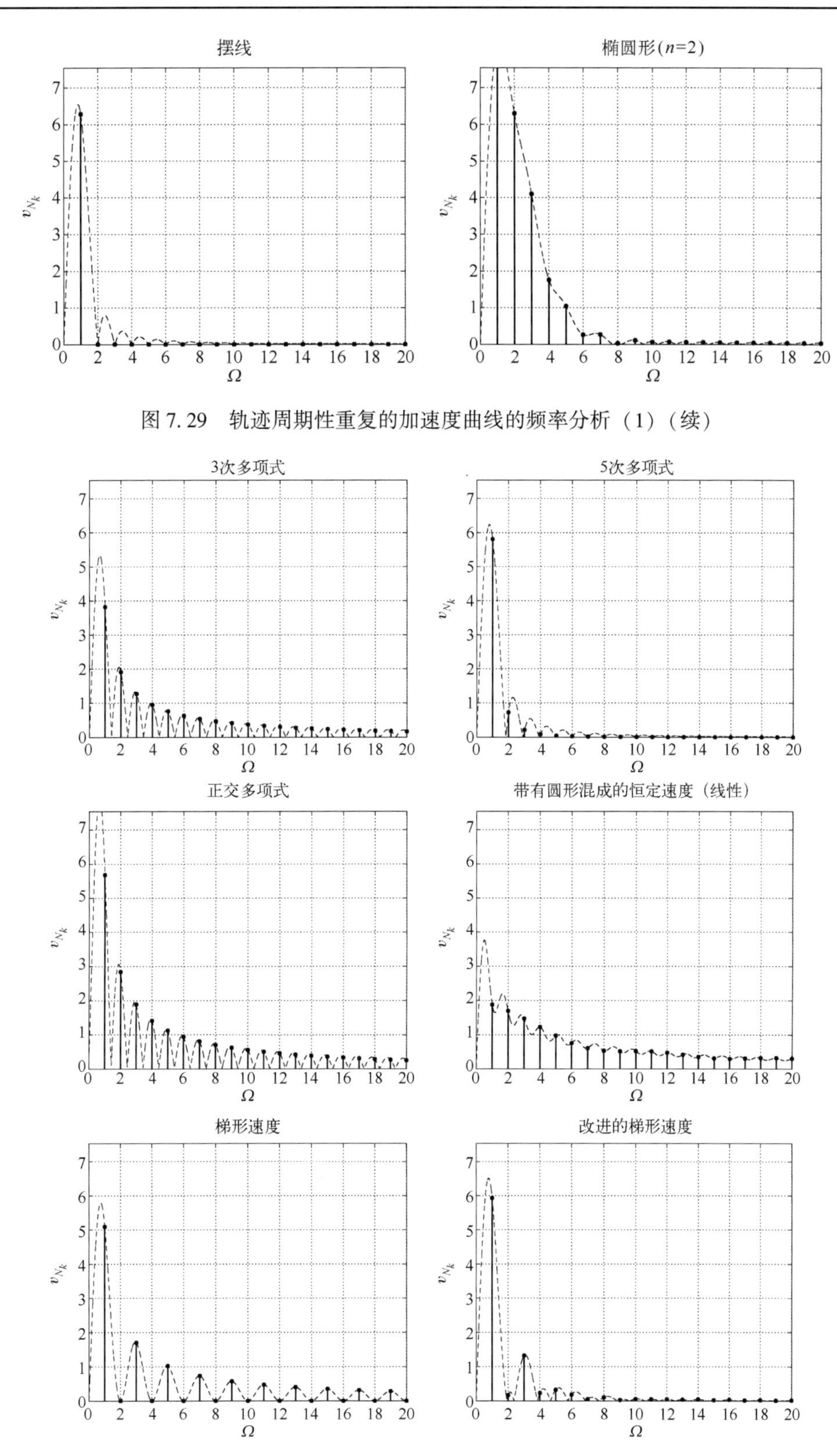

图 7.29　轨迹周期性重复的加速度曲线的频率分析（1）（续）

图 7.30　轨迹周期性重复的加速度曲线的频率分析（2）

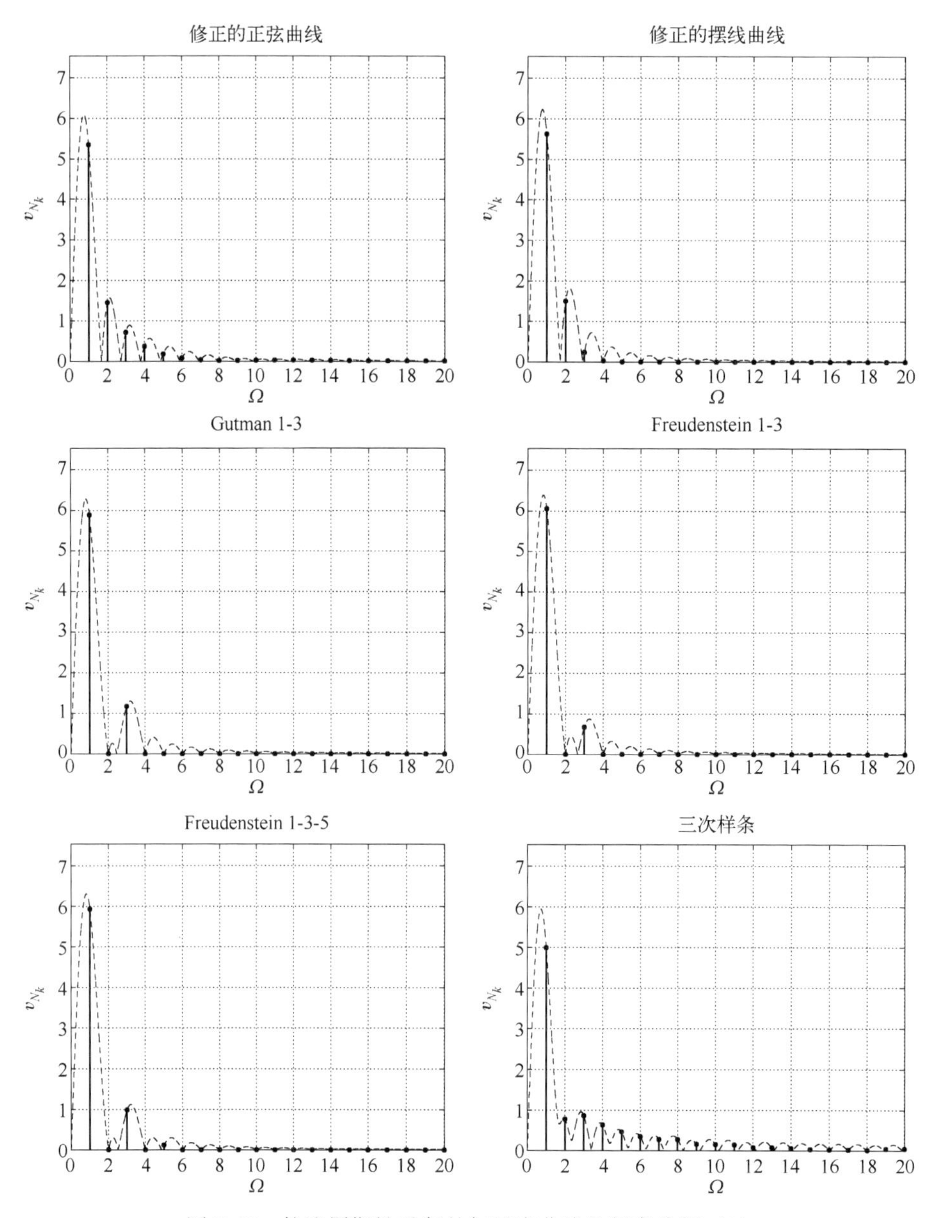

图 7.31 轨迹周期性重复的加速度曲线的频率分析（3）

注意，在这种情况下，最佳运动曲线是恒速轨迹，这类轨迹对于任何频率值均具有零谐波分量。这是非常明显的，因为恒速轨迹的周期性重复不需要速度的任何变化，因此加速度始终为零（$\ddot{\tilde{q}}(t)=0, \forall t$）。

摆线轨迹在频率上只有一个分量：

$$\Omega=1 \xrightarrow{\omega=\frac{2\pi}{T}\Omega} \omega=\frac{2\pi}{T}$$

基于傅里叶级数展开的轨迹具有两个或多个非零谐波分量。例如，在 Freudenstein 和 Gutman 1-3 轨迹的情况下，只有$\Omega=1$ 和$\Omega=3$ 的分量的大小不为零，而对于 Freudenstein 1-3-5，其在$\Omega=5$ 的分量不为零。

所有其他轨迹具有较大的谐波分量，直接比较可以帮助你在许多不同的可能性中选择特定的运动曲线。

7.3.4　轨迹的缩放和频率特性

之前讨论的非周期性和周期性轨迹的加速度谱 $V'_N(\Omega)$ 是在 $h=1$、$T=1$ 的条件下获得的，并且是关于无量纲变量Ω的函数。通过反演式（7.6），可以轻松推导出一般轨迹的加速度谱：

$$V(\omega)=V'(\Omega)\big|_{\Omega=\omega T/2\pi}=\frac{h}{T}V'_N(\Omega)\big|_{\Omega=\omega T/2\pi}$$

因此，非单位位移的轨迹的加速度幅度谱 V 可以通过将归一化轨迹的加速度幅度谱 V'_N 按比例 h 缩放来获得。轨迹的持续时间对该频谱有双重影响：首先，V'_N 的大小按 $1/T$ 缩放；其次，频率按 T 缩放（注意，Ω与ωT 成比例）。

给定持续时间 T 的通用运动曲线 $q(t)$，且其具有加速度谱 $V(\omega)$，则通过时间缩放 $q(t)$ 获得的轨迹：

$$q'(t')=q(t)\big|_{t=\lambda t'},\qquad t'\in[0,T'],\quad 其中\ T'=\frac{T}{\lambda}$$

其是由与 $V(\omega)$ 有关的加速度曲线的频谱 $V_\lambda(\omega)$ 来表征的：

$$V_\lambda(\omega)=\lambda V\left(\omega/\lambda\right)$$

因此，如果我们考虑$\lambda<1$（较慢的运动），则不仅频率范围会减小，而且幅度（V_λ）也都会相应减小。原则上可以计算λ的值，以便在实践中使得在指定极限频率ω以上的加速度曲线的频谱含量可以忽略不计。

例 7.1　让我们考虑由以下条件定义的 5 次多项式轨迹：

$$q_0=10,\qquad q_1=15,\qquad t_0=0,\qquad t_1=15,\qquad T=t_1-t_0=15$$

如果考虑$\lambda=0.5$，则缩放轨迹的时间长度为 $T'=T/\lambda=30$，那么这两个加速度曲线如图 7.32（a）所示，而它们的频率分量如图 7.32（b）所示。

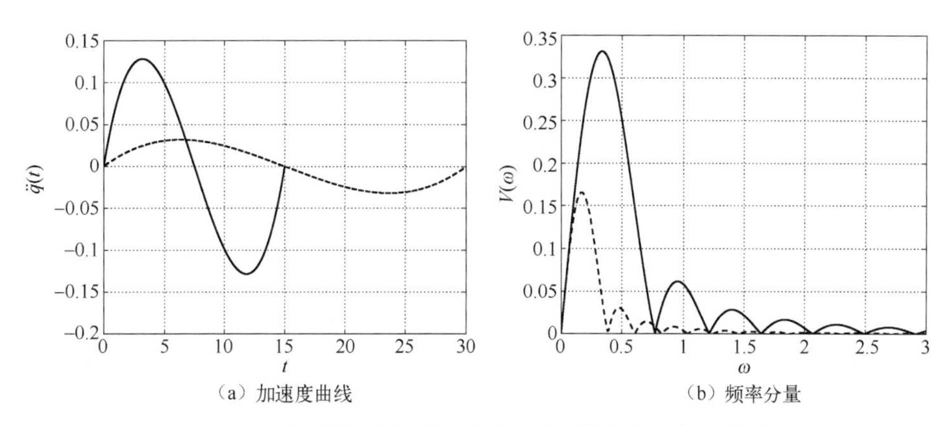

（a）加速度曲线　　（b）频率分量

图 7.32　5 次多项式轨迹的加速度曲线及其频率分量（实线为原加速度曲线，虚线为时间长度缩放后的加速度曲线）

7.4 轨迹的频率改进

前面各节中的报告分析表明，当将轨迹应用于具有结构弹性特征的机械系统时，其会产生非期望的振动。因此，应该通过比较轨迹的频谱含量和机械系统的频率响应特性来选择轨迹曲线。当考虑到高速机器时，这尤其重要。在这种情况下，残余振动的抑制①至关重要。这可通过优化轨迹曲线和控制方式等方法来解决。

- 轨迹平滑或整形：此方法包括考虑具有高阶连续性的轨迹（因此，具有连续的加加速度、加加加速度等），并在可能的情况下尝试减小速度和加速度的最大值。此外，也可以通过适当的滤波器（低通滤波器、陷波滤波器、输入整形器等）来平滑或整形运动曲线，以使其在系统共振频率处导致的能量最小化[57]。
- 控制优化：由于在现代运动系统中，通常在两自由度的控制器结构中组合使用反馈和前馈控制，如图 7.33 所示，因此有必要考虑两个主要方面。一方面反馈控制必须保证系统的稳定（鲁棒）性和抗干扰能力；另一方面，前馈作用可以用来改善跟踪性能。

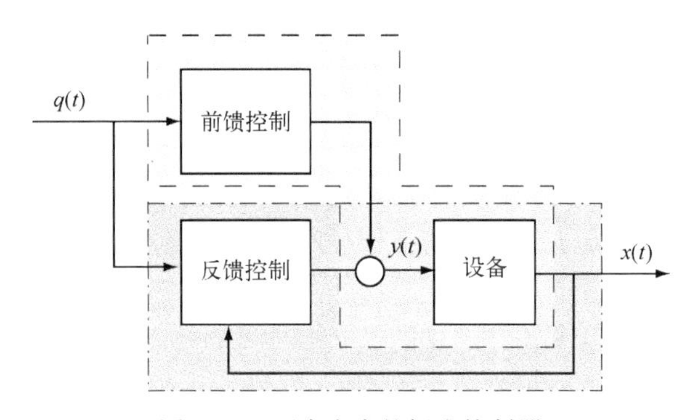

图 7.33 两自由度的标准控制器

在接下来的内容中，我们将考虑采用不同类型的滤波器对输入轨迹滤波从而对系统响应造成的影响。此外，由于前馈控制的效果与轨迹的动态滤波相似，因此也将考虑它的影响。

7.4.1 多项式动力学和样条动力学函数

首次尝试通过考虑系统的动态模型来整形输入运动曲线是在机械凸轮设计领域[58,59]。1953 年，术语“多项式动力学”作为多项式和动力学的缩写被引入[60]，它描述了一种机械凸轮的设计技术，该技术最初是在 1948 年提出的[61]，其考虑了凸轮主从动系统的动态特性，以便能够定义凸轮曲线来“补偿”从动系统的动态振动（至少在特定的凸轮速度情况下）。例如，如图 7.34 所示的考虑多项式动力学函数设计的机械系统方案，可以写出其微分方程：

---

① 残余振动的振幅可以定义为

$$\max_{t \geqslant t_1} |x(t) - q(t_1)|$$

其中，$x(t)$ 为受控体在时间 $t \geqslant t_1$ 时的实际位置；$q(t_1) = q_1$，其为受控体在终止时刻 t_1 的期望位置。

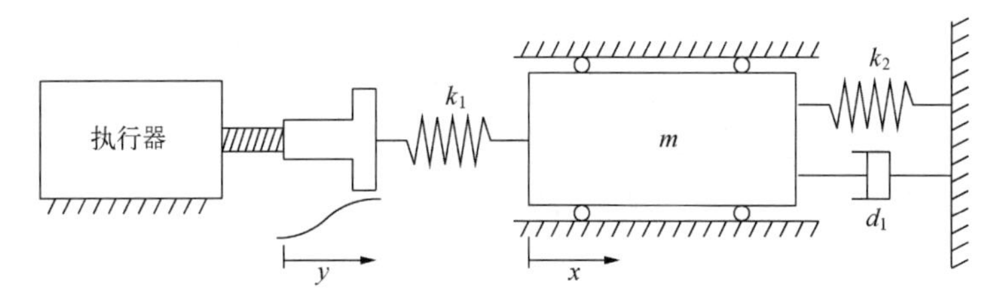

图 7.34　考虑多项式动力学函数设计的机械系统方案

$$m\ddot{x}(t)+d_1\dot{x}(t)+(k_1+k_2)x(t)=k_1y(t) \tag{7.10}$$

如 7.3 节中所介绍的，假设存在理想的执行系统，则有 $y(t)=q(t)$。这种方法的基本思想是使用式（7.10）定义函数 $q(t)(=y(t))$，以获得所需的曲线 $x(t)$ 或等效地“反求”式（7.10）中的动力学模型，即在给定物体质量 m 所需运动曲线 $x(t)$ 的情况下求解执行器的合理轨迹（基于来自自动控制领域的考虑，此方法将在 7.4.3 节中考虑）。

事实上，根据式（7.10）可以计算出执行器的位置、速度和加速度：

$$q(t)=\frac{1}{k_1}\Big(m\ddot{x}(t)+d_1\dot{x}(t)+(k_1+k_2)x(t)\Big) \tag{7.11}$$

$$\dot{q}(t)=\frac{1}{k_1}\Big(mx^{(3)}(t)+d_1\ddot{x}(t)+(k_1+k_2)\dot{x}(t)\Big) \tag{7.12}$$

$$\ddot{q}(t)=\frac{1}{k_1}\Big(mx^{(4)}(t)+d_1x^{(3)}(t)+(k_1+k_2)\ddot{x}(t)\Big) \tag{7.13}$$

如果已知期望的曲线 $x(t)$，则从这些方程式中可以计算 $q(t)$ 以便补偿机械系统非期望的动态影响。注意，为了使 $q(t)$ 具有平滑的加速度曲线，有必要使 $x(t)$ 的四阶导数，即加加速度也平滑。这意味着任何期望的运动曲线 $x(t)$ 至少应该四阶导数连续。

此外，由于在传统机器中位移 $q(t)$ 通常是通过凸轮的角运动 $\theta(t)$ 获得的，因此 $q=q(\theta)$、位置 $x(t)$、速度 dx/dt，以及加速度 d^2x/dt^2 也是由凸轮的角位移 $\theta(t)$ 来定义的，且恒定速度 $\dot{\theta}(t)=\mathrm{v}_{rpm}$ 使用“rpm”表示（转每分钟：$1\,\mathrm{rpm}=2\pi\mathrm{min}^{-1}=360°\mathrm{min}^{-1}=6°\mathrm{sec}^{-1}$），所以 $\theta(t)=6°\mathrm{v}_{rpm}t$，其中 $\theta(t)$ 用度表示。因此：

$$\frac{dq(t)}{dt}=\frac{dq(\theta)}{d\theta}\,\dot{\theta}(t)=\frac{dq(\theta)}{d\theta}\,6\mathrm{v}_{rpm}$$

$$\frac{d^2q(t)}{dt^2}=\frac{d^2q(\theta)}{d\theta^2}\,\dot{\theta}^2(t)=\frac{d^2q(\theta)}{d\theta^2}\,36\mathrm{v}_{rpm}^2$$

对于 $x(t)$ 同样如此。总之，加速度曲线 $d^2q/d\theta^2$ 可以写成：

$$\frac{d^2q}{d\theta^2}=36\mathrm{v}_{rpm}^2\frac{m}{k_1}\frac{d^4x}{d\theta^4}+6\mathrm{v}_{rpm}\frac{d_1}{m}\frac{d^3x}{d\theta^3}+\frac{(k_1+k_2)}{k_1}\frac{d^2x}{d\theta^2}$$

因此，$q(t)$ 也取决于所需的角速度，且针对给定 v_{rpm} 值优化的机械凸轮，其在其他速度使用时性能会有所下降。

在现有文献中，多项式函数已被广泛用于定义 $x(t)$ 合适的期望曲线，并且许多多项式动力学函数已经被提出来，其不同函数的特定性质旨在满足不同的标准。尽管采用 9 次多项式即可获得符合边界条件直至加加加速度（四阶导数）的轨迹，但更高次数的多项式也已经被使用。通常，它们的推导不是简单的，感兴趣的读者可以参考关于此主题的许多出版物，可参见参考文献［58］~参考文献［62］。

现实中，我们经常采用归一化形式的多项式，即具有单位位移和单位持续时间的多项式，其系数可以很容易被修改，以满足特定的持续时间 T 和所需的位移 h 条件（在 2.1.7 节中介绍了高达 21 次的归一化多项式的系数）。

在参考文献［61］中，在以下多项式的基础上，达德利（Dudley）提出了一般的多项式动力学曲线：

$$x_N(\tau) = 1 + a_2(1-\tau)^2 + a_p(1-\tau)^p + a_q(1-\tau)^{(p+2)} + a_r(1-\tau)^{p+4} \qquad (7.14)$$
$$x_N \in [0,1], \qquad \tau \in [0,1]$$

其中，$p \geqslant 4$ 且

$$a_2 = \frac{-6p^2 - 24p}{6p^2 - 8p - 8} \qquad a_p = \frac{p^3 + 7p^2 + 14p + 8}{6p^2 - 8p - 8}$$
$$a_q = \frac{-2p^3 - 4p^2 + 16p}{6p^2 - 8p - 8} \qquad a_r = \frac{p^3 - 3p^2 + 2p}{6p^2 - 8p - 8}$$

使用此方法可以定义多项式函数的指数为 2-4-6-8、2-6-8-10、……尤其是多项式 2-10-12-14：

$$x_N(\tau) = \frac{1}{64}\Big(64 - 105(1-\tau)^2 + 231(1-\tau)^{10} - 280(1-\tau)^{12} + 90(1-\tau)^{14}\Big)$$

其被认为是此类多项式函数指数中可提供最佳性能的多项式函数指数[61]，此多项式也许可以重写为

$$x_N(\tau) = \frac{1}{64}\Big(90\tau^{14} - 1260\tau^{13} + 7910\tau^{12} - 29400\tau^{11} + 71841\tau^{10} - 120890\tau^9 + 142065\tau^8 - 114840\tau^7 + 60060\tau^6 - 16632\tau^5 + 1120\tau^3\Big)$$

注意，式（7.14）定义了从 0 到 1 的多项式函数，其中$\tau = [0,1]$。从 1 到 0 的返回运动（如果感兴趣）可以简单定义为

$$x_N(\tau) = 1 + a_2\tau^2 + a_p\tau^p + a_q\tau^{(p+2)} + a_r\tau^{p+4}$$

如图 7.35 所示，其展示了上升-返回运动函数 $x_N(\tau)$ 的曲线。注意，起点与终点处的速度和加速度都为零。此外，当位移最大时，加速度、加加速度和跨度会呈现恒定值。

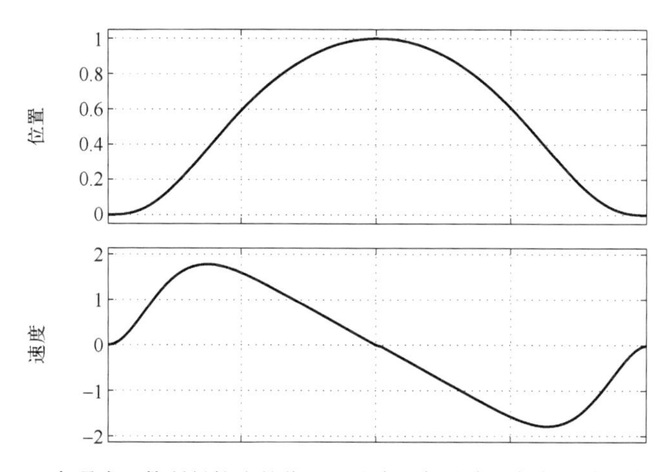

图 7.35　Dudley 多项式函数所得轨迹的位置、速度、加速度、加加速度和加加加速度曲线

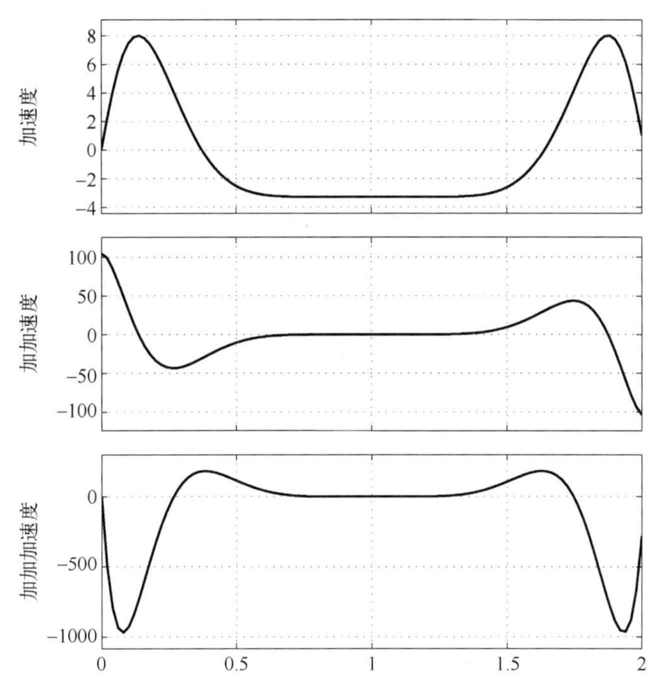

图 7.35　Dudley 多项式函数所得轨迹的位置、速度、加速度、加加速度和加加加速度曲线（续）

另一个例子是 Peisekah 多项式函数[63]，它基于多项式：

$$x_N(\tau) = a_5\tau^5 + a_6\tau^6 + a_7\tau^7 + a_8\tau^8 + a_9\tau^9 + a_{10}\tau^{10} + a_{11}\tau^{11} \tag{7.15}$$

其中：

$$a_5 = 336,\quad a_6 = -1890,\quad a_7 = 4740$$

$$a_8 = -6615,\quad a_9 = 5320,\quad a_{10} = -2310,\quad a_{11} = 420$$

确定多项式的阶数和系数是为了满足适当的边界条件（高达加加加速度的零值），获得函数的对称性质，以及最小化峰值加速度的值（在这种情况下，加速度的最大值为 7.91，而阶数为 11 的标准归一化多项式的最大加速度为 11.2666，参见表 2.2）[63]。Peisekah 多项式函数所得轨迹的位置、速度、加速度、加加速度和加加加速度曲线如图 7.36 所示。

根据定义期望轨迹的形状和特性的归一化多项式 $x_N(\tau)$，可直接确定期望的持续时间为 $T=t_1-t_0$ 和位移为 $h=q_1-q_0$ 的多项式 $x(t)$。如 2.1.7 节中所述，$x(t)$ 及其 k 阶导数表示为

$$x^{(k)}(t) = \sum_{i=0}^{n-k} b_{i,k}\,(t-t_0)^i \qquad t \in [t_0,\ t_1] \tag{7.16}$$

其系数与归一化多项式函数 $x_N(\tau)$ 的系数 a_i 相关：

位置：
$$x(t) = \sum_{i=0}^{n} b_{i,0}(t-t_0)^i \ \rightarrow\ b_{i,0} = \begin{cases} q_0 + h\,a_0 & i = 0 \\ \dfrac{h}{T^i}\,a_i & i > 0 \end{cases}$$

速度：
$$\dot{x}(t) = \sum_{i=0}^{n-1} b_{i,1}(t-t_0)^i \ \rightarrow\ b_{i,1} = (i+1)\,\frac{h}{T^{i+1}}\,a_{i+1}$$

加速度：　$\ddot{x}(t)=\sum_{i=0}^{n-2} b_{i,2}(t-t_0)^i \quad \rightarrow \quad b_{i,2}=(i+1)(i+2)\frac{h}{T^{i+2}}a_{i+2}$　　(7.17)

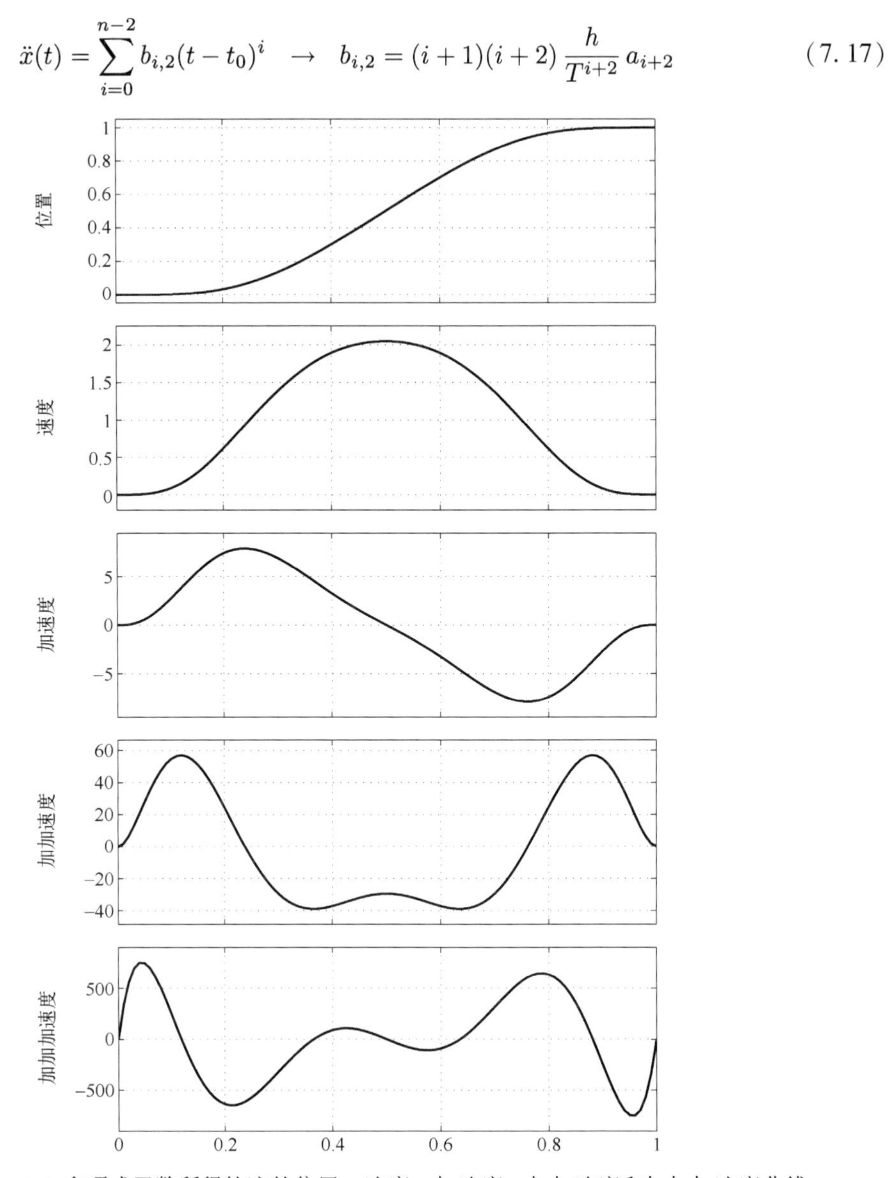

图 7.36　Pisekah 多项式函数所得轨迹的位置、速度、加速度、加加速度和加加加速度曲线

一旦定义了适当的多项式函数 $x(t)$ 及其阶数的导数，就能够计算出考虑机械系统动力学的多项式动力学函数 $q(t)$，如式（7.11）。注意，在基于多项式动力学函数的机械凸轮设计中，其是针对特定速度 v_{rpm} 进行优化的。在轨迹规划中，期望运动 $x(t)$ 的持续时间 T 必须预先固定，这是因为它不可能（在不降低其性能的前提下利用 5.1 节中讨论的技术在时域上）缩放多项式动力学函数 $q(t)$。实际上，如果改变持续时间 T，则首先必须重新计算 $x(t)$，$\dot{x}(t)$，$\ddot{x}(t)$，…的系数，然后计算整个多项式动力学函数 $q(t)$。

下面是一种更简单的求得多项式动力学函数 $q(t)$ 的方法。让我们考虑采用拉普拉斯变换表示的通用动力学模型：

$$\frac{X(s)}{Q(s)}=G(s)=\frac{k}{s^2+2\delta\omega_n s+\omega_n^2}$$

等价地，初始条件为零时的二阶微分方程为

$$\ddot{x}(t)+2\delta\omega_n\,\dot{x}(t)+\omega_n^2\,x(t)=k\,q(t) \tag{7.18}$$

如果通过式（7.18）的多项式函数 $x(t)$ 表示期望位移，且考虑到式（7.17）的关系（为简单起见，假定 $t_0=0$），则得出：

$$\begin{aligned} q(t)&=\frac{1}{k}\left[\sum_{i=0}^{n}(i+1)(i+2)\frac{h}{T^{i+2}}a_{i+2}\,t^i+2\delta\omega_n\sum_{i=0}^{n}(i+1)\frac{h}{T^{i+1}}a_{i+1}\,t^i+\right.\\ &\qquad\left.\omega_n^2\left(q_0+\sum_{i=0}^{n}a_i\frac{h}{T^i}t^i\right)\right]\\ &=\frac{\omega_n^2}{k}q_0+\frac{h}{k}\sum_{i=0}^{n}\left((i+1)(i+2)\,\frac{a_{i+2}}{T^{i+2}}+2\delta\omega_n\,(i+1)\,\frac{a_{i+1}}{T^{i+1}}+\omega_n^2\,\frac{a_i}{T^i}\right)t^i\\ &=\frac{\omega_n^2}{k}q_0+\sum_{i=0}^{n}b_i\,t^i \end{aligned} \tag{7.19}$$

其中，系数 b_i 为

$$b_i=\frac{h}{k}\left(\omega_n^2\,\frac{a_i}{T^i}+2\delta\omega_n(i+1)\frac{a_{i+1}}{T^{i+1}}+(i+2)(i+1)\frac{a_{i+2}}{T^{i+2}}\right) \tag{7.20}$$

其中，$a_{n+1}=a_{n+2}=0$。

使用式（7.19）和式（7.20），可以直接从归一化多项式 $x_N(\tau)$ 的系数 a_i、期望持续时间 T 和位移 h，以及动力学模型相关参数计算出多项式动力学函数 $q(t)$。

例 7.2　考虑如图 7.34 所示的机械系统，其中：

$$m=5\text{ kg}\qquad k_1=5000\text{ N/m}\qquad k_2=1000\text{ N/m}\qquad d_1=25\text{ Ns/m}$$

期望位移为从 $x_0=0$ 到 $x_1=50(h=50)$ 的周期性运动，并且周期为 $T=T_r+T_d=1$，其中上升部分(T_r)和返回部分(T_d)的时间为 $T_r=T_d=0.5$。如果选择 Peisekah 多项式，则通过式（7.15）计算多项式动力学函数 $q(t)$，通过式（7.17）计算其导数，然后使用式（7.11）或者等效采用式（7.19）和式（7.20）。

通过系统参数，结果为

$$\omega_n=\sqrt{\frac{k_1+k_2}{m}}=34.641\qquad \delta=\frac{d_1}{2m\omega_n}=0.0722\qquad k=\frac{k_1}{m}=1000$$

注意，系统的静态增益为 $G(0)=k/\omega_n^2=0.8333$。从式（7.19）和式（7.20）求得：

$$\begin{aligned} q_{rise}(t)=\;&\frac{h}{k}\left[\frac{a_{11}}{T_r^{11}}\omega_n^2t^{11}+\left(\frac{a_{10}}{T_r^{10}}\omega_n^2+22\frac{a_{11}}{T_r^{11}}\delta\omega_n\right)t^{10}\right.\\ &+\left(\frac{a_9}{T_r^9}\omega_n^2+20\frac{a_{10}}{T_r^{10}}\delta\omega_n+110\frac{a_{11}}{T_r^{11}}\right)t^9\\ &+\left(\frac{a_8}{T_r^8}\omega_n^2+18\frac{a_9}{T_r^9}\delta\omega_n+90\frac{a_{10}}{T_r^{10}}\right)t^8\\ &+\left(\frac{a_7}{T_r^7}\omega_n^2+16\frac{a_8}{T_r^8}\delta\omega_n+72\frac{a_9}{T_r^9}\right)t^7\\ &+\left(\frac{a_6}{T_r^6}\omega_n^2+14\frac{a_7}{T_r^7}\delta\omega_n+56\frac{a_8}{T_r^8}\right)t^6\\ &+\left(\frac{a_5}{T_r^5}\omega_n^2+12\frac{a_6}{T_r^6}\delta\omega_n+42\frac{a_7}{T_r^7}\right)t^5\\ &\left.+\left(10\frac{a_5}{T_r^5}\delta\omega_n+30\frac{a_6}{T_r^6}\right)t^4+20\frac{a_5}{T_r^5}t^3\right] \end{aligned}$$

并且，代入数据后为

$$\begin{aligned} q_{rise}(t) = & 51609600\ t^{11} - 139560960\ t^{10} + 162247680\ t^{9} \\ & -106122240\ t^{8} + 42822144\ t^{7} - 10937472\ t^{6} \\ & +1737792\ t^{5} - 168000\ t^{4} + 10752\ t^{3} \end{aligned}$$

其中，$t \in [0,T_r]$。由于对称性（$T_r=T_d$），在$[T_r,T]$之间，$q_{return}(t)$的计算可以简单求得：

$$q_{return}(t) = q_{rise}(T_r) - q_{rise}(t-T_r), \qquad t \in [T_r,\ T]$$

由式（7.17）得到的图 7.34 所示的机械系统的期望运动 $x(t)$ 为

$$x(t) = h\ x_N(\tau), \qquad \tau = \frac{t}{T_r},\ \ t \in [0,\ T_r]$$

图 7.37 描述了图 7.34 所示机械系统的期望运动曲线 $x(t)$ 上升（返回周期与其相似）周期。Peisekah 多项式动力学函数 $q(t)$ 的位置、速度、加速度、加加速度和加加加速度曲线如图 7.38 所示。

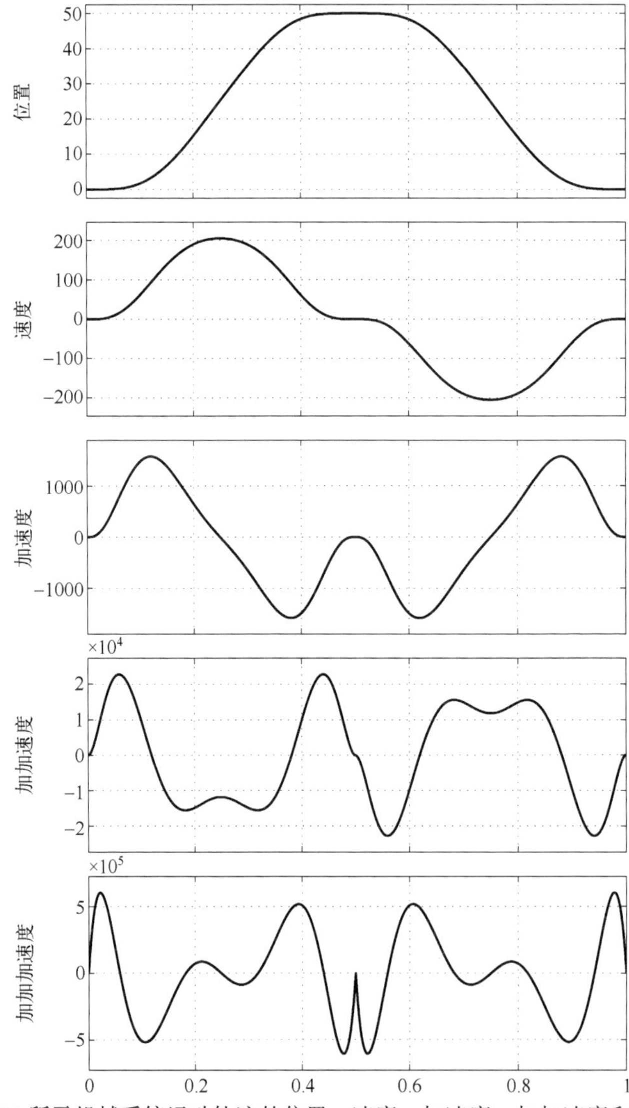

图 7.37　图 7.34 所示机械系统运动轨迹的位置、速度、加速度、加加速度和加加加速度曲线

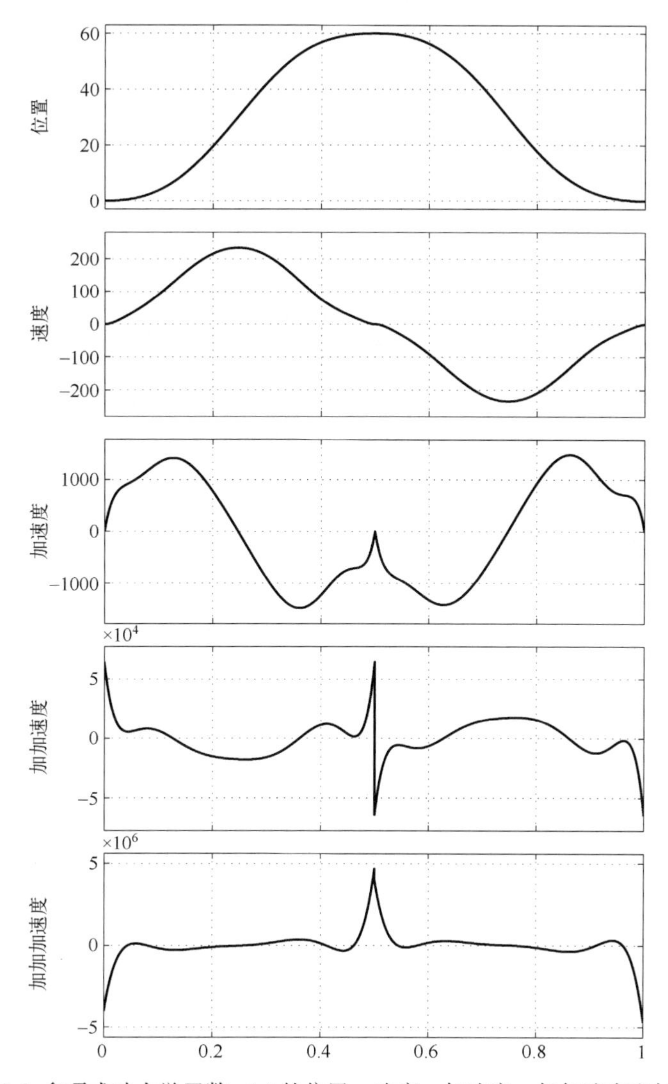

图 7.38　Peisekah 多项式动力学函数 $q(t)$ 的位置、速度、加速度、加加速度和加加加速度曲线

在图 7.39 中，其比较了按照如上所述考虑机构动力学的方式计算的 $q(t)$ 与输入曲线 $q'(t)$，其 $q'(t)$ 是由式（7.15）的 11 次多项式函数所定义的，其上升周期 $[0,T_r]$ 为

$$\begin{aligned} q'_{rise}(t) &= \frac{\omega_n^2}{k}\, x(t) \\ &= 51609600\, t^{11} - 141926400\, t^{10} + 163430400\, t^9 \\ &\quad -101606400\, t^8 + 36403200\, t^7 - 7257600\, t^6 + 645120\, t^5 \end{aligned}$$

图 7.40 比较了两个输入曲线 $q(t)$ 和 $q'(t)$。尽管 $q'(t)$ 也非常平滑，且具有同多项式动力学函数相同的次数，但由于系统的未补偿弹性因素，物体在运动中仍存在误差。

例 7.3　图 7.40 中的曲线 $q(t)$ 与 $q'(t)$ 非常相似：事实上，只有当所需运动的速度提高时，多项式动力学曲线 $q'(t)$ 中的补偿作用才会更加明显。让我们考虑同前面例子相同的从 $x_0=0$ 到 $x_1=0(h=50)$ 的往返运动。现在假设 $T=T_r+T_d=0.4$，其中 $T_r=T_d=0.2$，图 7.41 中的速度和加速度的提高很明显（与图 7.38 相比）。

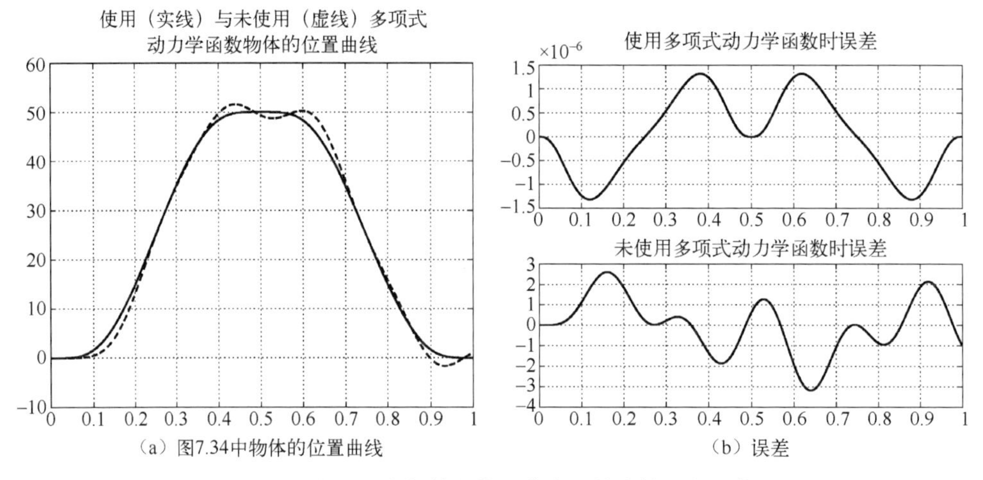

图 7.39　图 7.34 中物体的位置曲线及其在使用与不使用多项式动力学函数的条件下由弹性引起的误差

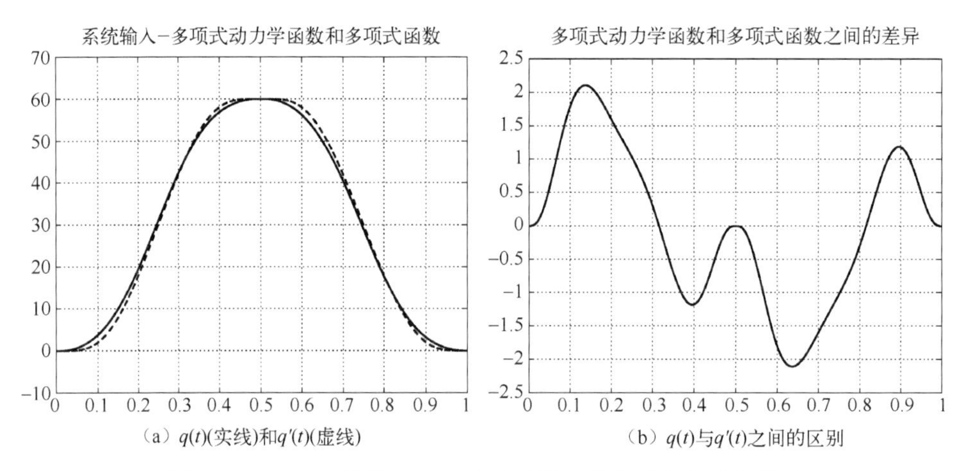

图 7.40　$q(t)$（实线）与 $q'(t)$（虚线）及其两者之间的区别

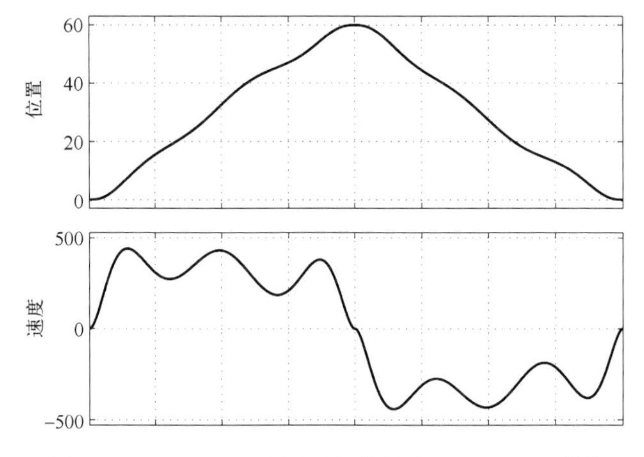

图 7.41　Peisekah 多项式动力学轨迹 $T_r=T_d=0.2$ 的位置、速度、加速度、加加速度和加加加速度曲线

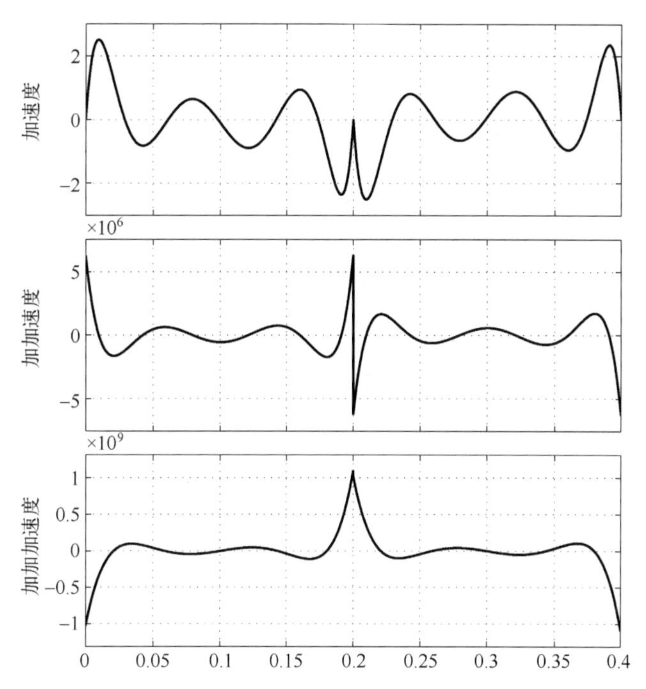

图 7.41　Peisekah 多项式动力学轨迹 $T_r = T_d = 0.2$ 的位置、速度、加速度、加加速度和加加加速度曲线（续）

在图 7.42 和图 7.43 中，其对比了 $q(t)$ 和 $q'(t)$。在此情况下，两种曲线的差异具有相关性。

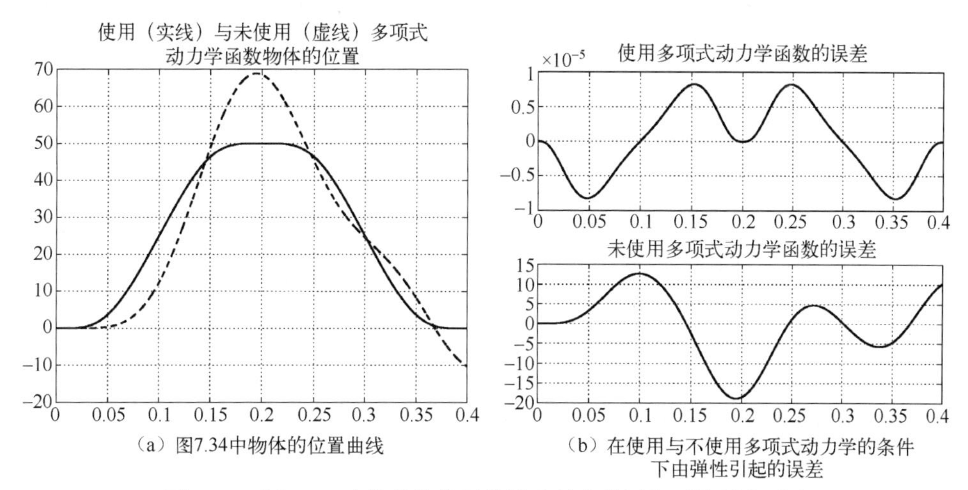

（a）图7.34中物体的位置曲线

（b）在使用与不使用多项式动力学的条件下由弹性引起的误差

图 7.42　图 7.34 中物体的位置曲线及其在使用与不使用多项式动力学函数的条件下由弹性引起的误差（$T_r = T_d = 0.2$）

多项式动力学函数现已被广泛使用在一些重要应用中，如在汽车气门凸轮中。但是，此类函数具有一些缺点，这是由于使用此技术构建的机械凸轮仅针对给定旋转速度进行了优化，且必须使用高次多项式函数（提出了高达 30 次、40 次的多项式），其必然会导致较高的最大加速度和较高的非期望偏移，这是典型的高次多项式带来的影响。由于这些原因，样条函数，尤其是 B 样条相对于简单多项式函数具有明显优势，目前已被广泛采用。因此，

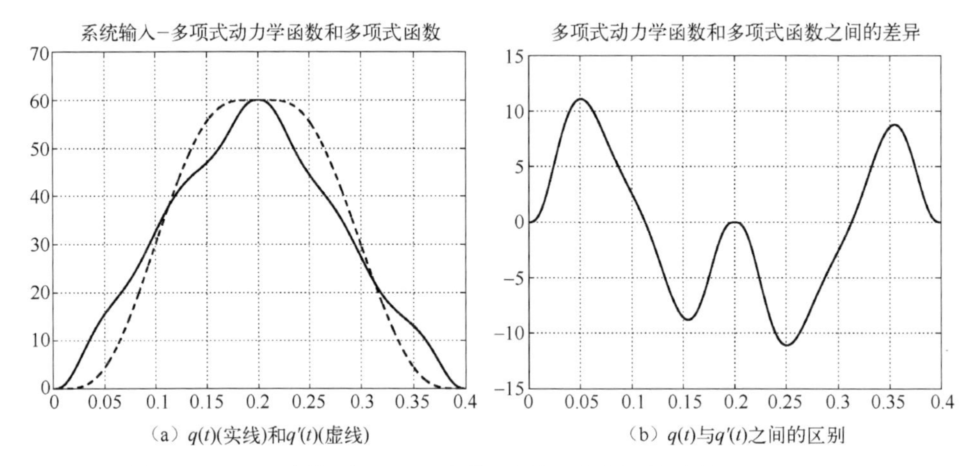

（a）$q(t)$(实线)和$q'(t)$(虚线)　（b）$q(t)$与$q'(t)$之间的区别

图 7.43　$q(t)$(实线)与$q'(t)$(虚线)及其两者之间的区别($T_r=T_d=0.2$)

后来有人提出了样条动力学函数方法[58]。

此外，必须提到的是，在基于最优控制理论的方法[64]中，同样也面临着机械凸轮的设计定义适当的参数和功能的问题，其试图最小化基于位移的导数和作用在从动轮上力的目标函数。但是，对于具有电子凸轮的自动机械，此类方法已在前馈控制的背景下被推广，以下章节将对其进行详细解释。

7.4.2　输入滤波和整形

在接近给定系统共振的频率上减少轨迹能量最简单的方法是对曲线进行适当滤波。可使用标准技术（如巴特沃斯、切比雪夫、椭圆滤波器等）设计低通滤波器，其通带设为系统估计的最低谐振频率。应用此方式，可以将滤波器截止频率以上轨迹的频谱分量减小到期望水平以下。相似地，可以选择以谐振频率为中心的轨迹陷波滤波器，以便能够更有选择性地减少轨迹的频谱分量。有关（模拟和数字）滤波器的设计请参考参考文献［65］~参考文献[67]。

这种方法的一个主要缺点是，这种滤波器会在轨迹上产生失真并引入时间延迟。再者，如参考文献［68］中所强调的，通用的低通和陷波滤波器并不能完全消除输出振动。

另一种减少振动更有效的方法是所谓的输入整形，其包含两个步骤：将形成输入整形器的一系列脉冲与期望轨迹进行卷积，并将以此方式获得的信号施加到（受控）系统上，如图 7.44 所示。根据系统模型的知识（假定是稳定的），输入整形的主要思想在于生成输入 $y(t)$，该输入可以抵消设备上引起的振动。

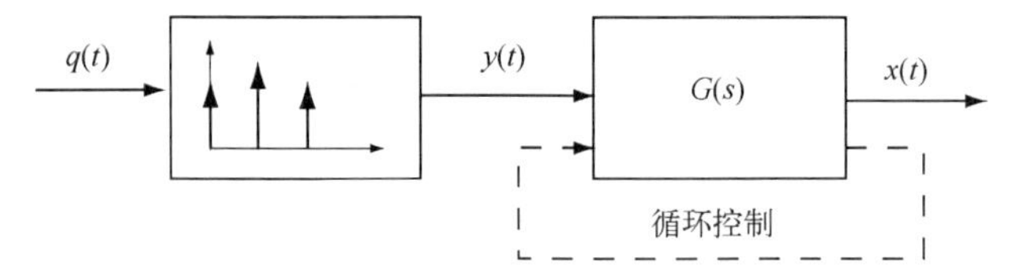

图 7.44　具有整形器的系统框图

例如，让我们考虑一个自然频率为ω_n 且阻尼比为 δ 的二阶系统：

$$G(s)=\frac{\omega_n^2}{s^2+2\delta\omega_n s+\omega_n^2} \tag{7.21}$$

如果该系统的输入 $y(t)$ 是狄拉克脉冲，则输出 $x(t)$ 是阻尼正弦函数：

$$x(t)=\frac{\mathrm{e}^{-\delta\omega_n t}}{\omega_n\sqrt{1-\delta^2}}\sin\left(\omega_n\sqrt{1-\delta^2}t\right)$$

其中，周期为 $T_0=2\pi/\omega_n\sqrt{1-\delta^2}$，如图 7.45 所示。

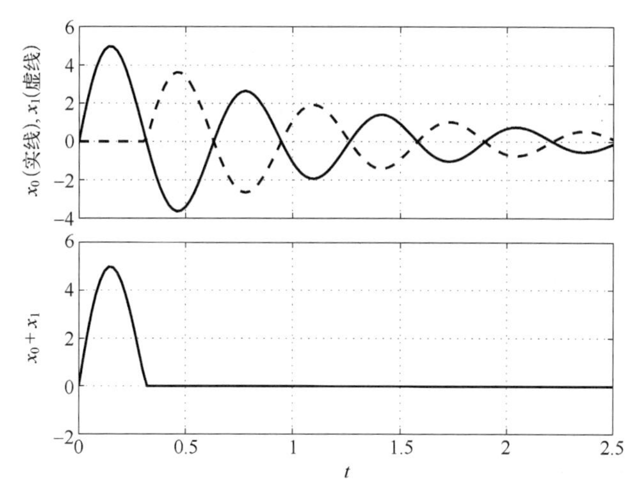

图 7.45　式（7.21）所示二阶系统的狄拉克脉冲响应和使用两个脉冲的振动消除

为了消除第一个波瓣后的输出振荡，最简单的方法是施加延迟为 $T_0/2$ 的第二个脉冲，该脉冲相对于第一个产生异相振荡，如图 7.45 所示。

可以将形成整形器的两个脉冲与任何可实现的轨迹进行卷积，以生成具有与输入整形器相同的消除振动特性的输入信号[69]。两个脉冲的振幅必须以以下方式进行计算，即第二个脉冲的响应会抵消由于第一个脉冲而产生的振动，从而使残余振动为零。

在式（7.21）所示二阶系统的情况下，由 $n+1$ 个脉冲序列产生的残余振动有表达式[70,71]

$$Z(\omega_n,\delta)=\mathrm{e}^{-\delta\omega_n t_n}\sqrt{\left(\sum_{i=0}^{n}s_i\mathrm{e}^{\delta\omega_n t_i}\cos(\omega_n\sqrt{1-\delta^2}\,t_i)\right)^2+\left(\sum_{i=0}^{n}s_i\mathrm{e}^{\delta\omega_n t_i}\sin(\omega_n\sqrt{1-\delta^2}\,t_i)\right)^2}$$

其中，s_i 是在时刻 t_i 施加的第 i 个脉冲的幅度。

当 $n=1$ 时，通过以下设置求得零振动整形器：

$$Z(\omega_n,\delta)=0$$

它由两个脉冲组成，其特点是：

时刻	$t_0=0$	$t_1=T_0/2$
幅度	$s_0=\dfrac{1}{1+\kappa}$	$s_1=\dfrac{\kappa}{1+\kappa}$

其中，常数 T_0 和κ的表达式为

$$T_0=\frac{2\pi}{\omega_n\sqrt{1-\delta^2}}\qquad\qquad \kappa=\mathrm{e}^{-\frac{\delta\pi}{\sqrt{1-\delta^2}}}$$

这项技术的成功与系统参数的知识紧密相关：如果这些参数无法完全已知，则消除振动的效果可能会不理想。为了使输入整形技术相对于建模误差方面更鲁棒，必须添加附加的方程式到问题表述中，因此脉冲数也会增加。这确保了即使存在建模误差，振动也将保持受限。

例如，附加的条件涉及 $Z(\omega_n,\delta)$ 的导数，其被设置为零。如果$\dfrac{\partial Z(\omega_n,\delta)}{\partial \omega_n}=0$，则获得由3个脉冲组成的零振动微分ZVD整形器：

$$\begin{array}{llll} \text{时刻} & t_0=0 & t_1=T_0/2 & t_2=T_0 \\ \text{幅度} & s_0=\dfrac{1}{1+2\kappa+\kappa^2} & s_1=\dfrac{2\kappa}{1+2\kappa+\kappa^2} & s_2=\dfrac{\kappa^2}{1+2\kappa+\kappa^2} \end{array}$$

更进一步的条件为$\dfrac{\partial^2 Z(\omega_n,\delta)}{\partial \omega_n^2}=0$，则获得ZVDD整形器：

$$\text{时刻}\begin{cases} t_0=0 & t_1=T_0/2 \\ t_2=T_0 & t_3=3T_0/2 \end{cases}$$

$$\text{幅度}\begin{cases} s_0=\dfrac{1}{1+3\kappa+3\kappa^2+\kappa^3} & s_1=\dfrac{3\kappa}{1+3\kappa+3\kappa^2+\kappa^3} \\ s_2=\dfrac{3\kappa^2}{1+3\kappa+3\kappa^2+\kappa^3} & s_3=\dfrac{\kappa^3}{1+3\kappa+3\kappa^2+\kappa^3} \end{cases}$$

在图7.46中，其对比了无阻尼系统（$\delta=0$）的ZV、ZVD和ZVDD整形器的灵敏度曲线。对于$\omega_n/\overline{\omega}_n=1$，即频率等于固有频率$\overline{\omega}_n$，这3个曲线的值都为零。它们之间的主要区别在于$\omega_n=\overline{\omega}_n$处的陷波宽度。因此，具有最大陷波宽度的ZVDD是最鲁棒的，即使存在明显建模误差也能让振幅维持在较低水平。当考虑阻尼系数δ不为零的系统时，灵敏度曲线会发生变形，但在$\omega_n=\overline{\omega}_n$时仍为零，如图7.47所示。特别是，对于$\delta>0$，高于$\overline{\omega}_n$频率处的曲线值会大幅降低。此意味着采用较大的阻尼系数，可以提高滤波器相对于高估的固有频率的鲁棒性。

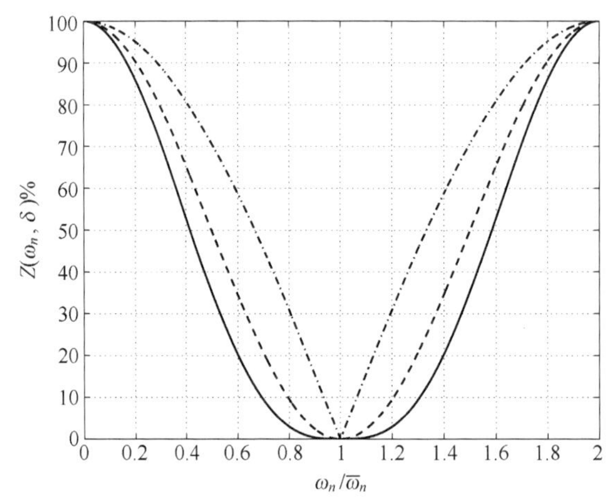

图7.46　$\delta=0$时的ZV（点画线）、ZVD（虚线）和ZVDD（实线）整形器的灵敏度曲线

在设计了整形器之后，即根据上述讨论获得参数s_i和t_i，则输入信号$y(t)$由整形器与期望轨迹$q(t)$卷积后得到：

$$y(t)=\sum_{i=0}^{n} s_i\,q(t-t_i)$$

由于脉冲序列运动的总持续时间延长了t_n-t_0的时间，如图7.48所示，图中所示为通用

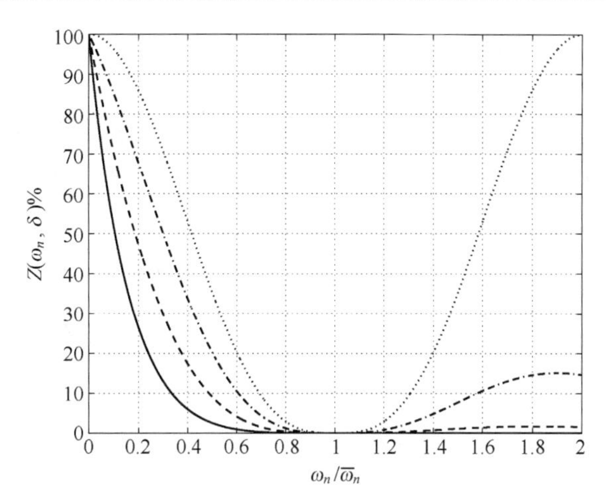

图 7.47　δ 取不同值时的 ZVDD 整形器的灵敏度曲线：$\delta=0$（点线）、$\delta=0.2$（点画线）、$\delta=0.4$（虚线）、$\delta=0.6$（实线）

轨迹经由 ZV 整形器滤波。因此，若使用更多的脉冲，将会提高系统的鲁棒性，但系统响应的延迟将会增大。

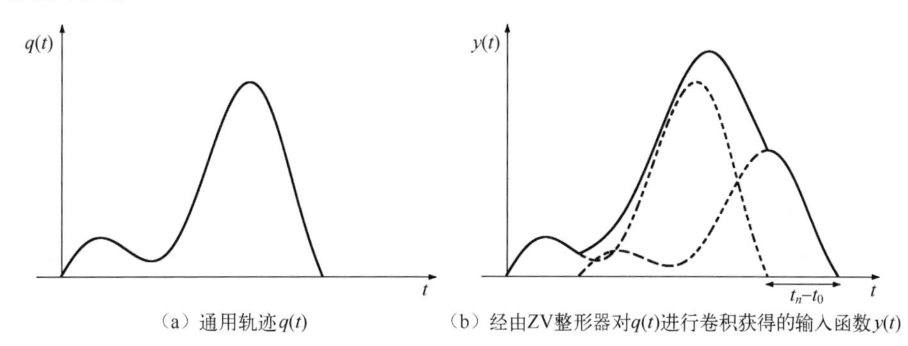

（a）通用轨迹 $q(t)$　（b）经由ZV整形器对 $q(t)$ 进行卷积获得的输入函数 $y(t)$

图 7.48　通用轨迹 $q(t)$ 及其经由 ZV 整形器对 $q(t)$ 进行卷积获得的输入函数 $y(t)$

例 7.4　让我们考虑 7.1.1 节所述的二阶系统，其传递函数为

$$G(s)=\frac{d\,s+k}{m\,s^2+d\,s+k} \tag{7.22}$$

其中，参数为

$$m=1\ \text{kg}\qquad d=2\ \text{Ns/m}\qquad k=100\ \text{Ns/m}$$

此时，阻尼系数和固有频率为

$$\delta=0.1\qquad \omega_n=10$$

构成 ZV、ZVD、ZVDD 输入整形器的每个脉冲幅度和应用时刻分别为

$$\text{ZV:}\quad \begin{cases} t_0=0 & t_1=0.3157 \\ s_0=0.5783 & s_1=0.4217 \end{cases}$$

$$\text{ZVD:}\quad \begin{cases} t_0=0 & t_1=0.3157 & t_2=0.6315 \\ s_0=0.3344 & s_1=0.4877 & s_2=0.1778 \end{cases}$$

$$\text{ZVDD:}\quad \begin{cases} t_0=0 & t_1=0.3157 & t_2=0.6315 & t_3=0.9472 \\ s_0=0.1934 & s_1=0.4231 & s_2=0.3085 & s_3=0.0750 \end{cases}$$

假设双 S 型轨迹 $q(t)$ 由以下参数定义：

$$q_0 = 0 \quad q_1 = 10 \quad \mathtt{v}_{max} = 10 \quad \mathtt{a}_{max} = 50 \quad \mathtt{j}_{max} = 100$$

将 ZV 整形器应用于轨迹 $q(t)$ 以抑制所有振动，从而避免将这些振动叠加到系统的期望输出上。图 7.49 显示了不使用输入整形器和使用输入整形器时 $G(s)$ 的输出。

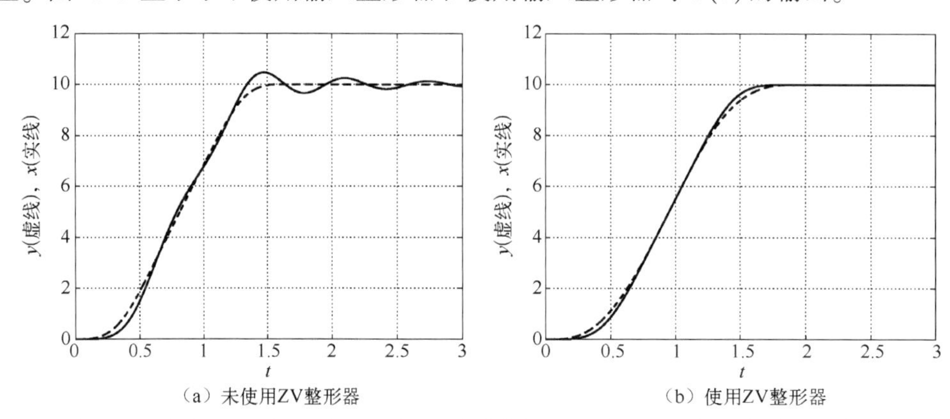

（a）未使用ZV整形器　（b）使用ZV整形器

图 7.49　未使用 ZV 整形器和使用 ZV 整形器的 $G(s)$ 输入（虚线）与输出（实线）

整形器的作用是减小 $q(t)$ 中位于机械系统谐振频率附近的频谱分量，在这种情况下，谐振频率近似等于ω_n。图 7.50（a）对比了函数 $y(t)$ 的二阶导数频谱与 $\ddot{q}(t)$ 的频谱。其中，函数 $y(t)$ 为

$$y(t) = s_0\, q(t) + s_1\, q(t - t_1)$$

而在图 7.50（b）中，其给出了采用 ZVDD 整形器获得的加速度频谱。注意，在后一种情况下，相对于采用 ZV 整形器的情况，高频下的分量（约$\omega_n=10$）减小更明显。这反映了即使估计固有频率存在误差，ZVDD 整形器的鲁棒性更强，但同时 ZVDD 整形器也给系统引入了较大的延迟。

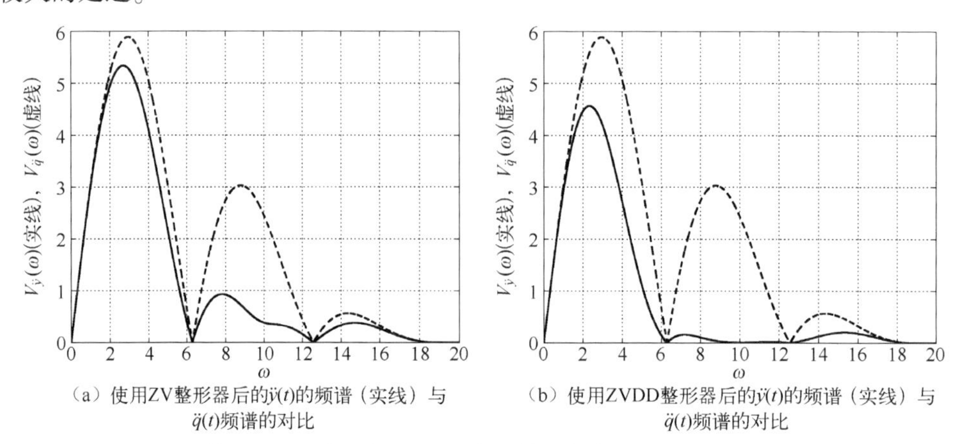

（a）使用ZV整形器后的$\ddot{y}(t)$的频谱（实线）与$\ddot{q}(t)$频谱的对比　（b）使用ZVDD整形器后的$\ddot{y}(t)$的频谱（实线）与$\ddot{q}(t)$频谱的对比

图 7.50　使用 ZV 整形器后的 $\ddot{y}(t)$ 的频谱（实线）与 $\ddot{q}(t)$ 频谱的对比与使用 ZVDD 整形器后的 $\ddot{y}(t)$ 的频谱（实线）与 $\ddot{q}(t)$ 频谱的对比

例如，如图 7.51 所示，将由 $G(s)$ 名义参数定义的 ZV 整形器应用于具有不同的 δ 和ω_n值的实际系统中（图 7.51 中，考虑$\omega_n=8$，$\delta=0.125$）时，系统响应中会出现一些振荡。相反，使用由轨迹 $q(t)$ 通过 ZVDD 整形器方法计算得到的输入 $y(t)$ 时，系统的输出并不受残留振动的影响。

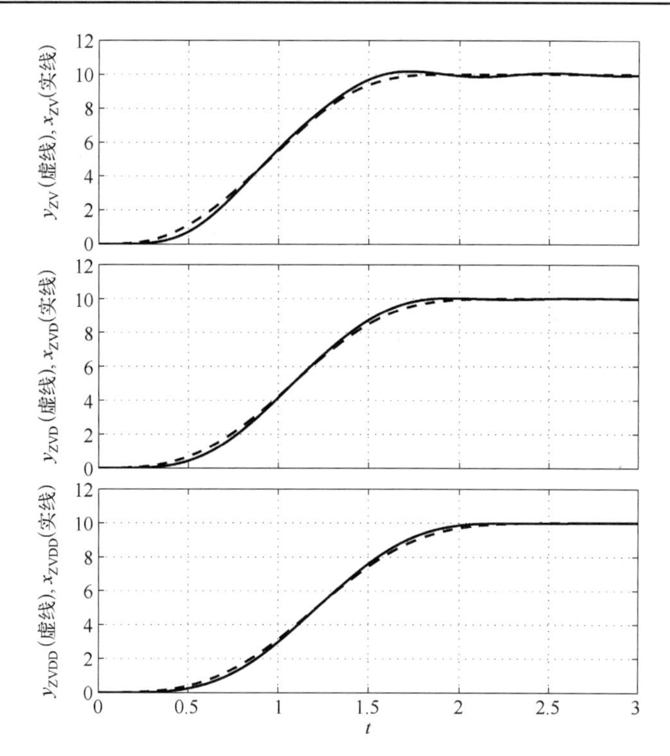

图 7.51　输入轨迹 $q(t)$ 通过 ZV、ZVD、ZVDD 整形器修正后的式 (7.22) 所示系统的输出（$m=1$ kg，$d=2$ Ns/m，$k=64$ N/m）

另一种提高整形器对建模误差不敏感的方法是基于超不敏感（EI）的约束[72]。在模型频率ϖ_n处，不是强制残余振动为零，而是将残余振动限制在给定的水平 $\bar{z}$ 上。为使灵敏度曲线中的陷波宽度最大化，通过将两个频率（一个驼峰 EI）处的振动强制为零，一个低于名义频率，另一个高于名义频率（见图 7.52），由此获得由 3 个脉冲组成的整形器。在无阻尼系统（$\delta=0$）的情况下，整形器的特征为

$$\text{时刻：}\quad t_0=0 \qquad t_1=T_0/2 \qquad t_2=T_0$$

$$\text{幅度：}\quad s_0=\frac{1+\bar{z}}{4} \qquad s_1=\frac{1-\bar{z}}{2} \qquad s_2=\frac{1+\bar{z}}{4}$$

显然，可以添加更多约束来降低整形器的灵敏度，从而获得多峰整形器。例如，采用 4 个脉冲①可以得到一个两峰整形器，对于 $\bar{z}=5\%$，其幅度和时刻为

$$\text{时刻：}\begin{cases} t_0=0 \\ t_1=(0.4989+0.1627\,\delta-0.5426\,\delta^2+6.1618\,\delta^3)T_0 \\ t_2=(0.9974+0.1838\,\delta-1.5827\,\delta^2+8.1712\,\delta^3)T_0 \\ t_3=(1.4992-0.0929\,\delta-0.2833\,\delta^2+1.8571\,\delta^3)T_0 \end{cases}$$

$$\text{幅度：}\begin{cases} s_0=0.1605+0.7669\,\delta+2.2656\,\delta^2-1.2275\,\delta^3 \\ s_1=0.3391+0.4508\,\delta-2.5808\,\delta^2+1.7365\,\delta^3 \\ s_2=0.3408-0.6153\,\delta-0.6876\,\delta^2+0.4226\,\delta^3 \\ s_3=0.1599-0.6024\,\delta+1.0028\,\delta^2-0.9314\,\delta^3 \end{cases}$$

① 脉冲参数的值将用阻尼系数 δ 的多项式形式表示。

一个 3 峰整形器由 5 个脉冲组成，脉冲的定义（当 $\bar{z}=5\%$）为

$$\text{时刻：}\begin{cases} t_0 = 0 \\ t_1 = (0.4997 + 0.2383\,\delta + 0.4455\,\delta^2 + 12.4720\,\delta^3)T_0 \\ t_2 = (0.9984 + 0.2980\,\delta - 2.3646\,\delta^2 + 23.3999\,\delta^3)T_0 \\ t_3 = (1.4987 + 0.1030\,\delta - 2.0139\,\delta^2 + 17.0320\,\delta^3)T_0 \\ t_4 = (1.9960 - 0.2823\,\delta + 0.6153\,\delta^2 + 5.4045\,\delta^3)T_0 \end{cases}$$

$$\text{幅度：}\begin{cases} s_0 = 0.1127 + 0.7663\,\delta + 3.2916\,\delta^2 - 1.4438,\delta^3 \\ s_1 = 0.2369 + 0.6116\,\delta - 2.5785\,\delta^2 + 4.8522\,\delta^3 \\ s_2 = 0.3000 - 0.1906\,\delta - 2.1456\,\delta^2 + 0.1374\,\delta^3 \\ s_3 = 0.2377 - 0.7329\,\delta + 0.4688\,\delta^2 - 2.0865\,\delta^3 \\ s_4 = 0.1124 - 0.4543\,\delta + 0.9638\,\delta^2 - 1.4600\,\delta^3 \end{cases}$$

其产生的灵敏度曲线如图 7.52 中的实线所示。

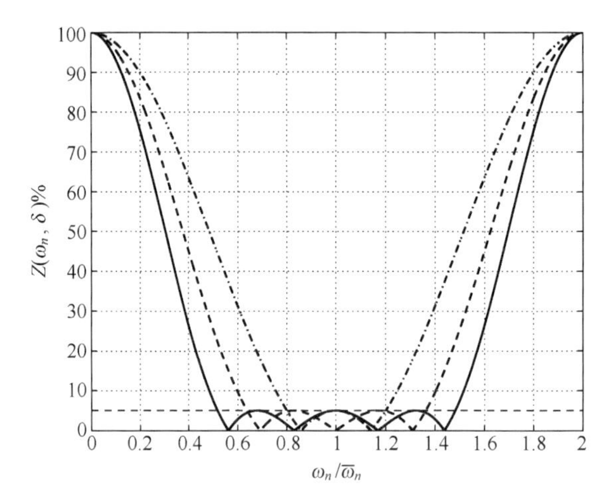

图 7.52 当 $\delta=0$ 时获得的单峰（点画线）、双峰（虚线）、三峰（实线）EI 整形器

例 7.5 设计一个 EI 输入整形器，例 7.4 中的系统再次被考虑，例如

$$G(s) = \frac{2\,s+1}{s^2+2\,s+100}$$

同时双 S 型轨迹 $q(t)$ 由以下参数定义：

$$q_0 = 0 \qquad q_1 = 10 \qquad \mathrm{v}_{max} = 10 \qquad \mathrm{a}_{max} = 50 \qquad \mathrm{j}_{max} = 100$$

特别地，考虑一个振动限制为 $\bar{z}=5\%$的三峰 EI 输入整形器，其由 4 个脉冲定义：

时刻 $t_0 = 0 \qquad t_1 = 0.3622 \qquad t_2 = 0.6829 \qquad t_3 = 0.9382$

幅度 $s_0 = 0.3222 \qquad s_1 = 0.4225 \qquad s_2 = 0.2156 \qquad s_3 = 0.0400$

系统 $G(s)$对经整形器滤波的轨迹 $q(t)$的响应如图 7.53 所示［作为比较，给出了图 7.49（a）中输出没有任何滤波器的情况］。如果模型受到固有频率或阻尼比误差的影响，则基于三峰 EI 整形器的方法将显示出较高的鲁棒性，并能将振动保持在非常低的水平。例如，在图 7.54 中比较了采用与名义值（$\omega_n=10$）不同的ω_n 值获得的系统响应。特别是，分别取$\omega_n=9$（实线）、$\omega_n=7$（虚线）、$\omega_n=5$（点线），尽管有 50%的变化，但整形器的性能仍可接受。

如果系统 $G(s)$具有多个模态，则可以方便地使用不同的脉冲序列，从而提高滤波器的鲁棒性。

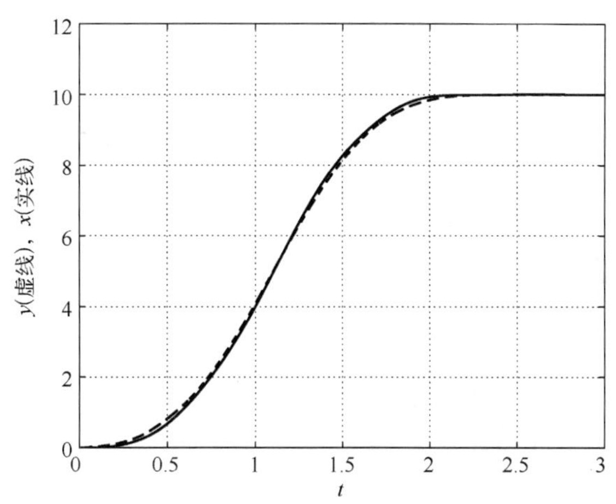

图 7.53　使用三峰 EI 输入整形器的双 S 型轨迹的系统 $G(s)=\frac{2s+1}{s^2+2s+100}$响应

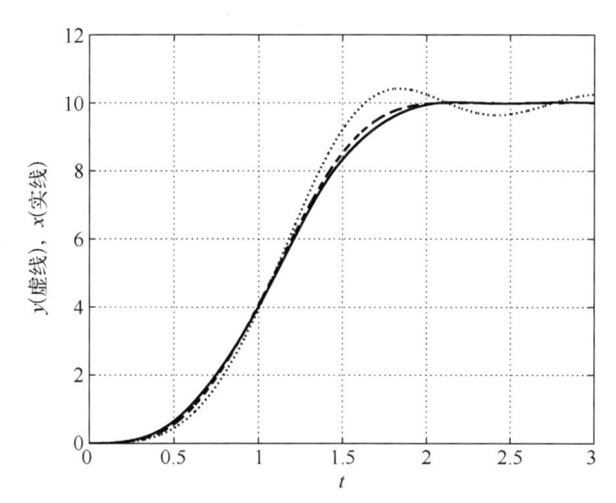

图 7.54　三个机械系统的输出 [三者之间的不同在于用于计算三峰 EI 输入整形器的模型 $G(s)$。特别地，固有频率分别为$\omega_n=9$ (实线)、$\omega_n=7$ (虚线)、$\omega_n=5$ (点线)]

例 7.6　双 S 型轨迹 $q(t)$ 由以下参数定义：

$$q_0=0 \qquad q_1=10 \qquad \mathtt{v}_{max}=40 \qquad \mathtt{a}_{max}=120 \qquad \mathtt{j}_{max}=800$$

其被应用于系统：

$$G(s)=800\frac{s+50}{(s^2+2\,s+100)(\,s^2+400)} \tag{7.23}$$

得到如图 7.55 所示的输出。

由于系统具有两个二阶模态，其参数①为($\omega_{n1}=10$，$\delta_1=0.1$)和($\omega_{n2}=20$，$\delta_2=0$)，使用仅基于第一模态的输入整形器并不能有效地消除影响 $G(s)$ 输出的振荡。采用 ZVDD 整形器对输入进行滤波后获得的 $G(s)$ 的响应如图 7.56 所示。此时，可以添加第二个输入整形器，如图 7.57 所示，获得的响应如图 7.58 所示。从图中可以看到，这种方式虽然增加了系统延

① 注意，第一模态与示例 7.4 中考虑的系统相同。

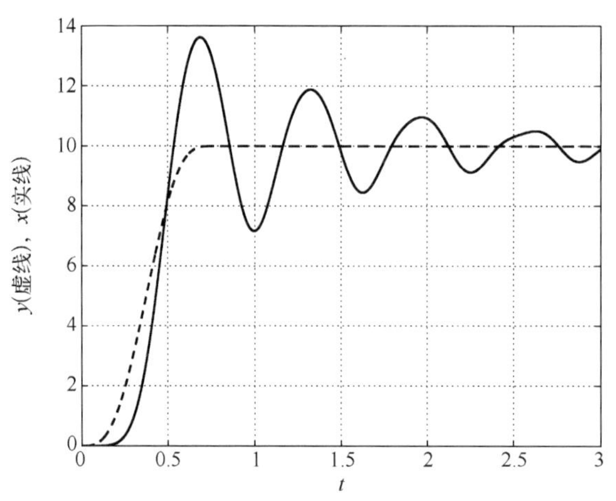

图 7.55　当应用双 S 型轨迹时，没有使用输入整形器的系统 $G(s)=800\dfrac{s+50}{(s^2+2s+100)(s^2+400)}$ 的输出

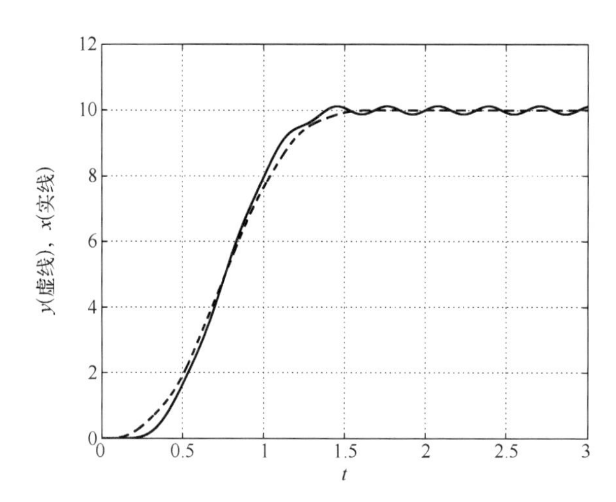

图 7.56　当应用双 S 型轨迹时使用基于系统一阶模态的 ZVDD 输入整形器的系统 $G(s)=800\dfrac{s+50}{(s^2+2s+100)(s^2+400)}$ 的响应

迟，但完全抑制住了残余振荡。

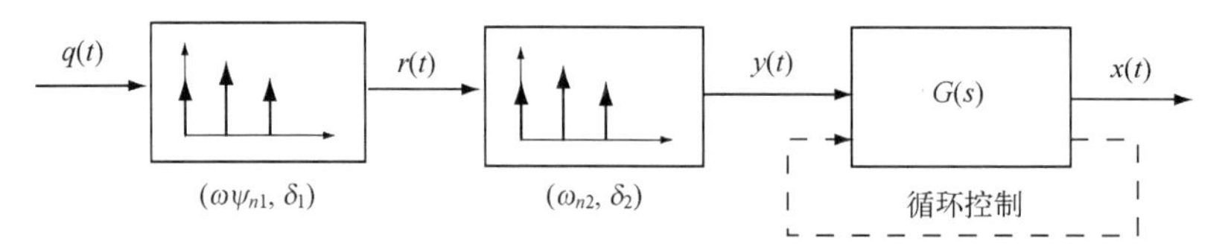

图 7.57　拥有两个输入整形器级联的系统框图

如果在数字域中分析整形器（通过 Z 变换[73]），则本节中考虑的整形器将具有有趣的解释。例如，通过假设采样周期 T_s 为 $T_0/2$，例 7.4 的 ZVD 整形器的传递函数为

$$G_{\mathrm{ZVD}}(z)=s_0+s_1\,z^{-1}+s_2\,z^{-2}=\frac{0.3344z^2+0.4877z+0.1778}{z^2}$$

整形器的零点（$z_1=-0.7292$，$z_2=-0.7292$）抵消了系统的极点，系统由离散时间传递

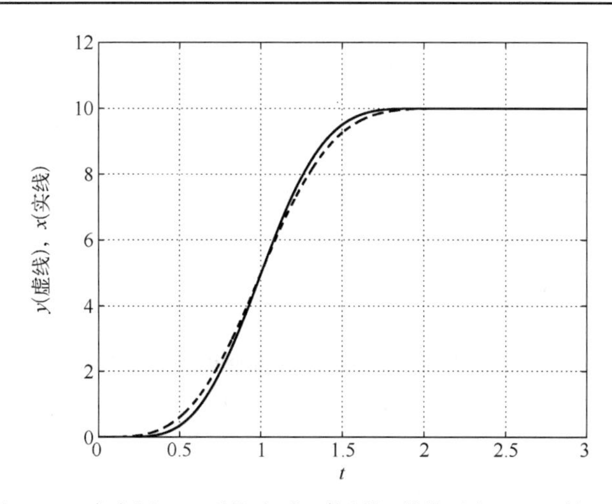

图 7.58 当应用双 S 型轨迹时，使用级联的两个 ZVDD 输入整形器，系统 $G(s)=800\dfrac{s+50}{(s^2+2s+100)(s^2+400)}$的响应

函数描述：

$$G(z)=\frac{1.729z+1.261}{z^2+1.458z+0.5318}$$

其通过用 T_s 离散 $G(s)$ 获得。更一般地，给定一个系统，其必须跟随预先设定的轨迹且无振荡，且此系统由离散传递函数 $G(z)$ 进行描述，此时则可设计数字整形滤波器（DSF）。假设：

$$G_{\mathrm{DSF}}=\frac{C}{z^r}(z-p_1)^{n_1}(z-p_1^*)^{n_1}\cdots(z-p_m)^{n_m}(z-p_m^*)^{n_m}$$

其中，(p_i,p_i^*)为 $G(z)$的（复共轭）极点；C 是常数；$r=2(n_1+n_2+\cdots+n_m)$是系统的极点总数[74]。

因此，DSF 的设计基于零极点消除，其方法与 7.4.3 节中所述的基于模型求逆的前馈控制相同。

7.4.3 基于受控体动力学的逆前馈控制

如果机器的主要机械性能已知，且执行器的带宽足够大，则可以考虑采用更通用的方法来补偿振荡等不良影响。这些方法基于系统动力学模型的逆。让我们考虑简单的 SISO（单输入单输出）线性①系统的情况，其传递函数模型为 $G(s)$。图 7.59 中前馈控制器 $F(s)$和受控体 $G(s)$级联连接，其导致输入/输出传递函数为

$$\frac{X(s)}{Q(s)}=F(s)\,G(s)$$

其中，$Q(s)$和 $X(s)$分别为输入轨迹 $q(t)$和系统响应 $x(t)$的拉普拉斯变换。为了使 $x(t)=q(t)$，$\forall t$，那么有必要：

$$F(s)=G^{-1}(s)$$

这意味着前馈控制器的动态行为必须等于受控体动力学的逆。

① 为了简单起见，考虑一个线性模型，但类似的结果对于非线性系统也是有效的，参见参考文献［75］和参考文献［76］。

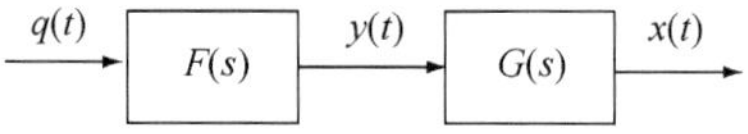

图 7.59 前馈控制器 $F(s)$ 和受控体 $G(s)$ 级联连接

在存在反馈控制 $C(s)$ 的情况下也可以得到相同的结果，如图 7.60 所示。实际上，输入 $q(t)$ 与变量误差 $e(t)=q(t)-x(t)$ 之间的关系用拉普拉斯变换表示如下：

$$\frac{E(s)}{Q(s)}=\frac{1-F(s)G(s)}{1+C(s)G(s)}=S(s)\left(1-F(s)G(s)\right)$$

其中，$S(s)=(1+C(s)G(s))^{-1}$ 为受控系统的灵敏度函数。因此，在此情况下，条件：

$$F(s)=G^{-1}(s)$$

保证了当 $t\geqslant 0$ 时跟踪误差为零。

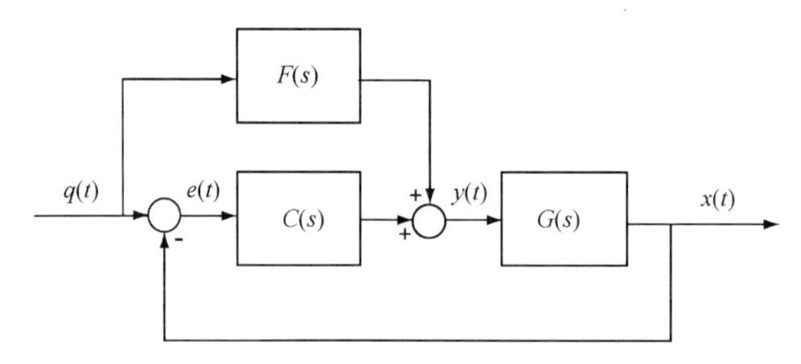

图 7.60 SISO 线性系统的反馈/前馈控制

尽管跟踪问题的解决方案在概念上很简单，但由于不确定性，延迟和/或非最小相位动力学，使其实际的实现变得困难。

给定一通用线性系统：

$$G(s)=K_1\frac{b(s)}{a(s)}=K_1\frac{s^m+b_{m-1}s^{m-1}+\cdots+b_0}{s^n+a_{n-1}s^{n-1}+\cdots+a_0}\qquad K_1\neq 0 \tag{7.24}$$

其相对阶为 $\rho=n-m$，此处假设多项式 $a(s)$ 和 $b(s)$ 是互质的（不发生零、极点抵消），可以方便地将其逆表示为

$$G^{-1}(s)=\frac{1}{K_1}\frac{a(s)}{b(s)}=c_\rho s^\rho+c_{\rho-1}s^{\rho-1}+\cdots+c_0+G_0(s) \tag{7.25}$$

其中，$G_0(s)$ 是代表系统零动态的严格真有理传递函数［式（7.24）］，见参考文献［77］。通过使用分式展开，可以将 $G_0(s)$ 重写为

$$G_0(s)=G_0^-(s)+G_0^+(s)=\frac{d(s)}{b^-(s)}+\frac{e(s)}{b^+(s)}$$

其中，$b^-(s)$ 和 $b^+(s)$ 分别是包含 $b(s)$ 根为负实部和正实部的一元多项式。

保证 $x(t)=q(t)$ 的曲线 $y(t)$ 可以通过拉普拉斯的逆变换应用于下式计算获得：

$$Y(s)=G^{-1}(s)Q(s)$$

通过考虑式（7.25），可以证明有界连续函数能够求解动力学逆问题：

$$y(t)=c_\rho q^{(\rho)}(t)+\cdots+c_1q^{(1)}(t)+c_0q(t)+\int_0^t\gamma_0^-(t-\tau)q(\tau)d\tau-\int_t^{+\infty}\gamma_0^+(t-\tau)q(\tau)d\tau \tag{7.26}$$

其中，$\gamma^-(t)$ 和 $\gamma^+(t)$ 分别是 $G^-(s)$ 和 $G^+(s)$ 的拉普拉斯逆变换，见参考文献［78］。$y(t)$ 的

连续性要求是 $q(t)$ 的 C^{ρ} 为有界函数。

如果机械系统没有零点，则式（7.26）中的积分项不存在，因此前馈作用的计算特别简单。实际上，在此情况下，保证完美跟踪的信号 $y(t)$ 是 $q(t)$ 及其第一阶 ρ 导数的线性组合，正如在 7.4.1 节中已经讨论的情况，其采用多项式动力学方法。

例 7.7　考虑图 7.34 所示的线性时不变机械系统，其传递函数为

$$G(s) = \frac{k_1}{ms^2 + d_1 s + (k_1 + k_2)}$$

在此情况下，前馈滤波器为

$$F(s) = G^{-1}(s) = \frac{ms^2 + d_1 s + (k_1 + k_2)}{k_1}$$

并且，若期望运动 $q(t)$ 及其一至二阶导数已知，则由式（7.26）可得到期望输入信号为

$$y(t) = \frac{m}{k_1}\ddot{q}(t) + \frac{d_1}{k_1}\dot{q}(t) + \frac{k_1 + k_2}{k_1}q(t) \tag{7.27}$$

注意，拉普拉斯域中的"s"运算符等效于时域中的微分作用。

由式（7.27）可知，如果轨迹 $q(t)$ 具有二阶及以上的连续性（注意，系统的相对阶次为 $\rho=2$），则可以获得连续输入函数 $y(t)$。

如图 7.61 所示，将曲线 $y(t)$ 输入系统 $G(s)$，则输出结果为 $q(t)$。图 7.62（a）为输入为双 S 型轨迹[①] $q(t)$（乘以增益 k_1+k_2/k_1）时系统的输出结果，其中系统 $G(s)$ 的参数为

$$m = 1\ \text{kg} \qquad d_1 = 2\ \text{Ns/m} \qquad k_1 = 80\ \text{Ns/m} \qquad k_2 = 20\ \text{Ns/m}$$

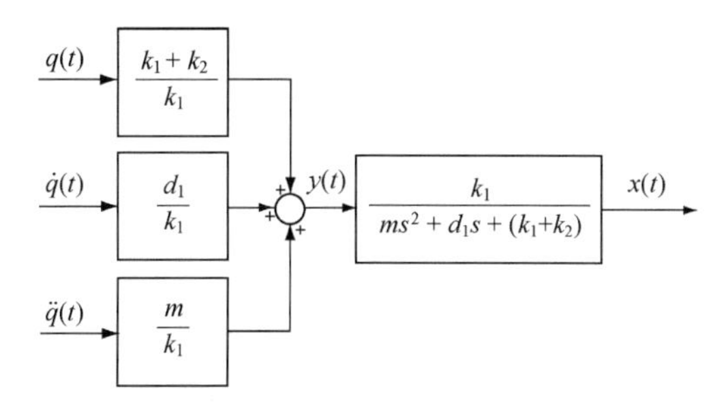

图 7.61　用于期望运动曲线 $q(t)$ 跟随的前馈动作（针对图 7.34 所示的机械系统）

在图 7.62（b）中，考虑了同一系统的输出，其中输入 $y(t)$ 根据式（7.27）求得。注意，在此情况下，$x(t)=q(t)$ 没有任何振荡。

"稳定"零点的存在（具有负实部）使得动力学的逆变得更加复杂，除将 $q(t)$ 及其导数的线性组合外，还有必要考虑 $q(t)$ 与 $\gamma^{-}(t)$ 的卷积：

$$\int_0^t \gamma_0^{-}(t-\tau)q(\tau)d\tau \tag{7.28}$$

该式表示后动作，其持续时间 T_p 可以使用任意精度 $T_p=t_p-t_0$ 计算，即 t_0 为轨迹的开始时

---

① 本节中所有例子中采用的双 S 型轨迹的限制条件如下：

$$q_0=0 \quad q_1=10 \quad v_{max}=10 \quad a_{max}=50 \quad j_{max}=100$$

轨迹的总持续时间为 $T=1.585$ s。

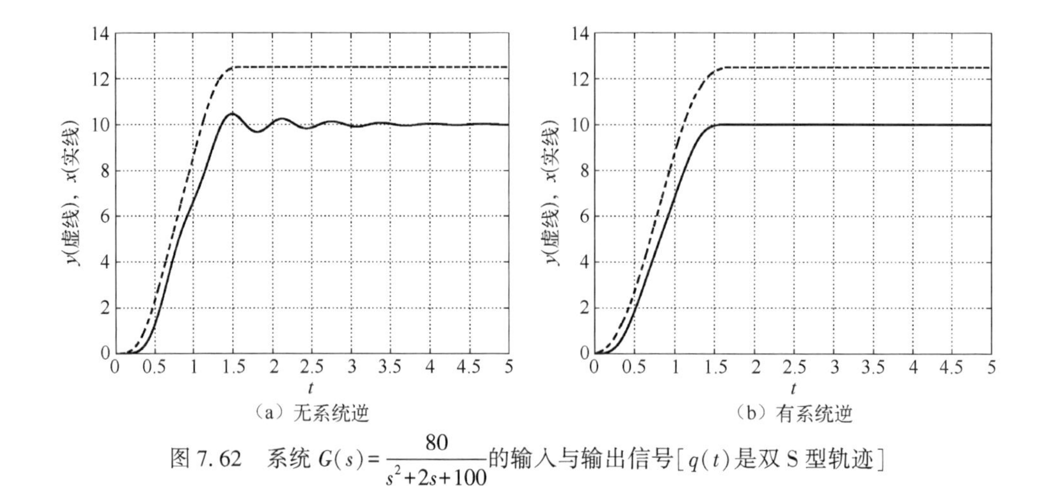

图 7.62 系统 $G(s)=\dfrac{80}{s^2+2s+100}$ 的输入与输出信号[$q(t)$是双 S 型轨迹]

刻且:

$$t_p := \min\left\{\tau \in \mathbb{R} : \left|y(t) - \frac{1}{G(0)}\right| \leqslant \epsilon_p,\ \ \forall t \in [\tau, \infty)\right\}$$

其中，ϵ_p为一任意小的参数，见参考文献 [77]。

一旦确定了轨迹 $q(t)$，就可以通过封闭形式或数值方式计算积分来估算式 (7.28) 的值，或者等效地，可考虑以曲线 $q(t)$ 为输入的稳定线性滤波器 $G_0^-(s)$ 的输出。

例 7.8 给定 7.1.1 节已经考虑过的单自由度弹性系统，其传递函数为

$$G(s) = \frac{d\,s + k}{ms^2 + ds + k}$$

其中，参数 m、d 和 k 的含义解释见图 7.1，则前馈滤波器为

$$F(s) = G^{-1}(s) = \left[\frac{m}{d}s + \left(1 - \frac{m\,k}{d^2}\right)\right] + G_0^-(s)$$

且

$$G_0^-(s) = \frac{m\,k^2}{d^3}\,\frac{1}{s + k/d}$$

因此，保证轨迹 $q(t)$ 完美跟踪的信号 $y(t)$ 由两部分构成。前者表示为 $q(t)$ 和 $\dot{q}(t)$ 的线性组合，而后者由经 $G_0^-(s)$ 滤波的轨迹 $q(t)$ 给出 (见图 7.63)：

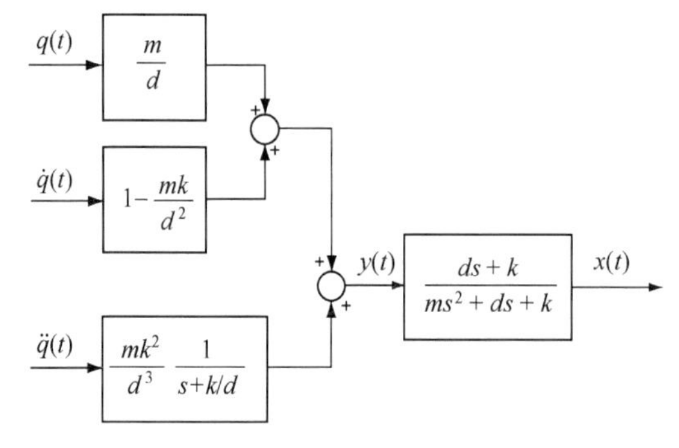

图 7.63 用于图 7.1 所示的机械系统期望运动曲线 $q(t)$ 跟踪的前馈动作

$$y(t)=\left[\frac{m}{d}\dot{q}(t)+\left(1-\frac{m\,k}{d^2}\right)q(t)\right]+\int_0^t\frac{m\,k^2}{d^3}\,e^{-\frac{k}{d}(t-\tau)}q(\tau)d\tau \tag{7.29}$$

与例 7.7 不同，在此种情况下，如果轨迹 $q(t)$ 直到一阶导数连续，则可以获得连续输入函数 $y(t)$。实际上，系统的相对阶次 ρ 等于 1，其参数值为

$$m=1\ \text{kg}\qquad d=2\ \text{Ns/m}\qquad k=100\ \text{Ns/m}$$

系统 $G(s)$ 对输入 $y(t)=q(t)$ 的响应如图 7.64（a）所示，而当采用式（7.29）计算 $y(t)$ 时，$G(s)$ 的输出如图 7.64（b）所示。

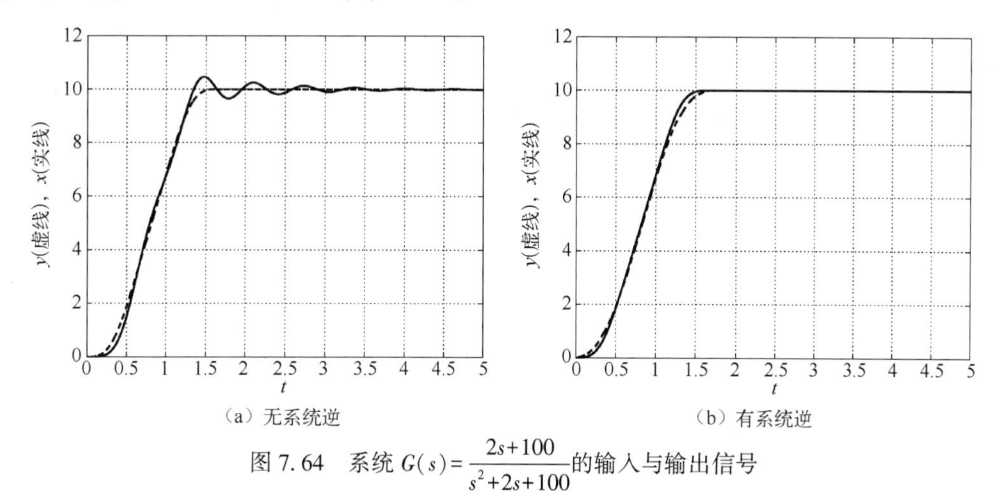

（a）无系统逆　　（b）有系统逆

图 7.64　系统 $G(s)=\dfrac{2s+100}{s^2+2s+100}$ 的输入与输出信号

如果传递函数的零点由正实数部分表征，则模型的逆会更加复杂。除由于稳定零点（如果有）存在导致的后作用外，有必要考虑一个预作用，其贡献始于：

$$t_a:=\min\{\tau\in\mathbb{R}:|y(t)|\leqslant\epsilon_a,\ \ \forall t\in(-\infty,\,\tau]\}$$

其中，同后作用的情况一样，ϵ_p 为一任意小的参数。预作用的分析表达式为

$$-\int_t^{+\infty}\gamma_0^+(t-\tau)q(\tau)d\tau$$

可以通过计算（或拟合[78]）积分来估算。注意，在此情况下，预作用的积分形式不等价于滤波器 $G^+(s)$ 的输出，因为它是不稳定的。

例 7.9　考虑参考文献［77］中的线性 SISO 系统：

$$G(s)=4\frac{(1-s)(s+1)}{(s+2)(s^2+2s+2)}$$

则其前馈滤波器为

$$F(s)=G^{-1}(s)=\left[-\frac{1}{4}s\ -1\right]+G_0^-(s)+G_0^+(s)$$

其中，

$$G_0^-(s)=\frac{\frac{1}{8}}{s+1}\qquad\qquad G_0^+(s)=\frac{-\frac{15}{8}}{s-1}$$

如图 7.65 所示，保证轨迹 $q(t)$ 完美跟踪的前馈控制 $y(t)$ 由 3 项组成，第一项由 $q(t)$ 和 $\dot{q}(t)$ 的线性组合表示，而其余两项则是基于系统零动态的预作用和后作用：

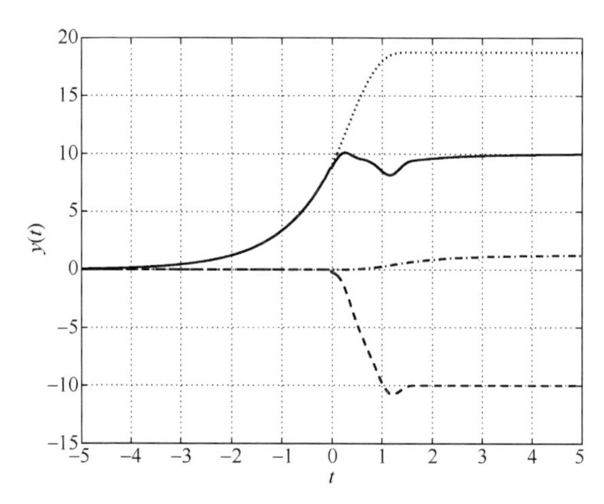

图 7.65 基于模型逆前馈（实线），分解为以下分量：预作用（点线）、后作用（点画线）、$q(t)$和$\dot{q}(t)$的线性组合（虚线）

$$y(t)=\left[-\frac{1}{4}\dot{q}(t)-q(t)\right]+\frac{15}{8}\int_{t}^{+\infty}e^{(t-\tau)}q(\tau)d\tau+\frac{1}{8}\int_{0}^{t}e^{-(t-\tau)}q(\tau)d\tau$$

如图 7.66 所示为系统 $G(s)$的输出。其中，图 7.66（a）应用双 S 型轨迹作为输入，而图 7.66（b）采用了前馈滤波器。注意，在后一种情况中，输入 $y(t)$开始于轨迹 $q(t)$应用之前，并在轨迹完成之后结束。

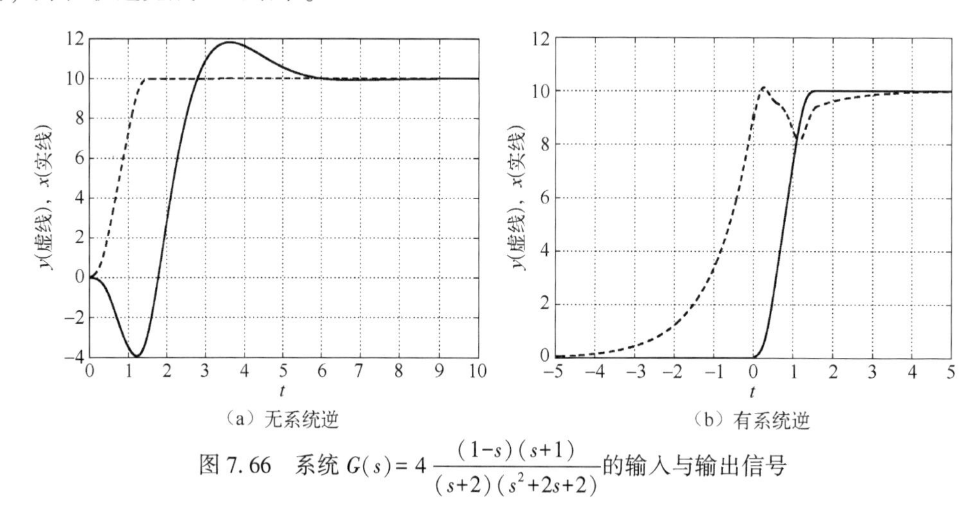

图 7.66 系统 $G(s)=4\dfrac{(1-s)(s+1)}{(s+2)(s^2+2s+2)}$的输入与输出信号

理想情况下，基于前馈补偿的方法（源于自动控制领域）将允许补偿许多非理想的机械系统。不幸的是，由于必须知道模型参数的确切值，因此通常在应用中受到限制，再者，非期望的影响通常发生在高频段，而高频段无法通过执行系统的作用进行任何适当的纠正。

例 7.10 现在分析本节前面示例中的 3 种情况，假设系统 $G(s)$的参数与其名义值不同。特别地，假设新模型 $G_a(s)$替换模型 $G(s)$，其表达式①分别为

① 在这 3 种情况下，假设第一模型的固有频率变化为-10%。

$$\text{a)}\ G(s)=\frac{80}{s^2+2s+100}\qquad\Rightarrow G_a(s)=\frac{64.8}{s^2+1.8s+81}$$

$$\text{b)}\ G(s)=\frac{2s+100}{s^2+2s+100}\qquad\Rightarrow G_a(s)=\frac{2s+81}{s^2+1.8s+81}$$

$$\text{c)}\ G(s)=4\frac{(1-s)(s+1)}{(s+2)(s^2+2s+2)}\quad\Rightarrow G_a(s)=3.24\frac{(1-s)(s+1)}{(s+2)(s^2+1.8s+1.62)}$$

图 7.67 比较了名义模型（虚线）与 $G_a(s)$提供的响应，两者使用相同的输入 $y(t)$（实线）。在前两种情况下，$G_a(s)$和 $G(s)$的输出非常相似，而在后一种情况下，两者的响应则有很大不同。

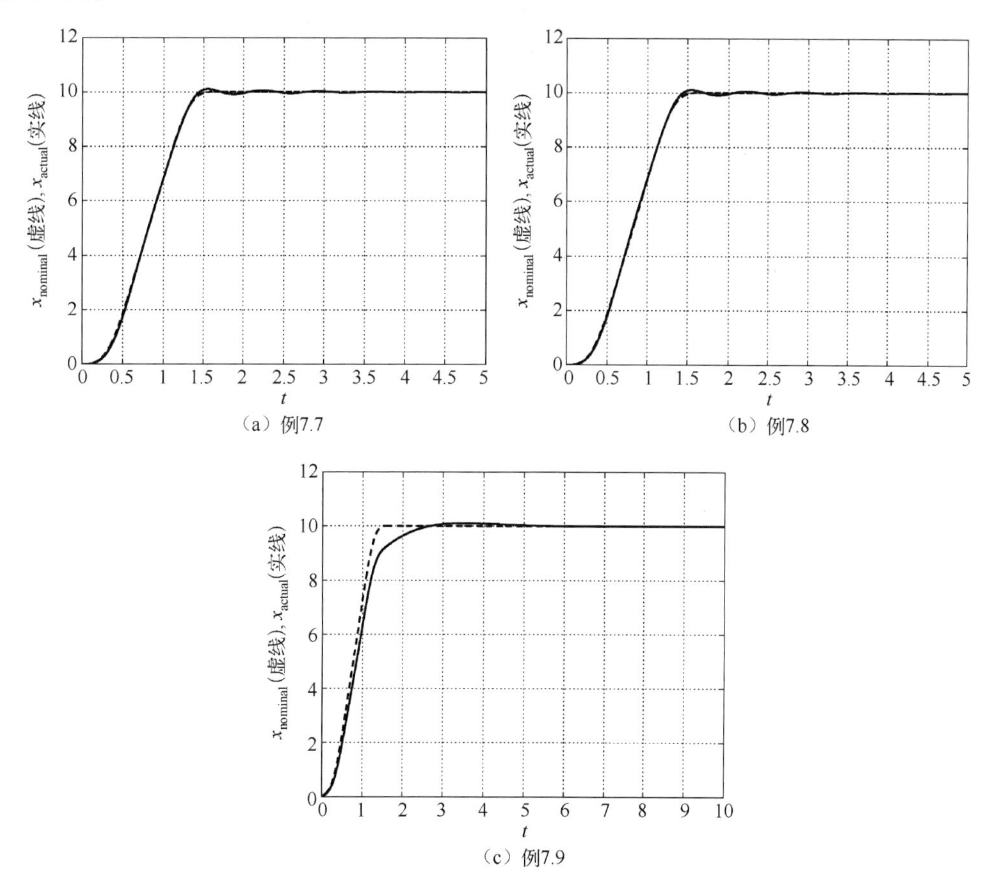

图 7.67　当实际系统与用于计算前馈作用 $y(t)$的名义模型不同时，例 7.7~例 7.9 中考虑的系统的响应

第三部分　操作空间的轨迹

第 8 章　多维轨迹与几何路径规划

本章将介绍三维空间中的轨迹规划问题。此问题与多自由度设备（如机器人打磨或铣削机床）的操作有关。三维空间中的运动规划需要定义两部分：轨迹的几何路径（如直线、圆弧等），以及沿着几何路径需要遵循的运动律，因此比单轴的情况更复杂。此外还需要考虑姿态问题。因此，三维轨迹至少需要指定 7 个变量：3 个变量描述位置、3 个变量描述姿态和 1 个变量描述运动律。

除此之外，为了让多自由度设备执行期望的运动，还需要考虑设备的（正逆）运动学模型来将给定三维空间中的轨迹映射到驱动器的执行动作空间中（此空间被称为关节空间）。通常，这个运动学变换可能会很复杂，这取决于设备或机器人的结构。

8.1　简介

定义笛卡儿空间（三维空间）轨迹需要确定几何路径和运动律，其中运动律可以通过前面章节的方法来定义，而对于几何路径，可以采用曲线的参数表达形式来描述：

$$\boldsymbol{p}=\boldsymbol{p}(u) \qquad u\in[u_{min},\ u_{max}] \tag{8.1}$$

其中，$\boldsymbol{p}(\cdot)$是（3×1）的向量函数，它描述了自变量 u 在某一区间的变化曲线。

在很多情况中，在机器人或多轴设备的任务空间中定义轨迹时还需要指定每个点处的方向。这可以通过定义与末端执行器固连的坐标系（工具坐标系）在基坐标系（世界坐标系）中的相对位姿来实现。因此，通常情况下轨迹的参数表达式（8.1）是一个六维函数①，它定义了参数 u 处的位置和姿态：

$$\boldsymbol{p}=[x,\ y,\ z,\ \alpha,\ \beta,\ \gamma]^T$$

因此，在工作空间中规划的轨迹定义为

（1）通过一系列插值的期望位置和姿态的函数 $\boldsymbol{p}(u)$。

（2）描述如何沿着此路径运动的运动律 $u=u(t)$。

多维问题可分解为多个分量，三维轨迹规划可以看作一组标量问题，并可以采用前面章节介绍的方法来求解。在这种情况下，每个函数 $p_i(\cdot)$ 直接依赖时间 t，并且通过在同一时刻施加插值条件来实现不同分量之间的同步。

在本章中，通过计算给定运动律跟踪的 3D 几何路径来解决多维轨迹规划问题。

一旦定义了任务空间的轨迹，就需要通过系统的逆运动学将它从任务空间转换到关节空间。

---

① 姿态的最小参数集中只需要 3 个参数，可以用欧拉角表示，如翻转-俯仰-翻底，详见附录 C。

读者如果对此感兴趣，可以查看相应的文献，如参考文献［12］，以及参考文献［79］~参考文献［81］。

在讨论函数 $\boldsymbol{p}(u)$ 的定义之前，首先介绍一些相关基础理论。通常，位置和姿态轨迹是分开定义的，这是因为我们通常需要机器人的位置严格跟踪一条路径（如直线、圆弧等），而姿态只需要在端点处到达给定值即可。事实上除了某些特殊应用（如焊接、喷漆等），位置和姿态之间并不总是存在严格的约束关系。

虽然这两个问题可以分开来处理，但两者之间的计算是相似的，如给定一系列的途经点① $\boldsymbol{q}_k=[x_k,y_k,z_k]^T$（位置）或者 $\boldsymbol{q}_k=[\alpha_k,\beta_k,\gamma_k]^T$（姿态），都需要找到一条通过或逼近它们的参数曲线。通常这些函数可以通过解析形式来定义直线或圆弧。为保证路径的连续性（曲线的连续性，以及其导数具有期望阶数的连续性），必须要通过更复杂的方式来构造路径。在这种情况下，传统方法是基于 B 样条、贝塞尔或 NURBS 曲线，它们都是采用分段多项式的形式来定义的：

$$\boldsymbol{p}(u)=\sum_{j=0}^{m}\boldsymbol{p}_j B_j(u) \tag{8.2}$$

其中，$\boldsymbol{p}_j$ 被称为控制点，其是通过基函数 $B_j(u)$ 的线性加权来决定曲线形状的常量。B 样条、贝塞尔和 NURBS 曲线的定义及常见性质见附录 B。

8.1.1　几何路径与轨迹的连续性

如图 8.1 所示，一条几何路径通常由若干段组成：

$$\boldsymbol{p}(u)=\boldsymbol{p}_k(u) \qquad k=0,\cdots,n-1$$

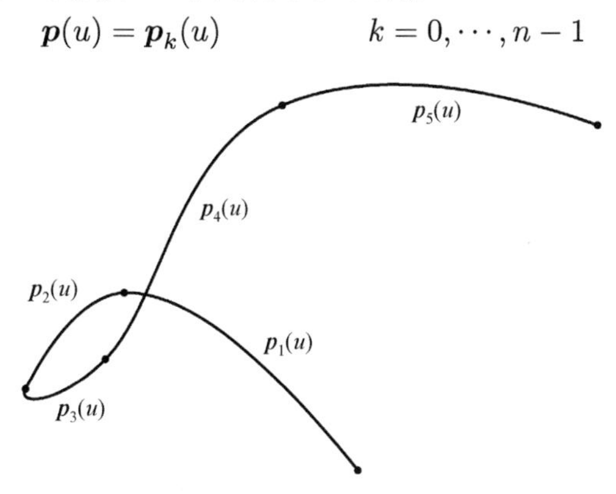

图 8.1　G^1 连续的分段多项式曲线

因此，有必要在连接点处（连接相邻曲线分段的位置②）通过施加连续性约束来保证曲线的平滑性，如图 8.2 所示。因此需要指定连续性，对于三维运动而言，此属性有不同的含义[83,84]。笛卡儿空间中轨迹有两种类型的连续性：几何连续和参数连续。事实上，在使用参数曲线来做轨迹规划时，除要求其几何曲线具有连续性外，还要求速度和加速度的向量是连续的，它们是曲线的一阶和二阶导数 $\left(\dfrac{d\boldsymbol{p}}{du},\dfrac{d^2\boldsymbol{p}}{du^2}\right)$。

① 途经点是指在三维空间中用于轨迹规划的某个点（构型），这些途经点可以用来插值或拟合，详见下面章节内容。

② 为方便起见，将每一段定义在区间 $u\in[0,1]$。

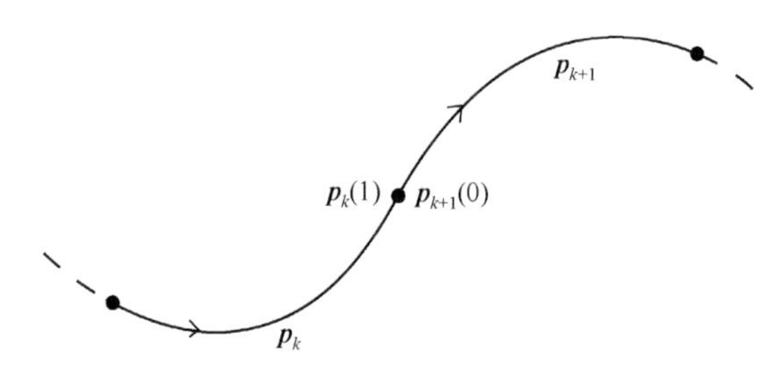

图 8.2　两条参数曲线在一个公共点相交，即连接点

有时候尽管曲线具有几何连续性，但速度和加速度是不连续的。在这种情况下，曲线被称为几何连续但参数不连续。让我们来看一下图 8.1 所示的路径（表面上连续的）。它的一阶导数如图 8.4（a）所示，可以清楚看到，尽管路径是几何连续的，但针对所选择的参数是不连续的。

两个无限可微段相交在一个公共点，即如图 8.2 所示，有 $\boldsymbol{p}_k(1)=\boldsymbol{p}_{k+1}(0)$①，如果其在公共点处的前 n 阶导数相等，则说明这两段曲线在连接点处具有 n 阶参数连续性，表示为 C^n，连续条件为

$$\boldsymbol{p}_k^{(i)}(1)=\boldsymbol{p}_{k+1}^{(i)}(0) \qquad k=1,\cdots,n$$

导数向量与曲线参数化形式有关，它并不是曲线的固有特性。当曲线参数由原来的 u 变为另一个等价的参数 $\hat{u}$ 时②，其导数是变化的。因此，两条在连接点 C^n 处连续的曲线会因为其中一条曲线的参数化方式变化而失去连续性。相反，单位切线$\left(\frac{d\boldsymbol{p}}{du}\Big/\left|\frac{d\boldsymbol{p}}{du}\right|\right)$和单位曲率$\left(\frac{d^2\boldsymbol{p}}{du^2}\Big/\left|\frac{d^2\boldsymbol{p}}{du^2}\right|\right)$是曲线的固有特征，由此可以导出几何连续性的概念。两条参数曲线当且仅当在连接点处的单位切线相同时，则它们具有一阶几何连续性，记为 G^1。在这种情况下，切线方向相同，但因为切线可能具有不同的幅值，因此并不能保证速度向量连续。

当且仅当两条曲线在连接点处的单位切向量和单位曲率向量相等时，它们具有 G^2 连续性。

两条曲线 $\boldsymbol{p}_k(u)$ 和 $\boldsymbol{p}_{k+1}(u)$ 当且仅当存在与 u 等价的参数化 $\hat{u}$ 使得 $\hat{\boldsymbol{p}}_k(\hat{u})$ 和 $\boldsymbol{p}_{k+1}(u)$ 在连接点处具有 C^n 连续性时，它们具有 n 阶几何连续性（G^n连续性）。这意味着，给定 G^n 的子段，可以找到一种参数化方式使得曲线 C^n 连续，从而保证速度和加速度等的连续。

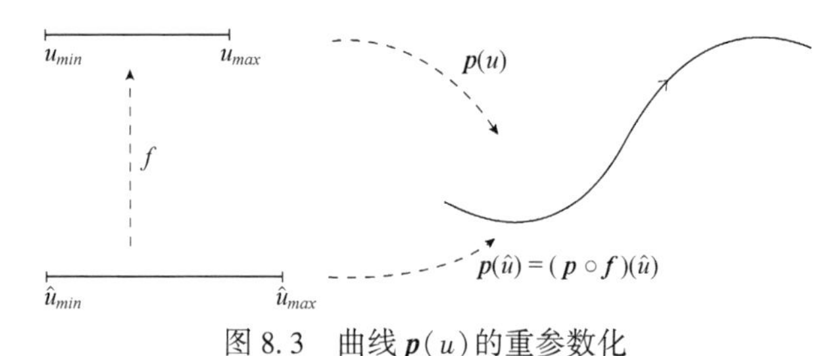

图 8.3　曲线 $\boldsymbol{p}(u)$ 的重参数化

① 假设 $u\in[0,1],\forall k$。

② 如果存在一个 C^n 函数 f：$[\hat{u}_{min},\hat{u}_{max}]\to[u_{min},u_{max}]$，则这两个参数化（见图 8.3）被认为是等价的：

(1) $\hat{\boldsymbol{p}}(\hat{u})=\boldsymbol{p}(f(\hat{u}))=\boldsymbol{p}(u)$。

(2) $f([\hat{u}_{min},\hat{u}_{max}])=[u_{min},u_{max}]$。

(3) $f^{(1)}>0$。

例 8.1　图 8.1 中由 5 段多项式组成（贝塞尔曲线）的轨迹具有 G^1 连续性。从视觉角度看，路径是连续的。但如图 8.4（a）所示，其一阶导数在衔接点处是不连续的。因此，可以通过如图 8.4（b）所示的另一种参数化形式使得曲线 C^1 连续。

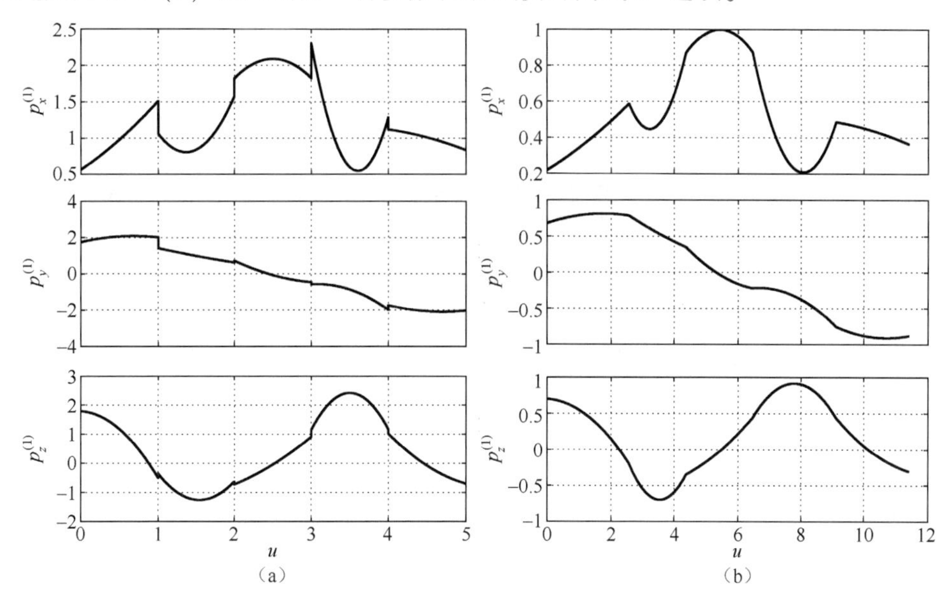

图 8.4　图 8.1 中的三维轨迹两种不同参数化方式沿 x、y、z 三个方向的切向量 $\boldsymbol{p}^{(1)}$

8.1.2　全局和局部插值与逼近

如上所述，三维空间中的轨迹通常是通过拟合一系列给定途经点得到的，可以根据不同的应用需求来设定不同的准则。一般有两类常用的拟合方式：插值和逼近，如图 8.5 所示。如果插值一系列数据点，则曲线准确通过这些数据点。而对于逼近，曲线并不准确通过这些点，而是从给定误差范围内的附近通过。

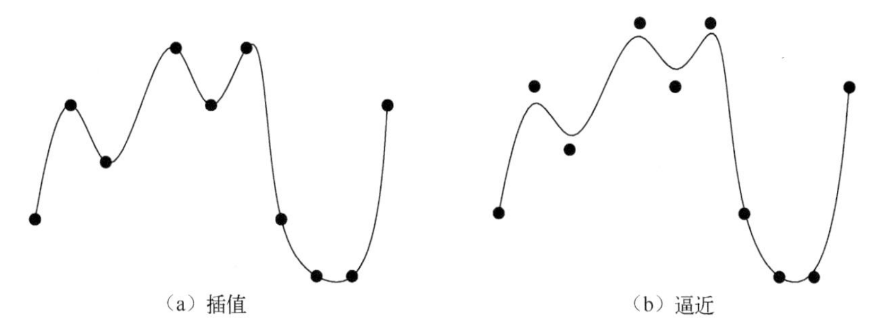

图 8.5　插值和逼近一系列数据点

有时候需要拟合大量的数据点，但往往曲线参数的数量不足以准确插值这些点。在某些应用中，逼近优于插值。例如，为避免振荡，通常采用 B 样条曲线插值算法重新规划新的“形状”（这种情况是为了减少沿轨迹的曲率/加速度）。

曲线插值和逼近规划可以是全局或局部的。在全局算法中，需要定义轨迹的参数（如图 8.2 中的控制点），这些点可通过求解优化问题得到。这是基于整个数据集的，并且还可以允许最小化其他一些量，如整条轨迹的曲率等。在全局算法中，如果一些数据点发生了变化，那么整条路径的形状都会受到影响。相反，局部拟合算法只基于路径点的局部数据(如切向量、曲率向量等)。这些算法的计算量比全局算法小，但在连接点处的连续性则比全局算法略差。另外，局部规划方法允许以更简单的方式处理角点、直线段，并且点的修改只涉及两个相邻的段。

8.2 工具姿态

末端执行器①的姿态 $\mathcal{R}$ 可以采用旋转矩阵表示，它由 3 个正交单位向量组成，它们定义为末端坐标系在基坐标系中的姿态：

$$\boldsymbol{R}=[\boldsymbol{n},\ \mathbf{s},\ \boldsymbol{a}]$$

因此，若要在不同轨迹点处指定末端执行器的姿态，必须在每个点 $\boldsymbol{p}_k$ 处指定期望的旋转矩阵 $\boldsymbol{R}_k$，并使用相应的插值技术在轨迹点之间进行插值，如图 8.6 所示。

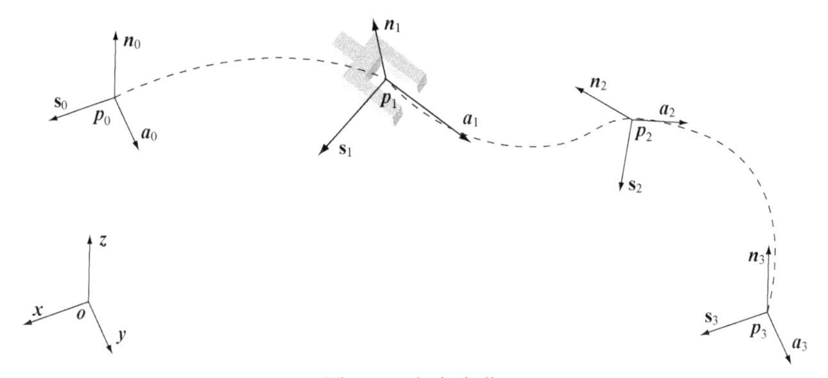

图 8.6 方向变化

8.2.1 位置与姿态解耦规划

在定义一段轨迹时，采用旋转矩阵法对给定姿态进行插值并不方便。事实上，在对单位向量 $\boldsymbol{n}$、$\mathbf{s}$、$\boldsymbol{a}$ 从旋转矩阵 $\boldsymbol{R}_0$ 对应的初始值到 $\boldsymbol{R}_1$ 的终点值进行插值时，不可能保证在所有时刻都具有正交性②。因此，姿态轨迹规划经常采用 3 个角度 $\phi=(\varphi,\vartheta,\psi)$，如用欧拉角或俯仰–翻滚–偏航来表示，详见附录 C。它们根据某些规律（通常是时间的多项式函数）从初始值 ϕ_0 到目标值 ϕ_1 进行插值。通过这种方式，可以得到姿态连续变化的轨迹（和连续的角速度）。

例 8.2 图 8.7 给出了一条位置和姿态均变化的轨迹。每个途经点相对于世界坐标系的姿态采用“俯仰–翻滚–偏航”（Roll–Pitch–Yaw）的方式表示［图中相关坐标系采用式（C.13）计算］。途经点的位姿表示为

$$\begin{bmatrix} q_x \\ q_y \\ q_z \\ \psi \\ \theta \\ \varphi \end{bmatrix} = \begin{bmatrix} 3.31 & -3.01 & -1.07 & 4.48 & 1.52 \\ -2.38 & -3.53 & 5.81 & 2.97 & -1.25 \\ 7.14 & 10.89 & 6.72 & 4.54 & 5.81 \\ 0 & 0 & -1.11 & 2.11 & 2.46 \\ 0 & 0.90 & 0.42 & -0.33 & -0.77 \\ 0 & 0 & -0.69 & 0 & -0.87 \end{bmatrix}$$

---

① 末端执行器（通常）是机械臂所携带的工具或多轴设备的操作工具。

② 见附录 C。

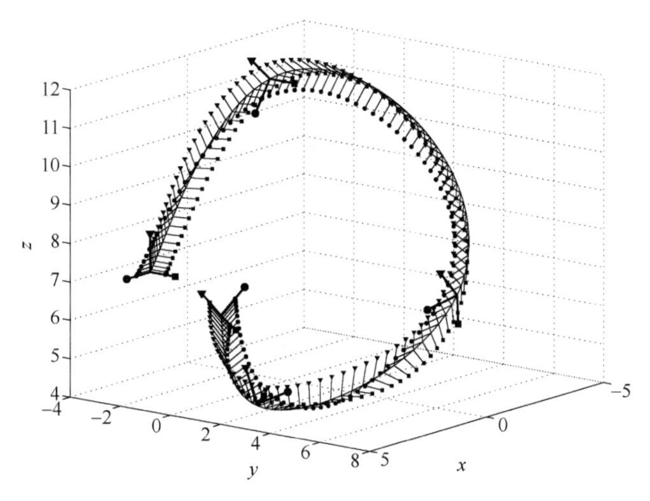

图 8.7　基于 Roll-Pitch-Yaw 角度表示位置和方向的多点轨迹

采用 8.4.2 节中讨论过的插值算法①，可以找到一条通过所有点的 C^2 连续的曲线。不仅可以保证角度的平稳变化，并且可以证明相应的角速度和角加速度是连续的。轨迹的组成（位置和姿态）如图 8.8 所示。

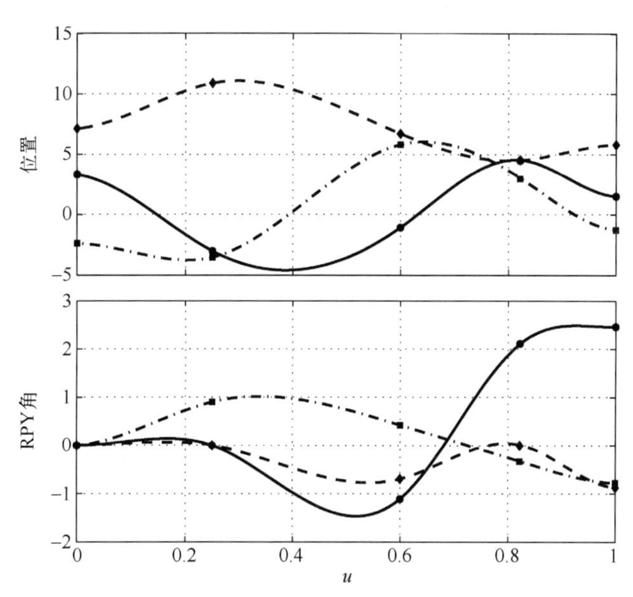

图 8.8　基于 RPY 角表示三维空间中位置和姿态的轨迹：不同成分的轮廓（见图 8.7）

另一种方法是采用角-轴表示，它在笛卡儿空间中具有更明确的含义。对于两个原点相同但姿态不同的坐标系，可找到一个向量 $\boldsymbol{w}$，使得前面一个坐标系绕向量 $\boldsymbol{w}$ 旋转角度 ϑ 得到后一个坐标系。给定初始坐标系 $\mathcal{F}_0$（表示为基架坐标系下的旋转矩阵 $\boldsymbol{R}_0$）和最终坐标系 $\mathcal{F}_1$（表示为旋转矩阵 $\boldsymbol{R}_1$），该旋转变换的矩阵可表示为

① 注意：在接下来所有章节中提到的插值和逼近算法都适用于 n 维空间问题。

$$
{}^0\boldsymbol{R}_1 = \boldsymbol{R}_0^T \boldsymbol{R}_1 = \begin{bmatrix} r_{11} & r_{12} & r_{13} \\ r_{21} & r_{22} & r_{23} \\ r_{31} & r_{32} & r_{33} \end{bmatrix} \tag{8.3}
$$

即 $\boldsymbol{R}_1 = \boldsymbol{R}_0\,{}^0\boldsymbol{R}_1$。矩阵${}^0\boldsymbol{R}_1$ 可以表示为绕固定轴为

$$
\boldsymbol{w} = \frac{1}{2\sin\theta_t}\begin{bmatrix} r_{32}-r_{23} \\ r_{13}-r_{31} \\ r_{21}-r_{12} \end{bmatrix} = \begin{bmatrix} w_x \\ w_y \\ w_z \end{bmatrix} \tag{8.4}
$$

旋转角度为

$$
\theta_t = \cos^{-1}\left(\frac{r_{11}+r_{22}+r_{33}-1}{2}\right) \tag{8.5}
$$

的旋转矩阵。

工具从 $\boldsymbol{R}_0$ 到 $\boldsymbol{R}_1$ 的旋转运动可以表示为

$$
\boldsymbol{R}(t) = \boldsymbol{R}_0\ \boldsymbol{R}_t(\theta(t))
$$

其中，$\boldsymbol{R}_t(\theta(t))$是与时间相关的矩阵，并且满足 $\boldsymbol{R}_t(0)=\boldsymbol{I}_3$，即为 3×3 的单位矩阵且满足 $\boldsymbol{R}_t(\theta_t)={}^0\boldsymbol{R}_1$。矩阵 $\boldsymbol{R}_t(\theta(t))$的表达式为

$$
\boldsymbol{R}_t(\theta)=\begin{bmatrix} w_x^2(1-c_\theta)+c_\theta & w_xw_y(1-c_\theta)-w_zs_\theta & w_xw_z(1-c_\theta)+w_ys_\theta \\ w_xw_y(1-c_\theta)+w_zs_\theta & w_y^2(1-c_\theta)+c_\theta & w_yw_z(1-c_\theta)-w_xs_\theta \\ w_xw_z(1-c_\theta)-w_ys_\theta & w_yw_z(1-c_\theta)+w_xs_\theta & w_z^2(1-c_\theta)+c_\theta \end{bmatrix}
$$

其中，$c_\theta=\cos(\theta)$，$s_\theta=\sin(\theta)$。因此，工具从 $\boldsymbol{R}_0$ 到 $\boldsymbol{R}_1$ 的旋转依赖于参数 θ。此时，只需要指定运动律 $\theta(t)$即可。

例 8.3 从 $\boldsymbol{p}_0=[0,0,0]^T$ 到 $\boldsymbol{p}_1=[5,5,5]^T$ 的直线轨迹对应的姿态变化如图 8.9 所示。起点和终点处的姿态对应的旋转矩阵为

$$
\boldsymbol{R}_0 = \begin{bmatrix} 1 & 0 & 0 \\ 0 & 1 & 0 \\ 0 & 0 & 1 \end{bmatrix} \qquad \boldsymbol{R}_1 = \begin{bmatrix} 0 & 1 & 0 \\ 0 & 0 & 1 \\ 1 & 0 & 0 \end{bmatrix}
$$

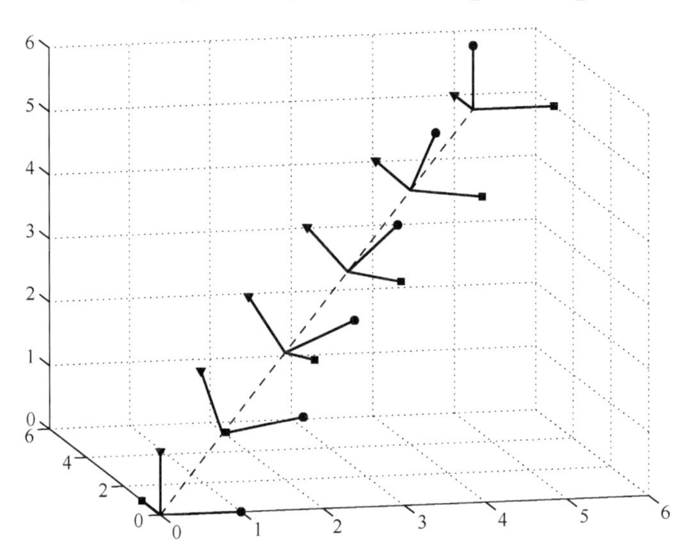

图 8.9 从 $\boldsymbol{p}_0=[0,0,0]^T$ 到 $\boldsymbol{p}_1=[5,5,5]^T$ 的直线轨迹对应的姿态变化（使用轴-角表示得到的坐标系变化）

从 $\boldsymbol{R}_0$ 到 $\boldsymbol{R}_1$ 的变换可以表示为绕轴 $\boldsymbol{w}=[-0.57,-0.57,-0.57]^T$ 旋转角度 $\theta_t=2.09$ rad。图 8.10 中表示了工具坐标系的参数 θ 从 0 到 θ_t 的线性插值。

例 8.4　图 8.10 给出了一条采用轴-角表达方式计算的轨迹。途经点的姿态采用局部坐标系相对于世界坐标系的旋转矩阵 $\boldsymbol{R}_k$ 表示，途经点和例 8.2 相同，因此：

$$\boldsymbol{q}_0=\begin{bmatrix}3.31\\-2.38\\7.14\end{bmatrix}\qquad \boldsymbol{R}_0=\begin{bmatrix}1&0&0\\0&1&0\\0&0&1\end{bmatrix}$$

$$\boldsymbol{q}_1=\begin{bmatrix}-3.01\\-3.53\\10.89\end{bmatrix}\qquad \boldsymbol{R}_1=\begin{bmatrix}0.61&0&0.78\\0.00&1&0.00\\-0.78&0&0.61\end{bmatrix}$$

$$\boldsymbol{q}_2=\begin{bmatrix}-1.07\\5.81\\6.72\end{bmatrix}\qquad \boldsymbol{R}_2=\begin{bmatrix}0.40&0.57&0.71\\-0.81&0.57&0.00\\-0.41&-0.58&0.70\end{bmatrix}$$

$$\boldsymbol{q}_3=\begin{bmatrix}4.48\\2.97\\4.54\end{bmatrix}\qquad \boldsymbol{R}_3=\begin{bmatrix}-0.48&-0.85&0.16\\0.81&-0.51&-0.28\\-0.32&0.00&0.94\end{bmatrix}$$

$$\boldsymbol{q}_4=\begin{bmatrix}1.52\\-1.25\\5.81\end{bmatrix}\qquad \boldsymbol{R}_4=\begin{bmatrix}-0.55&-0.82&-0.13\\0.44&-0.16&-0.87\\0.70&-0.54&0.45\end{bmatrix}$$

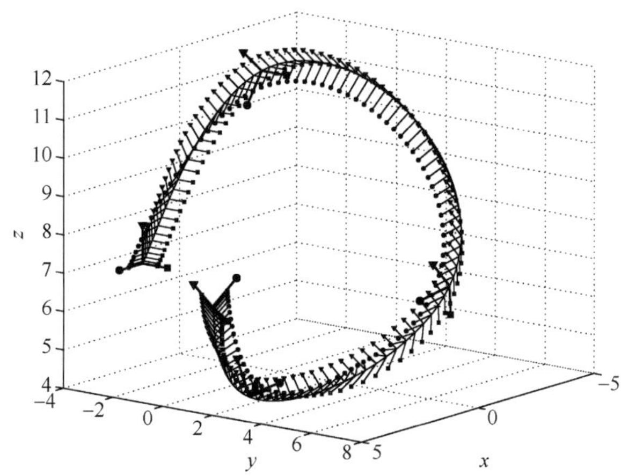

图 8.10　基于轴-角表示位置和方向的轨迹

在这种情况下，位置采用 3 次 B 样条插值，而姿态则通过各点逐次插值的方式从初始位形变换至终点位形。因此整条轨迹的姿态由 4 段组成，每段旋转轴①为

$$\begin{bmatrix}w_x\\w_y\\w_z\end{bmatrix}=\begin{bmatrix}0&0.05&0.05&-0.77\\1&-1.10&0.32&-0.62\\0&-0.99&-0.94&0.10\end{bmatrix}$$

变化角度为

$$[\theta_t]=[0.90,\ \ 0.95,\ \ 3.10,\ \ 0.85]$$

① 对于每一对框架($\boldsymbol{R}_k,\boldsymbol{R}_{k+1}$)，其轴和旋转角度通过式（8.4）和式（8.5）计算。

在每段插值过程中，旋转轴保持不变，而角度通过关于 u（位置轨迹 B 样条条类似的自变量）的 5 次多项式从 0 变化到 θ_t，这种方式可以保证在起点（$u=\bar{u}_k$）与终点（$u=\bar{u}_{k+1}$）处的速度和加速度为 0。位置和姿态轨迹的各分量如图 8.11 所示。姿态采用的是各轨迹点对应局部坐标系的 RPY 角。特别要注意的是，角度曲线不连续是因为 RPY 角定义在$[-\pi,\pi]$区间内。

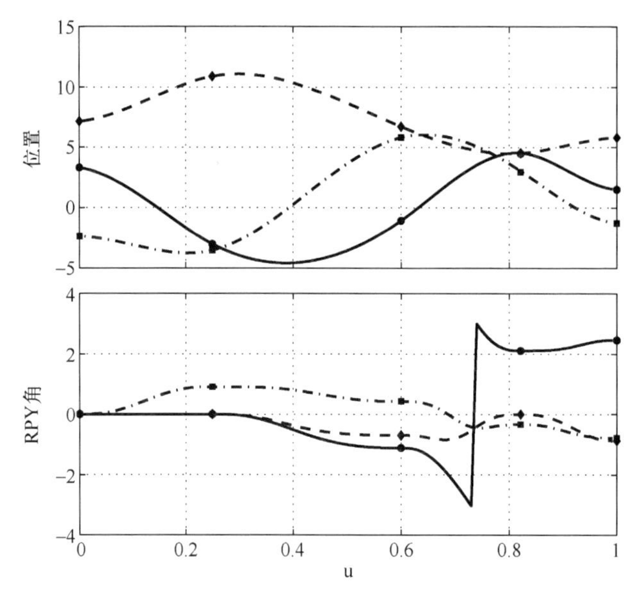

图 8.11 基于轴-角表示 3D 空间中位置和方向的轨迹：不同成分的轮廓

8.2.2 位置与姿态相互耦合的情形

在很多任务中，位置和姿态在笛卡儿坐标系上是耦合的。在这种情况下，可以根据在给定途经点处的姿态来指定末端执行器的姿态。事实上，可以用曲线坐标 s（弧长参数①）表示要跟踪的（规律的）曲线［式（8.1）］：

$$\Gamma: \quad \boldsymbol{p}=\boldsymbol{p}(s) \qquad s\in[0,\ l] \tag{8.6}$$

则可以定义一个与曲线直接固连的坐标系，即采用 3 个单位向量表示的 Frenet 坐标系（见图 8.12）：

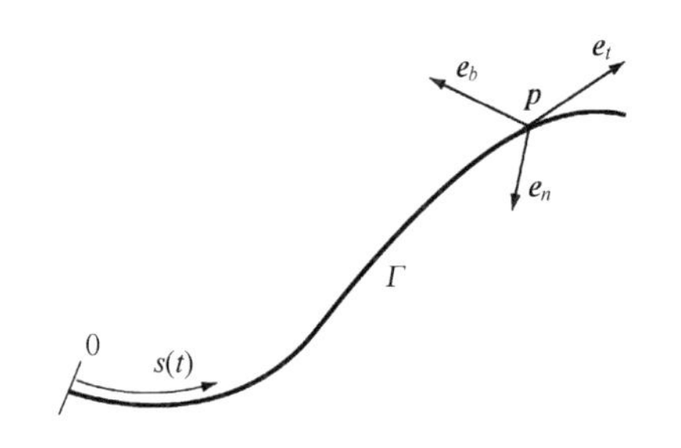

图 8.12 参数曲线上的 Frenet 坐标系定义

- 单位切向量 $\boldsymbol{e}_t$，位于与曲线相切的直线上，并根据曲线关于弧长 s 的切线确定正方向。
- 单位法向量 $\boldsymbol{e}_n$，位于通过点 $\boldsymbol{p}$ 并垂直于 $\boldsymbol{e}_t$ 的直线上，$\boldsymbol{e}_n$ 的方向定义为使得 $\boldsymbol{p}$ 领域内的曲线完全位于通过 $\boldsymbol{e}_t$ 并垂直于 $\boldsymbol{e}_n$ 的平面的 $\boldsymbol{e}_n$ 一侧。
- 单位副法向量 $\boldsymbol{e}_b$，与前两个向量一起构成右手坐标系$(\boldsymbol{e}_t,\boldsymbol{e}_n,\boldsymbol{e}_b)$。

一般在点 $\boldsymbol{p}$ 处的 Frenet 向量可以利用曲线 Γ 简单表示：

① 因此，式（8.6）中的 l 表示曲线的长度。

$$e_t = \frac{dp}{ds} \qquad e_n = \frac{1}{\left|\frac{d^2 p}{ds^2}\right|}\frac{d^2 p}{ds^2} \qquad e_b = e_t \times e_n$$

注意到，如果曲线采用弧长参数 s，而不是一般参数 u 表示，切向量 e_t 是单位向量。在那些工具姿态相对于运动方向必须保持固定的应用中，如电弧焊，那么 Frenet 向量隐式定义了这个姿态。因此，利用位置轨迹函数就可以获得每个途经点处的工具姿态。

例 8.5　一条带有 Frenet 坐标系的螺旋轨迹如图 8.13 所示，其轨迹表示为参数形式为

$$p = \begin{bmatrix} r\cos(u) \\ r\sin(u) \\ du \end{bmatrix} \tag{8.7}$$

$u \in [0, 4\pi]$，则坐标系①为

$$R_F = [e_t, e_n, e_b] = \begin{bmatrix} -c\sin(u) & -\cos(u) & l\sin(u) \\ c\cos(u) & -\sin(u) & -l\cos(u) \\ l & 0 & c \end{bmatrix} \tag{8.8}$$

其中，$c = \dfrac{r}{\sqrt{r^2+d^2}}$和 $l = \dfrac{d}{\sqrt{r^2+d^2}}$。

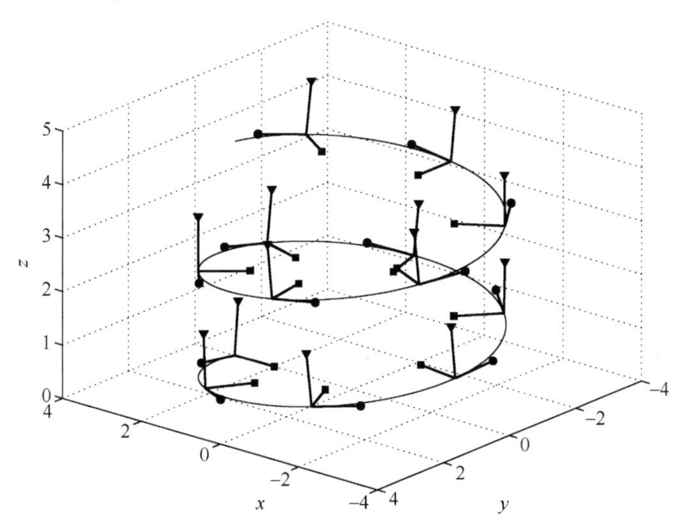

图 8.13　螺旋轨迹和相应的 Frenet 坐标系

例 8.6　图 8.14 表示的一条圆弧轨迹（为简单起见，这里分析平面的情况），其工具坐标系和 Frenet 坐标系固连。采用曲线的参数化表示方法，当 $\mathbf{o}' = \mathbf{0}$ 和 $R = I_3$ 时，采用式（8.10）表示的 Frenet 坐标系为

$$R_F(u) = R\begin{bmatrix} -\sin(u) & -\cos(u) & 0 \\ \cos(u) & -\sin(u) & 0 \\ 0 & 0 & 1 \end{bmatrix}$$

期望的工具坐标系和 Frenet 坐标系之间的变换矩阵为绕轴 $z_F = e_b$ 旋转 $\alpha = 30°$，这个旋转变化可以表示为常量矩阵：

---

① 因为参数 u 不是曲线坐标，因此相应的（时变的）Frenet 坐标系计算为 $e_t = \dfrac{dp/du}{|dp/du|}$，$e_n = \dfrac{de_t du}{|de_t/du|}$，$e_b = e_t \times e_n$。

$$\boldsymbol{R}_\alpha = \begin{bmatrix} \cos(\alpha) & -\sin(\alpha) & 0 \\ \sin(\alpha) & \cos(\alpha) & 0 \\ 0 & 0 & 1 \end{bmatrix} = \begin{bmatrix} 0.866 & -0.500 & 0 \\ 0.500 & 0.866 & 0 \\ 0 & 0 & 1 \end{bmatrix}$$

因此，只需要将 Frenet 矩阵乘以 $\boldsymbol{R}_\alpha$ 即可得到表示各位置轨迹点处的方向矩阵：

$$\boldsymbol{R}_T(u) = \boldsymbol{R}_\alpha \boldsymbol{R}_F(u)$$

在 $u=k\pi/4(k=0,\cdots,8)$ 处的末端坐标系如图 8.14 所示。

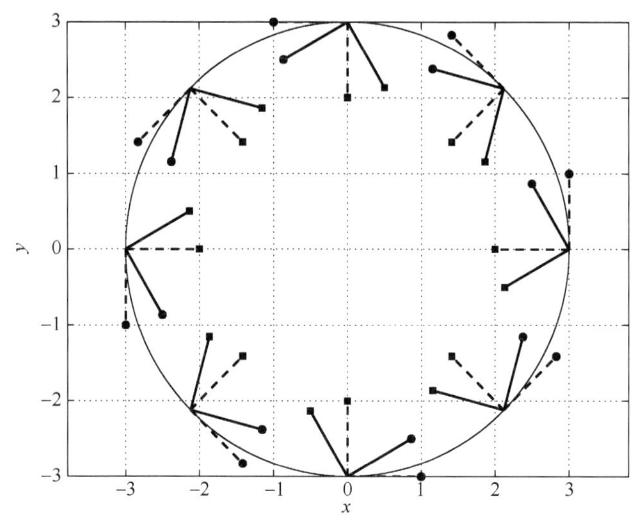

图 8.14　一条圆弧轨迹，以及与其关联的 Frenet 坐标系（虚线）和期望的工具坐标系（实线）

8.3　通过运动基元定义几何路径

在三维空间中定义几何路径的一种简单方法是使用一系列的运动基元，如直线、圆弧等，或者使用一系列的参数函数。

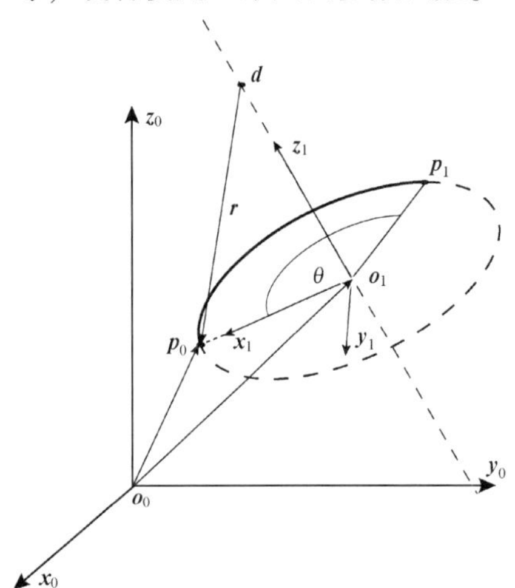

图 8.15　运动基元示例：圆弧轨迹

显然，插值给定序列途经点最简单的方式是使用直线，在此情况下，连接两点 $\boldsymbol{p}_0$ 和 $\boldsymbol{p}_1$ 的直线段可以表示为

$$\boldsymbol{p}(u) = \boldsymbol{p}_0 + (\boldsymbol{p}_1 - \boldsymbol{p}_0)\,u \quad 0 \leqslant u \leqslant 1 \tag{8.9}$$

尽管由一系列直线段组成的轨迹是连续的，但其连接点处的导数是不连续的，因此其速度和加速度也不连续，这些将在 8.11 节中详细讨论，这种技术通常配合衔接函数来保证两段之间的平稳过渡。

另一种典型的运动基元是圆弧，其起点为 $\boldsymbol{p}_0$，圆心位于由法向量 $\boldsymbol{z}_1$ 及给定点 $\boldsymbol{d}$ 所决定的期望轴上，如图 8.15 所示。根据这些数据，可以计算出圆弧的途经点。首先，若轨迹不退化为一个点[①]，则先确定具体的旋转中心位置。定义 $\boldsymbol{r}=\boldsymbol{p}_0-\boldsymbol{d}$，那么中心位

① 在这种情况下，点 $\boldsymbol{p}_0$ 位于通过圆心的轴上。

置为

$$\boldsymbol{o}_1 = \boldsymbol{d} + (\boldsymbol{r}^T\ \boldsymbol{z}_1)\ \boldsymbol{z}_1$$

半径为

$$\rho = |\boldsymbol{p}_0 - \boldsymbol{o}_1|$$

在坐标系 $\mathcal{F}_1$（定义为 $\boldsymbol{o}_1$-$\boldsymbol{x}_1\boldsymbol{y}_1\boldsymbol{z}_1$，见图 8.15）中，圆弧的参数表示为

$$\boldsymbol{p}_1(u) = \begin{bmatrix} \rho\cos(u) \\ \rho\sin(u) \\ 0 \end{bmatrix} \qquad 0 \leqslant u \leqslant \theta$$

因此，其在坐标系 $\mathcal{F}_0$ 中的表示形式为

$$\boldsymbol{p}(u) = \boldsymbol{o}_1 + \boldsymbol{R}\ \boldsymbol{p}_1(u) \tag{8.10}$$

其中，$\boldsymbol{R}$为坐标系 $\mathcal{F}_1$ 相对于坐标系 $\mathcal{F}_0$ 的旋转矩阵，表示为

$$\boldsymbol{R} = [\boldsymbol{x}_1\ \ \boldsymbol{y}_1\ \ \boldsymbol{z}_1]$$

例 8.7　一条由以下运动基元组成的二维轨迹如图 8.16 所示。

	$\boldsymbol{p}_0$	$\boldsymbol{p}_1$	$\boldsymbol{z}_1$	$\boldsymbol{d}$	θ
直线	$[0\ 0\ 0]^T$	$[1\ 0\ 0]^T$			
圆弧	$[1\ 0\ 0]^T$		$[0\ 0\ 1]^T$	$[1\ 1\ 0]^T$	$\pi/2$
圆弧	$[2\ 1\ 0]^T$		$[0\ 0\ 1]^T$	$[3\ 1\ 0]^T$	$-\pi/2$
直线	$[3\ 2\ 0]^T$	$[5\ 2\ 0]^T$			
圆弧	$[5\ 3\ 0]^T$		$[0\ 0\ 1]^T$	$[5\ 3\ 0]^T$	π
直线	$[5\ 4\ 0]^T$	$[4\ 5\ 0]^T$			

在这种情况中，通过正确地选择起点、终点和圆弧中心等来保证曲线的连续性。然而，通常 C^1 连续是不能得到保证的（见图 8.16），同时 C^2 连续也无法通过混合线段和圆弧段获得。此外，在三维空间中构造复杂曲线是相当困难的，如图 8.17 所示。

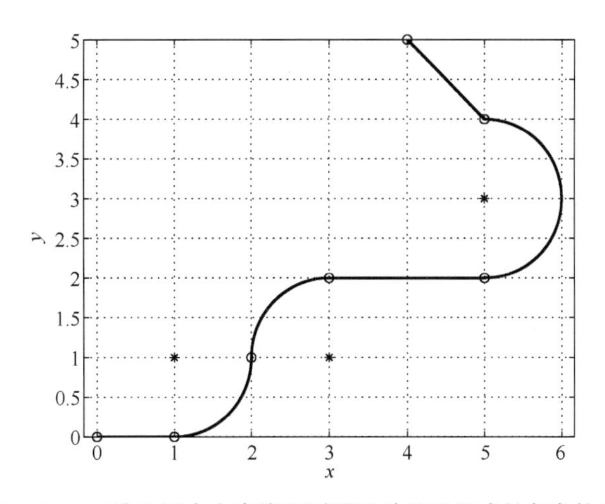

图 8.16　二维空间中由直线和圆弧运动基元组成的复杂轨迹

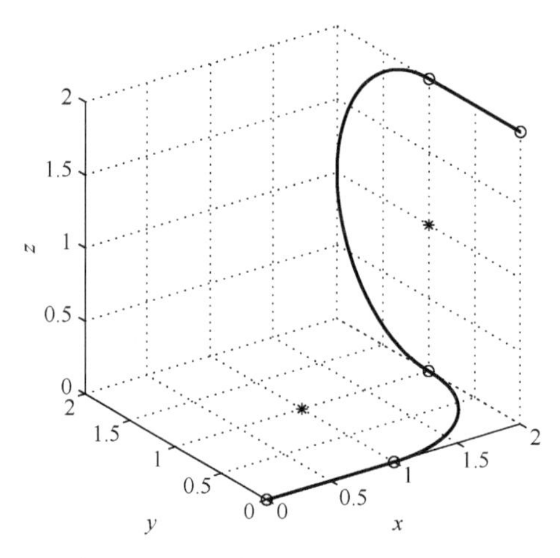

图 8.17 三维空间中由直线和圆弧运动基元组成的复杂轨迹

8.4 全局插值

插值一组点 $\boldsymbol{q}_k(k=0,\cdots,n)$最简单的方法是使用 p 次 B 样条曲线 $\boldsymbol{s}(u)$，见附录 B。第一步是选择每个点 $\boldsymbol{q}_k$ 对应的参数 $\bar{u}_k$（类似表示“时刻”）和节点向量 $\boldsymbol{u}=[u_0,\cdots,u_{n_{knot}}]$，其中 n_{knot}为节点数量，见附录 B。然后，可以建立一个关于未知变量 $\boldsymbol{p}_j$ 的方程组，以使得曲线在 $\bar{u}_k$ 处通过点 $\boldsymbol{q}_k$：

$$\boldsymbol{q}_k=\boldsymbol{s}(\bar{u}_k)=\sum_{j=0}^{m}\boldsymbol{p}_j B_j^p(\bar{u}_k) \tag{8.11}$$

或表示为矩阵形式：

$$\boldsymbol{q}_k^T=\left[B_0^p(\bar{u}_k),\ B_1^p(\bar{u}_k),\ \cdots,B_{m-1}^p(\bar{u}_k),\ B_m^p(\bar{u}_k)\right]\begin{bmatrix}\boldsymbol{p}_0^T\\ \boldsymbol{p}_1^T\\ \vdots\\ \boldsymbol{p}_{m-1}^T\\ \boldsymbol{p}_m^T\end{bmatrix}$$

8.4.1 定义$\{\bar{u}_k\}$

如果没有其他特定约束（在这种情况下，$\bar{u}_k$ 同 $\boldsymbol{q}_k$ 一起给出），式（8.11）中的参数 $\bar{u}_k$ 可以假定在[0,1]范围内，因此：

$$\bar{u}_0=0 \qquad \bar{u}_n=1$$

$\bar{u}_k(k=1,\cdots,n-1)$最常用的选择如下。

- 等距：

$$\bar{u}_k=\frac{k}{n} \tag{8.12}$$

- 弦长分布：

$$\bar{u}_k=\bar{u}_{k-1}+\frac{|\boldsymbol{q}_k-\boldsymbol{q}_{k-1}|}{d} \tag{8.13}$$

其中，

$$d=\sum_{k=1}^{n}|\boldsymbol{q}_k-\boldsymbol{q}_{k-1}|$$

- 向心分布：

$$\bar{u}_k=\bar{u}_{k-1}+\frac{|\boldsymbol{q}_k-\boldsymbol{q}_{k-1}|^{\mu}}{d} \tag{8.14}$$

其中，

$$d=\sum_{k=1}^{n}|\boldsymbol{q}_k-\boldsymbol{q}_{k-1}|^{\mu}$$

此方法中通常令 $u=1/2$，当数据转角尖锐时表现良好。

8.4.2　3 次 B 样条插值

插值问题通常是采用 $p=3$ 来求解的，这样就可以得到 C^2 连续的样条轨迹，如前文 4.4 节中所述。根据参数 $\bar{u}_k$ 确定节点向量 $\boldsymbol{u}$ 为

$$\begin{array}{ll} u_0=u_1=u_2=\bar{u}_0 & u_{n+4}=u_{n+5}=u_{n+6}=\bar{u}_n \\ u_{j+3}=\bar{u}_j & j=0,\cdots,n \end{array} \tag{8.15}$$

此时，插值得到的轨迹可以通过节点处的途经点。控制点的数量 $m+1$ 与节点数量 $n_{knot}+1$ 之间的关系为 $n_{knot}=m+4$，因此可以从式（8.15）中推导出 $n_{knot}=n+6$，并且未知变量 $\boldsymbol{p}_j$ 的数量为 $n+3$。因此为了找到唯一解，还需要引入两个额外的约束条件（除 $n+1$ 个途经点需要插值外）。在下面内容中，这两个约束假定为端点处的一阶导数分别为 $\boldsymbol{t}_0$ 和 $\boldsymbol{t}_n$。因此，$(n+3)\times(n+3)$线性方程组中的前两个和最后两个方程为

$$\boldsymbol{p}_0=\boldsymbol{q}_0$$

$$-\boldsymbol{p}_0+\boldsymbol{p}_1=\frac{u_4}{3}\boldsymbol{t}_0$$

和

$$-\boldsymbol{p}_{n+1}+\boldsymbol{p}_{n+2}=\frac{1-u_{n+3}}{3}\boldsymbol{t}_n$$

$$\boldsymbol{p}_{n+2}=\boldsymbol{q}_n$$

这 4 个方程可以直接求解，得到：

$$\begin{cases} \boldsymbol{p}_0 &= \boldsymbol{q}_0 \\ \boldsymbol{p}_1 &= \boldsymbol{q}_0+\dfrac{u_4}{3}\boldsymbol{t}_1 \\ \boldsymbol{p}_{n+2} &= \boldsymbol{q}_n \\ \boldsymbol{p}_{n+1} &= \boldsymbol{q}_n-\dfrac{1-u_{n+3}}{3}\boldsymbol{t}_n \end{cases} \tag{8.16}$$

剩下的 $n-1$ 个控制点通过下式求解：

$$\boldsymbol{s}(\bar{u}_k)=\boldsymbol{q}_k,\qquad k=1,\cdots,n-1$$

注意到，在 3 次样条中只有 3 个基函数是非零的，见附录 B，得到的 $n-1$ 个方程具有以下表示形式：

$$\boldsymbol{q}_k=B_k^3(\bar{u}_k)\boldsymbol{p}_k+B_{k+1}^3(\bar{u}_k)\boldsymbol{p}_{k+1}+B_{k+2}^3(\bar{u}_k)\boldsymbol{p}_{k+2}$$

因此它们形成了一个对角方程组：

$$\boldsymbol{B}\ \boldsymbol{P}=\boldsymbol{R} \tag{8.17}$$

其中，

$$\boldsymbol{B}=\begin{bmatrix} B_2^3(\bar{u}_1) & B_3^3(\bar{u}_1) & 0 & \cdots & & & 0 \\ B_2^3(\bar{u}_2) & B_3^3(\bar{u}_2) & B_4^3(\bar{u}_2) & & & & \vdots \\ 0 & & & \ddots & & & 0 \\ \vdots & & & & B_{n-2}^3(\bar{u}_{n-2}) & B_{n-1}^3(\bar{u}_{n-2}) & B_n^3(\bar{u}_{n-2}) \\ 0 & \cdots & & & 0 & B_{n-1}^3(\bar{u}_{n-1}) & B_n^3(\bar{u}_{n-1}) \end{bmatrix}$$

$$\boldsymbol{P}=\begin{bmatrix} \boldsymbol{p}_2^T \\ \boldsymbol{p}_3^T \\ \boldsymbol{p}_4^T \\ \vdots \\ \boldsymbol{p}_{n-1}^T \\ \boldsymbol{p}_n^T \end{bmatrix} \qquad \boldsymbol{R}=\begin{bmatrix} \boldsymbol{q}_1^T-B_1^3(\bar{u}_1)\boldsymbol{p}_1^T \\ \boldsymbol{q}_2^T \\ \boldsymbol{q}_3^T \\ \vdots \\ \boldsymbol{q}_{n-2}^T \\ \boldsymbol{q}_{n-1}^T-B_{n+1}^3(\bar{u}_{n-1})\boldsymbol{p}_{n+1}^T \end{bmatrix}$$

控制点 $\boldsymbol{p}_j(j=2,\cdots,n)$ 通过求解式（8.17）得到：

$$\boldsymbol{P}=\boldsymbol{B}^{-1}\ \boldsymbol{R}$$

详见附录 A.5 节内容。

一旦控制点 $\boldsymbol{p}_j(j=0,\cdots,n+2)$ 确定，并给定节点向量 $\boldsymbol{u}$，就可以定义 B 样条曲线，并可以利用附录 B.1.3 节中的算法计算任意自变量 $\boldsymbol{u}$ 处的 $\boldsymbol{s}(u)$。另一种方法是将 B 样条转化为标准的分段多项式形式，如附录 B.1.5 节所述。

例 8.8　图 8.18 给出了采用 3 次 B 样条插值一组途经点的情况。特别地，插值的目的是找到一条轨迹通过以下途经点：

$$\begin{bmatrix} q_x \\ q_y \\ q_z \end{bmatrix}=\begin{bmatrix} 83 & -64 & 42 & -98 & -13 & 140 & 43 & -65 & -45 & 71 \\ -54 & 10 & 79 & 23 & 125 & 81 & 32 & -17 & -89 & 90 \\ 119 & 124 & 226 & 222 & 102 & 92 & 92 & 134 & 182 & 192 \end{bmatrix}$$

并且起点和终点的导数[①]为

$$\boldsymbol{t}_0=\begin{bmatrix} -1236 \\ 538 \\ 42 \end{bmatrix} \qquad \boldsymbol{t}_9=\begin{bmatrix} 732 \\ 1130 \\ 63 \end{bmatrix}$$

参数 $\bar{u}_k$ 采用弦长分布得到，因此节点为

$$\boldsymbol{u}=[0,\ 0,\ 0,\ 0,\ 0.11,\ 0.23,\ 0.35,\ 0.48,\ 0.60,\ 0.68,\ 0.77,\ 0.84,\ 1,\ 1,\ 1,\ 1]$$

根据式（8.16）和式（8.17）求得的控制点为

$$\boldsymbol{P}=\begin{bmatrix} 83 & 34 & -168 & 146 & -182 & -45 & 207 & 31 & -89 & -29 & 32 & 71 \\ -54 & -32 & -5 & 128 & -41 & 177 & 88 & 21 & 14 & -172 & 30 & 90 \\ 119 & 120 & 88 & 252 & 245 & 68 & 98 & 83 & 121 & 218 & 188 & 192 \end{bmatrix}^T$$

给定控制点 $\boldsymbol{P}$ 后，根据附录 B.1.3 节中介绍的算法可以求得 B 样条曲线。

---

① 当其导数不受特定应用影响时，我们可以假设 $\boldsymbol{t}_0=\dfrac{\boldsymbol{q}_1-\boldsymbol{q}_0}{\bar{u}_1-\bar{u}_0}$ 和 $\boldsymbol{t}_n=\dfrac{\boldsymbol{q}_n-\boldsymbol{q}_{n-1}}{\bar{u}_n-\bar{u}_{n-1}}$。

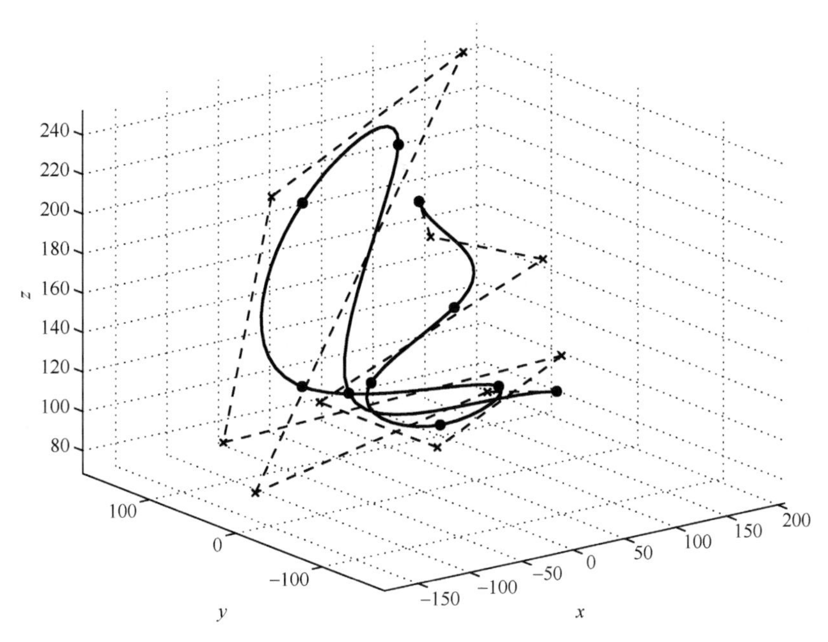

图 8.18　3 次 B 样条曲线（实线）和对应的控制多边形（虚线）的三维全局插值

例 8.9　图 8.19 给出了采用 B 样条来逼近直线和圆弧运动基元路径（见图 8.16）的情况。几何路径先通过（不同采样距离）采样得到一系列离散点，然后采用 B 样条插值。明显地，近似误差与用来描述路径特征的采样点有关。值得注意的是，通过 3 次 B 样条插值可以保证几何路径的 C^2 连续性。另一方面，由于曲线导数连续，得到的路径将不会有尖角。在这种情况下，需要将轨迹分割成不同的轨迹，每个轨迹都由不同的 B 样条曲线描述。

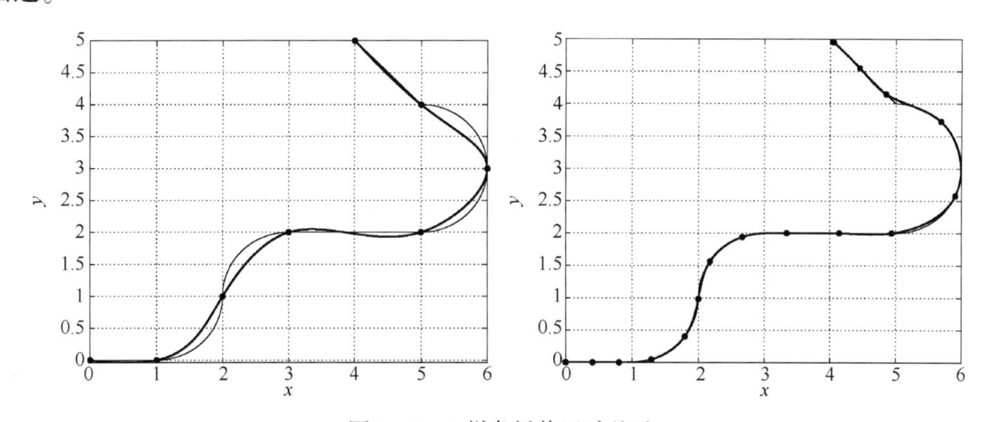

图 8.19　B 样条插值运动基元

8.5　全局逼近

在很多情况下，出于计算量等原因，为了减少数据点数量，需要以降低精度为代价采用较简单的曲线来插值（相对于插值得到的曲线）。这样的轨迹并不完全通过途经点，但是可以保证在规定的公差 δ 范围内。在上述情况下，最直接的方式是使用 B 样条曲线。然而，在插值问题中，控制点（和节点）的数量直接由数据点的数量及样条的阶数决定，而逼近算法则需要根据精度要求来选择合适的控制点数量。

给定要逼近的点 $\boldsymbol{q}_0,\cdots,\boldsymbol{q}_n$，样条的阶数 $p\geqslant 1$（通常取 $p=3$ 来保证曲线的 C^2 连续性）且假定 $n>m>p$，逼近轨迹采用 B 样条表示为

$$\boldsymbol{s}(u)=\sum_{j=0}^{m}\boldsymbol{p}_j B_j^p(u) \qquad u_{min}\leqslant u\leqslant u_{max} \tag{8.18}$$

其满足以下条件。

（1）准确通过端点，即 $\boldsymbol{q}_0=\boldsymbol{s}(0)$ 和 $\boldsymbol{q}_n=\boldsymbol{s}(1)$。

（2）内部点 $\boldsymbol{q}_k$ 采用最小二乘逼近，即通过优化 $m+1$ 个变量 $\boldsymbol{p}_j$ 来最小化目标函数：

$$\sum_{k=1}^{n-1} w_k|\boldsymbol{q}_k-\boldsymbol{s}(\bar{u}_k)|^2 \tag{8.19}$$

可以自由选择系数 w_k 来加权不同点的误差。

通过联立 $n+1$ 个方程：

$$\boldsymbol{s}(\bar{u}_k)=\sum_{j=0}^{m}\boldsymbol{p}_j B_j^p(\bar{u}_k)=\boldsymbol{q}_k, \qquad k=0,\cdots,n$$

逼近问题可以表示为矩阵形式：

$$\boldsymbol{B}\ \boldsymbol{P}=\boldsymbol{R} \tag{8.20}$$

此方程组有 $n+1$ 个等式和 $m+1$ 个变量 $\boldsymbol{p}_j$。首尾两个控制点可以通过令 $\boldsymbol{p}_0=\boldsymbol{q}_0$ 和 $\boldsymbol{p}_m=\boldsymbol{q}_n$ 直接得到，而剩下的控制点则通过求解式（8.20）得到，其中 $\boldsymbol{B}$、$\boldsymbol{P}$ 和 $\boldsymbol{R}$ 分别为 $(n-1)\times(m-1)$、$(m-1)\times 3$ 和 $(n-1)\times 3$ 维矩阵，定义为

$$\boldsymbol{B}=\begin{bmatrix} B_1^p(\bar{u}_1) & B_2^p(\bar{u}_1) & \dots & B_{m-2}^p(\bar{u}_1) & B_{m-1}^p(\bar{u}_1) \\ B_1^p(\bar{u}_2) & \ddots & & & B_{m-1}^p(\bar{u}_2) \\ \vdots & & & & \vdots \\ B_1^p(\bar{u}_{n-2}) & & \dots & & B_{m-1}^p(\bar{u}_{n-2}) \\ B_1^p(\bar{u}_{n-1}) & B_2^p(\bar{u}_{n-1}) & \dots & B_{m-2}^p(\bar{u}_{n-1}) & B_{m-1}^p(\bar{u}_{n-1}) \end{bmatrix} \tag{8.21}$$

和

$$\boldsymbol{P}=\begin{bmatrix} \boldsymbol{p}_1^T \\ \boldsymbol{p}_2^T \\ \vdots \\ \boldsymbol{p}_{m-2}^T \\ \boldsymbol{p}_{m-1}^T \end{bmatrix} \qquad \boldsymbol{R}=\begin{bmatrix} \boldsymbol{q}_1^T-B_0^p(\bar{u}_1)\boldsymbol{q}_0^T-B_m^p(\bar{u}_1)\boldsymbol{q}_n^T \\ \boldsymbol{q}_2^T-B_0^p(\bar{u}_2)\boldsymbol{q}_0^T-B_m^p(\bar{u}_2)\boldsymbol{q}_n^T \\ \vdots \\ \boldsymbol{q}_{n-2}^T-B_0^p(\bar{u}_{n-2})\boldsymbol{q}_0^T-B_m^p(\bar{u}_{n-2})\boldsymbol{q}_n^T \\ \boldsymbol{q}_{n-1}^T-B_0^p(\bar{u}_{n-1})\boldsymbol{q}_0^T-B_m^p(\bar{u}_{n-1})\boldsymbol{q}_n^T \end{bmatrix}$$

因为 $n>m$，式（8.20）是过约束的，可以基于加权伪逆矩阵采用最小二乘法来获得最优解，以使得下式最小化：

$$\mathrm{tr}\left((\boldsymbol{R}^T-\boldsymbol{P}^T\boldsymbol{B}^T)\boldsymbol{W}(\boldsymbol{R}-\boldsymbol{B}\ \boldsymbol{P})\right) \tag{8.22}$$

其中，$\mathrm{tr}(\boldsymbol{X})$①是矩阵 $\boldsymbol{X}$ 的迹；$\boldsymbol{W}=\mathrm{diag}\{w_1,\cdots,w_{n-1}\}$ 为权重系数矩阵。因此内部控制点 $\boldsymbol{P}=[\boldsymbol{p}_1,\cdots,\boldsymbol{p}_{m-1}]^T$ 为

$$\boldsymbol{P}=\boldsymbol{B}^{\dagger}\ \boldsymbol{R} \tag{8.24}$$

其中，

$$\boldsymbol{B}^{\dagger}=(\boldsymbol{B}^T\boldsymbol{W}\boldsymbol{B})^{-1}\boldsymbol{B}^T\boldsymbol{W} \tag{8.25}$$

节点选择如下所示。

为了建立式（8.20），首先需要固定各逼近点处对应的“时刻”值 $\bar{u}_k(k=0,\cdots,n)$ 和定义 B 样条曲线的节点向量。虽然根据 8.4.1 小节中的方法可以很容易计算 $\bar{u}_k$，但还是应谨慎地选取 $\bar{u}_k$ 以保证每个节点区间内至少包含一个 $\bar{u}_k$。在这种情况下，式（8.25）中的矩阵 $\boldsymbol{B}^T\boldsymbol{W}\boldsymbol{B}$ 正定且良态。

给定 $n+1$ 个数据点，使用 $m+1$ 个控制点的 p 次 B 样条进行逼近，定义：

$$d=\frac{n+1}{m-p+1}\quad(>0)$$

那么，$m-p$ 个内部节点 $u_j(j=1,\cdots,m-p)$ 可以计算为

$$\begin{cases}i=\mathrm{floor}(jd)\\ \alpha=jd-i\\ u_{j+p}=(1-\alpha)\bar{u}_{i-1}+\alpha\bar{u}_i\end{cases}$$

其中，$\mathrm{floor}(x)$ 函数用于获取不大于 x 的最大整数。前 $p+1$ 和后 $p+1$ 个节点为

$$u_0=\cdots=u_p=\bar{u}_0\qquad u_{m+1}=\cdots=u_{m+p+1}=\bar{u}_n$$

例 8.10　图 8.20 给出了拟合 84 个点的情况（为了简便起见，数据点位于 x-y 平面内），使用 10 个控制点用来拟合 3 次 B 样条曲线。并且，假定 $\bar{u}_k$ 同弦长成正比，节点通过本节介绍的方法计算为

$$\boldsymbol{u}=[0,\ 0,\ 0,\ 0,\ 0.16,\ 0.28,\ 0.46,\ 0.65,\ 0.78,\ 0.90,\ 1,\ 1,\ 1,\ 1]$$

利用式（8.24）求得的控制点为

$$\boldsymbol{P}=\begin{bmatrix}137&101&177&93&62&49&104&141&147&138\\229&201&121&44&203&272&402&277&258&231\\0&0&0&0&0&0&0&0&0&0\end{bmatrix}^T$$

---

① 标准的式（8.22）无非是最小化：

$$|\boldsymbol{V}(\boldsymbol{R}-\boldsymbol{B}\boldsymbol{P})|_F^2 \tag{8.23}$$

其中，$\boldsymbol{V}^T\boldsymbol{V}=\boldsymbol{W}$；$|\boldsymbol{X}|_F$ 为 $m\times n$ 矩阵 $\boldsymbol{X}$ 的 Frobenius 范数，定义为

$$|\boldsymbol{X}|_F=\sqrt{\sum_{i=1}^{m}\sum_{j=1}^{n}|x_{i,j}|^2}$$

由式（8.19）、式（8.22）和式（8.23）可以得到一个值得注意的性质：

$$|\boldsymbol{X}|_F^2=\mathrm{tr}(\boldsymbol{X}\boldsymbol{X}^T)$$

本小节及下述章节中的一些结论可以通过选取不同的 $\boldsymbol{P}$ 与 $\boldsymbol{R}$ 中的成员而获得，尤其对于三维的情形，常采用 $[3(m-1)\times1]$ 向量：

$$\boldsymbol{p}_v=[p_{x,1},\ \cdots,\ p_{x,m-1},\ p_{y,1},\ p_{y,2},\cdots,\ p_{y,m-1},\ p_{x,1},\ p_{y,2},\ \cdots,\ p_{y,m-1}]^T$$

和 $[3(n-1)\times1]$ 向量：

$$\boldsymbol{r}_v=[r_{x,1},\ \cdots,\ r_{x,n-1},\ r_{y,1},\ r_{y,2},\cdots,\ r_{y,n-1},\ r_{x,1},\ r_{y,2},\ \cdots,\ r_{y,n-1}]^T$$

其是与 $3(m-1)\times3(n-1)$ 的矩阵关联的：

$$\boldsymbol{B}_3=\begin{bmatrix}\boldsymbol{B}&0&0\\0&\boldsymbol{B}&0\\0&0&\boldsymbol{B}\end{bmatrix}$$

其中，$\boldsymbol{B}$ 是由式（8.21）定义的。在这种情况下，$\boldsymbol{p}_v=\boldsymbol{B}_3\boldsymbol{r}_v$，其最小化了 $|\boldsymbol{V}_3(\boldsymbol{r}_v-\boldsymbol{B}_3\boldsymbol{p}_v)|_2^2$（这里考虑了标准欧几里得范数）与式（8.24）一致。在接下来的内容中，为了让注释更简单，矩阵 $\boldsymbol{P}$ 和 $\boldsymbol{R}$ 优先于向量 $\boldsymbol{p}_v$ 和 $\boldsymbol{r}_v$，即使使用弗罗贝纽斯范数代替通常的欧几里得范数。注意，弗罗贝纽斯范数是非常有用的数值线性代数，往往比归纳范数更容易计算。

在上述情况下，通过多段样条曲线可以获得很好的拟合效果。然而，为了减少曲线与途经点之间的误差，可以增加控制点数量，以实现拟合误差和曲线复杂度之间的平衡。图 8.21 中给出了 20 个控制点的 B 样条曲线的拟合效果，表 8.1 给出了不同参数 m 下的拟合误差。

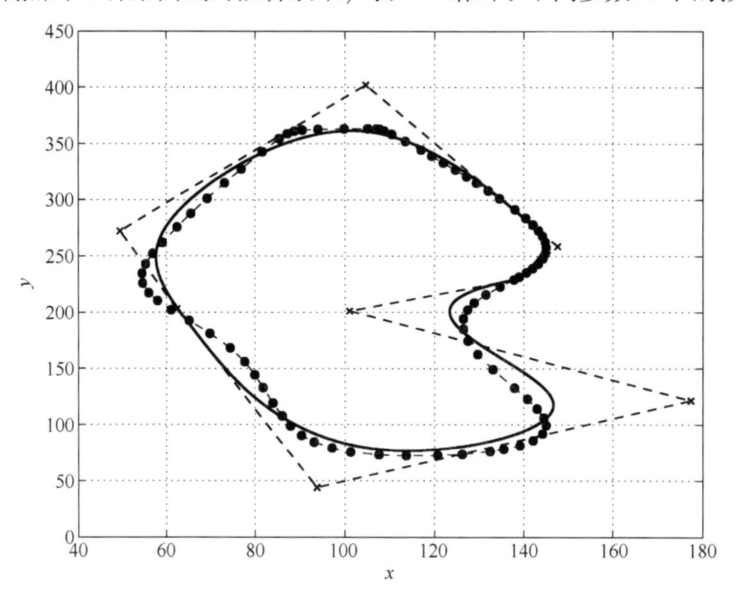

图 8.20　采用 10 个控制点的 B 样条曲线（实线）全局拟合离散点，控制点采用“x”表示

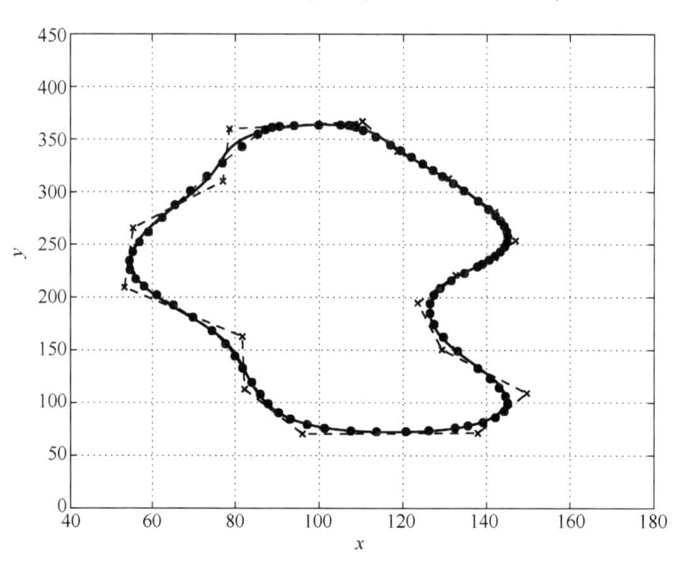

图 8.21　20 个控制点的 B 样条曲线（实线）拟合效果

表 8.1　不同参数 m 下的拟合误差

m	$\sum_k \lvert \boldsymbol{q}_k - \boldsymbol{s}(\bar{u}_k) \rvert^2$	$\bar{\varepsilon}$	ε_{max}
10	3092	4.85	12.97
20	51.22	0.57	3.25
30	7.67	0.19	1.16
40	1.40	0.07	0.55

8.6　一种混合插值/逼近技术

在某些应用中，需要准确通过某些轨迹点，而其他点只需要逼近即可。在这种情况下，可以通过定义一个带约束的优化问题来使用前面介绍的混合技术。

假设 $\boldsymbol{q}_{i,k}(k=0,\cdots,n_i)$ 为要插值的点，$\boldsymbol{q}_{a,k}(k=0,\cdots,n_a)$ 为要逼近的点。那么，可以约定两个方程组用来定义一条通过这些点的 p 次 B 样条轨迹①。其中，带约束的方程组和不带约束的方程组分别为

$$\boldsymbol{B}_i\ \boldsymbol{P}=\boldsymbol{R}_i \tag{8.26}$$

$$\boldsymbol{B}_a\ \boldsymbol{P}=\boldsymbol{R}_a \tag{8.27}$$

其中，

$$\boldsymbol{B}_i=\begin{bmatrix} B_0^p(\bar{u}_{i,0}) & \cdots & B_m^p(\bar{u}_{i,0}) \\ \vdots & \ddots & \vdots \\ B_0^p(\bar{u}_{i,n_i}) & \cdots & B_m^p(\bar{u}_{i,n_i}) \end{bmatrix} \qquad \boldsymbol{R}_i=\begin{bmatrix} \boldsymbol{q}_{i,0}^T \\ \vdots \\ \boldsymbol{q}_{i,n_i}^T \end{bmatrix}$$

和

$$\boldsymbol{B}_a=\begin{bmatrix} B_0^p(\bar{u}_{a,0}) & \cdots & B_m^p(\bar{u}_{a,0}) \\ \vdots & \ddots & \vdots \\ B_0^p(\bar{u}_{a,n_a}) & \cdots & B_m^p(\bar{u}_{a,n_a}) \end{bmatrix}, \qquad \boldsymbol{R}_a=\begin{bmatrix} \boldsymbol{q}_{a,0}^T \\ \vdots \\ \boldsymbol{q}_{a,n_a}^T \end{bmatrix}$$

为了建立式（8.26）和式（8.27）两个方程组，需要定义插值/逼近数据点对应的参数值 $\bar{u}_i$ 和 $\bar{u}_a$，这可以采用 8.4.1 节中介绍的方法计算得到。因此，定义 B 样条曲线的 $m+p+1$ 个节点可以通过 8.5.1 节中的方法利用 $\bar{u}_i$ 和 $\bar{u}_a$ 得到 $\bar{u}_k$。

优化的目标是使受约束的目标函数［式（8.26）］中的 $\boldsymbol{R}_a-\boldsymbol{B}_a\boldsymbol{P}$ 最小化，使用拉格朗日乘子可将该优化问题等效为

$$\operatorname{tr}\Big((\boldsymbol{R}_a^T-\boldsymbol{P}^T\boldsymbol{B}_a^T)\boldsymbol{W}(\boldsymbol{R}_a-\boldsymbol{B}_a\ \boldsymbol{P})+\boldsymbol{\lambda}^T(\boldsymbol{B}_i\ \boldsymbol{P}-\boldsymbol{R}_i)\Big) \tag{8.28}$$

其中，$\boldsymbol{\lambda}=[\boldsymbol{\lambda}_0,\cdots,\boldsymbol{\lambda}_{n_i}]^T$ 为 $(n_i+1)\times 3$ 形式的拉格朗日乘子矩阵。通过将式（8.28）对未知量 $\boldsymbol{P}$ 和 $\boldsymbol{\lambda}$ 求导，令其结果为零，经过一系列代数处理，可以得到：

$$\boldsymbol{B}_a^T\boldsymbol{W}\boldsymbol{B}_a\boldsymbol{P}+\boldsymbol{B}_i^T\boldsymbol{\lambda}=\boldsymbol{B}_a^T\boldsymbol{W}\boldsymbol{R}_a \tag{8.29}$$

$$\boldsymbol{B}_i\ \boldsymbol{P}=\boldsymbol{R}_i \tag{8.30}$$

当 $\boldsymbol{B}_a^T\boldsymbol{W}\boldsymbol{B}_a$ 和 $\boldsymbol{B}_i\ (\boldsymbol{B}_a^T\boldsymbol{W}\boldsymbol{B}_a)^{-1}\boldsymbol{B}_i^T$ 都可逆时，式（8.29）和式（8.30）的解为

$$\boldsymbol{\lambda}=\Big(\boldsymbol{B}_i(\boldsymbol{B}_a^T\boldsymbol{W}\boldsymbol{B}_a)^{-1}\boldsymbol{B}_i^T\Big)^{-1}\Big(\boldsymbol{B}_i(\boldsymbol{B}_a^T\boldsymbol{W}\boldsymbol{B}_a)^{-1}\boldsymbol{B}_a^T\boldsymbol{W}\boldsymbol{R}_a-\boldsymbol{R}_i\Big)$$

$$\boldsymbol{P}=(\boldsymbol{B}_a^T\boldsymbol{W}\boldsymbol{B}_a)^{-1}\boldsymbol{B}_a^T\boldsymbol{W}\boldsymbol{R}_a-(\boldsymbol{B}_a^T\boldsymbol{W}\boldsymbol{B}_a)^{-1}\boldsymbol{B}_i^T\boldsymbol{\lambda}$$

例 8.11　图 8.22 给出了逼近数据点（前一个例子）的轨迹。在这个例子中，还需要准确通过这些点（在图 8.22 中使用正方形标记表示）：

$$\begin{bmatrix} q_{i,x} \\ q_{i,y} \\ q_{i,z} \end{bmatrix}=\begin{bmatrix} 137 & 137 & 126 & 83 & 54 & 81 & 108 & 134 & 143 \\ 229 & 132 & 73 & 119 & 226 & 342 & 361 & 301 & 243 \\ 0 & 0 & 0 & 0 & 0 & 0 & 0 & 0 & 0 \end{bmatrix}$$

① 设 $m+1$ 是轨迹 $\boldsymbol{s}(u)$ 控制点的数量，且 $m\geqslant n_i$。

本例中采用通过 12 个控制点的 3 次 B 样条曲线（$p=3$）。为了减小拟合误差，还用了 20 个控制点的样条曲线，其结果如图 8.23 所示。

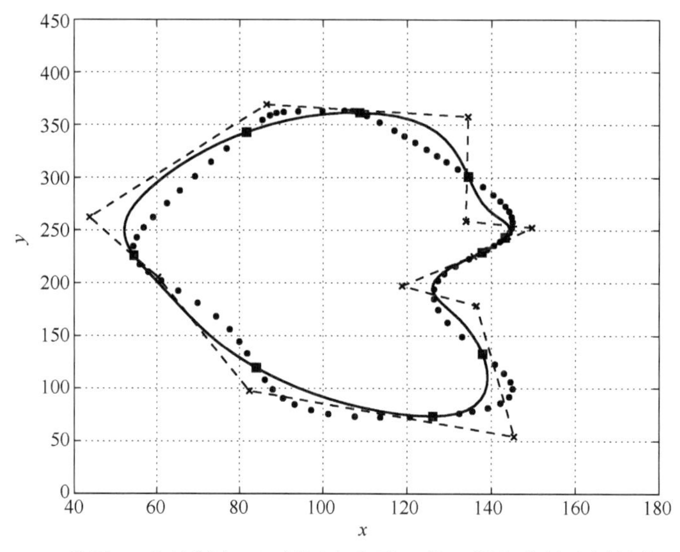

图 8.22　使用 12 个控制点（x 标记点表示）的 B 样条曲线全局插值/逼近

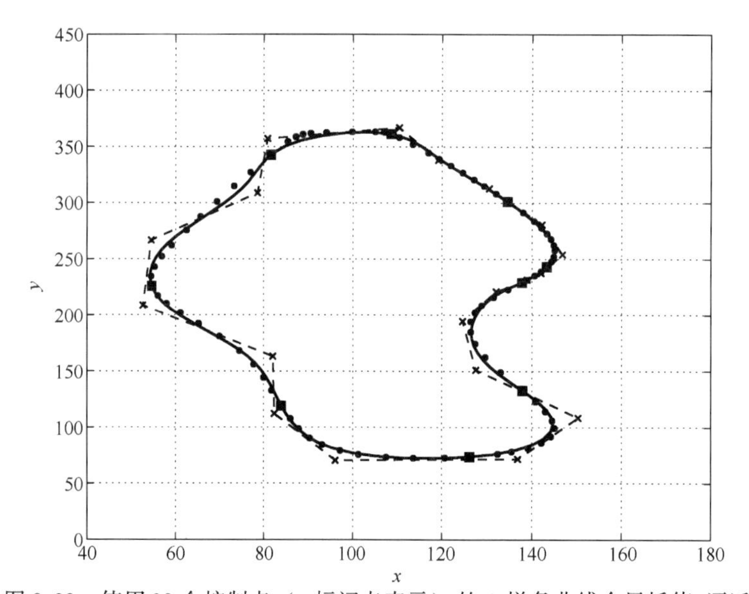

图 8.23　使用 20 个控制点（x 标记点表示）的 B 样条曲线全局插值/逼近

8.7　3 次 B 样条曲线

给定一系列数据点 $\boldsymbol{q}_k(k=0,\cdots,n)$ 及其对应的参数 $\bar{u}_k$，可以采用 3 次 B 样条曲线在给定误差范围内逼近，其定义为

$$\boldsymbol{s}(u)=\sum_{j=0}^{m}\boldsymbol{p}_j B_j^p(u) \qquad u_{min}\leqslant u\leqslant u_{max}$$

其控制点可通过权衡以下两个目标计算得到：

（1）中间点的拟合尽可能好；

（2）所得轨迹尽可能平滑（曲率、加速度尽可能小）。

控制点可以通过最小化目标函数得到：

$$L := \mu \sum_{k=0}^{n} w_k \left|\boldsymbol{s}(\bar{u}_k) - \boldsymbol{q}_k\right|^2 + (1-\mu) \int_{\bar{u}_0}^{\bar{u}_n} \left|\frac{d^2\boldsymbol{s}(u)}{du^2}\right|^2 du \tag{8.31}$$

其中，系数$\mu \in [0,1]$反映不同优化目标的权重；w_k 是可任意选择的参数，用于修改全局误差估计中不同点处误差的权重（通过选择不同的系数w_k，可以减少某些兴趣点的近似误差，并在样条曲线上进行局部操作）。

为了定义上述轨迹，还需选择节点向量。通常选取：

$$u_0 = \cdots = u_2 = \bar{u}_0 \qquad u_{n+4} = \cdots = u_{n+6} = \bar{u}_n$$
$$u_{j+3} = \bar{u}_j \qquad j = 0, \cdots, n$$

因此，m+1 个控制点中需要确定 n+3 个节点（注意到，可以选择数量更少的节点和控制点）。

式（8.31）中第二部分的积分项可以写为

$$\int_{\bar{u}_0}^{\bar{u}_n} \left|\frac{d^2\boldsymbol{s}(u)}{du^2}\right|^2 du = \int_u \sum_{j=1}^{n-1} |\boldsymbol{r}_{j-1} B_{j-1}^1(u) + \boldsymbol{r}_j B_j^1(u)|^2 du \tag{8.32}$$

其中，B_j^1 是定义在下述节点向量上的一阶 B 样条基函数：

$$\boldsymbol{u}_r = [u_2,\ u_3, \cdots,\ u_{n+3},\ u_{n+4}]$$

$\boldsymbol{r}_j$ 为定义在“加速度”样条曲线 $d^2\boldsymbol{s}(u)/du^2$ 上的控制点。控制点 $\boldsymbol{r}_j$ 与 $\boldsymbol{p}_j$ 的关系为

$$\boldsymbol{r}_j = \frac{6}{u_{j+4} - u_{j+2}} \left[\frac{1}{u_{j+4} - u_{j+1}} \boldsymbol{p}_j - \left(\frac{1}{u_{j+4} - u_{j+1}} + \frac{1}{u_{j+5} - u_{j+2}}\right) \boldsymbol{p}_{j+1} + \right.$$
$$\left. + \frac{1}{u_{j+5} - u_{j+2}} \boldsymbol{p}_{j+2}\right]$$

注意，$\boldsymbol{u}_r$ 和 $\boldsymbol{r}_j$ 都与 $\boldsymbol{s}(u)$的节点向量相关。式（8.32）可以进一步简化为

$$\begin{aligned} \int_{\bar{u}_1}^{\bar{u}_n} \left|\frac{d^2\boldsymbol{s}(u)}{du^2}\right|^2 du &= \frac{1}{3} \sum_{j=1}^{n} (u_{j+3} - u_{j+2})(|\boldsymbol{r}_j|^2 + \boldsymbol{r}_j \boldsymbol{r}_{j-1} + |\boldsymbol{r}_{j-1}|^2) \\ &= \frac{1}{6} \mathrm{tr}(\boldsymbol{R}^T \boldsymbol{A} \boldsymbol{R}) = \frac{1}{6} \mathrm{tr}(\boldsymbol{P}^T \boldsymbol{C}^T \boldsymbol{A} \boldsymbol{C} \boldsymbol{P}) \end{aligned} \tag{8.33}$$

其中，

$$\boldsymbol{R} = [\boldsymbol{r}_0,\ \boldsymbol{r}_1, \cdots,\ \boldsymbol{r}_n]^T \qquad \boldsymbol{P} = [\boldsymbol{p}_0,\ \boldsymbol{p}_1, \cdots,\ \boldsymbol{p}_m]^T$$

并且

$$\boldsymbol{A} = \begin{bmatrix} 2u_{4,3} & u_{4,3} & 0 & \cdots & & & 0 \\ u_{4,3} & 2(u_{4,3}+u_{5,4}) & u_{5,4} & 0 & & & \vdots \\ 0 & u_{5,4} & & & & & \\ \vdots & 0 & & \ddots & & & 0 \\ & & & & u_{n+2,n+1} & 2(u_{n+2,n+1}+u_{n+3,n+2}) & u_{n+3,n+2} \\ 0 & & & \cdots & 0 & u_{n+3,n+2} & 2u_{n+3,n+2} \end{bmatrix} \tag{8.34}$$

$$\boldsymbol{C} = \begin{bmatrix} c_{0,1} & c_{0,2} & c_{0,3} & 0 & \cdots & & & 0 \\ 0 & c_{1,1} & c_{1,2} & c_{1,3} & 0 & & & \vdots \\ \vdots & & & & \ddots & & & 0 \\ 0 & \cdots & & & 0 & c_{n,1} & c_{n,2} & c_{n,3} \end{bmatrix} \tag{8.35}$$

其中，

$$\begin{cases} c_{k,1} = \dfrac{6}{u_{k+4,k+2}\ u_{k+4,k+1}} \\ c_{k,2} = -\dfrac{6}{u_{k+4,k+2}}\left(\dfrac{1}{u_{k+4,k+1}} + \dfrac{1}{u_{k+5,k+2}}\right) \\ c_{k,3} = \dfrac{6}{u_{k+4,k+2}\ u_{k+5,k+2}} \end{cases} \tag{8.36}$$

以及

$$u_{i,j}=u_i-u_j$$

最终，L 的表达式为

$$L = \mathrm{tr}((\boldsymbol{Q}-\boldsymbol{BP})^T\boldsymbol{W}(\boldsymbol{Q}-\boldsymbol{BP})) + \lambda\ \mathrm{tr}(\boldsymbol{P}^T\boldsymbol{C}^T\boldsymbol{ACP}) \tag{8.37}$$

其中，$\boldsymbol{Q}=[\boldsymbol{q}_0,\boldsymbol{q}_1,\cdots,\boldsymbol{q}_n]^T,\lambda=\dfrac{1-\mu}{6\mu},\boldsymbol{W}=\mathrm{diag}\{w_k\}(k=0,\cdots,n)$，以及

$$\boldsymbol{B} = \begin{bmatrix} B_0^3(\bar{u}_0) & \dots & B_m^3(\bar{u}_0) \\ \vdots & \ddots & \vdots \\ B_0^3(\bar{u}_n) & \dots & B_m^3(\bar{u}_n) \end{bmatrix}$$

定义 B 样条的控制点可以通过最小化式（8.37）得到。

过起点/终点的 B 样条曲线介绍如下。

在本部分内容中，我们将添加一些附加条件：

（1）轨迹准确地通过第一个点 $\boldsymbol{q}_0$ 和最后一个点 $\boldsymbol{q}_n$；

（2）$\boldsymbol{q}_0$ 和 $\boldsymbol{q}_n$ 处的切向量 $\boldsymbol{t}_0$ 和 $\boldsymbol{t}_n$ 是预先给定的。

与 8.4.2 节相似，条件（1）和条件（2）意味着：

$$\boldsymbol{p}_0 = \boldsymbol{q}_0$$

$$-\boldsymbol{p}_0 + \boldsymbol{p}_1 = \frac{u_4}{3}\boldsymbol{d}_1$$

和

$$-\boldsymbol{p}_{n+1} + \boldsymbol{p}_{n+2} = \frac{1-u_{n+3}}{3}\boldsymbol{d}_n$$

$$\boldsymbol{p}_{n+2} = \boldsymbol{q}_n$$

上述方程可以直接求解，而剩下的 $n-1$ 个未知量：

$$\overline{\boldsymbol{P}} = [\boldsymbol{p}_2,\ \boldsymbol{p}_3,\dots,\ \boldsymbol{p}_{n-1},\ \boldsymbol{p}_n]^T$$

可以通过最小化以下目标函数得到：

$$L(\overline{\boldsymbol{P}}) = \mathrm{tr}((\overline{\boldsymbol{Q}}-\overline{\boldsymbol{B}}\,\overline{\boldsymbol{P}})^T\overline{\boldsymbol{W}}(\overline{\boldsymbol{Q}}-\overline{\boldsymbol{B}}\,\overline{\boldsymbol{P}}))+\lambda\,\mathrm{tr}((\overline{\boldsymbol{C}}\,\overline{\boldsymbol{P}}+\widehat{\boldsymbol{P}})^T\boldsymbol{A}(\overline{\boldsymbol{C}}\,\overline{\boldsymbol{P}})+\widehat{\boldsymbol{P}}) \tag{8.38}$$

其中，矩阵 $\boldsymbol{A}$ 的表达式为式（8.34），$\overline{\boldsymbol{W}}=\mathrm{diag}\{w_k\},k=1,\cdots,n-1$

$$\overline{\boldsymbol{Q}} = \begin{bmatrix} \boldsymbol{q}_1^T - B_1^3(\bar{u}_1)\boldsymbol{p}_1^T \\ \boldsymbol{q}_2^T \\ \boldsymbol{q}_3^T \\ \vdots \\ \boldsymbol{q}_{n-2}^T \\ \boldsymbol{q}_{n-1}^T - B_{n+1}^3(\bar{u}_{n-1})\boldsymbol{p}_{n+1}^T \end{bmatrix}$$

$$\overline{\boldsymbol{B}}=\begin{bmatrix} B_2^3(\bar{u}_1) & B_3^3(\bar{u}_1) & 0 & & \cdots & & 0 \\ B_2^3(\bar{u}_2) & B_3^3(\bar{u}_2) & B_4^3(\bar{u}_2) & 0 & & & \vdots \\ 0 & B_3^3(\bar{u}_3) & \ddots & & & & 0 \\ \vdots & 0 & & 0 & B_{n-2}^3(\bar{u}_{n-2}) & B_{n-1}^3(\bar{u}_{n-2}) & B_n^3(\bar{u}_{n-2}) \\ 0 & & \cdots & & 0 & B_{n-1}^3(\bar{u}_{n-1}) & B_n^3(\bar{u}_{n-1}) \end{bmatrix}$$

$$\overline{\boldsymbol{C}}=\begin{bmatrix} c_{0,3} & 0 & \cdots & & & & 0 \\ c_{1,2} & c_{1,3} & 0 & & & & \\ c_{2,1} & c_{2,2} & c_{2,3} & 0 & & & \\ 0 & c_{3,1} & c_{3,2} & c_{3,3} & 0 & & \\ \vdots & 0 & & \ddots & & & \\ & & & & 0 & c_{n-1,1} & c_{n-1,2} \\ 0 & & & & \cdots & 0 & c_{n,3} \end{bmatrix}$$

$$\widehat{\boldsymbol{P}}=\begin{bmatrix} c_{0,1}\boldsymbol{p}_0^T+c_{0,2}\boldsymbol{p}_1^T \\ c_{1,1}\boldsymbol{p}_1^T \\ \boldsymbol{0} \\ \vdots \\ \boldsymbol{0} \\ c_{n-1,3}\boldsymbol{p}_{n+1}^T \\ c_{n,2}\boldsymbol{p}_{n+1}^T+c_{n,3}\boldsymbol{p}_{n+2}^T \end{bmatrix}$$

系数 $c_{k,i}$ 定义为式（8.36），并且 $\boldsymbol{0}=[0,0,\cdots,0]$（与 $\boldsymbol{p}_k^T$ 长度相等）。

令式（8.38）对 $\overline{\boldsymbol{P}}$ 的导数为零，可以得到下式：

$$-(\overline{\boldsymbol{Q}}-\overline{\boldsymbol{B}}\ \overline{\boldsymbol{P}})^T\overline{\boldsymbol{W}}\ \overline{\boldsymbol{B}}+\lambda(\overline{\boldsymbol{C}}\ \overline{\boldsymbol{P}}+\widehat{\boldsymbol{P}})^T\boldsymbol{A}\overline{\boldsymbol{C}}=0$$

最小化式（8.31）可以得到：

$$\overline{\boldsymbol{P}}=\left(\overline{\boldsymbol{B}}^T\overline{\boldsymbol{W}}\ \overline{\boldsymbol{B}}+\lambda\overline{\boldsymbol{C}}^T\boldsymbol{A}^T\overline{\boldsymbol{C}}\right)^{-1}\left(\overline{\boldsymbol{B}}^T\overline{\boldsymbol{W}}^T\overline{\boldsymbol{Q}}-\lambda\overline{\boldsymbol{C}}^T\boldsymbol{A}^T\widehat{\boldsymbol{P}}\right)$$

最终样条曲线的控制点为

$$\boldsymbol{P}=[\boldsymbol{p}_0,\ \boldsymbol{p}_1,\ \ \overline{\boldsymbol{P}}^T,\ \boldsymbol{p}_{n+1},\ \boldsymbol{p}_{n+2}]^T$$

例 8.12　在不同参数 λ 和 $w_k=1$ 的情况下，采用 B 样条插值通过以下点的曲线如图 8.24 所示：

$$\begin{bmatrix} q_x \\ q_y \\ q_z \end{bmatrix}=\begin{bmatrix} 0 & 1 & 2 & 4 & 5 & 6 \\ 0 & 2 & 3 & 3 & 2 & 0 \\ 0 & 1 & 0 & 0 & 2 & 2 \end{bmatrix}$$

起始点和终止点准确通过，并且起始点和终止点处的切向量为

$$\boldsymbol{t}_0=[4.43,8.87,4.43]^T,\qquad \boldsymbol{t}_5=[4.85,-9.71,0]^T$$

当 $\lambda=10^{-4}$ 时，控制点为

$$\boldsymbol{P}=\begin{bmatrix} 0 & 0.33 & 0.82 & 2.13 & 4.07 & 5.03 & 5.66 & 6 \\ 0 & 0.66 & 1.92 & 3.11 & 3.17 & 2.15 & 0.66 & 0 \\ 0 & 0.33 & 0.90 & 0.05 & 0.03 & 1.94 & 2.00 & 2 \end{bmatrix}^T$$

当 $\lambda=10^{-5}$ 时，控制点为

$$\boldsymbol{P}=\begin{bmatrix} 0 & 0.33 & 0.82 & 1.90 & 4.44 & 4.87 & 5.66 & 6 \\ 0 & 0.66 & 1.91 & 3.22 & 3.09 & 2.29 & 0.66 & 0 \\ 0 & 0.33 & 1.52 & -0.24 & -0.36 & 2.53 & 2.00 & 2 \end{bmatrix}^T$$

当$\lambda=10^{-6}$时，控制点为

$$\boldsymbol{P}=\begin{bmatrix}0 & 0.33 & 0.87 & 1.81 & 4.56 & 4.80 & 5.66 & 6\\ 0 & 0.66 & 1.89 & 3.26 & 3.05 & 2.34 & 0.66 & 0\\ 0 & 0.33 & 1.69 & -0.33 & -0.43 & 2.67 & 2.00 & 2\end{bmatrix}^T$$

当λ越小时，在途经点处的误差也越小（当$\lambda=0$时，退化为插值问题）。因此，在给定允许误差δ的情况下，可以计算出保证误差不超过δ的参数值λ。此外，为了减小轨迹与一些途经点的距离，可以设置不同的权重系数w_k，详见参考文献［37］。另一方面，当λ减小时，二阶导$\boldsymbol{s}^{(2)}(u)$的幅值增大，如图 8.24 所示。

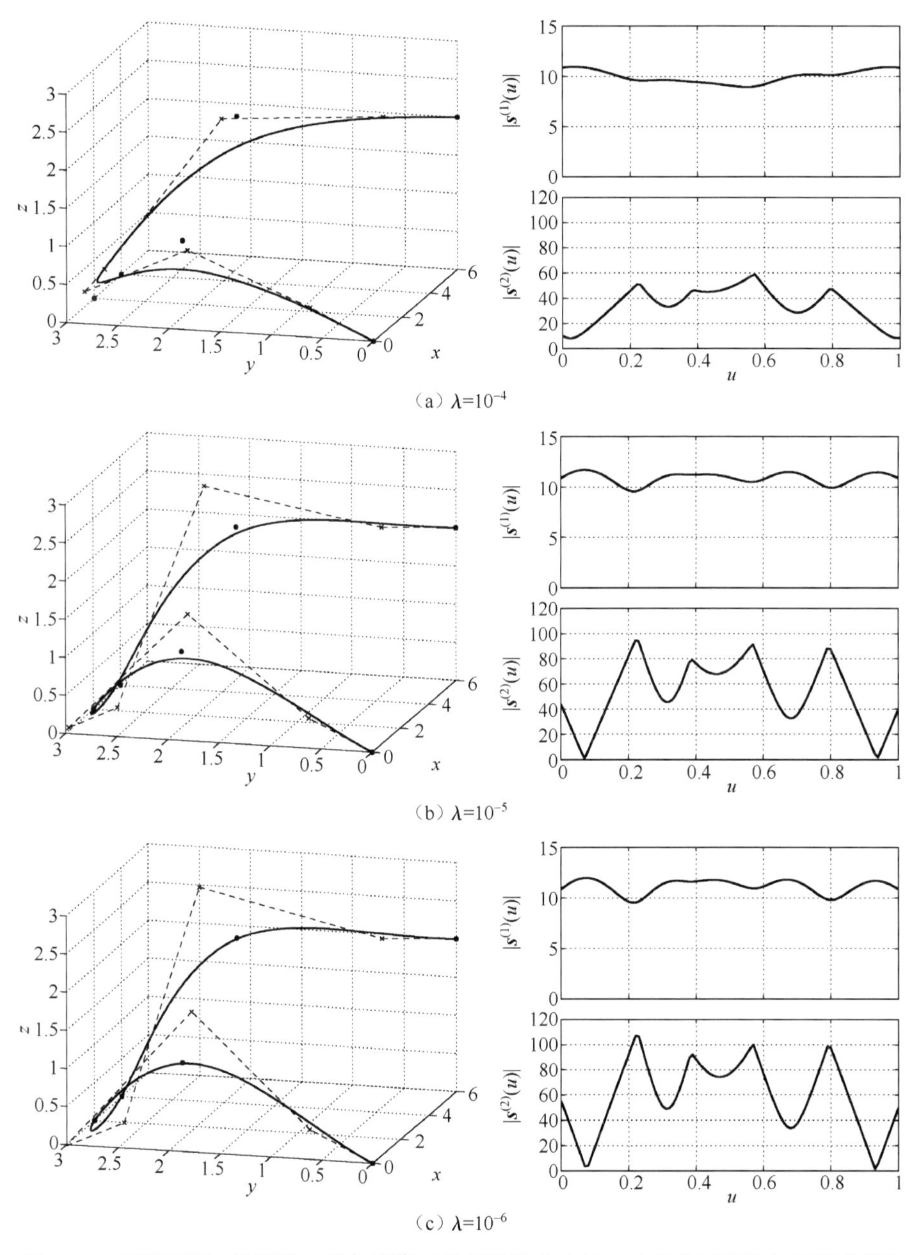

图 8.24 采用不同λ的光滑 B 样条插值（几何轨迹在右边，坐标为速度和加速度曲线）

8.8 高阶连续轨迹的 B 样条函数

前文中用于插值或逼近的 B 样条都是 3 次的。然而，当需要规划具有 $r>2$ 阶导数连续的轨迹时，如具有加加速度、加加加速度甚至更高阶导数连续轨迹时，可能需要使用到 $p>3$ 的 B 样条曲线。

这里仅考虑插值问题，实际上前面章节中讨论的所有其他技术，如 B 样条逼近、B 样条曲线等都可以扩展到 $p>3$ 的情况。

给定一系列数据点 $\boldsymbol{q}_k(k=0,\cdots,n)$，定义曲线 $\boldsymbol{s}(u)$ 的控制点可以通过下式求得：

$$\boldsymbol{s}(\bar{u}_k)=\boldsymbol{q}_k \qquad k=0,\cdots,n$$

其中，$\bar{u}_k$ 为自变量u的值，同时需要数据点 $\boldsymbol{q}_k$ 的值，或者采用 8.4.1 节中的方法计算得到。

根据所需的连续阶数①确定了 B 样条曲线的阶数 p 后，接着需要建立节点矢量$\boldsymbol{u}$，常用的方法为

$$\boldsymbol{u}=[\underbrace{\bar{u}_0,\cdots,\bar{u}_0}_{p+1},\bar{u}_1,\cdots,\bar{u}_{n-1},\underbrace{\bar{u}_n,\cdots,\bar{u}_n}_{p+1}] \tag{8.39}$$

在这种情况下，总节点数为 $n_{knot}+1=n+2p+1$。因此，由于 B 样条函数的 n_{knot}、m 和 p 之间的关系，控制点的数量为 $m+1=(n+1)+p-1$。另一种节点向量的构建方法为

$$\boldsymbol{u}=[\underbrace{\bar{u}_0,\cdots,\bar{u}_0}_{p+1},(\bar{u}_0+\bar{u}_1)/2,\cdots,(\bar{u}_{k-1}+\bar{u}_k)/2,\cdots,(\bar{u}_{n-1}+\bar{u}_n)/2,\underbrace{\bar{u}_n,\cdots,\bar{u}_n}_{p+1}] \tag{8.40}$$

在上述情况下，节点数量为 $n_{knots}+1=n+2p+2$。因此，需要确定的控制点数量为 $m+1=(n+1)+p$。式（8.39）或式（8.40）的选择与 B 样条曲线的阶数相关。特别地，如 4.5 节所强调的，阶数 p 为奇数或偶数时明显影响 B 样条曲线。如果 p 为奇数，则选择式（8.39）更好，而如果 p 为偶数，则使用式（8.40）可以获得更好的效果[45]。

为了确定未知量 $\boldsymbol{p}_j(j=0,\cdots,m)$，可以通过叠加 $n+1$ 个方程得到线性方程组，每个方程表示为在 $\bar{u}_k$ 处插值通过 $\boldsymbol{q}_k$ 点：

$$\boldsymbol{q}_k^T=\left[B_0^p(\bar{u}_k),\ B_1^p(\bar{u}_k),\ \cdots,B_{m-1}^p(\bar{u}_k),\ B_m^p(\bar{u}_k)\right]\begin{bmatrix}\boldsymbol{p}_0^T\\ \boldsymbol{p}_1^T\\ \vdots\\ \boldsymbol{p}_{m-1}^T\\ \boldsymbol{p}_m^T\end{bmatrix} \qquad k=0,\cdots,n$$

这样就得到了 $m+1$ 个未知控制点 $\boldsymbol{p}_j$ 的 $n+1$ 个方程组。为了使方程组具有唯一解，还需要施加更多的约束。特别是，根据 u 的选择，补充 $p-1$ 或 p 个附加方程以得到一个具有 $m+1$ 个方程和 $m+1$ 个未知变量的方程组。典型的方法是给定起点和终点处的导数：

$$\begin{aligned}\boldsymbol{s}^{(1)}(\bar{u}_0)&=\boldsymbol{t}_0 &\qquad \boldsymbol{s}^{(1)}(\bar{u}_n)&=\boldsymbol{t}_n\\ \boldsymbol{s}^{(2)}(\bar{u}_0)&=\boldsymbol{n}_0 &\qquad \boldsymbol{s}^{(2)}(\bar{u}_n)&=\boldsymbol{n}_n\\ &\vdots & &\vdots\end{aligned}$$

---

① 为了得到 r 阶导数连续的曲线，必须选择一个大于 r 的 p 值。事实上，根据定义，B 样条曲线是在多重性 k 的节点处是 $p-k$ 阶连续可微的，见附录 B 中的 B.1 节内容。因此，如果所有的内部节点都是不同的（$k=1$），速度和加速度的连续性仅仅需要采用一个 3 次 B 样条（$p=3$）。如果需要加加速度连续，则需要设置 $p=4$，而条件 $p=5$ 也保证了加加速度的连续性。

其中，$\boldsymbol{t}_k$、$\boldsymbol{n}_k$ 分别为 $\bar{u}_k$ 处的切向量和曲率向量，这些约束条件可以写为

$$\boldsymbol{t}_k^T=\left[B_0^{p(1)}(\bar{u}_k),\, B_1^{p(1)}(\bar{u}_k),\cdots,\, B_{m-1}^{p}{}^{(1)}(\bar{u}_k),\, B_m^{p}{}^{(1)}(\bar{u}_k)\right]\begin{bmatrix}\boldsymbol{p}_0^T\\ \boldsymbol{p}_1^T\\ \vdots\\ \boldsymbol{p}_{m-1}^T\\ \boldsymbol{p}_m^T\end{bmatrix}\qquad k=0,n$$

$$\boldsymbol{n}_k^T=\left[B_0^{p(2)}(\bar{u}_k),\, B_1^{p(2)}(\bar{u}_k),\cdots,\, B_{m-1}^{p}{}^{(2)}(\bar{u}_k),\, B_m^{p}{}^{(1)}(\bar{u}_k)\right]\begin{bmatrix}\boldsymbol{p}_0^T\\ \boldsymbol{p}_1^T\\ \vdots\\ \boldsymbol{p}_{m-1}^T\\ \boldsymbol{p}_m^T\end{bmatrix}\qquad k=0,n$$

其中，$B_j^{p(i)}(\bar{u}_k)$ 为基函数 $B_j^p(u)$ 在 $u=\bar{u}_k$ 处的 i 阶导。$B_j^{p(i)}(\bar{u}_k)$ 的计算方法见附录 B 中的 B.1 节内容。

注意到，方程：

$$\left(\boldsymbol{s}^{(i)}(\bar{u}_k)\right)^T=\left[B_0^{p(i)}(\bar{u}_k),\, B_1^{p(i)}(\bar{u}_k),\cdots,\, B_{m-1}^{p}{}^{(i)}(\bar{u}_k),\, B_m^{p}{}^{(i)}(\bar{u}_k)\right]\begin{bmatrix}\boldsymbol{p}_0^T\\ \boldsymbol{p}_1^T\\ \vdots\\ \boldsymbol{p}_{m-1}^T\\ \boldsymbol{p}_m^T\end{bmatrix}\qquad(8.41)$$

等效为

$$\boldsymbol{s}^{(i)}(\bar{u}_k)=\sum_{j=0}^{m}\boldsymbol{p}_j B_j^{p(i)}(\bar{u}_k)$$

或者，也可以不指定 B 样条函数导数的边界条件，而是在起点和终点处添加曲线和其导数的连续性条件（所谓的周期性或循环性条件），即

$$\boldsymbol{s}^{(i)}(\bar{u}_0)=\boldsymbol{s}^{(i)}(\bar{u}_n)$$

或者，以矩阵形式表示为

$$\left[B_0^{p(i)}(\bar{u}_0)-B_0^{p(i)}(\bar{u}_n),\; B_1^{p(i)}(\bar{u}_0)-B_1^{p(i)}(\bar{u}_n),\cdots,\; B_m^{p}{}^{(i)}(\bar{u}_0)-B_m^{p}{}^{(i)}(\bar{u}_n)\right]\begin{bmatrix}\boldsymbol{p}_0^T\\ \boldsymbol{p}_1^T\\ \vdots\\ \boldsymbol{p}_{m-1}^T\\ \boldsymbol{p}_m^T\end{bmatrix}=\boldsymbol{0}^T\qquad(8.42)$$

其中，$\boldsymbol{0}^T=[0,0,\cdots,0]$ 与 $\boldsymbol{p}_j^T$ 具有相同的维度。

结合式（8.41）和式（8.42）即可获得期望的路径。

如果 $p=4$，则轨迹可以微分至 3 阶导数，由于采用式（8.40）表示节点向量，那么有 4 个自由参数需要确定，因此可以指定起点和终点处的切向量与曲率向量值。

这样可以得到含有$(n+1)+1$ 个未知量的$(n+1)+4$ 维的方程组（在此情况 $m=n+4$）：

$$\boldsymbol{B}\,\boldsymbol{P}=\boldsymbol{R}\qquad(8.43)$$

其中，

$$\boldsymbol{P}=[\boldsymbol{p}_0,\boldsymbol{p}_1,\cdots,\boldsymbol{p}_{m-1},\boldsymbol{p}_m]^T$$

和（$p=4$）

$$
\boldsymbol{B}=\begin{bmatrix}
B_0^p(\bar{u}_0) & B_1^p(\bar{u}_0) & \cdots & B_m^p(\bar{u}_0)\\
B_0^{p(1)}(\bar{u}_0) & B_1^{p(1)}(\bar{u}_0) & \cdots & B_m^{p(1)}(\bar{u}_0)\\
B_0^{p(2)}(\bar{u}_0) & B_1^{p(2)}(\bar{u}_0) & \cdots & B_m^{p(2)}(\bar{u}_0)\\
B_0^p(\bar{u}_1) & B_1^p(\bar{u}_1) & \cdots & B_m^p(\bar{u}_1)\\
\vdots & \vdots & & \vdots\\
B_0^p(\bar{u}_{n-1}) & B_1^p(\bar{u}_{n-1}) & \cdots & B_m^p(\bar{u}_{n-1})\\
B_0^{p(2)}(\bar{u}_n) & B_1^{p(2)}(\bar{u}_n) & \cdots & B_m^{p(2)}(\bar{u}_n)\\
B_0^{p(1)}(\bar{u}_n) & B_1^{p(1)}(\bar{u}_n) & \cdots & B_m^{p(1)}(\bar{u}_n)\\
B_0^p(\bar{u}_n) & B_1^p(\bar{u}_n) & \cdots & B_m^p(\bar{u}_n)
\end{bmatrix}
\quad
\boldsymbol{R}=\begin{bmatrix}
\boldsymbol{q}_0^T\\ \boldsymbol{t}_0^T\\ \boldsymbol{n}_0^T\\ \boldsymbol{q}_1^T\\ \vdots\\ \boldsymbol{q}_{n-1}^T\\ \boldsymbol{n}_n^T\\ \boldsymbol{t}_n^T\\ \boldsymbol{q}_n^T
\end{bmatrix}
\tag{8.44}
$$

控制点 $\boldsymbol{p}_j(j=0,\cdots,m)$ 通过求解式（8.43）得到，之后可以采用附录 B 中的算法计算任意 $u\in[\bar{u}_0,\bar{u}_n]$ 处 B 样条曲线的值。

例 8.13　考虑用一条 4 次 B 样条曲线插值通过点：

$$
\begin{bmatrix} q_x\\ q_y\\ q_z\end{bmatrix}=\begin{bmatrix} 3 & -2 & -5 & 0 & 6 & 12 & 8\\ -1 & 0 & 2 & 4 & -9 & 7 & 3\\ 0 & 0 & 0 & -2 & -1 & 3 & 0\end{bmatrix}
$$

附加的起点和终点处的切向量和曲率向量为

$$
\boldsymbol{t}_0=\begin{bmatrix}-30\\10\\0\end{bmatrix}\qquad \boldsymbol{t}_6=\begin{bmatrix}-20\\0\\0\end{bmatrix}
$$

$$
\boldsymbol{n}_0=\begin{bmatrix}-200\\10\\0\end{bmatrix}\qquad \boldsymbol{n}_6=\begin{bmatrix}0\\300\\0\end{bmatrix}
$$

参数 $\bar{u}_k$ 采用弦长参数化得到，即

$$
\bar{\boldsymbol{u}}=[0,\ 0.09,\ 0.16,\ 0.27,\ 0.54,\ 0.87,\ 1]
$$

节点向量利用参数 $\bar{u}_k$ 根据式（8.40）得到，即

$$
\boldsymbol{u}=[0,\ 0,\ 0,\ 0,\ 0,\ 0.04,\ 0.13,\ 0.21,\ 0.40,\ 0.71,\ 0.93,\ 1,\ 1,\ 1,\ 1,\ 1]
$$

并且矩阵 $\boldsymbol{B}$ 和 $\boldsymbol{R}$ 为

$$
\boldsymbol{B}=\begin{bmatrix}
1.00 & 0.00 & 0.00 & 0.00 & 0.00 & 0.00 & 0.00 & 0.00 & 0.00 & 0.00 & 0.00\\
-82.7 & 82.7 & 0.00 & 0.00 & 0.00 & 0.00 & 0.00 & 0.00 & 0.00 & 0.00 & 0.00\\
5137 & -7035 & 1897 & 0.00 & 0.00 & 0.00 & 0.00 & 0.00 & 0.00 & 0.00 & 0.00\\
0.00 & 0.01 & 0.29 & 0.57 & 0.13 & 0.00 & 0.00 & 0.00 & 0.00 & 0.00 & 0.00\\
0.00 & 0.00 & 0.01 & 0.43 & 0.50 & 0.05 & 0.00 & 0.00 & 0.00 & 0.00 & 0.00\\
0.00 & 0.00 & 0.00 & 0.04 & 0.54 & 0.38 & 0.03 & 0.00 & 0.00 & 0.00 & 0.00\\
0.00 & 0.00 & 0.00 & 0.00 & 0.01 & 0.29 & 0.50 & 0.19 & 0.01 & 0.00 & 0.00\\
0.00 & 0.00 & 0.00 & 0.00 & 0.00 & 0.00 & 0.02 & 0.24 & 0.59 & 0.14 & 0.00\\
0.00 & 0.00 & 0.00 & 0.00 & 0.00 & 0.00 & 0.00 & 0.00 & 687 & -3945 & 3258\\
0.00 & 0.00 & 0.00 & 0.00 & 0.00 & 0.00 & -0.00 & -0.00 & -0.00 & -65.9 & 65.9\\
0.00 & 0.00 & 0.00 & 0.00 & 0.00 & 0.00 & 0.00 & 0.00 & 0.00 & 0.00 & 1.00
\end{bmatrix}
$$

和

$$
\boldsymbol{R}=\begin{bmatrix}
3.00 & -1.00 & 0.00\\
-30.00 & 10.00 & 0.00\\
-200.00 & 0.00 & 0.00\\
-2.00 & 0.00 & 0.00\\
-5.00 & 2.00 & 0.00\\
0.00 & 4.00 & -2.00\\
6.00 & -9.00 & -1.00\\
12.00 & 7.00 & 3.00\\
0.00 & 300.00 & 0.00\\
-20.00 & 0.00 & 0.00\\
8.00 & 3.00 & 0.00
\end{bmatrix}
$$

通过求解式（8.43），可以得到图 8.25 中曲线的控制点：

$$
\boldsymbol{P}=\begin{bmatrix} 3.00 & 2.64 & 1.55 & -2.21 & -9.57 & 14.12 & -4.12 & 21.18 & 9.74 & 8.30 & 8.00 \\ -1.00 & -0.88 & -0.55 & -0.54 & 3.58 & 8.27 & -31.18 & 21.69 & 3.44 & 3.00 & 3.00 \\ 0.00 & 0.00 & 0.00 & -0.16 & 0.78 & -6.01 & -3.33 & 12.61 & -0.00 & 0.00 & -0.00 \end{bmatrix}^T
$$

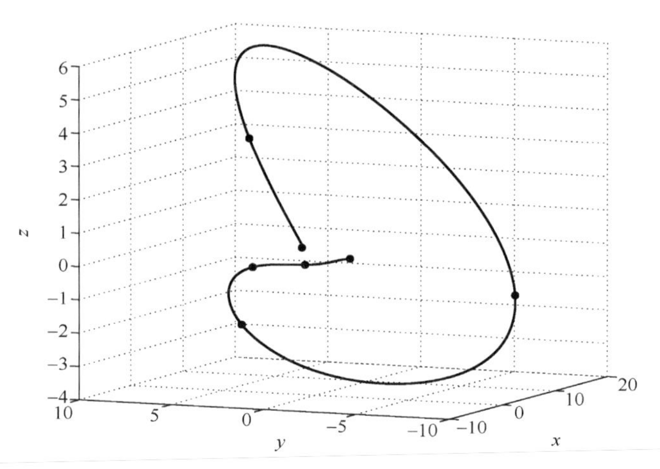

图 8.25　4 次 B 样条曲线

图 8.26 给出了 B 样条曲线和其导数的各分量。注意，其前 3 阶导数的连续性。

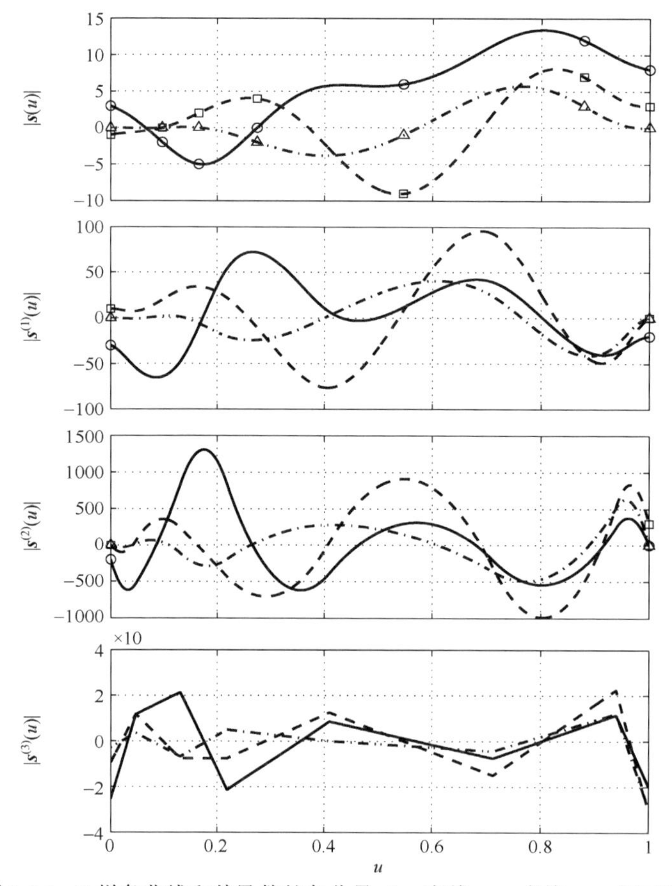

图 8.26　B 样条曲线和其导数的各分量（x-实线，y-虚线，z-点画线）

对于 $p=4$ 的情况，选择式（8.40）需要 4 个附加约束，我们可以给前 4 阶导数设置循环条件。然而，因为任何条件下曲线内部的 4 阶导数都是不连续的，因此需要设置其他条件替代 $\boldsymbol{s}^{(4)}(\bar{u}_0)=\boldsymbol{s}^{(4)}(\bar{u}_n)$。例如，除了前 3 个导数的周期条件，还可以给定切线或曲率向量的边界条件。系统［式（8.43）所示的］现在定义为

$$\boldsymbol{B}=\begin{bmatrix} B_0^p(\bar{u}_0) & B_1^p(\bar{u}_0) & \cdots & B_m^p(\bar{u}_0) \\ B_0^p(\bar{u}_1) & B_1^p(\bar{u}_1) & \cdots & B_m^p(\bar{u}_1) \\ \vdots & \vdots & & \vdots \\ B_0^p(\bar{u}_{n-1}) & B_1^p(\bar{u}_{n-1}) & \cdots & B_m^p(\bar{u}_{n-1}) \\ B_0^p(\bar{u}_n) & B_1^p(\bar{u}_n) & \cdots & B_m^p(\bar{u}_n) \\ B_0^{p(1)}(\bar{u}_n)-B_0^{p(1)}(\bar{u}_0) & B_1^{p(1)}(\bar{u}_n)-B_1^{p(1)}(\bar{u}_0) & \cdots & B_m^{p\ (1)}(\bar{u}_n)-B_m^{p\ (1)}(\bar{u}_0) \\ B_0^{p(2)}(\bar{u}_n)-B_0^{p(2)}(\bar{u}_0) & B_1^{p(2)}(\bar{u}_n)-B_1^{p(2)}(\bar{u}_0) & \cdots & B_m^{p\ (2)}(\bar{u}_n)-B_m^{p\ (2)}(\bar{u}_0) \\ B_0^{p(3)}(\bar{u}_n)-B_0^{p(3)}(\bar{u}_0) & B_1^{p(3)}(\bar{u}_n)-B_1^{p(3)}(\bar{u}_0) & \cdots & B_m^{p\ (3)}(\bar{u}_n)-B_m^{p\ (3)}(\bar{u}_0) \\ B_0^{p(4)}(\bar{u}_n)-B_0^{p(3)}(\bar{u}_0) & B_1^{p(4)}(\bar{u}_n)-B_1^{p(3)}(\bar{u}_0) & \cdots & B_m^{p\ (4)}(\bar{u}_n)-B_m^{p\ (4)}(\bar{u}_0) \end{bmatrix}$$

$$\boldsymbol{R}=\left[\boldsymbol{q}_0^T,\ \boldsymbol{q}_1^T,\ \cdots,\ \boldsymbol{q}_{n-1}^T,\ \boldsymbol{q}_n^T,\ \boldsymbol{0}^T,\ \boldsymbol{0}^T,\ \boldsymbol{0}^T,\ \boldsymbol{0}^T\right]^T$$

例 8.14　通过以下插值点：

$$\begin{bmatrix} q_x \\ q_y \\ q_z \end{bmatrix}=\begin{bmatrix} 3 & -2 & -5 & 0 & 6 & 12 & 3 \\ -1 & 0 & 2 & 4 & -9 & 7 & -1 \\ 0 & 0 & 0 & -2 & -1 & 3 & 0 \end{bmatrix}$$

一条 4 次 B 样条函数的周期条件为

$$\begin{aligned} \boldsymbol{s}^{(1)}(\bar{u}_0) &= \boldsymbol{s}^{(1)}(\bar{u}_6) \\ \boldsymbol{s}^{(2)}(\bar{u}_0) &= \boldsymbol{s}^{(2)}(\bar{u}_6) \\ \boldsymbol{s}^{(3)}(\bar{u}_0) &= \boldsymbol{s}^{(3)}(\bar{u}_6) \\ \boldsymbol{s}^{(4)}(\bar{u}_0) &= \boldsymbol{s}^{(4)}(\bar{u}_6) \end{aligned}$$

注意，第一个点和最后一个点是重合的，假设采用和上一个例子一样的节点向量[①]：

$$\boldsymbol{u}=\left[0,\ 0,\ 0,\ 0,\ 0,\ 0.04,\ 0.13,\ 0.21,\ 0.40,\ 0.71,\ 0.93,\ 1,\ 1,\ 1,\ 1,\ 1\right]$$

矩阵 $\boldsymbol{B}$ 和 $\boldsymbol{R}$ 为

$$\boldsymbol{B}=\begin{bmatrix} 1.00 & 0.00 & 0.00 & 0.00 & 0.00 & 0.00 & 0.00 & 0.00 & 0.00 & 0.00 & 0.00 \\ 0.00 & 0.01 & 0.29 & 0.57 & 0.13 & 0.00 & 0.00 & 0.00 & 0.00 & 0.00 & 0.00 \\ 0.00 & 0.00 & 0.01 & 0.43 & 0.50 & 0.05 & 0.00 & 0.00 & 0.00 & 0.00 & 0.00 \\ 0.00 & 0.00 & 0.00 & 0.04 & 0.54 & 0.38 & 0.03 & 0.00 & 0.00 & 0.00 & 0.00 \\ 0.00 & 0.00 & 0.00 & 0.00 & 0.01 & 0.32 & 0.50 & 0.16 & 0.00 & 0.00 & 0.00 \\ 0.00 & 0.00 & 0.00 & 0.00 & 0.00 & 0.00 & 0.09 & 0.42 & 0.45 & 0.04 & 0.00 \\ 0.00 & 0.00 & 0.00 & 0.00 & 0.00 & 0.00 & 0.00 & 0.00 & 0.00 & 0.00 & 1.00 \\ -92.19 & 92.19 & 0.00 & 0.00 & 0.00 & 0.00 & 0.00 & 0.00 & 0.00 & 37.88 & -37.88 \\ 6374 & -8729 & 2354 & 0.00 & 0.00 & 0.00 & 0.00 & 0.00 & -315 & 1391 & -1076 \\ -293845 & 442487 & -172546 & 23904 & 0.00 & 0.00 & 0.00 & 997 & -8716 & 28103 & -20384 \\ 6772579 & -10539889 & 4643117 & -940762 & 64953 & 0.00 & -1242 & 15035 & -91745 & 270998 & -193045 \end{bmatrix}$$

$$\boldsymbol{R}=\begin{bmatrix} 3.00 & -1.00 & 0.00 \\ -2.00 & 0.00 & 0.00 \\ -5.00 & 2.00 & 0.00 \\ 0.00 & 4.00 & -2.00 \\ 6.00 & -9.00 & -1.00 \\ 12.00 & 7.00 & 3.00 \\ 3.00 & -1.00 & 0.00 \\ 0.00 & 0.00 & 0.00 \\ 0.00 & 0.00 & 0.00 \\ 0.00 & 0.00 & 0.00 \\ 0.00 & 0.00 & 0.00 \end{bmatrix}$$

---

① 通过对节点向量的其他选择，如用式（8.40）计算，可以得到一个病态矩阵 $\boldsymbol{B}$。

由这些得到的控制点为

$$
\boldsymbol{P}=\begin{bmatrix} 3.00 & 2.45 & 0.93 & -1.80 & -9.93 & 14.40 & -3.13 & 19.40 & 8.86 & 4.35 & 3.00 \\ -1.00 & -1.13 & -1.20 & -0.13 & 3.23 & 8.36 & -29.71 & 20.64 & 2.37 & -0.69 & -1.00 \\ -0.00 & -0.06 & -0.17 & -0.06 & 0.71 & -6.20 & 0.13 & 5.92 & 1.17 & 0.16 & -0.00 \end{bmatrix}^T
$$

B 样条曲线和其导数的各分量如图 8. 27 和图 8. 28 所示。

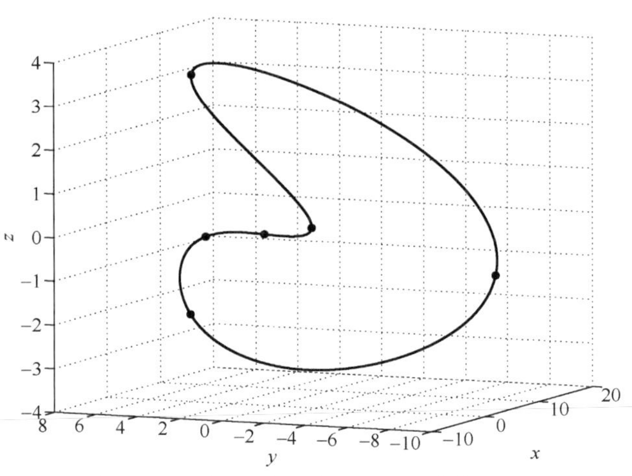

图 8. 27　具有周期条件的 4 次 B 样条曲线

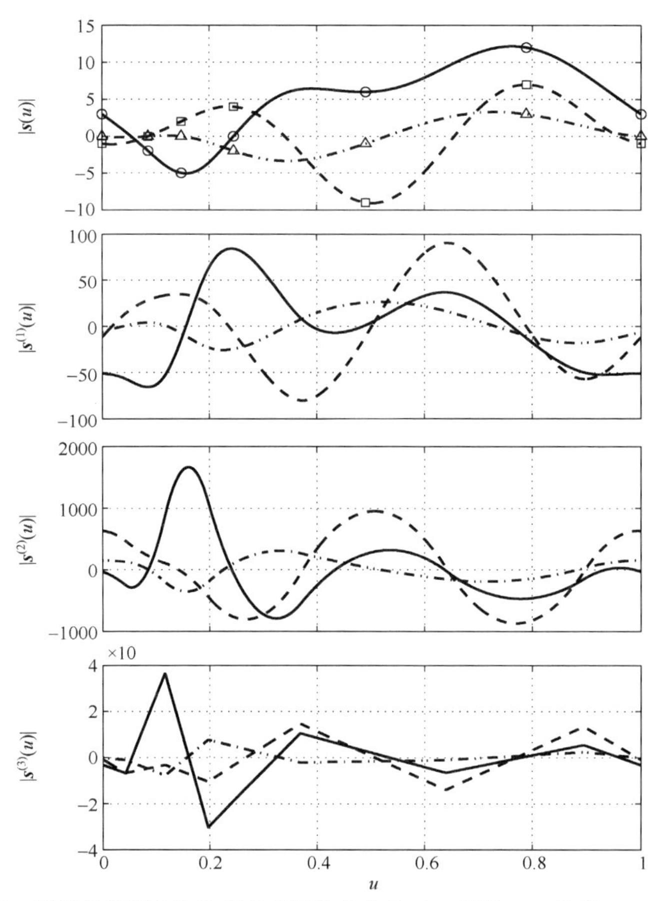

图 8. 28　周期条件下 4 次 B 样条曲线的各分量（x-实线，y-虚线，z-点画线）

当 $p=5$ 时，根据式（8. 39）可选择节点为

$$\boldsymbol{u}=[\underbrace{\bar{u}_0,\cdots,\bar{u}_0}_{6},\bar{u}_1,\cdots,\bar{u}_{n-1},\underbrace{\bar{u}_n,\cdots,\bar{u}_n}_{6}]$$

因此可以设定起点和终点处的切向量与曲率向量条件。此外，曲线的阶数 p 可以保证轨迹直到 4 阶导数的连续性（加加加速度）。式（8. 44）中给出式（8. 43）中的 $\boldsymbol{B}$ 和 $\boldsymbol{R}$ 保持不变（对不同阶数 p 和节点向量 $\boldsymbol{u}$，B 样条基函数部分的计算值会有明显差异）。

例 8. 15　使用例 8. 13 中的数据（途经点和约束）构建 5 次 B 样条曲线，并利用式（8. 39）构建节点向量为

$$\boldsymbol{u}=[0,\ 0,\ 0,\ 0,\ 0,\ 0,\ 0.09,\ 0.16,\ 0.27,\ 0.54,\ 0.87,\ 1,\ 1,\ 1,\ 1,\ 1,\ 1]$$

求解式（8. 43）可得：

$$\boldsymbol{B}=\begin{bmatrix}
1.00 & 0.00 & 0.00 & 0.00 & 0.00 & 0.00 & 0.00 & 0.00 & 0.00 & 0.00 & 0.00\\
-51.7 & 51.7 & 0.00 & 0.00 & 0.00 & 0.00 & 0.00 & 0.00 & 0.00 & 0.00 & 0.00\\
2140 & -3394 & 1254 & 0.00 & 0.00 & 0.00 & 0.00 & 0.00 & 0.00 & 0.00 & 0.00\\
0.00 & 0.03 & 0.37 & 0.50 & 0.10 & 0.00 & 0.00 & 0.00 & 0.00 & 0.00 & 0.00\\
0.00 & 0.00 & 0.04 & 0.50 & 0.41 & 0.05 & 0.00 & 0.00 & 0.00 & 0.00 & 0.00\\
0.00 & 0.00 & 0.00 & 0.11 & 0.54 & 0.32 & 0.04 & 0.00 & 0.00 & 0.00 & 0.00\\
0.00 & 0.00 & 0.00 & 0.00 & 0.04 & 0.30 & 0.43 & 0.21 & 0.02 & 0.00 & 0.00\\
0.00 & 0.00 & 0.00 & 0.00 & 0.00 & 0.00 & 0.02 & 0.17 & 0.51 & 0.29 & 0.00\\
0.00 & 0.00 & 0.00 & 0.00 & 0.00 & 0.00 & 0.00 & 0.00 & 362 & -1720 & 1357\\
0.00 & 0.00 & 0.00 & 0.00 & 0.00 & -0.00 & -0.00 & -0.00 & -0.00 & -41.1 & 41.1\\
0.00 & 0.00 & 0.00 & 0.00 & 0.00 & 0.00 & 0.00 & 0.00 & 0.00 & 0.00 & 1.00
\end{bmatrix}$$

和

$$\boldsymbol{R}=\begin{bmatrix}
3.00 & -1.00 & 0.00\\
-30.00 & 10.00 & 0.00\\
-200.00 & 0.00 & 0.00\\
-2.00 & 0.00 & 0.00\\
-5.00 & 2.00 & 0.00\\
0.00 & 4.00 & -2.00\\
6.00 & -9.00 & -1.00\\
12.00 & 7.00 & 3.00\\
0.00 & 300.00 & 0.00\\
-20.00 & 0.00 & 0.00\\
8.00 & 3.00 & 0.00
\end{bmatrix}$$

控制点为

$$\boldsymbol{P}=\begin{bmatrix}
3.00 & 2.42 & 1.27 & -2.85 & -11.90 & 22.36 & -13.53 & 25.87 & 10.30 & 8.49 & 8.00\\
-1.00 & -0.81 & -0.48 & -0.57 & 4.37 & 10.06 & -42.66 & 29.01 & 3.83 & 3.00 & 3.00\\
0.00 & 0.00 & 0.00 & -0.20 & 1.29 & -7.75 & -5.71 & 17.91 & -0.00 & 0.00 & -0.00
\end{bmatrix}^T$$

5 次和 4 次 B 样条曲线的几何路径如图 8. 29 所示，且 5 次 B 样条曲线导数的各分量如图 8. 30 所示。

通常，若要构造一条可对 $n+1$ 个点进行插值且 r 次可微的轨迹，可考虑 $p=r+1$ 次 B 样条。如果 p 为奇数，则采用式（8. 39）计算节点分布更合适，而如果 p 为偶数，则采用式（8. 40）计算效果更好。在前一种情况下，为了得到唯一解，需要 $p-1$ 个附加约束（此时未知控制点的数量为 $m+1=n+p$），而在后一种情况中，则需要添加 p 个约束条件（此时未知控制点的数量为 $m+1=n+p+1$）。通过添加更多的节点（相应地也需要增加控制点），可以添加更多的约束条件。例如，我们可能希望构造的轨迹在插值点处具有期望的切向量。因此，除 $\boldsymbol{q}_k(k=0,\cdots,n)$ 点外，还需要提供切向量 $\boldsymbol{t}_k$。在这种情况下，节点向量可以定义为

$$\begin{aligned}\boldsymbol{u}=[&\underbrace{\bar{u}_0,\cdots,\bar{u}_0}_{p+1},\ (\bar{u}_0+\bar{u}_1)/2,\ \bar{u}_1,\cdots,\bar{u}_{k-1},\ (\bar{u}_{k-1}+\bar{u}_k)/2,\ \bar{u}_k,\\ &\cdots,\bar{u}_{n-1},\ (\bar{u}_{n-1}+\bar{u}_n)/2,\ \underbrace{\bar{u}_n,\cdots,\bar{u}_n}_{p+1}]\end{aligned}\tag{8.45}$$

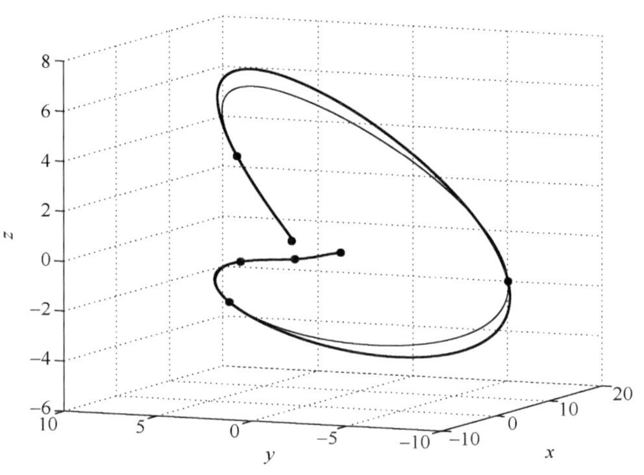

图 8.29　5 次和 4 次 B 样条曲线的几何路径（细线）

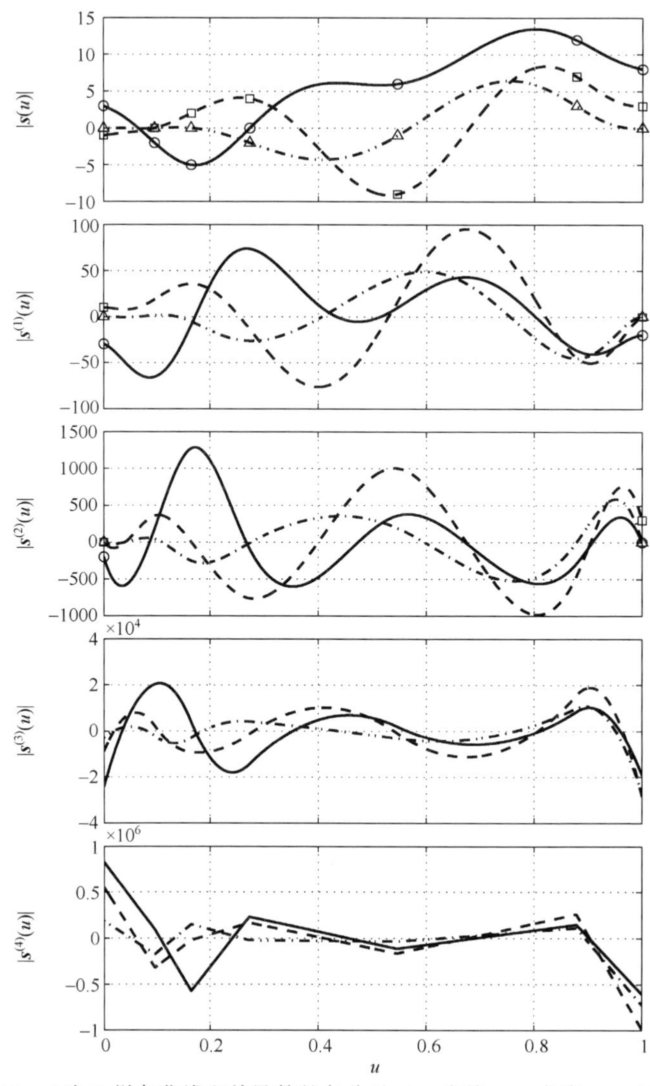

图 8.30　5 次 B 样条曲线和其导数的各分量（x-实线，y-虚线，z-点画线）

因此，节点数量为 $n_{knot}+1=2(n+p)+1$，未知控制点的数量为 $m+1=2n+p$。相应地，可以添加 $n+1$ 个插值条件、$n+1$ 个切向量条件和 $p-2$ 个附加约束（例如，在 $p=4$ 的情况下可以添加端点处的切向量 $\boldsymbol{n}_0$ 和 $\boldsymbol{n}_p$）以唯一确定控制点。

当 $p=4$ 时，式（8.43）中的矩阵为

$$\boldsymbol{B}=\begin{bmatrix} B_0^p(\bar{u}_0) & B_1^p(\bar{u}_0) & \cdots & B_m^p(\bar{u}_0) \\ B_0^{p(1)}(\bar{u}_0) & B_1^{p(1)}(\bar{u}_0) & \cdots & B_m^{p\,(1)}(\bar{u}_0) \\ B_0^{p(2)}(\bar{u}_0) & B_1^{p(2)}(\bar{u}_0) & \cdots & B_m^{p\,(2)}(\bar{u}_0) \\ B_0^p(\bar{u}_1) & B_1^p(\bar{u}_1) & \cdots & B_m^p(\bar{u}_1) \\ B_0^{p(1)}(\bar{u}_1) & B_1^{p(1)}(\bar{u}_1) & \cdots & B_m^{p\,(1)}(\bar{u}_1) \\ B_0^p(\bar{u}_2) & B_1^p(\bar{u}_2) & \cdots & B_m^p(\bar{u}_2) \\ \vdots & \vdots & & \vdots \\ B_0^p(\bar{u}_{n-1}) & B_1^p(\bar{u}_{n-1}) & \cdots & B_m^p(\bar{u}_{n-1}) \\ B_0^{p(1)}(\bar{u}_{n-1}) & B_1^{p(1)}(\bar{u}_{n-1}) & \cdots & B_m^{p\,(1)}(\bar{u}_{n-1}) \\ B_0^{p(2)}(\bar{u}_n) & B_1^{p(2)}(\bar{u}_n) & \cdots & B_m^{p\,(2)}(\bar{u}_n) \\ B_0^{p(1)}(\bar{u}_n) & B_1^{p(1)}(\bar{u}_n) & \cdots & B_m^{p\,(1)}(\bar{u}_n) \\ B_0^p(\bar{u}_n) & B_1^p(\bar{u}_n) & \cdots & B_m^p(\bar{u}_n) \end{bmatrix} \qquad \boldsymbol{R}=\begin{bmatrix} \boldsymbol{q}_0^T \\ \boldsymbol{t}_0^T \\ \boldsymbol{n}_0^T \\ \boldsymbol{q}_1^T \\ \boldsymbol{t}_1^T \\ \boldsymbol{q}_2^T \\ \vdots \\ \boldsymbol{q}_{n-1}^T \\ \boldsymbol{t}_{n-1}^T \\ \boldsymbol{n}_n^T \\ \boldsymbol{t}_n^T \\ \boldsymbol{q}_n^T \end{bmatrix} \tag{8.46}$$

例 8.16　图 8.31 给出了在给定切向量的情况下插值通过例 8.13 中给定的途经点的 4 次 B 样条曲线。因此，采用 8.10.1 节中的算法，不仅可以构建通过途经点 $\boldsymbol{q}_k$，而且还在途经点处具有期望的切向量的 B 样条曲线。例中各点处的切向量为

$$\begin{bmatrix} t_x \\ t_y \\ t_z \end{bmatrix}=\begin{bmatrix} -56.32 & -47.14 & -9.26 & 39.10 & 20.25 & -19.32 & -46.59 \\ -0.74 & 21.43 & 25.06 & -0.54 & -4.65 & -11.29 & -54.62 \\ 0.00 & 0.00 & -7.08 & -12.07 & 7.43 & -14.90 & -34.54 \end{bmatrix}$$

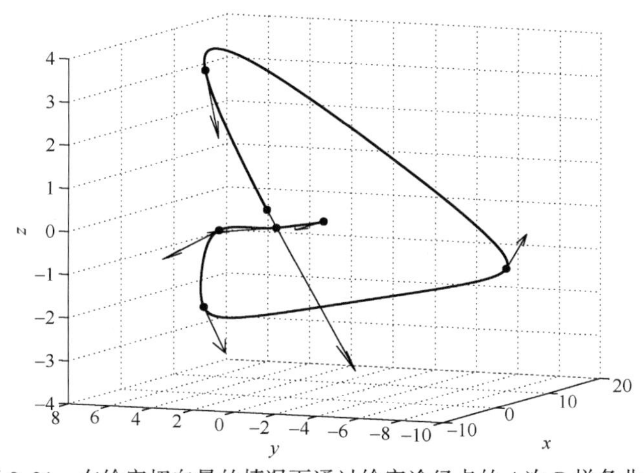

图 8.31　在给定切向量的情况下通过给定途经点的 4 次 B 样条曲线

此外，构造的轨迹还考虑了起点和终点处的曲率条件：

$$\boldsymbol{n}_0=\begin{bmatrix} 300 \\ 200 \\ 0 \end{bmatrix} \qquad \boldsymbol{n}_6=\begin{bmatrix} 0 \\ -200 \\ 0 \end{bmatrix}$$

采用式（8.45）构造的节点向量为

$$\boldsymbol{u}=[\,0,\ 0,\ 0,\ 0,\ 0,\ 0.04,\ 0.09,\ 0.13,\ 0.16,\ 0.21,\ 0.27,\ 0.40,\ 0.54,\ 0.71,\ 0.87,\ 0.9393,\ 1,\ 1,\ 1,\ 1,\ 1\,]$$

并且式（8.43）中的矩阵为

$$\boldsymbol{B}=\begin{bmatrix}\boldsymbol{B}_1 & \boldsymbol{B}_2\end{bmatrix}$$

其中，

$$\boldsymbol{B}_1=\begin{bmatrix}
1.00 & 0.00 & 0.00 & 0.00 & 0.00 & 0.00 & 0.00 & 0.00\\
-82.7 & 82.7 & 0.00 & 0.00 & 0.00 & 0.00 & 0.00 & 0.00\\
5137.00 & -770.006 & 2569.00 & 0.00 & 0.00 & 0.00 & 0.00 & 0.00\\
0.00 & 0.00 & 0.03 & 0.35 & 0.55 & 0.07 & 0.00 & 0.00\\
0.00 & 0.00 & -3.31 & -12.43 & 10.07 & 5.67 & 0.00 & 0.00\\
0.00 & 0.00 & 0.00 & 0.00 & 0.09 & 0.58 & 0.33 & 0.01\\
0.00 & 0.00 & 0.00 & 0.00 & -6.37 & -7.97 & 13.02 & 1.32\\
0.00 & 0.00 & 0.00 & 0.00 & 0.00 & 0.00 & 0.19 & 0.60\\
0.00 & 0.00 & 0.00 & 0.00 & 0.00 & 0.00 & -5.68 & -0.15\\
0.00 & 0.00 & 0.00 & 0.00 & 0.00 & 0.00 & 0.00 & 0.00\\
0.00 & 0.00 & 0.00 & 0.00 & 0.00 & 0.00 & 0.00 & 0.00\\
0.00 & 0.00 & 0.00 & 0.00 & 0.00 & 0.00 & 0.00 & 0.00\\
0.00 & 0.00 & 0.00 & 0.00 & 0.00 & 0.00 & 0.00 & 0.00\\
0.00 & 0.00 & 0.00 & 0.00 & 0.00 & 0.00 & 0.00 & 0.00\\
0.00 & 0.00 & 0.00 & 0.00 & 0.00 & 0.00 & 0.00 & 0.00\\
0.00 & 0.00 & 0.00 & 0.00 & 0.00 & 0.00 & 0.00 & 0.00
\end{bmatrix}$$

$$\boldsymbol{B}_2=\begin{bmatrix}
0.00 & 0.00 & 0.00 & 0.00 & 0.00 & 0.00 & 0.00 & 0.00\\
0.00 & 0.00 & 0.00 & 0.00 & 0.00 & 0.00 & 0.00 & 0.00\\
0.00 & 0.00 & 0.00 & 0.00 & 0.00 & 0.00 & 0.00 & 0.00\\
0.00 & 0.00 & 0.00 & 0.00 & 0.00 & 0.00 & 0.00 & 0.00\\
0.00 & 0.00 & 0.00 & 0.00 & 0.00 & 0.00 & 0.00 & 0.00\\
0.00 & 0.00 & 0.00 & 0.00 & 0.00 & 0.00 & 0.00 & 0.00\\
0.00 & 0.00 & 0.00 & 0.00 & 0.00 & 0.00 & 0.00 & 0.00\\
0.20 & 0.01 & 0.00 & 0.00 & 0.00 & 0.00 & 0.00 & 0.00\\
5.45 & 0.39 & 0.00 & 0.00 & 0.00 & 0.00 & 0.00 & 0.00\\
0.07 & 0.50 & 0.39 & 0.03 & 0.00 & 0.00 & 0.00 & 0.00\\
-1.69 & -2.68 & 3.38 & 0.99 & 0.00 & 0.00 & 0.00 & 0.00\\
0.00 & 0.00 & 0.00 & 0.18 & 0.57 & 0.24 & 0.00 & 0.00\\
0.00 & 0.00 & -0.31 & -4.40 & -1.17 & 5.89 & 0.00 & 0.00\\
0.00 & 0.00 & 0.00 & 0.00 & 0.00 & 1629.00 & -4887.00 & 3258.00\\
0.00 & 0.00 & 0.00 & -0.00 & -0.00 & -0.00 & -65.90 & 65.90\\
0.00 & 0.00 & 0.00 & 0.00 & 0.00 & 0.00 & 0.00 & 1.00
\end{bmatrix}$$

和

$$\boldsymbol{R}=\begin{bmatrix}
3.00 & -1.00 & 0.00\\
-56.32 & -0.74 & 0.00\\
300.00 & 200.00 & 0.00\\
-2.00 & 0.00 & 0.00\\
-47.14 & 21.43 & 0.00\\
-5.00 & 2.00 & 0.00\\
-9.26 & 25.06 & -7.08\\
0.00 & 4.00 & -2.00\\
39.10 & -0.54 & -12.07\\
6.00 & -9.00 & -1.00\\
20.25 & -4.65 & 7.43\\
12.00 & 7.00 & 3.00\\
-19.32 & -11.29 & -14.90\\
0.00 & -200 & 0.00\\
-46.59 & -54.62 & -34.54\\
8.00 & 3.00 & 0.00
\end{bmatrix}$$

通过求解式（8.43）可得：

$$
\boldsymbol{P}=\begin{bmatrix}
3.00 & 2.32 & 1.08 & -0.90 & -2.43 & -5.34 & -5.30 & 1.22 & 1.30 & 5.47 & 6.82 \\
-1.00 & -1.01 & -0.95 & -0.51 & 0.14 & 1.86 & 2.65 & 4.71 & 3.56 & -10.72 & -10.55 \\
0.00 & 0.00 & 0.00 & 0.04 & -0.05 & 0.18 & -0.21 & -2.44 & -2.43 & -1.02 & -1.21
\end{bmatrix.
$$

$$
\left.\begin{matrix}
14.20 & 12.16 & 10.12 & 8.71 & 8.00 \\
8.52 & 7.37 & 5.36 & 3.83 & 3.00 \\
4.74 & 3.10 & 1.57 & 0.52 & -0.00
\end{matrix}\right]^T
$$

对应曲线和其导数的各分量如图 8.32 所示。注意到，轨迹不仅插值通过途经点，而且其一阶数的轮廓也通过了$(\bar{u}_k,\boldsymbol{t}_k)$，$k=0,\cdots,n$。

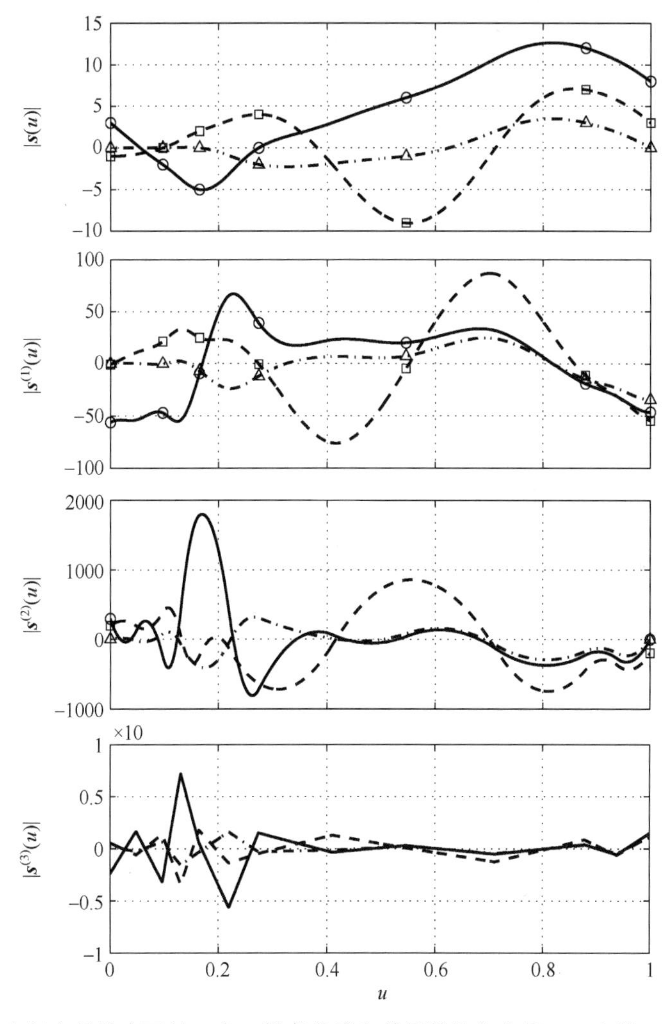

图 8.32　在途经点和切向量约束下的 4 次 B 样条曲线和其导数的各分量（x-实线，y-虚线，z-点画线）

8.9　采用 Nurbs 曲线生成轨迹

非均匀有理 B 样条（Nurbs）可实现各种常见曲线的精确表示，如圆弧、抛物线、椭圆、直线和双曲线等[38,88]，是 CAD/CAM 系统中的标准曲线[87]。因此，在许多数控系统中，常用它们来描述轨迹。

非均匀有理 B 样条是非有理 B 样条的推广，表达式为

$$\boldsymbol{n}(u)=\frac{\sum_{j=0}^{m}\boldsymbol{p}_j w_j \boldsymbol{B}_j^p(u)}{\sum_{j=0}^{m} w_j \boldsymbol{B}_j^p(u)} \qquad u_{min}\leqslant u\leqslant u_{max} \tag{8.47}$$

其中，$\boldsymbol{B}_j^p(u)$为标准的 B 样条基函数；$\boldsymbol{p}_j$ 为控制点；w_j 为各控制点的权重系数（关于 Nurbs 曲线的更多性质，见附录 B 中的 B. 2 节内容）。前面章节中介绍的基于 B 样条函数的技术可以在 Nurbs 中进行细微修改（只是基函数变化）而使用，但事实上几乎所有文献中的插值和逼近都是基于 B 样条表示的，因为权重w_j 通常为常量。事实上，根据定义，当$w_j=1(j=0,\cdots,m)$时，Nurbs 曲线即为标准的 B 样条曲线。为改变 B 样条函数所得轨迹的形状，可以对权值进行修改。

例 8.17 图 8.33 给出了采用 3 次 B 样条曲线插值途经点

$$\begin{bmatrix} q_x \\ q_y \\ q_z \end{bmatrix}=\begin{bmatrix} 1 & 2 & 3 & 4 & 5 & 6 & 7 & 8 & 9 & 10 \\ 0 & 2 & 3 & 3 & 2 & 3 & -1 & 0 & 1 & -1 \\ 0 & 0 & 0 & 0 & 0 & 0 & 0 & 0 & 0 & 0 \end{bmatrix}$$

的轨迹，其中$\lambda=10^{-5}$，并且式（8.31）中的权重 w_k 都为 1。之后样条曲线通过给每个控制点相同权重的方式转换为 Nurbs 曲线。通过改变权值 $w_j(j=0,\cdots,11)$，可以修改曲线的形状，其中增大控制点的权值可使得曲线向此控制点移动。图 8.33 中给出了两种不同的情况。在图 8.33（a）中，假设$w_5=10$，而在图 8.33（b）中，w_6 和w_7 都等于 5。如前所述，由于 Nurbs 可以精确地表示圆锥曲线，如圆、抛物线、椭圆等，因此 Nurbs 在 CAD/CAM 系统中得到了广泛的应用。为了表示所需的图形，已有许多方法用来构造 Nurbs 曲线，但这些方法不在本书的讨论范围内，感兴趣的读者可以参考专门针对此主题的文献，如参考文献［38］。

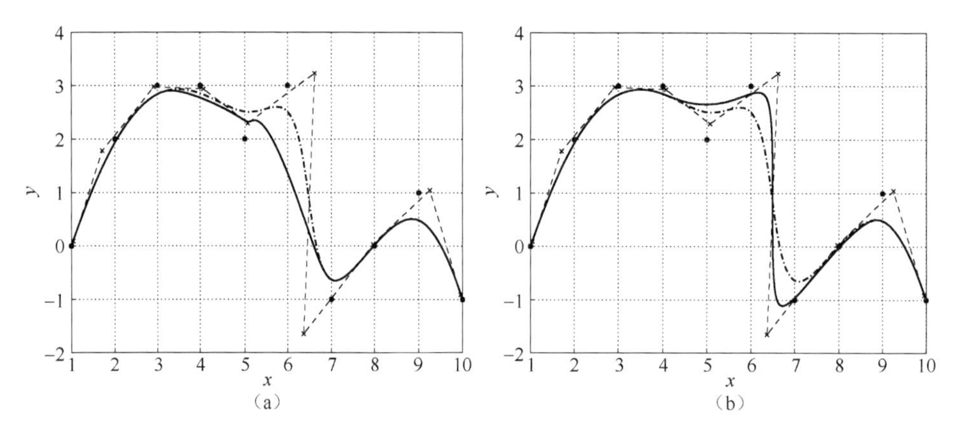

图 8.33 通过对 3 次 B 样条曲线（点画线）进行插值而将其转换为 Nurbs($w_j=1$)曲线，以及修改其某些权重后的效果

8.10　采用贝塞尔曲线局部插值

当必须以接口/交互方式构造轨迹时（并且事先不完全知道所有途径点信息），贝塞尔曲线则具有一些重要的优势，见附录 B 中的 B.3 内容。当仅基于局部数据，即一对预设切向量和曲率向量的途经点来构造轨迹时，也可以采用贝塞尔曲线[89]。与前面介绍的全局方法不同，基于贝塞尔曲线的技术不仅需要插值点信息，还需要这些点的导数信息①，以保证所需的平滑性。通常，这些向量是由要执行的任务所给出的，但有时也需要根据途径点的分布来计算切线方向甚至曲率方向。

8.10.1　切向量和曲率向量的计算

有几种可以计算给定点集切向量的方法，见参考文献［38］和参考文献［39］。给定一系列要插值的点 $\boldsymbol{q}_k$ 及其对应“时刻”的$\bar{u}_k(k=0,\cdots,n)$，定义切向量和曲率向量最简单的方式为

$$\boldsymbol{t}_k=\frac{\boldsymbol{q}_{k+1}-\boldsymbol{q}_{k-1}}{\bar{u}_{k+1}-\bar{u}_{k-1}}\qquad \boldsymbol{n}_k=\frac{\frac{\boldsymbol{q}_{k+1}-\boldsymbol{q}_k}{\bar{u}_{k+1}-\bar{u}_k}-\frac{\boldsymbol{q}_k-\boldsymbol{q}_{k-1}}{\bar{u}_k-\bar{u}_{k-1}}}{\bar{u}_{k+1}-\bar{u}_{k-1}} \tag{8.48}$$

有些作者[90,91]为了构造和 B 样条相似但具有一些额外性质（如弧长参数化）的轨迹，先利用这些点计算 B 样条曲线，再通过 B 样条计算切向量和曲率向量。在这些求切向量的方法中，一种常用的方法是估计每一点处的导数：

$$\boldsymbol{t}_k=(1-\alpha_k)\boldsymbol{\delta}_k+\alpha_k\boldsymbol{\delta}_{k+1}\qquad k=1,\cdots,n-1 \tag{8.49}$$

其中，

$$\boldsymbol{\delta}_k=\frac{\Delta\boldsymbol{q}_k}{\Delta\bar{u}_k},\qquad k=1,\cdots,n$$

$$\alpha_k=\frac{\Delta\bar{u}_k}{\Delta\bar{u}_k+\Delta\bar{u}_{k+1}},\qquad k=1,\cdots,n-1$$

并且

$$\Delta\boldsymbol{q}_k=\boldsymbol{q}_k-\boldsymbol{q}_{k-1},\qquad \Delta\bar{u}_k=\bar{u}_k-\bar{u}_{k-1}$$

式（8.49）只适用于中间点，而端点处切向量的计算则需要特殊的方法。特别是，它们可以定义为

$$\boldsymbol{t}_0=2\boldsymbol{\delta}_1-\boldsymbol{t}_1\qquad \boldsymbol{t}_n=2\boldsymbol{\delta}_n-\boldsymbol{t}_{n-1}$$

三维空间中一组点的切向量如图 8.34 所示。

8.10.2　3 次贝塞尔曲线插值

生成 G^1 连续的轨迹②至少需要 3 次贝塞尔曲线，即

$$\boldsymbol{b}(u)=(1-u)^3\boldsymbol{p}_0+3u(1-u)^2\boldsymbol{p}_1+3u^2(1-u)\boldsymbol{p}_2+u^3\boldsymbol{p}_3\qquad u\in[0,1]$$

一般情况下，由于曲线需要通过首末两个途经点，所以控制点 $\boldsymbol{p}_0$ 和 $\boldsymbol{p}_3$ 是直接给定的，剩余控制点可由 $\boldsymbol{p}_0$ 和 $\boldsymbol{p}_3$ 上所预设的切线方向确定，即分别以单位向量表示的 $\boldsymbol{t}_0$ 和 $\boldsymbol{t}_3$ 所确

① 通常需要一阶和二阶导数的信息。

② 在许多应用中，曲率函数的连续性是不需要的。

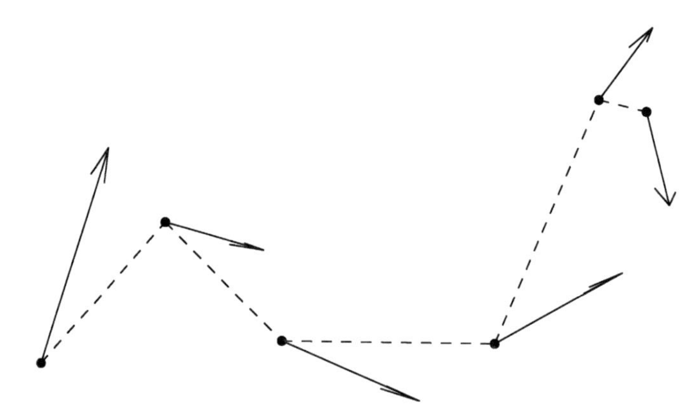

图 8.34 三维空间中一组点的切向量（局部插值中切向量的计算）

定，如图 8.35 所示。尤其可以选取 $\boldsymbol{p}_1$ 和 $\boldsymbol{p}_2$，使得贝塞尔曲线的中间点与各端点的一阶导数的幅值相等：

$$|\boldsymbol{b}^{(1)}(0)| = |\boldsymbol{b}^{(1)}(1)| = |\boldsymbol{b}^{(1)}(1/2)| = \alpha \tag{8.50}$$

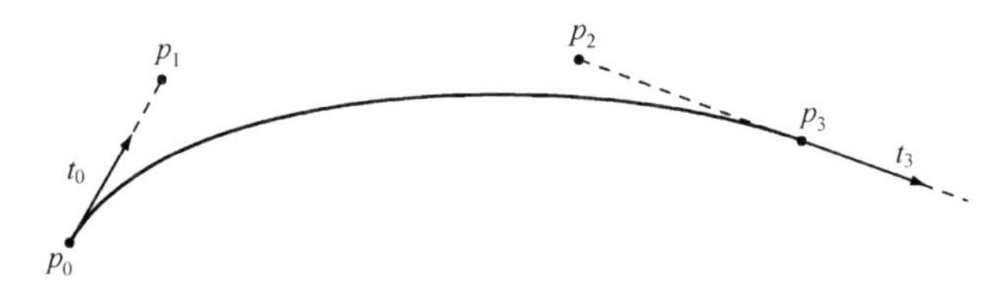

图 8.35 三次贝塞尔曲线及其控制点

这样，端点和中间点处的速度相等。从式（B.24）中可以看出：

$$\boldsymbol{p}_1 = \boldsymbol{p}_0 + \frac{1}{3}\alpha \boldsymbol{t}_0 \qquad \boldsymbol{p}_2 = \boldsymbol{p}_3 - \frac{1}{3}\alpha \boldsymbol{t}_3 \tag{8.51}$$

其中，α 为由式（8.50）得到（详见参考文献［38］）的正解：

$$a\alpha^2 + b\alpha + c = 0 \tag{8.52}$$

其中，

$$a = 16 - |\boldsymbol{t}_0 + \boldsymbol{t}_3|^2 \qquad b = 12(\boldsymbol{p}_3 - \boldsymbol{p}_0)^T \cdot (\boldsymbol{t}_0 + \boldsymbol{t}_3) \qquad c = -36|\boldsymbol{p}_3 - \boldsymbol{p}_0|^2$$

根据贝塞尔曲线段的插值途经点 $\boldsymbol{q}_k(k=0,\cdots,n)$ 计算轨迹的步骤如下。

（1）如果没有给定 $\boldsymbol{t}_k$，则利用式（8.48）或式（8.49）计算 $\boldsymbol{t}_k$。

（2）在每一对 $\boldsymbol{q}_k$、$\boldsymbol{q}_{k+1}$ 中，贝塞尔曲线 $\boldsymbol{b}_k(u)$，$u\in[0,1]$通过以下条件确定：

$$\boldsymbol{p}_{0,k} = \boldsymbol{q}_k \qquad \boldsymbol{p}_{3,k} = \boldsymbol{q}_{k+1}$$
$$\boldsymbol{t}_{0,k} = \boldsymbol{t}_k \qquad \boldsymbol{t}_{3,k} = \boldsymbol{t}_{k+1}$$

求解式（8.52）可得到中间控制点 $\boldsymbol{p}_{1,k}$ 和 $\boldsymbol{p}_{2,k}$。

利用此过程可以得到一条由 n 段贝塞尔曲线组成的轨迹（假设有 $n+1$ 个途经点），每段轨迹均归一化在区间[0,1]上，即

$$\boldsymbol{p} = \boldsymbol{b}_k(u_k) \qquad u_k \in [0,\, 1],\;\; k = 0, \cdots, n-1 \tag{8.53}$$

其中，变量 u_k 表示第 k 段贝塞尔曲线的自变量。为了将整条几何路径表示为统一变量 $u\in[u_{min}, u_{max}]$的函数，需要对每段轨迹进行相应的“时移”处理。通过以下处理，将每段轨迹的“持续时间”单位化：

$$u_k = u - k \qquad u \in [k,\ k+1] \quad k = 0,\cdots,n-1$$

进而可以将每段曲线表示为参数 u 的函数：

$$\boldsymbol{p}(u) = \boldsymbol{b}_k(u-k) \qquad u \in [0,\ n] \quad k = 0,\cdots,n-1$$

由于两相邻贝塞尔曲线的切向量方向相同但幅值不同，因此采用此方式构造的曲线 $\boldsymbol{p}(u)$ 是 G^1 连续的。为了获得 C^1 连续的轨迹，还需要通过缩放（或平移）各段曲线的方式再参数化各段曲线。为此，参考式（8.53），可以假设：

$$u_k = \frac{\hat{u} - \hat{u}_{0,k}}{\lambda_k} \qquad \lambda_k = 3|\boldsymbol{p}_{1,k} - \boldsymbol{p}_{0,k}| \quad \hat{u} \in [\hat{u}_{0,k},\ \hat{u}_{0,k+1}] \tag{8.54}$$

其中，各段的初始时刻①为

$$\hat{u}_{0,k} = \begin{cases} 0 & k = 0 \\ \hat{u}_{0,k-1} + \lambda_k & k > 0 \end{cases}$$

通过上述方式处理后，各段端点处的切向量皆为单位长度，因此速度是连续的。新的参数化 $\hat{\boldsymbol{p}}(\hat{u})$ 采用均匀参数化的逼近方法（在整个参数范围内进行恒定速度的参数化，参见第 9 章内容）。此外，通过调整贝塞尔曲线控制点的位置，可以得到途经点 $\boldsymbol{p}_k$ 的 3 次 B 样条插值路径，其控制点定义为

$$\boldsymbol{P} = [\boldsymbol{q}_0,\ \boldsymbol{p}_{1,0},\ \boldsymbol{p}_{2,0},\ \boldsymbol{p}_{1,1},\ \boldsymbol{p}_{2,1},\cdots,\ \boldsymbol{p}_{1,n-2},\ \boldsymbol{p}_{2,n-2},\ \boldsymbol{p}_{1,n-1},\ \boldsymbol{p}_{2,n-1},\ \boldsymbol{q}_n]$$

节点向量定义为

$$\boldsymbol{u} = [u_0,\ u_0,\ u_0,\ u_0,\ u_1,\ u_1,\ \cdots,\ u_{n-1},\ u_{n-1},\ u_n,\ u_n,\ u_n,\ u_n]$$

节点可通过递归形式计算：

$$u_k = u_{k+1} + 3|\boldsymbol{p}_{1,k} - \boldsymbol{p}_{0,k}| \qquad k = 1,\cdots,n$$

并且 $u_0=0$。值得注意的是，与上一节介绍的样条插值方法不同，这些节点并不是定义在 [0,1] 区间，而是通过单位化②（$\hat{\boldsymbol{u}}=\boldsymbol{u}/u_n$）后得到此参数化形式的。

例 8.18　采用 3 次贝塞尔曲线局部插值以下途经点而得到的轨迹如图 8.36 所示：

$$\begin{bmatrix} q_x \\ q_y \\ q_z \end{bmatrix} = \begin{bmatrix} 0 & 1 & 2 & 4 & 5 & 6 \\ 0 & 2 & 3 & 3 & 2 & 0 \\ 0 & 1 & 0 & 0 & 2 & 2 \end{bmatrix}$$

切线向量（单位长度）通过以下“时刻”的弦长分布假设来计算：

$$[\bar{u}_k] = [0,\ \ 0.22,\ \ 0.38,\ 0.56,\ 0.79,\ 1]$$

其值为

$$\begin{bmatrix} t_x \\ t_y \\ t_z \end{bmatrix} = \begin{bmatrix} 0.21 & 0.58 & 0.87 & 0.87 & 0.48 & 0.36 \\ 0.67 & 0.78 & 0.34 & -0.21 & -0.75 & -0.88 \\ 0.70 & -0.19 & -0.34 & 0.43 & 0.44 & -0.30 \end{bmatrix}$$

最终得到的 G^1 连续的分段贝塞尔轨迹的控制点为

---

①　注意，在这个参量中，每段贝塞尔曲线的持续时间是 $\hat{u}_{0,k+1}-\hat{u}_{0,k}=\lambda_k$。

②　B 样条曲线的“时间缩放”可以通过每个节点跨度乘以一个常量值 λ 来执行，也就是说，（在 $u_0=0$ 的情况下）假设 $\hat{u}_k=\lambda u_k$，这导致：

$$\hat{\boldsymbol{s}}^{(1)}(\hat{u}_k) = \frac{1}{\lambda}\boldsymbol{s}^{(1)}(u_k) \qquad \hat{\boldsymbol{s}}^{(2)}(\hat{u}_k) = \frac{1}{\lambda^2}\boldsymbol{s}^{(2)}(u_k) \qquad \hat{\boldsymbol{s}}^{(3)}(\hat{u}_k) = \frac{1}{\lambda^3}\boldsymbol{s}^{(3)}(u_k)$$

$$
\begin{bmatrix} \boldsymbol{p}_{0,k} & \boldsymbol{p}_{1,k} & \boldsymbol{p}_{2,k} & \boldsymbol{p}_{3,k} \end{bmatrix} =
$$
$$
\left[\begin{array}{cccc}
0 & 0.18 & 0.49 & 1 \\
0 & 0.58 & 1.32 & 2 \\
0 & 0.59 & 1.26 & 1 \\
\hdashline
1 & 1.35 & 1.47 & 2 \\
2 & 2.47 & 2.79 & 3 \\
1 & 0.88 & 0.20 & 0 \\
\hdashline
2 & 2.60 & 3.39 & 4 \\
3 & 3.24 & 3.15 & 3 \\
0 & -0.24 & -0.30 & 0 \\
\hdashline
4 & 4.76 & 4.57 & 5 \\
3 & 2.80 & 2.66 & 2 \\
0 & 0.38 & 1.61 & 2 \\
\hdashline
5 & 5.37 & 5.72 & 6 \\
2 & 1.42 & 0.67 & 0 \\
2 & 2.33 & 2.23 & 2
\end{array}\right]
$$

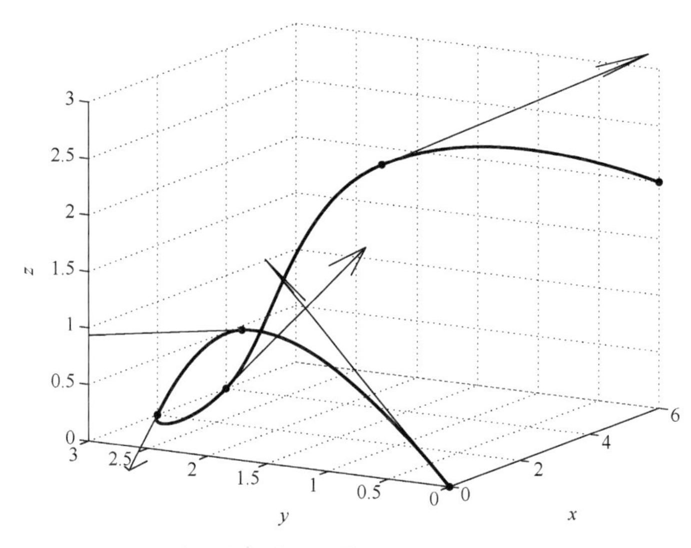

图 8.36　3 次贝塞尔曲线插值一系列途经点而得到的轨迹

整段轨迹切向量的笛卡儿分量如图 8.37（a）所示，该分量在过渡点处的幅值呈现出非连续性，因此速度不连续。轨迹根据式（8.54）再参数化后的切向量幅值如图 8.37（b）所示。此时，相邻两段贝塞尔曲线在过渡点处的切向量幅值保持不变（其值为 1），整段轨迹的速度连续，因此 C^1 连续。如图 8.38 所示，路径速度不仅是连续的，而且是恒定的（均匀参数化）。

采用以下控制点和节点向量定义的 3 次 B 样条曲线可以得到同样的结果，控制点为

$$
\boldsymbol{P} = \begin{bmatrix}
0.00 & 0.18 & 0.49 & 1.35 & 1.47 & 2.69 & 3.39 & 4.76 & 4.57 & 5.37 & 5.72 \\
0.00 & 0.58 & 1.32 & 2.47 & 2.79 & 3.24 & 3.15 & 2.80 & 2.66 & 1.42 & 0.67 \\
0.00 & 0.59 & 1.16 & 0.88 & 0.20 & -0.24 & -0.30 & 0.38 & 1.61 & 2.33 & 2.23
\end{bmatrix}^T
$$

节点向量为

$$
\boldsymbol{u} = [0, 0, 0, 0, 2.5, 2.5, 4.3, 4.3, 6.4, 6.4, 9.1, 9.1, 11.3, 11.3, 11.3, 11.3]
$$

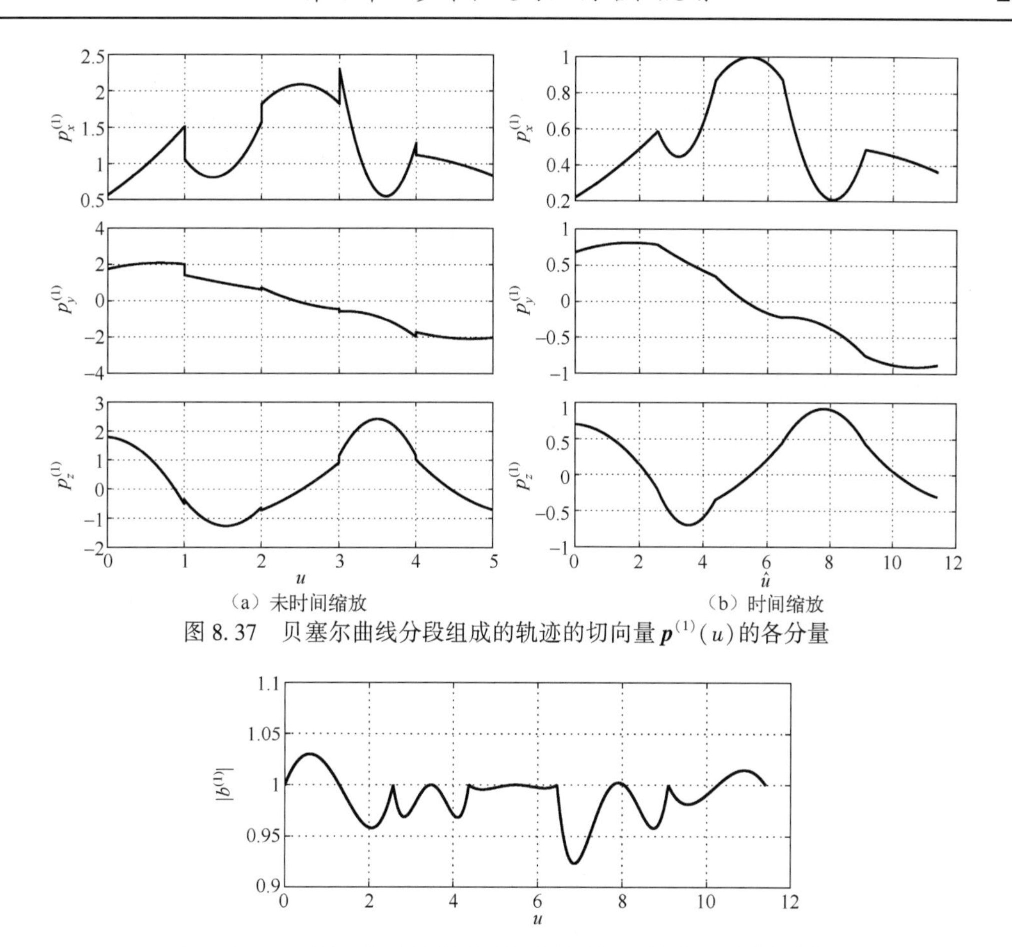

图 8.37　贝塞尔曲线分段组成的轨迹的切向量 $\boldsymbol{p}^{(1)}(u)$ 的各分量

图 8.38　3 段贝塞尔曲线组成的轨迹重参数化后的速度幅值曲线

8.10.3　5 次贝塞尔曲线插值

为构建 G^2 或 C^2 连续的轨迹，需要使用到 $m>3$ 次的贝塞尔曲线。实际应用中通常采用由 6 个自由参数定义的 5 次贝塞尔曲线：

$$\boldsymbol{b}_k(u)=\sum_{j=0}^{5}B_j^5(u)\boldsymbol{p}_j \qquad 0\leqslant u\leqslant 1 \tag{8.55}$$

在此情况中，需要使用各途经点 $\boldsymbol{q}_k$ 处的切向量和曲率向量 $\boldsymbol{t}_k$ 与 $\boldsymbol{n}_k$ 来计算轨迹。为了得到均匀参数化的轨迹（其优势将在第 9 章中介绍），常有文献采用与 3 次 B 样条性能相近的轨迹。因此，采用 B 样条曲线 $\boldsymbol{s}(u)$ 对给定点进行插值，并取其在 $\bar{u}_k$ 处的导数 $\boldsymbol{s}^{(1)}(u)$ 与 $\boldsymbol{s}^{(2)}(u)$，可得切向量和曲率向量，然后令起点与终点处的切向量（$\boldsymbol{t}_{0,k}=\boldsymbol{t}_k$ 和 $\boldsymbol{t}_{5,k}=\boldsymbol{t}_{k+1}$）和曲率向量（$\boldsymbol{n}_{0,k}=\boldsymbol{n}_k$ 和 $\boldsymbol{n}_{5,k}=\boldsymbol{n}_{k+1}$）为单位长度，求出每一对途经点上用以定义贝塞尔曲线的控制点。因此：

$$\begin{cases}
\boldsymbol{b}_k(0)=\boldsymbol{p}_{0,k} & =\boldsymbol{q}_k\\
\boldsymbol{b}_k(1)=\boldsymbol{p}_{5,k} & =\boldsymbol{q}_{k+1}\\
\boldsymbol{b}_k^{(1)}(0)=5(\boldsymbol{p}_{1,k}-\boldsymbol{p}_{0,k}) & =\alpha_k\boldsymbol{t}_k\\
\boldsymbol{b}_k^{(1)}(1)=5(\boldsymbol{p}_{5,k}-\boldsymbol{p}_{4,k}) & =\alpha_k\boldsymbol{t}_{k+1}\\
\boldsymbol{b}_k^{(2)}(0)=20(\boldsymbol{p}_{0,k}-2\boldsymbol{p}_{1,k}+\boldsymbol{p}_{2,k}) & =\beta_k\boldsymbol{n}_k\\
\boldsymbol{b}_k^{(2)}(1)=20(\boldsymbol{p}_{5,k}-2\boldsymbol{p}_{4,k}+\boldsymbol{p}_{3,k}) & =\beta_k\boldsymbol{n}_{k+1}
\end{cases}$$

其中，α_k 和 β_k（分别为切向量和曲率向量在端点处的幅值）为可以自由选择的参数。如同贝塞尔曲线，令各端点与中点处的 $|\boldsymbol{b}_k^{(1)}|$ 相等可求出 α_k。同时，可假设 $\beta_k=\bar{\beta}\alpha_k^2$，当贝塞尔曲线再参数化时，通过将端点处的一阶导设为单位向量，这些点处的所有贝塞尔曲线的二阶导也都具有相同长度($\bar{\beta}$)，则整条轨迹都是 C^2 连续的。α_k 和 β_k 的条件为 4 次方程：

$$a\alpha_k^4 + b\alpha_k^3 + c\alpha_k^2 + d\alpha_k + e = 0 \tag{8.56}$$

其中

$$\begin{cases} a = \bar{\beta}^2 |\boldsymbol{n}_{k+1} - \boldsymbol{n}_k|^2 \\ b = -28\bar{\beta}(\boldsymbol{t}_k + \boldsymbol{t}_{k+1})^T \cdot (\boldsymbol{n}_{k+1} - \boldsymbol{n}_k) \\ c = 196|\boldsymbol{t}_k + \boldsymbol{t}_{k+1}|^2 + 120\bar{\beta}(\boldsymbol{q}_{k+1} - \boldsymbol{q}_k)^T \cdot (\boldsymbol{n}_{k+1} - \boldsymbol{n}_k) - 1024 \\ d = -1680(\boldsymbol{q}_{k+1} - \boldsymbol{q}_k)^T \cdot (\boldsymbol{t}_k + \boldsymbol{t}_{k+1}) \\ e = 3600|\boldsymbol{q}_{k+1} - \boldsymbol{q}_k|^2 \end{cases}$$

自由参数$\bar{\beta}$可以采用不同方式选择，如通过选择沿整条轨迹 $\boldsymbol{p}(u)$ 最小化 $|\boldsymbol{p}^{(2)}(u)|$ 的均值。曲线可由式（8.56）的最小正解确定，该解既可以是方程的闭式解，也可为数值解。最终第 k 段贝塞尔段为

$$\begin{cases} \boldsymbol{p}_{0,k} = \boldsymbol{q}_k \\ \boldsymbol{p}_{1,k} = \boldsymbol{p}_{0,k} + \dfrac{\alpha_k}{5}\boldsymbol{t}_k \\ \boldsymbol{p}_{2,k} = 2\boldsymbol{p}_{1,k} - \boldsymbol{p}_{0,k} + \dfrac{\bar{\beta}\alpha_k^2}{20}\boldsymbol{n}_k \\ \boldsymbol{p}_{5,k} = \boldsymbol{q}_{k+1} \\ \boldsymbol{p}_{4,k} = \boldsymbol{p}_{5,k} - \dfrac{\alpha_k}{5}\boldsymbol{t}_{k+1} \\ \boldsymbol{p}_{3,k} = 2\boldsymbol{p}_{4,k} - \boldsymbol{p}_{5,k} + \dfrac{\bar{\beta}\alpha_k^2}{20}\boldsymbol{n}_{k+1} \end{cases} \tag{8.57}$$

轨迹可以按照 B.3 节的方法计算得到。其中每一段都可以转换成标准的多项式形式，即

$$\boldsymbol{b}_k(u) = \boldsymbol{a}_{0,k} + \boldsymbol{a}_{1,k}u + \boldsymbol{a}_{2,k}u^2 + \boldsymbol{a}_{3,k}u^3 + \boldsymbol{a}_{4,k}u^4 + \boldsymbol{a}_{5,k}u^5 \qquad 0 \leqslant u \leqslant 1$$

其中

$$\begin{cases} \boldsymbol{a}_{0,k} = \boldsymbol{p}_{0,k} \\ \boldsymbol{a}_{1,k} = -5\boldsymbol{p}_{0,k} + 5\boldsymbol{p}_{1,k} \\ \boldsymbol{a}_{2,k} = 10\boldsymbol{p}_{0,k} - 20\boldsymbol{p}_{1,k} + 10\boldsymbol{p}_{2,k} \\ \boldsymbol{a}_{3,k} = -10\boldsymbol{p}_{0,k} + 30\boldsymbol{p}_{1,k} - 30\boldsymbol{p}_{2,k} + 10\boldsymbol{p}_{3,k} \\ \boldsymbol{a}_{4,k} = 5\boldsymbol{p}_{0,k} - 20\boldsymbol{p}_{1,k} + 30\boldsymbol{p}_{2,k} - 20\boldsymbol{p}_{3,k} + 5\boldsymbol{p}_{4,k} \\ \boldsymbol{a}_{5,k} = -\boldsymbol{p}_{0,k} + 5\boldsymbol{p}_{1,k} - 10\boldsymbol{p}_{2,k} + 10\boldsymbol{p}_{3,k} - 5\boldsymbol{p}_{4,k} + \boldsymbol{p}_{5,k} \end{cases}$$

例 8.19 采用 5 次贝塞尔曲线对例 8.18 中的途经点进行插值得到的轨迹如图 8.39 所示。该曲线由通过全部途经点的 B 样条及由此计算的切向量和曲率向量而求得。采用 8.4 节中介绍的方法得到的 B 样条轨迹 $\boldsymbol{s}(u)$ 的节点向量为（按弦长分布）

$$\boldsymbol{u} = [0,\ 0,\ 0,\ 0,\ 0.22,\ 0.38,\ 0.56,\ 0.79,\ 1,\ 1,\ 1,\ 1]$$

控制点为

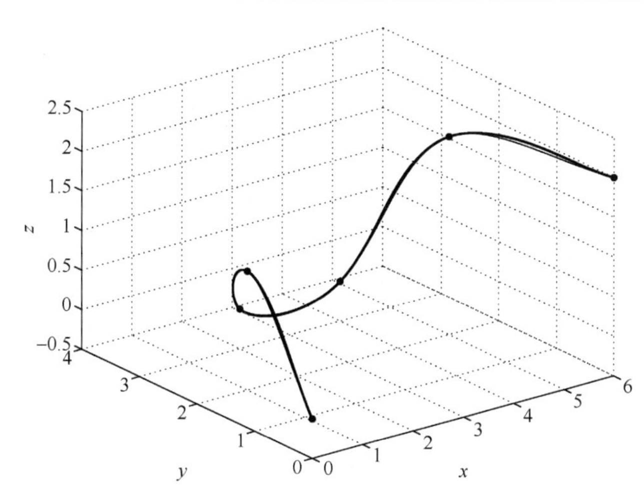

图 8.39　采用 5 次贝塞尔曲线对例 8.18 的途经点进行插值得到的轨迹（3次样条插值为细实线，同样见图8.36)

$$\boldsymbol{P}=\begin{bmatrix}0 & 0.33 & 0.88 & 1.79 & 4.57 & 4.79 & 5.66 & 6\\ 0 & 0.66 & 1.89 & 3.26 & 3.04 & 2.34 & 0.66 & 0\\ 0 & 0.33 & 1.71 & -0.34 & -0.44 & 2.68 & 2.00 & 2\end{bmatrix}$$

计算 $\boldsymbol{s}(u)$ 在以下参数处的导数：

$$[\bar{u}_k]=[0,\ 0.22,\ 0.38,\ 0.56,\ 0.79,\ 1]$$

可得到如下切向量和主曲率向量（归一化到单位长度）：

$$\begin{aligned}
\boldsymbol{t}_1&=[\,0.40,\ \ 0.81,\ \ 0.40]^T & \boldsymbol{n}_1&=[\,-0.02,\ \ 0.10,\ \ 0.99]^T\\
\boldsymbol{t}_2&=[\,0.47,\ \ 0.85,\ -0.19]^T & \boldsymbol{n}_2&=[\ \ 0.02,\ -0.10,\ -0.99]^T\\
\boldsymbol{t}_3&=[\,0.80,\ \ 0.28,\ -0.51]^T & \boldsymbol{n}_3&=[\ \ 0.59,\ -0.50,\ \ 0.62]^T\\
\boldsymbol{t}_4&=[\,0.77,\ -0.19,\ \ 0.59]^T & \boldsymbol{n}_4&=[\,-0.64,\ -0.10\ \ 0.73]^T\\
\boldsymbol{t}_5&=[\,0.37,\ -0.78,\ \ 0.48]^T & \boldsymbol{n}_5&=[\ \ 0.22,\ -0.37,\ -0.90]^T\\
\boldsymbol{t}_6&=[\,0.44,\ -0.89,\ \ 0]^T & \boldsymbol{n}_6&=[\,-0.22,\ \ 0.37,\ \ 0.90]^T
\end{aligned}$$

途经点处的切向量和曲率向量如图 8.40 所示。对于每组点（$\boldsymbol{q}_k,\boldsymbol{q}_{k+1}$），根据式（8.56）计算 α_k 的值，进而可以确定贝塞尔曲线的 $\boldsymbol{b}_k(u), u\in[0,1]$。为了获得近似弧长参数化（具有切向量为单位长度的特征），轨迹必须根据式（8.54）再参数化，其中，λ_k 略有不同，其值为 $\lambda_k=5|\boldsymbol{p}_{1,k}-\boldsymbol{p}_{0,k}|$。因此，对于每段，有：

$$u=\frac{\hat{u}-\hat{u}_k}{\lambda_k}\qquad \hat{u}\in[\hat{u}_k,\,\hat{u}_{k+1}] \tag{8.58}$$

$$\hat{u}_k=\begin{cases}0 & k=0\\ \hat{u}_{k-1}+\lambda_k & k>0\end{cases}$$

为了方便表示，在式（8.58）中，$\hat{u}$的下标 k 和$\hat{u}_k$ 的下标 0 都省略了。因此，$\hat{u}$和$\hat{u}_k$ 分别表示了各贝塞尔段的自变量和$\hat{u}$的初始值。

不同$\bar{\beta}$下切向量和曲率向量的幅值如图 8.41 所示。注意到，速度几乎是恒定的，加速度在两段贝塞尔曲线的交点处等于$\bar{\beta}$。考虑$\bar{\beta}=0.51$ 的情况，加速度表现出不明显的振荡（在此情况下，$\bar{\beta}$等于$|\boldsymbol{b}^{(2)}(u)|$在整个轨道上的平均值），并且$|\boldsymbol{b}^{(1)}(u)|$在 1 附近的偏差较小。在$\bar{\beta}=0.51$ 时，由 4 次贝塞尔曲线组成的轨迹控制点为

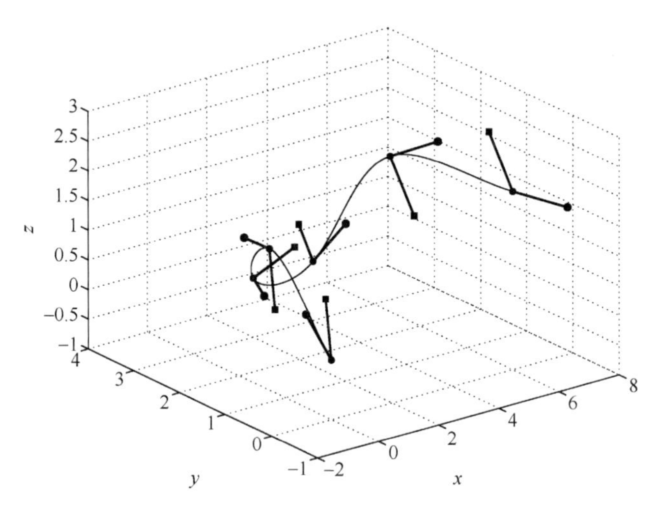

图 8.40 利用插值途经点的 B 样条曲线计算得到的切向量和曲率向量

$$
\begin{bmatrix} \boldsymbol{p}_{0,k} & \boldsymbol{p}_{1,k} & \boldsymbol{p}_{2,k} & \boldsymbol{p}_{3,k} & \boldsymbol{p}_{4,k} & \boldsymbol{p}_{5,k} \end{bmatrix} =
\begin{bmatrix}
0 & 0.20 & 0.40 & 0.51 & 0.75 & 1 \\
0 & 0.41 & 0.84 & 1.11 & 1.56 & 2 \\
0 & 0.20 & 0.57 & 1.03 & 1.10 & 1 \\
\hdashline
1 & 1.17 & 1.34 & 1.47 & 1.71 & 2 \\
2 & 2.30 & 2.60 & 2.75 & 2.89 & 3 \\
1 & 0.92 & 0.77 & 0.42 & 0.18 & 0 \\
\hdashline
2 & 2.34 & 2.76 & 3.24 & 3.66 & 4 \\
3 & 3.12 & 3.18 & 3.15 & 3.08 & 3 \\
0 & -0.22 & -0.37 & -0.42 & -0.25 & 0 \\
\hdashline
4 & 4.39 & 4.68 & 4.65 & 4.80 & 5 \\
3 & 2.89 & 2.77 & 2.74 & 2.40 & 2 \\
0 & 0.30 & 0.74 & 1.34 & 1.74 & 2 \\
\hdashline
5 & 5.17 & 5.37 & 5.56 & 5.79 & 6 \\
2 & 1.64 & 1.23 & 0.86 & 0.40 & 0 \\
2 & 2.22 & 2.32 & 2.12 & 2.00 & 2
\end{bmatrix}
$$

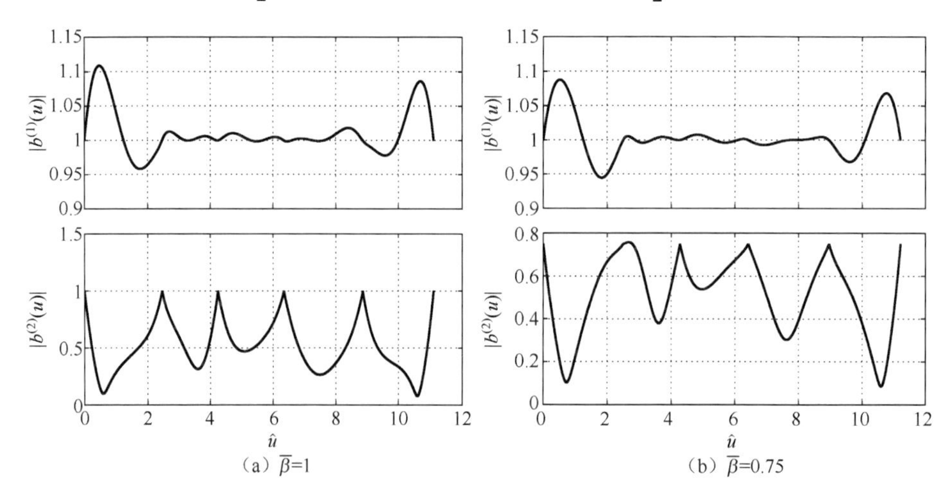

(a) $\overline{\beta}=1$　　(b) $\overline{\beta}=0.75$

图 8.41 4 次贝塞尔曲线组成轨迹的速度和加速度

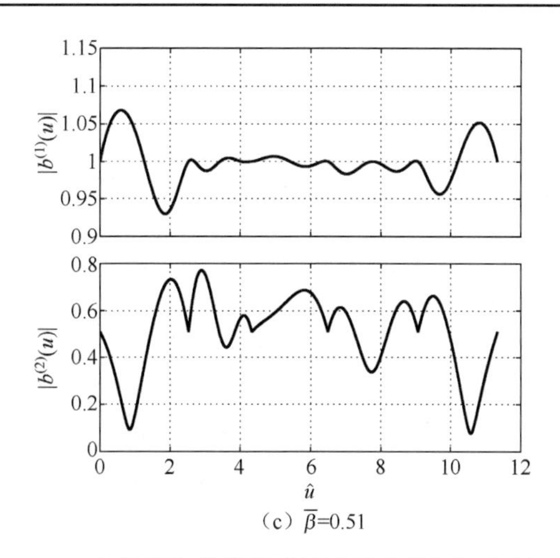

(c) $\overline{\beta}$=0.51

图 8.41　4 次贝塞尔曲线组成轨迹的速度和加速度（续）

8.11　混有多项式的线性插值

定义一种能够在预设允差 δ 内逼近一组途经点的轨迹，其最简单的方式是采用带多项式混合的分段式线性段，这保证了相邻区域之间的平滑过渡（位置、速度和加速度的连续性）[92,93]。使用贝塞尔曲线尤其可以简化上述过程。

给定途经点 $\boldsymbol{q}_k(k=0,\cdots,n)$，路径可以通过以下步骤定义。

(1) 对于每个点 $\boldsymbol{q}_k$（除了第一个和最后一个点，它们满足 $\boldsymbol{q}''_0=\boldsymbol{q}_0, \boldsymbol{q}'_n=\boldsymbol{q}_n$），通过找到线段 $\overline{\boldsymbol{q}_{k-1}\boldsymbol{q}_k}$、$\overline{\boldsymbol{q}_k q_{k+1}}$ 和以 $\boldsymbol{q}_k$ 为中心、半径为 δ 的球（每个点可能不同）之间的交点，可以获得两个附加点 q'_k 和 $\boldsymbol{q}''_k$，见图 8.42。

(2) 用一条直线连接每对$(\boldsymbol{q}_k, \boldsymbol{q}_{k+1})$。

(3) 采用 4 次（或 5 次）贝塞尔曲线对$(\boldsymbol{q}'_k, \boldsymbol{q}''_k)$进行插值。

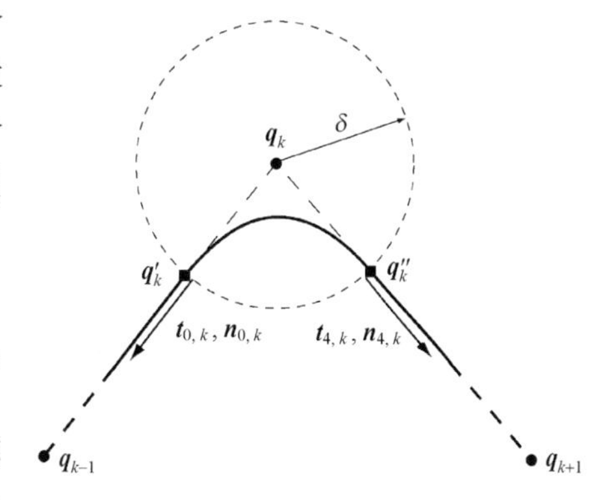

图 8.42　多项式转接的线性轨迹

这个过程由于使用了贝塞尔曲线可确保两相邻段（直线段-贝塞尔或贝塞尔-直线段）在过渡时的切线向量和曲率向量具有相同的方向，因此所得到的轨迹具有 G^2 连续性。

因此，整条轨迹可以表示为一系列的线性段 $\boldsymbol{l}_k(u)$ 和贝塞尔段 $\boldsymbol{b}_k(u)$，每一段都定义在 $u\in[0,1]$：

$$\boldsymbol{p}=\{\boldsymbol{l}_0(u), \boldsymbol{b}_1(u), \boldsymbol{l}_1(u), \cdots, \boldsymbol{b}_k(u), \boldsymbol{l}_k(u), \boldsymbol{b}_{k+1}(u), \cdots, \boldsymbol{l}_{n-2}(u), \boldsymbol{b}_{n-1}(u), \boldsymbol{l}_{n-1}(u)\}$$

一般地，第 i 段轨迹表示为 $\boldsymbol{p}_i(u)(i=0,\cdots,2n-2)$。

若端点已知，则可直接计算线性段：

$$\boldsymbol{l}_k(u)=\boldsymbol{q}''_k+(\boldsymbol{q}'_{k+1}-\boldsymbol{q}''_k)u \qquad 0\leqslant u\leqslant 1 \quad k=0,\cdots,n-1$$

定义 4 次贝塞尔曲线还需要知道端点处的切向量和曲率向量，以便定义 5 个控制点 $\boldsymbol{p}_{j,k}$：

$$\boldsymbol{b}_k(u)=\sum_{j=0}^{4}B_j^4(u)\boldsymbol{p}_{j,k}\qquad 1\leqslant u\leqslant 1\quad k=1,\cdots,n-1$$

由于贝塞尔曲线连接两个线性段，因此衔接点处的切向量 $\boldsymbol{t}$ 和曲率向量 $\boldsymbol{n}$ 有同样的方向，并且在 $\boldsymbol{q}_k'$ 和 $\boldsymbol{q}_k''$ 处它们的方向分别沿$\overline{\boldsymbol{q}_k'\boldsymbol{q}_k}$和$\overline{\boldsymbol{q}_k\boldsymbol{q}_k''}$。因此：

$$\boldsymbol{t}_{0,k}=\boldsymbol{n}_{0,k}=\frac{\boldsymbol{q}_k-\boldsymbol{q}_k'}{\delta}\qquad\qquad \boldsymbol{t}_{4,k}=\boldsymbol{n}_{4,k}=\frac{\boldsymbol{q}_k''-\boldsymbol{q}_k}{\delta}$$

注意到，根据 $\boldsymbol{q}_k'$ 和 $\boldsymbol{q}_k''$ 的定义，切向量和曲率向量都是单位向量。为了定义第 k 条贝塞尔曲线，有必要对两端点进行插值：

$$\boldsymbol{p}_{0,k}=\boldsymbol{q}_k'\qquad\qquad \boldsymbol{p}_{4,k}=\boldsymbol{q}_k''\tag{8.59}$$

并且端点处的一阶和二阶导数分别平行于切线向量和曲率向量：

$$\begin{cases}\boldsymbol{b}_k^{(1)}(0)=4(\boldsymbol{p}_{1,k}-\boldsymbol{p}_{0,k})=\alpha_k\boldsymbol{t}_{0,k}\\ \boldsymbol{b}_k^{(1)}(1)=4(\boldsymbol{p}_{4,k}-\boldsymbol{p}_{3,k})=\alpha_k\boldsymbol{t}_{4,k}\\ \boldsymbol{b}_k^{(2)}(0)=12(\boldsymbol{p}_{0,k}-2\boldsymbol{p}_{1,k}+\boldsymbol{p}_{2,k})=\beta_{0,k}\boldsymbol{n}_{0,k}\\ \boldsymbol{b}_k^{(2)}(1)=12(\boldsymbol{p}_{4,k}-2\boldsymbol{p}_{3,k}+\boldsymbol{p}_{2,k})=\beta_{4,k}.\boldsymbol{n}_{4,k}\end{cases}\tag{8.60}$$

与上一节相似，α_k 的值是通过假设端点和中点处的速度相等来确定的：

$$|\boldsymbol{b}_k^{(1)}(0)|=|\boldsymbol{b}_k^{(1)}(1)|=|\boldsymbol{b}_k^{(1)}(1/2)|=\alpha_k\tag{8.61}$$

在 4 次贝塞尔曲线的情况中，$u=1/2$ 处的切向量表达式为

$$\boldsymbol{b}_k^{(1)}(1/2)=\frac{1}{2}(\boldsymbol{p}_{4,k}+2\boldsymbol{p}_{3,k}-2\boldsymbol{p}_{1,k}-\boldsymbol{p}_{0,k})\tag{8.62}$$

注意到，$\boldsymbol{p}_{2,k}$可以任意变化，而无须修改曲线在起点和终点处的切线方向，以及中间点的切线方向（$u=1/2$）。由式（8.61）、式（8.62）和式（8.60）可以得到：

$$a\alpha_k^2+b\alpha_k+c=0\tag{8.63}$$

其中，

$$\begin{cases}a=4-\dfrac{1}{4}\left|\boldsymbol{t}_{4,k}+\boldsymbol{t}_{0,k}\right|^2\\ b=3\left(\boldsymbol{p}_{4,k}-\boldsymbol{p}_{0,k}\right)^T\cdot(\boldsymbol{t}_{0,k}+\boldsymbol{t}_{4,k})\\ c=-9\left|\boldsymbol{p}_{4,k}-\boldsymbol{p}_{0,k}\right|^2\end{cases}$$

通过以上公式可以得到 α_k 的值（需取其最大的解）。通过这种方式，从式（8.60）的前两个公式中可以得到控制点 $\boldsymbol{p}_{1,k}$和 $\boldsymbol{p}_{3,k}$。

剩下的控制点 $\boldsymbol{p}_{2,k}$可以通过式（8.60）最后的两个公式计算得到，它们可以重写为

$$\boldsymbol{b}_k^{(2)}(0)=12(\boldsymbol{p}_{0,k}-\boldsymbol{p}_{1,k})-12(\boldsymbol{p}_{1,k}-\boldsymbol{p}_{2,k})=\beta_{0,k}\boldsymbol{n}_{0,k}\tag{8.64a}$$

$$\boldsymbol{b}_k^{(2)}(1)=12(\boldsymbol{p}_{4,k}-\boldsymbol{p}_{3,k})-12(\boldsymbol{p}_{3,k}-\boldsymbol{p}_{2,k})=\beta_{4,k}\boldsymbol{n}_{4,k}\tag{8.64b}$$

考虑到 $\boldsymbol{n}_{0,k}=\boldsymbol{t}_{0,k}$和 $\boldsymbol{n}_{4,k}=\boldsymbol{t}_{4,k}$，通过式（8.64a）和式（8.64b）可以得到：

$$\boldsymbol{p}_{2,k}=\boldsymbol{p}_{0,k}+\frac{1}{12}(\beta_{0,k}+6\alpha_k)\boldsymbol{t}_{0,k}\tag{8.65a}$$

$$\boldsymbol{p}_{2,k}=\boldsymbol{p}_{4,k}+\frac{1}{12}(\beta_{4,k}-6\alpha_k)\boldsymbol{t}_{4,k}\tag{8.65b}$$

式（8.65a）和式（8.65b）都成立的前提是：$\boldsymbol{p}_{2,k}$为过 $\boldsymbol{p}_{0,k}$且方向为 $\boldsymbol{t}_{0,k}$的直线与过点

$\boldsymbol{p}_{4,k}$且方向为$\boldsymbol{t}_{4,k}$的直线的交点，即

$$\boldsymbol{p}_{2,k} = \boldsymbol{q}_k$$

因此，第 k 条贝塞尔曲线的控制点为

$$\begin{cases} \boldsymbol{p}_{0,k} = \boldsymbol{q}'_k \\ \boldsymbol{p}_{1,k} = \boldsymbol{q}'_k + \dfrac{1}{4}\alpha_k \boldsymbol{t}_{0,k} \\ \boldsymbol{p}_{2,k} = \boldsymbol{q}_k \\ \boldsymbol{p}_{3,k} = \boldsymbol{q}''_k - \dfrac{1}{4}\alpha_k \boldsymbol{t}_{4,k} \\ \boldsymbol{p}_{4,k} = \boldsymbol{q}''_k \end{cases}$$

其中，α_k 通过式（8.63）计算得到。最终的轨迹可采用式（8.11）的定义计算得到，或者也可以转换为标准的多项式形式，即

$$\boldsymbol{b}_k(u) = \boldsymbol{a}_{0,k} + \boldsymbol{a}_{1,k}u + \boldsymbol{a}_{2,k}u^2 + \boldsymbol{a}_{3,k}u^3 + \boldsymbol{a}_{4,k}u^4, \quad 0 \leqslant u \leqslant 1$$

其中，

$$\begin{cases} \boldsymbol{a}_{0,k} = \boldsymbol{p}_{0,k} \\ \boldsymbol{a}_{1,k} = -4\boldsymbol{p}_{0,k} + 4\boldsymbol{p}_{1,k} \\ \boldsymbol{a}_{2,k} = 6\boldsymbol{p}_{0,k} - 12\boldsymbol{p}_{1,k} + 6\boldsymbol{p}_{2,k} \\ \boldsymbol{a}_{3,k} = -4\boldsymbol{p}_{0,k} + 12\boldsymbol{p}_{1,k} - 12\boldsymbol{p}_{2,k} + 4\boldsymbol{p}_{3,k} \\ \boldsymbol{a}_{4,k} = 5\boldsymbol{p}_{0,k} - 4\boldsymbol{p}_{1,k} + 6\boldsymbol{p}_{2,k} - 4\boldsymbol{p}_{3,k} + \boldsymbol{p}_{4,k} \end{cases}$$

例 8.20　图 8.43 中采用的是带多项式混合的线性段对同例 8.18 和例 8.19 相同的途经点进行插值。假设 δ=0.5，直线段和贝塞尔曲线的端点可由下列途经点获得：

$$\begin{bmatrix} q_x \\ q_y \\ q_z \end{bmatrix} = \begin{bmatrix} 0 & 1 & 2 & 4 & 5 & 6 \\ 0 & 2 & 3 & 3 & 2 & 0 \\ 0 & 1 & 0 & 0 & 2 & 2 \end{bmatrix}$$

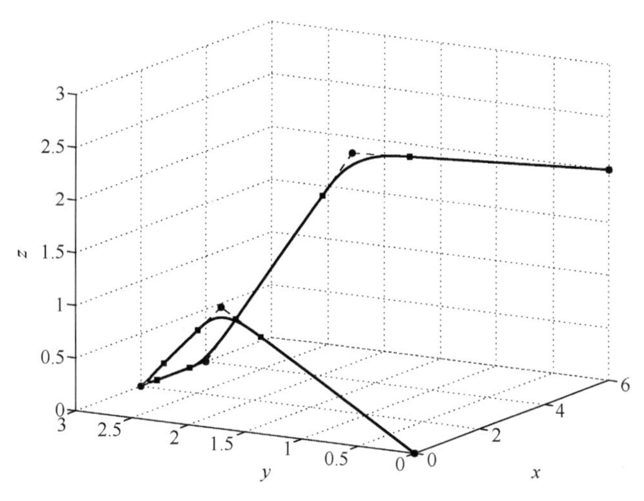

图 8.43　4 次贝塞尔曲线转接的混合路径

采用 5 个线性区段连接下列点：

$$
\begin{array}{ll}
\boldsymbol{q}_0''=[0\quad 0\quad 0]^T & \boldsymbol{q}_1'=[0.79\quad 1.59\quad 0.79]^T\\
\boldsymbol{q}_1''=[1.28\quad 2.28\quad 0.71]^T & \boldsymbol{q}_2'=[1.71\quad 2.71\quad 0.28]^T\\
\boldsymbol{q}_2''=[2.5\quad 3\quad 0]^T & \boldsymbol{q}_3'=[3.5\quad 3\quad 0]^T\\
\boldsymbol{q}_3''=[4.20\quad 2.79\quad 0.40]^T & \boldsymbol{q}_4'=[4.79\quad 2.20\quad 1.59]^T\\
\boldsymbol{q}_4''=[5.22\quad 1.55\quad 2]^T & \boldsymbol{q}_5'=[6\quad 0\quad 2]^T
\end{array}
$$

贝塞尔曲线的端点如下：

$$
\begin{array}{ll}
\boldsymbol{q}_1'=[0.79\quad 1.59\quad 0.79]^T & \boldsymbol{q}_1''=[1.28\quad 2.28\quad 0.71]^T\\
\boldsymbol{q}_2'=[1.71\quad 2.71\quad 0.28]^T & \boldsymbol{q}_2''=[2.5\quad 3\quad 0]^T\\
\boldsymbol{q}_3'=[3.5\quad 3\quad 0]^T & \boldsymbol{q}_3''=[4.20\quad 2.79\quad 0.40]^T\\
\boldsymbol{q}_4'=[4.79\quad 2.20\quad 1.59]^T & \boldsymbol{q}_4''=[5.22\quad 1.55\quad 2]^T
\end{array}
$$

切向量和曲率向量为

$$
\begin{array}{ll}
\boldsymbol{t}_{0,1}=\boldsymbol{n}_{0,1}=[0.40\quad 0.81\quad 0.40]^T & \boldsymbol{t}_{4,1}=\boldsymbol{n}_{4,1}=[0.57\quad 0.57\quad -0.57]^T\\
\boldsymbol{t}_{0,2}=\boldsymbol{n}_{0,2}=[0.57\quad 0.57\quad -0.57]^T & \boldsymbol{t}_{4,2}=\boldsymbol{n}_{4,2}=[1\quad 0\quad 0]^T\\
\boldsymbol{t}_{0,3}=\boldsymbol{n}_{0,3}=[1\quad 0\quad 0]^T & \boldsymbol{t}_{4,3}=\boldsymbol{n}_{4,3}=[0.40\quad -0.40\quad 0.81]^T\\
\boldsymbol{t}_{0,4}=\boldsymbol{n}_{0,4}=[0.40\quad -0.40\quad 0.81]^T & \boldsymbol{t}_{4,4}=\boldsymbol{n}_{4,4}=[0.44\quad -0.89\quad 0]^T
\end{array}
$$

由线性段和参数化①的贝塞尔曲线组成的轨迹是 C^1 连续的，如图 8.44（b）所示，但轨迹的二阶导数在过渡点处是不连续的（因此，轨迹只有 G^2 连续性）。由于贝塞尔曲线端点处的曲率向量是沿着相邻直线的方向的，所以可以通过设置合适的运动规律来保证加速度的连续性（尤其是每个线性段的开始和结束处的加速度必须不为零）。

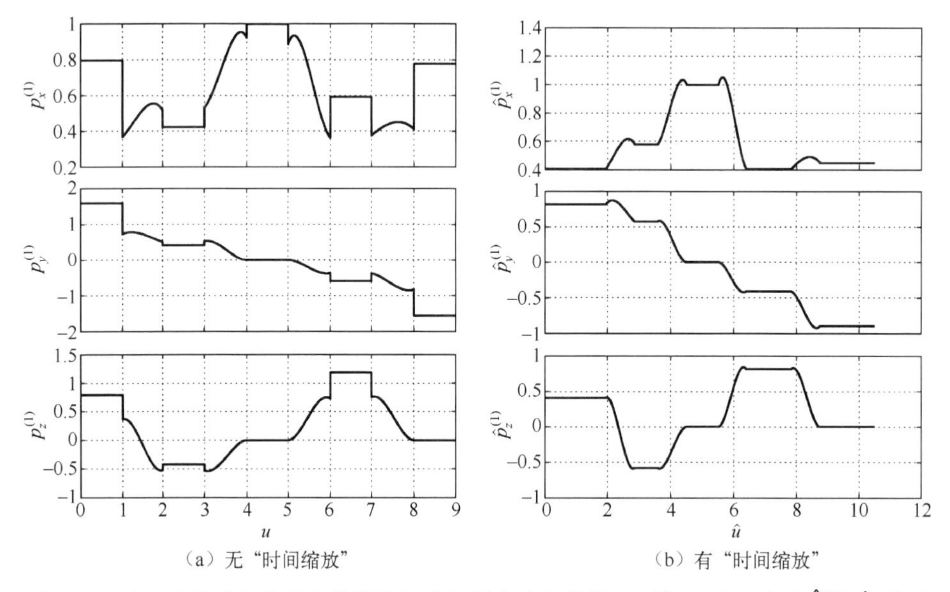

（a）无“时间缩放”　　（b）有“时间缩放”

图 8.44　由 4 次贝塞尔曲线和线性段组成的混合路径的位置 $\boldsymbol{p}^{(1)}(u)$ 和切向量 $\hat{\boldsymbol{p}}^{(1)}(\hat u)$ 分量

① 每个轨迹的 $P_{i(u)}$ 根据 $u=\frac{\hat u-\hat u_i}{\lambda_i}$，$\hat u\in[\hat u_i,\hat u_{i+1}]$ 重新参数化，其中，对于贝塞尔曲线，$\lambda_i=4\left|\boldsymbol{p}_{1,i}-\boldsymbol{p}_{0,i}\right|$；对于连接 $p_{0,i}$ 和 $p_{1,i}$ 的线性段，$\lambda_i=\left|\boldsymbol{P}_{1,i}-\boldsymbol{P}_{0,i}\right|$，并且 $\hat u_i=\begin{cases}0 & i=0\\ \hat u_{i-1}+\lambda_i & i>0\end{cases}$。

采用 5 次贝塞尔曲线，可以得到 C^2 连续的混合轨迹。与 8.10.3 节相同，每段贝塞尔曲线的 6 个控制点利用起点和终点处的位置、切向量及曲率向量得到：

$$\begin{cases} \boldsymbol{b}_k(0) = \boldsymbol{p}_{0,k} & = \boldsymbol{q}'_k \\ \boldsymbol{b}_k(1) = \boldsymbol{p}_{5,k} & = \boldsymbol{q}''_k \\ \boldsymbol{b}_k^{(1)}(0) = 5(\boldsymbol{p}_{1,k} - \boldsymbol{p}_{0,k}) & = \alpha_k \boldsymbol{t}_{0,k} \\ \boldsymbol{b}_k^{(1)}(1) = 5(\boldsymbol{p}_{5,k} - \boldsymbol{p}_{4,k}) & = \alpha_k \boldsymbol{t}_{5,k} \\ \boldsymbol{b}_k^{(2)}(0) = 20(\boldsymbol{p}_{0,k} - 2\boldsymbol{p}_{1,k} + \boldsymbol{p}_{2,k}) & = \beta_{0,k} \boldsymbol{n}_{0,k} \\ \boldsymbol{b}_k^{(2)}(1) = 20(\boldsymbol{p}_{5,k} - 2\boldsymbol{p}_{4,k} + \boldsymbol{p}_{3,k}) & = \beta_{5,k} \boldsymbol{n}_{5,k} \end{cases}$$

假设 $u=0$ 和 $u=1$ 处二阶导 $\boldsymbol{b}_k^{(2)}(u)$ 的幅值为零（因此 $\beta_{0,k}=0$ 和 $\beta_{5,k}=0$），假设 $|\boldsymbol{b}_k^{(1)}(u)|$ 在端点处和中点处的值相等，进而可计算得到 α_k。从最后一个条件可以得到方程：

$$a\alpha_k^2 + b\alpha_k + c = 0 \tag{8.66}$$

其中，

$$\begin{cases} a = 256 - 49\,|\boldsymbol{t}_{0,k} + \boldsymbol{t}_{5,k}|^2 \\ b = 420\,(\boldsymbol{p}_{5,k} - \boldsymbol{p}_{0,k})^T\ (\boldsymbol{t}_{0,k} + \boldsymbol{t}_{5,k}) \\ c = -900\,|\boldsymbol{p}_{5,k} - \boldsymbol{p}_{0,k}|^2 = 0 \end{cases}$$

通过以上公式可以计算得到 α_k 的值①（两个可能解的最大值）。最后，第 k 段贝塞尔曲线的控制点为

$$\begin{cases} \boldsymbol{p}_{0,k} = \boldsymbol{q}'_k \\ \boldsymbol{p}_{1,k} = \boldsymbol{p}_{0,k} + \dfrac{\alpha_k}{5} t_{0,k} \\ \boldsymbol{p}_{2,k} = 2\boldsymbol{p}_{1,k} - \boldsymbol{p}_{0,k} \\ \boldsymbol{p}_{5,k} = \boldsymbol{q}''_k \\ \boldsymbol{p}_{4,k} = \boldsymbol{p}_{5,k} - \dfrac{\alpha_k}{5} t_{5,k} \\ \boldsymbol{p}_{3,k} = 2\boldsymbol{p}_{4,k} - \boldsymbol{p}_{5,k} \end{cases}$$

例 8.21　图 8.45 展示的是采用直线段和 5 次贝塞尔曲线插值前面示例中相同点得到的轨迹。一旦定义了端点和切线向量（与前面的示例相同），则通过式（8.57）可以直接计算得到贝塞尔曲线，而计算线性段路径的方法相同。对轨迹进行再参数化②后的一阶导数和二阶导数如图 8.46 所示。在这种情况下，速度和加速度都是连续的（特别是每个贝塞尔段开始和结束时的加速度为零），并且轨迹是 C^2 连续的，见图 8.46。此外，以这种方式获得的参数化是弧长参数化的最佳近似（切向量长度为 1），如图 8.47 所示。

---

① 注意到，式（8.66）中的所有项都是已知的，因为：

$$\boldsymbol{p}_{0,k} = \boldsymbol{q}'_k \qquad \boldsymbol{p}_{5,k} = \boldsymbol{q}''_k,$$
$$\boldsymbol{t}_{0,k} = \boldsymbol{n}_{0,k} = \frac{\boldsymbol{q}_k - \boldsymbol{q}'_k}{\delta} \qquad \boldsymbol{t}_{5,k} = \boldsymbol{n}_{5,k} = \frac{\boldsymbol{q}''_k - \boldsymbol{q}_k}{\delta}$$

② 每段贝塞尔曲线采用以下方法再参数化：

$$u = \frac{\hat{u} - \hat{u}_k}{\lambda_k} \qquad \hat{u} \in [\hat{u}_k,\ \hat{u}_{k+1}]$$

其中，$\lambda_k = 5\,|\boldsymbol{p}_{1,k} - \boldsymbol{p}_{0,k}|$，并且

$$\hat{u}_k = \begin{cases} 0 & k = 0 \\ \hat{u}_{k-1} + \lambda_k & k > 0 \end{cases}$$

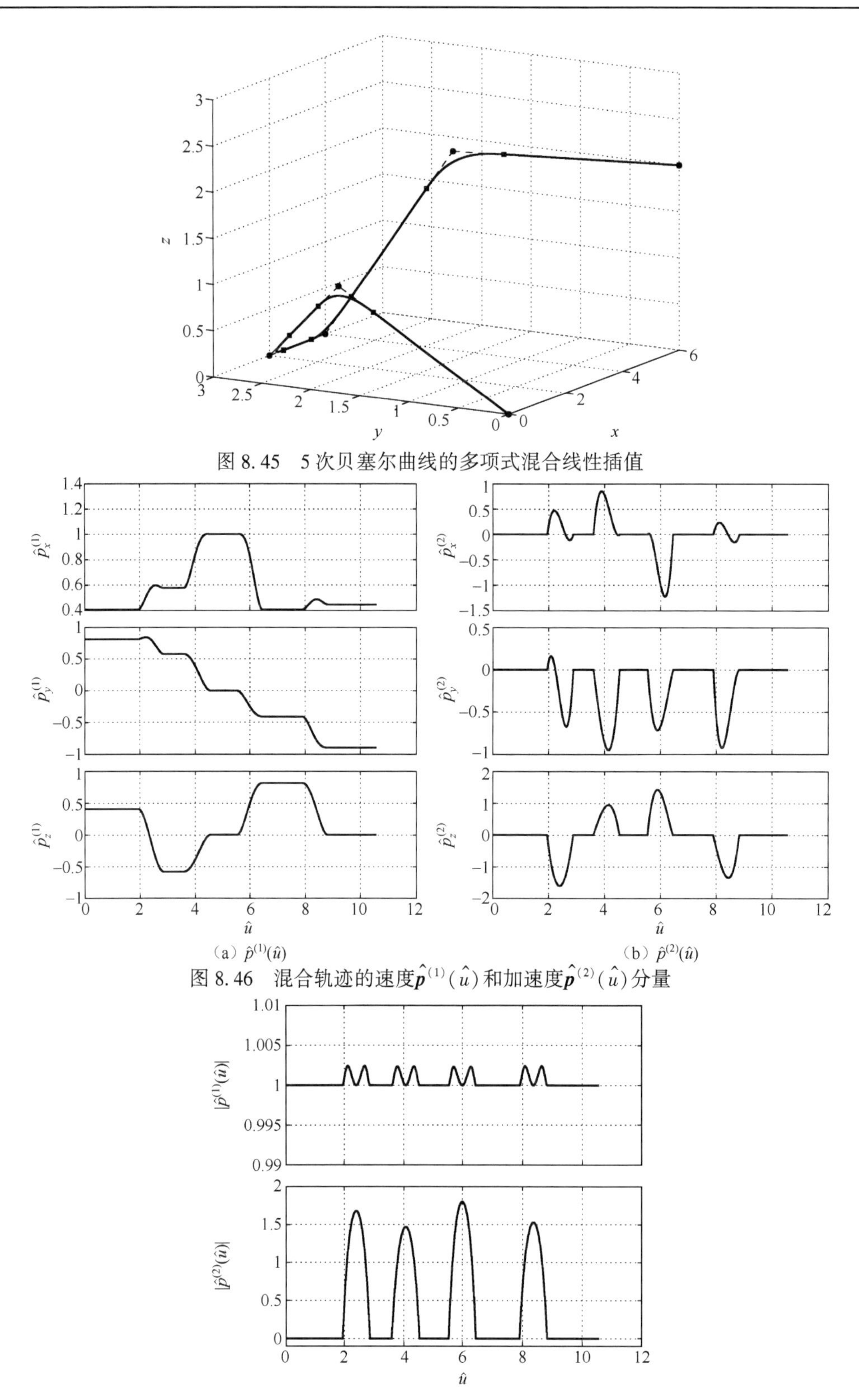

图 8.45 5 次贝塞尔曲线的多项式混合线性插值

图 8.46 混合轨迹的速度$\hat{\boldsymbol{p}}^{(1)}(\hat{u})$和加速度$\hat{\boldsymbol{p}}^{(2)}(\hat{u})$分量

图 8.47 线性段和 5 次贝塞尔曲线混合轨迹切向量与曲率向量的幅值

第 9 章　从几何路径到轨迹

本章将讨论几何路径与运动率相结合的问题，拟定义出时间的参数化函数以满足给定的速度、加速度等诸多约束。尤其是工业任务中常用的“恒速”运动。

9.1　前言

给定一条参数化的几何路径：

$$\boldsymbol{p} = \boldsymbol{p}(u)$$

其运动率为

$$u = u(t)$$

在许多情况下，函数 $u(t)$ 采用比例函数，如 $u=\lambda t$。但通常情况下，需要采用特定的运动律来保证轨迹同时满足速度和加速度的约束。值得注意的是，在这种情况下，运动率只是曲线的再参数化，它仅修改了速度和加速度向量，见图 9.1。事实上，采用链式法可计算出轨迹 $\widetilde{\boldsymbol{p}}(t)=(\boldsymbol{p}\circ u)(t)$ 的导数：

$$\begin{aligned}
\dot{\widetilde{\boldsymbol{p}}}(t) &= \frac{d\boldsymbol{p}}{du}\dot{u}(t) \\
\ddot{\widetilde{\boldsymbol{p}}}(t) &= \frac{d\boldsymbol{p}}{du}\ddot{u}(t) + \frac{d^2\boldsymbol{p}}{du^2}\dot{u}^2(t) \\
&\vdots
\end{aligned} \tag{9.1}$$

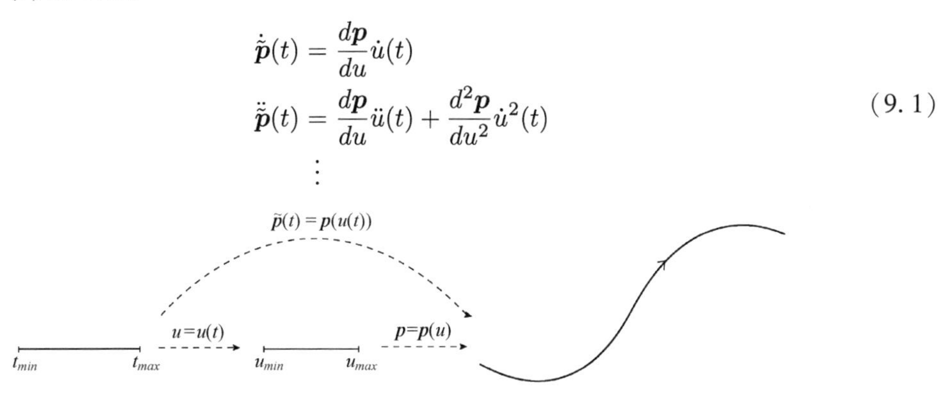

图 9.1　一般的三维路径 $\boldsymbol{p}(u)$ 和运动率 $u(t)$ 的合成

可以看出 $\widetilde{\boldsymbol{p}}(t)$ 的速度向量等于参数曲线 $\boldsymbol{p}(u)$ 的一阶导数乘以运动率的速度，而加速度同时与 $u(t)$ 的加速度和速度（平方）有关。将式（9.1）与 8.2.2 节内容进行比较，可以发现速度总是沿着曲线相切的方向，而加速度由两个分量组成，分别沿着曲线的切线方向（切向加速度）和法线方向（向心加速度）。

9.2　定值缩放

当用比例律描述时间与变量 $u(u=\lambda t)$ 之间的关系时，参数曲线的 k 阶导数可以简单地用因子 λ^k 来表示。因此：

$$\tilde{\boldsymbol{p}}^{(1)}(t)=\frac{d\boldsymbol{p}}{du}\lambda$$
$$\tilde{\boldsymbol{p}}^{(2)}(t)=\frac{d^2\boldsymbol{p}}{du^2}\lambda^2$$
$$\tilde{\boldsymbol{p}}^{(3)}(t)=\frac{d^3\boldsymbol{p}}{du^3}\lambda^3$$
$$\vdots$$

当轨迹满足速度 $\mathtt{v}_{max}$、加速度$\mathtt{a}_{max}$和加加速度 $\mathtt{j}_{max}$等约束时，可以利用上述关系，令：

$$\lambda=\min\left\{\frac{\mathtt{v}_{max}}{|\boldsymbol{p}^{(1)}(u)|_{max}},\ \sqrt{\frac{\mathtt{a}_{max}}{|\boldsymbol{p}^{(2)}(u)|_{max}}},\ \sqrt[3]{\frac{\mathtt{j}_{max}}{|\boldsymbol{p}^{(3)}(u)|_{max}}},\cdots\right\} \tag{9.2}$$

以确保轨迹满足全部的特定约束。另一方面，值得注意的是，恒定的缩放无法保证平滑的启停（起点和终点处的速度与加速度为零）。在这种情况下，应该考虑前面章节中介绍的连续运动律。

例 9.1 考虑例 8.21 中得到的几何路径，假设参数轨迹由直线段和 5 次贝塞尔曲线组成（采用再参数化保证曲线整体的连续性）。本例的目标是在约束条件下轨迹的规划结果最快：

$$\mathtt{v}_{max}=5 \qquad \mathtt{a}_{max}=20$$

采用式（9.2）可以得到$\lambda=3.33$，其中$|\boldsymbol{p}^{(1)}(u)|_{max}=1.02$，$|\boldsymbol{p}^{(1)}(u)|_{max}=1.8$（见图 8.47）。因此，每段轨迹都需考虑：

$$\hat{u}=\lambda t \qquad t\in\left[\frac{\hat{u}_k}{\lambda},\ \frac{\hat{u}_{k+1}}{\lambda}\right]$$

其中，$\hat{u}_k$ 和$\hat{u}_{k+1}$为第 k 个曲线段中自变量$\hat{u}$的极值。注意到，与通过全局插值/逼近一组数据点而获得的 Nurbs 或 B 样条曲线不同（因此全域仅有一个自变量 $u\in[u_{min},u_{max}]$），这里依赖的是相应变量$\hat{u}$，其在每段中可分别再参数化。在本例中，并没有很好地进行再参数化（整条轨迹只使用了一个定值系数λ），轨迹的速度和加速度的幅值如图 9.2 所示（各分量如图 9.3 所示）。注意到，虽然速度恒定，由于λ是根据最大加速度得到的，速度并没有达到允许的最大值。此外，速度在轨迹的起点和终点处是不连续的。

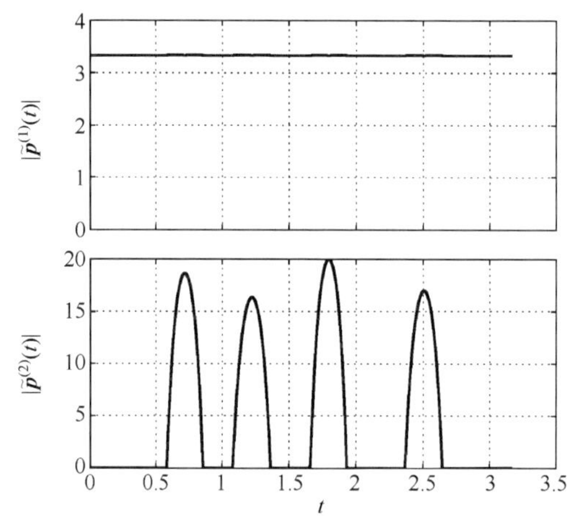

图 9.2 由直线段和 5 次贝塞尔曲线组成的混合轨迹的速度与加速度的幅值

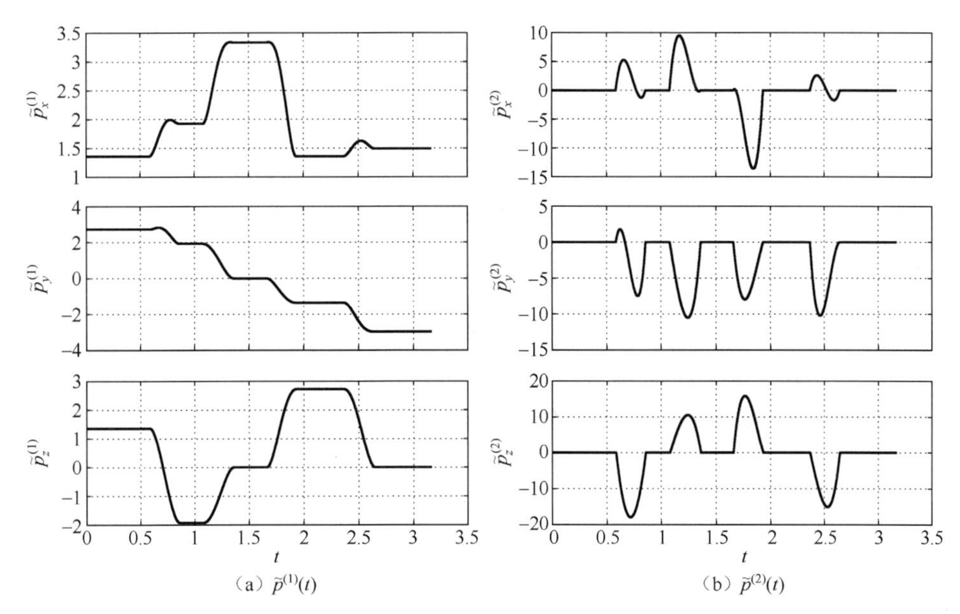

（a）$\tilde{p}^{(1)}(t)$　　（b）$\tilde{p}^{(2)}(t)$

图 9.3　线性段和 5 次贝塞尔曲线段组成的混合轨迹采用恒定缩放后的速度$\tilde{\boldsymbol{p}}^{(1)}(t)$和加速度$\tilde{\boldsymbol{p}}^{(2)}(t)$的各分量

9.3　一般运动率

当采用一般运动律来描述 t 和 u 之间的关系时，参数曲线的导数按式（9.1）进行计算。由于$\tilde{\boldsymbol{p}}^{(2)}(t)$和$\tilde{\boldsymbol{p}}^{(3)}(t)$等表达式中混入了 $u(t)$的导数，因此找到满足加速度、加加速度等约束的运动率并非易事。一种特殊的情况是采用线性轨迹表示，即

$$\boldsymbol{p}(u) = \boldsymbol{p}_0 + (\boldsymbol{p}_1 - \boldsymbol{p}_0)\,u \qquad 0 \leqslant u \leqslant 1$$

其具有如下特征：

$$\boldsymbol{p}^{(1)}(u) = \boldsymbol{p}_1 - \boldsymbol{p}_0 = \text{常数} \quad \boldsymbol{p}^{(2)}(u) = \boldsymbol{p}^{(3)}(u) = \cdots = \boldsymbol{p}^{(m)}(u) = 0$$

因此：

$$\tilde{\boldsymbol{p}}^{(1)}(t) = (\boldsymbol{p}_1 - \boldsymbol{p}_0)u^{(1)}(t) \tag{9.3a}$$

$$\tilde{\boldsymbol{p}}^{(2)}(t) = (\boldsymbol{p}_1 - \boldsymbol{p}_0)u^{(3)}(t) \tag{9.3b}$$

$$\tilde{\boldsymbol{p}}^{(3)}(t) = (\boldsymbol{p}_1 - \boldsymbol{p}_0)u^{(3)}(t) \tag{9.3c}$$

并且$|\tilde{\boldsymbol{p}}^{(i)}(t)|$的约束可以很容易地通过式（9.3a）和式（9.3b）等转换为 $u^{(i)}(t)$的约束，因此

$$|u^{(1)}(t)| \leqslant \frac{\mathrm{v}_{max}}{|\boldsymbol{p}_1 - \boldsymbol{p}_0|} \tag{9.4a}$$

$$|u^{(2)}(t)| \leqslant \frac{\mathrm{a}_{max}}{|\boldsymbol{p}_1 - \boldsymbol{p}_0|} \tag{9.4b}$$

$$|u^{(3)}(t)| \leqslant \frac{\mathrm{j}_{max}}{|\boldsymbol{p}_1 - \boldsymbol{p}_0|} \tag{9.4c}$$

此外，单个轴（如 x 轴）上的约束也可以容易地转换为 $u^{(i)}(t)$上的限制，即

$$|u^{(1)}(t)| \leqslant \frac{\mathrm{v}_{x max}}{|(\boldsymbol{p}_1 - \boldsymbol{p}_0)_x|} \tag{9.5a}$$

$$|u^{(2)}(t)| \leqslant \frac{\mathrm{a}_{x max}}{|(\boldsymbol{p}_1 - \boldsymbol{p}_0)_x|} \tag{9.5b}$$

$$|u^{(3)}(t)| \leqslant \frac{\mathrm{j}_{x max}}{|(\boldsymbol{p}_1 - \boldsymbol{p}_0)_x|} \tag{9.5c}$$

其中，下标 x 表示 x 轴方向上的分量。

例 9.2 这里再次考虑例 8.21 中的几何轨迹。与例 9.1 中的轨迹均匀缩放不同，现在对轨迹的各组成部分分别进行处理（直线段和 5 次贝塞尔曲线）。因此，有必要解决在衔接处保持轨迹（及其导数）连续性的问题。此外，各段在再参数化前已将各区域端点处的切线向量处理为单位向量，其目的是使轨迹在约束条件下尽可能快：

$$\mathrm{v}_{max} = 5 \qquad \mathrm{a}_{max} = 20$$

特别地，贝塞尔段采用恒定缩放 $u = \lambda_k t$，而各直线段则对 $u(t)$ 采用双 S 轨迹。再参数化主要包含以下两个步骤。

（1）各贝塞尔段的 λ_k 采用式（9.2）计算得到。

（2）各直线段的双 S 轨迹 $u(t)$ 则根据以下约束计算得到[①]：

$$\begin{aligned} u_0 &= 0 & u_1 &= 1 \\ \dot{u}_0 &= \frac{|\boldsymbol{t}_{k-1}|\lambda_{k-1}}{l_k} & \dot{u}_1 &= \frac{|\boldsymbol{t}_{k+1}|\lambda_{k+1}}{l_k} \\ \ddot{u}_0 &= 0 & \ddot{u}_1 &= 0 \\ \dot{u}_{max} &= \frac{\mathrm{v}_{max}}{l_k} & \ddot{u}_{max} &= \frac{\mathrm{a}_{max}}{l_k} \end{aligned}$$

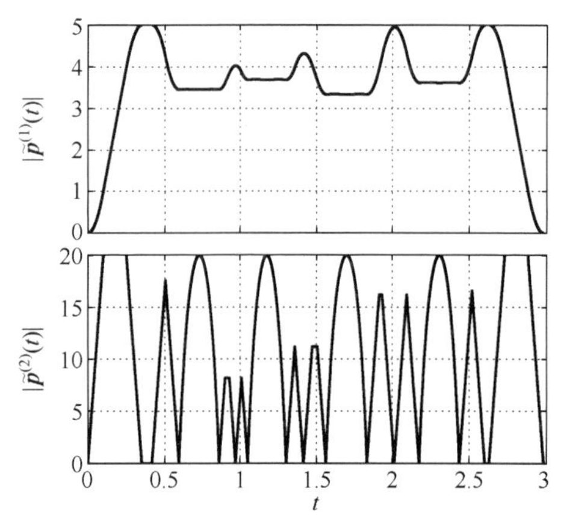

图 9.4 线性段和 5 次贝塞尔曲线段构成的混合轨迹的速度和加速度的幅值

其中，l_k 为线性段的长度，即 $l_k = |q'_{k+1} - q''_k|$，$|\boldsymbol{t}_{k\mp1}|$分别为第$(k\mp1)$段贝塞尔曲线在终点与起点处切向量的范数，$\lambda_{k\mp1}$为$(k\mp1)$段贝塞尔曲线重参数化的缩放系数。

$u(t)$再参数化速度的初值和终值条件保证了整个轨迹的连续性。此外，对于第一段和最后一段线性段，考虑了 $\dot{u}_0 = 0$ 和 $\dot{u}_1 = 0$ 的条件。所得速度和加速度如图 9.4（幅值）和图 9.5（分量）所示。注意到，尽管在这种情况下的初始速度和最终速度为零，但所得轨迹的持续时间比恒定缩放（例 9.1）生成的轨迹的持续时间短得多。这是因为各段经过优化后，速度或加速度达到了其最大允许值（比较图 9.4 和图 9.2）。

① 为了生成直线段的双 S 型运动率，考虑了进一步的加加速度条件 $\mathrm{j}_{max} = 200$，这导致 $\dddot{u}_{max} = \frac{\mathrm{j}_{max}}{l_k}$。

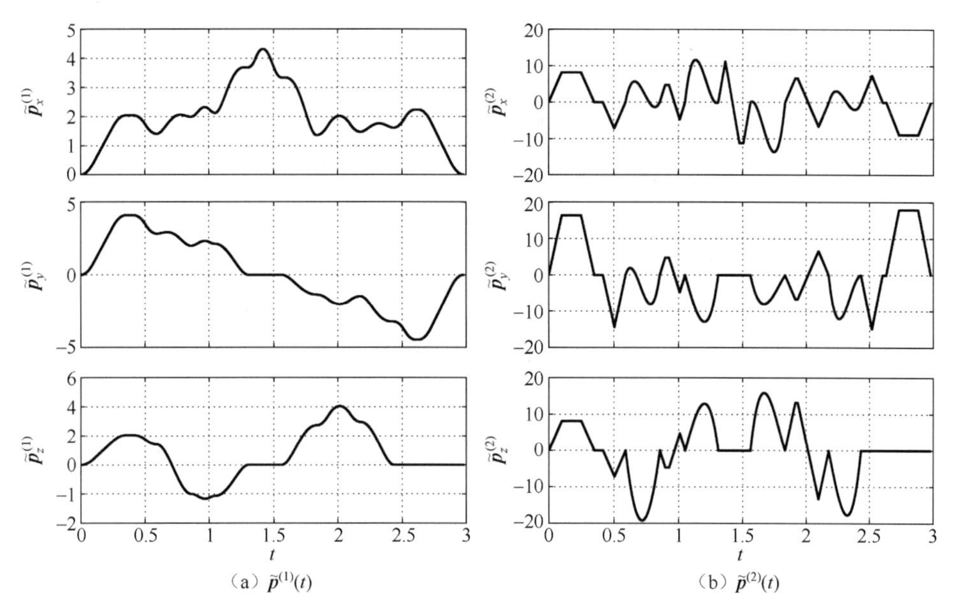

图 9.5　线性段和 5 次贝塞尔曲线段构成的混合轨迹的速度$\widetilde{\boldsymbol{p}}^{(1)}(t)$分量和加速度$\widetilde{\boldsymbol{p}}^{(2)}(t)$分量

9.4　恒定进给速度

针对多轴切削、铣削等设备获得特定恒定进给速度的问题，可以通过适当的重参数化来解决。其目标是规划刀具在工作空间中的匀速运动。在这种情况下，函数 $u(t)$ 必须保证：

$$|\dot{\tilde{\boldsymbol{p}}}(t)| = \mathrm{v}_c \quad (\text{常数}) \tag{9.6}$$

其中，$\widetilde{\boldsymbol{p}}(t)=(\boldsymbol{p}\circ u)(t)$。由于现在自动化机床是由计算机控制的，因此不需要解析地构建函数 $u(t)$：它的值 $u(t_k)=u_k$ 可以在每个采样时间 $t_k=kT_s$ 实时地进行数值计算得到[95]。$u_k(k=0,1,\cdots)$采用 $u(t)$ 的泰勒展开计算：

$$u_{k+1} = u_k + T_s\dot{u}_k + \frac{T_s^2}{2}\ddot{u}_k + \mathcal{O}\left(\frac{T_s^n}{n!}u_k^{(n)}\right) \qquad k=0,1,\cdots \tag{9.7}$$

结合式（9.6）和式（9.1）可以得到以下条件：

$$\dot{u}(t) = \frac{\mathrm{v}_c}{\left|\dfrac{d\boldsymbol{p}}{du}\right|} \tag{9.8a}$$

同时，根据式（9.6）对时间的微分并经过一些计算可以得到：

$$\ddot{u}(t) = -\mathrm{v}_c^2\frac{\dfrac{d\boldsymbol{p}}{du}^T\cdot\dfrac{d^2\boldsymbol{p}}{du^2}}{\left|\dfrac{d\boldsymbol{p}}{du}\right|^4} \tag{9.8b}$$

因此，如果考虑 $u(t)$ 的一阶近似，$(k+1)T_s$ 时刻的变量 u 为

$$u_{k+1} = u_k + \frac{\mathrm{v}_c T_s}{\left|\dfrac{d\boldsymbol{p}}{du}\right|_{u_k}} \tag{9.9a}$$

在考虑二阶近似时为

$$u_{k+1} = u_k + \frac{\mathrm{v}_c T_s}{\left|\frac{d\boldsymbol{p}}{du}\right|_{u_k}} - \frac{(\mathrm{v}_c T_s)^2}{2}\left[\frac{\frac{d\boldsymbol{p}}{du}^T \cdot \frac{d^2\boldsymbol{p}}{du^2}}{\left|\frac{d\boldsymbol{p}}{du}\right|^4}\right]_{u_k} \tag{9.9b}$$

例 9.3 图 9.6 展示了插值以下 10 个途经点得到的 B 样条曲线：

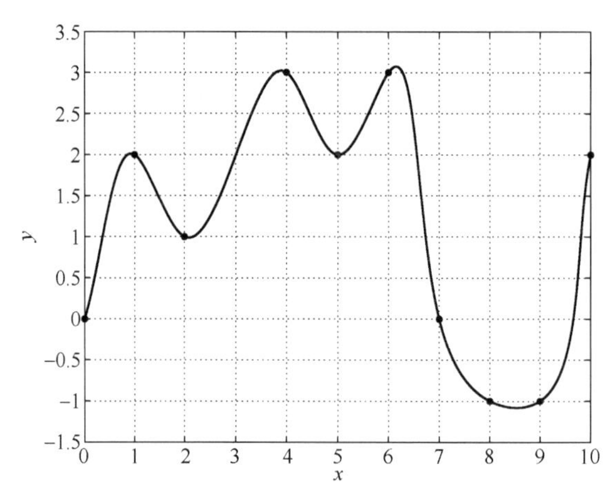

图 9.6 3 次 B 样条曲线 $s(u)(0\leqslant u\leqslant 1)$ 定义的几何路径

$$\begin{bmatrix} q_x \\ q_y \end{bmatrix} = \begin{bmatrix} 0 & 1 & 2 & 4 & 5 & 6 & 7 & 8 & 9 & 10 \\ 0 & 2 & 1 & 3 & 2 & 3 & 0 & -1 & -1 & 2 \end{bmatrix}$$

其中，起点和终点处的导数为

$$\boldsymbol{t}_0 = \begin{bmatrix} 8.07 \\ 16.14 \end{bmatrix} \qquad \boldsymbol{t}_9 = \begin{bmatrix} 5.70 \\ 17.11 \end{bmatrix}$$

B 样条曲线的节点向量为

$$\boldsymbol{u} = [0,\ 0,\ 0,\ 0,\ 0.12,\ 0.20,\ 0.35,\ 0.43,\ 0.51,\ 0.69,\ 0.76,\ 0.82,\ 1,\ 1,\ 1,\ 1]$$

控制点为

$$\boldsymbol{P} = \begin{bmatrix} 0 & 0.33 & 0.69 & 2.38 & 3.67 & 4.96 & 6.60 & 6.49 & 7.76 & 9.96 & 9.66 & 10 \\ 0 & 0.66 & 3.12 & -0.46 & 4.53 & 1.18 & 4.54 & 0.17 & -1.08 & -1.15 & 1.00 & 2 \end{bmatrix}^T$$

如果 $u=t$，轨迹的进给速度变化剧烈，如图 9.7 所示。在采用恒定缩放 $u=\lambda t$ 时，可以通过修改 $|\boldsymbol{s}^{(1)}(u)|$ 来获得期望的速度均值或者最大值，但速度曲线的形状并不会发生变化。例如，为了找到一条满足条件 $|\tilde{s}^{(1)}(t)|\leqslant \mathrm{v}_{max}=10$ 的“最优”轨迹通过一系列给定的途经点，可以选择 $\lambda = \dfrac{\mathrm{v}_{max}}{|\boldsymbol{s}^{(1)}(u)|_{max}} = 0.37$。得到的新的速度曲线如图 9.7（b）所示。利用式（9.9a），其中 $\mathrm{v}_c=10$、$T_s=0.01\mathrm{s}$，所生成轨迹速度的波动幅度小于 1.5%，如图 9.8 所示。通过采用式（9.9b）给出的二阶泰勒近似，以较高的计算复杂度为代价，可以进一步减小 $\mathrm{v}_c=10$ 附近的速度变化，如图 9.9 所示。

值得注意的是，从计算的角度来看，采用式（9.9a）和式（9.9b）在每个采样时间计算 $\boldsymbol{p}(u)$ 的一阶和二阶导数的大小时，计算量是相当大的。因此，最好构造一条参数曲线，它在整个曲线上都具有单位幅度的切线向量：

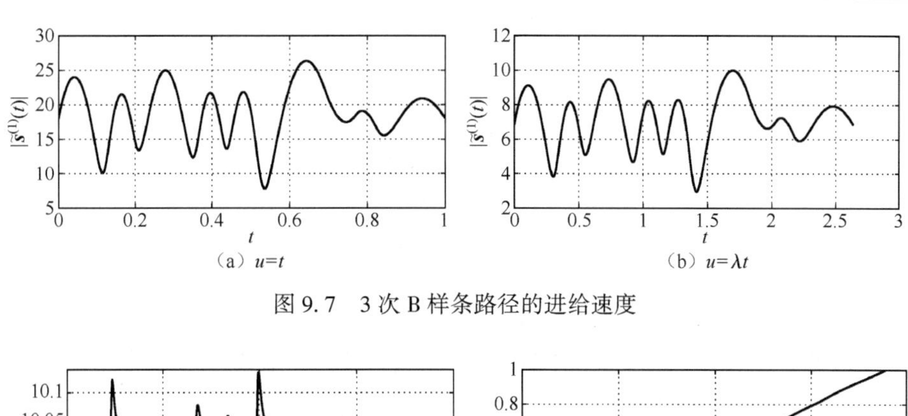

（a）$u=t$　　（b）$u=\lambda t$

图 9.7　3 次 B 样条路径的进给速度

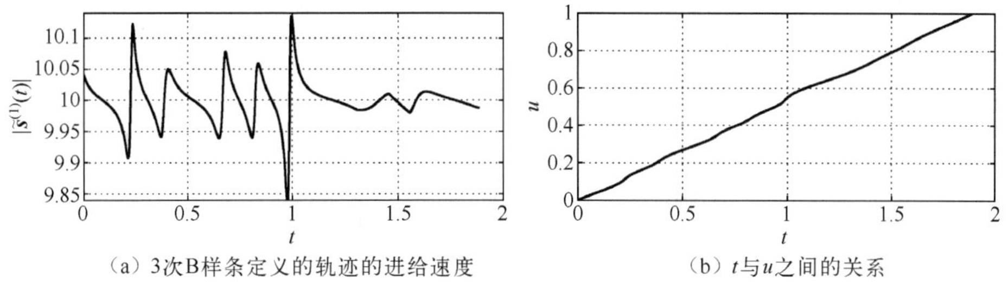

（a）3次B样条定义的轨迹的进给速度　　（b）t与u之间的关系

图 9.8　3 次 B 样条定义的轨迹的进给速度［采用式（9.9a）］及 t 与 u 之间的关系

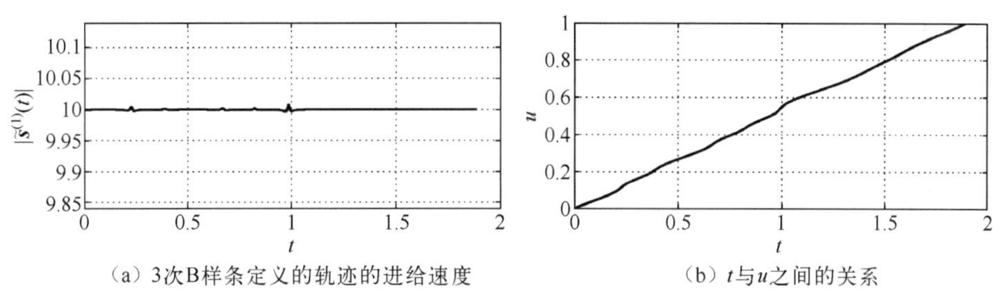

（a）3次B样条定义的轨迹的进给速度　　（b）t与u之间的关系

图 9.9　3 次 B 样条定义的轨迹的进给速度［采用式（9.9b）的方式计算 u］及 t 与 u 之间的关系

$$\left|\frac{d\boldsymbol{p}}{du}(u)\right| = 1 \qquad \forall u \in [\boldsymbol{u}_{min}, \boldsymbol{u}_{max}]$$

并且可以通过采用弧长参数化获得所谓的均匀参数化。在这种情况下，通过如下曲线的重参数化直接生成等于 v_c 的恒进给速度：

$$u = \mathrm{v}_c\, t \tag{9.10}$$

或者对于离散采样系统为

$$u_{k+1} = u_k + \mathrm{v}_c\, T_s$$

其中，T_s 为采样时间。此外，在曲线的切线向量都为单位向量的情况下，可以简单地处理特殊条件，如指定在轨迹的起点/终点处的进给速度。

9.5　一般的进给速度曲线

一般情况下，$|\dot{\tilde{\boldsymbol{p}}}(t)|$（也可能 $|\ddot{\tilde{\boldsymbol{p}}}(t)|$）不是常量，而是关于时间的函数，即 $|\dot{\tilde{\boldsymbol{p}}}(t)| = \mathrm{v}(t)$［$|\ddot{\tilde{\boldsymbol{p}}}(t)| = \mathrm{a}(t)$］[96]，式（9.8a）和式（9.8b）为其特例。在这种情况下，采用$u(t)$的

泰勒展开式（9.7），可以再次实时计算曲线的参数化以保证期望的速度曲线 $\mathrm{v}(t)$［或加速度曲线$\mathrm{a}(t)$］，其中$\dot{u}$和$\ddot{u}$为

$$\dot{u}(t)=\frac{\mathrm{v}(t)}{\left|\frac{d\boldsymbol{p}}{du}\right|} \tag{9.11a}$$

$$\ddot{u}(t)=\frac{\mathrm{a}(t)}{\left|\frac{d\boldsymbol{p}}{du}\right|}-\frac{\mathrm{v}(t)^2\left(\frac{d\boldsymbol{p}}{du}^T\cdot\frac{d^2\boldsymbol{p}}{du^2}\right)}{\left|\frac{d\boldsymbol{p}}{du}\right|^4} \tag{9.11b}$$

最终，对于采样周期为 T_s 的离散时间系统，可以计算 $u_k=u(kT_s)$新的值：

$$u_{k+1}=u_k+\frac{\mathrm{v}_kT_s}{\left|\frac{d\boldsymbol{p}}{du}\right|_{u_k}}+\frac{T_s^2}{2}\left(\frac{\mathrm{a}_k}{\left|\frac{d\boldsymbol{p}}{du}\right|_{u_k}}-\mathrm{v}_k^2\left[\frac{\left(\frac{d\boldsymbol{p}}{du}^T\cdot\frac{d^2\boldsymbol{p}}{du^2}\right)}{\left|\frac{d\boldsymbol{p}}{du}\right|^4}\right]_{u_k}\right) \tag{9.12}$$

其中，$\mathrm{v}_k=\mathrm{v}(kT_s)$和$\mathrm{a}_k=\mathrm{a}(kT_s)$为期望的速度和加速度曲线在 kT_s 时刻的采样值。注意到，速度为 $\mathrm{v}(t)$、加速度为$\mathrm{a}(t)$的运动律 $q(t)$可以在令位移等于曲线长度后采用前述章节中的方法求得。事实上，通过利用 $\mathrm{v}(t)=|\dot{\tilde{\boldsymbol{p}}}(t)|$相对于时间的积分可以得到：

$$q(t)=\int_{t_{min}}^{t}\mathrm{v}(\tau)d\tau=\int_{u_{min}}^{u(t)}\left|\frac{d\boldsymbol{p}(u)}{du}\right|du$$

特别地[1]，$q(t_f)=\int_{u_{min}}^{u_{max}}\left|\frac{d\boldsymbol{p}(u)}{du}\right|du$ 为曲线的长度[2]。

当用弧长参数化描述几何路径时，由运动规律引起的位移为 $u_{max}-u_{min}$，并且式（9.12）变为

$$u_{k+1}=u_k+\mathrm{v}_kT_s+\frac{T_s^2}{2}\left(\mathrm{a}_k-\mathrm{v}_k^2\left(\frac{d\boldsymbol{p}}{du}^T\cdot\frac{d^2\boldsymbol{p}}{du^2}\right)_{u_k}\right)$$

例 9.4 考虑对例 9.3 的几何路径设置运动律以获得“钟型”速度曲线。在这里，起点和终点处的速度与加速度为零。规划速度曲线时，令 $q_0=0$、$q_1=l$，其中 l 为通过数值积分得到的曲线长度：

$$\int_0^1\left|\frac{d\boldsymbol{s}(u)}{du}\right|du$$

此外，考虑如下速度、加速度及加加速度的最大值约束：

$$\mathrm{v}_{max}=10 \qquad \mathrm{a}_{max}=50 \qquad \mathrm{j}_{max}=100$$

规划得到的期望速度曲线 $\mathrm{v}(t)$如图 9.10 所示。

利用 u_k 处的切向量和曲率向量，以及 kT_s（其中 $T_s=0.001\mathrm{s}$）时刻的速度与加速度，根据式（9.12）可计算出下一采样时刻的参数 u_{k+1}。注意到，定义期望进给速度 $\mathrm{v}(t)$［或者

---

① 假设 $q(t_f)=0$。

② 考虑 $u_{min}\leqslant u\leqslant u_{max}$的情况。

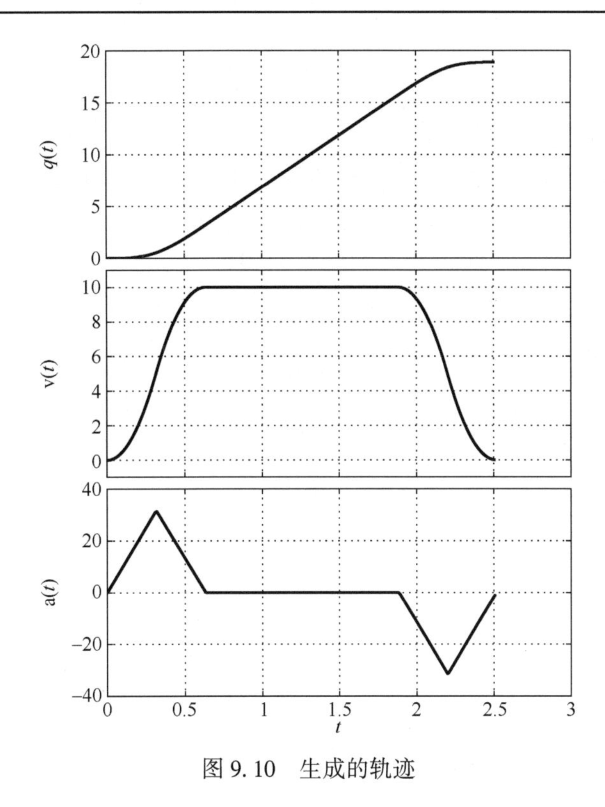

图 9.10　生成的轨迹

$\mathrm{a}(t)$］时，并没有直接用到轨迹 $q(t)$，而只是用到了 $\dot{q}(t)=\mathrm{v}(t)$ 和 $\ddot{q}(t)=\mathrm{a}(t)$。所得到的进给速度及定义曲线 $\boldsymbol{s}(u)$ 的自变量 u 如图 9.11 所示。这种通过实时计算 u_k 值以获得期望速度的方法同 9.3 节中规划 $u(t)$ 期望运动率的方法有所不同。规划 $u(t)$ 的期望轮廓，虽然可能会满足最大进给速度约束，但其波动依旧较大。例如，$u(t)$ 可以采用双 S 型曲线，其中 $u_{min}=0$ 和 $u_{max}=1$，并且最大速度为

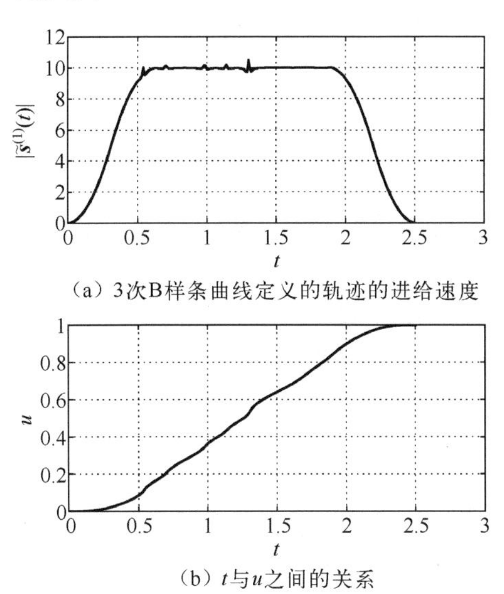

（a）3次B样条曲线定义的轨迹的进给速度

（b）t 与 u 之间的关系

图 9.11　3 次 B 样条曲线定义的轨迹的进给速度［u 采用式（9.12）的方法计算］及 t 与 u 之间的关系

$$\dot{u}_{max}=\frac{\mathrm{v}_{max}}{|\boldsymbol{p}^{(1)}(u)|_{max}}$$

上述条件可以保证进给速度不超过 v_{max}。由于式（9.1）给出的加速度表达式$\dddot{\boldsymbol{p}}(t)$，以及更高阶的导数表达式会导致$u(t)$过保守约束，因此从进给速度的约束条件$\mathrm{a}_{max}$、$\mathrm{j}_{max}$中选择$\ddot{u}_{max}$和$\dddot{u}_{max}$更加困难。图 9.12 中，所用到的值为

$$\dot{u}_{max}=0.37 \qquad \ddot{u}_{max}=0.94 \qquad \dddot{u}_{max}=10$$

图 9.13 给出了 $u(t)$ 定义的双 S 型轨迹的进给速度及其一阶导数的曲线。

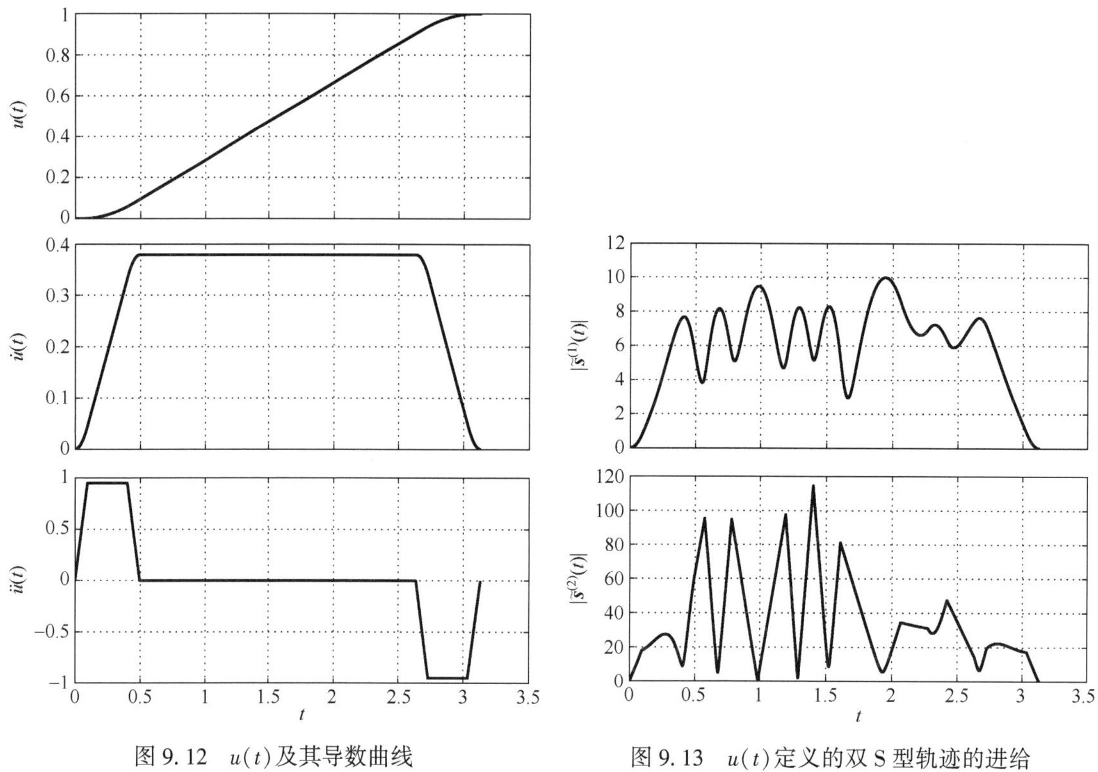

图 9.12 $u(t)$ 及其导数曲线

图 9.13 $u(t)$ 定义的双 S 型轨迹的进给速度及其一阶导数的曲线

9.6 复杂三维任务的几何路径和运动律合成

本节将主要考虑具有位置和姿态的三维轨迹的规划问题，将通过一些例子逐步对其进行讨论。特别地，针对以下 4 种情况进行了分析：

（1）用多项式混合的线性轨迹逼近。

（2）B 样条轨迹插值。

（3）B 样条轨迹逼近。

（4）基于运动基元的 B 样条轨迹逼近。

9.6.1 多项式混合的线性轨迹

为了避免速度和加速度的不连续问题，这里我们考虑 8.11 节中由适当连接的直线所组

成的轨迹。作为案例研究，假设一个由 8 个途经点定义的直线段运动：

$$\begin{bmatrix} q_x \\ q_y \\ q_z \end{bmatrix} = \begin{bmatrix} 0.0 & 0.0 & 0.6 & 0.6 & 0.6 & 0.6 & 0.0 & 0.0 & 0.0 \\ 0.0 & 0.4 & 0.4 & 0.0 & 0.0 & 0.4 & 0.4 & 0.0 & 0.0 \\ 0.0 & 0.0 & 0.0 & 0.0 & 0.4 & 0.4 & 0.4 & 0.4 & 0.0 \end{bmatrix}$$

此外，还需要保持 8 个区域中每个区域的姿态不变。特别地，相对于基架坐标系期望方向的旋转矩阵为

$$\boldsymbol{R}_0 = \begin{bmatrix} 1 & 0 & 0 \\ 0 & 1 & 0 \\ 0 & 0 & 1 \end{bmatrix} \qquad \boldsymbol{R}_1 = \begin{bmatrix} 0 & 1 & 0 \\ -1 & 0 & 0 \\ 0 & 0 & 1 \end{bmatrix}$$

$$\boldsymbol{R}_2 = \begin{bmatrix} -1 & 0 & 0 \\ 0 & -1 & 0 \\ 0 & 0 & 1 \end{bmatrix} \qquad \boldsymbol{R}_3 = \begin{bmatrix} -1 & 0 & 0 \\ 0 & 0 & 1 \\ 0 & 2 & 0 \end{bmatrix}$$

$$\boldsymbol{R}_4 = \begin{bmatrix} -1 & 0 & 0 \\ 0 & 1 & 0 \\ 0 & 0 & -1 \end{bmatrix} \qquad \boldsymbol{R}_5 = \begin{bmatrix} 0 & -1 & 0 \\ -1 & 0 & 0 \\ 0 & 0 & -1 \end{bmatrix}$$

$$\boldsymbol{R}_6 = \begin{bmatrix} 1 & 0 & 0 \\ 0 & -1 & 0 \\ 0 & 0 & -1 \end{bmatrix} \qquad \boldsymbol{R}_7 = \begin{bmatrix} 1 & 0 & 0 \\ 0 & 0 & 1 \\ 0 & -1 & 0 \end{bmatrix}$$

图 9.14 展示了带有局部标架的途经点。由于本节的目标是设计由带多项式混合的线性段所组成的轨迹（尤其是采用 5 次贝塞尔曲线），因此除了途经点①，还给出了线性段的端点。它们由连接$[\boldsymbol{q}_k,\boldsymbol{q}_{k+1}]$的直线分别与球心为 $\boldsymbol{q}_k$ 和 $\boldsymbol{q}_{k+1}$且半径为 δ 的球相交而来。在本例中，对于所有的途经点都假设 $\delta=0.5$。进而，通过直线和贝塞尔曲线交替插值的点序列为

$$\boldsymbol{Q}' = [\boldsymbol{q}''_0, \boldsymbol{q}'_1, \boldsymbol{q}''_1, \cdots, \boldsymbol{q}''_{k-1}, \boldsymbol{q}'_k, \boldsymbol{q}''_k, \cdots, \boldsymbol{q}''_{n-1}, \boldsymbol{q}'_n] =$$

$$\begin{bmatrix} 0 & 0 & 0.05 & 0.55 & 0.60 & 0.60 & 0.60 & 0.60 & 0.60 & 0.60 & 0.55 & 0.05 & 0 & 0 & 0 & 0 \\ 0 & 0.35 & 0.40 & 0.40 & 0.35 & 0.05 & 0 & 0 & 0.05 & 0.35 & 0.40 & 0.40 & 0.35 & 0.05 & 0 & 0 \\ 0 & 0 & 0 & 0 & 0 & 0 & 0.05 & 0.35 & 0.40 & 0.40 & 0.40 & 0.40 & 0.40 & 0.40 & 0.35 & 0 \end{bmatrix}$$

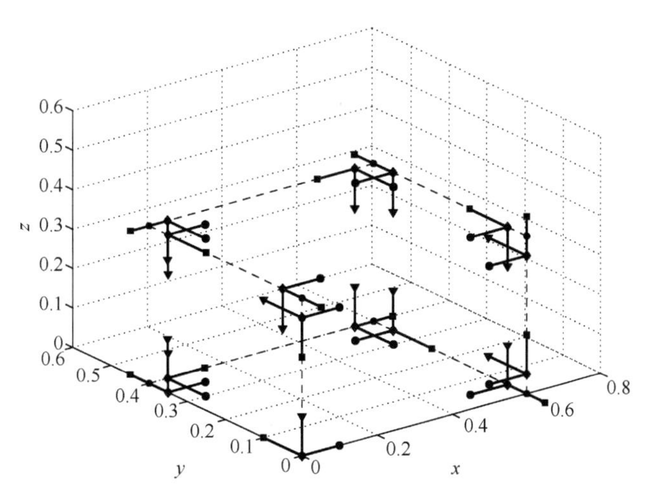

图 9.14　5 次贝塞尔混合线性路径的途经点和局部标架

① 注意到，采用此方法并不是插值途经点，而是逼近。

第一步，利用8.11节中介绍的方法计算位置轨迹。因此，在相邻直线间引入了5次贝塞尔曲线①，其控制点为

$$\boldsymbol{p}_{0,0}=\begin{bmatrix}0\\0\\0\end{bmatrix},\quad \boldsymbol{p}_{1,0}=\begin{bmatrix}0\\0.35\\0\end{bmatrix}$$

$$\boldsymbol{p}_{0,1}=\begin{bmatrix}0\\0.35\\0\end{bmatrix},\ \boldsymbol{p}_{1,1}=\begin{bmatrix}0\\0.36\\0\end{bmatrix},\ \boldsymbol{p}_{2,1}=\begin{bmatrix}0\\0.38\\0\end{bmatrix},\ \boldsymbol{p}_{3,1}=\begin{bmatrix}0.01\\0.40\\0\end{bmatrix},\ \boldsymbol{p}_{4,1}=\begin{bmatrix}0.03\\0.40\\0\end{bmatrix},\ \boldsymbol{p}_{5,1}=\begin{bmatrix}0.05\\0.40\\0\end{bmatrix}$$

$$\boldsymbol{p}_{0,2}=\begin{bmatrix}0.05\\0.40\\0\end{bmatrix},\ \boldsymbol{p}_{1,2}=\begin{bmatrix}0.55\\0.40\\0\end{bmatrix}$$

$$\boldsymbol{p}_{0,3}=\begin{bmatrix}0.55\\0.40\\0\end{bmatrix},\ \boldsymbol{p}_{1,3}=\begin{bmatrix}0.56\\0.40\\0\end{bmatrix},\ \boldsymbol{p}_{2,3}=\begin{bmatrix}0.58\\0.40\\0\end{bmatrix},\ \boldsymbol{p}_{3,3}=\begin{bmatrix}0.60\\0.38\\0\end{bmatrix},\ \boldsymbol{p}_{4,3}=\begin{bmatrix}0.60\\0.36\\0\end{bmatrix},\ \boldsymbol{p}_{5,3}=\begin{bmatrix}0.60\\0.35\\0\end{bmatrix}$$

$$\boldsymbol{p}_{0,4}=\begin{bmatrix}0.60\\0.35\\0\end{bmatrix},\ \boldsymbol{p}_{1,4}=\begin{bmatrix}0.60\\0.05\\0\end{bmatrix}$$

$$\boldsymbol{p}_{0,5}=\begin{bmatrix}0.60\\0.05\\0\end{bmatrix},\ \boldsymbol{p}_{1,5}=\begin{bmatrix}0.60\\0.03\\0\end{bmatrix},\ \boldsymbol{p}_{2,5}=\begin{bmatrix}0.60\\0.01\\0\end{bmatrix},\ \boldsymbol{p}_{3,5}=\begin{bmatrix}0.60\\0\\0.01\end{bmatrix},\ \boldsymbol{p}_{4,5}=\begin{bmatrix}0.60\\0\\0.03\end{bmatrix},\ \boldsymbol{p}_{5,5}=\begin{bmatrix}0.60\\0\\0.05\end{bmatrix}$$

$$\boldsymbol{p}_{0,6}=\begin{bmatrix}0.60\\0\\0.05\end{bmatrix},\ \boldsymbol{p}_{1,6}=\begin{bmatrix}0.60\\0\\0.35\end{bmatrix}$$

$$\boldsymbol{p}_{0,7}=\begin{bmatrix}0.60\\0\\0.35\end{bmatrix},\ \boldsymbol{p}_{1,1}=\begin{bmatrix}0.60\\0\\0.36\end{bmatrix},\ \boldsymbol{p}_{2,7}=\begin{bmatrix}0.60\\0\\0.38\end{bmatrix},\ \boldsymbol{p}_{3,7}=\begin{bmatrix}0.60\\0.01\\0.40\end{bmatrix},\ \boldsymbol{p}_{4,7}=\begin{bmatrix}0.60\\0.03\\0.40\end{bmatrix},\ \boldsymbol{p}_{5,7}=\begin{bmatrix}0.60\\0.05\\0.40\end{bmatrix}$$

$$\boldsymbol{p}_{0,8}=\begin{bmatrix}0.60\\0.05\\0.40\end{bmatrix},\ \boldsymbol{p}_{1,8}=\begin{bmatrix}0.60\\0.35\\0.40\end{bmatrix}$$

$$\boldsymbol{p}_{0,9}=\begin{bmatrix}0.60\\0.35\\0.40\end{bmatrix},\ \boldsymbol{p}_{1,9}=\begin{bmatrix}0.60\\0.36\\0.40\end{bmatrix},\ \boldsymbol{p}_{2,9}=\begin{bmatrix}0.60\\0.38\\0.40\end{bmatrix},\ \boldsymbol{p}_{3,9}=\begin{bmatrix}0.58\\0.40\\0.40\end{bmatrix},\ \boldsymbol{p}_{4,9}=\begin{bmatrix}0.56\\0.40\\0.40\end{bmatrix},\ \boldsymbol{p}_{5,9}=\begin{bmatrix}0.55\\0.40\\0.40\end{bmatrix}$$

$$\boldsymbol{p}_{0,10}=\begin{bmatrix}0.55\\0.40\\0.40\end{bmatrix},\ \boldsymbol{p}_{1,10}=\begin{bmatrix}0.05\\0.40\\0.40\end{bmatrix}$$

$$\boldsymbol{p}_{0,11}=\begin{bmatrix}0.05\\0.40\\0.40\end{bmatrix},\ \boldsymbol{p}_{1,11}=\begin{bmatrix}0.03\\0.40\\0.40\end{bmatrix},\ \boldsymbol{p}_{2,11}=\begin{bmatrix}0.01\\0.40\\0.40\end{bmatrix},\ \boldsymbol{p}_{3,11}=\begin{bmatrix}0\\0.38\\0.40\end{bmatrix},\ \boldsymbol{p}_{4,11}=\begin{bmatrix}0\\0.36\\0.40\end{bmatrix},\ \boldsymbol{p}_{5,11}=\begin{bmatrix}0\\0.35\\0.40\end{bmatrix}$$

$$\boldsymbol{p}_{0,12}=\begin{bmatrix}0\\0.35\\0.40\end{bmatrix},\ \boldsymbol{p}_{1,12}=\begin{bmatrix}0\\0.05\\0.40\end{bmatrix}$$

$$\boldsymbol{p}_{0,13}=\begin{bmatrix}0\\0.05\\0.40\end{bmatrix},\ \boldsymbol{p}_{1,13}=\begin{bmatrix}0\\0.03\\0.40\end{bmatrix},\ \boldsymbol{p}_{2,13}=\begin{bmatrix}0\\0.01\\0.40\end{bmatrix},\ \boldsymbol{p}_{3,13}=\begin{bmatrix}0\\0\\0.38\end{bmatrix},\ \boldsymbol{p}_{4,13}=\begin{bmatrix}0\\0\\0.36\end{bmatrix},\ \boldsymbol{p}_{5,13}=\begin{bmatrix}0\\0\\0.35\end{bmatrix}$$

$$\boldsymbol{p}_{0,14}=\begin{bmatrix}0\\0\\0.35\end{bmatrix},\ \boldsymbol{p}_{1,14}=\begin{bmatrix}0\\0\\0\end{bmatrix}$$

每段路径$\boldsymbol{p}_i(u)\,(i=0,\cdots,14)$都是通过自变量$u\in[0,1]$计算得到的。因此，轨迹关于$u$的持

① 注意到，一直线段也可以看作一阶的贝塞尔曲线，表示为

$$\boldsymbol{p}(u)=\boldsymbol{p}_0(1-u)+\boldsymbol{p}_1 u \qquad u\in[0,\,1]$$

其中，$\boldsymbol{p}_0$和$\boldsymbol{p}_1$为控制点，分别是直线段的起点和终点。

续时间是 15。

尽管图 9.15 中的几何路径是几何连续的，但它的速度和加速度是不连续的，各贝塞尔段的一阶导数（相对于 u）如图 9.16（a）所示。因此，有必要对轨迹进行再参数化。对于每段轨迹，假设：

$$u=\frac{\hat{u}-\hat{u}_i}{\lambda_i} \qquad \hat{u}\in[\hat{u}_i,\,\hat{u}_{i+1}] \qquad i=0,\cdots,14 \tag{9.13}$$

其中，常量 λ_i 和 $\hat{u}_i$ 为

$$\lambda_i=\begin{cases}5|\boldsymbol{p}_{1,i}-\boldsymbol{p}_{0,i}| & \text{5次贝塞尔段}\\ |\boldsymbol{p}_{1,i}-\boldsymbol{p}_{0,i}| & \text{线性段}\end{cases}$$

以及

$$\hat{u}_i=\begin{cases}0 & i=0\\ \hat{u}_{i-1}+\lambda_{i-1} & i>0\end{cases} \tag{9.14}$$

注意，每段轨迹用变量 $\hat{u}$ 表示的“持续时间”为 λ_i。通过对每段轨迹的再参数化，得到轨迹 $\hat{\boldsymbol{p}}(\hat{u})$ 的速度（和加速度）都是连续的，并且整条轨迹是定义在唯一自变量 $u\in[0,\hat{u}_{15}]$ 上的函数，而不是一组分别定义在 $\hat{u}\in[0,\lambda_i]$ 上的函数。

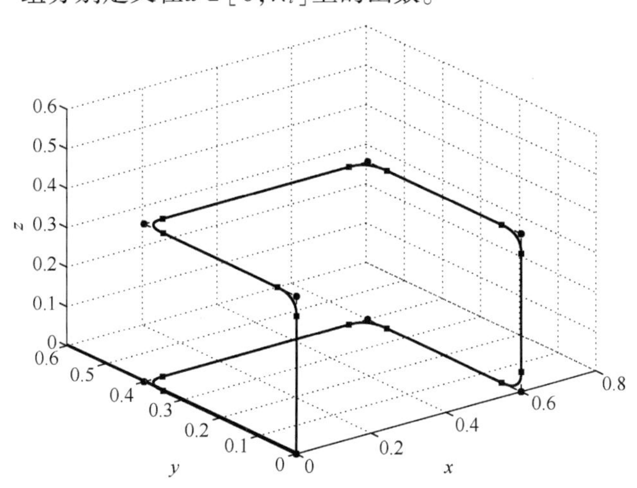

图 9.15　5 次贝塞尔曲线与线性段混合的位置轨迹

$\hat{\boldsymbol{p}}(\hat{u})$ 相对于参数 $\hat{u}$ 如图 9.16（b）所示。值得注意的是，“速度”的大小基本上等于 1。

由于采用式（9.14）计算的 $\hat{u}_i(i=0,\cdots,15)$ 决定了组成轨迹各段的初始和终止值，并且这些值被分配到要插值通过的点 $\boldsymbol{Q}'$，这些值类似于通过这些点的“时刻”。在本例中，这些项组成的向量为

$$\hat{\boldsymbol{u}}=[0,\,0.35,\,0.43,\,0.93,\,1.01,\,1.31,\,1.39,\,1.69,\,1.77,\,2.07,\,2.15,\,2.65,\,2.74,\\ 3.04,\,3.12,\,3.47]$$

整条轨迹用 $\hat{u}$ 表示的持续时间为 $\Delta\hat{u}=\hat{u}_{15}-\hat{u}_0=3.47$。为了将姿态轨迹和得到的位置轨迹关联起来，因此需要给每个 $\boldsymbol{Q}'$ 和 $\hat{\boldsymbol{u}}$ 定义相应的姿态，如图 9.14 所示。在本例中，期望的方向序列为

$$\boldsymbol{R}=[\boldsymbol{R}_0,\,\boldsymbol{R}_0,\,\boldsymbol{R}_1,\,\boldsymbol{R}_1,\,\boldsymbol{R}_2,\,\boldsymbol{R}_2,\,\boldsymbol{R}_3,\,\boldsymbol{R}_3,\,\boldsymbol{R}_4,\,\boldsymbol{R}_4,\,\boldsymbol{R}_5,\,\boldsymbol{R}_5,\,\boldsymbol{R}_6,\,\boldsymbol{R}_6,\,\boldsymbol{R}_7,\,\boldsymbol{R}_7]$$

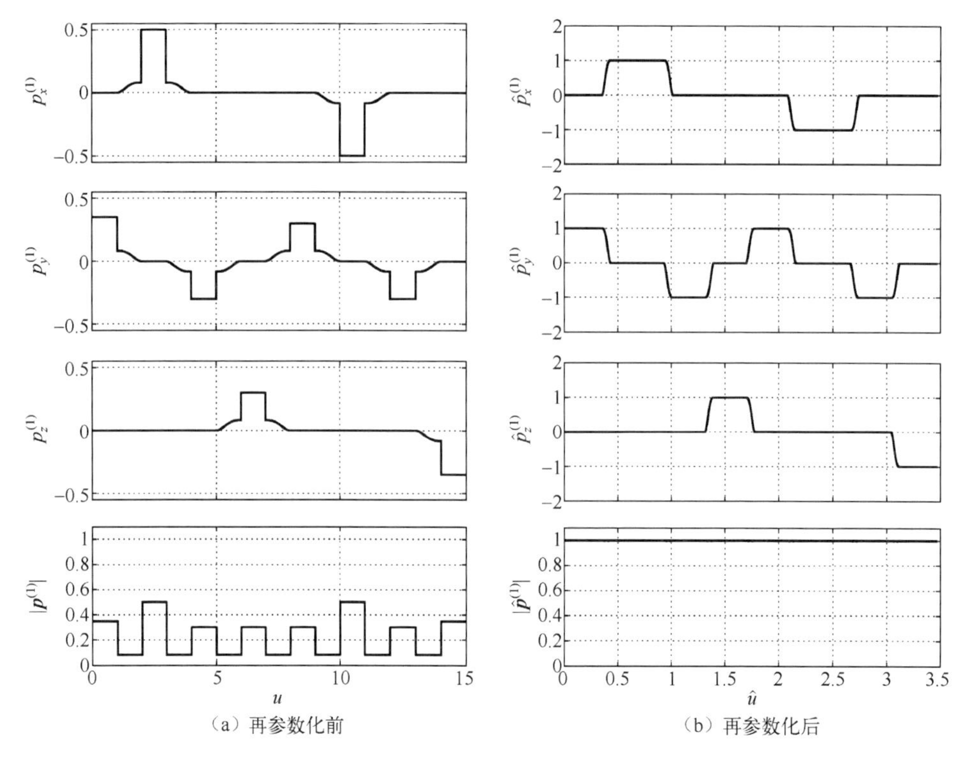

(a) 再参数化前　　(b) 再参数化后

图 9.16　线性段和 5 次贝塞尔曲线混合轨迹的一阶导数（分量和幅值）

其中，$\boldsymbol{R}_k(k=0,\cdots,7)$为旋转矩阵，它定义了线性路径的期望姿态。对于每一对$\boldsymbol{R}$，它们之间的变换采用 8.2.1 节中介绍的轴/角表示方式。特别地，在线性段中姿态保持不变（在这种情况下，对于偶数 i 有 $\boldsymbol{R}_i=\boldsymbol{R}_{i+1}$），而在贝塞尔段中（$i$ 为奇数），角度的变化和轴的值为

$$\begin{aligned}
\theta_{t,1} &= \tfrac{\pi}{2} & \boldsymbol{w}_1 &= [0,\ 0,-1]^T\\
\theta_{t,3} &= \tfrac{\pi}{2} & \boldsymbol{w}_3 &= [0,\ 0,-1]^T\\
\theta_{t,5} &= \tfrac{\pi}{2} & \boldsymbol{w}_5 &= [1,\ 0,\ \ 0]^T\\
\theta_{t,7} &= \tfrac{\pi}{2} & \boldsymbol{w}_7 &= [1,\ 0,\ \ 0]^T\\
\theta_{t,9} &= \tfrac{\pi}{2} & \boldsymbol{w}_9 &= [0,\ 0,-1]^T\\
\theta_{t,11} &= \tfrac{\pi}{2} & \boldsymbol{w}_{11} &= [0,\ 0,-1]^T\\
\theta_{t,13} &= \tfrac{\pi}{2} & \boldsymbol{w}_{13} &= [1,\ 0,\ \ 0]^T
\end{aligned}$$

为了在区间$[\hat{u}_i,\hat{u}_{i+1}]$中表示关于轴 $\boldsymbol{w}_i$ 的角度 $\theta_{t,i}$的变化，采用具有以下边界条件的 5 次多项式来表示轨迹 $\theta_i(\hat{u})$：

$$\begin{aligned}
\hat{u}_{0,i} &= \hat{u}_i & \hat{u}_{1,i} &= \hat{u}_{i+1}\\
\theta_{0,i} &= 0 & \theta_{1,i} &= \theta_{t,i}\\
\dot{\theta}_{0,i} &= 0 & \dot{\theta}_{1,i} &= 0\\
\ddot{\theta}_{0,i} &= 0 & \ddot{\theta}_{1,i} &= 0
\end{aligned}$$

姿态轨迹表示为

$$\boldsymbol{R}(\hat{u})=\begin{cases}\boldsymbol{R}_i & \hat{u}\in[\hat{u}_i,\ \hat{u}_{i+1}],\ \ i\text{为偶数}\\ \boldsymbol{R}_i\boldsymbol{R}_{t,i}(\theta_i(\hat{u})) & \hat{u}\in[\hat{u}_i,\ \hat{u}_{i+1}],\ \ i\text{为奇数}\end{cases} \tag{9.15}$$

其中，$\boldsymbol{R}_{t,i}(\theta_i)$是参数$\theta_i$的函数，它表示从$\boldsymbol{R}_i$到$\boldsymbol{R}_{i+1}$的变换，如8.2节所示。图9.17以$\hat{u}$函数的形式绘制了完整的位置与姿态轨迹。

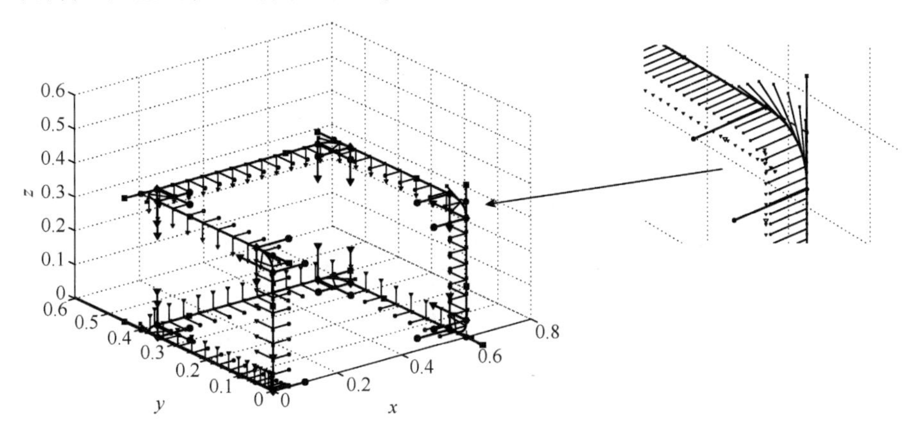

图9.17　叠加到位置轨迹上的姿态变化（该轨迹由线性段和5次贝塞尔曲线段组成）

最后，还需要通过设计相应的$\hat{u}(t)$，以将几何路径$[\hat{\boldsymbol{p}}(\hat{u}),\boldsymbol{R}(\hat{u})]$与运动律关联起来。根据运动律的定义，在设计$\hat{u}(t)$时只需要考虑位置路径即可。在本例中，我们假设进给速度是恒定的，但起始和结束阶段运动平滑，即起点和终点处的速度与加速度为0。因此，利用9.5节中介绍的方法，假设双S型轨迹$q^{ss}(t)$期望的进给速度为v(t)，总位移①$h=3.47$，并且约束条件为（由此，总时长为2s）：

$$\mathrm{v}_{max}=1.82,\qquad \mathrm{a}_{max}=27.41,\qquad \mathrm{j}_{max}=822.54$$

代入

$$\mathrm{v}_k=\dot{q}^{ss}(kT_s),\qquad \mathrm{a}_k=\ddot{q}^{ss}(kT_s)$$

到式（9.12）以求得第k时刻的参数$\hat{u}(t)$。可得到图9.18中的曲线$\hat{u}(t)$和图9.19中的速度与加速度。函数$|\widetilde{\boldsymbol{p}}^{(1)}(t)|$即为双S型运动律约束下的速度，而$|\widetilde{\boldsymbol{p}}^{(2)}(t)|$包括由加减速阶段的加速度分量，以及由于贝塞尔段中切向量的变化而产生的加速度分量，其值与$\dot{\hat{u}}^2(t)$成正比。请注意，后一项的幅值通常远远大于前一项。如果存在对最大加速度的约束，可根据5.2节中介绍的方法适当地对运动律$\hat{u}(t)$进行时间缩放。

例如，根据图9.18中的运动律$\hat{u}(t)$，加速度的幅值为85.76。如果最大加速度约束为$|\widetilde{\boldsymbol{p}}^{(2)}|_{max,d}=40$，即

$$|\tilde{\boldsymbol{p}}^{(2)}(t)|\leqslant|\tilde{\boldsymbol{p}}^{(2)}|_{max,d}=40$$

因此有必要假设：

$$t'=\frac{t}{\lambda}$$

其中，

$$\lambda=\sqrt{\frac{|\tilde{\boldsymbol{p}}^{(2)}|_{max,d}}{|\tilde{\boldsymbol{p}}^{(2)}|_{max}}}=0.68$$

---

① 位移为曲线$\hat{\boldsymbol{p}}(\hat{u})$，$\hat{u}\in[0,3.47]$的长度，由各段的长度之和由在$[\hat{u}_i,\hat{u}_{i+1}]$区间通过$\left|\dfrac{d\hat{p}_i(\hat{u})}{d\hat{u}}\right|$进行积分计算得到。

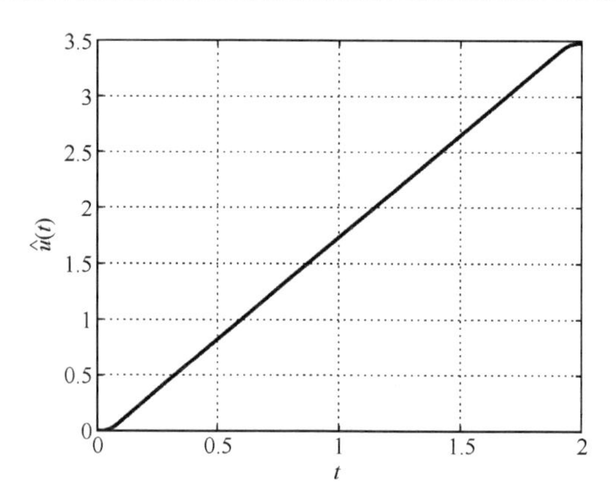

图 9.18　与 5 次贝塞尔曲线线性混合的几何路径关联的运动律

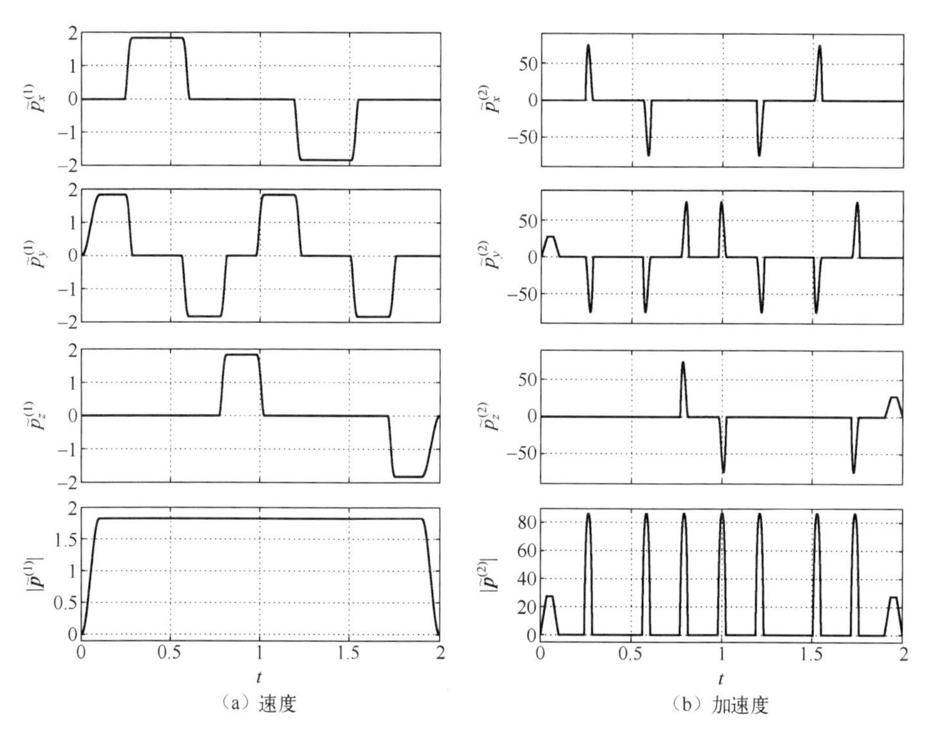

图 9.19　基于双 S 型进给速度规划的 5 次贝塞尔线性混合路径的速度与加速度(分量和幅值)

图 9.20 给出了时间缩放后新的速度和加速度曲线，并且新轨迹的时长为 $T'=2.92$。

在上述情况下，如果轨迹是均匀参数化的，即 $|\mathrm{d}\hat{\boldsymbol{p}}(\hat{u})/\mathrm{d}\hat{u}|\approx 1, \forall \hat{u}$，则可以通过减小最大进给速度的值得到类似的结果。因此，为了得到新的最大加速度约束下的轨迹，如图 9.21 所示，考虑以下约束下的双 S 型曲线即可：

$$\mathrm{v}'_{max}=\mathrm{v}_{max}\sqrt{\frac{|\tilde{\boldsymbol{p}}^{(2)}|_{max,d}}{|\tilde{\boldsymbol{p}}^{(2)}|_{max}}}=1.82\sqrt{\frac{40}{85.74}}=1.24$$

并且在这种情况下进给速度是恒定的，轨迹运行时间明显大于原值，为 $T=2.8720$。

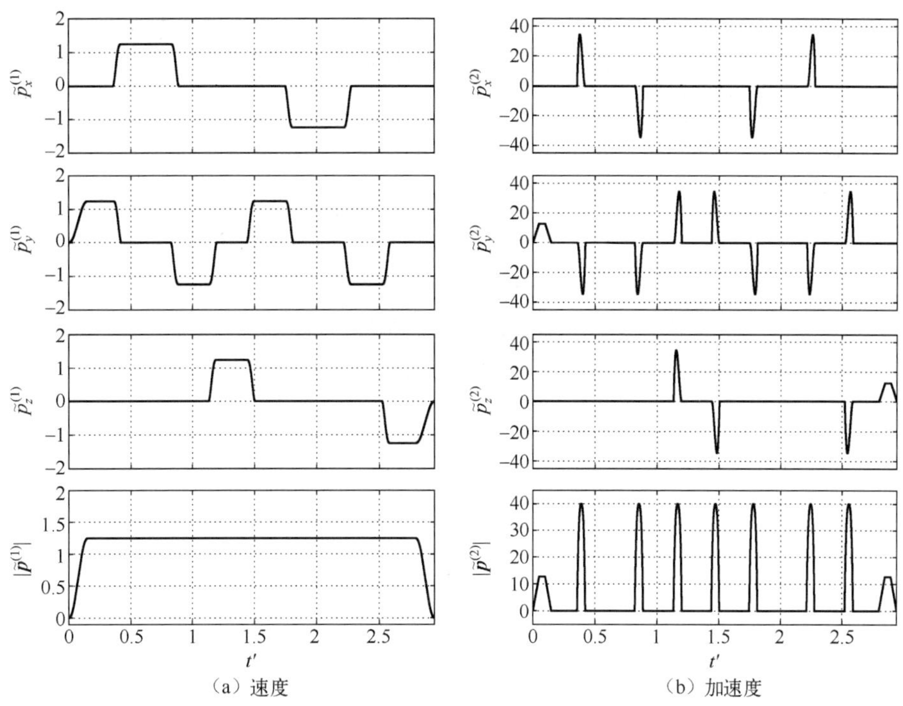

(a) 速度　　(b) 加速度

图 9.20　适当的时间缩放后最大加速度为 40 的 5 次贝塞尔曲线线性混合轨迹的速度和加速度曲线(分量和幅值)

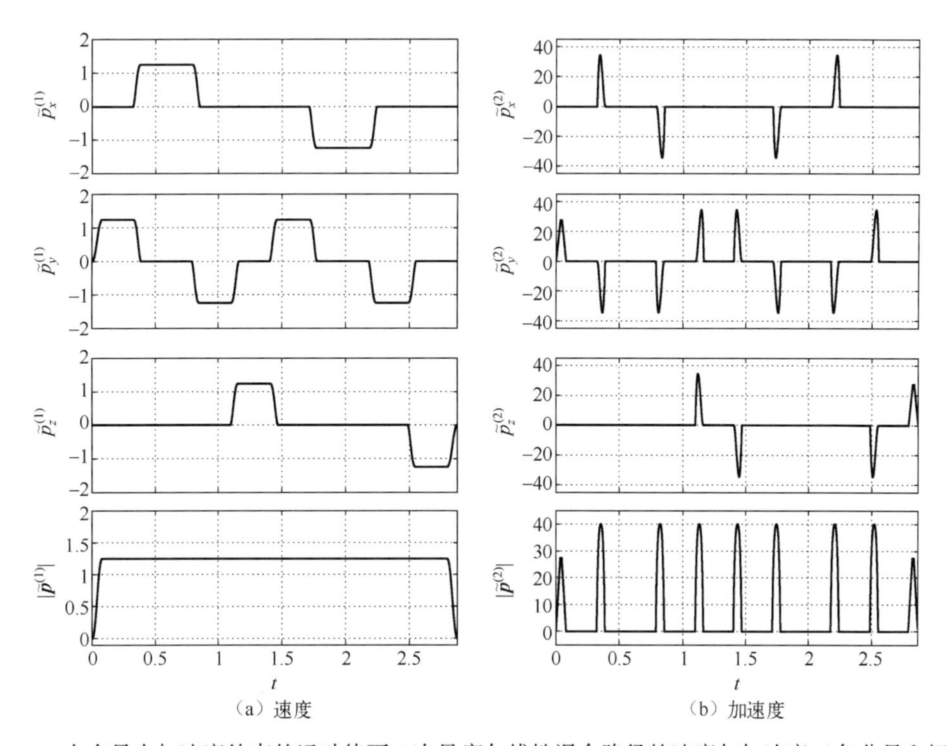

(a) 速度　　(b) 加速度

图 9.21　在有最大加速度约束的运动律下 5 次贝塞尔线性混合路径的速度与加速度（各分量和幅值）

另一种定义 $u(t)$ 的方法是以一种简单的方式处理最大速度/加速度的约束，它分别考虑轨迹的各个分段，并对每个分段设计不同的运动律。例如，可以对贝塞尔段采用恒速运动，而在直线段采用双 S 型运动。显然，这些运动律必须要保证沿几何路径的速度和加速度连续。为此，该方法可以在采用式（9.13）再参数化之前应用到曲线 $\boldsymbol{p}(u)$ 上。

给定轨迹段 $\boldsymbol{p}_i(u)$，$i=0,\cdots,14$，$u\in[0,1]$，第一步是计算 $u(t)$ 约束，以将速度 $|\widetilde{\boldsymbol{p}}^{(1)}(t)|$ 和加速度 $|\widetilde{\boldsymbol{p}}^{(2)}(t)|$ 限制在期望值之下。在本例中，最大值为

$$\mathrm{v}_{max}=1.82 \qquad \mathrm{a}_{max}=40 \qquad \mathrm{j}_{max}=822.54$$

由此可得 $u(t)$ 的约束，对于直线段（i 为偶数）：

$$\begin{cases}\dot{u}_{max,i}=\dfrac{\mathrm{v}_{max}}{\left|\dfrac{d\boldsymbol{p}_i(u)}{du}\right|_{max}}\\[2ex] \ddot{u}_{max,i}=\dfrac{\mathrm{a}_{max}}{\left|\dfrac{d\boldsymbol{p}_i(u)}{du}\right|_{max}}\\[2ex] \dddot{u}_{max,i}=\dfrac{\mathrm{j}_{max}}{\left|\dfrac{d\boldsymbol{p}_i(u)}{du}\right|_{max}}\end{cases} \tag{9.16}$$

对于贝塞尔段[①]（i 为奇数）：

$$\dot{u}_{max,i}=\min\left\{\dfrac{\mathrm{v}_{max}}{\left|\dfrac{d\boldsymbol{p}_i(u)}{du}\right|_{max}},\ \sqrt{\dfrac{\mathrm{a}_{max}}{\left|\dfrac{d^2\boldsymbol{p}_i(u)}{du^2}\right|_{max}}}\right\}$$

一旦计算出各段的速度和加速度的最大值（特别是贝塞尔段的速度），就可以推导出线性段的初始和终止速度（初始和终止段除外，它们的初始和终止速度分别为零），进而可以保证整条轨迹速度的连续性：

$$\begin{cases}\dot{u}_{0,i}=\dot{u}_{max,i-1}\dfrac{\left|\dfrac{d\boldsymbol{p}_{i-1}(u)}{du}\right|_{u=1}}{\left|\dfrac{d\boldsymbol{p}_i(u)}{du}\right|_{u=0}}\\[2ex] \dot{u}_{1,i}=\dot{u}_{max,i+1}\dfrac{\left|\dfrac{d\boldsymbol{p}_{i+1}(u)}{du}\right|_{u=0}}{\left|\dfrac{d\boldsymbol{p}_i(u)}{du}\right|_{u=1}}\end{cases} \quad i\text{为偶数} \tag{9.17}$$

然后，对于各线性段采用从 $u_{min}=0$ 到 $u_{max}=1$，起始时刻为 $t=t_i$ 的双 S 型规划（其中，t_i 为上一段的结束时间）；对于贝塞尔段，则采用式（9.17）给出的速度恒定为 $\dot{u}_{max,i}$ 的运动律[②]。如图 9.22 所示，由 $\widetilde{\boldsymbol{p}}(t)=\boldsymbol{p}(u)$ 和 $u=u(t)$ 定义的几何路径保持不变，但得到的速度和加速度与前面例子的有很大不同。注意，各段轨迹要么达到了最大加速度，要么达到了最大速度，并且轨迹的时长（$T=2.24$）相对于之前的方法大大缩短了。并且为了满足对 a_{max} 的

① 在这种情况下，假设运动律为恒定速度 $u(t)=u_{max,i}$。

② 在这种情况下，约束为 $u_{min}=0$、$u_{max}=1$，初始时间是 $t=t_i$。

约束，整条轨迹的速度都减小了。

针对姿态，可以令式（9.15）中的 $\theta_i(t)$ 为 5 次多项式，将相应的姿态轨迹定义为时间的函数，其可由下述条件求得：

$$\begin{aligned} t_{0,i} &= t_i & t_{1,i} &= t_{i+1} \\ \theta_{0,i} &= 0 & \theta_{1,i} &= \theta_{t,i} \\ \dot{\theta}_{0,i} &= 0 & \dot{\theta}_{1,i} &= 0 \\ \ddot{\theta}_{0,i} &= 0 & \ddot{\theta}_{1,i} &= 0 \end{aligned}$$

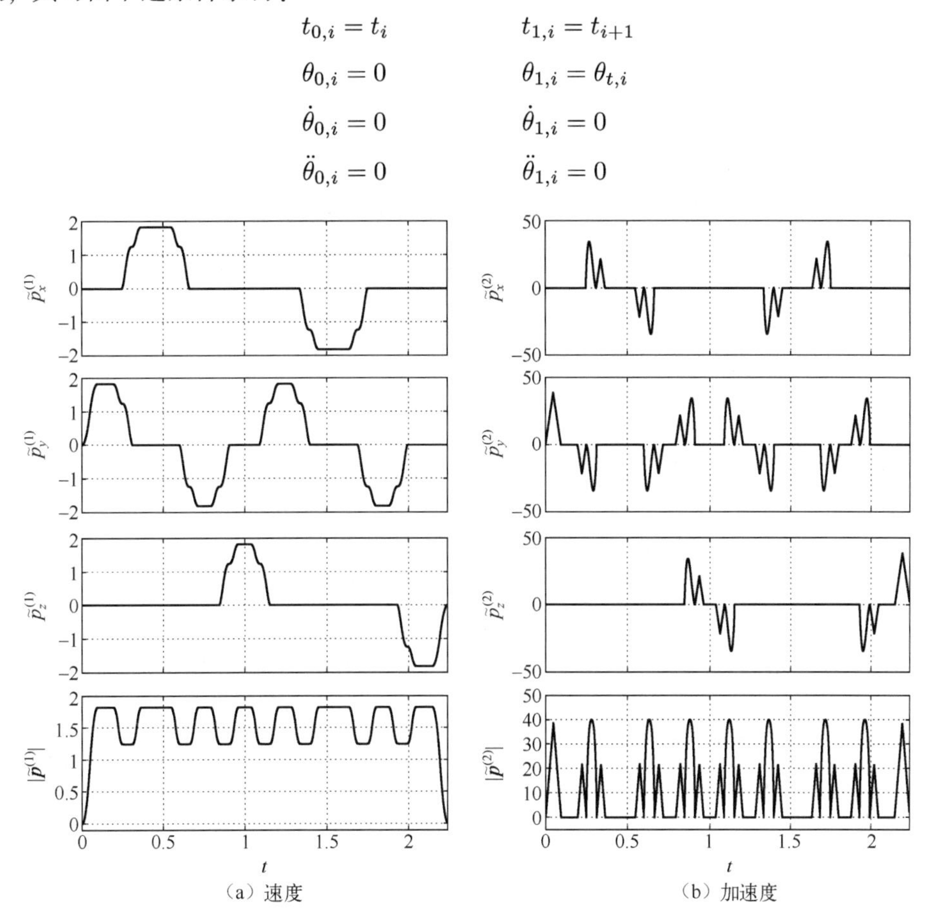

图 9.22　对各段运动律优化后得到的贝塞尔段与线性段混合轨迹的速度和加速度（各分量和幅值）

9.6.2　B 样条轨迹

考虑上一节中相同的途经点：

$$\begin{bmatrix} q_x \\ q_y \\ q_z \end{bmatrix} = \begin{bmatrix} 0 & 0.0 & 0.6 & 0.6 & 0.6 & 0.6 & 0.0 & 0.0 & 0 \\ 0 & 0.4 & 0.4 & 0.0 & 0.0 & 0.4 & 0.4 & 0.0 & 0 \\ 0 & 0.0 & 0.0 & 0.0 & 0.4 & 0.4 & 0.4 & 0.4 & 0 \end{bmatrix}$$

现在的目的是使用 3 次 B 样条进行插值，如 8.4 节所述。同样，在本例中姿态采用旋转矩阵表示局部框架的定义，如图 9.23 所示。特别地，与点 $\boldsymbol{q}_k(k=0,\cdots,8)$ 对应的框架为

$$\boldsymbol{R} = [\boldsymbol{R}_0, \boldsymbol{R}_1, \boldsymbol{R}_2, \boldsymbol{R}_3, \boldsymbol{R}_4, \boldsymbol{R}_5, \boldsymbol{R}_6, \boldsymbol{R}_7, \boldsymbol{R}_0]$$

其中，矩阵 $\boldsymbol{R}_k$ 与上一节中定义的相同。在本例中，还指定了轨迹经过途经点的时刻：

$$\boldsymbol{t} = [0, 0.5, 0.8, 1.1, 1.6, 1.9, 2.2, 2.5, 3]$$

在计算 B 样条时（见 8.4 节内容），为了方便，可以假设 $\bar{u}_k = t_k(k=0,\cdots,8)$。因此，定义 B 样条曲线的节点向量为

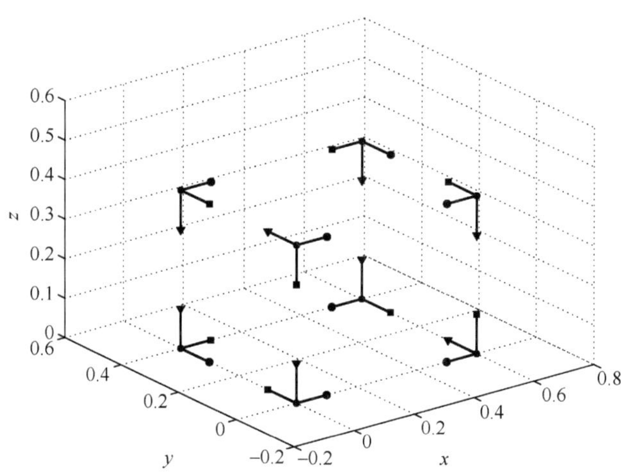

图 9. 23 B 样条插值的途经点位置和对应的局部框架

$$\boldsymbol{u}=[0,0,0,0,0.5,0.8,1.1,1.6,1.9,2.2,2.5,3,3,3,3]$$

为了完全确定姿态轨迹，旋转矩阵需要转换为翻滚-偏航-俯仰角的形式，得到的序列为

$$\begin{bmatrix}\varphi\\ \theta\\ \psi\end{bmatrix}=\begin{bmatrix}0 & -1.57 & 3.14 & 3.14 & 3.14 & -1.57 & 0.00 & 0.00 & 0\\ 0 & 0.00 & 0.00 & 0.00 & 0.00 & 0.00 & 0.00 & 0.00 & 0\\ 0 & 0.00 & 0.00 & 1.57 & 3.14 & 3.14 & 3.14 & -1.57 & 0\end{bmatrix}$$

接着可以采用和位置轨迹同样的方法对姿态路径插值。由于位置和姿态轨迹使用了相同的节点向量，因此它们是隐式同步的。得到的位置和姿态 B 样条控制点为

$$\boldsymbol{P}_{\mathrm{pos}}=\begin{bmatrix}0 & 0.00 & -0.39 & 0.80 & 0.52 & 0.51 & 0.81 & -0.21 & 0.10 & 0.00 & 0\\ 0 & 0.13 & 0.41 & 0.51 & -0.20 & -0.19 & 0.49 & 0.50 & -0.24 & 0.00 & 0\\ 0 & 0.00 & -0.01 & 0.01 & -0.08 & 0.48 & 0.39 & 0.35 & 0.61 & -0.40 & 0\end{bmatrix}^T$$

$$\boldsymbol{P}_{\mathrm{or}}=\begin{bmatrix}0 & -0.52 & -5.04 & 4.93 & 1.73 & 6.58 & -3.78 & 1.00 & -0.49 & 0.00 & 0\\ 0 & 0.00 & 0.00 & 0.00 & 0.00 & 0.00 & 0.00 & 0.00 & 0.00 & 0.00 & 0\\ 0 & 0.00 & 0.22 & -0.45 & 2.17 & 3.54 & 2.62 & 4.96 & -5.56 & 1.57 & 0\end{bmatrix}^T$$

图 9. 24 展示了使用 B 样条曲线得到的位置轨迹 $\boldsymbol{s}_{\mathrm{pos}}(u)$，图 9. 25 展示了与翻滚-偏航-俯仰角形式的姿态轨迹 $\boldsymbol{s}_{\mathrm{or}}(u)$ 对应的局部框架。

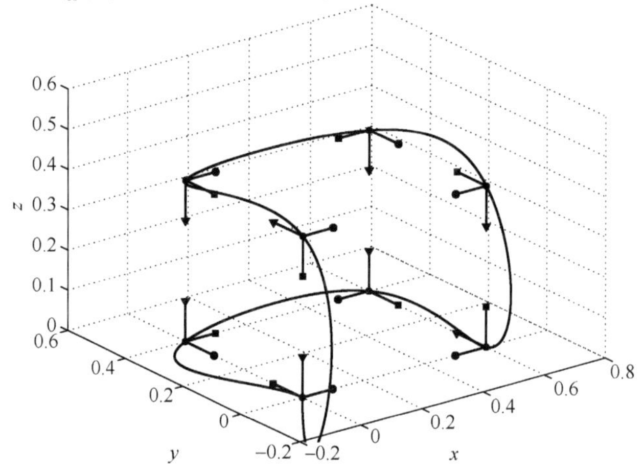

图 9. 24 使用 B 样条曲线得到的位置轨迹

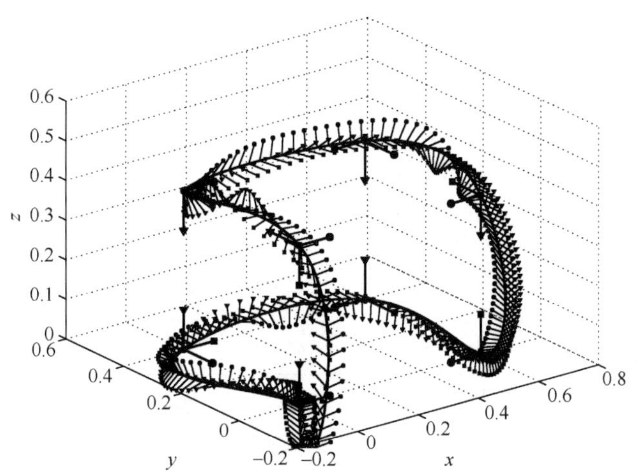

图 9.25　与翻滚-偏航-俯仰角形式的姿态轨迹 $\boldsymbol{s}_{\mathrm{or}}(u)$ 对应的局部框架

通过对两条 B 样条曲线应用简单的运动律 $u(t)=t$ 可以得到最终的轨迹：

$$\tilde{\boldsymbol{s}}(t)=\boldsymbol{s}(u)\big|_{u=t}$$

这样，在 $t_k=\bar{u}_k$ 时刻对数据点进行插值，但由此所得的速度、加速度在起点与终点处并不连续，如图 9.26 所示。这是由于参数化 $u(t)=t$ 的起点和终点处的速度 $\dot{u}(t)$ 与加速度 $\ddot{u}(t)$ 是非零的。因此，为了使起点和终点处的速度/加速度为零，需要假设参数化满足：

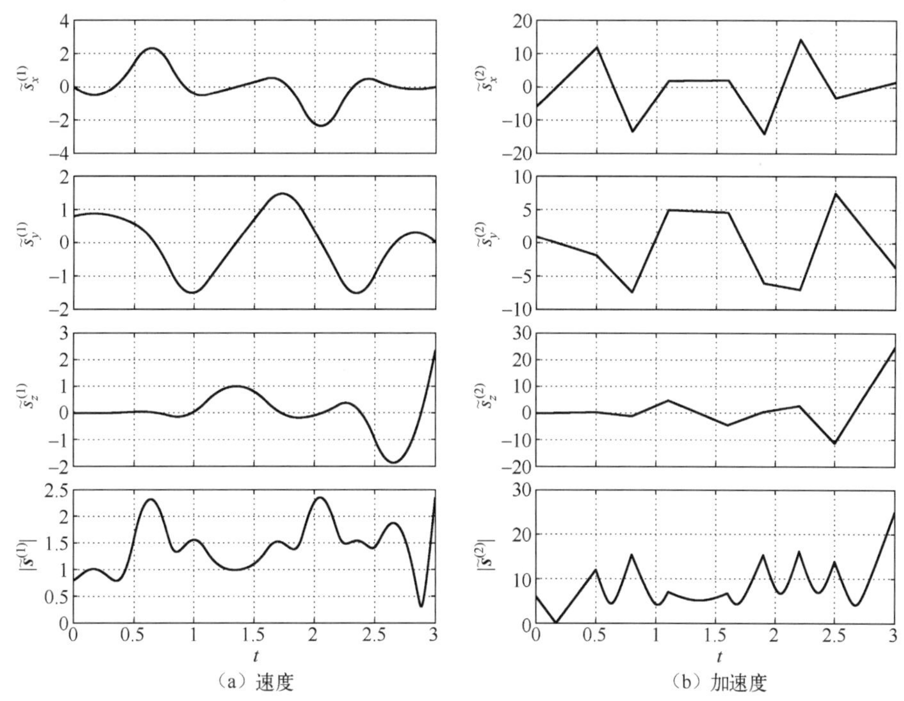

图 9.26　在 $u(t)=t$ 的参数化下 B 样条轨迹的速度和加速度（各分量和幅值）

$$\dot{u}(t_0)=0 \qquad \dot{u}(t_8)=0$$
$$\ddot{u}(t_0)=0 \qquad \ddot{u}(t_8)=0$$

为此，将 $u(t)=t$ 在区间 $[t_0,t_1]$ 和 $[t_7,t_8]$ 内修改为与 5 次多项式混合的形式，可由下列条件求得：

$$
\begin{aligned}
u(t_0) &= \bar{u}_0 & u(t_1) &= \bar{u}_1 \\
\dot{u}(t_0) &= 0 & \dot{u}(t_1) &= 1 \\
\ddot{u}(t_0) &= 0 & \ddot{u}(t_1) &= 0
\end{aligned}
$$

和

$$
\begin{aligned}
u(t_7) &= \bar{u}_7 & u(t_8) &= \bar{u}_8 \\
\dot{u}(t_7) &= 1 & \dot{u}(t_8) &= 0 \\
\ddot{u}(t_7) &= 0 & \ddot{u}(t_8) &= 0
\end{aligned}
$$

修改后的函数 $u(t)$ 如图 9.27 所示。注意到，由于$\bar{u}_k=t_k(k=0,\cdots,8)$，因此，重新参数化后，依旧可以保持期望的插值时刻。此外，新轨迹在起点和终点处的速度与加速度为零，如图 9.28 所示。

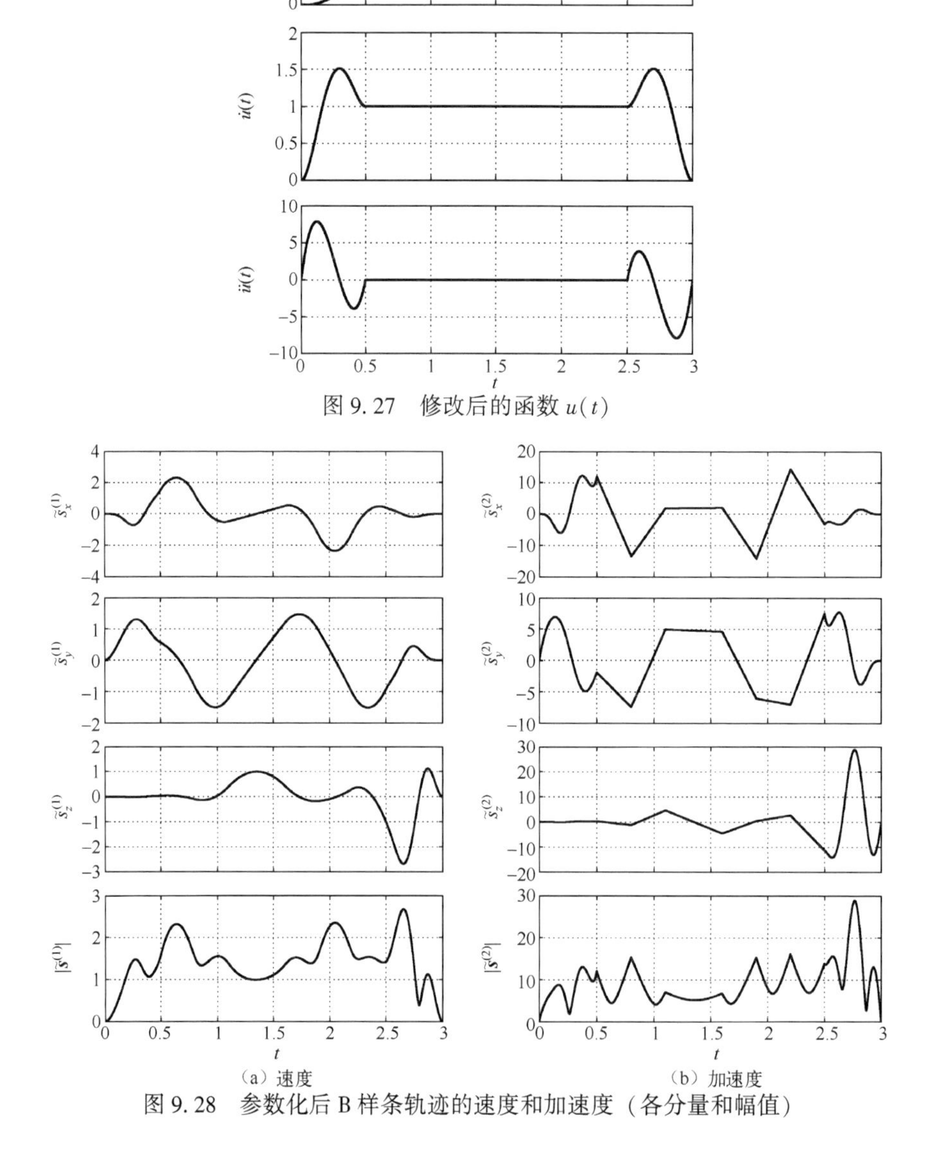

图 9.27　修改后的函数 $u(t)$

（a）速度　（b）加速度

图 9.28　参数化后 B 样条轨迹的速度和加速度（各分量和幅值）

9.6.3　光滑 B 样条轨迹

在本例中，考虑用轨迹逼近大量途经点的情况。这里只考虑位置轨迹，并假设姿态轨迹是恒定不变的。给定平面上的一些点，如图 9.29 所示，本例的目标是找到一条逼近它们的路径，并使轨迹保持恒定的速度。

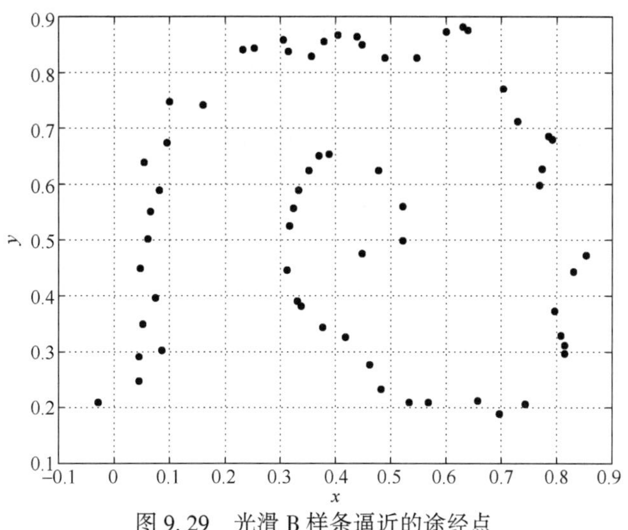

图 9.29　光滑 B 样条逼近的途经点

为此，本节采用 8.7 节中介绍的 B 样条曲线。$\boldsymbol{s}(u)$的节点假设在区间[0,1]上按弦长分布，控制点则根据 8.7.1 节的方法计算，其中权重 w_i 为单位量，系数$\lambda=10^{-6}$。图 9.30 展示了 $\boldsymbol{s}(u)$描述的几何路径。显然，本例中的λ可以保证路径曲率很小，但另一方面，近似误差则较大($\epsilon_{max}=0.0252$)。

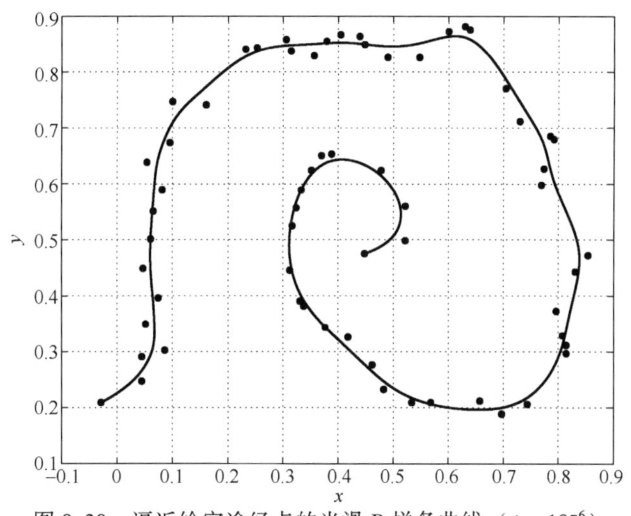

图 9.30　逼近给定途经点的光滑 B 样条曲线（$\lambda=10^{-6}$）

利用双 S 型速度曲线定义运动律 $u(t)$，进而可以使得大部分路径段速度恒定和起点/终点处速度连续（起点/终点处的速度和加速度为零）。采用与第一个例子中相同的方法，即 9.5 节中介绍的方法，代入以下值到式（9.12）定义运动律 $u(t)$：

$$\mathrm{v}_k = \dot{q}^{ss}(kT_s) \qquad \mathrm{a}_k = \ddot{q}^{ss}(kT_s)$$

其中，$q^{ss}(t)$是根据位移$h=2.9096$［等于$\boldsymbol{s}(u)$的长度］和以下条件得到的双S型轨迹：

$$\mathrm{v}_{max} = 2 \qquad \mathrm{a}_{max} = 40 \qquad \mathrm{j}_{max} = 200$$

轨迹的速度和加速度如图9.31所示。注意到，$|\tilde{\boldsymbol{s}}^{(1)}(t)|$是理想的双S型曲线，而加速度曲线则根据路径曲率的变化而变化。如果λ选择较小的值，则可以较大的曲率值为代价降低逼近误差。例如，令$\lambda=10^{-8}$，则生成的样条曲线与途经点的最大偏差为$\epsilon_{max}=0.0073$，如图9.32所示。采用与$\lambda=10^{-6}$情况相同的双S型进给速度，速度的幅值曲线基本相同，但各分量振荡更大，如图9.33（a）所示。这是由于“跟踪”途经点所需的速度方向变化快速，而这些快速的变化也是图9.33（b）所示曲率和加速度值较高的原因。

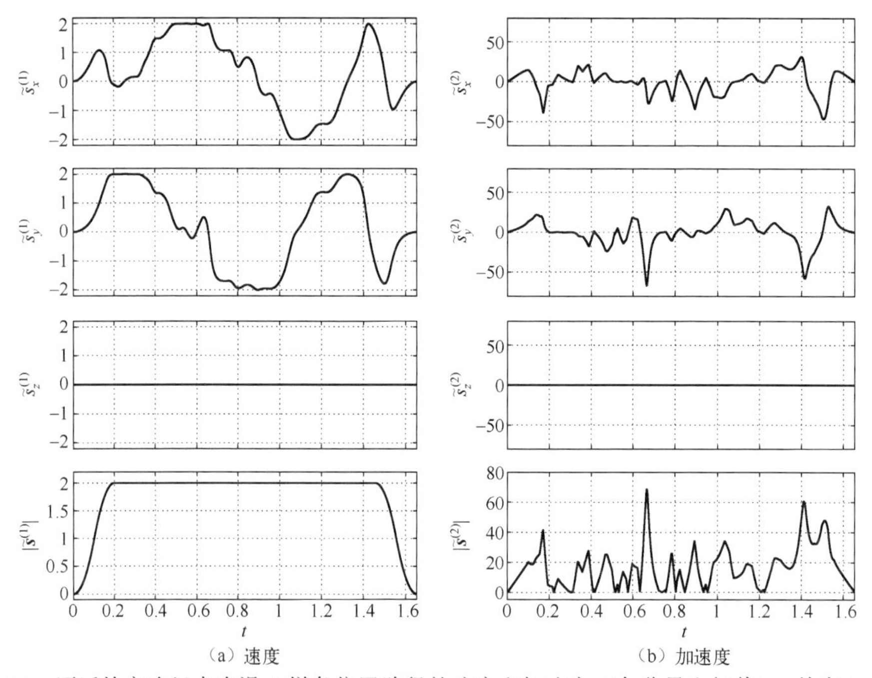

（a）速度　（b）加速度

图9.31　逼近给定途经点光滑B样条位置路径的速度和加速度（各分量和幅值），其中$\lambda=10^{-6}$

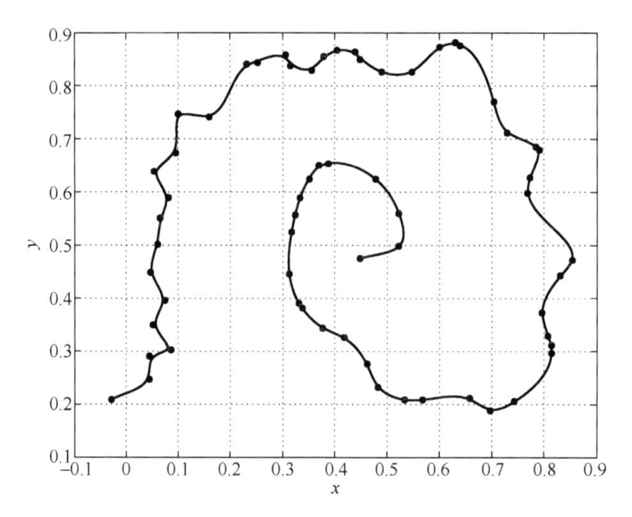

图9.32　逼近给定途经点的光滑B样条曲线（$\lambda=10^{-8}$）

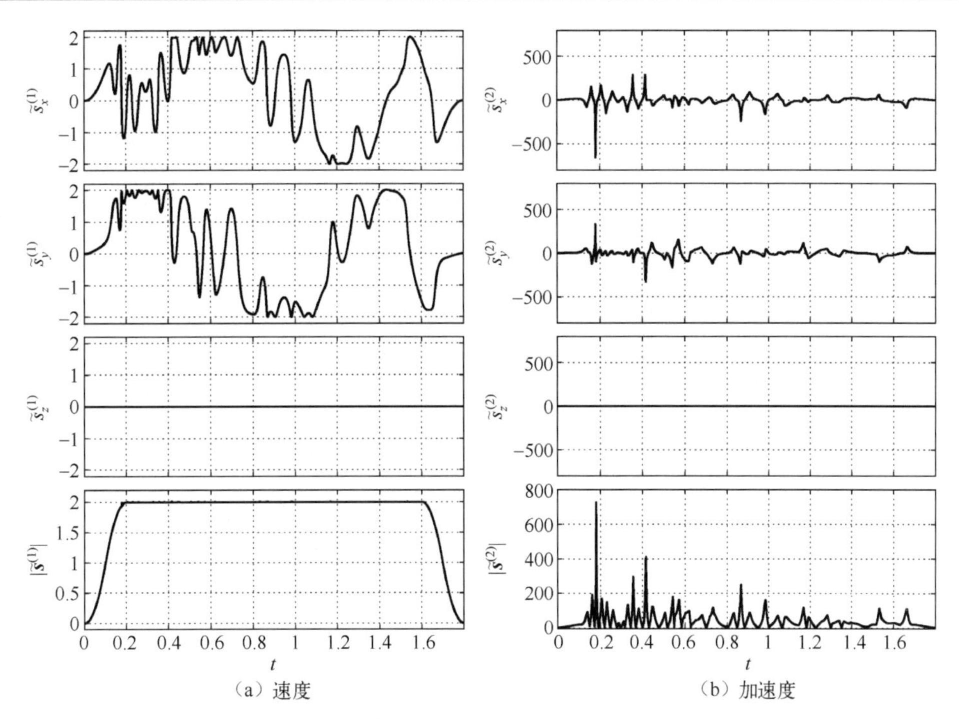

图 9.33　逼近给定途经点的光滑 B 样条位置路径的速度和加速度（各分量和幅值），其中 $\lambda = 10^{-8}$

9.6.4　基于运动基元的 B 样条逼近轨迹

由于直线、圆弧等运动基元使用简单，在许多工业应用中都用其定义几何路径。但是，当采用直线和圆弧运动来表示复杂路径时，旋转运动中的向心加速度分量会不可避免地导致加速度不连续。一种解决方法是在设计运动律时让直线和圆弧在路径衔接点处的速度为零。另一种解决方法是使用一种内在连续的近似轨迹，如三阶（或更高阶）B 样条路径。在下面的例子中，近似的轨迹如图 8.17 所示，其中近似过程中没有考虑姿态问题。通过对下列轨迹自“采样”的途经点进行插值可得到该近似的轨迹，图 9.34 展示了原轨迹和近似的 3 次 B 样条：

$$\begin{bmatrix} q_x \\ q_y \\ q_z \end{bmatrix} = \begin{bmatrix} 0 & 1.00 & 1.70 & 2.00 & 2.00 & 2.00 & 2.00 & 2.00 & 2.00 & 2.00 \\ 0 & 0.00 & 0.29 & 0.99 & 1.70 & 2.00 & 1.70 & 1.00 & 0.01 & 0.00 \\ 0 & 0.00 & 0.00 & 0.00 & 0.29 & 0.99 & 1.70 & 2.00 & 2.00 & 2.00 \end{bmatrix}$$

定义 B 样条曲线的节点矢量（在区间[0,1]上按弦长分布）和控制点（根据 8.4 节介绍的算法计算得到）为

$$\boldsymbol{u} = [0,\ 0,\ 0,\ 0,\ 0.15,\ 0.26,\ 0.38,\ 0.49,\ 0.61,\ 0.73,\ 0.84,\ 0.99,\ 1,\ 1,\ 1,\ 1]$$

$$\boldsymbol{P} = \begin{bmatrix} 0 & 0.33 & 0.91 & 1.79 & 2.05 & 1.98 & 2.00 & 1.99 & 2.00 & 2.00 & 2.00 & 2.00 \\ 0 & 0 & -0.07 & 0.20 & 1.00 & 1.77 & 2.10 & 1.78 & 0.92 & 0.33 & 0.00 & 0 \\ 0 & 0 & -0.00 & 0.01 & -0.05 & 0.20 & 0.99 & 1.79 & 2.07 & 2.00 & 2.00 & 2.00 \end{bmatrix}^T$$

用 Housdorff 距离定义的最大近似误差为 $\epsilon_{max} = 0.0194$，并且通过施加约束条件：

$$\mathrm{v}_{max} = 2 \qquad \mathrm{a}_{max} = 40 \qquad \mathrm{j}_{max} = 200$$

轨迹$\tilde{\boldsymbol{s}}(t)$的速度和加速度如图 9.35 所示。

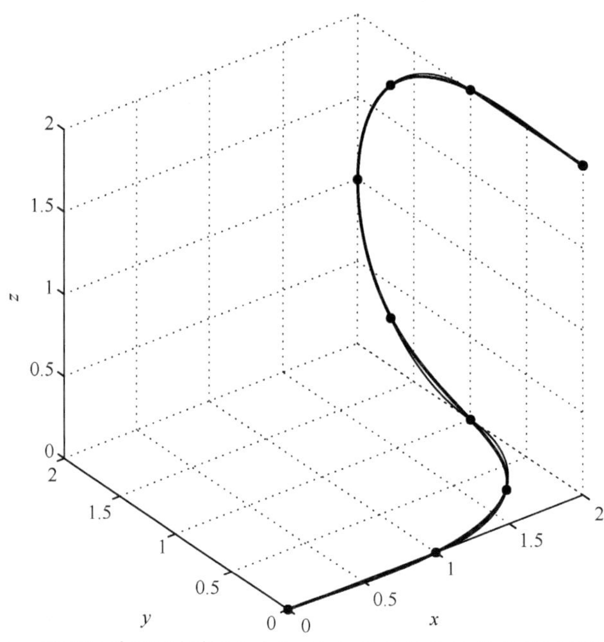

图 9.34　基于运动基元的轨迹（由 12 个控制点的 B 样条曲线逼近得到）

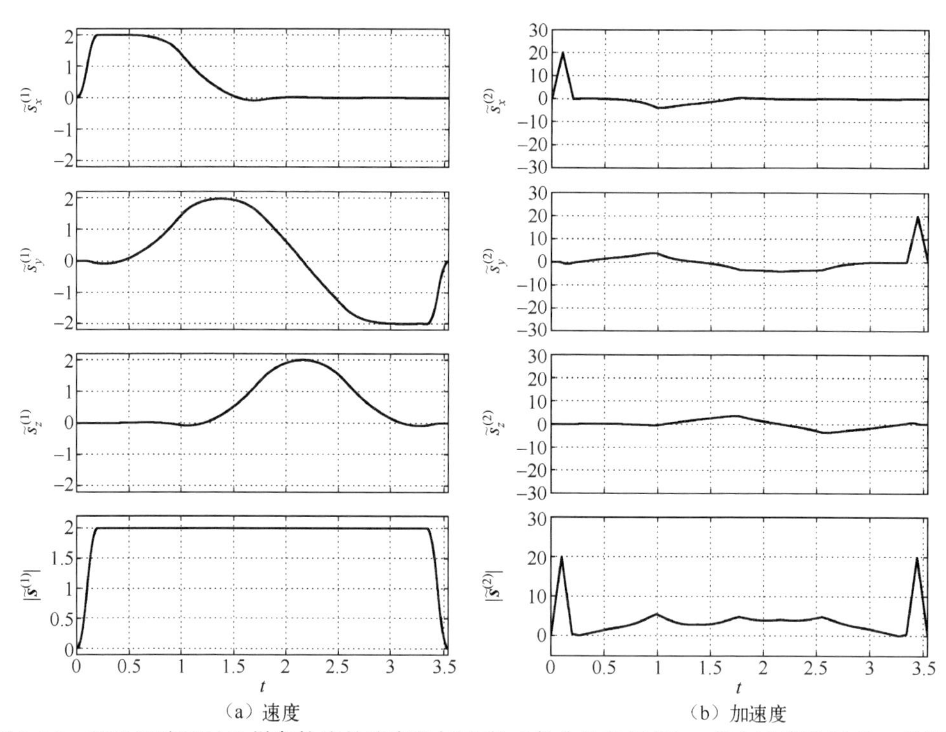

图 9.35　基于运动基元 B 样条轨迹的速度和加速度（各分量和幅值），其中速度采用双 S 型规划

注意到，尽管这里的加速度与直线段和圆弧段组成的轨迹以恒定速度（加速/减速阶段是分开的）进行跟踪时的值不相同，但它是连续的。事实上，加速度在直线段为零，而在圆弧段中为恒定值。

如果增加供 B 样条插值所需的原始轨迹途经点的数量，逼近结果会得到改善。例如，

假设途经点 $\boldsymbol{q}_k$ 的数量为 42，则路径最大近似误差为 $\epsilon_{max}=0.0032$，如图 9.36 所示。此外，使用前一种情况下相同的进给速度规划得到的速度和加速度曲线与由直线段和圆弧段组成的轨迹更相似，见图 9.37。在初始加速阶段之后，直线段的加速度为零，而在圆弧段中的加速度是恒定的。

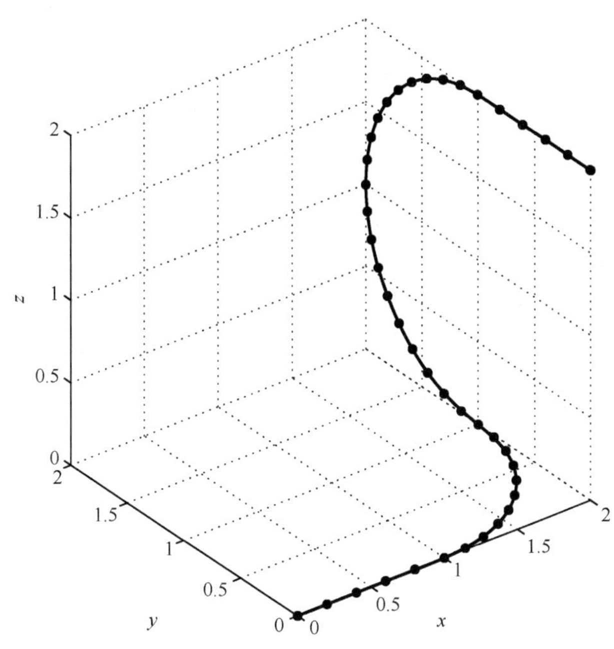

图 9.36　基于运动基元的轨迹（由 42 个控制点的 B 样条曲线逼近得到）

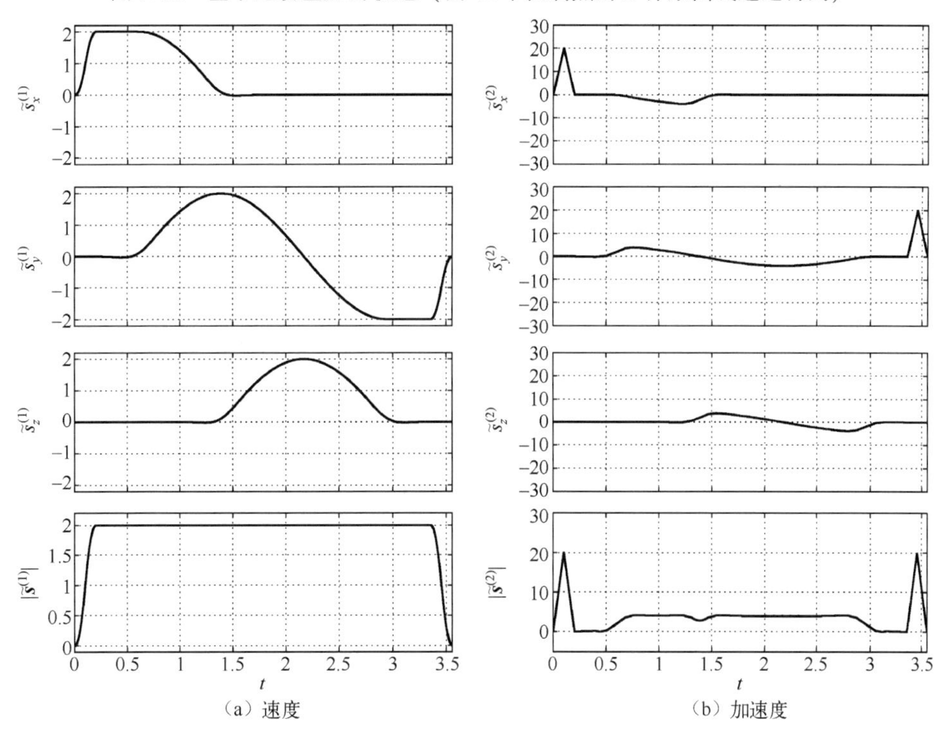

（a）速度　（b）加速度

图 9.37　基于运动基元 B 样条轨迹的速度和加速度（各分量和幅值），其中速度采用双 S 型规划

第四部分　附　　录

附录 A　数值问题

在附录中，2.1.7 节介绍了高达 21 阶的多项式表达式，3.6 节介绍了计算“4-3-4”所需的参数表达式，3.11 节介绍了由多项式和三角分段组成的轨迹表达式。在 4.4.1 节和 4.4.3 节中介绍了用于多项式函数和三对角线性方程组求解的有效算法。

A.1　归一化多项式 $q_N(\tau)$ 的参数

表 A.1 中为高达 21 阶的归一化多项式 $q_N(\tau)$ 的系数 a_i，其中位移为单位位移 $h=q_1-q_0=1$ 且持续时间为 $T=\tau_1-\tau_0=1$（通常假设 $T_0=0$），并假设其速度、加速度、加加速度满足零边界条件。定义速度和加速度的多项式 $\dot{q}_N(\tau)$ 和 $\ddot{q}_N(\tau)$ 的系数分别如表 A.2 和表 A.3 所述。

$$q_N(\tau)=a_0+a_1\tau+a_2\tau^2+a_3\tau^3+\cdots+a_n\tau^n=\sum_{i=0}^{n}a_i\tau^i$$

表 A.1　21 阶归一化多项式 $q_N(\tau)$ 的系数 a_i ［其导数的零边界条件高达 10 阶，且多项式的阶数为 $n=2n_c+1$，其中 n_c 为零初值（终值）条件的个数］

	3	5	7	9	11	13	15	17	19	21
a_0	0	0	0	0	0	0	0	0	0	0
a_1	0	0	0	0	0	0	0	0	0	0
a_2	3	0	0	0	0	0	0	0	0	0
a_3	-2	10	0	0	0	0	0	0	0	0
a_4	—	-15	35	0	0	0	0	0	0	0
a_5	—	6	-84	126	0	0	0	0	0	0
a_6	—	—	70	-420	462	0	0	0	0	0
a_7	—	—	-20	540	-1980	1716	0	0	0	0
a_8	—	—	—	-315	3465	-9009	6435	0	0	0
a_9	—	—	—	70	-3080	20020	-40040	24310	0	0
a_{10}	—	—	—	—	1386	-24024	108108	-175032	92378	0
a_{11}	—	—	—	—	-252	16380	-163800	556920	-755820	352716
a_{12}	—	—	—	—	—	-6006	150150	-1021020	2771340	-3233230

续表

	3	5	7	9	11	13	15	17	19	21
a_{13}	—	—	—	—	—	924	-83160	1178100	-5969040	13430340
a_{14}	—	—	—	—	—	—	25740	-875160	8314020	-33256080
a_{15}	—	—	—	—	—	—	-3432	408408	-7759752	54318264
a_{16}	—	—	—	—	—	—	—	-109395	4849845	-61108047
a_{17}	—	—	—	—	—	—	—	12870	-1956240	47927880
a_{18}	—	—	—	—	—	—	—	—	461890	-25865840
a_{19}	—	—	—	—	—	—	—	—	-48620	9189180
a_{20}	—	—	—	—	—	—	—	—	—	-1939938
a_{21}	—	—	—	—	—	—	—	—	—	-184756

表A.2 定义速度的多项式$\dot{q}_N(\tau)$的系数a_i

	2	4	6	8	10	12	14	16	18	20
a_0	0	0	0	0	0	0	0	0	0	0
a_1	6	0	0	0	0	0	0	0	0	0
a_2	-6	30	0	0	0	0	0	0	0	0
a_3	—	-60	140	0	0	0	0	0	0	0
a_4	—	30	-420	630	0	0	0	0	0	0
a_5	—	—	420	-2520	2772	0	0	0	0	0
a_6	—	—	-140	3780	-13860	12012	0	0	0	0
a_7	—	—	—	-2520	27720	-72072	51480	0	0	0
a_8	—	—	—	630	-27720	180180	-360360	218790	0	0
a_9	—	—	—	—	13860	-240240	1081080	-1750320	923780	0
a_{10}	—	—	—	—	-2772	180180	-1801800	6126120	-8314020	3879876
a_{11}	—	—	—	—	—	-72072	1801800	-12252240	33256080	-38798760
a_{12}	—	—	—	—	—	12012	-1081080	15315300	-77597520	174594420
a_{13}	—	—	—	—	—	—	360360	-12252240	116396280	-465585120
a_{14}	—	—	—	—	—	—	-51480	6126120	-116396280	814773960
a_{15}	—	—	—	—	—	—	—	-1750320	77597520	-977728752
a_{16}	—	—	—	—	—	—	—	218790	-33256080	814773960
a_{17}	—	—	—	—	—	—	—	—	8314020	-465585120
a_{18}	—	—	—	—	—	—	—	—	-923780	174594420
a_{19}	—	—	—	—	—	—	—	—	—	-38798760
a_{20}	—	—	—	—	—	—	—	—	—	3879876

表 A.3 定义加速度的多项式 $\ddot{q}_N(\tau)$ 的系数 a_i

	1	3	5	7	9	11	13	15	17	19
a_0	6	0	0	0	0	0	0	0	0	0
a_1	-12	60	0	0	0	0	0	0	0	0
a_2	—	-180	420	0	0	0	0	0	0	0
a_3	—	120	-1680	2520	0	0	0	0	0	0
a_4	—	—	2100	-12600	13860	0	0	0	0	0
a_5	—	—	-840	22680	-83160	72072	0	0	0	0
a_6	—	—	—	-17640	194040	-504504	360360	0	0	0
a_7	—	—	—	5040	-221760	1441440	-2882880	1750320	0	0
a_8	—	—	—	—	124740	-2162160	9729720	-15752880	8314020	0
a_9	—	—	—	—	-27720	1801800	-18018000	61261200	-83140200	38798760
a_{10}	—	—	—	—	—	-792792	19819800	-134774640	365816880	-426786360
a_{11}	—	—	—	—	—	144144	-12972960	183783600	-931170240	2095133040
a_{12}	—	—	—	—	—	—	4684680	-159279120	1513151640	-6052606560
a_{13}	—	—	—	—	—	—	-720720	85765680	-1629547920	11406835440
a_{14}	—	—	—	—	—	—	—	-26254800	1163962800	-14665931280
a_{15}	—	—	—	—	—	—	—	3500640	-532097280	13036383360
a_{16}	—	—	—	—	—	—	—	—	141338340	-7914947040
a_{17}	—	—	—	—	—	—	—	—	-16628040	3142699560
a_{18}	—	—	—	—	—	—	—	—	—	-737176440
a_{19}	—	—	—	—	—	—	—	—	—	77597520

A.2 轨迹“4-3-4”的参数

“4-3-4”轨迹是由 14 个参数定义的，具体参见 3.6 节内容。其中一些参数根据初始和终止条件计算而得：

$$a_{0l} = q_0 \qquad a_{1l} = 0 \qquad a_{2l} = 0,$$

$$a_{0t} = q_a$$

$$a_{0s} = q_1 \qquad a_{1s} = 0 \qquad a_{2s} = 0$$

其余 7 个参数是通过 3.6 节中的 7 个方程求解得到的。为了简单起见，让我们定义常量：

$$m_0 = 7T_s(2T_l+T_t)+3T_t(3T_l+2T_t) \qquad h_a = q_a-q_0 \qquad h_b = q_b-q_a \qquad h_1 = q_1-q_b$$

参数为

$$a_{4l} = \frac{-3T_sT_t(T_s+2T_t)h_a + T_l(-2{T_t}^2h_1 + {T_s}^2(-2h_a+h_b) + 3T_sT_t(-h_a+h_b))}{T_sm_0}$$

$$a_{3l} = \frac{4T_sT_t(T_s+2T_t)h_a + T_l(2{T_t}^2h_1 + {T_s}^2(4h_a-h_b) + T_t(6T_sh_a-3T_sh_b))}{T_sm_0}$$

$$a_{3t} = \frac{T_t(2{T_t}^2h_1 + 2{T_s}^2h_a + T_sT_t(6h_a - h_b)) + T_l(6{T_t}^2h_1 - {T_s}^2h_b - 6T_sT_th_b)}{T_sm_0}$$

$$a_{2t} = \frac{3(-2T_sT_t(T_s + 2T_t)h_a + T_l(-2{T_t}^2h_1 + {T_s}^2h_b + 3T_sT_th_b))}{T_sm_0}$$

$$a_{1t} = \frac{T_t(-2{T_t}^2h_1 + 3T_sT_t(2h_a + h_b) + {T_s}^2(4h_a + h_b))}{T_sm_0}$$

$$a_{4s} = \frac{3T_sT_t(2T_l + T_t)h_1 + {T_t}^2(3T_l + 2T_t)h_1 + {T_s}^2(2T_th_a - 3T_lh_b - T_th_b)}{T_tm_0}$$

$$a_{3s} = \frac{4T_sT_t(2T_l + T_t)h_1 + 2{T_t}^2(3T_l + 2T_t)h_1 + {T_s}^2(2T_th_a - 3T_lh_b - T_th_b)}{T_tm_0}.$$

A.3　方程 $Mk=q$ 的解

在零边界条件（$v_0=v_7=0$）下，式（3.56）中的系数a_1、a_2、k_{ij}求解如下。

如果矩阵 M 的元素 $m_{i,j}$已知，则可定义参数：

$$\begin{aligned}
s_1 &= (-m_{1,1} + m_{2,1} + m_{3,1} + m_{4,1}) \\
s_2 &= (m_{13,2} + m_{14,2} + m_{15,2} + m_{16,2}) \\
s_3 &= (m_{10,1} + m_{11,1} + m_{12,1}) \\
s_4 &= (m_{5,2} + m_{6,2} + m_{7,2} + m_{8,2}) \\
s_5 &= (-m_{1,1} + m_{2,1}) \\
T_{13} &= (T_1 + T_2 + T_3) \\
T_{23} &= (T_2 + T_3) \\
T_{24} &= (T_2 + T_3 + T_4) \\
T_{25} &= (T_2 + T_3 + T_4 + T_5) \\
T_{26} &= (T_2 + T_3 + T_4 + T_5 + T_6) \\
T_{27} &= (T_2 + T_3 + T_4 + T_5 + T_6 + T_7) \\
T_{14} &= (T_1 + T_2 + T_3 + T_4) \\
T_{15} &= (T_1 + T_2 + T_3 + T_4 + T_5) \\
T_{16} &= (T_1 + T_2 + T_3 + T_4 + T_5 + T_6) \\
T_{17} &= (T_1 + T_2 + T_3 + T_4 + T_5 + T_6 + T_7) \\
T_{34} &= (T_3 + T_4) \\
T_{35} &= (T_3 + T_4 + T_5) \\
T_{36} &= (T_3 + T_4 + T_5 + T_6) \\
T_{37} &= (T_3 + T_4 + T_5 + T_6 + T_7) \\
T_{45} &= (T_4 + T_5) \\
T_{46} &= (T_4 + T_5 + T_6) \\
T_{47} &= (T_4 + T_5 + T_6 + T_7) \\
T_{57} &= (T_5 + T_6 + T_7) \\
D_1 &= (-s_2s_1 + (s_3 - m_{9,1})s_4 \\
&\quad +(-T_{14}m_{1,1} + T_{24}m_{2,1} + T_{34}m_{3,1} + T_4m_{4,1})m_{5,2} \\
&\quad +(-T_{15}m_{1,1} + T_{25}m_{2,1} + T_{35}m_{3,1} + T_{45}m_{4,1})m_{6,2} \\
&\quad +(-T_{16}m_{1,1} + T_{26}m_{2,1} + T_{36}m_{3,1} + T_{46}m_{4,1})m_{7,2} \\
&\quad +(-T_{17}m_{1,1} + T_{27}m_{2,1} + T_{37}m_{3,1} + T_{47}m_{4,1})m_{8,2})
\end{aligned}$$

然后，式（3.56）的解为

$$
\begin{aligned}
\mathbf{a}_1 &= -s_4(q_0-q_1)/D_1\\
\mathbf{a}_2 &= s_1(q_0-q_1)/D_1\\
k_{11} &= (m_{1,1}s_4(q_0-q_1))/D_1\\
k_{21} &= ((m_{1,1}-m_{2,1})s_4(q_0-q_1))/D_1\\
k_{31} &= ((m_{1,1}-m_{2,1}-m_{3,1})s_4(q_0-q_1))/D_1\\
k_{41} &= (-s_1s_4(q_0-q_1))/D_1\\
k_{51} &= (-s_1(m_{6,2}+m_{7,2}+m_{8,2})(q_0-q_1))/D_1\\
k_{61} &= (-s_1(m_{7,2}+m_{8,2})(q_0-q_1))/D_1\\
k_{71} &= (-s_1m_{8,2}(q_0-q_1))/D_1\\
k_{12} &= ((-s_2s_1+(s_3-T_{14}m_{1,1}+T_{24}m_{2,1}+T_{34}m_{3,1}+T_{44}m_{4,1})m_{5,2}\\
&\quad +(s_3-T_{15}m_{1,1}+T_{25}m_{2,1}+T_{35}m_{3,1}+T_{45}m_{4,1})m_{6,2}\\
&\quad +(s_3-T_{16}m_{1,1}+T_{26}m_{2,1}+T_{36}m_{3,1}+T_{46}m_{4,1})m_{7,2}\\
&\quad +(s_3-T_{17}m_{1,1}+T_{27}m_{2,1}+T_{37}m_{3,1}+T_{47}m_{4,1})m_{8,2})q_0-s_4m_{9,1}q_1)(1/D_1)\\
k_{22} &= ((-s_2s_1+(m_{11,1}+m_{12,1}+T_{24}s_5+T_{34}m_{3,1}+T_4m_{4,1})m_{5,2}\\
&\quad +(m_{11,1}+m_{12,1}+T_{25}s_5+T_{35}m_{3,1}+T_{45}m_{4,1})m_{6,2}\\
&\quad +(m_{11,1}+m_{12,1}+T_{26}s_5+T_{36}m_{3,1}+T_{46}m_{4,1})m_{7,2}\\
&\quad +(m_{11,1}+m_{12,1}+T_{27}s_5+T_{37}m_{3,1}+T_{47}m_{4,1})m_{8,2})q_0\\
&\quad +(m_{10,1}-m_{9,1}-m_{1,1}T_1)s_4q_1)(1/D_1)\\
k_{32} &= ((-s_2s_1+m_{12,1}s_4+(T_{34}s_5+T_{34}m_{3,1}\quad T_4m_{4,1})m_{5,2}\\
&\quad +(T_{35}s_5+T_{35}m_{3,1}+T_{45}m_{4,1})m_{6,2}+(T_{36}s_5+T_{36}m_{3,1}+T_{46}m_{4,1})m_{7,2}\\
&\quad +(T_{37}s_5+T_{37}m_{3,1}+T_{47}m_{4,1})m_{8,2})q_0\\
&\quad +((m_{10,1}+m_{11,1}+T_2m_{2,1}-m_{9,1})-m_{1,1}(T_1+T_2))s_4q_1)(1/D_1)\\
k_{42} &= ((-s_2+T_4m_{5,2}+T_{45}m_{6,2}+T_{46}m_{7,2}+T_{47}m_{8,2})s_1)q_0\\
&\quad +((s_3-T_{123}m_{1,1}+T_{23}m_{2,1}+T_3m_{3,1}-m_{9,1})s_4)q_1)(1/D_1)\\
k_{52} &= ((-(m_{14,2}+m_{15,2}+m_{16,2})+T_5m_{6,2}+(T_5+T_6)m_{7,2}+T_{57}m_{8,2})s_1q_0\\
&\quad +(-m_{13,2}s_1+(-T_{14}m_{11}+T_{24}m_{2,1}+T_{34}m_{3,1}+T_4m_{4,1}+s_3-m_{9,1})s_4)q_1)(1/D_1)\\
k_{62} &= ((-(m_{15,2}+m_{16,2})+T_6m_{7,2}+(T_6+T_7)m_{8,2})s_1q_0\\
&\quad +(-(m_{13,2}+m_{14,2})s_1+(s_3-m_{9,1})s_4\\
&\quad +(-T_{14}m_{1,1}+T_{24}m_{2,1}+T_{34}m_{3,1}+T_4m_{4,1})m_{5,2}\\
&\quad +(-T_{15}m_{1,1}+T_{25}m_{2,1}+T_{35}m_{3,1}+T_{45}m_{4,1})(m_{6,2}+m_{7,2}+m_{8,2}))q_1)(1/D_1)\\
k_{72} &= ((T_7m_{8,2}-m_{16,2})s_1q_0+(-(m_{13,2}+m_{14,2}+m_{15,2})s_1\\
&\quad +(s_3-m_{9,1})s_4+(-T_{14}m_{1,1}+T_{24}m_{2,1}+T_{34}m_{3,1}+T_4m_{4,1})m_{5,2}\\
&\quad +(-T_{15}m_{1,1}+T_{25}m_{2,1}+T_{35}m_{3,1}+T_{45}m_{4,1})m_{6,2}\\
&\quad +(-T_{16}m_{1,1}+T_{26}m_{2,1}+T_{36}m_{3,1}+T_{46}m_{4,1})(m_{7,2}+m_{8,2}))q_1)(1/D_1)
\end{aligned}
$$

A.4　多项式函数的有效求解

给定阶数为 n 的多项式，其标准形式表示为

$$p(x)=a_nx^n+a_{n-1}x^{n-1}+\cdots+a_1x+a_0$$

所谓的霍纳方法为点 x_0 处的求解提供了一种有效的技术，只需 n 次乘法和 n 次加法即可。

此技术基于多项式能够使用嵌套乘法形式表示的观测结果：

$$p(x) = ((\cdots((a_n x + a_{n-1})x + a_{n-2})\cdots)x + a_1)x + a_0$$

因此，通过假设 $b_n = a_n$ 并且对每个 a_k 执行以下计算可递归求解得到 $p(x)$：

$$\begin{aligned}&\text{for } k = n-1 : -1 : 0 \text{ do}\\&\quad b_k = a_k + x_0 b_{k+1}\\&\text{end loop } (k)\end{aligned}$$

然后 $p(x_0) = b_0$。使用同样的技术，可计算出多项式的导数 $\dot{p}(x)$ 在 x_0 处的值。假设 $c_n = b_n$，则 $\dot{p}(x_0)$ 的求解如下：

$$\begin{aligned}&\text{for } k = n-1 : -1 : 1 \text{ do}\\&\quad c_k = b_k + x_0 c_{k+1}\\&\text{end loop } (k)\end{aligned}$$

最后 $\dot{p}(x_0) = c_1$。

A.5　三对角线性方程的数值解

A.5.1　三对角线性方程

线性代数方程形式如下：

$$\boldsymbol{A}\boldsymbol{x} = \boldsymbol{d}$$

当矩阵 $\boldsymbol{A}$ 为三对角形式时，方程的求解在计算上简单高效。在这种情况下，具有如下形式：

$$\begin{bmatrix} b_1 & c_1 & 0 & \cdots & & 0 \\ a_2 & b_2 & c_2 & 0 & & \vdots \\ 0 & a_3 & b_3 & & \ddots & \\ \vdots & 0 & & \ddots & & 0 \\ & & \ddots & & & c_{n-1} \\ 0 & \cdots & & 0 & a_n & b_n \end{bmatrix} \begin{bmatrix} x_1 \\ x_2 \\ \\ \vdots \\ x_{n-1} \\ x_n \end{bmatrix} = \begin{bmatrix} d_1 \\ d_2 \\ \\ \vdots \\ d_{n-1} \\ d_n \end{bmatrix}$$

并且可使用所谓的托马斯算法，方程求解共需要 $O(n)$ 个操作。

该算法会覆盖原始数组（如果覆盖是非期望的，则可方便地复制原始数组），该算法基于两个步骤。

1. 正向消除

$$\begin{aligned}&\text{for } k = 2 : 1 : n \text{ do}\\&\quad m = \frac{a_k}{b_{k-1}}\\&\quad b_k = b_k - m\,c_{k-1}\\&\quad d_k = d_k - m\,d_{k-1}\\&\text{end loop } (k)\end{aligned}$$

2. 反向替代

$$
\begin{aligned}
& x_n = \frac{d_n}{b_n} \\
& \text{for } k = n-1 : -1 : 1 \text{ do} \\
& \qquad x_k = \frac{d_k - c_k\, x_{k+1}}{b_k} \\
& \text{end loop } (k)
\end{aligned}
$$

如果 $b_1=0$，则无法使用此方法。在这种情况下，可消除变量 $x_2=\frac{d_1}{c_1}$，然后求解 $n-1$ 个未知数的线性方程，此线性方程仍然是三对角线性方程。

A. 5. 2 循环三对角线性方程

当线性方程为循环形式，即

$$
\begin{bmatrix}
b_1 & c_1 & 0 & \cdots & 0 & a_1 \\
a_2 & b_2 & c_2 & 0 & & 0 \\
0 & a_3 & b_3 & & \ddots & \vdots \\
\vdots & 0 & & \ddots & & 0 \\
0 & & \ddots & & & c_{n-1} \\
c_n & 0 & \cdots & 0 & a_n & b_n
\end{bmatrix}
\begin{bmatrix} x_1 \\ x_2 \\ \\ \vdots \\ \\ x_{n-1} \\ x_n \end{bmatrix}
=
\begin{bmatrix} d_1 \\ d_2 \\ \\ \vdots \\ \\ d_{n-1} \\ d_n \end{bmatrix}
\tag{A. 1}
$$

通过使用标准三对角线性方程算法（谢尔曼 - 莫里森公式[98]）可进行求解。特别是，线性方程（A. 1）可以重写为

$$
(\overline{\boldsymbol{A}} + \boldsymbol{u}\,\boldsymbol{v}^T)\,\boldsymbol{x} = \boldsymbol{d} \tag{A. 2}
$$

其中

$$
\overline{\boldsymbol{A}} =
\begin{bmatrix}
0 & c_1 & 0 & \cdots & 0 & 0 \\
a_2 & b_2 & c_2 & 0 & & 0 \\
0 & a_3 & b_3 & & \ddots & \vdots \\
\vdots & 0 & & \ddots & & 0 \\
0 & & \ddots & & & c_{n-1} \\
0 & 0 & \cdots & 0 & a_n & \left(b_n - \frac{a_1 c_n}{b_1}\right)
\end{bmatrix}
$$

且

$$
\boldsymbol{u}^T = [b_1 \;\; 0 \;\; 0 \;\; \cdots \;\; 0 \;\; c_n] \qquad \boldsymbol{v}^T = [1 \;\; 0 \;\; 0 \;\; \cdots \;\; 0 \;\; a_1/b_1]
$$

至此，解决以下两个额外问题就足够了（如上一节详细所述）：

$$
\begin{aligned}
\overline{\boldsymbol{A}}\,\boldsymbol{y} &= \boldsymbol{d} \\
\overline{\boldsymbol{A}}\,\boldsymbol{q} &= \boldsymbol{u}
\end{aligned}
$$

式（A. 2）的解求得为

$$
\boldsymbol{x} = \boldsymbol{y} - \frac{\boldsymbol{v}^T\boldsymbol{y}}{1+(\boldsymbol{v}^T\boldsymbol{q})}\;\;\boldsymbol{q}
$$

附录 B　B 样条、非均匀有理 B 样条曲线和贝塞尔曲线

B.1　B 样条函数

样条曲线为分段多项式函数，广泛应用于数据点集的插值或对函数、曲线和曲面进行逼近的场合。关于这一主题，有较多的文献资料可参考，其中包括许多优秀的著作，如参考文献［38］、参考文献［99］、参考文献［100］。一种有效计算样条的方法是基于 B 样条，也就是基础样条。这个名称的由来是因为一般样条可通过适量的 B 样条基函数$[B_j^p(u)]$的线性组合获得，即

$$\mathbf{s}(u)=\sum_{j=0}^{m}\boldsymbol{p}_j B_j^p(u) \qquad u_{min}\leqslant u\leqslant u_{max}$$

其中，系数$\boldsymbol{p}_j$（$j=0,\cdots,m$）称为控制点，这些控制点可由给定数据集的逼近/插值条件求得，正如第 8 章所述，这种表达形式称为 B-形式。

B.1.1　B 样条基函数

设$\boldsymbol{u}=[u_0,\cdots,u_{n_{knot}}]$为节点向量，且$u_j\leqslant u_{j+1}$，则第$j$个$p$次 B 样条基函数（或等价于$p+1$次）的递归形式定义如下：

$$B_j^0(u)=\begin{cases}1, & u_j\leqslant u<u_{j+1}\\ 0, & \text{其他}\end{cases}$$

$$B_j^p(u)=\frac{u-u_j}{u_{j+p}-u_j}B_j^{p-1}(u)+\frac{u_{j+p+1}-u}{u_{j+p+1}-u_{j+1}}B_{j+1}^{p-1}(u), \qquad p>0$$

注意：

（1）$B_j^p(u)$是分段多项式，其中$\forall u\in[u_{min},u_{max}]$。

（2）在区间$u\in[u_j,u_{j+p+1})$外，$B_j^p(u)$等于 0，见图 B.1 和图 B.2。

（3）区间$[u_i,u_{i+1})$称为第i节点区间，区间长度可能为 0，此时节点是重合的①。

（4）B 样条基函数归一化如下：

$$\sum_{j=0}^{m}B_j^p(u)=1,\quad \forall u\in[u_0,u_{n_{knot}}] \qquad \text{(单位分解)}$$

（5）在每个节点区间$[u_i,u_{i+1})$，最多$p+1$个基函数B_j^p不为零，即$B_{i-p}^p,\cdots,B_i^p$不为零（见图 B.2）；这在图 B.3（截断三角形表）中进行了说明，称为 3 次函数，此函数显示了 3 次基函数对B_3^0的依赖（这是区间$[u_3,u_4)$中唯一不等于零的 0 次项）。

① 节点和断点的区别是断点是一组不同的节点值。

给定区间 $u\in[u_i,u_{i+1})$ 的值，可以使用简单有效的算法求解基函数。考虑到观察节点 4，

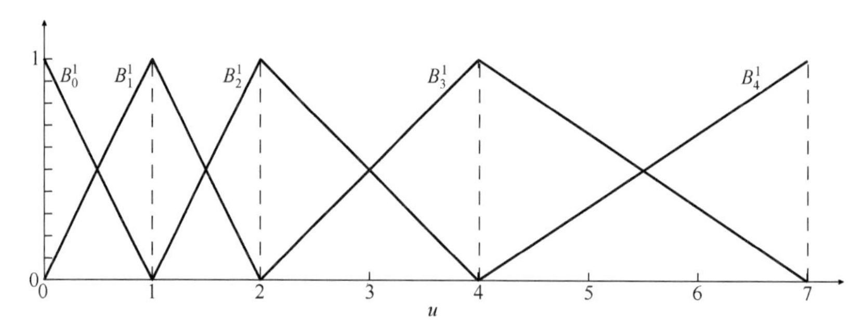

图 B.1　基于 $\boldsymbol{u}=[0,0,1,2,4,7,7]$、次数为 1 的 B 样条基函数

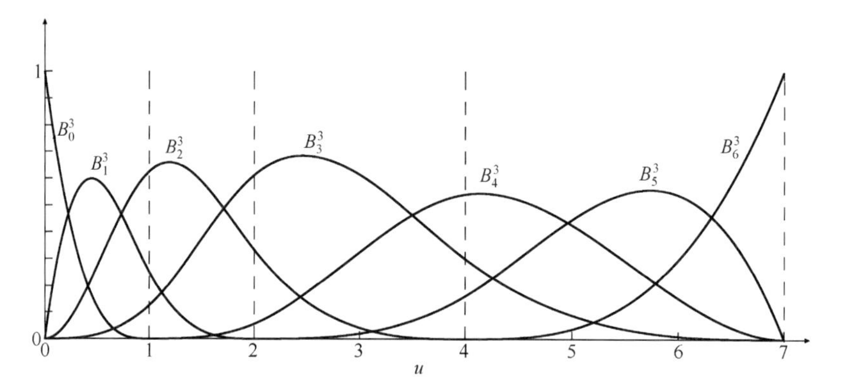

图 B.2　基于 $\boldsymbol{u}=[0,0,0,0,1,2,4,7,\ 7,7,7]$ 定义的 3 次基函数

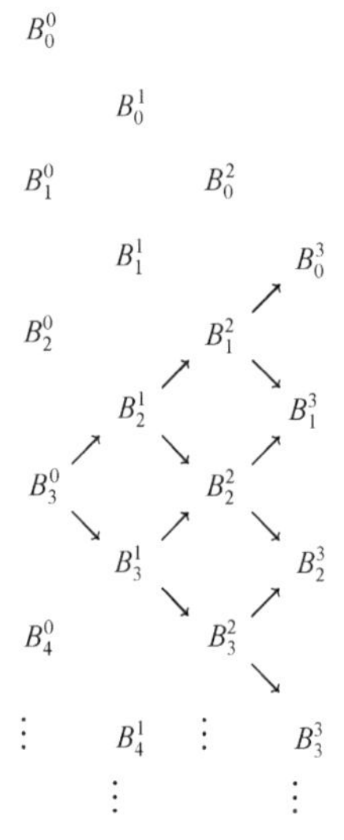

图 B.3　3 次 B 样条函数的截断三角形表

对于每个节点区间，其足以求解 $p+1$ 个基函数。下面的程序使用 C 语言编写，用于计算 u 处非零基函数，并将结果保存在“$B[j]$，$(j=0,\cdots,p+1)$”。

```
void BasisFuns(int i, double u, int p, double U[], double B[])
 /*
 Input:     i   - knot span including u
            u   - value of the independent variable
            p   - degree of the spline
            U[] - Knot vector
  Output:   B[] - value of the nonvanishing basis function at u
 */
 {
    int j,r;
    double temp, acc;
    double DR[MAX_P], DL[MAX_P];
     B[0]=1;
     for (j=1; j<=p;j++)
     {
        DL[j] = u - U[i+1-j];
        DR[j] = U[i+j] - u;
        acc = 0.0;
        for (r=0; r<= j-1;r++)
        {
                  temp = B[r]/(DR[r+1] + DL[j-r]);
                  B[r] = acc + DR[r+1]*temp;
                  acc =DL[j-r]*temp;
              }
              B[j] = acc;
           }
        }
```

其中，i 是包含 u 的节点区间的索引。特别地，对于给定 i，$B[j]$ 提供基函数 B^p_{i-p+j} 的值。

另一个问题在于，对于给定的 u 值和节点矢量 $\boldsymbol{U}$ 找到 i。以下基于二分法检索的算法① 提供了解决方案：

```
int WhichSpan(double u, double U[], int n_knot, int p)
 /*
 Input:   u      - value of the independent variable
          U[]    - Knot vector
          n_knot - length of U[] -1
          p      - degree of the spline
 Output:  mid    - index of the knot span including u
 */
 {
    int high, low, mid;

    high = n_knot - p;
    low = p;

    if (u == U[high])
       mid = high;
    else
    {
```

① 这些使用C语言实现的算法不适用 $u=u_{max}$。因此有必要单独考虑这种情况（对于 $u=u_{max}$，最后一个基函数具有单位值，而所有其他函数均为零）或者使用 $u=u_{max}-\epsilon$ 避免此种情况的发生，其中 ϵ 为一小的正数。

```
    mid = (high+low)/2;
    while ((u<U[mid])||(u>=U[mid+1]))
    {
        if (u==U[mid+1])
            mid = mid+1;   /* knot with multiplicity >1 */
        else
        {
            if (u > U[mid])
                low = mid;
            else
                high=mid;
            mid = (high+low)/2;
           }
         }
     }
     return mid;
    }
```

例 B.1 给定 $p=3$，$\boldsymbol{u}=[0,0,0,0,1,2,4,7,7,7,7]$ 且 $u=1.5$，然后 $u\in[u_4,u_5)$，$i=4$，而且这些非零基函数为

$$B_1^3=0.0313\quad B_2^3=0.5885\quad B_3^3=0.3733\quad B_4^3=0.0069$$

由 $\boldsymbol{u}$ 定义的所有这些基函数的形状如图 B.2 所示。

B.1.2 B样条的定义和性质

假设 B 样条基函数是基于非均匀节点向量（大小为 n_{knot}）定义的：

$$\boldsymbol{u}=[\underbrace{u_{min},\cdots,\ u_{min}}_{p+1},\ u_{p+1},\cdots,\ u_{n_{knot}-p-1},\underbrace{u_{max},\cdots,\ u_{max}}_{p+1}] \tag{B.1}$$

p 次 B 样条曲线定义如下：

$$\mathbf{s}(u)=\sum_{j=0}^{m}\boldsymbol{p}_jB_j^p(u)\qquad u_{min}\leqslant u\leqslant u_{max} \tag{B.2}$$

其中，p_j $(j=0,\cdots,m)$ 是控制点，这些控制点组成了所谓的控制多边形。因此，要表示 B 形式的样条曲线，必须提供：

（1）定义了样条曲线次数的整数 p。

（2）节点向量 $\boldsymbol{u}$。

（3）$\boldsymbol{s}(u)$的系数（控制点）$\boldsymbol{P}=[\boldsymbol{p}_0,\boldsymbol{p}_1,\cdots,\boldsymbol{p}_{m-1},\boldsymbol{p}_m]$。

例 B.2 图 B.4 展示了一条 3 次 B 样条曲线（$p=3$）及由 $\boldsymbol{p}$ 定义的控制多边形①

$$\begin{aligned}\boldsymbol{P}&=[\boldsymbol{p}_0,\ \boldsymbol{p}_1,\ \cdots,\ \boldsymbol{p}_{m-1},\ \boldsymbol{p}_m]\\&=\begin{bmatrix}1&2&3&4&5&6&7\\2&3&-3&4&5&-5&-6\end{bmatrix}\end{aligned}$$

节点向量为

$$\boldsymbol{u}=[0,\ 0,\ 0,\ 0,\ 1,\ 2,\ 4,\ 7,\ 7,\ 7,\ 7]$$

① 下面展示的程序 BSplinePoint，其用于求解给定 $\boldsymbol{u}$ 的 B 样条，向量 $\boldsymbol{P}$ 的定义为 $\boldsymbol{P}=\{1,2,3,4,5,6,7,2,3,-3,4,5,-5,-6\}$。

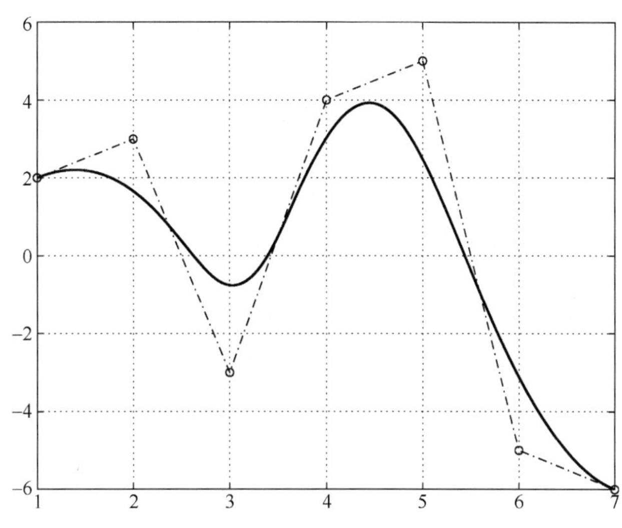

图 B.4　3 次 B 样条曲线及由 $\boldsymbol{P}$ 定义的控制多边形

B 样条的特性有利于生成轨迹：

（1）样条曲线的次数 p、控制点的数量 $m+1$、节点的数量 $n_{knot}+1$ 之间的关系为 $n_{knot}=m+p+1$。

（2）$\boldsymbol{s}(u)$在节点区间内是无限可微的，且在多重节点 k 处为 $p-k$ 次连续可微，如 3 次 B 样条（$p=3$）在多重节点 1 处为 2 次连续可微。

例 B.3　图 B.5 展示了一条 3 次 B 样条曲线（$p=3$），其通过例 B.2 中的控制点：

$$\begin{aligned}\boldsymbol{P} &= [\boldsymbol{p}_0,\ \boldsymbol{p}_1,\ \cdots,\ \boldsymbol{p}_{m-1},\ \boldsymbol{p}_m] \\ &= \begin{bmatrix} 1 & 2 & 3 & 4 & 5 & 6 & 7 \\ 2 & 3 & -3 & 4 & 5 & -5 & -6 \end{bmatrix}\end{aligned}$$

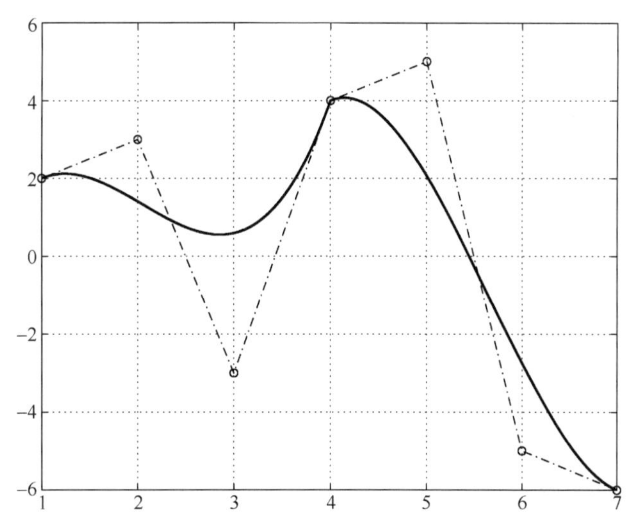

图 B.5　节点矢量内部拥有多重节点的 3 次 B 样条曲线

这种情况下节点向量在其内部有多重的元素，即

$$\boldsymbol{u} = [0,\ 0,\ 0,\ 0,\ 2,\ 2,\ 2,\ 7,\ 7,\ 7,\ 7]$$

由此导致样条曲线具有非连续的特征。

(3) 端点插值。$\boldsymbol{s}(u_{min})=\boldsymbol{p}_0$ 且 $\boldsymbol{s}(u_{max})=\boldsymbol{p}_m$。

(4) 该曲线在仿射变换（平移、旋转、缩放、剪切）下是不变的，可以通过将其应用于控制点来应用于 $\boldsymbol{s}(u)$。

(5) 局部修改。控制点 $\boldsymbol{p}_j$ 的变化只在区间 $[u_j, u_{j+p+1}]$ 修改 $\boldsymbol{s}(u)$。

(6) 通过在节点处使用变换，B 样条曲线可以实时缩放。特别是通过假设 $\boldsymbol{u}'=\lambda\,\boldsymbol{u}$，B 样条曲线的 i 次导数将缩放为 $1/\lambda^i$.

例 B.4　上例中控制点定义的 B 样条曲线的 1 阶和 2 阶导数的分量计算基于

$$\boldsymbol{u}=[0,\ 0,\ 0,\ 0,\ 1,\ 2,\ 4,\ 7,\ 7,\ 7,\ 7]$$

且 $\boldsymbol{u}'=2\boldsymbol{u}$，结果如图 B.6 所示。在后一种情况下，速度是原始样条曲线产生速度的一半，而加速度则小 4 倍。

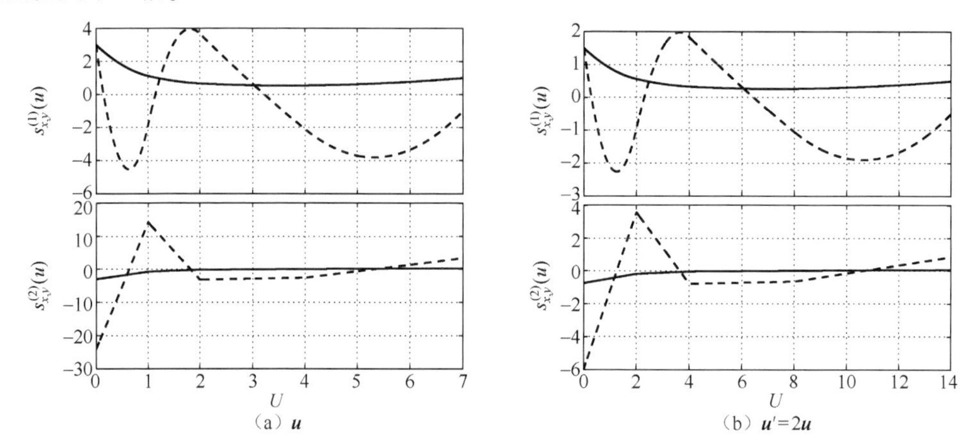

图 B.6　由 $\boldsymbol{u}$ 和 $\boldsymbol{u}'=2\boldsymbol{u}$ 计算的 B 样条曲线 1 阶和 2 阶导数的分量（x 实线，y 点画线）

(7) 控制多边形代表曲线的分段线性逼近。一般来说，次数越低，曲线越逼近控制多边形，如例 B.5。

例 B.5　使用例 B.2 中控制点计算的 1 次和 2 次 B 样条曲线，即

$$\boldsymbol{P}=[\boldsymbol{p}_0,\ \boldsymbol{p}_1,\ \cdots,\ \boldsymbol{p}_{m-1},\ \boldsymbol{p}_m]$$
$$=\begin{bmatrix}1 & 2 & 3 & 4 & 5 & 6 & 7\\ 2 & 3 & -3 & 4 & 5 & -5 & -6\end{bmatrix}$$

如图 B.7 所示。注意，不同的次数可实现对控制多边形的不同逼近。特别地，当 $p=1$ 时，样条曲线与其控制多边形重叠。

B.1.3　B 样条曲线求解

对于某一固定值的自变量 $\overline{u}$，可通过仅考虑在第 i 个节点区间（包括 u）中不为零的 $p+1$ 个基函数来计算 p 次样条曲线：

$$\boldsymbol{s}(\overline{u})=\sum_{j=i-p}^{i}\boldsymbol{p}_j B_j^p(\overline{u}) \tag{B.3}$$

因此，可通过以下 3 步计算求得 $\boldsymbol{s}(\overline{u})$：

(1) 找到 $\overline{u}$ 所属的节点区间索引 i [通过函数 WhichSpan$(u,\boldsymbol{U},p)$。

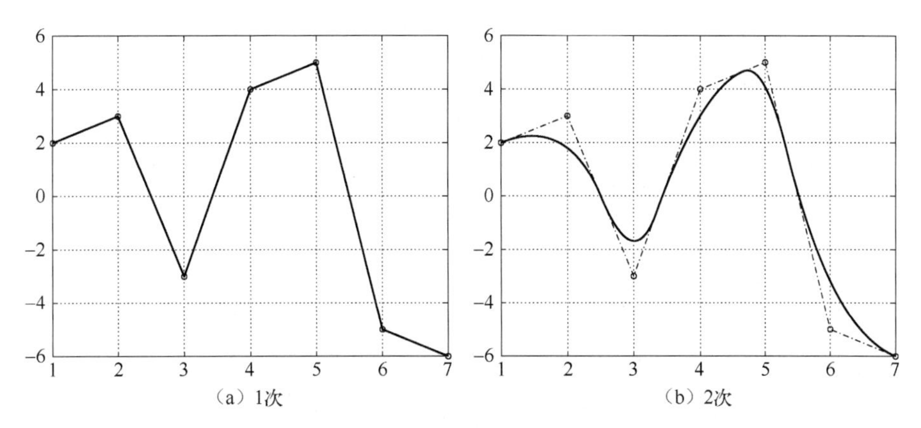

图 B.7　使用相同控制点计算的 1 次和 2 次 B 样条曲线

（2）给定 i，通过函数 BasisFuns($i,u,p,\boldsymbol{U}$)计算 u 处的基函数。

（3）通过式（B.3）计算 $\boldsymbol{s}(\overline{u})$，其可以重写为

$$\boldsymbol{s}(\overline{u}) = \sum_{j=0}^{p} \boldsymbol{p}_{i-p+j} B_{i-p+j}^{p}(\overline{u}) \tag{B.4}$$

给定 u 值的样条函数计算的算法如下：

```
void BSplinePoint( double u, double U[], int n_knot, int p,
                   double P[],int d, double s[])
/*
Inputs:u       - value of the independent variable
       U[]     - Knot vector
       n_knot  - length of U[] -1
       p       - degree of the spline
       P[]     - Control point vector
       d       - dimensions of a control point (2 in 2D, 3 in 3D, etc.)
Output:s[]     - value of the B-spline at u
*/

{
   double B[MAX_P];
   int i, k, j;

   i= WhichSpan(u, U, n_knot, p);
   BasisFuns(i, u, p,  U, B);

   for (k = 0; k<d; k++) /* For each components of the B-spline*/
   {
       s[k] = 0;
       for (j = 0; j<=p; j++)
       {
           s[k] = s[k] + P[k*(n_knot-p) +  i-p+j]*B[j];
       }
   }

}
```

值得注意的是，以上算法实现了式（B.4）。

B.1.4 B样条曲线导数

定义非均匀节点向量的B样条曲线 $\boldsymbol{s}(u)$ 的导数为

$$\boldsymbol{u}=[\underbrace{u_{min},\cdots,u_{min}}_{p+1},u_{p+1},\cdots,u_{n_{knot}-p-1},\underbrace{u_{max},\cdots,u_{max}}_{p+1}] \tag{B.5}$$

可通过微分式（B.2）的基函数 $B_j^p(u)$ 来获得：

$$\boldsymbol{s}^{(1)}(u)=\sum_{j=0}^{m}\boldsymbol{p}_j B_j^{p(1)}(u) \qquad u_{min}\leqslant u\leqslant u_{max} \tag{B.6}$$

因为基函数元素的导数为

$$B_j^{p(1)}(u)=\frac{p}{u_{j+p}-u_j}B_j^{p-1}(u)-\frac{p}{u_{j+p+1}-u_{j+1}}B_{j+1}^{p-1}(u) \tag{B.7}$$

整个曲线的导数为定义在

$$\boldsymbol{u}'=[\underbrace{u_{min},\cdots,u_{min}}_{p},u_{p+1},\cdots,u_{n_{knot}-p-1},\underbrace{u_{max},\cdots,u_{max}}_{p}] \tag{B.8}$$

上的样条，其形式为

$$\boldsymbol{s}^{(1)}(u)=\sum_{j=0}^{m-1}\boldsymbol{q}_j B_j^{p-1}(u) \qquad u_{min}\leqslant u\leqslant u_{max} \tag{B.9}$$

其中，新控制点 $\boldsymbol{q}_j$ 计算为

$$\boldsymbol{q}_j=p\frac{\boldsymbol{p}_{j+1}-\boldsymbol{p}_j}{u_{j+p+1}-u_{j+1}} \tag{B.10}$$

在很多情况下，有必要计算B样条函数 $\boldsymbol{s}(u)$ 通用的第 k 阶导数。例如：

$$\boldsymbol{s}^{(k)}(u)=\sum_{j=0}^{m}\boldsymbol{p}_j B_j^{p(k)}(u) \qquad u_{min}\leqslant u\leqslant u_{max}$$

这可通过计算函数 $B_j^{p(k)}(u)$ 求得。一种根据在 $\boldsymbol{u}$ 上定义的基函数 $B_j^{p-k}(u),\cdots,B_{j+k}^{p-k}(u)$ 来计算 $B_j^p(u)$ 的 k 阶导数有效算法为

$$B_j^{p(k)}(u)=\frac{p!}{(p-k)!}\sum_{i=0}^{k}a_{k,i}B_{j+i}^{p-k} \tag{B.11}$$

其中，

$$\begin{aligned}
a_{0,0}&=1\\
a_{k,0}&=\frac{a_{k-1,0}}{u_{j+p-k+1}-u_j}\\
a_{k,i}&=\frac{a_{k-1,i}-a_{k-1,i-1}}{u_{j+p+i-k+1}-u_{j+i}}, \qquad i=1,\cdots,k-1\\
a_{k,k}&=\frac{-a_{k-1,k-1}}{u_{j+p+1}-u_{j+k}}
\end{aligned}$$

注意，k 不能超过 p（当 $k>p$ 时，所有导数为零）。此外，涉及节点差值的分母可能为零；此时，商被定义为零。

用于计算基函数及其 n 阶导数的算法［式（B.11）］可以按以下方式使用C程序实现[38]。

```
typedef double Matrix[MAX_P+1][MAX_P+1];


void DersBasisFuns(double u, int j, int p, int n, double U[],
                   Matrix Ders)
{
 /*
Inputs: u       - value of the independent variable
        j       - index of the knot span, which includes u
        p       - degree of the spline
        n       - max degree of differentiation of B-spline
                  basis functions
        U[]     - Knot vector
Output: Ders[][] - values of B-spline basis functions and theirs
derivatives at u
 */
    double DR[MAX_P], DL[MAX_P];
    Matrix Du, a;
    double acc, temp, d;
    int i, r, k, s1, s2, rk, pk, i1, i2;

    Du[0][0] = 1.0;
    for (j=1; j<=p; j++)
    {
        DL[j] = u - U[i+1-j];
        DR[j] = U[i+j]-u;
        acc = 0.0;
        for (r=0;r<j;r++)
        {
            Du[j][r] = DR[r+1] + DL[j-r];
            temp = Du[r][j-1] / Du[j][r];

            Du[r][j] = acc + DR[r+1] * temp;
            acc = DL[j-r] * temp;

        }
        Du[j][j] = acc;
    }

    for (j=0; j<=p; j++)
        Ders[0][j] = Du[j][p];
    for (r=0; r<=p; r++)
    {
        s1=0;
        s2=1;
        a[0][0] = 1.0;
        for (k=1; k<=n; k++)
        {
            d = 0.0;
            rk = r - k;
            pk = p - k;
            if (r >= k)
            {
```

```
                a[s2][0] = a[s1][0] / Du[pk+1][rk];
                d = a[s2][0] * Du[rk][pk];
            }
            if (rk >= -1)
                j1 = 1;
            else
                j1 = -rk;
            if (r-1 <= pk)
                j2 = k - 1;
            else
                j2 = p - r;
            for (j=j1; j<=j2; j++)
            {
                a[s2][j] = (a[s1][j] - a[s1][j-1]) / Du[pk+1][rk+j];
                d += a[s2][j] * Du[rk+j][pk];
            }
            if (r <= pk)
            {
                a[s2][k] = -a[s1][k-1] / Du[pk+1][r];
                d += a[s2][k] * Du[r][pk];
            }
            Ders[k][r] = d;
            j = s1; s1 = s2; s2 = j;
        }
    }

    r = p;
    for (k=1; k<=n; k++)
    {
        for (j=0; j<=p; j++) Ders[k][j] *= r;
        r *= (p-k);
    }
}
```

数组 Ders[ ][ ]包含非零基函数及其导数。特别地，Ders[k][j]提供在区间 $u \in [u_j, u_{j+1}]$计算 $B_{i-p+j}^{p\ (k)}(u)$（$j=0,\cdots,p$）的值。$B_{i-p+j}^{p\ (k)}(u)$的其他元素为零。

例 B.6　在节点向量 $\boldsymbol{u}=[0,0,0,0,1,2,4,7,7,7,7]$上定义且在$\bar{u}=4.5$处（节点区间的索引是 $i=6$）计算的 3 次基函数（$p=3$）和对应的导数为[①]

```
Ders[0][0] = 0.1736,  Ders[0][1] = 0.5208,  Ders[0][2] = 0.3009,  Ders[0][3] = 0.0046,
Ders[1][0] = -0.2083, Ders[1][1] = -0.1250, Ders[1][2] = 0.3055,  Ders[1][3] = 0.0277,
Ders[2][0] = 0.1666,  Ders[2][1] = -0.3000, Ders[2][2] = 0.0222,  Ders[2][3] = 0.1111,
Ders[3][0] = -0.0666, Ders[3][1] = 0.2800,  Ders[3][2] = -0.4355, Ders[3][3] = 0.2222
```

其对应：

$$
\begin{aligned}
&B_3^3 = 0.1736, && B_4^3 = 0.5208, && B_5^3 = 0.3009, && B_6^3 = 0.0046,\\
&B_3^{3(1)} = -0.2083, && B_4^{3(1)} = -0.1250, && B_5^{3(1)} = 0.3055, && B_6^{3(1)} = 0.0277,\\
&B_3^{3(2)} = 0.1666, && B_4^{3(2)} = -0.3000, && B_5^{3(2)} = 0.0222, && B_6^{3(2)} = 0.1111,\\
&B_3^{3(3)} = -0.0666, && B_4^{3(3)} = 0.2800, && B_5^{3(3)} = -0.4355, && B_6^{3(3)} = 0.2222
\end{aligned}
$$

① 这种情况下，MAX_P=6。

B.1.5 从B样条形式到分段多项式形式的转化

将样条曲线表示为分段多项式（所谓的pp形式）可用于对给定$\bar{u}$的曲线逐点求值。次数为p的分段多项式样条的定义以下两个内容。

（1）严格单调递增点序列$\boldsymbol{u}^* = [u_0^*, \cdots, u_m^*]$，即所谓的断点（在这种情况下，不允许多重点）。

（2）每个多项式$\boldsymbol{p}_j(u) = \boldsymbol{a}_{0,j} + \boldsymbol{a}_{1,j}u + \cdots + \boldsymbol{a}_{p,j}u^p$的$p+1$个系数构成样条曲线：

$$\boldsymbol{s}(u) = \boldsymbol{p}_j(u), \quad u_j^\star \leqslant u \leqslant u_{j+1}^\star, \quad j = 0, \cdots, m-1$$

通过使用B样条的求解和微分过程，可以很容易地将B样条形式转换为pp形式。实际上，分段多项式形式可以根据以下两个步骤找到。

（1）通过检测每个节点的多重性是否大于1，从节点向量$\boldsymbol{u}$中找到断点向量$\boldsymbol{u}^*$。

（2）通过求解样条曲线及其断点u_j^*处的导数可计算第j个多项式函数的系数$\boldsymbol{a}_{k,j}, k = 0, \cdots, p$。这些系数的表达式为

$$\boldsymbol{a}_{k,j} = \frac{\left.\dfrac{d^k \boldsymbol{s}(u)}{du^k}\right|_{u = u_j^\star}}{k!}$$

例B.7　例B.2中介绍的B样条曲线的分段多项式为3次样条，其具有5个不同的断点①，如图B.8所示，即

$$\boldsymbol{u}^\star = [0,\ 1,\ 2,\ 4,\ 7]$$

系数②为

$$\boldsymbol{A} = \left[\begin{array}{ccc} a_{p,0}^x & \cdots & a_{1,0}^x & a_{0,0}^x \\ a_{p,0}^y & \cdots & a_{1,0}^y & a_{0,0}^y \\ \hdashline a_{p,1}^x & \cdots & a_{1,1}^x & a_{0,1}^x \\ a_{p,1}^y & \cdots & a_{1,1}^y & a_{0,1}^y \\ \hdashline & \vdots & & \\ \hdashline a_{p,j}^x & \cdots & a_{1,j}^x & a_{0,j}^x \\ a_{p,j}^y & \cdots & a_{1,j}^y & a_{0,j}^y \end{array}\right]$$

$$= \left[\begin{array}{cccc} 0.37 & -1.50 & 3.00 & 1.00 \\ 6.37 & -12.00 & 3.00 & 2.00 \\ \hdashline 0.09 & -0.37 & 1.12 & 2.87 \\ -2.90 & 7.12 & -1.87 & -0.62 \\ \hdashline 0.01 & -0.08 & 0.66 & 3.72 \\ 0.04 & -1.58 & 3.66 & 1.72 \\ \hdashline 0.01 & 0.02 & 0.54 & 4.86 \\ 0.32 & -1.30 & -2.10 & 3.10 \end{array}\right]$$

---

① 作为结果$j=4$。

② 使用Matlab中采用的表现形式。

注意，此样条的维度为 2。因此，系数用上标 x 和 y 表示。

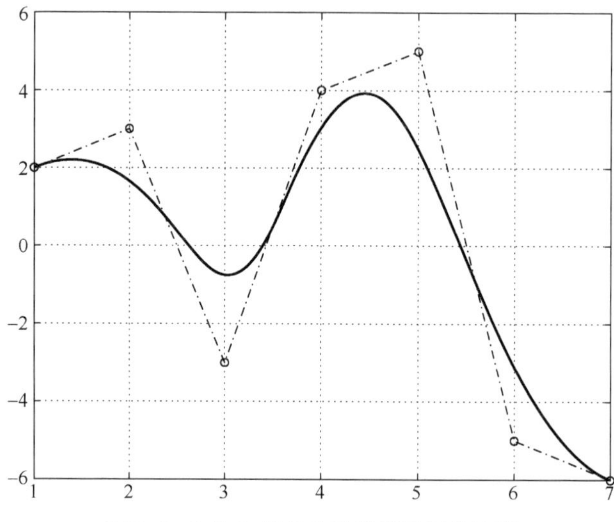

图 B.8　3 次 B 样条曲线及其控制多边形

B.2　Nurbs 的定义和性质

p 次非均匀有理 B 样条曲线的定义为

$$\boldsymbol{n}(u)=\frac{\sum_{j=0}^{m}\boldsymbol{p}_j w_j B_j^p(u)}{\sum_{j=0}^{m} w_j B_j^p(u)}\qquad u_{min}\leqslant u\leqslant u_{max}\tag{B.12}$$

其中，$\boldsymbol{p}_j$（$j=0,\cdots,m$）为控制点，这些控制点构成了所谓的控制多边形；w_j 为权重系数；$B_j^p(u)$是在非均匀节点向量（大小为 $n_{knot}+1$）上定义的 p 次 B 样条基函数：

$$\boldsymbol{u}=[\underbrace{u_{min},\cdots,\ u_{min}}_{p+1},\ u_{p+1},\cdots,\ u_{n_{knot}-p-1},\underbrace{u_{max},\cdots,\ u_{max}}_{p+1}]\tag{B.13}$$

通过设置：

$$N_j^p(u)=\frac{w_j B_j^p(u)}{\sum_{i=0}^{m} w_i B_i^p(u)}\qquad u_{min}\leqslant u\leqslant u_{max}\tag{B.14}$$

可以重写式（B.12）为

$$\boldsymbol{n}(u)=\sum_{j=0}^{m}\boldsymbol{p}_j N_j^p(u)\qquad u_{min}\leqslant u\leqslant u_{max}\tag{B.15}$$

$N_j^p(u)$是分段有理函数，称为有理基函数。注意，如果权重是常量且相等时，如 $\forall j$ 使 $w_j=$

$\overline{w}\neq0$，则[1] $N_j^p(u)=B_j^p(u)$。因此，B样条是Nurbs曲线的特例。B样条声明的所有属性均适用于Nurbs。

（1）端点插值：$\boldsymbol{n}(u_{min})=\boldsymbol{p}_0$ 和 $\boldsymbol{n}(u_{max})=\boldsymbol{p}_m$。

（2）该曲线在仿射变换（平移、旋转、缩放、剪切）下是不变的，可以通过将其应用于控制点来应用于 $\boldsymbol{n}(u)$。

（3）局部修改：控制点 $\boldsymbol{p}_j$ 的变化或者权重 w_j 的变化只能在区间 $[u_j, u_{j+p+1}]$ 中修改 $\boldsymbol{n}(u)$，见图B.9。

（4）控制多边形代表曲线的分段线性逼近。一般来说，Nurbs次数越低，曲线越逼近控制多边形。

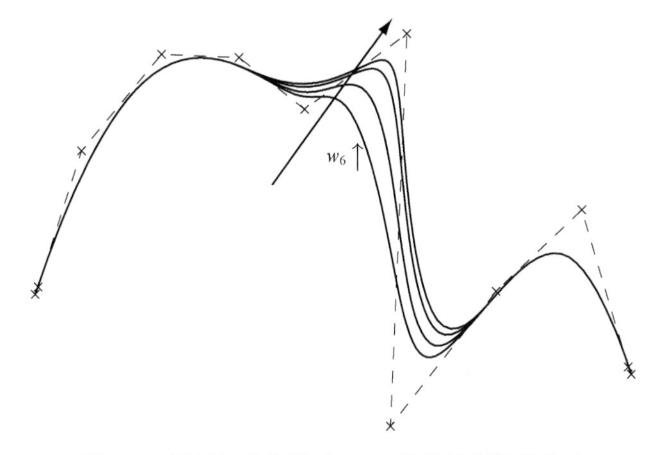

图B.9　通过权重作用对Nurbs轨迹进行局部修改

表示（和求解）Nurbs的有效方法是基于奇次坐标系。在三维情况下，对于给定的一组控制点 $\boldsymbol{p}_j=[p_{x,j},p_{y,j},p_{z,j}]^T$ 和权重 w_j，可以构造加权控制点 $\boldsymbol{p}_j^w=[w_jp_{x,j},w_jp_{y,j},w_jp_{z,j},w_j]^T\in\mathbb{R}^4$，它们定义了非有理B样条：

$$\boldsymbol{n}^w(u)=\sum_{j=0}^{m}\boldsymbol{p}_j^w B_j^p(u)\qquad u_{min}\leqslant u\leqslant u_{max}\tag{B.16}$$

从某种意义上说，式（B.15）和式（B.16）是通过双射图关联等效的。表达式通过双射变换的意义是等价的。通过应用透视映射：

$$\boldsymbol{p}=H(\boldsymbol{p}^w)=\begin{cases}\left[\dfrac{p_x^w}{w},\ \dfrac{p_y^w}{w},\ \dfrac{p_z^w}{w}\right]^T & w\neq0\\ [p_x^w,\ p_y^w,\ p_z^w]^T\text{方向} & w=0\end{cases}\tag{B.17}$$

可以在相应的有理B样条曲线中变换 $\boldsymbol{n}^w(u)$：

---

[1] 在这种情况下，式（B.14）变为

$$N_j^p(u)=\frac{\bar{w}B_j^p(u)}{\bar{w}\sum_{i=0}^{m}B_i^p(u)}\qquad u_{min}\leqslant u\leqslant u_{max}$$

而且考虑到 $\sum_{i=0}^{m}B_i^p(u)=1$，它们遵循 $N_j^p(u)=B_j^p(u)$。

$$\boldsymbol{n}(u) = H(\boldsymbol{n}^w(u)) = H\left(\sum_{j=0}^{m} \boldsymbol{p}_j^w B_j^p(u)\right)$$

利用 B. 1. 3 节中讲述的算法，式（B. 16）可用于对于变量 u 给定值时对 Nurbs 曲线的评估：

$$\boldsymbol{n}(u) \xrightarrow{H^{-1}} \boldsymbol{n}^w(u) \xrightarrow{Alg.(B.1.3)} \boldsymbol{n}^w(\bar{u}) = \begin{bmatrix} n_x^w \\ n_y^w \\ n_z^w \\ w \end{bmatrix} \xrightarrow{H} \boldsymbol{n}(\bar{u}) = \begin{bmatrix} \frac{n_x^w}{w} \\ \frac{n_x^w}{w} \\ \frac{n_x^w}{w} \end{bmatrix}$$

B. 3 贝塞尔曲线的定义和性质

m 次贝塞尔曲线定义为

$$\boldsymbol{b}(u) = \sum_{j=0}^{m} B_j^m(u)\boldsymbol{p}_j \qquad 0 \leqslant u \leqslant 1 \tag{B. 18}$$

其中，系数 $\boldsymbol{p}_j$ 为控制点，基函数 $B_j^m(u)$ 是 m 次伯恩斯坦多项式，其定义为

$$B_j^m(u) = \binom{m}{j} u^j(1-u)^{m-j} \tag{B. 19}$$

二项式系数为

$$\binom{m}{j} = \frac{m!}{j!\,(m-j)!}$$

对于 $j=0,\cdots,m$，这些二项式系数组成了表 B. 1 所示的帕斯卡三角。

表 B. 1　帕斯卡三角

m										
0	1									
1	1	1								
2	1	2	1							
3	1	3	3	1						
4	1	4	6	4	1					
5	1	5	10	10	5	1				
6	1	6	15	20	15	6	1			
7	1	7	21	35	35	21	7	1		
8	1	8	28	56	70	56	28	8	1	
9	1	9	36	84	126	126	84	36	9	1
				…						

例 B. 8　对于 $m=1$，基函数为 $B_0^1(u)=1-u$ 和 $B_1^1(u)=u$，因此曲线为 $\boldsymbol{b}(u)=(1-u)\boldsymbol{p}_0+u\boldsymbol{p}_1$，即从 $\boldsymbol{p}^0$ 到 $\boldsymbol{p}_1$ 的一条直线。

例 B. 9　对于 $m=3$ 时，贝塞尔曲线的形式为

$$\boldsymbol{b}(u) = (1-u)^3\boldsymbol{p}_0 + 3u(1-u)^2\boldsymbol{p}_1 + 3u^2(1-u)\boldsymbol{p}_2 + u^3\boldsymbol{p}_3$$

使用以下系数获得二维曲线：

$$\boldsymbol{p}_0=\begin{pmatrix}0\\0\end{pmatrix},\ \boldsymbol{p}_1=\begin{pmatrix}0\\1\end{pmatrix},\ \boldsymbol{p}_2=\begin{pmatrix}1\\2.5\end{pmatrix},\ \boldsymbol{p}_3=\begin{pmatrix}2\\3\end{pmatrix}$$

其如图 B. 10 所示。

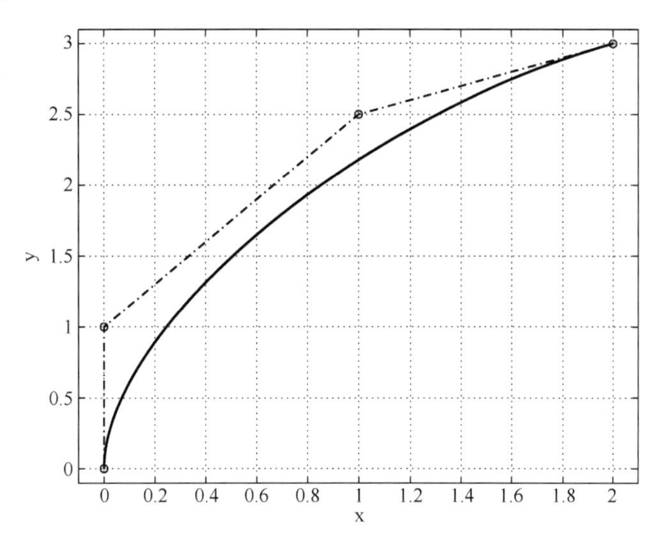

图 B. 10　二维空间中的 3 次贝塞尔曲线

由前面的示例可得：

- 控制多边形（由控制点形成）逼近样条曲线的形状；
- $\boldsymbol{p}_0=\boldsymbol{b}(0)$ 和 $\boldsymbol{p}_m=\boldsymbol{b}(1)$。
- $\boldsymbol{p}_0$ 和 $\boldsymbol{p}_1$ 中的切线方向平行于 $\boldsymbol{p}_1-\boldsymbol{p}_0$ 和 $\boldsymbol{p}_m-\boldsymbol{p}_{m-1}$。
- 曲线完全包含在由其控制点形成的凸包中。

B. 3. 1　贝塞尔曲线求解

根据德卡斯特里奥算法，可以计算给定$\bar{u}$的贝塞尔曲线的值，因为 $\boldsymbol{b}(\bar{u})=\boldsymbol{p}_j^m$，其中 $\boldsymbol{p}_j^m$ 以递归方式定义：

$$\boldsymbol{p}_j^k(\bar{u})=\begin{cases}(1-\bar{u})\,\boldsymbol{p}_j^{k-1}(\bar{u})+\bar{u}\,\boldsymbol{p}_{j+1}^{k-1}(\bar{u}) & \begin{cases}k=1,\cdots,m\\ j=0,\cdots,m-k\end{cases}\\ \boldsymbol{p}_j & \begin{cases}k=0\\ j=0,\cdots,m\end{cases}\end{cases}\tag{B. 20}$$

尽管从计算的角度来看，该算法相对于经典多项式求解方法（如第 A. 4 节中的霍纳公式）而言效率较低，但其受较小舍入误差的影响。对于给定值，控制点 P[ ]定义的阶数为 m 的贝塞尔曲线 b_u 的过程（为简单起见，考虑一维情况）如下：

```
void DeCasteljau(int m, double u, double P[], double b_u[])
{
    int i, k;
    double Q[MAX_M];
```

```
    for (i=0; i<=m; i++)
        Q[i]=P[i];

    for (k=1; k<=m; k++)
        for (i=0; i<=m-k; i++)
            Q[i] = (1.0-u)*Q[i]+u*Q[i+1];

    b_u[0] = Q[0];
}
```

显然，为了求解给定 u 值的曲线，总是可以将曲线从贝塞尔形式转换为标准多项式的形式。就轨迹计算而言，常采用 3、4 和 5 次的曲线。在这种情况下，这些曲线可以表示为

$$\boldsymbol{b}(u) = \sum_{i=0}^{m} \boldsymbol{a}_i u^i \tag{B.21}$$

此处这些系数 $\boldsymbol{a}_i$ 为

$$m = 3 \quad \begin{cases} \boldsymbol{a}_0 = \boldsymbol{p}_0 \\ \boldsymbol{a}_1 = -3\boldsymbol{p}_0 + 3\boldsymbol{p}_1 \\ \boldsymbol{a}_2 = 3\boldsymbol{p}_0 - 6\boldsymbol{p}_1 + 3\boldsymbol{p}_2 \\ \boldsymbol{a}_3 = -\boldsymbol{p}_0 + 3\boldsymbol{p}_1 - 3\boldsymbol{p}_2 + \boldsymbol{p}_3 \end{cases}$$

$$m = 4 \quad \begin{cases} \boldsymbol{a}_0 = \boldsymbol{p}_0 \\ \boldsymbol{a}_1 = -4\boldsymbol{p}_0 + 4\boldsymbol{p}_1 \\ \boldsymbol{a}_2 = 6\boldsymbol{p}_0 - 12\boldsymbol{p}_1 + 6\boldsymbol{p}_2 \\ \boldsymbol{a}_3 = -4\boldsymbol{p}_0 + 12\boldsymbol{p}_1 - 12\boldsymbol{p}_2 + 4\boldsymbol{p}_3 \\ \boldsymbol{a}_4 = 5\boldsymbol{p}_0 - 4\boldsymbol{p}_1 + 6\boldsymbol{p}_2 - 4\boldsymbol{p}_3 + \boldsymbol{p}_4 \end{cases}$$

$$m = 5 \quad \begin{cases} \boldsymbol{a}_0 = \boldsymbol{p}_0 \\ \boldsymbol{a}_1 = -5\boldsymbol{p}_0 + 5\boldsymbol{p}_1 \\ \boldsymbol{a}_2 = 10\boldsymbol{p}_0 - 20\boldsymbol{p}_1 + 10\boldsymbol{p}_2 \\ \boldsymbol{a}_3 = -10\boldsymbol{p}_0 + 30\boldsymbol{p}_1 - 30\boldsymbol{p}_2 + 10\boldsymbol{p}_3 \\ \boldsymbol{a}_4 = \boldsymbol{p}_0 - 20\boldsymbol{p}_1 + 30\boldsymbol{p}_2 - 20\boldsymbol{p}_3 + 5\boldsymbol{p}_4 \\ \boldsymbol{a}_5 = -\boldsymbol{p}_0 + 5\boldsymbol{p}_1 - 10\boldsymbol{p}_2 + 10\boldsymbol{p}_3 - 5\boldsymbol{p}_4 + \boldsymbol{p}_5 \end{cases}$$

更一般而言，定义贝塞尔曲线的控制点与标准多项式（B.21）系数 $\boldsymbol{a}_i$ 之间的关系为

$$\boldsymbol{a}_i = \frac{m!}{(m-i)!} \sum_{j=0}^{i} \frac{(-1)^{j+i}}{j!\,(i-j)!} \boldsymbol{p}_j \tag{B.22}$$

其中，m 为贝塞尔曲线的阶数。

B.3.2 贝塞尔曲线的导数

m 次贝塞尔曲线的导数为 $m-1$ 次贝塞尔曲线，其定义为

$$\boldsymbol{b}^{(1)}(u)=m\sum_{i=0}^{m-1}B_i^{m-1}(u)(\boldsymbol{p}_{i+1}-\boldsymbol{p}_i) \tag{B.23}$$

从式（B. 23）易推导出贝塞尔曲线最终的导数值：

$$\begin{aligned} &\boldsymbol{b}^{(1)}(0)=m(\boldsymbol{p}_1-\boldsymbol{p}_0) && \boldsymbol{b}^{(2)}(0)=m(m-1)(\boldsymbol{p}_0-2\boldsymbol{p}_1+\boldsymbol{p}_2) \\ &\boldsymbol{b}^{(1)}(1)=m(\boldsymbol{p}_m-\boldsymbol{p}_{m-1}) && \boldsymbol{b}^{(2)}(1)=m(m-1)(\boldsymbol{p}_m-2\boldsymbol{p}_{m-1}+\boldsymbol{p}_{m-2}) \end{aligned} \tag{B.24}$$

注意，端点处的 k 阶导数仅取决于此端的 k+1 个控制点。

附录 C　姿态的表现形式

在三维空间中，刚体的姿态可以使用不同的方式进行描述。姿态描述在机器人学中特别重要。在机器人学中，末端执行器必须同时具有确定的位置和姿态才能执行给定任务。

描述刚体姿态最常用的数学工具为旋转矩阵、轴角坐标系、欧拉角和滚动-俯仰-偏航角。有关这些数学运算符的详细说明，请参阅机器人学的相关文献，如参考文献［12］、参考文献［11］、参考文献［52］。

C.1　旋转矩阵

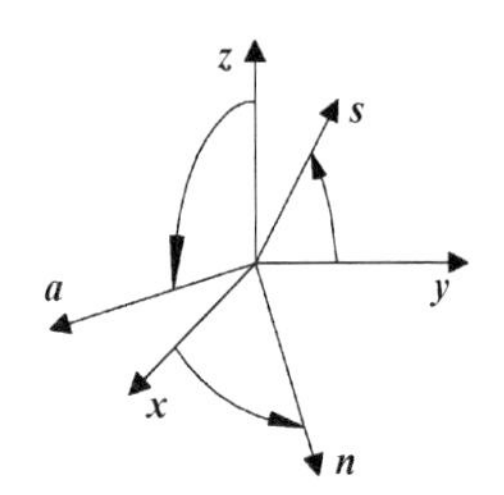

图 C.1　两个坐标系之间旋转

旋转矩阵$\boldsymbol{R}$是 3×3 正定矩阵，其列向量描述了参考坐标系 $\mathcal{F}_1$ 相对于基坐标系 $\mathcal{F}_0$ 的变换（见图 C.1）。如果 $\mathcal{F}_1$ 的单位列向量为$\boldsymbol{n}$、$\boldsymbol{s}$、$\boldsymbol{a}$，则旋转矩阵$\boldsymbol{R}$定义为

$$\boldsymbol{R}=\begin{bmatrix} n_x & s_x & a_x \\ n_y & s_y & a_y \\ n_z & s_z & a_z \end{bmatrix}$$

旋转矩阵有几个重要的属性，即

（1） $\det\{\boldsymbol{R}\}=+1$。

（2） $\boldsymbol{R}$是正交矩阵，即

$$\boldsymbol{n}^T\boldsymbol{s}=\boldsymbol{n}^T\boldsymbol{a}=\boldsymbol{s}^T\boldsymbol{a}=0 \qquad \|\boldsymbol{n}\|=\|\boldsymbol{s}\|=\|\boldsymbol{a}\|=1$$

更为紧凑的表达式为$\boldsymbol{R}^T\ \boldsymbol{R}=\boldsymbol{I}$（3×3 单位矩阵）。

（3） 因为$\boldsymbol{R}$正交，因此遵循$\boldsymbol{R}^{-1}=\boldsymbol{R}^T$。

基本旋转是指绕基坐标系坐标轴的旋转。旋转矩阵 $\boldsymbol{R}_x$、$\boldsymbol{R}_y$ 和 $\boldsymbol{R}_z$ 表达了这些旋转，形式如下：

$$\boldsymbol{R}_x(\alpha)=\begin{bmatrix} 1 & 0 & 0 \\ 0 & \cos\alpha & -\sin\alpha \\ 0 & \sin\alpha & \cos\alpha \end{bmatrix} \tag{C.1}$$

$$\boldsymbol{R}_y(\beta)=\begin{bmatrix} \cos\beta & 0 & \sin\beta \\ 0 & 1 & 0 \\ -\sin\beta & 0 & \cos\beta \end{bmatrix} \tag{C.2}$$

$$\boldsymbol{R}_z(\gamma)=\begin{bmatrix} \cos\gamma & -\sin\gamma & 0 \\ \sin\gamma & \cos\gamma & 0 \\ 0 & 0 & 1 \end{bmatrix} \tag{C.3}$$

通过适当将这些基本旋转进行组合，则可以计算空间中一般旋转的旋转矩阵。

C.2　轴角坐标系

通常，研究者对表达空间中绕任意轴给定角度的旋转感兴趣。我们定义基坐标系 $\mathcal{F}_0$，

且单位向量 $\boldsymbol{w}=[w_x, w_y, w_z]^T$，见图 C.2，则确定绕轴 $\boldsymbol{w}$ 旋转 θ（逆时针为正）的旋转矩阵 $\boldsymbol{R_w}(\theta)$ 的定义如下：

$$\boldsymbol{R_w}(\theta)=\begin{bmatrix} w_x^2(1-c_\theta)+c_\theta & w_xw_y(1-c_\theta)-w_zs_\theta & w_xw_z(1-c_\theta)+w_ys_\theta \\ w_xw_y(1-c_\theta)+w_zs_\theta & w_y^2(1-c_\theta)+c_\theta & w_yw_z(1-c_\theta)-w_xs_\theta \\ w_xw_z(1-c_\theta)-w_ys_\theta & w_yw_z(1-c_\theta)+w_xs_\theta & w_z^2(1-c_\theta)+c_\theta \end{bmatrix} \tag{C.4}$$

其中，$c_\theta=\cos\theta$，$s_\theta=\sin\theta$。注意：

$$\boldsymbol{R_{-w}}(-\theta)=\boldsymbol{R_w}(\theta)$$

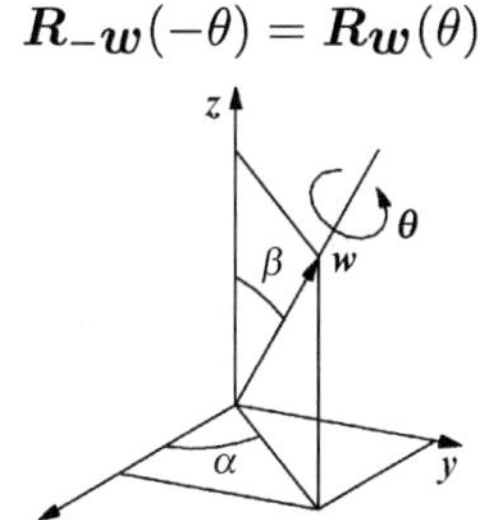

图 C.2　轴角表达式

令人感兴趣的是其逆问题，如给定通用的旋转矩阵 $\boldsymbol{R}$：

$$\boldsymbol{R}=\begin{bmatrix} r_{11} & r_{12} & r_{13} \\ r_{21} & r_{22} & r_{23} \\ r_{31} & r_{32} & r_{33} \end{bmatrix} \tag{C.5}$$

求解等价轴 $\boldsymbol{w}$ 和旋转角度 θ。如果 $\sin\theta\neq 0(\theta\neq k\pi)$，这些参数求解如下：

$$\theta=\cos^{-1}\left(\frac{r_{11}+r_{22}+r_{33}-1}{2}\right) \tag{C.6}$$

$$\boldsymbol{w}=\frac{1}{2\sin\theta}\begin{bmatrix} r_{32}-r_{23} \\ r_{13}-r_{31} \\ r_{21}-r_{12} \end{bmatrix} \tag{C.7}$$

如果 $\sin\theta=0$，有必要分析由 $\boldsymbol{R}$ 假定的特定表达式，然后计算的 $\theta=0$、π 等式。注意，当 $\theta=0$ 时，旋转轴 $\boldsymbol{w}$ 为任意轴。

C.3　欧拉角

欧拉角与 RPY 角是旋转的最小表达，意味着仅需要 3 个参数（如角度 φ、θ、ψ）则可描述三维空间的任意旋转。通常，欧拉角选择 ZYZ 表达式，即绕当前参考坐标系的 3 个连续旋转变换为 $z_0(\varphi)$、$\boldsymbol{y}_1(\theta)$、$z_2(\psi)$，如图 C.3 所示。

与这 3 个旋转相对应的旋转矩阵 $\boldsymbol{R}_{Euler}$ 定义为

$$\boldsymbol{R}_{Euler}(\varphi,\theta,\psi)=\begin{bmatrix} c_\phi c_\theta c_\psi-s_\phi s_\psi & -c_\phi c_\theta s_\psi-s_\phi c_\psi & c_\phi s_\theta \\ s_\phi c_\theta c_\psi+c_\phi s_\psi & -s_\phi c_\theta s_\psi+c_\phi c_\psi & s_\phi s_\theta \\ -s_\theta c_\psi & s_\theta s_\psi & c_\theta \end{bmatrix} \tag{C.8}$$

对于逆问题，正如式（C.5）给定的通用矩阵 $\boldsymbol{R}$，其定义的 φ、θ、ψ 有两种可能。

（1）$r_{13}^2+r_{23}^2\neq 0$，则 $\sin\theta\neq 0$。根据 θ 的不同符号则有两组解。如果 $0<\theta<\pi$，则 $\sin\theta>0$，由式（C.8）可求得：

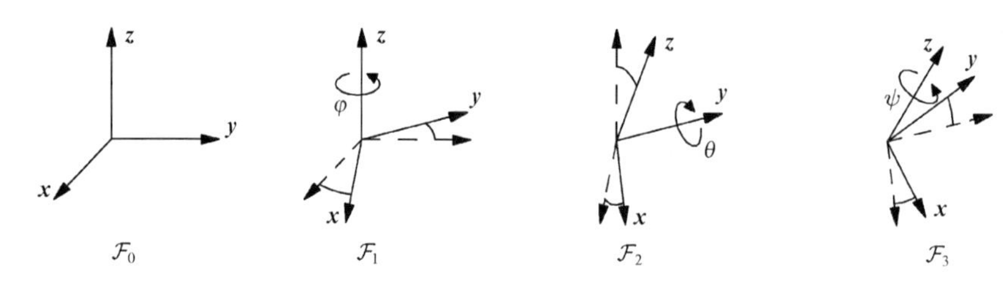

图 C.3 欧拉角

$$\begin{cases}\varphi = \mathrm{atan2}(r_{23}, r_{13})\\ \theta = \mathrm{atan2}(\sqrt{r_{13}^2 + r_{23}^2}, r_{33})\\ \psi = \mathrm{atan2}(r_{32}, -r_{31})\end{cases} \tag{C.9}$$

或当$-\pi<\theta<0$($\sin\theta<0$):

$$\begin{cases}\varphi = \mathrm{atan2}(-r_{23}, -r_{13})\\ \theta = \mathrm{atan2}(-\sqrt{r_{13}^2 + r_{23}^2}, r_{33})\\ \psi = \mathrm{atan2}(-r_{32}, r_{31})\end{cases} \tag{C.10}$$

其中，atan2(y,x)是四象限正切函数。

(2) $r_{13}^2+r_{23}^2=0$，在此情况下，$\theta=0$ 或 π，则 $\cos\theta=\pm1$。如果选择 $\theta=0$（$\cos\theta=1$），则可求得：

$$\begin{cases}\theta = 0\\ \varphi + \psi = \mathrm{atan2}(r_{21}, r_{11}) = \mathrm{atan2}(-r_{12}, r_{11})\end{cases} \tag{C.11}$$

反之，如果 $\theta=\pi$（$\cos\theta=-1$），则可求得：

$$\begin{cases}\theta = 0\\ \varphi - \psi = \mathrm{atan2}(-r_{21}, -r_{11}) = \mathrm{atan2}(-r_{12}, -r_{11})\end{cases} \tag{C.12}$$

在这两种情况下都有无数解，因为只确定了 φ 和 θ 的和（差）。实际上，当 $\theta=0$ 和 π 时，φ、ψ 的旋转轴为平行轴，因此无法区分它们。

C.4 滚动、俯仰和偏航角

滚动、俯仰、偏航角代表基础参考坐标系 $\mathcal{F}_0$ 轴的 3 个级联旋转，绕 $\boldsymbol{x}$ 的偏航角 φ，绕 $\boldsymbol{y}$ 的俯仰角 θ 和绕 $\boldsymbol{z}$ 的滚动 ψ，具体参见图 C.4。

对应这 3 个旋转的旋转矩阵 $\boldsymbol{R}_{RPY}$ 定义为

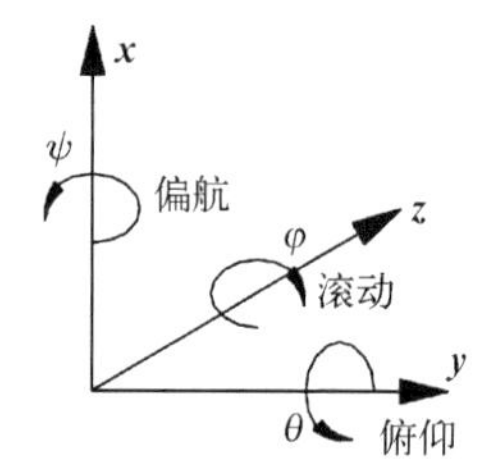

图 C.4 RPY 角

$$\boldsymbol{R}_{RPY}(\varphi,\theta,\psi)=\begin{bmatrix} c_\phi c_\theta & -s_\phi c_\psi+c_\phi s_\theta s_\psi & s_\phi s_\psi+c_\phi s_\theta c_\psi \\ s_\phi c_\theta & c_\phi c_\psi+s_\phi s_\theta s_\psi & -c_\phi s_\psi+s_\phi s_\theta c_\psi \\ -s_\theta & c_\theta s_\psi & c_\theta c_\psi \end{bmatrix} \tag{C.13}$$

对于给定形如式（C.5）所示的3个旋转角φ、θ、ψ的旋转矩阵$\boldsymbol{R}$，有两种可能性。

（1）$r_{11}^2+r_{21}^2\neq 0$意味$\cos\theta\neq 0$，可求得：

$$\begin{cases}\varphi=\text{atan2}(r_{21},r_{11})\\ \theta=\text{atan2}(-r_{31},\sqrt{r_{32}^2+r_{33}^2})\\ \psi=\text{atan2}(r_{32},r_{33})\end{cases}$$

其中，$\theta\in[-\pi/2,\pi/2]$，或：

$$\begin{cases}\varphi=\text{atan2}(-r_{21},-r_{11})\\ \theta=\text{atan2}(-r_{31},-\sqrt{r_{32}^2+r_{33}^2})\\ \psi=\text{atan2}(-r_{32},-r_{33})\end{cases}$$

如果$\theta\in[\pi/2,3\pi/2]$。

（2）$r_{11}^2+r_{21}^2=0$意味$\cos\theta=0$，即$\theta=\pm\pi/2$且存在无数解（φ和ψ的和差）。

可以很方便为其一指定值（如φ或ψ等于±90°），然后计算另外一个：

$$\begin{cases}\theta=\pm\pi/2\\ \varphi-\psi=\text{atan2}(r_{23},r_{13})=\text{atan2}(-r_{12},r_{22})\end{cases}$$

附录 D　频谱分析和傅里叶变换

D.1　连续时间函数的傅里叶变换

令 $x(t)$ 为 $\mathcal{T}\to\mathbb{R}$ 函数，其中 $\mathcal{T}$ 为时域，$\mathbb{R}$ 为实数集。如果其积分具有有限值，则函数 $x(t)$ 具有有限能量：

$$\int_{-\infty}^{+\infty} x(t)^2 dt$$

注意，由于物理原因，此属性对本书介绍的所有轨迹 $q(t)$ 的加速度/速度均有效。

对于具有有限能量的函数 $x(t)$，可以将傅里叶变换和傅里叶逆变换定义为（见图 D.1）

$$X(\omega)=\int_{-\infty}^{+\infty} x(t)\mathrm{e}^{-\mathrm{j}\omega t}dt, \qquad x(t)=\frac{1}{2\pi}\int_{-\infty}^{+\infty} X(\omega)\mathrm{e}^{\mathrm{j}\omega t}d\omega \tag{D.1}$$

考虑极坐标系里的傅里叶变换，即 $X(\omega)=|X(\omega)|\mathrm{e}^{\mathrm{j}\varphi(w)}$，其逆可以重写为

$$x(t)=\frac{1}{2\pi}\int_{-\infty}^{+\infty} |X(\omega)|\mathrm{e}^{\mathrm{j}(\omega t+\varphi(\omega))}d\omega$$

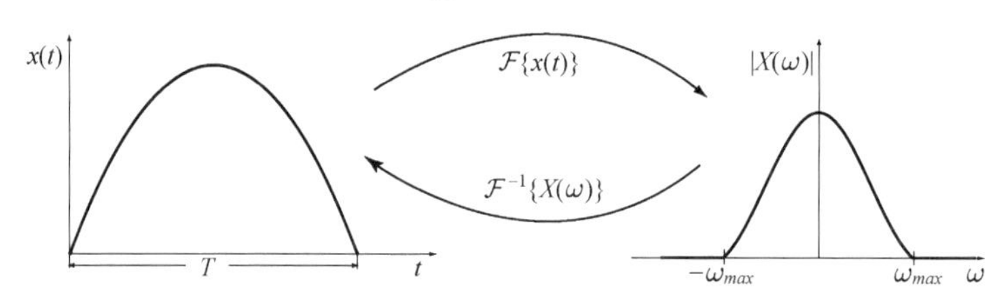

图 D.1　有限带宽信号 $x(t)$ 的傅里叶变换

或等价为

$$x(t)=\frac{1}{2\pi}\int_{-\infty}^{+\infty} |X(\omega)|[\cos(\omega t+\varphi(\omega))+\mathrm{j}\sin(\omega t+\varphi(\omega))]d\omega$$

由于 $x(t)\in\mathbb{R}$，因此遵循：

$$x(t)=\frac{1}{2\pi}\int_{-\infty}^{+\infty} |X(\omega)|\cos(\omega t+\varphi(\omega))d\omega$$

通过考虑 $|X(\omega)|\cos(\omega t+\varphi(w))$ 为偶函数，可以得到：

$$x(t)=\frac{1}{\pi}\int_{0}^{+\infty} |X(\omega)|\cos(\omega t+\varphi(\omega))d\omega$$

最终化简为

$$x(t)=\int_{0}^{+\infty} V(\omega)\cos(\omega t+\varphi(\omega))d\omega \tag{D.2}$$

其中：

$$V(\omega)=\frac{|X(\omega)|}{\pi},\qquad \omega\geqslant 0$$

$$\varphi(\omega)=\arg\{X(\omega)\},\qquad \omega\geqslant 0$$

式（D.2）将函数 $x(t)$ 表示为无穷多个正弦项的“总和”，其中每项频率为 ω，幅值为 $V(\omega)$，相位为 $\varphi(\omega)$。

现在对傅里叶变换的主要性质进行总结，对于轨迹分析可能有用。假设 $x(t)\leftrightarrow X(\omega)$，$y(t)\leftrightarrow Y(\omega)$，则

1. 线性性质

$$\alpha x(t)+\beta y(t)\leftrightarrow \alpha X(\omega)+\beta Y(\omega),\qquad \forall\alpha,\beta\in\mathbb{C}$$

2. 缩放性质

$$x(\lambda t)\leftrightarrow \frac{1}{|\lambda|}X\left(\frac{\omega}{\lambda}\right),\qquad \forall\lambda\in\mathbb{R},\lambda\neq 0$$

3. 时移

$$x(t-\lambda)\leftrightarrow \mathrm{e}^{\mathrm{j}\lambda t}X(\omega),\qquad \forall\lambda\in\mathbb{R}$$

4. 频域微分

$$\frac{dx(t)}{dt}\leftrightarrow \mathrm{j}\omega X(\omega)$$

5. 能量定理（帕塞瓦尔）

$$\int_{-\infty}^{\infty}|x(t)|^2dt=\frac{1}{2\pi}\int_{-\infty}^{\infty}|X(\omega)|^2d\omega$$

D.2　周期连续函数的傅里叶级数

我们考虑周期为 T 的周期函数 $\tilde{x}(t)$，即 $\tilde{x}(t+T)=\tilde{x}(t)$。它的傅里叶变换在频域上由 $\omega_0=2\pi/T$ 隔开的脉冲组成[101]。根据此结果可得到标准的傅里叶级数展开式（指数形式）：

$$\tilde{x}(t)=\sum_{k=-\infty}^{\infty}c_k\mathrm{e}^{\mathrm{j}k\omega_0 t}\qquad \omega_0=\frac{2\pi}{T}$$

其中，系数 c_k 计算为

$$c_k=\frac{1}{T}\int_0^T\tilde{x}(t)\mathrm{e}^{-\mathrm{j}k\omega_0 t}dt$$

如果通过重复有限长度函数 $x(t)\in[0,T]$ 获得周期函数 $\tilde{x}(t)$，则傅里叶级数的系数和 $x(t)$ 的傅里叶变换的关联为

$$c_k=\frac{1}{T}X(k\omega_0)\qquad \omega_0=\frac{2\pi}{T}$$

也就是说，可以通过对傅里叶变换 $X(\omega)$ 采样（并缩放 $1/T$）计算求得它们，如图 D.2 所示。与傅里叶变换情况一样，当考虑实数信号 $\tilde{x}(t)$ 时，傅里叶级数可以写为谐波函数的总和：

$$\tilde{x}(t) = v_0 + \sum_{k=1}^{\infty} v_k \cos(k\omega_0 t + \varphi_k) \qquad \omega_0 = \frac{2\pi}{T}$$

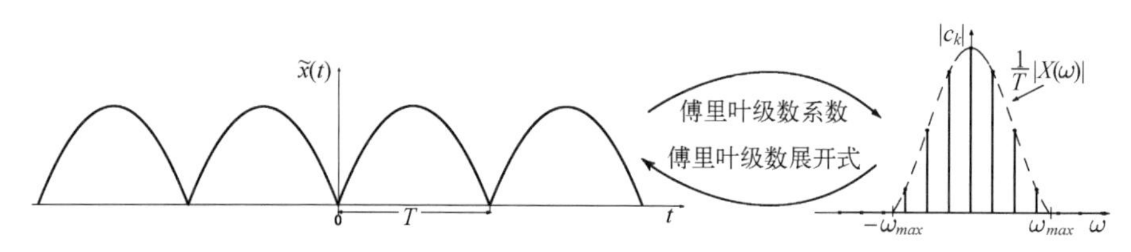

图 D.2 周期信号$\tilde{x}(t)$的傅里叶级数系数

其中：

$$v_0 = c_0 \qquad \begin{cases} v_k = 2|c_k| \\ \varphi_k = \arg(c_k) \end{cases} \quad k > 0$$

D.3 离散时间函数的傅里叶变换

序列 x_n① 代表在离散时刻 $t=nT_s$ 连续时间函数 $x(t)\in[0,T]$的值，其中 T_s 为采样时刻，此序列的傅里叶变换定义为

$$X_s(\omega) = \sum_{n=-\infty}^{\infty} x_n \mathrm{e}^{-\mathrm{j}\omega n T_s}$$

它是周期性的，周期为$\omega_s=\dfrac{2\pi}{T_s}$。在这种情况下，逆傅里叶变换为

$$x_n = \frac{1}{\omega_s}\int_{-\frac{\omega_s}{2}}^{\frac{\omega_s}{2}} X_s(\omega)\mathrm{e}^{\mathrm{j}\omega n T_s} d\omega$$

x_n 的傅里叶变换是由周期性的 $x(t)$傅里叶变换而成（按 $1/T_s$ 缩放），即

$$X_s(\omega) = \frac{1}{T_s}\sum_{k=-\infty}^{\infty} X(\omega + k\omega_s) \tag{D.3}$$

相关证明参见参考文献［65］。如果满足采样时间的奈奎斯特条件（$T_s<\dfrac{\pi}{\omega_{max}}$，其中$\omega_{max}$满足$\forall\,\omega>\omega_{max}$，$|X(\omega)|\simeq 0$），则可以在区间$\omega\in\left[-\dfrac{\pi}{T_s},\dfrac{\pi}{T_s}\right]$通过将 $X_s(\omega)$乘以 T_s 得到频谱 $X(\omega)$。

离散傅里叶变换内容如下。

如果$\tilde{x}_n$ 是周期为 N 的周期序列，即$\tilde{x}_n=\tilde{x}_n+rN$，可以将其写为频率为基础频率$\dfrac{2\pi}{N}$的倍数，复指数函数之和对应的傅里叶级数为

$$\tilde{x}_n = \frac{1}{N}\sum_{k=0}^{N-1}\tilde{X}_k \mathrm{e}^{\mathrm{j}\left(\frac{2\pi}{N}\right)kn} \tag{D.4}$$

其中，$\tilde{X}_k$为离散傅里叶级数系数，定义为

① 称为离散时间傅里叶变换（DTFT）。

$$\tilde{X}_k = \sum_{n=0}^{N-1} \tilde{x}_n \mathrm{e}^{-\mathrm{j}\left(\frac{2\pi}{N}\right)kn}$$

注意，序列$\tilde{X}_k$是周期性的，其周期为 N，即$\tilde{X}_k=\tilde{X}_{k+rN}$。通常，离散傅里叶级数可根据复数进行重写：

$$W_N = \mathrm{e}^{-\mathrm{j}\left(\frac{2\pi}{N}\right)}$$

使用上述表示的方法，DFS 及其逆的表达式分别为

$$\tilde{X}_k = \sum_{n=0}^{N-1} \tilde{x}_n {W_N}^{kn} \qquad \tilde{x}_n = \frac{1}{N}\sum_{k=0}^{N-1} \tilde{X}_k {W_N}^{-kn}$$

如果通过重复有限长度序列 x_n（使得在 $0\leqslant n\leqslant N-1$ 范围外时，$x_n=0$）获得周期性序列，即

$$\tilde{x}_n = \sum_{r=-\infty}^{\infty} x_{n-rN}$$

离散傅里叶级数$\tilde{X}_k$通过以下方式与 x_n 的傅里叶变换形成关系，称其为离散傅里叶变换（DFT）：

$$X_k = \begin{cases} \tilde{X}_k & 0\leqslant k\leqslant N-1 \\ 0 & \text{其他} \end{cases}$$

因此，DFT 及其逆 IDFT 分别定义如下

$$X_k = \begin{cases} \sum\limits_{n=0}^{N-1} x_n {W_N}^{kn} & 0\leqslant k\leqslant N-1 \\ 0 & \text{其他} \end{cases} \tag{D.5}$$

而且：

$$x_n = \begin{cases} \dfrac{1}{N}\sum\limits_{k=0}^{N-1} X_k {W_N}^{-kn} & 0\leqslant k\leqslant N-1 \\ 0 & \text{其他} \end{cases}$$

DFT 的特性与连续函数傅里叶变换的性质类似（如线性、缩放、时移等），但采用 DFT 的主要优点是有非常高效的计算算法［快速傅里叶变换（FFT）］。通过这些数值方法，可以在 $\mathcal{O}(N\log_2 N)$个运算中进行离散傅里叶变换，而使用定义［式（D.5）］则将需要 $\mathcal{O}(N^2)$个运算。有关 FFT 的实现细节，可参见参考文献［19］和参考文献［65］。通过对连续函数 $x(t)\in[0,T]$进行采样，可获得有限长度序列 x_n 的 DFT 与相应离散时间傅里叶变换相关联：

$$X_k = X_s(\omega)\Big|_{\omega=2\pi k/NT_s}$$

考虑 $T_s=T/N$，可以容易发现 DFT 的系数是在频率 $\Delta\omega=2\pi/T$ 采样的 $X_s(\omega)$值：

$$X_k = X_s(k\Delta\omega) \tag{D.6}$$

D.4 使用 DFT（及 FFT）的信号傅里叶分析

DFT 的主要应用之一是分析连续时间信号的频率内容。给定有限带宽信号（可能采用抗混叠滤波器）$x(t)$，可以通过周期 T_s［$x_n=x(nT_s)$］采样 $x(t)$获得离散时间序列 x_n。如图 D.3 所示，由于时域中的采样操作与频域中的周期重复，因此连续信号 $x(t)$的傅里叶变换只是对离散时间信号 x_n 的（连续）傅里叶变换的限制：

$$X(\omega)=\begin{cases} T_s X_s(\omega) & \omega\in\left[-\frac{\omega_s}{2},\frac{\omega_s}{2}\right] \\ 0 & 其他 \end{cases}$$

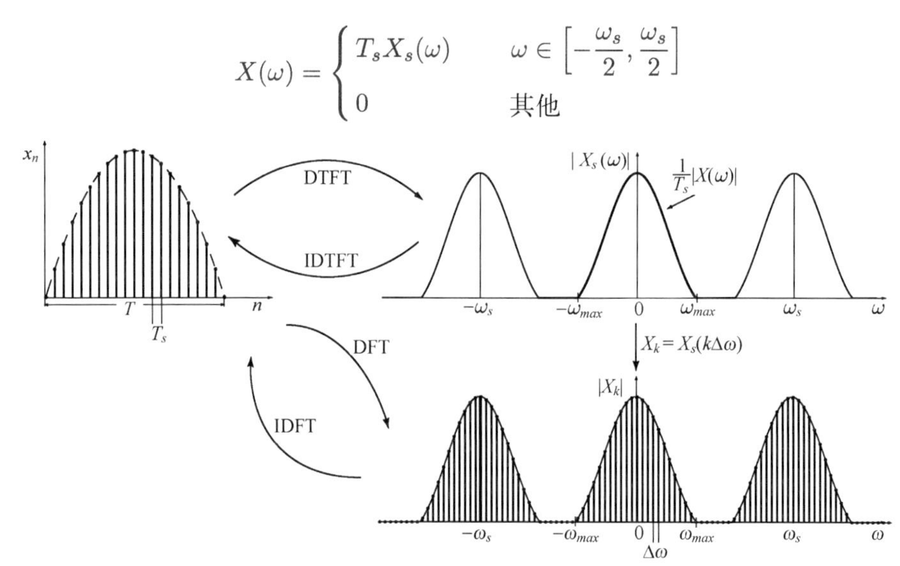

图 D.3 离散时间傅里叶变换和序列 x_n 的离散傅里叶变换

因此通过将 DFT 应用于 x_n［其中，x_n 提供离散频率 $k2\pi/T$ 处 $X_s(\omega)$的值，参见式（D.6）］，则可对 $X(\omega)$进行数值求解：

$$X_k = X_s(k\Delta\omega)=\frac{1}{T_s}X(k\Delta\omega),\qquad \Delta\omega=\frac{2\pi}{T}$$

图 D.4 总结了连续时间和离散时间函数之间的关系及其变换。

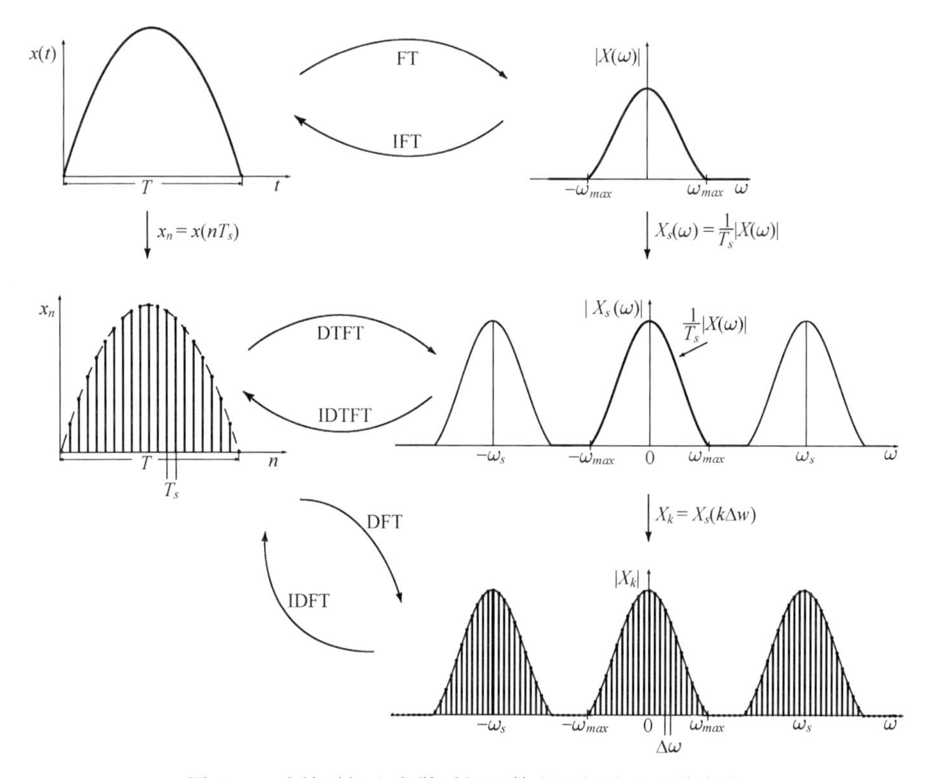

图 D.4 连续时间和离散时间函数之间的关系及其变换

参考文献

1. Y. Xiao, K. Zhu, and H. C. Liaw. Generalized synchronization control of multiaxis motion systems. *Control Engineering Practice*, 13: 809-819, 2005.
2. J. V. Gerwen. Electronic camming and gearing. *Assembly Automation*, 19: 35-38, 1999.
3. C. Melchiorri. *Traiettorie per Azionamenti Elettrici*. Progetto Leonardo. Esculapio Ed. , Bologna, I, second edition, 2003.
4. M. A. Gonzales-Palacios and J. Angeles. *Cam Synthesis*, volume 26 of *Solid Mechanics and its Applications*. Kluver Academic, 1993.
5. J. Angeles and C. S. Lopez-Cajun. *Optimization of cam mechanisms*. Kluwer Academic Publ. , 1991.
6. F. Y. Chen. *Mechanics and Design of Cam Mechanisms*. Pergamon Press Inc. , 1982.
7. P. W. Jensen. *Cam design and manifacture*. New York Industrial Press, 1965.
8. P. L. Magnani and G. Ruggeri. *Meccanismi per macchine automatiche*. UTET, 1986.
9. R. L. Norton. *Design of machinery*. McGraw-Hill, 1992.
10. Merriam-Webster dictionary, url: http://www. m-w. com/dictionary/trajectory.
11. J. Angeles. *Fundamentals of robotic mechanical systems*. Springer-Verlag, 1997.
12. B. Siciliano, L. Sciavicco, L. Villani, and G. Oriolo. *Robotics: Modelling, Planning and Control*. Advanced Textbooks in Control and Signal Processing. Springer-Verlag, Berlin, Heidelberg, 2008.
13. Thomas R. Kurfess, editor. *Robotics and Automation Handbook*. CRC Press, 2000.
14. Z. Koloc and M. Vaclavik. *Cam Mechanisms*, volume 14 of *Studies in Mechanical Engineering*. Elsevier, 1993.
15. A. S. Gutman. To avoid vibration – try this new cam profile. *Product engineering*, 25: 42-48, Dec. 1961.
16. F. Freudenstein. On the dynamics of high-speed cam profiles. *International Journal of Mechanical Sciences*, 1: 342-349, 1960.
17. S. A. Bazaz and B. Tondu. Minimum time on-line joint trajectory generator based on low order spline method for industrial manipulators. *Robotics and Autonomous Systems*, 29: 257-268, 1999.
18. G. Strang. *Linear Algebra and Its Applications*. Thomson Brooks/Cole, fourth edition, 2006.
19. W. H. Press, S. A. Teukolsky, W. T. Vetterling, and B. P. Flannery. *Numerical Recipes: The Art of Scientific Computing*. Cambridge University Press, third edition, 2007.
20. G. J. Borse. *Numerical Methods with MATLAB*. PWS Publishing Company, 1997.
21. G. E. Forsythe. Generation and use of orthogonal polynomials for data-fitting with a digital computer. *Journal of Society for Industrial and Applied Mathematics*, 5: 74-88, 1957.
22. C. W. Clenshaw and J. G. Hayes. Curve and surface fitting. *Journal of Applied Mathematics*, 1: 164-183, 1965.
23. J. C. Mason and David C. Handscomb. *Chebyshev Polynomials*. CRC Press, 2002.
24. T. J. Rivlin. *The Chebyshev Polynomials*. Tracts in Pure & Applied Mathematics. John Wiley & Sons, 1974.
25. A. C. R. Newbery. Interpolation by algebraic and trigonometric polynomials. *Mathematics of Computation*, 20 (96): 597-599, 1966.
26. A. C. R. Newbery. Trigonometric interpolation and curve-fitting. *Mathematics of Computation*, 24(112): 869-876, 1970.

27. T. Lyche and R. Winther. A stable recurrence relation for trigonometric Bsplines. *Journal of Approximation Theory*, 25: 266-279, 1979.
28. T. Lyche, L. L. Schumaker, and S. Stanley. Quasi-interpolants based on trigonometric splines. *Journal of Approximation Theory*, 95(2): 280-309, 1998.
29. M. Neamtu, H. Pottmann, and L. L. Schumaker. Designing Nurbs cam profiles using trigonometric splines. *Journal of Mechanical Design, Transactions of the ASME*, 120(2): 175-180, 1998.
30. E. Dyllong and A. Visioli. Planning and real-time modifications of a trajectory using spline techniques. *Robotica*, 21: 475-482, 2003.
31. I. J. Schoenberg. Contributions to the problem of approximation of equidistant data by analytic functions. *Quarterly of Applied Mathematics*, 4: 45-99, 1946.
32. C. Reinsch. Smoothing by spline function. *Numerische Mathematik*, 10: 177-183, 1967.
33. T. Lyche and L. L. Schumaker. Procedures for computing smoothing and interpolating natural splines. *Communications of the ACM*, 17(8): 463 - 467, 1974.
34. B. Cao, G. I. Dodds, and G. W. Irwin. Constrained time-efficient and smooth cubic spline trajectory generation for industrial robots. *Proceedings of IEE Conference on Control Theory and Applications*, 144: 467-475, 1997.
35. R. L. Eubank. *Nonparametric Regression and Spline Smoothing*. Marcel Dekker, 1999.
36. C. Lee and Y. Xu. Trajectory fitting with smoothing splines using velocity information. In *Proceedings of the IEEE International Conference on Robotics and Automation, ICRA'00*, San Francisco, CA, 2000.
37. L. Biagiotti and C. Melchiorri. Smooth trajectories for high-performance multiaxes automatic machines. In *Proc. 4th IFAC Syposium on Mechatronic Systems*, Heidelberg, G, Sept. 2006.
38. L. Piegl and W. Tiller. *The Nurbs Book*. Springer-Veralg, second edition, 1997.
39. A. De Luca, L. Lanari, and G. Oriolo. A sensitivity approach to optimal spline robot trajectories. *Automatica*, 27(3): 535-539, 1991
40. C. G. Lo Bianco and Aurelio Piazzi. Minimum-time trajectory planning of mechanical manipulators under dynamic constraints. *International Journal of Control*, 75(13): 967-980, 2002.
41. A. Piazzi and A. Visioli. Global minimum-jerk trajectory planning of robot manipulator. *IEEE Transaction on Industrial Electronics*, 47(1): 140-149, 2000.
42. W. Hoffmann and T. Sauer. A spline optimization problem from robotics. *Rendiconti di matematica*, 26(7): 221-230, 2006.
43. C.-S. Lin, P.-R. Chang, and J. Y. S. Luh. Formulation and optimization of cubic polynomial joint trajectories for industrial robots. *IEEE Transaction on Automatic Control*, 28(12): 1066-1074, 1983.
44. D. Simon. Data smoothing and interpolation using eighth order algebraic splines. *IEEE Transactions on Signal Processing*, 52(4): 1136- 1144, 2004.
45. H. Park. Choosing nodes and knots in closed B-spline curve interpolation to point data. *Computer-Aided Design*, 33: 967-975, 2001.
46. C. Edwards, E. Fossas, and L. Fridman, editors. *Advances in Variable Structure and Sliding Mode Control*, volume 334 of *Lecture Notes in Control and Information Sciences*. Springer Verlag, 2006.
47. A. Sabanovic, L. Fridman, and S. K. Spurgeon, editors. *Variable Structure Systems: From Principles to Implementation*. IEE Book Series, 2004.
48. R. Zanasi and R. Morselli. Third order trajectory generator satisfying velocity, acceleration and jerk constraints. In *Proceedings of the* 2002 *International Conference on Control Applications*, Glasgow, UK, 2002.
49. R. Zanasi, C. Guarino Lo Bianco, and A. Tonielli. Nonlinear filter for smooth trajectory generation. In *Proceedings of the IFAC Symposium on Nonlinear Control Systems, NOLCOS' 98*, Enschede, NL, 1998.

50. R. Zanasi, C. Guarino Lo Bianco, and A. Tonielli. Nonlinear filters for the generation of smooth trajectories. *Automatica*, 36: 439-448, March 2000.

51. J. M. Hollerbach. Dynamic scaling of manipulator trajectories. *Journal of Dynamic Systems, Measurement and Control*, 106: 102-106, 1983.

52. R. M. Murray, Z. Li, and S. S. Sastry. *A Mathematical Introduction to Robotic Manipulation.* CRC Press, 1994.

53. L. -W. Tsai. *Robot Analysis: The Mechanics of Serial and Parallel Manipulators.* John Wiley & Sons, 1999.

54. H. W. Beaty and J. L. Kirtley. *Electric Motor Handbook.* McGraw-Hill, 1998.

55. B. K. Fussell and C. K. Taft. Brushless DC motor selection. In *Electrical Electronics Insulation Conference*, pages 345-353, Rosemont, IL, USA, Sept. 1995.

56. R. Fredrik, J. Hans, and W. Jan. Optimal selection of motor and gearhead in mechatronic applications. *Mechatronics*, 16(1): 63-72, 2006.

57. P. Meckl and W. Seering. Minimizing residual vibration for point-to-point motion. *ASME Journal of Vibration, Acoustics, Stress, and Reliability in Design*, 107: 378-382, 1985.

58. R. L. Norton. *Cam Design and Manufacturing Handbook.* Industrial Press, 2002.

59. K. Itao and K. Kanzaki. High-speed positioning with polydyne cams. *Review of the electrical communication laboratories*, 21(1-2): 12-22, 1973.

60. T. R. Thoren, H. H. Engermann, and D. A. Stoddart. Cam design as related to valve train dynamics. *SAE Quarterly Transactions*, 6: 1-14, 1952.

61. W. M. Dudley. New methods in valve cam design. *SAE Quarterly Transactions*, 2: 19-33, 1948.

62. D. A. Stoddart. Polydyne cam design - III. *Machine Design*, 25(3): 149-164, 1953.

63. E. E. Peisekah. Improving the polydyne cam design method. *Russian Engineering Journal*, 46: 25-27, 1966.

64. J. -G. Sun, R. W. Longman, and F. Freudenstein. Determination of appropriate cost functionals for cam-follower design using optimal control theory. In *Proceedings of the American Control Conference, San Diego*, CA, 1984.

65. A. V. Oppenheim and R. W. Schafer. *Discrete-time signal processing.* Prentice-Hall, Upper Saddler River, NJ, second edition, 1999.

66. T. W. Parks and C. S. Burrus. *Digital Filter Design.* John Wiley & Sons, New York, 1987.

67. S. Winder. *Analog and Digital Filter Design.* Elsevier, 2002.

68. W. Singhose, N. Singer, and W. Seering. Comparison of command shaping methods for reducing residual vibration. In *Proceedings of the European Control Conference, ECC'95*, volume 2, pages 1126-1131, Rome, I, 1995.

69. N. C. Singer and W. P. Seering. Preshaping command inputs to reduce system vibration. *ASME Journal of Dynamic Systems, Measurement and Control*, 112: 76-82, 1990.

70. W. Singhose, W. Seering, and N. Singer. Shaping inputs to reduce vibration: a vector diagram approach. In *Proceedings of the IEEE Conference on Robotics and Automation, ICRA'90*, Cincinnati, OH, 1990.

71. W. Singhose, W. Seering, and N. Singer. Residual vibration reduction using vector diagrams to generate shaped inputs. *ASME Journal of Mechanical Design*, 116: 654-659, 1994.

72. W. E. Singhose, L. J. Porter, T. D. Tuttle, and N. C. Singer. Vibration reduction using multi-hump input shapers. *Transactions of the ASME Journal of Dynamic Systems, Measurement, and Control*, 119: 320-326, 1997.

73. K. Ogata. *Discrete-time control systems.* Prentice-Hall, second edition, 1995.

74. T. D. Tuttle and W. P. Seering. A zero-placement technique for designing shaped inputs to suppress multiple-

mode vibration. In *American Control Conference*, Baltimore, Maryland, 1994.

75. S. Devasia, D. Chen, and B. Paden. Nonlinear inversion-based output tracking. *IEEE Transactions on Automatic Control*, AC-41: 930-942, 1996.
76. L. R. Hunt and G. Meyer. Stable inversion for nonlinear systems. *Automatica*, 33: 1549-1554, 1997.
77. A. Visioli and A. Piazzi. A toolbox for input-output system inversion. *International Journal of Computers, Communications and Control*, 2: 388-402, 2007.
78. D. Pallastrelli and A. Piazzi. Stable dynamic inversion of nonminimum-phase scalar linear systems. In *16th IFAC World Congress on Automatic Control*, Prague, CZ, 2005.
79. Tsuneo Yoshikawa. *Foundations of Robotics. Analysis and Control.* The MIT Press, 1990.
80. W. Khalil and E. Dombre. *Modeling, Identification and Control of Robots.* Hermes Penton Science, 2002.
81. F. L. Lewis, D. M. Dawson, and C. T. Addallah. *Robot Manipulator Control Theory and Practice.* Control Engineering. Marcel Dekker, second edition, 2004.
82. Z. Yang and E. Red. On-line cartesian trajectory control of mechanisms along complex curves. *Robotica*, 15: 263-274, 1997.
83. B. A. Barsky and T. D. Derose. Geometric continuity of parametric curves: three equivalent characterizations. *IEEE Computer Graphics and Applications*, 9(6), 1989.
84. B. A. Barsky and T. D. Derose. Geometric continuity of parametric curves: construction of geometrically continuous splines. *IEEE Computer Graphics and Applications*, 9(6), 1989.
85. P. J. Davis. *Interpolation and Approximation.* Dover, 1976.
86. G. M. Phillips. *Interpolation and Approximation by Polynomials.* CMS books in mathematics. Springer, 2003.
87. J. Park, S. Nam, and M. Yang. Development of a real-time trajectory generator for nurbs interpolation based on the two-stage interpolation method. *International Journal of Advanced Manufacturing Technology*, 26(4): 359-365, 2005.
88. C. Blanc and C. Schlick. Accurate parametrization of conics by Nurbs. *IEEE Computer Graphics and Applications*, 16(6): 64-71, 1996.
89. H. Akima. A new method of interpolation and smooth curve fitting based on local procedures. *Journal of the Association for Computing Machinery*, 17(4): 589 - 602, 1970.
90. F. -C. Wang and P. K. Wright. Open architecture controllers for machine tools, Part 2: a real time quintic spline interpolator. *Journal of Manufacturing Science and Engineering*, 120: 425-432, 1998.
91. F. -C. Wang and D. C. H. Yang. Nearly arc-length parameterized quintic-spline interpolation for precision machining. *Computer Aided Design*, 25(5): 281-288, 1993.
92. R. Volpe. Task space velocity blending for real-time trajectory generation. In *Proceedings of the IEEE International Conference on Robotics and Automation, ICRA'93*, Atlanta, Georgia, US, 1993.
93. J. Lloyd and V. Hayward. Real-time trajectory generation using blend functions. In *Proceedings of IEEE International Conference on Robotics and Automation, ICRA'91*, Sacramento, CA, USA, 1991.
94. R. V. Fleisig and A. D. Spence. A constant feed and reduced angular acceleration interpolation algorithm for multi-axis machining. *International Journal of Machine Tools and Manufacture*, 33(1): 1-15, 2001.
95. R. -S. Lin. Real-time surface interpolator for 3-D parametric surface machining on 3-axis machine tools. *International Journal of Machine Tools and Manufacture*, 40: 1513-1526, 2000.
96. C. -W. Cheng and M. -C. Tsai. Real-time variable feed rate Nurbs curve interpolator for CNC machining. *International Journal of Advanced Manufacturing Technology*, 23: 865-873, 2004.
97. S. D. Conte and C. de Boor. *Elementary Numerical Analysis: An Algorithmic Approach.* McGraw-Hill, third edition, 1981.

98. W. H. Press, B. P. Flannery, S. A. Teukolsky, and W. T. Vetterling. *Numerical Recipes in FORTRAN: The Art of Scientific Computing*. Cambridge University Press, second edition, 1992.

99. C. de Boor. *A Practical Guide to Spline*, volume 27 of *Applied Mathematical Sciences*. Springer Verlag, 1978.

100. E. V. Shikin and A. I. Plis. *Handbook on Splines for the User*. CRC, 1995.

101. A. Papolulis. *Signal Analysis*. McGraw-Hill, New York, 1984.